"十二五"职业教育国家规划教材
经全国职业教育教材审定委员会审定

土壤肥料

（第二版）

张慎举　卓开荣　主　编
谢德体　介晓磊　主　审

化学工业出版社
·北京·

《土壤肥料》（第二版）共分理论教学和实践教学两大部分，理论部分分土壤、植物营养、土壤农化技术应用三篇，共十二章；实践部分含实验项目和实训项目两篇。理论部分包括土壤形成与固相组成、土壤基本性质、土壤肥力因素、我国土壤资源状况、植物营养原理、土壤养分与化学肥料、有机肥料、高产稳产农田建设及中低产土壤改良、土壤免耕技术、设施农业土壤的管理、测土配方施肥和信息技术在土壤肥料中的应用。实践部分包括 11 个实验项目和 6 个实训项目。书中穿插了较多的选修内容，可满足不同学校的教学需求并激发学生学习的兴趣。

本书可作为高职高专作物生产技术、土壤肥料、水土保持等农学、园艺、园林类相关专业的教材，同时可供农林院校师生及从事土壤肥料科研、生产、技术推广的人员参考。

图书在版编目（CIP）数据

土壤肥料/张慎举，卓开荣主编．—2 版．—北京：化学工业出版社，2015.9（2024.11重印）
“十二五”职业教育国家规划教材
ISBN 978-7-122-24835-0

Ⅰ.①土…　Ⅱ.①张…②卓…　Ⅲ.①土壤肥力-高等职业教育-教材　Ⅳ.①S158

中国版本图书馆 CIP 数据核字（2015）第 179202 号

责任编辑：李植峰　迟　蕾　　　　装帧设计：史利平
责任校对：边　涛

出版发行：化学工业出版社（北京市东城区青年湖南街 13 号　邮政编码 100011）
印　　装：涿州市般润文化传播有限公司
787mm×1092mm　1/16　印张 22¼　字数 589 千字　　2024 年 11 月北京第 2 版第 9 次印刷

购书咨询：010-64518888　　　　售后服务：010-64518899
网　　址：http://www.cip.com.cn
凡购买本书，如有缺损质量问题，本社销售中心负责调换。

定　　价：58.00 元　　

《土壤肥料》编审人员

主　　编　张慎举（商丘职业技术学院）
　　　　　　卓开荣（宜宾职业技术学院）
副 主 编　郭建伟（济宁职业技术学院）
　　　　　　刘艳侠（商丘职业技术学院）
　　　　　　金明琴（黑龙江职业学院）
　　　　　　崔保伟（商丘职业技术学院）
参编人员（按姓名汉语拼音排列）
　　　　　　白永莉（海南职业技术学院）
　　　　　　崔保伟（商丘职业技术学院）
　　　　　　董曾施（杭州万向职业技术学院）
　　　　　　樊存虎（山西运城农业职业技术学院）
　　　　　　郭建伟（济宁职业技术学院）
　　　　　　韩瑞华（濮阳职业技术学院）
　　　　　　蒋端生（湖南人文科技学院）
　　　　　　金明琴（黑龙江职业学院）
　　　　　　李明泽（濮阳职业技术学院）
　　　　　　李小为（黑龙江农业职业技术学院）
　　　　　　梁文旭（永州职业技术学院）
　　　　　　刘春英（福建农业职业技术学院）
　　　　　　刘　丽（济宁市高级职业学校）
　　　　　　刘晓帆（濮阳市农业科学院）
　　　　　　刘艳侠（商丘职业技术学院）
　　　　　　孙浩广（辽宁职业学院）
　　　　　　孙丽梅（信阳农林学院）
　　　　　　唐剑锋（中国科学院宁波城市环境观测研究站）
　　　　　　王喜艳（辽宁水利职业学院）
　　　　　　王玉芬（内蒙古大学生命科学学院）
　　　　　　王伟玲（河北北方学院）
　　　　　　徐文平（黑龙江农业职业技术学院）
　　　　　　燕智文（长治职业技术学院）
　　　　　　杨利玲（安阳工学院）
　　　　　　张慎举（商丘职业技术学院）
　　　　　　卓开荣（宜宾职业技术学院）
主　　审　谢德体（西南大学）
　　　　　　介晓磊（黄淮学院、河南农业大学）

前　言

土壤肥料是高职高专及高职应用技术本科种植类各专业的重要课程。本教材是经过对第一版使用情况的调查研究，为适应新形势需要而进行修订的。本教材的修订遵循国务院、教育部、农业部等发布的有关文件精神，同时根据行业近年来所取得的科技成果和生产经验而确定修订思路，由全国多所院校具有丰富教学、科研和生产经验的教师参与修订工作。

教材原则上遵循第一版的主体框架。本教材整体上分为两大部分。第一部分为理论教学，其中又设计为三篇：第一是土壤篇，第二是植物营养篇，第三是土壤农化技术应用篇；第二部分是实践教学，其中又设计为两篇：第一篇是实验项目，第二篇是实训项目。与国内近些年来同类教材相比，这种编排规划和设计凸显出教材编写形式的创新，尤其是内容板块的合理配置和实用的技术领域范围，更成为本教材的一大特色。

本次修订的设计思路如下。

一、土壤篇

第一章～第三章，就专业学科角度而言，都是基本的、常规或常态的、相对稳定的、公认又具“法理性”的内容，并且也可以满足植物营养篇、土壤农化技术应用篇的延伸理解和应用，因此不作修订。

第四章“我国土壤资源状况”，第三节“我国土地资源状况”，增添的最新信息，即2013年12月30日国土资源部发布的第二次全国土地调查主要数据成果。

二、植物营养篇

第六章“土壤养分与化学肥料”，由于近年来“新型肥料”在某些领域有所发展，因此，将原来第七节的“其他肥料”改为“新型肥料”，对原内容表述或肥料种类进行适当增删或调整，从目前肥料科学的发展趋势看，新型肥料的开发、生产及利用势在必行。“生物肥料”已经提到科研、生产重要日程上来，因此，“新型肥料”中也初步引入一些具生物因素的肥料。

第七章“有机肥料”，对商品有机肥料有所补充。

三、土壤农化技术应用篇

第八章“高产稳产农田建设及中低产土壤改良”，第一节“高产稳产农田建设”，在提法以及主要内容上，与国家政府部门近年来颁布或实施的有关“高标准农田建设”标准相对应或衔接。其主要依据：一是2011年9月24日国土资源部印发的《高标准基本农田建设规范（试行）》；二是2012年3月1日实施的农业部农业行业标准《高标准农田建设标准（NY/T 2148—2012）》；三是国务院对国家发改委“关于全国高标准农田建设总体规划”的批复（国函〔2013〕111号）。

第八章的第五节“土壤污染与防治”。原编写内容总体上既重点突出，又简洁实用。可是，近几年来，随着各地（中西部地区几乎每个县市）大搞产业集聚区、沿海及经济发达地区产业转移，不仅耕地占用严重，而且土壤污染在加剧，并且有向乡村或平原农区蔓延趋势，还有调整农业产业结构大力发展养殖业带来的面源污染等。因此适当增加了一些目前污染程度现状、新增污染源以及治理对策等方面的内容。

第九章“土壤免耕技术”，南北方、水田及旱地已兼顾，拟保持前两节，但对一些技术层面上的内容、发展动态及有关数据等进行了更新，增加第三节“土壤调理剂”，主要突出其在农业生产中少免耕或旋耕技术条件下的松土促根作用。

第十一章“测土配方施肥”，由于原来编写时主要是参考了农业部制定的“测土配方施肥技术规范”，因此这一部分不再大动。根据国家农业部 2011 年的修订版，简要补充一些常用肥料试验内容。

四、关于实践教学部分

第一篇“实验项目”和第二篇“实训项目”，内容广泛实用，本次暂不再变动，但各地可以根据当地生产、教学需要进行项目调整或补充。

本教材的修订框架构想由张慎举提出，经编写团队研究后着手组织修订工作。在完稿后，承蒙西南大学资源环境学院院长、二级教授、博士生导师谢德体先生的悉心审阅；黄淮学院院长、河南农业大学博士生导师介晓磊先生对本教材修订稿件进行认真审阅，给予了客观评价和殷切期望，表示诚挚谢意。

鉴于本教材主要面对全国各高职高专院校及高职应用技术本科各种植类专业，内容较为广泛，在教学过程中，可根据各地、各校以及专业的具体定位和培养目标，加以取舍。知识扩展部分是否作为教学内容，也要根据专业需要而定。建议学时为：理论 70 学时，实践 58 学时（实验 22 学时，实训 6 天计 36 学时），实际应用时可据需要而定。

由于土壤肥料涉及内容广泛，科学发展日新月异，同时其技术性又很强，限于编者水平有限，编写时间仓促，缺点和不足在所难免，恳请大家不吝指正。

编者

2015 年 4 月

第一版前言

土壤肥料是农业生产的基础，是基本生产资料，也是人类赖以生存的重要环境资源。2008年党的十七届三中全会提出了到2020年农村改革发展的6项基本目标任务，其中3项目标任务与土壤肥料密切相关：即“现代农业建设取得显著进展，农业综合生产能力明显提高，国家粮食安全和主要农产品供给得到有效保障；农民人均纯收入比2008年翻一番，消费水平大幅提升，绝对贫困现象基本消除；资源节约型、环境友好型农业生产体系基本形成，农村人居和生态环境明显改善，可持续发展能力不断增强。”

土壤肥料是高职高专院校种植类各专业的重要课程。本教材是在原有高职高专《土壤肥料》教材的基础上，总结“十一五”期间高职高专种植类专业教学内容和课程体系改革成果，为适应当前和今后一段时间农业技术项目推广、科研对高职高专人才培养的要求及教学改革的需要，而进行内容调整、充实后的新型《土壤肥料》教材。教材由分布在全国不同地区15所院校的18名教师联合编写。各位编者长期从事土壤肥料的教学、科研和技术推广工作，对其承担的编写内容有较深的认识，并广泛收集了这一领域的国内外技术成果。本教材编写的主导思想是围绕高职高专种植类各专业特点，以就业岗位需要定能力，以能力需要定培养目标，以技能培养为中心配置技术项目和相应的知识。

本教材分理论和实践两大部分，以篇章结构作为基本框架。理论部分由土壤、植物营养和土壤农化技术应用三篇组成，共十二章；实践部分包括实验项目和实训项目两篇，分别有11个项目和6个项目。教材特色主要体现在以下几方面。

① 强化教学中学生的主体地位，明确为主体服务的思想。每章内容前面都提出了学习目标，便于初学者有的放矢地学习。

② 以技能为中心，注重培养岗位能力。每一章或每个项目都贯彻以技能为中心的理念，配之以必要的知识。理论教学部分明确列出该章的实践项目后，再围绕该项目配置相应的知识。实践教学部分根据当前技术推广需要，精心筛选、设计实验实训项目，力求符合培养岗位基本技能的需要。

③ 突出专项技术及综合应用能力培养。在理论部分第三篇集中编写了土壤农化技术应用，实践部分编制了6个实训项目，用以培养学生的专项技术推广和技术综合应用能力。

④ 挖掘新技术，拓展新领域，具有较强的时代特征。教材编入了目前正在推广或即将推广的土壤改良作用、新型肥料及其施肥新技术。如，第六章第七节的磁性肥料、灌水肥料、气体肥料技术等；第八章的中低产土壤改良技术、果园和茶园土壤改良利用、园林绿地土壤管理与培肥、土壤污染与防治、国外土壤改良新技术；第九章的土壤免耕技术；第十章的设施农业土壤的管理；第十一章的测土配方施肥；第十二章的信息技术在土壤肥料中的应用；实训五配方肥（BB肥）的生产工艺参观等。

鉴于本教材主要面对全国南北各高职高专院校种植类专业，内容较为广泛，在教学过程中，可根据各地、各校以及专业的具体定位和培养目标加以取舍。选学内容和知识扩展部分是否作为教学内容，也要根据专业需要而定。建议学时安排：理论70学时，实践58学时（实验22学时，实训6天计36学时），实际应用时可据需要设定。

本教材由张慎举和卓开荣主编。具体编写分工为：绪论由卓开荣和张慎举编写，第一章由唐剑锋、孙丽梅、张慎举和卓开荣编写，第二章由唐剑锋编写，第三章由梁文旭和卓开荣编写，第四章由蒋端生编写，第五章由李明泽、韩瑞华、张慎举编写，第六章由张慎举、杨利玲、孙浩广编写，第七章由燕智文、白永莉、王伟玲编写，第八章由卓开荣、孙浩广、杨利玲、刘艳侠编写，第九章由卓开荣编写，第十章由刘春英、卓开荣编写，第十一章由郭建伟编写，第十二章由刘艳侠编写；实践部分由郭建伟、董曾施、孙丽梅、刘艳侠编写。在个人编写完成初稿后组织交叉初审，郭建伟负责初审第五～七章、第十二章，燕智文负责初审绪论、第二章、第十一章，金明琴负责初审第一章、第三章、第四章、第九章和实践部分；其余章节由卓开荣和张慎举初审。最后由张慎举和卓开荣对全稿进行统稿、润色、修改和定稿。承蒙西南大学博士生导师谢德体教授的悉心审阅，并提出了许多宝贵意见和建议。

在拟订编写提纲时，听取了四川省宜宾市农业局土肥站、宜宾市翠屏区农牧局土肥站、翠屏区水利局等单位专业技术人员的意见和建议；在教材编写过程中，得到商丘职业技术学院、宜宾职业技术学院以及参编教师所在院校的大力支持；同时，本教材编写过程中参阅了国内外专家学者大量有关论文、论著、专业技术报道等文献，在此一并表示诚挚的谢意。

本书适宜作为高职高专作物生产技术、农业技术与管理、水土保持、土壤肥料以及部分种植类专业的必修课教材，也可作为种植类专业的专业选修课教材，同时还可作为农林院校相关专业师生以及从事土壤肥料科研、生产、技术推广与管理人员的业务参考书。

由于土壤肥料涉及内容广泛，科学发展日新月异，同时其技术性又很强，限于编者水平，加之编写时间仓促，缺点和疏漏之处在所难免，恳请读者批评指正。

编　者

2008 年 12 月

目 录

第一部分 理论教学

第二篇 植物营养篇

第三篇　土壤农化技术应用篇

第二部分 实践教学

绪　论

>>> 学习目标

技能目标

【学习】土壤和肥料种类的初步划分及土壤肥料推广项目。

【熟悉】当地目前正在推广的土壤肥料应用项目对技术人员的基本要求。

【学会】初步识别当地大区域主要土壤类型和常用肥料的种类。

必要知识

【了解】土壤肥料科学技术的发展概况。

【理解】土壤的重要性、肥力高低的决定因素、按肥料作用划分种类。

【掌握】土壤、土壤肥力和肥料的概念。

一、土壤肥料的核心概念

1. 土壤的概念

我国有五千年的文明史，实际上是伴随着农业土壤耕耘而发展的，在漫长历史过程中积累了不少的土壤知识。最初记载土壤定义的书始见于《周礼》（其成书年代至今未成定论，但据谷海波《中国古代文化常识》推论其最早成于战国中期）：“万物自生焉则曰土，以人所耕而树艺焉则曰壤”。意即凡是自然植被生长的土地称为“土”，经垦种的土地叫做“壤”。不同的时期，人们对土壤的认识不同，赋予土壤的含义也不同。国内外不同学者对土壤也有不同认识：如地质学家认为土壤是地表岩石风化碎屑；化学家认为土壤是化学元素的贮藏库；环境学家认为土壤是重要的环境因素；工程师说土壤是建筑物的地基；土壤学家和农学家认为土壤是地球上生长植物的材料。我国土壤学界最广泛接受的是20世纪30年代前苏联土壤学家威廉斯所下定义，几个要点是地球陆地、疏松表层、生长绿色植物。近几十年来，随着海、湖浅水区种植业的开发利用，以及20世纪70年代以来航天探索到其他星球上存在浮土以及水的痕迹，对土壤的认识又有发展，但主流认识是在地球范围内扩大到浅水域底。就种植业范围，对以往表述方式改进后给予其如下定义：土壤是地球陆地上及浅水域底能够产生绿色植物收获物的疏松表层。此定义表达了土壤空间位置、形态与功能。地球陆地上和浅水域底表层说明土壤在地球上所处的位置；其物理状态是疏松多孔的未固结层，以明显区别于坚硬固结的岩石等；其功能是能产生绿色植物收获物。

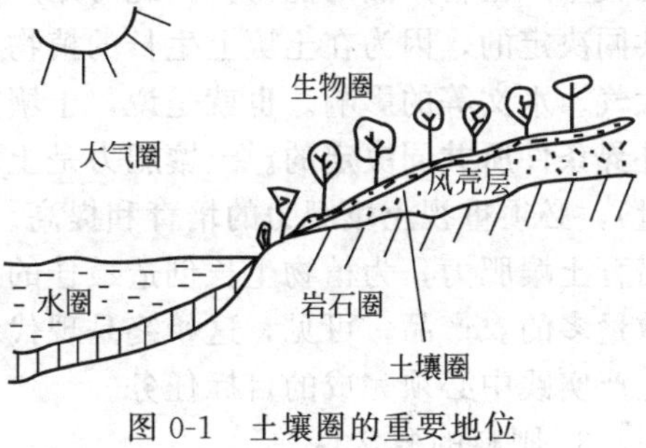

图 0-1　土壤圈的重要地位

（引自：中国环境修复网，2008.7.17）

土壤在生态系统中的地位十分重要（图 0-1）。地球表层系统有大气圈、水圈、土壤圈、岩石圈和生物圈五个圈层组成。其中土壤圈处于其他圈层相互紧密交接的地带，构成了结合无机界和有机界的中心环节。土壤发育于地球陆地及浅水域底表面的疏松层，且能够生长植物，在地球自然地理系统中被称为土壤圈。土壤是陆生及浅水域植物生活的基质和陆生及浅水域动物生活的基地。土壤的重要性表现为：第一，土壤是农业生产的基础（土壤也是动物赖以生存的栖息场所）、人类生存活动的基底，是人类活动的一项极其宝贵的自然资源；第二，土壤是地球表层物质和能量交换的重要场所。

土壤按照分类程序是可以区分开来的，区域条件不同就会产生不同的土壤类型。真正要能识别不同土壤还得经历较长实践过程，取得经验，掌握相当的技术和知识。但首先应该知道我国一些大区域的主要土壤，如东北平原黑土，华北平原褐土、潮土，淮北平原的砂姜黑土，西北干旱区栗钙土、灰漠土等，黄土高原的蚾土，长江中下游平原黄棕壤，江南红壤、黄壤，四川紫色土等。

2. 土壤肥力与生产力的概念

土壤之所以能生长绿色植物是因为其具有肥力，土壤学家及农学家认为肥力是土壤的本质特征。西方土壤学家传统将土壤供应养料的能力称为土壤肥力。前苏联土壤学家认为土壤肥力是指土壤具有供应植物养分和水分的能力。

我国土壤学界近几十年来通过研究和讨论，基本统一认为土壤肥力包括水分、养分、空气和温度（水、肥、气、热）四个肥力因素。土壤中只有这四大因素同时存在，而且处于相互协调状态时，才能保证植物生长又快又好，从而达到高产、优质，所以我国的土壤科学工作者认为：土壤肥力是土壤同时不断地供给和协调植物生长发育所需要的水、肥、气、热等生活因素的能力。土壤具有代谢功能和自动调节肥力因素的功能。有学者认为，土壤肥力高低由土壤向植物稳、匀、足、适供给和协调肥力因素的程度决定。土壤肥力按发生过程和程度可有两种分类方式。

（1）按其发生过程分类　土壤肥力可分为自然肥力和人为（工）肥力。

① 自然肥力是指土壤在自然因素综合作用下发生和发展起来的肥力。纯粹的自然肥力只有在原始林地和未开垦的荒地（自然土壤）上才能见到。

② 人为肥力是自然土壤经过开垦耕种以后，在人类生产活动影响下创造出来的肥力。

自然土壤是农业土壤的前身。农业土壤（又称为耕作土壤、耕种土壤）是自然土壤经人为耕种而形成的，所以农业土壤既具有自然肥力，又具有人为肥力，就其发生而论可以区分，但极难分出各自的权重。

（2）按其发挥程度分类　土壤肥力可分为有效肥力和潜在肥力。

① 有效肥力也称“经济肥力”，是指在农业生产（当季生产）中能表现出来，产生经济效果的那部分肥力。

② 潜在肥力是暂时不能被植物吸收利用，在当季生产中没有直接反映出来的那部分肥力。

土壤生产力和土壤肥力是两个不同的概念。土壤生产力是土壤在特定的管理制度下，能生产某种或某系列植物产品的能力，而土壤肥力是土壤本身的一种属性。由于土壤生产力是土壤生产植物产品的能力，因此可用产量来衡量。植物产量的高低，是由土壤与其环境条件共同决定的，因为在土壤上生长的植物，其产量的高低，还要受环境自然因素如太阳辐射、大气、水文等的影响。也就是说，土壤生产力是土壤本身的肥力属性和发挥土壤肥力作用的外界条件所共同决定的。土壤肥力是土壤生产力的基础；要提高土壤生产力（即提高植物产量），必须重视土壤肥力的培育和提高。换言之，要有效提高土壤生产力，就要持续不断地培育土壤肥力，为植物生长创造最佳的土壤环境条件，从而在单位面积土壤上收获质量优、数量多的农产品。可见，这始终是现代农业科学技术需要研究探讨的重大课题，也是种植业生产实践中必须完成的目标任务。

3. 肥料的概念

肥料是施于土壤中和植物地上部分直接或间接供给植物养分的物料。可见就其内在含义而言，肥料可向土壤中施用，也可施于植物的地上部分。根据发挥作用的方式，把肥料分为直接肥料和间接肥料。但这是一种相对的划分，两者之间没有截然的界线。如有机肥料既是直接肥料，也是间接肥料。因为有机肥料中含有植物生长发育所需的各种营养元素，施入土壤后经过矿化分解释放出来供植物吸收利用，显然这是直接肥料；可是有机肥料还能改良土壤、改善植物营养条件，同时又起到间接肥料的作用。根据肥料的性质和特点，又把肥料划分为无机肥料、有机肥料与生物肥料三大类型。肥料种类划分大体如下。

有机肥料（主要是农家肥料）：人粪尿、家畜粪尿、堆肥、沤肥、绿肥、饼肥等。
无机肥料（主要是化学肥料）：氯化铵、普通过磷酸钙、硫酸钾等。
生物肥料：根瘤菌、各种生物制剂等。

直接肥料：施入土壤后能直接供给植物养分的肥料。如，N、P、K肥复合肥、微量元素肥料等。绝大部分的化学肥料都属于直接肥料。
间接肥料：有些肥料虽然不能直接供给植物养分，但是它们能改善土壤的理化生物性质，逐步提高土壤肥力，改善植物的营养条件。如酸性土壤上施用的石灰，碱性土壤上施用的石膏，生物制剂等。

英国洛桑试验站长达150多年的长期定位试验结果表明：农作物增产有一半来自肥料的作用，一半来自种子、农药等的作用。

肥料施用主要是土壤施肥，但在作物生长过程中可以进行根外施肥。

肥料在农业生产中的重要作用主要有：①改良土壤，提高肥力；②供给植物养分，促进作物生长；③提高作物产量；④改善产品品质。

二、土壤肥料的发展概况

长期以来，我国劳动人民在农业生产活动中，积累了丰富的认土、评土、用土、改土和对肥料积造、保护与施用的经验。西方土壤肥料科学、俄罗斯及前苏联土壤发生学对我国产生了很大影响。近80年，我国在土壤肥料方面的研究和应用进展很快，其教学、科研、推广体系也日趋完善。

1. 中国古代和国外土壤肥料发展概况*

(1) 自然利用阶段　中国是世界农业发祥地之一。以往都认为中国有五千年农业史，但据现有考古发掘的证据，中国农业起源远在夏代（公元前2100年）以前，已有长达八九千年的悠久历史。在这段漫长时期，人们实行的是轮歇制垦种。

(2) 人工干预阶段　夏、商、西周前后，农业生产上放任自然方式的经营中开始出现了人工干预，人们回到多年以前的“撂荒”地上，再进行生产。春秋、战国时期，随着铁制农具的出现，出现了灌溉农业，生产力明显提高。秦、汉、魏、晋、南北朝期间，出现了多部农书，尤其贾思勰撰写的《齐民要术》被称为我国古代的农业百科全书。

(3) 技术分类与全面总结阶段　隋、唐、五代、宋、元、明、清以来，对于农业生产的技术措施有了更明确的分类和更详细的归纳总结，出现了一大批农书，我国劳动人民对土壤肥料乃至大农学的实践思想、理论发展作出了巨大贡献。

(4) 西方农业化学　19世纪中叶，以德国化学家李比希为代表的农业化学派，从化学的观点来研究土壤与植物营养，提出了“植物矿质营养学说”的观点，推动了土壤植物营养科学的发展，而且使化肥工业迅速发展。近一个世纪以来，欧、美的土壤肥料科学逐步传入我国，对我国土壤肥料科学产生了很大的影响。

(5) 苏俄土壤发生学　19世纪下半叶（1870），以俄罗斯的道库恰耶夫为代表，从土壤进化观点出发，创建了土壤发生学派，认为土壤是在五大成土因素共同作用下形成的，推动了土壤的形成与分类的研究。20世纪上半叶，前苏联土壤学家威廉斯提出了土壤生物-有机体和土壤肥沃度的新概念。

2. 中国近现代土壤肥料的研究与应用

1910年以后，我国先后在北京大学农学院、金陵大学农学院、中央大学农学院、浙江大学农学院和西北农学院建立了土壤学科。1930年在中央地质调查所成立了土壤研究室，1931年在广东农业厅成立土壤调查所。1936～1940年，前中央农业实验所组织进行了第一次全国较大规模的化肥肥效试验。1949年新中国成立后，土壤肥料研究有了明显的进步，工作队伍也迅猛发展。1953年，我国提出了“以农家肥料为主、商品肥料为辅”的肥料工作方针。1957年农业部组织了全国化肥试验网，开展了第一次全国肥料试验网工作。1958年开展了全国第一次土壤普查，普查面积近3亿公顷（其中耕地0.9亿公顷）。1979年开始，进行了全国第二次土壤普查，在应用航片或卫片编绘土壤图方面，其发展速度是国外少有的。1981～1983年农业部下达任务，开展了第二次全国肥料试验网工作。根据这次化肥试验网数据，化肥在主要粮食作物增产份额中占40.8%～56.6%，在棉花上为48.6%。

从肥料结构上来看，20世纪50年代我国农业发展靠的是有机肥，有机肥料提供的养分比重占95%以上，化肥的比重很少；60年代有机肥的比重占80%，化肥的比重占20%左右；七八十年代有机肥的比重占60%～70%，化肥比重占30%～40%；进入90年代，有机肥料的比重只约占40%，而化肥的比重达到了60%以上。根据肥料结构变化的新情况，1989年农业部提出了“有机肥与无机肥相结合，用地与养地相结合”的新时期我国肥料工作方针。再从肥料中养分元素含量结构变化看，50年代使用的化肥几乎是单一的氮肥，60年代开始使用磷肥，70年代末才开始使用钾肥。对1995年化肥结构进行统计的结果显示，氮：磷：钾的比例大约为1：0.14：0.09，磷钾使用比例低于世界平均水平。2000年的化肥结构为氮：磷：钾比例约为1：0.375：0.235，磷钾使用比例有较大的提升，但仍明显低于日本（1：1：0.89）及欧美[1：(0.40～0.53)：(0.48～0.50)]等发达国家水平。

3. 我国近十年土壤肥料新技术的研究与应用

(1) 综合项目　实施沃土计划；肥料长期定位试验研究；土壤中重金属的积累、污染与防治；土壤管理；我国沙漠治理研究；3S技术在土壤上的应用；“数字土壤”的研究及其技术产品的开发；化肥施用与各类农产品质量关系的相关研究；无公害农产品或绿色食品生产化肥使用标准研究；农作物超高产栽培或超级水稻、超级小麦栽培最优施肥技术模式研究；一定生产、生态、技术条件下提高化肥利用率措施研究等。

(2) 平衡施肥　测土配方施肥；优化配方施肥技术；氮、磷、钾及微肥配施；有机和无机平衡配套施肥；现行耕作制度下磷、钾资源合理分配及节肥技术研究。

(3) 新型肥料　BB肥研究与开发；硅肥；磁性肥料；保护地施用二氧化碳；有机-无机复合肥；稀土元素肥料；有机无机生物复合肥；长效碳铵；硼锌等螯合态微肥。

(4) 分析测试　化肥质量监测；土壤养分普查；土地养分动态变化。

(5) 有机肥料　秸秆还田；农家肥施用；有机肥与化肥配施；优质快腐秸秆还田。

(6) 培肥改良　土壤保持耕作；旱薄地改良利用；山丘粗骨土改良利用；沙瘦土有效改良途径；中低产田土改良与培肥；盐碱土的培肥改良。

当前我国推广的重点项目主要是实施沃土计划、中低产田土改良与培肥、旱薄地改良、盐碱土的培肥改良以及测土配方施肥等。

三、土壤肥料在我国农业生产上的地位和作用

1. 土壤是农业生产的基础

我国农业科学技术自远古以来就是以土壤科学为中心的。古代劳动人民经过长期生产实践取得了重要经验，即为了搞好农业生产，以土为基础，实行“精耕细作”。依据自然规律，

在治山、治水、治土、治田、施肥、治虫和栽培庄稼等方面，取得了丰富的经验与巨大的成就。“万物土中生，有土斯有粮。”这是我国劳动人民几千年来对土壤的重要性最为确切和形象的概括。虽然当今“无土栽培”正日益兴起，但值得思考的是，其对资源的利用情况如何？产出与成本比较优势怎么样？它能否全面替代土壤进行农业生产？

一般认为“无土栽培”尚无可能全面替代土壤进行农业生产。为了满足人们对食品的需要，就必须利用现有土壤获得植物产品（初级生产），进而获得动物产品（次级生产）。植物生长发育需要六大生活条件：光、热、水、肥、气和扎根立足条件。其中，除了光能以外，其余因素最终要靠土壤来完成。热固然主要靠阳光提供，但土壤具有一定热、水、肥、气的代谢和调节能力以及对植物的支撑能力。人类生产活动就是帮助耕地调节可控或可以部分控制的因素。土壤作为自然资源可以被人类利用，是农业的生产资料，同时又是有限的资源。可见，土壤是农业生产的基础，也是人类劳动对象和宝贵的基本生产资料。

我国由于利用不当及自然灾害的综合作用，造成土壤退化的现象十分严重，如沙漠化、水土流失、土壤污染等。我国现有耕地中，尚有中低产田 $6.7\times10^7\text{hm}^2$，占所有耕地 60% 以上。六大农业区（黄淮海平原、北方旱区、黄土高原、南方黄红壤丘陵区、三江-松嫩平原、南方喀斯特地区）中低产区域总面积 $3.3\times10^8\text{hm}^2$ 以上，耕地 $7.3\times10^7\text{hm}^2$。俗语云“民以食为天，食以土为本”，要从土壤中取得人类需要的农产品，就不得不重视土壤的改良利用。要通过调查，分类改造，采用工程措施、生物措施及农业技术措施进行改良。具体措施有：改造地表形状、改造土层厚度、改变土壤组成、改善土壤性状、合理施肥、扩种绿肥等。

2. 肥料是植物的粮食

肥料可以施用于土壤和作物地上部，其功能是供给植物营养、改良土壤性状、提高土壤肥力、增加作物产量以及改善产品品质。在确定肥料的地位和作用方面，“肥料是植物的粮食”这一提法，同土壤是农业生产的基础一样，几十年来早已被人们所认同。土壤养分是肥力因素之一，是肥力重要的物质基础，当土壤中种植的作物在收获时一部分收获物移出土壤，必然要带走一些养分，特别是中低产土壤一般都比较贫瘠，若不进行必要的养分补充，土壤会变得越来越贫瘠，作物产量也会大大降低，甚至几近无收。英国洛桑试验站的耗竭试验已充分证明了这一论点。尤其在目前大量推广良种，耗肥量增大，不通过施肥补充土壤养分就难以体现良种的优势。世界著名的育种学家、美国著名的植物病理学家、诺贝尔奖获得者 Norman E. Borlaug 在全面分析了 20 世纪全球农业发展的各相关因素之后断言，全世界产量增加的一半是来自肥料的施用。联合国粮农组织的统计也表明，在提高单产方面，肥料对增产的贡献额为 40%～60%。我国农业部门认为中国的肥料施用在各项农业措施中的贡献率约占 40%。不施肥就无法补充土壤养分，植物就如同人类缺乏粮食。我国农谚有“庄稼一枝花，全靠肥当家”之说，这在相当程度上是合理的。肥料不是万能的，但对耕地而言往往不施肥是万万不能的；当然，过量施肥既造成浪费，又会对环境造成难以治理的面源污染。合理施肥是增产增效重要措施之一，对保证我国人口日益增长对农产品的需求会起到很大的作用。在未来农业生产中，肥料在提高作物产量和改善农产品品质方面仍会继续发挥积极的作用。目前正在全国展开测土配方施肥，这必将打开通向农业生产高产、优质、高效、环保之大门。

在作物生产的各项技术中，要获得一定的产品，至少应考虑八个基本因素，即“土、肥、水、种、密、保、管、工”。其中土是核心，肥是与土关系最密切的技术措施，“土肥不分家”，“肥肥土，土肥苗”。“品种确定以后，有收无收在于水，收多收少在于肥”。就目前认识看，本课程所包含的土、肥、水三因素至少与作物育种对作物生产的贡献率相当。密、保、管、工则要由作物栽培措施与作物病虫防治措施来承担。只有上述几个方面协调配合才能共同完成农业生产的全过程。同时，某些因素或轻或重还要根据实际分析加以确定。总之，要实行科学种田，就必须在了解土壤组成和性质基础上，掌握作物需肥规律、土壤供肥情况，以便科学定肥并制订相应的管理措施，才能充分发挥各项农业技术的增产潜力。

四、土壤肥料课程在专业中的定位

就目前国家推广的项目、行业或企业对高职高专种植类学生的能力要求看，最需要能吃苦耐劳、动手能力强，在作物生产环境诊断、改造与维护方面，岗位适应能力强，能独当一面的技术性人才。土壤肥料课程在农学、作物生产技术、现代农业技术与管理、生物技术、园艺、园林、茶学、蚕桑、植物保护、农产品质量检测等专业中是一门重要的专业基础课，同时又可作为现代农业技术与管理、作物生产技术、水土保持、土壤肥料以及部分种植类专业的一门核心技术课。本课程从培养种植类专业高等技术应用性专门人才出发，突出实践技能培养，辅之以必要的基础知识，提高学生的专业技术素质与综合素质。其主要体现在以下三个方面。

（1）本课程在文化基础课和专业课之间具有承前启后的作用　它既要综合运用基础课的基本方法和技能，又要为后续各类植物生产课程奠定技术基础。

（2）本课程具有相对的独立性和实用性　如进行土壤检测、土壤的改良、设施土壤改良与培肥、测土配方施肥等，都可以独立开展工作。

（3）本课程的技能和知识应用领域广泛　经过努力一般都能达到本课程的学习目标，具有较强的技术应用能力及转岗能力。不仅可以面向农业技术推广部门、农业科研行业，还可以面向环境保护、肥料生产企业、农资与农产品质量监测等行业。

本章小结

土壤是地球陆地上及浅水域底能够产生绿色植物收获物的疏松表层。土壤在生态系统中的地位十分重要，是人类生产生活场所，也是物质能量交换场所。区域条件变化就形成了相应的土壤类型。

土壤能生长绿色植物是因为具有肥力。土壤肥力是土壤同时不断地供给和协调植物生长发育所需要的水、肥、气、热等生活因素的能力。土壤肥力高低由肥力因素稳、匀、足、适的程度决定。

肥料是施于土壤中和植物地上部分直接或间接供给植物养分的物料。肥料据来源组成分为有机肥料、无机肥料、生物肥料；就作用而言分为直接肥料和间接肥料。

中国古代和国外土壤肥料的发展阶段可以分为自然利用阶段、人工干预阶段、技术分类与全面总结阶段、西方农业化学阶段、苏俄土壤发生学阶段。中国近现代土壤肥料的研究与应用自1910年起至2000年，从建立学科、进行土壤调查到肥料结构调整，取得了较大进展。我国近十年土壤肥料新技术的研究与应用可分为综合项目、平衡施肥、新型肥料、分析测试、有机肥料、培肥改良。当前我国推广的重点项目主要是实施沃土计划、中低产田土改良与培肥、旱薄地改良、盐碱土的培肥改良以及测土配方施肥等。

土壤肥料在农业生产上的地位和作用：土壤是农业生产的基础，肥料是植物的粮食。肥料对增产的贡献额约占各项措施的一半。

本课程在专业中的定位：土壤肥料在种植类专业中是一门重要的专业基础课，同时又可作为一门重要的应用技术课。

复习思考题

1. 什么是土壤、土壤肥力、土壤生产力、肥料?
2. 土壤在农业生产中的作用有哪些?说明其理由。
3. 肥料在农业生产中有何重要作用?
4. 土壤圈与其他圈层系统有何关系?
5. 在土壤肥料新技术研究与应用进展中,试举一至二例谈谈自己的认识。
6. 根据自己目前对所在专业的认识,列举事实说明土壤肥料的作用。

第一部分　理论教学

第一篇 土 壤 篇

第一章 土壤形成与固相组成

>>> 学习目标

技能目标

【学习】土壤样品的采集和制备过程；土壤质地和土壤有机质的测定方法。

【熟悉】土壤样品的采集和制备的基本流程以及室外土壤质地的简易确定方法。

【学会】土壤样品的采集与制备、土壤质地的确定以及土壤有机质的测定技术。

必要知识

【了解】形成土壤母质的主要成土岩石、矿物种类；土壤有机质组成、分解与转化。

【理解】由矿物岩石至形成母质的过程中，各种风化过程的作用；层状铝硅酸盐矿物的结构；不同粒径矿质土粒在矿物组成、化学组成及元素组成上的变化规律；土壤有机质的转化及影响因素，土壤有机质的作用与管理。

【掌握】层状铝硅酸盐矿物的基本特性；不同粒级与质地类型土壤的肥力性状及生产特性；土壤有机质在土壤肥力、环境保护、农业可持续发展等方面的重要作用。

相关实验实训

实验一 土壤农化样品的采集与制备（见 294 页）

实验二 土壤质地的测定（见 296 页）

实验三 土壤有机质含量的测定（见 302 页）

土壤是由裸露在地表的岩石矿物经自然和人为因素作用，通过一系列的物理、化学以及生物等反应转化而来的产物。土壤是由固相、液相和气相三相组成的疏松多孔体。固相物质约占土壤总体积的 50%，主要包括矿物质和有机质以及土壤微生物体。固相物质所构成的孔隙中分布着液相（土壤水分，其中含可溶性物质）和气相（土壤空气）物质。土壤的三相组成并非孤立存在，而是始终处于密切联系，相互影响，相互制约和不断运动之中。三相物质存在的比例关系及其运动发展状况都直接影响着土壤肥力，因此，它是土壤肥力的物质基础。

第一节 土壤形成因素与过程

一、岩石矿物的风化

岩石矿物的风化是指地壳表层的岩石矿物在大气、水、温度变化和生物活动等外界因素的作用下，坚硬的岩石矿物逐渐崩解破碎成碎块和细粒，同时岩石的矿物成分和化学组成发生改变，形成新的矿物。按照风化作用的因素和特点，可将风化作用分为物理风化、化学风化和生物风化三种类型。

1. 物理风化

物理风化是指岩石崩解破碎而不改变其矿物成分和化学成分的过程，即岩石矿物在自然因素作用下发生的物理变化。影响物理风化的因素主要是温度和水分，由于岩石在长期冻融交替、热胀冷缩的作用下，使岩石发生崩解破碎。另外，植物的根系沿着岩石裂缝生长也可导致裂缝越来越大，导致岩石破碎。物理风化的结果，虽然岩石的矿物组成和化学组成没有发生改变，但它使岩石产生机械破碎，岩石由大变小，由粗变细，成为大小不等的石砾和碎屑，表面积大为增加，成为疏松多孔的堆积物，获得了岩石所不具备的对水分和空气的通透性，为化学风化和生物风化创造了有利条件。物理风化造成的岩石碎屑，其粒径一般都大于0.01mm，形成母质和土壤的粗粒部分。

2. 化学风化

化学风化是指岩石在水分、氧气、二氧化碳等因素的作用下，所发生的一系列的化学分解作用的过程。化学风化主要包括以下几个方面。

（1）水化作用　是指矿物和水化合成为一种含水矿物的作用。例如：

$$\underset{\text{(硬石膏)}}{CaSO_4} + 2H_2O \longrightarrow \underset{\text{(石膏)}}{CaSO_4 \cdot 2H_2O}$$

$$\underset{\text{(赤铁矿)}}{2Fe_2O_3} + 3H_2O \longrightarrow \underset{\text{(褐铁矿)}}{2Fe_2O_3 \cdot 3H_2O}$$

（2）水解作用　是指水分子解离出的氢离子和矿物中的离子发生置换作用。例如：

$$\underset{\text{(正长石)}}{2KAlSi_3O_8} + CO_2 + 2H_2O \longrightarrow \underset{\text{(高岭石)}}{H_2Al_2Si_2O_8 \cdot H_2O} + \underset{\text{(胶体二氧化硅)}}{4SiO_2} + \underset{\text{(钾盐)}}{K_2CO_3}$$

$$\underset{\text{(磷灰石)}}{Ca_{10}(PO_4)_6 \cdot F_2} + 7H_2O + 7CO_2 \longrightarrow \underset{\text{(磷酸二氢钙)}}{3Ca(H_2PO_4)_2} + 7CaCO_3 + 2HF$$

（3）氧化作用　指大气中的氧与矿物发生的作用。例如：

$$\underset{\text{(黄铁矿)}}{2FeS_2} + 2H_2O + 7O_2 \longrightarrow \underset{\text{(硫酸亚铁)}}{2FeSO_4} + 2H_2SO_4$$

以上各种化学风化作用是相互作用，同时进行的。

化学风化的结果改变了原来岩石矿物的化学组成和性质。化学风化作用把原先固定在矿物结构中的无机养分释放出来，如钾、铁、钙、镁、铜、锌等，它们是植物养分的来源，同时还形成新的矿物，主要是黏土矿物，使土壤逐步积累黏粒。

3. 生物风化

生物风化是指在生物的作用下，岩石发生的机械破碎和化学分解过程。低等植物如地衣的菌丝以及高等植物的根系对岩石的穿插；土壤中各种动物如鼠类、蚯蚓、昆虫等对岩石造成的机械破碎作用；藻类、地衣、微生物等在岩石表面生长，分泌出酸溶解岩石，从中吸收养分，以及植物的根系分泌物等都能使岩石矿物遭到分解和破坏。

上述三种风化作用是相互联系、相互影响的，同时同地对岩石进行作用。岩石的风化为土壤的形成打下了基础，也为土壤的演化创造了条件。疏松多孔的风化产物更有利于生物的活动，溶解释放的养分使得植物得以生长，植物的茂盛又为微生物和土壤动物的活动提供了有利条件。

二、土壤的形成过程

土壤的形成是一个物理、化学及生物化学过程。它既包括了各种风化作用，也包括各种生物活动，是一个综合性的过程，它是物质的地质大循环和营养元素的生物小循环矛盾统一的结果。物质的地质大循环是指地面岩石的风化、风化产物的淋溶、搬运与堆积，进而产生成岩作用，这是地质表面恒定的周而复始的大循环；而生物小循环是植物营养元素在生物体与土壤之间的循环，植物从土壤中吸收养料，形成植物体，后者可供动物生长所需，动植物残体再回到土壤中，在微生物的作用下转化为植物需要的养分，促进土壤肥力的形成与发展。地质大循环涉及的空间大、时间长，植物的养分元素不积累；而生物小循环涉及的空间小、时间短，可促进植物养分元素不断累积，使土壤中有限的养分元素发挥作用。

地质大循环和生物小循环的共同作用是土壤发生的基础，没有地质大循环，岩石矿物的养分难于释放，生物小循环就不能进行；没有生物小循环，只有地质大循环，岩石风化释放出来的养分难以富集，土壤就难以形成。在土壤形成过程中，两种循环过程相互渗透、不可分割地同时同地进行，它们之间通过土壤相互连接在一起。

三、土壤形成的影响因素

土壤形成因素又称成土因素，是影响土壤形成和发育的基本因素，它是一种物质、外力、各种条件的组合，已经对土壤的形成产生影响或将影响土壤的形成。土壤的特性和发育受外部因素的制约，对这些因素的研究和划分有助于认识土壤。19 世纪末，俄国土壤学家道库恰耶夫对俄罗斯大草原的土壤进行了调查，认为土壤是在五大成土因素即母质、气候、生物、地形和时间作用下形成的。他提出土壤好像一面镜子，可以反映自然地理景观，土壤是成土因素综合作用的结果，成土因素在土壤形成过程中起着同等重要和相互不可替代的作用，成土因素的变化制约着土壤的形成与演化，土壤分布由于受到成土因素的影响而具有地理规律性。实际上，人类的活动对土壤的形成也产生了重要的影响，土壤的发生发展是五大自然因素和人为因素综合作用的结果。

1. 自然因素*

(1) 母质　土壤母质是岩石的风化碎屑。地壳表层的岩石经过风化，变为疏松的堆积物，这种物质叫风化壳，它们在地球上广泛分布。风化壳的表层就是形成土壤的重要物质基础——成土母质。母质不同于岩石，它疏松多孔，具有初步的肥力基础，但它具有的肥力因素远远不能满足植物的需要。

母质是土壤赖以形成的初始物质，它对土壤的形成过程和土壤属性均有很大的影响。母质在矿物学和化学组成上的不同，直接影响土壤的理化性质，如酸性岩（花岗岩等）形成的母质其 SiO_2 含量高达 65% 以上，相对地 Fe、Al、Ca、Mg 等其他成分就少，而 SiO_2 难以风化，故多形成砂性土。相反，如玄武岩等基性岩因 SiO_2 少，而 Fe、Al、Ca、Mg 含量较多，常形成养分较高的盐基性土壤。其他沉积岩发育的土壤也继承了母岩的某些特性。母质对土壤的理化性质也有很大的影响。不同母质所形成的土壤，其养分状况有所差异，例如钾长岩风化后所形成的土壤有较多的钾，斜长岩风化后所形成的土壤有较多的钙；成土母质与土壤质地密切相关，例如南方红壤中，红色风化壳和玄武岩上发育的土壤质地较黏重，在花岗岩和砂页岩上发育的土壤，质地居中，而在砂岩、页岩上发育的土壤质地最轻。

(2) 气候　对土壤形成来说，气候既是因素也是条件。气候直接影响着土壤的水、热状况，影响着土壤中矿物质、有机质的转化过程及其产物的迁移，而且对生物的活动也有积极的影响。气候对土壤形成的影响主要体现在两个方面：一是直接参与母质的风化，水热状况直接影响着矿物质的分解与合成，二是影响植物生长和微生物的活动，影响有机质的积累和分解，决定养分物质循环的速度。而大气降水和太阳辐射是土壤水分和热量的根本来源，影响成土过程的气象因素主要是降水量、降水分布、热辐射平衡、气温及其变幅、大气湿度、干燥度和风等。土壤的水、热状况的差异直接影响着植被类型的更替、有机质积累的类型和数量以及微生物的生命活动，进而影响土壤中有机物质的分解和合成、腐殖质的类型等。气候因素还影响土壤中物质的淋溶与淀积，随着降水量的增加，一般土壤的氢离子浓度增加，钙积层深度增加，全氮量增加，胶粒量增加，阳离子代换量增加。在半湿润的温带，随着气温的增高，土壤有机质、全氮量下降。

(3) 生物　土壤形成的生物因素包括植物、土壤微生物和土壤动物。生物因素是促进土壤发生发展最活跃的因素。由于生物的生命活动，把大量的太阳能引进成土过程，使分散的营养元素向土壤表层富集，使土壤具备肥力特性，推动土壤的形成和演化。营养元素的生物学积累和循环在成土过程中起主导作用，直接的作用是绿色植物通过庞大的根系进行选择性的吸收，从而改变了某些元素和化合物在地质循环中的迁移特点和顺序，使部分营养元素集中和积累起来。据估计，在地球陆地上植物每年形成的生物量约为 3.5×10^{10} t，相当于 8.9×10^{17} J 的能量。微生物作为地球上最古老的生物体，已存在达数十亿年，它在土壤形成过程中的作用是非常复杂和多种多样的。大量的微生物参加了土壤有机质的转化过程，不仅给作物提供了大量的经矿质化而释放出来的营养物质，而且形成了腐殖质——标志土壤肥力高低的重要物质。某些微生物能自身合成有机质，而不利用太阳能。因此，远在绿色植物出现之前自养和异养微生物群落就已开始参与成土过程。此外，生物活动还改变了周围环境的湿度、温度和空气状况而间接影响土壤的性状，例如在针叶林植被下，形成强酸性的灰化土。

(4) 地形 在成土过程中，地形是影响土壤和环境之间进行物质、能量交换的一个重要条件，主要通过其他成土因素对土壤形成起作用。地形对土壤形成所起的作用：一方面表现在母质在地表的再分配；另一方面表现在对水、气、热等能量的再分配。不同地形部位常分布有不同的母质：如山地上部主要是残积母质，坡地和山麓地带的母质多为坡积物，在山前平原的冲积扇地区，成土母质多为洪积物。地形高低不同，坡向不同，地表的水热状况就不同。即便是在一个气候带内，因地形的变化，地面承受的降水和太阳辐射也发生相应的有规律的变化。如随海拔高度的加大，地面辐射的加强，气温随之有规律地下降，平均每上升 100m，气温下降 0.6℃。迎着潮湿气流的坡面，常形成地形雨，局部降雨增多。地面又因坡度陡缓和坡面长短的不同，接受的降水量和降水在地表的再分配也不同。此外，阳坡较阴坡接受的太阳辐射多。这种水热状况的差异直接反映到植物生长和有机质分解与合成的过程，从而影响着土壤的形成。

(5) 时间 土壤发生和发育必然经过相当长的时间，时间越长，受气候作用持久，土壤发生层的分化越明显，土壤个体发育显著，与母质差别越大，土壤相对年龄长。在土壤系统发育上，即土壤类型的转化或土壤发育阶段上，时间也具有重要的意义。

2. 人为因素

有关土壤形成作用，传统的看法认为是在母质、气候、生物、地形和时间作用下形成的，而低估了人类对土壤形成的影响。自然土壤一经开垦利用，除继续受到自然因素的影响外，还强烈地受到人类活动的影响。不应把人为因素和自然因素等同看待，因为它们有着本质的区别。人类活动对土壤的影响是有意识、有目的、定向的。在逐渐认识土壤发生发展客观规律的基础上，利用和改造土壤、培肥土壤，它的影响是比较快的。而且，人类活动受社会制度和生产力的影响，不同的社会制度和不同的生产力水平下，人类活动对土壤的影响和效果可以有很大的差别。另外，人类对土壤的影响还具有两面性，合理利用科学，有利于土壤肥力的提高；利用不当，就会破坏土壤，土壤的退化主要是人类不合理利用土壤造成的。

虽然各个成土因素对土壤形成都起着不同的作用，但是它们对土壤形成的影响并不是孤立的，而是紧密地、综合地影响着土壤的。各个成土因素相互不能代替而又不可分割地影响着土壤的形成过程。

第二节 土壤固相组成

一、土壤矿物质

土壤中岩石风化形成的矿物颗粒统称为土壤矿物质。土壤是由固相、液相和气相三种物质组成的疏松多孔体。固相物质即固体土粒，约占土壤总体积的 50%，其中包括矿物质和有机质，矿物质占总体积的 38%以上，有机质占 12%左右。土壤总体积中的另外约 50%为土壤孔隙，孔隙中分布着液相的土壤水和可溶性物质，还有气相的土壤空气。土壤三相物质直接影响土壤肥力，是土壤肥力的物质基础。土壤矿物质是土壤的主要组成物质，如按质量计，一般占土粒的 95%以上，构成了土壤的“骨架”。土壤矿物质的组成、结构和性质如何，对土壤的理化性质具有重要的影响。

(一) 土壤矿物质的矿物组成和化学组成

1. 土壤矿物质的主要元素组成

土壤中的矿物质，是来自岩石的风化物，而岩石是构成地壳的基本物质。要弄清土壤矿物质的化学组成，必须知道地壳的化学组成。地壳的化学组成极其复杂，几乎包括已知的所有化学元素，但这些元素的含量却有很大的差异（表1-1）。

表 1-1 地壳和土壤的平均化学组成 单位:%

元素	地壳中	土壤中	元素	地壳中	土壤中
O	47.0	49.0	P	0.093	0.08
Si	29.0	33.0	S	0.09	0.085
Al	8.05	7.13	C	0.023	2.00
Fe	4.65	3.80	N	0.01	0.10
Ca	2.96	1.37	Cu	0.01	0.002
Na	2.50	1.67	Zn	0.005	0.005
K	2.50	1.36	B	0.003	0.001
Mg	1.37	0.60	Mo	0.003	0.0003
Mn	0.10	0.085	Co	0.003	0.0008

地壳中的元素以氧、硅、铝、铁4种元素为主，而植物生长必需的营养元素含量却很低，其中如磷、硫均不到0.1%，而且分布很不平衡。由此可见，地壳要从它原来的状态变成具有肥力的土壤，必须经过一个质变的过程。土壤矿物质的化学组成，一方面继承了地壳化学组成的遗传特点，另一方面有的化学元素在成土过程中增加了，如氧、硅、碳、氮等，有的显著下降了，如钙、镁、钾、钠，这反映了成土过程中元素的分散、富集特性和生物积聚作用。其中氧、硅、铝、铁、钙、镁、钠、钾、钛、碳10种元素占土壤矿物质总质量的99%以上（TiO_2 在地壳中占0.78%、土壤中占1.25%），这些元素中以氧、硅、铝、铁四种元素含量最多。如以氧化物的形态来表示，SiO_2、Al_2O_3 和 Fe_2O_3 三者之和通常约占土壤矿物质部分总质量的75%以上。因此人们常把它们看成为土壤的骨干成分（表1-2）。

表 1-2 我国表层土壤的主要化学组成 单位：g /kg

成分	SiO_2	Al_2O_3	Fe_2O_3	CaO	MgO	K_2O	Na_2O	P_2O_5	SO_3	TiO_2
含量	641.7	128.6	65.8	11.7	9.1	9.5	5.8	1.1	0.2～5.0	12.5

［引自：侯光炯．土壤学（南方本）．1980］

2. 土壤的成土矿物

矿物是一类产生于地壳中具有一定化学组成、物理性质和内部构造的单质或化合物。它是土壤矿物质的来源。矿物的种类很多，目前已经发现的约3300种，但与土壤有关的不过数十种。按土壤矿物的来源，可分为原生矿物和次生矿物。原生矿物直接来源于母岩，其中岩浆岩是其主要来源；而次生矿物，则是由原生矿物分解转化而来的。

(1) 原生矿物 指那些经过不同程度的物理风化，没有改变化学组成和结晶结构的原始成岩矿物，它们主要存在于粒径较大的土壤砂粒和粉粒部分。土壤中常见的原生矿物的种类和风化产物的特点可参见表1-3。

土壤中的原生矿物以硅酸盐和铝硅酸盐为主，常见的有石英、长石、云母等，一般来讲，抗风化能力较强的原生矿物在土壤砂粒和粉粒中的含量较高，它们抗风化能力的顺序一般是：石英＞白云母＞长石＞黑云母＞角闪石＞辉石。原生矿物不仅是土壤颗粒的组成部分，而且是土壤养分的重要来源，原生矿物含有丰富的Ca、Mg、K、Na、P、S等常量元素和多种微量元素，经过风化作用释放出来供植物和微生物吸收利用。

表 1-3　主要成土矿物和其风化产物

种类	名称	化学成分	风化特点和分解产物
原生矿物	石英	SiO_2	不易风化，是土壤中砂粒的主要来源
	正长石 斜长石	$KAlSi_3O_8$ $n NaAlSi_3O_8 \cdot m CaAl_2Si_2O_8$	较易风化，风化后产生高岭土、二氧化硅和盐基物质，正长石含钾较多，是土壤中钾素和黏粒的主要来源
	白云母 黑云母	$KAl_3Si_3O_{10}(OH)_2$ $K(Mg,Fe)_3[AlSi_3O_{10}](OH,F)_2$	白云母抗风化，黑云母易风化，均形成黏粒，是土壤中钾素和黏粒的主要来源
	角闪石 辉石	$Ca_2Na(Mg,Fe)_4(Al,Fe)[(Si,Al)_4O_{11}]_2[(OH)_2]$ $Ca(Mg,Fe,Al)[(Si,Al)_2O_6]$	易风化，风化后形成黏粒，并释放出盐基养分
	橄榄石	$(Mg,Fe)_2[SiO_4]$	易风化，风化后形成蛇纹石
	方解石 白云石	$CaCO_3$ $CaMg(CO_3)_2$	易风化，是土壤中碳酸盐和钙、镁的主要来源
	磷灰石	$Ca_5(PO_4)_3(F,Cl)$	风化后是土壤中磷素的主要来源
	赤铁矿 褐铁矿 磁铁矿 黄铁矿	Fe_2O_3 $2Fe_2O_3 \cdot 3H_2O$ Fe_3O_4 或 $FeO \cdot Fe_2O_3$ FeS_2	易风化，是土壤中红色的来源 易风化，是土壤黄色、棕色的来源 难风化，风化后形成赤铁矿、褐铁矿 易风化，是土壤中硫的来源
次生矿物	高岭石 蒙脱石 水云母	$(OH)_8Al_4Si_4O_{10}$ $(OH)_4Al_4Si_8O_{20} \cdot nH_2O$ $K_y(Si_{8-2y}Al_{2y})Al_4O_{20}(OH)_4$	是长石、云母风化后形成的次生矿物，是土壤中黏粒的主要来源

(2) 次生矿物　原生矿物在风化和成土作用下，新形成的矿物称次生矿物。次生矿物种类很多，有成分简单的盐类，包括各种碳酸盐、重碳酸盐、硫酸盐、氯化物等；也有成分复杂的各种次生铝硅酸盐；还有各种晶质和非晶质的含水硅、铁、铝的氧化物。各种次生铝硅酸盐和氧化物称为次生黏土矿物，是土壤黏粒的主要组成部分，黏土矿物与土壤腐殖质一起，构成土壤的最活跃部分——土壤胶体，这对土壤的物理、化学及生物学特性产生深刻的影响。

① 层状铝硅酸盐矿物。次生矿物的重要类型是层状铝硅酸盐黏土矿物，主要以黏粒的形式存在于土壤中，层状硅酸盐黏土矿物，从外部形态上看，都是一些极微细的结晶物质，从内部结构上看，都由两种基本结构单位所组成，一为硅氧四面体，二为铝氧八面体。

a. 硅氧四面体。硅氧四面体是由一个硅原子和四个氧原子构成的。三个氧原子在同一平面上，成“品”字形排列，硅原子位于其上的中心凹陷处，第四个氧原子正盖于硅原子上，因有四个面，故称为硅氧四面体，简称四面体（图 1-1）。

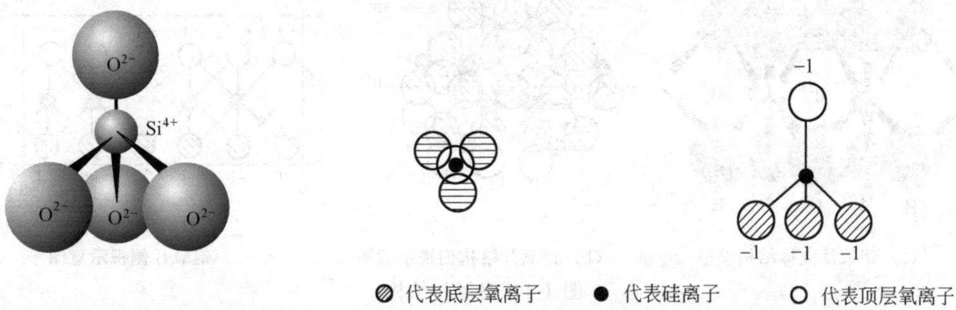

(a) 硅氧四面体立体结构模型　　(b) 硅氧四面体示意图

图 1-1　硅氧四面体结构

b. 铝氧八面体。铝氧八面体的基本结构是由一个铝离子和六个氧离子（或氢氧离子）所构成。六个氧离子（或氢氧离子）排列成两层，每层都由三个氧离子（或氢氧离子）排成三角形，但上层氧的位置与下层氧交错排列，铝离子位于两层氧的中心孔穴中，因有八个面，故称铝氧八面体，简称八面体，结构见图 1-2。

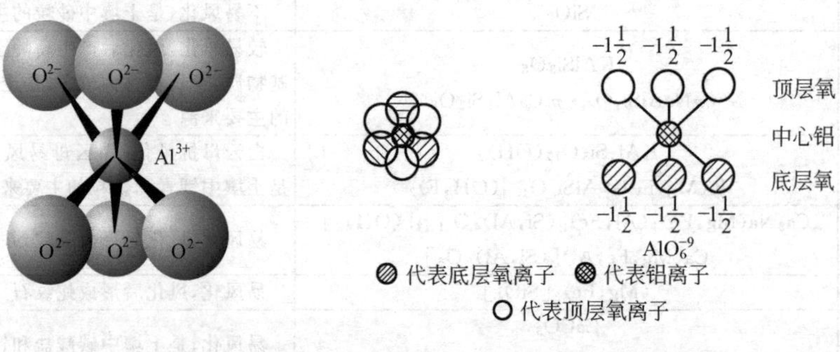

(a) 铝氧八面体立体结构模型　　(b) 铝氧八面体示意图

图 1-2　铝氧八面体结构

② 硅氧片和铝氧片。从化学角度看，四面体和八面体都不是化合物，在它们形成硅酸盐黏土矿物之前，四面体和八面体分别通过共用氧聚合的结果，形成硅氧片和铝氧片（水铝片），简称硅片和铝片。

a. 硅氧片。在水平方向上四面体通过共用底部氧的方式在平面方向上无限延伸，排列成近似六边形的四面体片，简称硅片（图 1-3）。

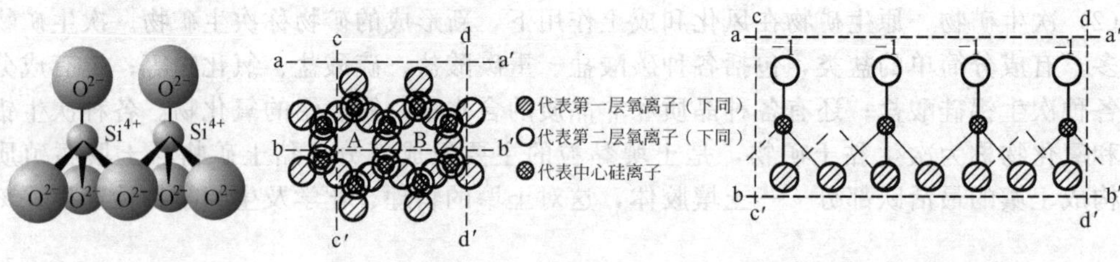

(a) 硅氧片立体结构模型　　(b) 硅氧片俯视示意图　　(c) 硅氧片结构侧视示意图

图 1-3　硅氧片结构

b. 铝氧片。八面体在水平方向上相邻八面体通过共用氧离子的方式，在平面两维方向上无限延伸，排列成八面体片，简称铝片（图 1-4）。

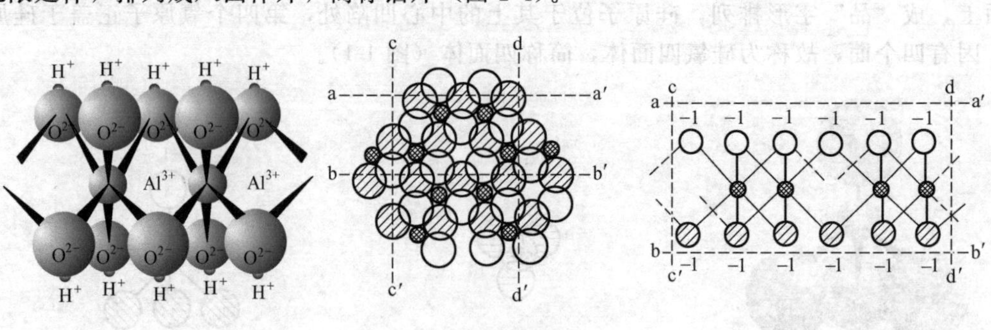

(a) 铝氧片立体结构模型　　(b) 铝氧片结构俯视示意图　　(c) 铝氧片侧视示意图

图 1-4　铝氧片结构

③ 层状铝硅酸盐黏粒矿物。由于硅片和铝片都带有负电荷，不稳定，必须通过重叠化合才能形成稳定的化合物。两种晶片的配合比例不同，可构成 1∶1 型和 2∶1 型黏土矿物。

a. 1∶1 型黏土矿物。1∶1 型黏土矿物的单位晶层由一个硅片和一个铝片构成，其代表矿物如高岭石（图 1-5）。

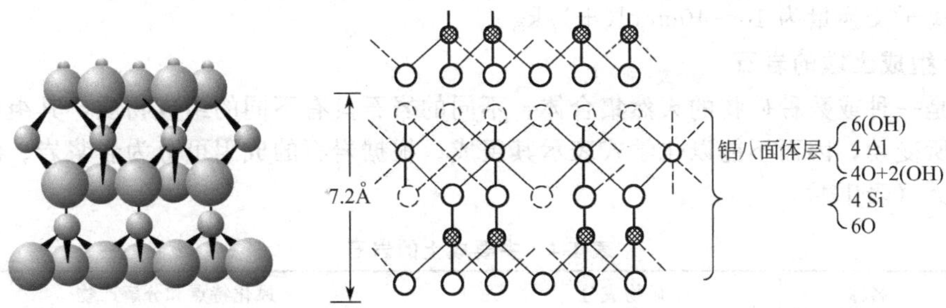

(a) 1∶1 型黏土矿物立体结构模型　　(b) 1∶1 型黏土矿物结构侧视示意图

图 1-5　1∶1 型黏土矿物结构

b. 2∶1 型黏土矿物。2∶1 型黏土矿物的单位晶层由两个硅片夹一个铝片构成，其代表矿物如蒙脱石（图 1-6）。

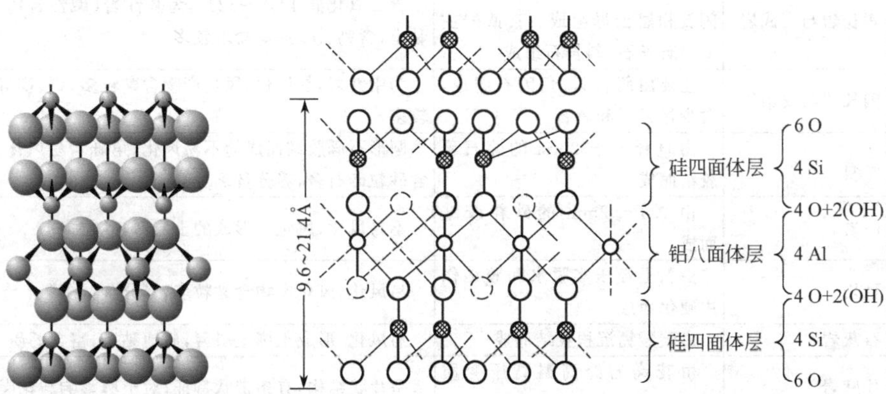

(a) 2∶1 型黏土矿物立体结构模型　　(b) 2∶1 型黏土矿物结构侧视示意图

图 1-6　2∶1 型黏土矿物结构

此外，2∶1∶1 型黏土矿物，其单位晶层在 2∶1 型黏土矿物单位晶层的基础上多了一个八面体水镁片或水铝片，这样 2∶1∶1 型黏土矿物单位晶层由两个硅片、一个铝片和一个镁片（或一个铝片）构成。

④ 层状铝硅酸盐黏土矿物。土壤中层状铝硅酸盐黏土矿物的种类很多，根据其结构特点和性质，可以划分为 4 个类组。

a. 高岭组。这组以高岭石为代表，它具有 1∶1 型晶层结构，主要特点是晶层间以氢键连接，膨胀性小，膨胀系数一般小于 5%，晶层间距约 0.72nm；高岭石的电荷数量少，主要原因在于其同晶替代少。同晶替代是指硅酸盐矿物的中心离子被电性相同、大小相近的其他离子所代替而矿物晶格构造保持不变的现象，如 Mg^{2+} 替代 Al^{3+}，同晶替代的结果使土壤带有永久电荷。高岭石的阳离子交换量只有 3～15 cmol(+)/kg。

b. 蒙蛭组。这组以蒙脱石为代表，它具有 2∶1 型晶层结构，主要特点是晶层间以分子力连接，膨胀性大，蒙脱石晶层变化在 0.96～2.14nm，具有较大的膨胀性；电荷数量大，同晶替代现象比较普遍，蒙脱石的阳离子交换量为 80～100cmol(+)/kg。

c. 水化云母组。这组以伊利石为代表，它具有 2∶1 型晶层结构，膨胀性较小，主要是因为在伊利石晶层之间吸附有钾离子，钾离子同时受到相邻两晶层负电荷的吸附，因而对相邻两晶层产生了很强的键联效果，连接力很强，使晶层不易膨胀；伊利石的电荷数量较大，同晶替代现象比较普遍，阳离子交换量为 20～40cmol(+)/kg。

d. 绿泥石组。这组以绿泥石为代表，具有 2∶1∶1 型晶层结构，其同晶替代现象比较普遍，阳离子交换量为10～40cmol(+)/kg。

(二) 组成土壤的岩石

岩石是一种或数种矿物的天然集合体。不同的岩石具有不同的组成物质，其组成在一定范围内有所变动，因而不能以化学式表示其组成。根据岩石的成因可分为岩浆岩、沉积岩和变质岩三类（表1-4）。

表1-4 主要成土的岩石

种类	名称	矿物成分	风化特点和分解产物
岩浆岩	花岗岩与流纹岩	主要含石英、正长石、云母及少量角闪石等	含二氧化硅65%以上，称为酸性岩。易发生物理风化，石英变成砂粒，正长石变成黏粒，且钾素丰富，形成的土壤母质砂黏适中
	正长岩与粗面岩	正长岩主要含正长石，粗面岩含正长石和角闪石	含二氧化硅52%～65%，为中性岩。较易风化形成大量黏土矿物，砂粒较少，含钾素多
	辉长岩与玄武岩	辉长岩主要由辉石和少量角闪石和黑云母组成。玄武岩主要由辉长石、斜长石组成	含二氧化硅42%～52%，为基性岩(碱性岩)。易风化成黏土，含钙、镁、铁等盐基较多
	闪长岩与安山岩	主要由斜长石、角闪石组成，含少量云母和辉石	为中性岩，易风化，风化产物含黏粒多，钙、镁等盐基成分较多
沉积岩	砾岩	由直径大于2mm的碎石砾胶结而成	圆形石砾胶结而成的不易风化，角砾岩易风化，风化产物含砂粒砾石多，养分贫乏
	砂岩	由0.1～2mm的砂粒胶结而成	不易风化，风化后形成的土层薄，砂粒多
	页岩	由黏土经压实脱水和胶结作用硬化而成	易风化，风化产物含黏粒多，养分含量多
	石灰岩	由碳酸钙沉积胶结而成	易风化，形成土壤土层薄，质地黏重，富含钙质
变质岩	片麻岩	由花岗岩经高温高压变质而成	呈片状结构，有条带状特征，对土壤影响与花岗岩相似
	板岩	由泥质页岩变质而成	较粗脆，较难风化，风化土壤母质较黏
	石英岩	由砂岩变质而成	极硬，不易风化，形成砂质土或砾质土，质地粗
	大理岩	由石灰岩变质而成	性质与石灰岩相似

1. 岩浆岩

由岩浆冷凝而成。岩浆岩的共同特征是没有层次和化石。岩浆侵入地壳在深处逐渐冷凝而成的岩石叫侵入岩，冷却慢，结晶粗，如花岗岩、正长岩等；岩浆喷出地面冷凝而成的岩石叫喷出岩，冷却快，结晶细，呈多孔斑状结构，如凝灰岩等。

2. 沉积岩

由各种先成的岩石经风化、搬运、沉积、重新固结而成，另外生物的遗体和生物新陈代谢所形成的物质的沉积也可成为沉积岩。它的主要特征是一般具有层次性，常含有生物化石，如砾岩、页岩、砂岩、石灰岩等。

3. 变质岩

在高温高压下岩石中的矿物发生重新结晶或结晶定向排列而形成的岩石称为变质岩。岩石致密坚硬，不易风化，呈片状组织，如片麻岩、石英岩、大理岩、板岩等。

从表1-4中可看出，岩石矿物的种类与土壤的化学组成和物理性质有密切关系。首先对土壤质地的影响较大，在花岗岩、石英岩、片麻岩、砾岩地区的土壤，因含石英较多，形成很多砂粒，质地粗，通透性好，保水保肥能力差；在玄武岩、页岩地区的土壤，因岩石中含有较多的易风化的深色矿物，如黑云母、角闪石、辉石、橄榄石等，形成很多黏粒，通透性差，保水保肥能力强。其次，对土壤养分含量的影响也大，母质中含正长石、云母较多时，土壤含钾素较多；含有磷灰石的土壤含磷量高；含辉石、角闪石、橄榄石和褐铁矿的土壤，则含有较多的钙、镁、铁等养分；含石英多的土壤养分贫乏。此外，对土壤酸碱反应也有影响，如石灰岩地区，岩石中含碳酸钙多，形成的土壤一般偏碱性；南方花岗岩地区的土壤，由于含有大量酸性硅酸盐，土壤多偏酸性。

二、土壤粒级与土壤质地

（一）土壤粒级

土壤颗粒（土粒）是构成土壤固相骨架的基本颗粒，它们数目众多，大小和形状各异，矿物组成和理化性质变化很大。土粒大小不同，性质也随之而异。按土粒的大小，分为若干组，称为土壤的粒级。但是，土粒的形状多是不规则的，有的土粒的三维方向尺寸相差很大，难以测定其真实直径。为了按大小进行土粒分级，以土粒的当量直径或有效直径代替。人们把不同形状的土粒假定为理想的球形土粒，把这个理想球体的直径叫做“当量直径”或“有效直径”，以这个当量直径作为划分土粒的标准。

1. 土粒分级

土粒分级一般是将土粒分为石砾、砂粒、粉砂粒和黏粒 4 级，每级大小的具体标准各国不尽相同，但却大同小异。新中国成立前多采用国际制，新中国成立后，国际制和前苏联制并用，而以后者为主。另外还提出了我国的土粒分级。现将 3 种标准分述如下。

（1）前苏联制土粒分级　前苏联制又称卡庆斯基制，是以粒径 1mm 为土粒的上限，以粒径小于 0.001mm 为土粒的下限。先把所有颗粒分为石砾（大于 1mm）、物理性砂粒（1～0.01mm）、物理性黏粒（小于 0.01mm）。物理性砂粒和物理性黏粒这两大粒级的相对含量，将是土壤质地分类的主要依据。这两大粒级进一步细分，又可分出粗、中、细砂粒，粗、中、细粉粒和粗、细黏粒及胶粒等级（表 1-5）。

表 1-5　前苏联制土粒分级标准（1957）

粒级名称			粒径/mm
石块			>3
石砾			3～1
物理性砂粒	砂粒	粗砂粒	1～0.5
		中砂粒	0.5～0.25
		细砂粒	0.25～0.05
	粉粒	粗粉粒	0.05～0.01
物理性黏粒		中粉粒	0.01～0.005
		细粉粒	0.005～0.001
	黏粒	粗黏粒	0.001～0.0005
		细黏粒	0.0005～0.0001
		胶粒	<0.0001

（2）国际制土粒分级* 　国际制是 1930 年第二届国际土壤学会提出的，其特点是十进位制，以粒径 2mm 为土粒的上限，以小于 0.002mm 为土粒的下限，但人为性太强，因为粒级特性的变化不一定刚好在这个界限（表 1-6）。

表 1-6　国际制土粒分级标准

粒级		粒径/mm
石砾		>2
砂粒	粗砂粒	2～0.2
	细砂粒	0.2～0.02
粉砂粒		0.02～0.002
黏粒		<0.002

（3）中国制土粒分级* 中国科学院南京土壤研究所等单位根据中国的土壤情况，拟定了我国的土粒分级标准（表1-7）。

表 1-7 我国制土粒分级标准

粒级名称		粒径/mm
石块		＞3
石砾		3～1
砂粒	粗砂粒	1～0.25
	细砂粒	0.25～0.05
粉粒	粗粉粒	0.05～0.01
	中粉粒	0.01～0.005
	细粉粒	0.005～0.002
黏粒	粗黏粒	0.002～0.001
	细黏粒	＜0.001

（引自：熊毅．中国土壤．第2版．1987）

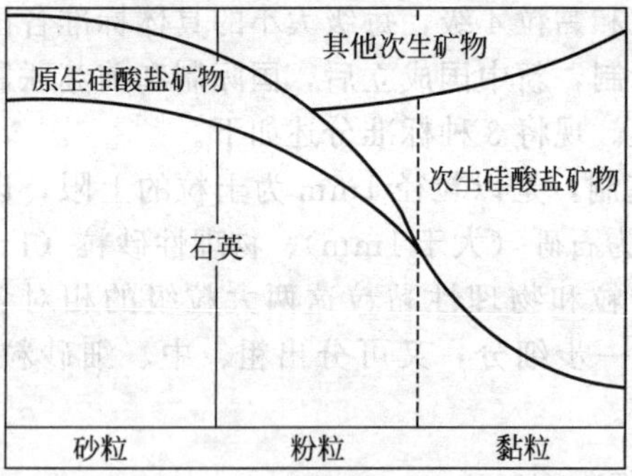

图 1-7 各粒级矿物组成示意图

2. 不同粒级的矿物和化学组成

（1）矿物组成 由于岩石中的各种矿物抵抗风化的强弱不同，造成各粒级土粒的矿物组成有较大差别，各粒级矿物组成见图1-7。在各种原生矿物中，最难风化的是石英，而硅酸盐矿物中的正长石、白云母也较难风化，它们往往构成了砂粒和粗粉粒（物理性砂粒）的主要矿物成分。其他几种硅酸盐矿物——斜长石、辉石、角闪石和黑云母等的风化较易，在物理性砂粒中残留很少，大部分被化学风化破坏而成为次生矿物的材料。一般来说，岩石的物理风化难以达到物理性黏粒的程度，而黏粒中则几乎都是次生硅酸盐矿物以及硅、铁、铝等氧化物或氢氧化物。由图可见，砂粒和粉粒主要是由各种原生矿物组成的，其中以石英最多，其次是原生硅酸盐矿物。土壤黏粒部分的矿物组成则完全不同，在黏粒中，原生矿物很少，基本上是次生矿物，主要是高岭石、蒙脱石和水云母三类以及铁、铝等的氧化物和氢氧化物。

（2）化学组成 随着粗细土粒中矿物组成的变化，它们的化学组成和性质也发生相应的变化。砂粒和粉粒以石英和长石等原生矿物为主，二氧化硅含量较高；在黏粒中，则以次生硅酸盐矿物为主，铁、钾、钙、镁等的含量较多。由表1-8可知，随着颗粒的变小，P、K、Ca、Mg、Fe等养分元素的相对含量增加，而SiO_2的含量显著减少。因此，粗细颗粒供应养分的潜力是不同的。

表 1-8 各级土粒的化学组成 单位：%

颗粒等级直径/mm	SiO_2	Al_2O_3	Fe_2O_3	CaO	MgO	K_2O	P_2O_5
1.0～0.2	96.3	1.6	1.2	0.4	0.6	0.8	0.05
0.2～0.04	94.0	2.0	1.2	0.5	0.1	1.5	0.1
0.04～0.01	89.4	5.0	1.5	0.8	0.3	2.3	0.2
0.01～0.002	74.2	13.2	5.1	1.6	0.3	4.2	0.1
＜0.002	53.2	21.5	13.2	1.6	1.0	4.9	0.4

粒级大小对土壤性质影响较大的另一个因素是比表面积。一般颗粒越细，比表面积越大，如黏粒和胶粒的比表面积比砂粒大100～10000倍。因为土壤中的大部分物理、化学以及生物化学反应都是在土壤表面进行的，所以，粒级越细的土粒，比表面积越大，则这些反应速率越快，反之亦然。

(二) 土壤质地

土壤是由不同粒级土粒组成的，不同土壤中各粒级的含量相差较大，各种土壤的颗粒性质差异也较大，但是土壤中各粒级的含量也不是平均分配的，而是以某一级或两级颗粒的含量和影响为主，从而显示出不同的颗粒性质。土壤中各粒级土粒含量（质量）百分率的组合即土壤质地。通常所说的砂土、壤土和黏土等就是根据粗细不同的土粒各占的百分比来决定的，土壤质地是土壤的重要物理性质之一，主要体现在不同粒级对土壤水分、空气、热量及肥力等方面的影响，因此，它是生产上反映土壤肥力状况的一个重要指标。

根据土壤中各粒级含量的百分率进行的土壤分类，叫做土壤的质地分类。一般将土壤质地分为砂土、壤土和黏土 3 个基本等级。与土壤粒级分类一样，也有很多质地分类标准，在以下土壤质地分类的 3 种标准中，当前我国主要应用前苏联制。土壤质地测定在实际应用时，应注明使用的是哪一类分类制。

1. 前苏联制土壤质地分类

前苏联卡庆斯基提出的质地分类有简制和详制两种。详制在我国未广泛采用，简制也叫“基本质地分类”制（表 1-9）。

表 1-9 前苏联制土壤质地分类标准（1958）

质地分类		物理性黏粒(＜0.01mm)含量/%			物理性砂粒(＞0.01mm)含量/%		
类别	名称	灰化土类	草原土类及红黄壤类	碱化及强碱化土类	灰化土类	草原土及红黄壤类	碱化及强碱化土类
砂土	松砂土	0～5	0～5	0～5	100～95	100～95	100～95
	紧砂土	5～10	5～10	5～10	95～90	95～90	95～90
壤土	砂壤土	10～20	10～20	10～15	90～80	90～80	90～85
	轻壤土	20～30	20～30	15～20	80～70	80～70	85～80
	中壤土	30～40	30～45	20～30	70～60	70～55	80～70
	重壤土	40～50	45～60	30～40	60～50	55～40	70～60
黏土	轻黏土	50～60	60～75	40～50	50～35	40～25	60～50
	中黏土	65～80	75～85	50～65	35～20	25～15	50～35
	重黏土	＞80	＞85	＞65	＜20	＜15	＜35

前苏联制是一种二级分类法，即根据物理性黏粒和物理性砂粒的含量，把土壤质地分为 3 类 9 种。这种分类比较简明，测定过程也较简便。同时照顾到土壤类型的差别，主要是考虑到交换性阳离子（H^+、Ca^{2+}、Na^+等）对土壤物理性质的不同影响，使不同类型的土壤划分质地时所采用的物理性黏粒含量水平有所变化。新中国成立后大多采用这种分类，对一般土壤可按卡庆斯基制中的草原土及红黄壤类的标准划分质地类别。

在分析结果中，不包括大于 1mm 的石砾，这一部分含量需另行计算，然后按表 1-10 标准，确定其石质程度，冠于质地名称之前。对于盐基不饱和的土壤，还应把 0.05mol/L HCl 处理的流失量并入“物理性黏粒”的总量中，而对于盐基饱和土壤，则应把它并入“物理性砂粒”总量之中。

表 1-10 土壤中所含石块成分多少的分类

大于 1mm 的石砾含量/%	石质程度	石质性类型
＜0.5	非石质土	根据粗骨部分的特征确定为：漂砾性的、石砾性的或碎石性的石质土 3 类
0.5～5	轻石质土	
5～10	中石质土	
＞10	重石质土	

2. 国际制土壤质地分类*

国际制土壤质地分类是一种三级分类法，即按砂粒、粉粒、黏粒3种粒级所占百分数划分为4类12种（表1-11）。

表1-11 国际制土壤质地分类标准

质地分类		所含各级土粒的质量所占比例/%		
类别	名称	黏粒（＜0.002mm）	粉砂粒（0.02～0.002mm）	砂粒（2～0.02mm）
砂土	1. 砂土及砂质壤土	0～15	0～15	85～100
壤土	2. 砂质壤土	0～15	0～45	55～85
	3. 壤土	0～15	30～45	40～55
	4. 粉砂质壤土	0～15	45～100	0～55
黏壤土类	5. 砂质黏壤土	15～25	0～30	55～85
	6. 黏壤土	15～25	20～45	30～55
	7. 粉砂质黏壤土	15～25	45～85	0～40
黏土类	8. 砂质黏土	25～45	0～20	55～75
	9. 壤质黏土	25～45	0～45	10～55
	10. 粉砂质黏土	25～45	45～75	0～30
	11. 黏土	45～65	0～35	0～55
	12 重黏土	65～100	0～35	0～35

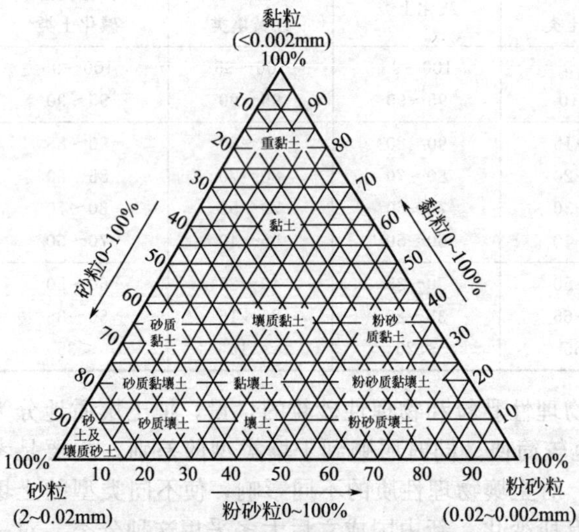

图1-8 土壤质地分类三角坐标图

国际制质地分类的主要标准是：以黏粒含量15%作为砂土类、壤土类同黏壤土类的划分界限；而以黏粒含量25%作为黏壤土类同黏土类的划分界限。以粉砂含量达45%以上作为"粉砂质"土壤的定名标准。以砂粒含量达85%以上为划分砂土类的界限；砂粒含量在55%～85%时，作为"砂质"土壤定名标准。新中国成立前多采用这种分类，目前有的地区仍有采用。

国际制土壤质地分类还可用三角坐标图表示（图1-8）。其用法及举例说明如下：以等边三角形的3个顶点分别代表100%的砂粒、粉粒和黏粒，而以其相对应的底边作为其含量百分数的起点线，各自代表0%的砂粒、粉粒和黏粒。如某土含砂粒（2～0.002mm）15%，粉砂粒（0.02～0.002mm）20%及黏粒（＜0.002mm）65%，则可以从三角坐标图查得此3数据之线交叉位置在黏土范围内，故此种土壤质地属于"黏土"。

3. 中国制土壤质地分类

中国科学院南京土壤研究所等单位综合国内研究结果，将土壤砾石筛分测定后再进一步测定小于1mm颗粒百分含量。

由于我国山地和丘陵较多，砾质土壤分布很广，将土壤的石砾含量分为三级（表1-12）。

表1-12 土壤石砾含量分级

3～1mm石砾含量/%	分级
＜1	无砾质（质地名称前不冠）
0～10	砾质
＞10	多砾质

（引自：熊毅．中国土壤．第2版．1987）

小于 1mm 土粒分为三大组 12 种质地名称（表 1-13）。我国北方寒冷少雨，风化较弱，土壤中以砂粒、粉粒含量居多，而细黏粒含量较少。南方气候温暖，雨量充沛，风化作用较强，故土壤中细黏粒含量较多。所以，砂土的质地分类中的砂粒含量等级主要以北方土壤的研究结果为依据。而黏土质地分类中的细黏粒含量的等级则主要以南方土壤的研究结果为依据。对于南北方过渡的中等风化程度的土壤，以砂粒和细黏粒含量是难以区分的，因此，以其含量最多的粗粉粒作为划分壤土的主要标准，再参照砂粒和细黏粒的含量来区分。

表 1-13　我国土壤质地分类标准

质地分类		颗粒组成/%		
组别	名称	砂粒(1～0.05mm)	粗粉粒(0.05～0.01mm)	细黏粒(<0.001mm)
砂土	粗砂土	>70	—	
	细砂土	60～70	—	
	面砂土	50～60	—	
壤土	砂粉土	>20	>40	<30
	粉土	<20		
	砂壤土	>20	<40	
	壤土	<20		
	砂黏土	>50	—	≥30
黏土	粉黏土	—		30～35
	壤黏土	—		35～40
	黏土	—		40～<60
	重黏土	—		>60

（引自：熊毅．中国土壤．第 2 版．1987）

（三）土壤质地与肥力的关系

我国农民历来重视土壤质地问题，历代农书中都有关于因土种植、因土管理和质地改良经验的记载。至今农民仍以“土质”好坏来评述土壤质地及有关性质。土壤质地是土壤最基本的性状之一，它常常是土壤通气、透水、保水、保肥、供肥、保温、导温和耕性等的决定性因素，土壤质地和土壤肥力、作物生长的关系最为密切，最为直接。现将不同质地土壤的肥力特性综述于下。

1. 砂土类

它们都有一个松散的土壤固相骨架，砂粒很多而黏粒很少。粒间孔隙大，毛管作用弱，通气透水性强，内部排水通畅，不易积聚还原性有害物质。整地无需深沟高畦，灌水时畦幅可较宽，但畦不宜过长，否则因渗水太快造成灌水不匀，甚至畦尾无水。砂性土水分不宜保持，水蒸气也很容易通过大孔隙而迅速扩散逸向大气，因此土壤容易干燥、抗旱力弱。砂质土的毛管较粗，毛管水上升的高度小，故地下水位上升回润表土的可能性小。

砂质土的养分少，其主要矿物成分是石英，又因缺少黏粒和有机质而保肥性弱，施肥后因灌水、降雨而易淋失，要多施有机肥料。在施用化肥时，要少施勤施，防止漏失。施入砂土的肥料，因通气好，养分转化供应快，一时不被吸收的养分，土壤保持不住，故肥效常表现为猛而不稳，前劲大而后劲不足。如只施基肥不注意追肥，会产生“发小苗不发老苗”的现象。因此砂土施肥除增施有机肥作基肥外，还必须适时追肥。

由于砂质土的通气性好，好气微生物活动强烈，土壤中有机质迅速分解并释放出养分，促使农作物早发，但有机质累积难，且其含量常较低，一般有机质含量比黏土类低。

砂质土含水少，热容量比黏质土较小，白天接受太阳辐射而增温快，夜间散热而降温也快，因而昼夜温差大，这对某些作物是不利的，如小麦返青后容易因此而受冻害，但种植甘薯类及其他块根块茎作物时，则有利于淀粉的累积。砂土在早春气温上升时很快转暖，所以称为“热性土”，但晚秋一遇寒潮，温度下降也快，作物易受冻害。

砂质土松散易耕，但缺少有机质的砂土泡水后容易沉淀、板实、闭气、且不易插秧，要边耕边插，浑水插秧。

2. 黏土类

包括黏土和黏壤等质地黏重的土壤，此类土壤的细粒（尤其是黏粒）含量高而粗粒（砂粒、粗粉粒）含量极少，常呈紧实黏结的固相骨架。黏质土粒间孔隙小，多为极细毛管孔隙和无效孔隙，通气不良，透水性差，内部排水慢，易受渍害和积累还原性有毒物质，故需“深沟高畦”，以利排水通气。

黏土含矿质养分丰富，尤其是钾、钙、镁等盐基离子，而且有机质含量较高，它们对正电荷的离子态养分有强大的吸附能力，使其不致被雨水和灌溉水淋洗损失。黏质土的孔隙往往被水所占住，所以其通气性差，好气性微生物受到抑制，有机质分解较慢，腐殖质与黏粒结合紧密而难以分解，因而易于积累腐殖质，故黏土中有机质和氮素一般比砂土高。在施用有机肥和化肥时，由于分解慢和土壤保肥性强，表现为肥效迟缓，肥劲稳长。

黏土保水力强，含水量多，热容量较大，升温慢降温也慢，昼夜温差小。早春升温时土温上升较慢，故又称“冷性土”。如生长在黏土上的早稻前期容易因低温而僵苗不发。在黏土上生长的作物其苗期也常由于土温低、氧气少、有效养分少，而生长缓慢，小苗瘦弱矮黄；但生长后期因肥劲长，水分养分充足而生长茂盛，甚至贪青晚熟，出现所谓“发老苗不发小苗”的现象。

黏土干时紧实坚硬，湿时泥烂，耕性不良，宜耕期短。在黏土中顶土力差的种子不易发芽出苗，容易产生缺苗断垄现象。因此黏土必须掌握宜耕期操作，注意整地质量。

3. 壤土类

这类土壤兼有砂土类、黏土类的优点，是农业生产上质地比较理想的土壤。壤土类大小孔隙兼备，大小孔隙的比例也较合理，通气透水性良好，具有一定的保水保肥性能，含水量适宜，土温比较稳定，黏性不大，耕性较好，宜耕期较长，适宜种植的作物种类多，“既发小苗又发老苗”。有些地方群众所称的“四砂六泥”或“三砂七泥”土壤就相当于壤质土。不过，以粗粉砂占优势（60％～80％）而又缺乏有机质的土壤，即粗粉壤，泡水后也易淀浆板结、闭气，不利于幼苗扎根发育。

土壤质地对于土壤性质和肥力有极为重要的影响，而土壤质地主要是一种较稳定的自然属性。但是，土壤质地不是决定土壤肥力的唯一因素，一种土壤在质地上的缺点，可通过改良土壤结构和调整颗粒组成而得到改善。

（四）不同质地土壤的利用

各种植物因其生物学特性上的差异，加之对耕作和栽培措施的要求也不完全一样，所以它们所需要的最适宜的土壤条件就可能不同，土壤质地是重要的土宜条件之一（表 1-14）。通常生长期短的作物宜于在砂质土上生长，后期不致脱肥，一些耐旱耐瘠的作物（如芝麻、高粱等），以及实施早熟栽培的作物（如蔬菜等），也以砂质至砂壤质土壤为宜。而需肥较多的或生长期较长的谷类作物，则一般宜在黏质壤土和黏土中生长。双季稻因早发速长，以争季节，宜安排在灌排方便的壤质和黏壤质土壤中生长。

根茎类作物（如马铃薯，甘薯等）种在砂质土上产量高，花生、烟草和棉花也要求砂壤。果树一般要求土层深厚，排水良好的砂壤到中壤质的土壤。蔬菜作物要求排水良好、土质疏松，以砂壤、壤土为宜。茶树以排水良好的壤土至黏壤土最为适宜；而较黏的土壤，如含有小的石砾，有利于土壤内部排水，对茶树生长也有利。应该指出：大部分作物对土壤质地的适应范围都相当广泛。不过，也有些作物生长在过黏和过砂的土壤中，往往会出现衰退现象，这是由于水、肥、气、热等肥力因素失调所引起的，可以通过灌排、施肥、松土、覆盖、镇压以及其他一些土壤管理和栽培措施达到防治的效果。

表 1-14　主要作物的适宜土壤质地范围

作物种类	土壤质地	作物种类	土壤质地
水稻	黏土、黏壤土	梨	壤土、黏壤土
小麦	黏壤土、壤土	桃	砂壤土～黏壤土
大麦	壤土、黏壤土	葡萄	砂壤土、砾质壤土
粟	砂壤土	豌豆、蚕豆	黏土、黏壤土
玉米	黏壤土	白菜	黏壤土、壤土
甘薯	砂壤土、壤土	甘蓝	砂壤土～黏壤土
棉花	砂壤土、壤土	萝卜	砂壤土
烟草	砾质砂壤土	茄子	砂壤土～壤土
花生	砂壤土	马铃薯	砂壤土、壤土
油菜	黏壤土	西瓜	砂土、砂壤土
大豆	黏壤土	茶	砾质黏壤土、壤土
苹果	壤土、黏壤土	桑	壤土、黏壤土

(五) 土壤质地的改良

改良土壤质地是农田基本建设的一项基本内容。实践证明，只要发挥人的积极因素，任何不好的土壤质地都是可以得到改善的。根据各地经验总结，改良土壤质地有以下措施。

1. 增施有机肥料

增施有机肥，是培肥土壤的重要措施之一，增施有机肥，提高土壤有机质含量，既可改良砂土，也可改良黏土，这是改良土壤质地最有效和最简便的方法。因为有机质的黏结力和黏着力比砂粒强，比黏粒弱，可以克服砂土过砂和黏土过黏的缺点。有机质还可以使土壤形成团粒结构，使土体疏松，增加砂土的保肥性。各地农民群众历来有砂土地施土粪和炕土肥，黏土地施炉灰渣和砂土粪等经验。在南方某些地区，大量施用草塘泥、压绿肥等都是改良土壤质地行之有效的方法。中国科学院南京土壤研究所在江苏铜山县孟庄村的砂土上，采用秸秆还田（主要是稻草还田），翻压绿肥，施用麦糠或麦糠和绿肥混施等措施，能起到改善土壤板结，使其迅速发暄变软的作用。其中稻草、大麦草等禾本科植物含难分解的纤维素较多，在土壤中可残留较多的有机质，而豆科绿肥（如苕子）含氮素较多，而且植株较嫩，易于分解，残留在土壤中的有机质较少，因此，从改良质地的角度来看，禾本科植物比豆科的效果好。

2. 掺砂掺黏、客土调节

土壤质地过砂或过黏均对作物生长不利，因此应采取相应的改良措施。各地改良低产土壤的经验表明，客土，即通过砂掺黏或黏掺砂，是一个有效的措施。掺砂掺黏的方法有遍掺、条掺和点掺三种。遍掺即将砂土或黏土普遍均匀地在地表盖一层后翻耕，这样效果好，见效快，但一次用量大，费劳力；条掺和点掺是将砂土或黏土掺在作物播种行或穴中，用量较少，费工不多，也有一定效果，但需连续几年方可使土壤质地得到全面改良。有的地区砂土下面有淤黏土，或黏土下面有砂土，这样可以采取表土“大揭盖”翻到一边，然后使底土“大翻身”，把下层的砂土或黏淤土翻到表层来使砂黏混合，改良土性。

在面积大、有条件放淤或漫沙的地区，可利用洪水中的泥沙改良砂土和黏土。所谓“一年洪三年肥”，可见这是行之有效的办法。质地改良一般是就地取材，因地制宜，逐年进行。如我国南方的红土丘陵上，酸性的黏质红壤与石灰质的紫砂土往往相间分布，就近挑加紫砂土来改良红壤，可同时起到改良质地、调节土壤酸碱度及提供钙质养分等作用。

3. 根据不同质地采用不同的耕作管理措施

如砂土整地时畦可低一些，垄可放宽一些，播种宜深一些，播种后要镇压接墒，施肥要多次少量，注意勤施。黏土整地时要深沟、高畦、窄垄，以利排水、通气、增温；要注意掌握适宜含水量及时耕作，提高耕作质量，要精耕、细耙、勤锄。黏土水田要尽量能冬耕晒田，植稻期间注意放水烤田，插秧深度宜浅一些，以利出苗、发苗。施肥要求基肥足，前期注意施用适量种肥和追肥，促进幼苗生长，后期注意控制追肥，防止贪青徒长。

三、土壤生物与土壤酶

土壤生物是土壤具有生命力的主要成分，在土壤形成和发育过程中起主导作用，也是评价土壤质量和健康状况的重要指标之一。生活在土壤中的生物包括多细胞的后生动物、单细胞的原生动物、植物和微生物。土壤生物的类群、数量一般常随它们相适应的植物而发生变化，土壤的温度、湿度、通气状况和酸度等环境因子对它们的分布也具有明显影响。

（一）土壤动物

每一公顷的土壤中约含有几百千克的各类动物，主要包括线虫、轮虫、蠕虫、蚯蚓、蚂蚁、螨、环节动物、蜘蛛和昆虫等。这些动物以其他动物的排泄物、植物以及无生命的物质作为食料，在土壤中活动，改善了土壤的通气、排水和土壤结构性状，与此同时，还将作物残茬和森林枝叶浸软嚼碎，并以一种较易为土壤微生物利用的形态排出体外。

通常土壤动物的发育需要有良好的通气条件、适宜的湿度和温度。施肥也对动物的发育具有良好的影响。

1. 线虫

线虫为长形，形体微小，一般长度小于1mm，在显微镜下清晰可见，它们几乎在所有的土壤中都可以发现。线虫有三种营养类型：①腐食型，以动植物的残体和细菌等为食；②植食型，以绿藻和蓝藻为食；③肉食型，以捕食轮虫和其他线虫为食。

2. 轮虫

轮虫是一种比较简单的后生动物，其特征是身体前端有一个头冠，头冠上有纤毛环，纤毛环摆动时，将细菌和有机颗粒等引入口中。轮虫形体微小，长度为4～4000μm，多数为500μm左右，需要借助显微镜观察。轮虫对pH的适应范围较广，中性、偏酸偏碱性的环境都有轮虫的分布，在pH值为6.8左右的环境中分布较多。大多数轮虫以细菌、霉菌、藻类、原生动物和有机颗粒为食。

3. 蚯蚓

蚯蚓是比较重要的土壤动物，进入蚯蚓体内的土壤，不但其中的有机质可作为蚯蚓的食物，而且其矿质成分也受到蚯蚓体内的机械研磨和各种消化酶类的生物化学作用而发生变化。蚯蚓粪中含有的有机质、全氮和硝态氮，代换性钙和镁，有效态磷和钾以及盐基饱和度和阳离子代换量都明显高于土壤。

蚯蚓的活动在土壤中留下了大量的洞穴、孔道，对土壤通气、排水以及根系生长发育都具有十分重要的意义。蚯蚓可明显改良土壤结构，另外蚯蚓还可通过改变土壤养分离子的价态，对养分的有效性产生影响。

蚯蚓对土壤和其他环境因素很敏感，因此，它在土壤中的分布随着地区、土壤类型、季节变化、温湿度以及有机质数量而有较大的差异。蚯蚓喜好潮湿和通气良好的环境，需要丰富的有机质作为食料，所以在施加厩肥或植物残体的疏松土壤中生长良好。蚯蚓除少数几种能耐酸外，大多数适于中性和微碱性石灰性土壤。

4. 其他土壤动物*

（1）螨类　栖息在土壤中的螨类，体型大小为0.1～1.0mm，在土壤中的数目十分庞大，通常以分解中的植物残体和真菌为食物，也吞食其他微小动物。由于它们仅能利用所消耗食物中的一小部分，因此它们在有机质分解中的作用，只是把大量的残落物加以软化，并以粪粒形态将这些残落物散布开来。

（2）蚂蚁　蚂蚁是营巢居生活的群居昆虫，它们在土壤中挖孔打洞的活动，对改善土壤通气性和促进排水流畅起着极显著的作用。

(3) 蜗牛　蜗牛大多在土壤表面觅食，出没于潮湿土壤中，是典型的腐生动物。蜗牛肠胃中含有高浓度的纤维素分解酶，以植物残落物和真菌为食料，能使一些老植物组织以浸软和部分消化状态排出体外。

(4) 啮齿类动物　鼠类在森林土壤和湿草原土壤中具有相当的数量。由于挖穴筑巢，常将大量亚表土和心土搬到表层，而将富含有机质的表土填塞到下层的洞穴中，因此对表土层土壤的疏松起一定作用。

(5) 其他昆虫　在土壤中还栖息着不少的昆虫，虽然对疏松土壤有一定的作用，但大多是咬食植物根部的害虫，如金龟子的幼虫蛴螬、叩头虫、幼虫、金针虫、地老虎及蝼蛄等。

（二）土壤微生物

土壤微生物分布广、数量大、种类多，是土壤生物中最活跃的部分。它们参与土壤有机质的分解，腐殖质合成，养分转化并推动土壤的发育和形成。微生物的代谢活动可以转化土壤中各种物质的状态，改变土壤的理化性质，是构成土壤肥力的重要因素。土壤微生物的种类和数量是土壤环境条件的综合反应。气候变化、土壤性质、植被和农业利用不同，微生物生长发育的条件也不同，使土壤微生物区系的组成成分，生物量和活动强度等都有很大差异。

土壤微生物包括细菌、真菌、放线菌、藻类和原生动物 5 个类群。其中，细菌数量最多，放线菌、真菌次之，藻类和原生动物最少。

1. 细菌

土壤细菌占土壤微生物总数量的 70%～90%，能分解各种有机质，它们个体小（平均体积为 0.2～0.5μm^3），数量很大，但生物量并不很高，生物量仅占土壤重的 1/10000 左右。因为细菌的个体小、代谢强、繁殖快且与土壤接触的面积大，是土壤中最活跃的生活因素。腐生性细菌积极参与土壤有机质的分解和腐殖质的合成，而自养性细菌可以转化矿质养分的存在状态。细菌在土壤中大部分被吸附于土壤团粒表面，形成菌落或菌团，有一小部分分散在土壤溶液中，绝大多数处于营养体状态，但是代谢的强度和生长的速度时刻受水分、养料和温度的限制。土壤中存在着的各种细菌生理群如纤维分解细菌、固氮细菌、硝化细菌、亚硝化细菌、氨化细菌等在土壤碳、氮、磷、硫循环中担当重要角色。细菌在土壤中的分布以表层最多，随着土层的加深而逐渐减少，厌氧性细菌的含量比例，则在下层土壤中增高。

2. 放线菌

放线菌在土壤中的数量和种类也很多，仅次于细菌，1kg 土壤中可含 100 亿个放线菌，约占土壤中微生物总数的 5%～30%，在有机质含量高的偏碱性土壤中占的比例更高。放线菌最适宜生长在中性、偏碱性、通气良好的土壤中，能转化有机质，产生抗生素，对其他的有害菌能起拮抗作用。高温型的放线菌在堆肥中对其养分转化起重要作用。放线菌以分枝的丝状营养体蔓绕于有机物碎片和土粒表面，扩展于土壤孔隙中，断裂成繁殖体或形成分生孢子，数量迅速增加，放线菌的一个丝状营养体的体积比一个细菌大几十倍至几百倍，因此，放线菌数量虽较少，但在土壤中的生物量相近于细菌。

3. 真菌

真菌是常见的土壤微生物之一，尤其在森林土壤和酸性土壤中，往往是真菌占优势或起主要作用。我国土壤真菌种类繁多，资源丰富。土壤真菌有藻状菌、子囊菌和担子菌，尤多半知菌类。真菌菌丝比放线菌宽几倍至十几倍。因此土壤中真菌的生物量比细菌和放线菌并不少。真菌的菌丝体发育在有机物残片或土壤团粒表面，向四周扩散，并蔓延于孔隙中产生孢子。土壤真菌大多是好气性的，在土壤表层中发育。一般耐酸性，在 pH5.0 左右的土壤中细菌和放线菌的发育受限制，而真菌仍能生长。

4. 藻类

藻类为单细胞或多细胞的真核原生生物。土壤中藻类的数量多，是构成土壤生物群落的重要成分，土壤中藻类主要由硅藻、绿藻和黄藻组成。藻类细胞内含有叶绿素能利用光能，将CO_2合成为有机物，因此藻类对土壤的形成和熟化起重要作用，它们凭借光能自养的能力，成为土壤有机质的最先制造者。在温暖季节中，积水的土面上藻类大量发育，其中主要有衣藻、原球藻、小球藻、丝藻和绿球藻等绿藻以及黄褐色的各种硅藻，水田则发育有水网藻和水绵丝状绿藻，有利于土壤积累有机物质。生存在较深土层中的一些藻类，失去叶绿素，进行腐生生活。

5. 原生动物

原生动物为单细胞真核动物，简称原虫，其个体都很小，长度一般为100～300μm。土壤中的原生动物，包括纤毛虫、鞭毛虫和根足虫等类，其形体大小差异很大，通常以分裂方式进行无性繁殖。纤毛虫类如肾形虫、弓形虫，长有许多纤毛作为运动器官，鞭毛虫类如波多虫有一或两根较粗而长的鞭毛。根足虫类如变形虫、不具毛状的运动器官，细胞无定形，能伸出假足而匍匐移动。原生动物以有机物为食料，它们吞食有机物的残片，也扑食细菌，单细胞藻类和真菌的孢子。不同地区和不同类型土壤中原生动物的种类和数量有差异，一般为10^4～10^5个/g，多时可达10^6～10^7个/g。表土中最多，下层土壤较少。

另外，土壤中还存在病毒，病毒是一类由核酸和蛋白质等少数几种成分组成的超显微“非细胞生物”，其本质是一种只含DNA或RNA的遗传因子，它们能以感染态和非感染态两种状态存在。它们在活细胞体内呈感染态，依赖宿主的代谢系统获取能量，合成蛋白质和复制核酸，然后通过再装配得以增殖；在离体条件下，它们能以无生命的生物大分子状态长期存在，并可保持其侵染活性。随着电镜技术和分子生物学方法的应用，人们对病毒本质的认识不断深化，发现非细胞生物包括真病毒和亚病毒（类病毒、拟病毒和朊病毒）。目前，人们对土壤中的病毒了解甚少，只知道土壤中的病毒可以保持寄生能力，并以休眠状态存在。病毒在控制杂草和有害昆虫的生物防治方面已显示出良好的应用前景。

(三) 土壤酶

土壤中各类反应之所以能够持续进行，得益于土壤中酶的作用。土壤酶是土壤中的生物催化剂，具有提高土壤生化反应速率的功能。土壤酶主要来自微生物、土壤动物和植物根，土壤微小动物对土壤酶的贡献十分有限。

1. 土壤酶种类和功能

土壤酶活性与土壤质量的很多理化指标相联系，因此土壤酶活性大小可表征生化反应的方向和强度。土壤酶作为土壤的组成部分，在营养物质转化、有机质分解、污染物降解及修复等方面起着重要的作用。目前已发现的土壤酶达50多种，研究最多的是氧化还原酶类、水解酶类和转化酶类。

土壤酶活性与土壤肥力有很大的关系。例如脲酶能分解有机质，促使其水解成氨和二氧化碳；尿酸酶可将土壤中的核酸嘌呤碱基及尿酸等物质氧化生成尿囊素和尿囊酸，进而转化为尿素；蔗糖酶也可促进土壤中有机质的转化，有利于土壤肥力的改善和提高。酶活性还与植物养分的有效性有关，如土壤磷酸酶是一类催化土壤有机磷化合物矿化的酶，其活性高低直接影响着土壤中有机磷的分解转化及其生物有效性。另外果胶酶、葡聚糖酶、蛋白酶、脂肪酶等多种酶也都在植物病虫害防治方面有一定作用。

2. 环境条件对土壤酶活性的影响

土壤酶活性反映了生物的要求及其对环境的适应能力，一般情况下，土壤湿度较大时，酶活性较高；但土壤过湿时，酶活性减弱。土壤空气直接影响土壤酶活性，如氧含量与脲酶活性有关。

(1) 土壤物理性质的影响　主要通过以下几个方面影响土壤酶活性：①土壤质地，质地黏重的土壤比质地轻的土壤酶活性强；②土壤结构，小团聚体中的土壤酶活性比大团聚体中的强；③土壤水分，一般情况下，土壤湿度较大时，酶活性较高，但土壤过湿时，酶活性减弱，土壤含水量减少，酶活性也减弱；④温度，适宜温度下各种酶活性均随温度升高而升高。

(2) 土壤化学性质的影响　主要通过以下几方面影响土壤酶活性：①土壤有机质的含量及组成决定着酶的稳定性；②土壤酸碱度，不同的酶都有自己最适宜的 pH 范围，如脲酶在中性土壤中活性最高，而脱氢酶在碱性土壤中活性最大；③某些化学物质的抑制作用，一些重金属、非金属离子、有机化和物等均对土壤酶活性有抑制作用。

另外，一些耕作管理措施也会对酶活性产生影响，如耕翻通常会降低上层土壤的酶活性。

四、土壤有机质

在土壤固相组成中，除了矿物质之外，就是土壤有机质，它是土壤的重要组成部分，其含量是土壤肥力分级的重要指标和肥力高低的综合表现。尽管土壤有机质只占土壤总质量的很小一部分，但它在土壤肥力、环境保护、农业可持续发展等方面都有着很重要的作用和意义。一方面它含有植物生长所需要的各种营养元素，是土壤微生物活动的能源；另一方面有机质对重金属、农药等各种无机有机污染物的行为都有显著的影响，而且土壤有机质还对全球碳平衡起着重要作用，被认为是影响全球变暖的主要因素。

土壤有机质泛指存在于土壤中的所有含碳的有机化合物，它包括土壤中各种动、植物残体，微生物体及其分解和合成的各种有机物质。它的含量在不同土壤中差异很大，高的可达20%以上，如泥炭土；低的不足 0.5%，如一些砂质土壤。一般把含有机质 20%以上的土壤称为有机质土壤，20%以下的土壤称为矿质土壤。我国耕地土壤耕层有机质含量通常在 5%以下，东北地区新垦耕地却有不少超过此数。

(一) 土壤有机质的来源及存在形态

土壤有机质最初都是生命活动的产物，它包括各种动植物的残体、分泌物及排泄物等。在自然条件下，这些物质可直接进入土壤。生长在土壤上的高等绿色植物（包括地上部分和地下的根系）提供的有机质较多，其元素组成中，以 C、O、H、N 为主，占元素总量的 90%～95%，其中大多数植物中 C 占 40%左右，此外，还含有植物和微生物必不可少的营养元素如 P、K、Ca、Si、Fe、Zn、B、Mo 和 Mn 等。在人为条件下，除了自然进入土壤的有机物质，每年施用的有机肥料和每年作物的残茬和根系以及根系分泌物都是土壤有机质的重要来源。

通过各种途径进入土壤中的有机质，不断被土壤微生物分解，所以土壤有机质大致有以下几种：新鲜的有机质、已经发生变化的半分解有机残余物和腐殖质。

新鲜有机质主要指土壤中未分解的动、植物残体。半分解的有机质是新鲜的有机质经微生物的分解作用，最初的结构被破坏，多呈分散的暗黑色小块。以上两种物质是土壤有机质的基本组成部分，是作物养分的重要来源，也是形成腐殖质的重要原料。

腐殖质是指有机残体在土壤腐殖质化的过程中形成的一类褐色或暗褐色的高分子有机化合物。腐殖质与矿物质土粒紧密结合，不能用机械方法分离。它是土壤有机质中最主要的一种形态，占有机质总量的 85%～90%，对土壤物理、化学、生物学性质都有良好作用。通常把土壤腐殖质含量高低作为衡量土壤肥力水平的主要标志之一。

(二) 土壤有机质的组成和性质

有机物质进入土壤后，在微生物的作用下，有机质的化学成分及含量都发生了很大的变化。土壤有机质的化学组成和各组分的含量，因植物种类、器官、年龄等的不同而有很大差异。主要有以下五类有机化合物。

1. 糖类、有机酸、醛、醇、酮类以及相近的化合物

糖类是广泛分布在植物中的一类化合物，包括单糖、双糖和多糖三大类。以上各类都可

溶于水，在植物残体被破坏时，能被水淋洗流失，这类有机质被微生物分解后产生 CO_2、H_2O，在氧气不足的条件下，产生有机酸，甚至产生 H_2 及 CH_4 等还原性的有毒物质。

2. 纤维素和半纤维素

半纤维素在稀酸或稀碱溶液的处理下，易于水解，而纤维素则在较强的酸或碱溶液处理下才能水解。它们均能被微生物分解。

3. 木质素

木质素是复杂的有机化合物，不容易被细菌和化学物质分解，但在土壤中可不断地被真菌、放线菌分解。木质素的成分随植物不同而有所差异。

4. 树脂、脂肪、蜡质和单宁

这类有机化合物属于复杂的化合物，不溶于水，而溶于醇、醚及苯中。在土壤中，这类物质抵抗化学分解和细菌分解的能力比较强。

5. 含氮化合物

生物体内的有机态含氮化合物主要为蛋白质，各种蛋白质经水解后，一般可产生多种不同的氨基酸，少部分比较简单而可溶性的氨基酸，可为微生物直接吸收，但是大部分含氮化合物是需要经过微生物分解后，才能被利用。

此外，构成植物体的除有机物外，还有一些灰分元素，是经过灼烧后残留下来的元素，又称灰分物质，如 Ca、Mg、K、Na、Si、P、S、Fe、Al、Mn 等，还有少量的 I、Zn、B、F 等。这些元素在生物的生活中起着巨大作用。植物体中灰分的含量，随植物种类、年龄和土壤性质有所不同，一般平均占植物残体干物质质量的 5%。

（三）土壤有机质的转化过程

微生物的活动在土壤有机质的分解和转化中起着最主要的作用。土壤有机质在微生物的作用下，进行着复杂的转化。这种转化可归纳为两个对立的过程，即有机质的矿质化过程和腐殖质化过程。这两个过程既是相互对立的，又是相互联系的，随着土壤中环境条件的改变而相互转化。矿质化过程是有机质被分解成简单的无机化合物，如 CO_2、H_2O、NH_3 等。腐殖化过程使之形成新的、较稳定的、复杂的大分子有机化合物（腐殖质）。它们对土壤肥力都有贡献。前者是有机质中养分的释放过程，后者是土壤腐殖质的形成过程。

1. 有机质的矿化过程

土壤有机质的矿质化过程是指有机质在微生物作用下，分解为简单无机化合物的过程，其最终产物为 CO_2、H_2O 等，而 N、P、S 等营养元素经一系列特定反应后，释放成为植物可利用的矿质养料，同时放出热量，为植物和微生物提供养分和能量。该过程也为形成土壤腐殖质提供物质来源。

知 识 扩 展

（1）糖类化合物的转化　多糖类化合物首先通过酶的作用，水解成为单糖，单糖再进一步分解成为更简单的物质。在通气良好条件下，分解迅速，最后产物为 CO_2 和 H_2O，并放出能量。在通气不太好（半厌气）的条件下，分解较缓慢，往往产生有机酸的积累。在通气极端不良（完全厌气）条件下，分解极慢，最后产物为还原性物质，如 CH_4、H_2 等。

（2）含氮有机质的转化　土壤中的氮素，主要是以有机化合物的形态存在着。但植物利用的氮素形态主要是无机态氮的化合物，如 NO_3^-、NH_4^+ 等。然而土壤中无机态氮的含量很少，必须依靠含氮有机物的不断转化才能满足植物的需要。在这个转化过程中，微生物起着重要作用。现以蛋白质为例，说明含氮有机质的转化。

第一步。水解作用：蛋白质在蛋白水解酶作用下，分解成简单的氨基酸一类的含氮物质。

蛋白质→水解蛋白质→消化蛋白质→多缩氨基酸（或多肽）→氨基酸

第二步。氨化作用：水解作用形成的氨基酸，在多种微生物及其所分泌的酶的作用下，借助水解作用、氧化作用和还原作用，进一步分解成氨（在土中成为铵盐）。氨化作用在好氧和厌氧条件下均可进行。

第三步。硝化作用：在通气良好条件下，铵态氮通过亚硝化细菌和硝化细菌的相继作用，逐级转化成亚硝酸态氮和硝酸态氮。

在某些条件下，还可通过反硝化细菌的作用，将土壤中硝酸盐还原成 NO_2、NO 或游离 N_2 而逸散于空气中，这一过程称为反硝化过程。

(3) 含磷有机化合物的转化　土壤中的磷绝大部分是以植物不能直接利用的难溶性无机和有机状态存在的。有机态的磷只能经过微生物分解成为无机的可溶性的物质后，才能被植物所吸收利用。土壤中的含磷有机化合物，在多种腐生性微生物的作用下，逐渐把磷释放出来，以磷酸形态被植物吸收利用。异养型细菌、真菌、放线菌都能起到这种作用，尤其是磷细菌的分解能力最强。

在厌氧条件下，许多微生物能引起磷酸的还原，产生亚磷酸和次磷酸。在有机质丰富和通气不良的情况下，将进一步被还原成磷化氢，而危害作物生长。另一方面，土壤中的生物活动和有机质分解所产生的 CO_2 能促进不溶性无机磷化合物的溶解，改善植物的磷素营养。

(4) 含硫有机化合物的转化　硫主要存在于蛋白质类物质中，在土壤微生物及酶的作用下，含硫的有机化合物先分解成含硫的氨基酸，然后再以硫化氢的形态分离出来，硫化氢在嫌气条件下易积累，对植物和微生物会发生毒害。但在通气良好的条件下，硫化氢在硫细菌作用下，氧化成硫酸，后者再与土壤中的盐作用形成硫酸盐类，不仅消除了硫化氢的毒害作用，并成为植物能吸收的硫素营养。

2. 土壤有机质的腐殖化过程

土壤腐殖质的形成过程称为腐殖化过程。腐殖质的形成及其性质在 150 多年前就开始了研究，虽然取得了重大的成就，但至今尚未完全搞清楚。腐殖化过程是一系列复杂过程的总称，其中主要是由微生物为主导的生物和生物化学过程，还有一些纯化学的反应。目前，一般认为土壤腐殖化过程一般可分为 3 个阶段：第一阶段是植物残体分解产生简单的有机碳化合物；第二阶段是通过微生物对这些有机化合物的代谢作用和反复循环，增殖微生物细胞；第三阶段通过微生物合成的多酚和醌或来自植物的类木质素，聚合形成高分子多聚化合物，即腐殖质。

3. 影响土壤有机质转化的因素

有机质是土壤中最活跃的物质组成。一方面，外来有机物质不断进入土壤，并经微生物的作用形成腐殖质；另一方面，土壤原有有机质被不断地分解和矿化。土壤有机质在不同条件下，转化方向、速度、产物都不一样，对养分和能量利用以及对土壤性质的作用截然不同。因此，掌握影响有机质转化的因素十分重要。由于微生物是土壤有机质分解和周转的主要驱动力，因此，凡是能影响微生物活动及其生理作用的因素都会影响有机质的分解和转化。

(1) 温度　温度影响到植物的生长和有机质的微生物分解。一般而言，在 0℃以下，土壤有机质的分解速率很小，在 0～35℃温度范围内，温度升高，能促进有机质的分解，加速微生物的生物周转，温度每升高 10℃，土壤有机质的最大分解速率提高 2～3 倍。一般土壤微生物活动最适宜的温度范围在 25～35℃，超出这个范围，微生物的活动就会受到明显的抑制。

(2) 土壤水分和通气状况　土壤水分对有机质的分解和转化的影响是复杂的。土壤中微生物的活动需要适宜的土壤含水量，但过多的水分导致进入土壤的氧气减少，从而改变土壤有机质的分解过程和产物。

通气状况直接影响着分解有机质的微生物群落分解的速度和最终产物。在通气良好条件下，好气性微生物活跃，有机质分解迅速，可完全矿质化，不含氮的有机化合物分解的最终产物是 CO_2、H_2O 和灰分物质。含氮有机化合物的最终产物主要是硝态氮，易被植物所吸收利用。在通气不良条件下，有机质分解缓慢，而常积累有机酸，甚至形成还原性物质，如 CH_4、H_2 和 H_2S 等。一般认为在好气和嫌气分解交替进行时，有利于土壤腐殖质的形成。

(3) 土壤特性 气候和植被在较大范围内影响土壤有机质的分解和积累，而土壤质地在局部范围内影响土壤有机质的含量。土壤有机质的含量与其黏粒含量具有极显著的正相关。腐殖质与黏粒结合形成的黏粒-腐殖质复合体，可防止有机质遭受分解，免受微生物的破坏。

土壤 pH 也通过影响微生物的活性而影响有机质的分解。各种微生物都有其适宜活动的 pH 范围，真菌适宜在酸性环境活动，易产生酸性的富里酸型的腐殖质。细菌适宜在中性环境繁殖，在适量水分和钙的作用下，易形成胡敏酸型的腐殖质。在微碱性环境中，空气流通时，宜于硝化细菌活动，有利于硝化作用。一般来说，土壤反应以中性为宜。

(4) 有机质的碳氮比 有机质的碳氮比（C/N）对其分解速度影响很大，植物体内的 C/N 变异很大，一般枯老蒿秆的 C/N 为（65～85）∶1，青草的 C/N 为（25～45）∶1，幼嫩豆科绿肥的 C/N 为（15～20）∶1。通常植物残体中的 C/N 为 40∶1。这与植物种类、生长时期、土壤养分状况等有关。一般来说，植物成熟阶段组织中蛋白质含量下降，而木质素和纤维素的比例增加，因而其 C/N 增加。与植物相比，土壤微生物的 C/N 要低得多，稳定在 10∶1 到 5∶1，平均为 8∶1。由此可知，微生物每吸收 1 份氮大约需要 8 份碳组成自身的细胞，但微生物代谢的碳只有 1/3 进入微生物体内，其余的碳以 CO_2 形式释放。因此，对微生物而言，同化 1 份氮到体内，必须相应需要约 24 份碳。显然，植物残体进入土壤后由于氮含量太低而不能使土壤微生物将加入的有机碳转化为自身的组成。为了满足微生物分解对氮的养分需求，土壤微生物必须从土壤中吸收矿质态氮，此时土壤中矿质态氮的有效性决定了土壤有机质的分解速率，最终的结果是微生物与植物竞争土壤氮素。随着有机质的分解，CO_2 的释放，土壤中有机质的 C/N 降低，微生物对氮的要求逐步降低，当有机质的 C/N 降至约 25∶1 以下，微生物不再与植物竞争土壤中的速效氮素，相反，有机质的分解还释放矿质态氮，供植物吸收利用。

此外，经粉碎的植物残体比未经粉碎的植物残体更容易腐解。特别是 C/N 大的枯老植物残体更是如此。因为粉碎后，暴露的表面积大，与外界作用的机会多，并且粉碎了包裹在残体外面抗微生物作用的木质素、蜡质等物质，因而更容易受到酶和微生物的作用，加快了腐烂过程。

(四) 土壤有机质的作用

具体来讲，土壤有机质的作用包括以下几个方面。

1. 提供植物需要的养分

土壤有机质是植物所需的氮、磷、硫、微量元素等各种养分的主要来源。土壤有机质中含有极为丰富的氮、磷、硫等元素，它们的有机化合物是植物营养物质在土壤中的主要存在形式，使植物营养元素在土壤中得以保存和聚积，如我国主要土壤表土中大约 80%以上的氮、20%～76%的磷以有机态形式存在。有机质经过微生物的矿质化作用，释放植物营养元素，满足植物和微生物生活的需要。

微生物在分解有机质的过程中，获得生命活动所需要的能量，产生的二氧化碳一方面供给植物的碳素营养，另一方面当二氧化碳溶于水后，可促进矿物的风化。此外，土壤有机质在分解和合成过程中，产生了多种有机酸和腐殖酸，促进矿物风化的同时，有利于某些养分的有效化，如一些有机酸络合的金属离子可以保存在土壤溶液中不致沉淀而增加有效性。

2. 改善土壤的物理特性

有机质通过影响土壤物理、化学和生物学性质而改善土壤肥力特性。

有机质在改善土壤物理性质方面具有多种功能，首先是促进土壤团粒结构的形成。腐殖质在土壤中主要以胶膜形式包被在矿质土粒的外表，由于它是一种胶体，黏结力强，是一种良好的胶结剂，在有电解质，尤其是钙离子存在的条件下，腐殖质产生凝聚作用，使分散的土粒胶结成团聚体，进一步形成良好的水稳性团粒，从而可以调节土壤中的养分、水分和空气之间的矛盾，创造植物生长发育所需的良好条件。土壤有机质还可以使砂土变紧，黏土变松，改善不良质地的耕作性能。此外，有机质对改善土壤的透水性、蓄水性以及通气性等都有明显的作用。

3. 提高土壤的保水保肥能力

腐殖质疏松多孔，又是亲水胶体，能吸持大量水分。据测定，腐殖质的吸水率为500%～600%，而黏粒仅为50%～60%，腐殖质的吸水能力比黏粒大10倍左右，能大大提高土壤的保水能力。

腐殖质属胶体物质，有巨大的比表面和表面能，因其带有正负两种电荷，故可吸附阴、阳离子，但以负电荷为主，故它吸附的主要是阳离子。腐殖质能提高土壤吸附分子态和离子态物质的能力，其保存阳离子养分的能力要比矿质胶体大许多倍甚至几十倍。

腐殖质是一种含有很多功能团的弱酸。若土壤溶液中H^+或OH^-过多时，通过离子交换作用，可降低土壤的酸性或碱性，因此腐殖质具有较强的缓冲作用。

4. 促进作物生长发育

极低浓度的腐殖质（胡敏酸）分子溶液，对植物的某些生理过程有促进作用。如能改变植物体内糖类的代谢，促进还原糖的积累，提高细胞的渗透压，从而提高植物的抗旱性；能提高氧化酶的活性，加速种子发芽和对养分的吸收，从而增加生长速度；还可增强植物的呼吸作用，提高细胞膜的透性和对养分的吸收，并加速细胞分裂，促进根系的发育。

5. 有助于消除土壤的污染

土壤腐殖质含有的多种功能基对重金属有较强的络合富集能力，形成溶于水的络合物，随水排出土壤，另外重金属离子的存在形态也受腐殖质的络合作用和氧化还原作用的影响，如胡敏酸可作为还原剂，将有毒的Cr^{6+}还原为Cr^{3+}，从而减少对作物的毒害。

土壤有机质对农药等有机污染物也有强烈的亲和力，对有机污染物在土壤中的生物活性、残留、生物降解、迁移和蒸发等过程有重要的影响。可溶性腐殖质能增加农药从土壤向地下水的迁移，腐殖质作为一种还原剂，还能改变农药的结构，使其降解，一些有毒有机化合物与腐殖质结合后，其毒性降低或消失，从而减少对作物的毒害和对土壤的污染。

此外，土壤有机质也是全球碳平衡过程中非常重要的碳库，每年有大量的碳通过微生物的呼吸作用以CO_2形式释放到大气中，从而影响到全球气候。从全球来看，土壤有机碳水平的不断下降，对全球气候变化的影响是非常巨大的。

（五）土壤有机质的调节

土壤有机质和腐殖质含量的多少，是土壤肥力高低的一项重要标志。反映土壤有机质转化速率的参数是矿化率和腐殖化系数。有机质因矿质化而消耗的有机质量占土壤有机质总量的百分数称为矿化率。通常把每克干重的有机物经过一年分解后转化为腐殖质（干重）的重量（g）称为腐殖化系数。不同的植物和不同的腐解条件，腐殖化系数有一定差异（表1-15）。

表1-15 不同植物的腐殖化系数

植物物质	旱 地	水 田
紫云英	0.20	0.26
紫云英＋稻草	0.25	0.29
稻 草	0.29	0.31

一般讲，水田较旱田腐殖化系数高，木质化程度高的植物残体其腐殖化系数也高，即形成较多的腐殖质。腐殖化系数的大小可反映土壤有机质的平衡，即土壤有机质含量的变化，如腐殖化系数较高，则土壤生成的腐殖质量较多，反之亦然。

我国农业土壤的有机质含量普遍偏低，特别是华北平原和黄土高原。提高这些地区土壤的有机质含量可有效地提高土壤生产力。增加土壤有机质的途径主要有以下几种。

1. 种植绿肥作物

施用有机肥以提高土壤有机质水平是我国劳动人民在长期的生产实践中总结出来的宝贵经验，而绿肥是我国农业生产中补充土壤有机质的一种好方法。绿肥作物的分解较快，形成腐殖质也较迅速。

2. 秸秆还田

秸秆还田是增加土壤有机质和提高作物产量的一项有效措施。从目前我国的实际来看，秸秆作为有机肥料是一种较为科学的利用方式，特别是禾本科作物的秸秆，由于其硅含量太高，一般不适宜做饲料。另外农民也很少用作物秸秆作燃料，因此，农业生产上推广秸秆还田是一种较好的提高土壤有机质的方式。

3. 广辟有机肥源，保护环境

增加有机质的途径要因地制宜。有机肥的来源要充分利用工业生产中废弃物处理的产物，如污泥等。

另外，免耕少耕技术的应用也能使土壤有机质含量表现出提高的趋势。我国的科学工作者对无机、有机肥料配合施用开展了广泛和深入的研究，研究表明，无机、有机肥料配合施用不仅能增产，提高肥料利用率，还能提高土壤有机质的含量。

本章小结

土壤来自于岩石矿物的风化。风化作用分为物理风化、化学风化和生物风化三种类型。土壤的形成是一个物理、化学及生物化学过程。它既包括了各种风化作用，也包括五大自然因素和人为因素的综合作用。

土壤由固相、液相和气相三相物质组成。土壤中岩石风化形成的矿物颗粒统称为土壤矿物质。土壤矿物质来自于岩石矿物。矿物是一类产生于地壳中具有一定化学组成、物理性质和内部构造的单质或化合物。按土壤矿物的来源，可分为原生矿物和次生矿物。原生矿物是指那些经过不同程度的物理风化，没有改变化学组成和结晶结构的原始成岩矿物，它们主要存在于粒径较大的土壤砂粒和粉粒部分。原生矿物在风化和成土作用下，新形成的矿物称次生矿物。次生矿物种类很多，有成分简单的盐类，也有成分复杂的各种次生铝硅酸盐，还有各种晶质和非晶质的含水硅、铁、铝的氧化物。各种次生铝硅酸盐和氧化物称为次生黏土矿物，是土壤黏粒的主要组成部分，黏土矿物与土壤腐殖质一起，构成土壤的最活跃部分——土壤胶体，这对土壤的物理、化学及生物学特性产生深刻的影响。层状硅酸盐黏土矿物从外部形态上看，都是一些极微细的结晶物质；从内部结构上看，都由两种基本结构单位所组成，一为硅氧四面体，二为铝氧八面体。四面体和八面体分别通过共用氧聚合，形成硅氧片和铝氧片（水铝片），简称硅片和铝片。由于硅片和铝片都带有负电荷，不稳定，必须通过重叠化合才能形成稳定的化合物。两种晶片的配合比例不同，而构成 1∶1 型和 2∶1 型黏土矿物。土壤中层状铝硅酸盐黏土矿物的种类很多，根据其结构特点和性质，可以划分为 4 个类组。它们的晶层间连接方式、颗粒大小、膨胀收缩性、黏性、同晶替代而产生的带电性都不同。其中同晶替代是指硅酸盐矿物的中心离子被电性相同、大小相近的其他离子所代替而矿物晶格构造保持不变的现象。土壤颗粒（土粒）是构成土壤固相骨架的基本颗粒，它们数目众多，大小和形状各异，矿物组成和理化性质变化很大。按土粒的大小，分为若干组，称为土壤的粒级。一般将土粒分为石砾、砂粒、粉砂粒和黏粒 4 级。土壤中各粒级土粒含量（质量）百分率的组合，叫做土壤质地。根据土壤中各粒级含量的百分率进行的土壤分类，叫做土壤的质地分类。一般将土壤质地分为砂土、壤土和黏土3个基本等级。土壤质地是土壤最基本的性状之一，它常常是土壤通气、透水、保水、保肥、供肥、保温、导温和耕性等的决定性因素。土壤质地直接影响土壤肥力，作物的生长状况。改良土壤质地是农田基本建设的一项基本内容。

土壤生物是土壤具有生命力的主要成分，在土壤形成和发育过程中起主导作用。土壤酶是土壤中的生物催化剂，具有提高土壤生化反应速率的功能。土壤有机质含量是土壤肥力分级的重要指标和肥力高低的综合表现。土壤有机质是指存在于土壤中的所有含碳有机化合物。土壤有机质在微生物的作用下，进行着复杂的转化。这种转化可归纳为两个对立的过程，即有机质的矿质化过程和腐殖质化过程。土壤有机质的矿质化过程是指有机质在微生物作用下，分解为简单无机化合物的过程。腐殖化过程是有机质矿化的中间产物或难分解残留物形成新的、较稳定的、复杂的大分子有机化合物（腐殖质）。它们对土壤肥力都有贡献。前者是有机质中养分的释放过程，后者是土壤腐殖质的形成过程。土壤有机质对土壤物理、化学和生物化学等各方面都有良好的作用：①提供植物需要的养分；②改善土壤的物理特性；③提高土壤的保水保肥能力；④促进作物生长发育；⑤有助于消除土壤的污染。土壤有机质的调节可通过以下途径：①种植绿肥作物；②秸秆还田；③广辟有机肥源，保护环境。另外，免耕、少耕技术的应用也能使土壤有机质水平表现出提高的趋势。

复习思考题

1. 何为岩石、矿物、土壤矿物质、母质、原生矿物、次生矿物、同晶置换、土壤有机质？
2. 比较高岭组、蒙蛭组、水化云母组、绿泥石组的结构特点与性质。
3. 简述不同质地土壤的主要肥力特征和土壤质地改良的措施。
4. 简述影响土壤有机质转化的主要因素和它们的作用机理。
5. 简述土壤有机质在土壤肥力和生态环境中的作用。

第二章　土壤基本性质

>>> 学习目标

技能目标

【学习】土壤容重和土壤酸碱性的测定方法。

【熟悉】土壤容重和土壤酸碱性测定的基本技术流程。

【学会】土壤容重和土壤酸碱性测定的操作技能及其相关计算。

必要知识

【了解】土壤孔性、结构性和耕性等物理性质，以及土壤胶体、吸收性能，土壤酸碱性等化学性质。

【理解】土壤保肥性及阳离子的交换作用，土壤酸碱性和氧化还原性对土壤肥力的影响。

【掌握】团粒结构特征与培育，土壤胶体特性，土壤吸附保肥作用及影响土壤供肥性的主要内容。

相关实验实训

实验四　土壤容重的测定（见306页）

实验五　土壤酸碱度的测定（见307页）

土壤的基本性质包括物理性质和化学性质等，其物理性质是指由大小不同的土壤颗粒的堆积产生的孔隙性、松紧状况以及由此而产生的水、气、热和耕性等的变化；化学性质是指组成土壤的物质在土壤溶液和土壤胶体表面的化学反应及在与其相关的养分吸收和保蓄过程中所反映的一系列性质，包括养分的吸附与释放、营养物质的溶解与沉淀、土壤的酸碱反应和缓冲作用及氧化还原反应等。

第一节　土壤孔隙性

土壤孔隙性是指孔隙的多少、大小，大小孔隙的比例及其性质的总称，简称土壤孔性。土壤孔性包括孔隙度（孔隙数量）和孔隙类型（孔隙的大小及其比例），前者决定着土壤气、液两相的总量，后者决定着气、液两相的比例。

一、土壤密度与容重

土壤密度是指单位体积的固体土粒（不包括粒间孔隙）的干重，其单位是 g/cm^3 或 t/m^3。土壤密度的大小，主要决定于组成土壤的各种矿物的密度（表2-1）。

大多数土壤矿物的密度在 $2.6\sim2.7g/cm^3$。由于土壤密度测定较麻烦，且大部分土壤的矿物成分和土壤密度变化不大，所以土壤密度一般取其平均值为 $2.65g/cm^3$，如果有特殊要求则需单独测定。土壤有机质的密度为 $1.25\sim1.40g/cm^3$，表层的土壤有机质含量较多，所以，表层土壤的密度通常低于心土及底土。

表 2-1　土壤中主要矿物的密度　　单位：g/cm^3

矿　物	密　度	矿　物	密　度
蒙脱石	2.00～2.20	白云母	2.76～3.00
埃洛石	2.00～2.20	黑云母	2.76～3.10
正长石	2.54～2.58	白云石	2.80～2.90
高岭石	2.60～2.65	角闪石、辉石	3.00～3.40
石英	2.65～2.66	褐铁矿	3.50～4.00
斜长石	2.67～2.74	磁铁矿	5.16～5.18
方解石	2.71～2.72	有机质	1.25～1.40

（引自：沈其荣．土壤肥料学通论）

土壤结构和孔隙状况保持原状而没有受到破坏的土样称为原状土，其特点是土壤仍保持其自然状态下的各种孔隙。土壤容重是指单位容积土体（包括孔隙在内的原状土）的干重，单位为 g/cm^3 或 t/m^3。因为容重包括孔隙，土粒只占其中的一部分，所以，相同体积的土壤容重的数值小于密度。土壤容重大体在 1.00～1.80g/cm^3，其数值的大小除受土壤内部性状如土粒排列、质地、结构、松紧程度的影响外，还经常受到外界因素如降水和人为生产活动的影响，尤其是耕层变幅较大。土壤容重大小是土壤肥力高低的重要标志之一。

土壤容重是一个十分重要的基本数据，在土壤工作中用途较广，其重要性表现在以下几个方面。

1. 反映土壤松紧状况和孔隙度大小

在土壤质地相似的条件下，容重的大小可以反映土壤的松紧度。容重小，表示土壤疏松多孔，结构性良好；容重大则表明土壤紧实板硬而缺少结构。对农业土壤而言，容重过大过小都不合适，过大土壤太紧实，通气透水能力差；过小则土壤太疏松，通透性好但保水性差。另外，不同作物对土壤松紧度的要求不完全一样。各种大田作物、果树和蔬菜，由于生物学特性不同，对土壤松紧度的适应能力也不同。对于大多数植物来说，土壤容重在1.14～1.26g/cm^3 比较适宜，有利于幼苗的出土和根系的正常生长。

2. 计算土壤质量和土壤中各种物质的量

已知土壤容重为 1.15t/m^3，求每亩（1 亩≈667m^2）耕层 0～20cm 的土重。

则耕层土壤的质量为：667×0.2×1.15＝150t

所以，通常按每亩耕层土重 150t 即 150000kg 计算。

在土壤分析中，可以根据土壤容重推算出每亩土壤中水分、有机质、养分和盐分含量等，作为灌溉、排水、施肥的依据。如在上例中土壤有机质含量为 2%，则每亩耕层土壤有机质含量为：150000kg×2/100＝3000kg。土壤的其他成分也可照此推理，如单位面积单位厚度土壤中的全氮量、全钾量、速效磷量等。

二、土壤孔隙数量和类型

土壤孔隙的数量一般用孔隙度表示，即单位容积土壤中孔隙容积占整个土体容积的百分数。它表示土壤中各种大小孔隙度的总和。一般是通过土壤容重和土壤密度来计算，方法如下。

$$\text{土壤总孔隙度}(\%)=\left(1-\frac{\text{容重}}{\text{密度}}\right)\times100\%$$

这里的土壤密度一般以 2.65g/cm^3 来计算，如某土壤耕层容重为 1.33g/cm^3，求该土壤的总孔隙度，将上述参数代入公式即得：

$$\text{土壤总孔隙度}=\left(1-\frac{1.33}{2.65}\right)\times100\%=50\%$$

土壤孔隙的数量也可用孔隙比来表示，它是土壤中孔隙容积与土粒容积的比值（孔隙度简称孔度）。

$$土壤孔隙比=\frac{孔度}{1-孔度}$$

例如，孔度为55%，即土粒占45%，则孔隙比为$\frac{55}{45}=1.12$。

知 识 扩 展

土壤孔隙度或孔隙比反映土壤中所有孔隙的总量，实际上是土壤水和土壤空气两者所占的容积之和。但是，对土壤肥力、植物根系伸展和土壤动物活动关系更大的则是土壤大小孔隙的分配、分布和连通的情况，即使是两种土壤的孔隙度和孔隙比相同，如果大小孔隙的数量分配不同，则它们的保水、蓄水、通气以及其他性质也会有显著的差别。为此，应按照土壤中孔隙的大小及其功能进行孔隙分级。

由于土壤是一个复杂的多孔体系，其孔径的大小也千差万别，难以直接测定，土壤学中所谓的土壤孔径，是指与一定的土壤水吸力相当的孔径，叫做当量孔径，它与孔隙的形状及其均匀性无关。

土壤水吸力与当量孔径的关系式为：$d=\frac{3}{T}$

式中 d——孔隙的当量孔径，mm；

T——土壤水吸力，kPa。

当量孔径与土壤水吸力成反比，孔隙愈小，则土壤水吸力愈大。

根据土壤中孔隙的通透性和持水能力，可将其分为以下三种类型。

1. 非活性孔隙

又叫无效孔（隙）、束缚水孔（隙）。这是土壤中最细微的孔隙，当量孔径约在0.002mm以下，土壤水吸力在150kPa以上。这种孔隙几乎总是被土粒表面的吸附水所充满，土粒对这部分水有强烈吸附作用，故保持在这种孔隙中的水分不易运动，也不能被植物吸收利用。

2. 毛管孔隙

指当量孔径在0.02～0.002mm的那部分孔隙，土壤水受到的吸力在15～150kPa，不受重力的作用而受毛管力的作用，水分能够被植物所吸收利用。毛管孔隙的主要作用是保水蓄水，也是旱作土壤中主要的蓄水部位。

3. 通气孔隙

指当量孔径>0.02mm的土壤孔隙，相应的土壤水吸力小于15kPa，所含的水分极易在重力作用下向深层土壤渗透，因此这部分孔隙的主要作用是通气透水。孔隙中经常为空气所占据，故又称空气孔隙。

通气孔隙又可分为大孔（直径>0.2mm）和小孔（直径0.2～0.02mm）。前者排水速度快，作物的根能伸入其中；后者排水速度不如前者，常见作物的根毛和某些真菌的菌丝体能进入其中。

影响土壤孔隙度的大小及大小孔隙分布的因素主要有土壤质地、土壤结构和土壤耕作状况。一般来讲，越是黏重的土壤，总孔隙度越大，而空气孔隙度和毛管孔隙度越小；反之，总孔隙度越小，通气孔隙度和毛管孔隙度越大。

土壤孔隙状况，密切影响土壤保水通气能力。土壤疏松时保水与透水能力强，而紧实的土壤蓄水少、渗水慢，在多雨季节易产生地面积水与地表径流。但在干旱季节，由于土壤疏松则易通风跑墒，不利于水分保蓄，故群众多采用耙、耱与镇压等办法，以保蓄土壤水分。由于松紧和孔隙状况影响水、气含量，也就影响养分的有效化和保肥供肥性能，还影响土壤的增温与稳温，因此，土壤松紧和孔隙状况对土壤肥力的影响是巨大的。生产实践表明，大多数作物适宜的土壤总孔隙度在50%左右或稍高一些，毛管孔隙度与非毛管孔隙度之比为1∶0.5为宜。但是，各种作物对土壤松紧和孔隙状况的要求也略有不同，因为各种作物、蔬菜、果树等的生物学特性不同，根系的穿插能力不同。如小麦为须根系，其穿插能力较强，当土壤孔度为38.7%，容重为1.63g/cm^3 时，根系才不易透过；黄瓜的根系穿插力较弱，当土壤容重为1.45g/cm^3，孔度为45.5%时，即不易透过；甘薯、马铃薯等作物，在紧实的土壤中根系不易下扎，块根、块茎不易膨大，故在紧实的黏土上，产量低而品质差。另外，同一种作物，在不同的地区，由于自然条件的悬殊，对土壤的松紧和孔隙状况要求也是有差异的。

第二节　土壤结构

自然界中土壤固体土粒完全呈单粒状况存在是很少见的，而常常是多个土粒在内外因素的综合作用下，相互团聚成大小、形态和性质不同的团聚体，这种团聚体称为土壤结构体。土壤结构是指土壤结构体的种类、数量及其在土壤中的排列方式等。

土壤结构主要影响孔隙性质、土壤的松紧状况，从而影响着土壤水、肥、气、热的供应能力，在很大程度上反映了土壤肥力水平，是土壤的一种重要物理性质。

一、土壤结构体的特征

土壤结构体分类是依据它的形态、大小和特性等。最常用的是根据形态和大小等外部性状来分类，不同的结构具有不同的特性。依据土壤结构体的长、宽、高三轴的发育情况可分成三大类，每一大类又可细分。常见的土壤结构有以下几种类型（图2-1）。

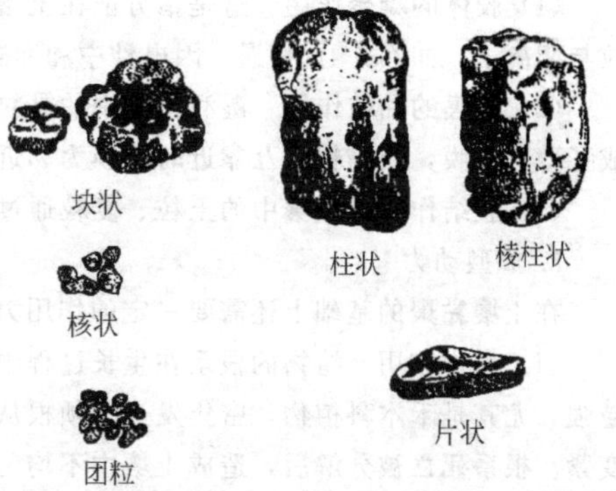

图2-1　土壤结构体类型示意图
（引自：王荫槐．土壤肥料学）

1. 块状结构

土粒胶结成块，近立方体形，其长、宽、高三轴大体近似，边面与棱角不明显，按其大小又可分为大块状结构、块状结构和碎块状结构，群众称之为“坷垃”。这类结构在土壤质地比较黏重而且缺乏有机质的土壤中容易形成，特别是土壤过湿或过干耕作时最易形成。块状结构的内部，孔隙小，土壤紧实而不透气，微生物活动微弱，植物的根系也难穿插进去。

2. 核状结构

近立方体型，边面和棱角较明显，较块状结构小，大的直径为10～20mm或稍大，小的直径为5～10mm，群众多称之为“蒜瓣土”。核状结构一般多以钙质与铁质作为胶结剂，在结构面上往往有胶膜出现，故常具水稳性，在黏重而缺乏有机质的心、底土层中较多。

3. 柱状结构

这类结构纵轴远大于横轴，在土体中呈直立状态。按棱角明显程度分为两种：棱角不明显的为柱状结构，棱角明显有定形者，为棱柱状结构。这类结构往往在心、底土层中出现，是在干湿交替的作用下形成的。

4. 片状结构

结构体的水平轴特别发达，即沿长、宽方向发展呈薄片状，厚度稍薄。结构体间较为弯曲者称为鳞片状结构。片状结构的厚度可小于1cm或大于5cm不等，群众多称之为“卧土”

或“平槎土”，这种结构往往由于流水沉积作用或某些机械压力所造成。在冲积性母质中常有片状结构，在犁底层中常有鳞片状结构出现。这类结构体不利于通气透水，会阻碍种子发芽和幼苗出土，还会加大土壤水分蒸发。

5. 团粒结构

团粒是指近似球形，疏松多孔的小团聚体，其直径约为0.25～10mm，农业生产上最理想的团粒结构粒径为2～3mm，群众多称之为“蚂蚁蛋”、“米糁子”等。团粒结构是一种良好的结构，根据其经水浸泡后的稳定程度分为水稳性团粒结构和非水稳性团粒结构。团粒结构多在有机质含量高，肥沃的耕层土壤中出现。我国东北地区的黑土，有机质含量高，故表土层中具有大量的团粒结构，粒径大于0.25mm的水稳性团粒结构可高达80%以上，而我国绝大多数的旱地土壤耕作层则多为非水稳性团粒结构。此外还有许多小于0.25mm的微结构，不仅在调节土壤水肥矛盾上有一定作用，而且也为团粒结构的形成奠定了良好的基础。

二、土壤结构的形成

土壤结构的形成大体上可分为两个阶段：第一阶段是土粒的黏结和团聚过程，即单个土粒聚集在一起形成复粒，复粒进一步聚合形成土块或微团聚体；第二个阶段是结构的成形阶段，即在外力的作用下土块等成为相应的结构体。无论哪个阶段，都包括了物理、化学和生物过程。现将这两个过程简介如下。

1. 土粒的黏聚*

下面几种作用都可使单粒聚合成复粒，并进一步胶结成较大的结构体。

(1) 胶体的凝聚作用　这是指分散在土壤悬液中的胶粒相互凝聚而沉淀析出的过程，如带负电荷的黏粒与阳离子（如 Ca^{2+}）相遇，因电性中和而凝聚。

(2) 水膜的黏结作用　湿润土壤中的黏粒所带的负电荷，可吸引极性水分子，并使之做定向排列，形成了薄层水膜，当黏粒相互靠近时水膜为邻近的黏粒共有，黏粒就通过水膜而联结在一起。

(3) 胶结作用　土壤中的土粒、复粒通过各种物质的胶结作用进一步形成较大的团聚体。

2. 成型动力*

在土壤黏聚的基础上还需要一定的作用力才能形成稳定的独立的结构体。主要的成型动力有以下几种。

(1) 生物作用　植物的根系在生长过程中对土壤产生分割和挤压作用。根系越强大，分割挤压的作用越强，尤其是禾本科植物，密集发达的须根从四面八方穿入土体，对周围土壤产生压力，使根系间的土壤变紧。根系死亡被分解后，造成土壤中不均匀的紧实度。在耕作等外力的作用下，就会散碎成粒状——团粒结构。另外，根系不断吸水，造成根系附近土壤局部干燥收缩，也可促使结构的形成。植物根系死亡后，在微生物作用下，有一部分形成腐殖质，也有利于胶结形成团粒结构。此外，土壤中的蚯蚓、昆虫、蚁类等对土壤结构的形成也起一定的作用，特别是蚯蚓，吞进大量泥土，经肠液胶结后排出体外，其排泄物也是一种水稳性团粒。

(2) 干湿交替作用　土壤具有湿胀干缩的性能。当土壤由湿变干时，土壤各部分胶体脱水程度和速度不同，干缩的程度不一致，就会沿黏结力薄弱的地方裂开成小块；当土壤由干变湿时，各部分吸水程度和速度不同，所受的挤压力也不均匀，会促使土块破碎。水分迅速进入毛细管时，被封闭在孔隙中的空气便受到压缩，被压缩的空气受一定的压力后便发生爆裂，从而使土块破碎。土块愈干，破碎得愈好。所以，晒垡一定要晒透。另外，降雨或灌水愈急，这一效果也愈明显。

(3) 冻融交替作用　土壤孔隙中的水分冰冻时体积增大，对周围的土体产生压力而使土块崩解，同时，水结冰后引起胶体脱水，土壤溶液中电解质浓度增加，有利于胶体的凝聚作用。例如秋冬翻起的土垡，经过一冬的冻融交替后，土壤结构状况得到改善。

(4) 土壤耕作的作用　合理及时的耕作，有利于改善土壤的结构。耕耙把大土块破碎成块状或粒状，中耕松土可把板结的土壤变为细碎疏松的粒状、碎块状结构。当然，不合理的耕作，也会破坏土壤结构。

三、团粒结构的肥力特征

团粒结构是一种优良的土壤结构，生产实践证明，团粒结构在调节土壤肥力的过程中起着良好的作用，其主要特点和肥力特征如下。

1. 具有良好的孔隙性质

团粒结构土壤的大小孔隙兼备，能协调水分和空气的矛盾，团粒具有多级孔性，团粒结构体之间主要为通气孔隙，起到通气透水的作用；而结构体内部以毛管孔隙为主，无效孔隙的比例少，且总孔隙度高。因此，具有团粒结构的土壤，既不像黏土那样不透水，也不像砂土那样不保水。当土壤中大孔隙里的水分渗漏以后，空气就得以补充进去，团粒间的大孔隙即为空气所充满，而团粒内部多为毛管孔隙，其持水力很强，使水分可以保存下来，源源不断地供应作物生长，这样就使水分和空气各得其所，从而有效地解决了水分和空气的矛盾。

2. 团粒结构土壤保肥与供肥相协调

团粒结构土壤中的微生物活动强烈，微生物活性强，土壤养分供应多，有效肥力较高，土壤养分的保存与供应能够较好的协调。

具有团粒结构的土壤，团粒的表面和空气接触，有充足的氧供给，好气微生物活动旺盛，有机物质分解迅速，可供作物吸收利用。而在团粒内部储存毛管水而通气不良，只有嫌气微生物活动，进行嫌气性分解，有机质分解缓慢使养分得以保存。团粒外部好气性分解愈强烈，耗氧愈多，扩散到团粒内的氧则愈少，团粒内部嫌气分解亦愈强烈，养分释放的速率就更慢。所以，团粒结构土壤中的养分是由外层向内层逐渐释放的，这样一方面能源源不断地供作物吸收，另一方面又保证一定的积累，避免养分的损失，起着“小肥料库”的作用。

3. 能稳定土壤温度，调节土壤热状况

具有团粒结构的土壤，团粒内部的小孔隙保持的水分较多，温度变化较小，可以起到调节整个土层温度的作用。所以，整个土层的温度白天比砂土低，夜间却比砂土高，使土温比较稳定，有利于需要稳温时期的作物根系的生长和微生物的活动。

4. 团粒结构土壤易于耕作

有团粒结构的土壤比较疏松，宜耕时间长，另外具有团粒结构的土壤其黏着性、黏结性都低，从而大大减少了耕作阻力，提高了农机具的效率和耕作质量。另外，团粒结构的旱地土壤，具有良好的耕层构造。

总之，有团粒结构的土壤，松紧适度，通气保温保水保肥，扎根条件良好，能够从水、肥、气、热等诸肥力因素方面满足作物生长发育的要求，能使作物“吃饱、喝足、住得舒服”，从而获得高产。

四、团粒结构的培育

在土壤中可随时随地形成新的结构，同时也在不断破坏着原有结构。这两个对立的过程是同时同地进行的，又是互为依存的。要使土壤具有良好的结构，特别是增加团粒结构的数量，必须要采取适当的措施。

1. 精耕细作和增施有机肥

对于质地黏重的土壤，精耕细作是培育团粒结构的重要措施。耕作主要是通过机械外力作用，使土破裂松散，最后变成小土团，但对于缺乏有机质的土壤来说，耕作还不能创造较稳固的团粒结构。增施有机肥是用地养地的重要方法，有机肥的施用：一是促进了土壤中微生物的活动；二是增加了土壤中的有机胶结物质。

2. 合理的轮作制度

正确的轮作倒茬能恢复和创造团粒结构。合理轮作包括两方面的含意：一是粮食作物与绿肥或牧草作物轮作；二是在同一田块每隔几年更换作物类型或品种。不同作物有不同的耕作管理制度，而作物本身及其耕作管理措施对土壤有很大的影响，如块根、块茎作物在土壤中不断膨大使团粒结构机械破坏。密植作物因耕作次数较少，植被覆盖率大，能防止地表的风吹雨打，表土比较湿润，根系还有割裂和挤压作用，有利于土壤结构的形成。而棉花、玉米、烟草等作物的中耕作用则相反。土壤结构易遭破坏，但可通过中耕施肥逐渐恢复。因此应根据不同作物的生物学特性，进行合理轮作倒茬，以维持和提高土壤的结构，达到既用地又养地、不断提高土壤肥力的目的。

3. 土壤结构改良剂的应用

由于土壤结构在协调土壤肥力方面的作用很大，近几十年来一些国家曾研究用人工制成的胶结物质，改良土壤结构，这种物质叫土壤结构改良剂或叫土壤团粒促进剂。土壤结构改良剂既有天然物质又有人工合成的物质。在我国用得较广泛的天然物质是胡敏酸、树脂胶、纤维素黏胶等。近年来我国广泛开展利用腐殖酸类肥料，在许多地区可以就地取材，利用当地生产的褐煤、泥炭生产腐殖酸类肥料，它是一种固体凝胶物质，能起到很好的结构改良作用。人工合成的高分子化合物，目前已被试用的有水解聚丙烯腈钠盐，或乙酸乙烯酯和顺丁烯二酸共聚物的钙盐等。它们都是高分子物质，作用原理是对单个土粒或微团聚体的缠绕胶结作用，从而形成较大的土壤结构体。

第三节　土壤耕性

土壤耕性是指土壤在耕作时所表现的特性，也是一系列土壤物理性质和物理机械性的综合反映。耕性的好坏，应根据耕作难易，耕作质量和宜耕期长短三方面来判断，它与土壤物理机械性密切相关。

一、土壤物理机械性

土壤物理机械性是多项土壤动力学性质的统称，在农业生产中主要影响耕性，它包括黏结性、黏着性、可塑性、胀缩性以及其他受外力作用后（如农机具的切割、穿透和压板等作用）而发生形变的性质。

1. 土壤黏结性

土壤黏结性是土粒与土粒之间由于分子引力而相互黏结在一起的性质。它主要反映了土壤团聚体抵抗外力破碎的能力，也是耕作时产生阻力的主要原因之一。土壤黏结性在干燥时主要是由于土粒本身的分子引力所引起的，而在湿润时，土粒间的分子引力要通过粒间水膜，即水膜的引力作用作为媒介，所以实际上是土粒-水-土粒之间相互吸引而表现的黏结力。土壤黏结性越强，耕作阻力越大，耕作质量越差，根系生长的阻力越大，反之亦然。影响土壤黏结性的因素主要是土壤质地、水分和土壤有机质含量。一般来说，越是黏重的土壤，黏结性越强；土壤水分含量过高则黏结性下降，而水分含量下降，黏结性提高；土壤有机质可以提高质地较粗土壤的黏结性，而降低质地黏重土壤的黏结性。

2. 土壤黏着性

土壤黏着性是土壤在一定含水量的情况下，土粒黏着在外物表面上的性能。土壤过湿时进行耕作，土壤黏着农具，增加土粒与金属的摩擦阻力，使耕作困难。土壤黏着性是由水分子和土粒之间的分子引力，以及水分子和外物接触表面所产生的分子引力，即土粒-水-外物相互间的分子引力引起的。影响土壤黏结性和黏着性的因素主要有土壤质地、土壤含水量和土壤有机质含量。土壤愈细，接触面愈大，黏着性愈强，所以黏质土壤的黏着性都很显著，耕作困难。砂质土则黏着性弱，易于耕作；土壤干燥时无黏着性，随着水分含量的增加，黏着性逐渐增强，但是当水分过多时（一般认为大约超过土壤饱和持水量的80%以后），由于水膜太厚而降低了黏着性，直到土壤开始呈现流体状态时，黏着性逐渐消失；腐殖质可减低黏性土壤的黏着性，腐殖质的黏结力和黏着力都比砂土大，因而腐殖质可以改善砂质土过于松散的缺点。

3. 可塑性

土壤在一定含水量范围内，可被外力任意改变成各种形状，当外力消失和土壤干燥后，仍能保持其变形的性能称为可塑性。

影响土壤可塑性的因素主要是土壤水分和土壤质地。

土壤处于风干状态时没有可塑性，当水分含量逐渐增加时，土壤才表现出可塑性。土壤开始呈现可塑状态时的水分含量称为下塑限（塑限），土壤失去可塑性而开始流动时的土壤含水量，称为上塑限（流限）。上塑限与下塑限之差称为塑性值，也叫塑性指数。塑性值大，土壤的可塑性强，显然，只有土壤水分含量在可塑性范围内，土壤才有可塑性。上塑限、下塑限和塑性值均以含水量表示。

土壤质地明显影响土壤可塑性，一般来讲，土壤中黏粒愈多，质地愈细，塑性愈强，在黏粒矿物类型中，蒙脱石类分散度高，吸水性强，塑性值大；高岭石类分散度低，吸水性弱，塑性值小。

土壤可塑性主要影响土壤耕性，塑性指数越大的土壤，耕作阻力大、耕作质量差，适耕期短，耕性较差；反之，耕性较好。

4. 土壤胀缩性

土壤在含水量发生变化时其体积的变化称为土壤胀缩性，一般是吸水后体积膨胀，干燥后收缩。土壤胀缩性主要影响土壤的通透性及对根系的机械损伤。当土壤吸水膨胀后，由于体积膨大，部分底土上翻到表土，使植物根系受损；土壤干燥失水后，体积收缩，土体中产生较大的裂缝，易拉断植物根系。

二、土壤耕性

土壤耕性是指土壤在耕作时所表现的特性，也是一系列土壤物理性质和物理机械性的综合反映。耕性的好坏，直接影响到土壤耕作质量及土壤肥力。

耕性的内容一般可归纳为土壤的耕作难易程度、耕作质量的优劣和宜耕期长短三个方面，不同的土壤在这三方面表现不尽相同。耕作难易程度主要指耕作阻力的大小，耕作阻力越大，则越不易耕作。农民群众把耕作难易作为判断土壤耕性好坏的首要条件，凡是耕作时省工省劲易耕的土壤，俗称为“土轻”、“口松”、“绵软”；而耕作时费工费劲难耕的土壤，俗称为“土重”、“口紧”、“僵硬”等。有机质含量少及结构不良的土壤较难耕作。耕作难易的不同，直接影响着土壤耕作效率的高低。

土壤经耕作后所表现出来的耕作质量是不同的，凡是耕后土垡松散，容易耙碎，不成坷垃，土壤松紧孔隙状况适中，有利于种子发芽出土及幼苗生长的，谓之耕作质量好，相反则称为耕作质量差。

宜耕期长短是指适合耕作的土壤含水量范围，塑性指数越大，则宜耕期越短，而塑性指数小，则宜耕期长。宜耕期一般选择在土壤含水量低于塑性下限或高于塑性上限，前者称为干耕，后者称为湿耕。

第四节 土壤胶体

土壤胶体是土壤中最细微的颗粒，也是最活跃的物质，它与土壤吸收性能有密切关系，对土壤养分的保持和供应以及对土壤的理化性质都有很大影响。胶体颗粒的直径一般在1～100nm（长、宽、高三个方向上，至少有一个方向在此范围内），实际上土壤中小于1000nm的黏粒都具有胶体的性质。所以直径在1～1000nm的土粒都可归属于土壤胶粒的范围。

一、土壤胶体的种类

土壤胶体按其成分和来源可分为无机胶体、有机胶体和有机无机复合体三类。

1. 无机胶体

指组成微粒的物质是无机物质的胶体。在数量上无机胶体较有机胶体可高数倍至数十倍，主要为极细微的土壤黏粒，包括成分简单的非晶体含水氧化物和成分复杂的各种次生铝硅酸盐黏粒矿物。

2. 有机胶体

指组成微粒的物质是土壤有机质的胶体，其主要成分是各种腐殖质（胡敏酸、富里酸、胡敏素等），还有少量的木质素、蛋白质、纤维素等，它在土壤胶体中的比例并不高，且在土壤中易被土壤微生物所分解。有机胶体是由碳、氢、氧、氮、硫、磷等组成的高分子有机化合物，是无定形的物质，有高度的亲水性，可以从大气中吸收水分子，最大时可达其本身质量的80%～90%，腐殖质的电荷是由腐殖质所含的羧基（—COOH）、醇羟基（—OH）、酚羟基（—OH），解离出氢离子后的$—COO^-$、$—O^-$等离子留在胶粒上而使胶粒带负电，氨基（$—NH_2$）吸收H^+后，成为$—NH_3^+$则带正电，一般有机胶体带负电。

3. 有机无机复合体

这种胶体的主要特点是其微粒核的组成物质是土壤有机质与土壤矿物质的结合体。一般来讲，有机胶体很少单独存在于土壤中，绝大部分与无机胶体紧密结合而形成有机无机复合体，又称为吸收性复合体。土壤无机胶体和有机胶体可以通过多种方式进行结合，但大多数是通过二、三价阳离子（如钙、镁、铁、铝等）或功能团（如羧基、醇羟基等）将带负电荷的黏粒矿物和腐殖质连接起来。有机胶体主要以薄膜状紧密覆盖于黏粒矿物的表面上，还可能进入黏粒矿物的晶层之间。通过这样的结合，可形成良好的团粒结构，改善土壤保肥供肥性能和多种理化性质。

由于土壤腐殖质绝大部分与土壤黏粒矿物质紧密结合在一起，所以腐殖质从土壤中的分离、提取过程都比较复杂。一般来讲，越是肥沃的土壤，有机无机复合胶体的比例就越高。

二、土壤胶体的特性

土壤胶体除了具有与其化学组成相对应的一般性质外，还有以下特性。

1. 土壤胶体具有巨大的比表面和表面能

比表面（简称比面）是指单位质量或单位体积物体的总表面积（cm^2/g，cm^2/cm^3）。土壤胶体的表面积随粒径的减小而增大（表2-2），表面积也因黏粒矿物类型而异。砂粒和粗粉粒的比面同黏粒相比是很小的，可以忽略不计，因而大多数土壤的比面主要决定于黏粒部分。实际上，土粒的形状各不相同，都不是光滑的球体，它们的表面凹凸不平，故表面积要比光滑的球体大得多。加之部分粉粒和大部分黏粒呈片状，它们的比面就更大。

表 2-2　各级球状土粒的比面

颗粒名称	球体直径/mm	比面/(cm^2/g)
粗砂粒	1	22.6
中砂粒	0.5	45.2
细砂粒	0.25	90.4
粗粉粒	0.05	452
中粉粒	0.01	2264
细粉粒	0.005	4528
粗黏粒	0.001(1000nm)	22641
细黏粒	0.0005(500nm)	45283
胶粒	0.00005(50nm)	452830($45.283m^2/g$)

（引自：沈其荣．土壤肥料学通论）

此外，有些无机胶体（如蒙脱石类矿物）的片状颗粒，不仅具有巨大的外表面，而且在颗粒内部的晶层之间存在着极大的内表面。外表面指黏粒矿物的外表以及腐殖质、游离氧化铁、铝等的表面。内表面指层状铝硅酸盐晶层间的表面。

另外，土壤有机胶体也有巨大的比面，如土壤腐殖质的比面可高达 $1000m^2/g$。

巨大的比表面，产生巨大的表面能，这是由于物体表面分子所处的特殊条件引起的。物体内部分子处在周围相同分子之间，在各个方向上受到的吸引力相等而相互抵消；表面分子则不同，由于它们与外界的液体或气体介质相接触，因而在内、外方面受到的是不同分子的吸引力，不能相互抵消，所以具有多余的表面能。这种能量产生于物体表面，故称为表面能，可以对分子和离子产生较大的吸引力。胶体数量愈多，比面愈大，表面能也愈大，吸附能力也就愈强。

2. 土壤胶体电荷

土壤胶体的电荷有三种来源：一是晶体表面基团的解离；二是同晶替代产生的永久电荷；三是矿物或有机质表面一些基团的质子化或脱质子化所产生的电荷。根据电荷产生的原因和性质，可将土壤胶体电荷分为永久电荷和可变电荷。

(1) 永久电荷　由于黏粒矿物晶层内的同晶替代所产生的电荷。由于同晶替代是在黏粒矿物形成时产生在黏粒晶层的内部，这种电荷一旦产生即为该矿物永久所有，因此称为永久电荷，有人称为内电荷，这种电荷的数量决定于晶层中同晶替代的多少，即主要与矿物类型及其化学结构有关，而与介质 pH 值的高低没有直接关系。对 2∶1 型黏粒矿物而言，由同晶替代产生的负电荷是其带电的主要原因，而 1∶1 型矿物中此现象极少发生。

(2) 可变电荷　土壤胶体中电荷的数量和性质随介质 pH 变化而变化的那部分电荷称为可变电荷。不同 pH 时，这部分电荷可以是负，也可以是正，并且电荷的数量也相应发生变化。土壤的 pH_0 值是表征其可变电荷特点的一个重要指标，它被定义为土壤的可变正、负电荷数量相等时的 pH 值，或称为可变电荷零点、等电点。产生可变电荷的主要原因是胶核表面分子（或原子团）的解离，例如黏粒矿物晶面上羟基的解离。某些层状硅酸盐晶层表面有很多羟基，它们可以解离出 H^+，而使晶粒带负电荷。介质的 pH 值愈高，H^+ 愈易解离，晶体所带负电荷愈多。一个高岭石黏粒有数千个羟基，因而产生的电荷数量也相当可观，这也是 1∶1 型黏粒矿物带电的主要原因。含水铁、铝氧化物的解离也能产生可变电荷，如三水铝石的 pH_0 值为 4.8。当土壤 pH 值低于 pH_0 值时 $Al_2O_3 \cdot 3H_2O \longrightarrow 2Al(OH)_2^+ + 2OH^-$，显正电性；高于 pH_0 时，$Al_2O_3 \cdot 3H_2O \longrightarrow 2Al(OH)_2O^- + 2H^+$，显负电性。另外腐殖质上某些原子团的解离和含水氧化硅的解离都是产生可变电荷的原因，在高 pH 条件下，腐殖质上—COOH 和—OH 可解离出 H^+ 而带负电荷，在低 pH 条件下，其—NH_2 可以吸附 H^+ 而带正电荷。

土壤胶体在多数情况下是带负电荷的，它是指土壤的净电荷，即土壤的正电荷和负电荷的代数和。由于土壤的负电荷一般多于正电荷，故除少数土壤在较强的酸性条件下可能出现正电荷外，绝大多数土壤是带负电荷的。

3. 土壤胶体有凝聚和分散的作用

与其他胶体一样，土壤胶体也有两种不同的状态：一种是胶体微粒均匀分散在水中，呈高度分散状态的溶胶；另一种是胶体微粒彼此联结凝聚在一起而呈絮状的凝胶。

土壤胶体溶液如受某些因素的影响，使胶体微粒下沉，由溶胶变成凝胶，这种作用叫做胶体的凝聚作用；反之，由凝胶分散成溶胶，叫做胶体的分散作用。

胶体的凝聚和分散作用主要取决于胶体微粒表面的电荷状况的变化。有多种因素可影响到电荷的变化，如电解质、加热、分散剂的浓度等。

由于绝大多数土壤胶体带负电荷，因此凝聚土壤胶体的电解质为阳离子。凝聚能力一般是一价离子＜二价离子＜三价离子。由于钙盐的凝聚能力较强，又是重要的植物营养元素，且价格低廉容易取得，在农业生产中常用它作凝聚剂。土壤溶液中最常见的阳离子的凝聚力的排列顺序如下。

$Fe^{3+} > Al^{3+} > Ca^{2+} > Mg^{2+} > H^{+} > NH_4^{+} > K^{+} > Na^{+}$

除了溶液中电解质的种类外，电解质浓度对胶体凝聚也有很大的影响。所以，生产上有时以冻融等措施，使土壤溶液中电解质浓度提高，从而促进土壤胶体的凝聚和团粒结构的形成。

胶体的凝聚作用有的是可逆的，有的是不可逆的。由一价阳离子（Na^{+}、K^{+}、NH_4^{+}、H^{+}）所引起的凝聚作用是可逆的，当电解质浓度降低后，凝胶又分散为溶胶，形成的土壤结构是不稳固的。二价、三价阳离子（Ca^{2+}、Mg^{2+}、Fe^{3+}、Al^{3+}）所引起的凝聚作用是不可逆的，可形成水稳性团聚体。

第五节　土壤保肥性与供肥性

土壤的保肥性和供肥性是农业土壤的重要生产性能。保肥性是指土壤将一定数量和种类的有效性养分保留在耕作层的能力，而供肥性是指耕作层土壤供应植物生长发育所需要的速效养分的种类和数量的能力。一般而言，供肥能力强的土壤，其保肥能力也强；但保肥能力强的土壤，其供肥能力不一定强。

一、土壤吸收性能的类型

土壤的保肥性能体现土壤的吸收性能，其本质是通过一定的机理将速效性养分保留在土壤耕层中。土壤的吸收性能也反映了土壤的保肥能力，吸收能力越强，其保肥能力也越强，反之，保肥能力越弱。土壤吸收性能是指土壤能吸收和保留土壤溶液中的分子和离子，悬液中的悬浮颗粒、气体以及微生物的能力。施入到土壤中的肥料，无论是有机的或无机的，还是固体、液体或气体，都会因土壤吸收能力而被较长久地保存在土壤中，可以随时释放供植物利用，所以土壤吸收性与土壤的保肥供肥能力关系非常密切。此外，土壤吸收性能还影响土壤的酸碱度和缓冲能力等化学性质，土壤结构性、物理机械性、水热状况等也都直接或间接与吸收性能有关。

土壤吸收性能产生的机制，可以分为以下五种类型。

1. 机械吸收性

机械吸收性是指土壤对进入其内部的固态物质的机械阻留作用，使这部分物质保留在表层土壤中。例如施用有机肥时，其中大小不等的颗粒，均可被保留在土壤中，污水、洪淤灌溉等所含的土粒及其他不溶物，也可因机械吸收性而被保留在土壤中。这种吸收能力的大小，主要决定于土壤的孔隙状况，孔隙过粗，阻留物少，过细又造成下渗困难，易于形成地面径流和土壤冲刷，故土壤机械吸收性能与土壤质地、结构、松紧度等状况有关。阻留在土层中的物质可被土壤转化利用，起到保肥的作用，其保留的养分易被作物吸收利用。

2. 物理吸收性

土壤物理吸收性是指由于土粒巨大的表面积对分子态物质的吸附而起到的保肥作用，它表现在某些养分聚集在胶体表面，其浓度比在溶液中大；另一些物质则是胶体表面吸附较少而溶液中浓度较大，前者称为正吸附，后者称为负吸附。质地越是黏重的土壤，物理吸收性越明显；反之则弱。许多肥料中的有机分子，如马尿酸、尿酸、碳水化合物、氨基酸等，都因有物理吸收作用而被保留在土壤中，这种性能能保持一部分养分，但能力不强。土壤也能吸附水气、CO_2、NH_3 等气体分子。此外，土壤吸附细菌也是一种物理吸附。

3. 化学吸收性

化学吸收性是指水溶性养分在土壤溶液中与其他物质发生反应生成难溶性化合物而沉淀保存在土壤中的过程。这种吸收作用是以纯化学作用为基础的，所以叫做化学吸收性。通过化学吸收保留的养分一般对当季作物无效，但可缓慢释放出来供以后的作物吸收利用，例如，可溶性磷酸盐可被土壤中的铁、铝、钙等离子所固定，生成难溶性的磷酸铁、磷酸铝或磷酸钙。因此，通常在生产上应尽量避免有效养分的固定作用发生，但在某些情况下，化学吸收也有益处，如嫌气条件下产生的 H_2S 与 Fe^{2+}，生成 FeS 沉淀，可消除或减轻 H_2S 的毒害。

4. 物理化学吸收性

物理化学吸收性是指土壤对可溶性物质中离子态养分的保持能力，由于土壤胶体带有正电荷或负电荷，能吸附溶液中带异号电荷的离子，这些被吸附的离子又可与土壤溶液中的同号电荷的离子交换而达到动态平衡。这一作用是以物理吸附为基础，而又呈现出与化学反应相似的特性，所以称之为物理化学吸收性或离子交换作用。因土壤大多带负电荷，所以土壤主要吸收的为阳离子。土壤中胶体物质愈多，电性愈强，物理化学吸收性也愈强，则土壤的保肥性和供肥性就愈好。

5. 生物吸收性

生物吸收性是指土壤中各种生物将速效性养分吸收保留在其体内的过程，生物吸收的养分可以通过其残体重新回到土壤中，且经微生物的转化可被植物吸收利用，所以，这部分养分是缓效性的。不同的土壤，由于生物量的不同，通过生物吸收保留的养分数量不等。生物吸收作用的特点是有选择性和创造性地吸收，并且具有累积和集中养分的作用。如上述四种吸收性都不能吸收硝酸盐，只有生物吸收性才能吸收硝酸盐，生物的这种吸收作用，无论对自然土壤还是农业土壤，在提高土壤肥力方面都有着重要的意义。

总之，上述五种吸收性不是孤立的，而是互相联系、互相影响的，同样都具有重要意义。

二、土壤阳离子交换吸收

阳离子交换吸收作用是土壤的主要保肥机理，对供给植物养分起着重要作用。阳离子交换作用就是各种阳离子在土壤胶体颗粒表面和土壤溶液之间不断地进行吸收和解吸的动态过程。

1. 阳离子交换作用的特点

(1) 可逆反应　阳离子交换作用是一个可逆反应，一般能迅速达到动态平衡。当溶液中的离子被土壤胶体吸附到它的表面并与溶液达成平衡后，如果溶液的浓度减小，则胶体上的交换性离子就要与溶液中的离子产生逆向交换，把已被胶体表面吸附的离子重新归还到溶液中，建立新的平衡。

（2）等价交换 它是指等量电荷对等量电荷的反应，即等价交换。如一个二价的阳离子可以交换两个一价的阳离子等。如用质量计算，则 20g Ca^{2+} 可以和 23g 的 Na^+ 或 1g 的 H^+ 或 39g 的 K^+ 进行交换。换句话说，胶粒上吸附一个正电荷，必须等量地解吸一个正电荷。

2. 阳离子交换能力

阳离子交换能力是指溶液中一种阳离子将胶体上另一种阳离子交换出来的能力。土壤中各种阳离子交换能力大小的顺序为：

$$Fe^{3+} > Al^{3+} > H^+ > Ca^{2+} > Mg^{2+} > NH_4^+ > K^+ > Na^+$$

阳离子交换能力的强弱主要反映了各种阳离子与胶体颗粒的结合强度。交换能力越强，则该离子与胶粒的结合力越大，反之，结合力弱。随着风化作用和成土作用的强度增加，交换性强的阳离子在土壤中的含量越来越高。

影响阳离子交换能力的因素*

① 电荷的数量 根据库仑定律，离子的电荷价愈高，受胶体电性的吸持力愈大，交换能力也愈大。即三价阳离子大于二价阳离子，二价阳离子又大于一价阳离子。

② 离子半径和离子水化半径 同价的离子，离子半径越大，其水化半径趋于减小，则交换能力越强（表 2-3）。其原因是，同价离子的半径增大，则单位表面积的电荷量（即电荷密度）减小，电场强度减弱，故对极性水分子的吸引力小。离子外围的水膜薄，水化半径小，因而离负电胶体的距离较近，相互吸引力较大而且具有较强的交换能力。但是 H^+ 的交换能力比两价的 Ca^{2+}、Mg^{2+} 离子大。因为 H^+ 虽是一价，但水化很弱（一个氢离子与一个水分子结合成 H_3O^+ 离子），水化半径很小，运动速度大（离子运动速度愈大，交换力愈强），故易被胶体吸附。

表 2-3 离子半径、水化半径与交换能力的关系

一价离子种类	Li^+	Na^+	K^+	NH_4^+
离子的真实半径/nm	0.078	0.098	0.133	0.143
离子的水化半径/nm	1.008	0.790	0.537	0.532
离子在胶体上的吸着力	小→大			
离子对其他离子的交换力	小→大			

（引自：沈其荣．土壤肥料学通论）

③ 离子浓度 阳离子交换作用受质量作用定律支配，交换力弱的离子，若溶液中浓度增大，也可将交换力强的离子从胶体上交换出来，这就是盐碱土土壤胶体上 Na^+ 能占显著地位的原因。

3. 土壤阳离子交换量（cation exchange capacity，CEC）

（1）概念和意义 阳离子交换量（或吸收容量）是指在一定 pH 值条件下每千克干土所能吸附的全部交换性阳离子的厘摩尔数（cmol/kg）。它可以作为土壤保肥力的指标，阳离子交换量越大，则土壤的保肥性越强；反之，保肥性越弱。一般而言，阳离子交换量大于 20cmol/kg 的土壤，保肥性强；10～20cmol/kg 的土壤，保肥性中等；小于 10cmol/kg 的土壤，保肥性弱。不同地区的土壤由于自然条件和耕作方式的不同，其阳离子交换量相差很大。

（2）影响阳离子交换量大小的因素* 不同的土壤，其阳离子交换量是不同的。因为土壤阳离子交换量实际上是土壤所带负电荷的数量。影响土壤所带负电荷的因素主要有以下 3 个方面。①胶体数量 土壤胶体物质越多（包括矿质胶体、有机胶体和复合胶体），则 CEC 越大。就矿质胶体而言，CEC 随着质地黏重程度增加而增加，所以黏质土 CEC 较砂质土要大得多。②胶体类型 不同类型的土壤胶体，所带的负电荷差异很大，因此阳离子交换量也明显不同。如有机胶体（腐殖质）的 CEC 远比矿质胶体要大，而且有机质含量可通过人为措施而加以调控，所以生产中注意增施有机肥，可以大幅度提高土壤保肥能力。矿质胶体部分的 2∶1 型矿物的 CEC 要比 1∶1 型大得多，在 2∶1 型矿物中，蒙脱石类又大于伊利石类，这与蒙脱石类矿物不仅带有大量的永久负电荷，而且可胀缩的晶层间还有巨大的内表面有关（表 2-4）。③土壤 pH

值 由于土壤 pH 是影响可变电荷的重要因素，因此土壤 pH 的改变会导致土壤阳离子交换量的变化。在一般情况下，随着土壤 pH 的升高，土壤可变电荷增加，土壤阳离子交换量增大（表 2-5）。可见，在测定土壤阳离子交换量时，控制 pH 是很重要的。

表 2-4　不同土壤胶体的阳离子交换量　　单位：cmol/kg

胶体类型	一般范围	平　均
蒙脱石	60～100	80
水云母	20～40	30
高岭石	3～15	10
含水氧化铁、铝	极微	—
有机胶体	200～4500	350

（摘自：沈其荣．土壤肥料学通论）

表 2-5　不同土类在不同 pH 时的阳离子交换量比例

土　类	粟钙土	黑土	生草灰化土	红壤
pH4.5 时的交换量	100	100	100	100
pH10～10.9 时的交换量	188	280	480	493

（摘自：王荫槐．土壤肥料学）

4．土壤的盐基饱和度（base saturation percentage）

土壤胶体吸附的阳离子分为两类，一类是盐基离子，包括 Ca^{2+}、Mg^{2+}、K^{+}、Na^{+}、NH_4^{+} 等；另一类是致酸离子，即 H^{+}、Al^{3+}。当土壤胶体上吸附的阳离子全部是盐基离子时，土壤呈盐基饱和状态，称之为盐基饱和的土壤。当土壤胶体上吸附的阳离子仅部分为盐基离子，而其余部分为致酸离子时，该土壤呈盐基不饱和状态，称之为盐基不饱和土壤。盐基饱和的土壤具有中性或碱性反应，而盐基不饱和土壤则呈酸性反应。土壤中盐基饱和程度通常用盐基饱和度来表示。土壤的盐基饱和度指土壤中交换性盐基离子总量占阳离子交换量的百分数，即：

$$盐基饱和度(\%)=\frac{交换性盐基(cmol/kg)}{阳离子交换量(cmol/kg)}\times100\%$$

例如：测得某土壤的 CEC 为 50cmol/kg，交换性阳离子 Ca^{2+}、Mg^{2+}、K^{+}、Na^{+} 的含量分别为 10、5、10、5cmol/kg，那么该土壤的盐基饱和度（%）$=\frac{10+5+10+5}{50}\times100\%=60\%$

由盐基饱和度的定义可看出，土壤盐基饱和度的高低也反映了土壤中致酸离子的含量，即决定着土壤的酸碱性，一般而言，盐基饱和度大的土壤 pH 较高，饱和度小的土壤 pH 较低。从土壤肥力角度来看，以盐基基本饱和（饱和度为 70%～90%）为较好。我国土壤的盐基饱和度有自西北、华北往东南和华南逐渐减小的趋势，这与土壤酸碱性的分布基本上是一致的。在干旱、半干旱和半湿润气候地区，盐基淋溶作用弱，饱和度大，养分含量较丰富，土壤偏碱性。而在湿热的南方，因盐基淋溶强烈，多属盐基不饱和土壤，有的红壤和黄壤饱和度低到 20%以下，甚至到 10%，呈强酸性。

土壤盐基饱和度的高低也反映了土壤的保肥能力和成土作用的强度。一般来讲，盐基饱和度高，则土壤的保肥能力强，成土作用的强度弱；反之，保肥能力弱而成土作用的强度大。

5．交换性阳离子的有效度*

由于被土壤胶体表面吸附的养分离子，可以通过离子交换作用回到溶液中，供植物吸收利用，仍不失其对植物的有效性。但被土壤胶体吸附的交换性阳离子的有效度并不完全相同。交换性阳离子对植物的有效性如何，在很大程度上取决于它们从胶体上解吸或交换的难易，影响这些过程的因素主要有以下几种。

(1) 交换性阳离子的饱和度 植物根主要吸收土壤溶液中的离子态养分（土壤胶体吸附的离子须先解吸到溶液中），但也可通过根部表面离子与胶体上的离子进行接触交换而直接吸收。交换性离子的有效度，不仅与某一种交换性离子的绝对数量有关，而且与该离子的饱和度（即被土壤吸附的该离子量占土壤阳离子交换量的百分数）的关系较大。某离子的饱和度愈大，被交换而解吸的机会愈多，则有效度愈大（表 2-6）。

表 2-6 土壤中交换性阳离子饱和度对其有效性的影响

土壤	阳离子交换量/(cmol/kg)	交换性 Ca 量/(cmol/kg)	交换性 Ca 的饱和度/%	Ca 的有效度
甲	10	4	40.0	大
乙	40	5	12.5	小

（引自：王荫槐．土壤肥料学）

从表 2-6 可知：虽然甲土交换性 Ca 数量小于乙土，但其饱和度大，因此钙在甲土的有效度也大于乙土。如果我们把同一种作物以同样的方法种植于甲、乙两种土壤中，显而易见，乙土更需要施钙肥。这一例子告诉我们，在施肥技术上应采用集中施肥的原则，如将肥料以条施或穴施方法施于植物根系附近，使局部土壤中该离子浓度较高，饱和度增大，以提高肥效。正如农民群众所说，“施肥一大片，不如一条线”。另一方面，同样数量的化肥分别施入砂土和黏土中，结果砂土的肥效快而黏土的肥效慢，这是由于砂土阳离子交换量比黏土小，交换性营养离子饱和度大，有效度也大，所以施肥后见效快。

(2) 陪补离子效应 一般来讲，土壤胶体总是同时吸附着多种交换性阳离子（如 Al^{3+}、H^+、Ca^{2+}、Mg^{2+}、K^+、Na^+ 等），对其中某一指定离子（如 K^+）来说，其余同时存在的各种离子（Al^{3+}、H^+、Ca^{2+}、Mg^{2+}、Na^+ 等）都认为是它的陪补离子，也称互补离子。交换性营养离子的有效度，与陪补离子的种类有关。从表 2-7 看出，甲土以 H^+ 作为 Ca^{2+} 的陪补离子，乙土和丙土则分别以 Mg^{2+} 和 Na^+ 作为 Ca^{2+} 的陪补离子。

表 2-7 陪补离子对交换性钙有效性的影响（小麦盆栽试验）

土 壤	交换性阳离子的组成	盆中幼苗干重/g	盆中幼苗吸钙量/mg
甲 土	$40\%Ca^{2+}+60\%H^+$	2.80	11.15
乙 土	$40\%Ca^{2+}+60\%Mg^{2+}$	2.79	7.83
丙 土	$40\%Ca^{2+}+60\%Na^+$	2.34	4.36

（引自：王荫槐．土壤肥料学）

由此得到的结果是：即使三种土壤的 Ca^{2+} 饱和度相等（均为 40%），但甲土的 Ca^{2+} 有效度远大于乙土和丙土，因而影响到作物的吸钙量。因此，当某种交换性离子与不同类型的互补离子共存时，该离子的有效度也会不一样。一般来讲，某离子的互补离子被土壤胶体的吸附力越强，该离子的有效度越高，这实际上是一个竞争吸附问题。

陪补离子和被陪补离子吸附的先后顺序也影响有效度。如胶体上 K^+ 的饱和度相同，如先施铵盐后施钾盐，因为 K^+ 被吸附在外，结合松弛，易于被交换释放，所以 K^+ 的有效度高；如先施钾盐而后施铵盐，则 NH_4^+ 被吸附在外，易于交换释放，从而降低了 K^+ 的有效度。所以说，陪补离子的种类和吸附顺序，对于施肥都有一定的参考价值。

(3) 黏土矿物类型 不同类型的黏土矿物具有不同的晶体构造特征，因而对阳离子吸附的牢固程度也不同。在一定的盐基饱和度范围，蒙脱石类矿物吸附的阳离子一般处于晶层之间，吸附比较牢固，因而有效性较低。而高岭石类矿物吸附的阳离子通常处于晶格的外表面，故吸附力较弱，因此，有效性较高。

(4) 阳离子的非交换性吸收 土壤中所有阳离子均可发生非交换性吸收或固定，但以 K^+ 和 NH_4^+ 的固定最为明显，而且与植物营养关系密切，在生产实践中应予以注意。发生这种钾（铵）固定的机制是：层状铝硅酸盐黏粒矿物晶层表面，具有六个硅氧四面体联成的网穴，穴半径约为 0.14nm，其大小与 K^+（0.133nm）和 NH_4^+（0.143nm）的半径相近，原来吸附在晶层表面的可被交换的 K^+、NH_4^+，当黏粒矿物脱水收缩时，极易被挤压陷入网穴中，成为非交换性离子，降低了对植物的有效性。在土壤交换性离子总量中，钾（铵）的饱和度愈大，则愈易发生上述的固定作用。

三、土壤阴离子交换吸收*

土壤阴离子交换作用是指土壤中带正电荷胶体吸附的阴离子与土壤溶液中阴离子相互交换的作用。阴离子交换作用的原理与阳离子交换一样，但只发生在带正电荷的胶体中。目前对阴离子交换的机理了解不多，且阴离子交换量远小于阳离子交换量。但是土壤中的阴离子往往和化学固定作用等交织在一起，很难截然分开，所以它不具有像阳离子交换作用那样明显的数学关系。

1. 土壤阴离子交换吸收的类型

根据阴离子在土壤中及土壤胶体颗粒表面的吸附特点，可分为三种类型。

(1) 易于被土壤吸附的阴离子　如磷酸根（$H_2PO_4^-$、HPO_4^{2-}、PO_4^{3-}）、硅酸根（$HSiO_3^-$、SiO_3^{2-}）及某些有机酸的阴离子（如草酸根、柠檬酸根等）。通常这些酸根离子是与阳离子反应生成不溶性化合物而沉淀在土粒表面，并不是真正的离子交换作用。

(2) 很少或根本不被吸附的阴离子　如氯离子（Cl^-）、硝酸根（NO_3^-）、亚硝酸根（NO_2^-）等。它们不能和溶液中的阳离子形成难溶性盐类，而且不被土壤带负电胶体所吸附，甚至出现负吸附，极易随水流失，所以硝态氮肥一般不在水田施用，否则易造成氮素损失。

(3) 介于上述两者之间的阴离子　如 SO_4^{2-}、CO_3^{2-}、HCO_3^- 及某些有机酸的阴离子，土壤吸收它们的能力很弱。

2. 影响土壤对阴离子吸收的因素

(1) 阴离子的价数　一般价数越大，吸收力越强。土壤对一些常见阴离子的吸收力的大小顺序如下。

$$NO_3^- < Cl^- < SO_4^{2-} < CH_3COO^- < H_2BO_3^- < HCO_3^- < PO_4^{3-} < OH^-$$

OH^-是个例外，虽为一价离子，但土壤对它的吸附力很强。这是因为 OH^- 离子半径小，并能同带正电荷胶粒的双电层中的铁、铝离子结合，生成解离度很小的化合物。

(2) 胶体组成成分　随着土壤胶体中铁、铝氧化物增多，土壤吸收阴离子的能力也逐渐增大。

(3) 土壤 pH 值　酸碱度变化会引起胶体电荷改变。碱性加强，增大负电荷量，而酸性增强，则正电荷增多。因此，在酸性条件下，土壤胶体吸收阴离子能力增大，反之，在碱性条件下，吸收力则减弱。

特别应引起我们注意的是，磷酸根极易被吸收固定，而硝酸根很易流失，这在施肥技术中都是需要重点考虑的问题。

四、土壤的供肥性能

土壤供肥能力的大小直接影响到植物的生长。一般来讲，能够直接被植物吸收利用的养分主要有土壤溶液中的养分和吸附在土壤胶体颗粒表面的养分等。土壤的供肥性是指土壤供应作物所必需的各种速效养分的能力，也即将缓效养分转化为速效养分的能力。土壤供肥力的强弱直接影响到作物的生长发育、产量和品质，了解土壤供肥性能对于调节土壤养分和作物营养具有重要的作用。土壤供肥能力可以反映土壤供肥性的强弱，土壤供肥特性主要受土壤的基本性质、气候特点和植物根系特性等因素的影响。土壤供肥性能表现的主要内容有：土壤供应速效养分的数量、各种缓效养分转变为速效养分的速率、各种速效养分持续供应的时间及植物根系的作用。

1. 土壤供应速效性养分的数量

土壤中速效性养分是指土壤溶液中溶解态养分，包括土壤胶体表面容易被植物吸收利用的养分，又称有效养分。土壤中各种速效养分的数量可反映农作物根系直接吸收利用养分的数量，表明土壤肥劲与供肥能力大小的关系。反映土壤养分供给能力的指标有两个：一是养分的供应容量，是指土壤中某种养分的总量，一般指全量养分，反映土壤供应养分潜在能力的大小；二是养分的供应强度，是指土壤中某种速效性养分的数量占土壤养分总量的百分数，它显示土壤养分转化供应的能力。如果养分的供应容量大，供应强度也大，表明在一段时间内养分供应充足而不至于脱肥；如果二者均小，表明土壤的供肥能力很弱，必须考虑及时施肥。

2. 缓效养分转变为速效养分的速率

土壤中的缓效养分是指土壤中的固态（矿质态和有机态）养分须经各种化学和生物化学作用转化为溶解态或交换态后，才能被植物吸收利用。在多数情况下，缓效性养分是固定在土壤晶体和土壤有机质中的养分。有机质经矿质化后所提供的养分主要是氮、磷、硫等元素，其中又以氮素供应最为重要。缓效性养分转化为速效性养分是土壤供肥能力强弱的另一个重要指标。土壤养分转化速率快，说明速效养分供应及时，肥劲猛；反之，说明速效养分供应不及时，肥劲差。

3. 速效养分持续供应的时间

土壤中速效养分持续供应时间的长短，是土壤肥劲大小的表现。养分持续供应时间长，说明土壤养分丰实，肥劲长而不易脱肥；养分供应的时间短，表明在作物生育的各个时期，特别是中期和后期，养分供应的数量不足，易产生脱肥现象。

4. 植物根系的作用

土壤养分的有效化过程是一个对立矛盾的发展过程，如土壤中缓效养分的分解释放和化学固定的矛盾，土壤胶体上养分元素的释放和吸附保存的矛盾。实现作物高产的前提之一是在加强土壤养分积累的同时，不断地促进其分解和释放，增强土壤的供肥能力，以满足作物生长所需。土壤供肥能力的强弱不但受土壤性质的影响，而且与植物根系的活动密切相关。植物的根系不但从土壤中吸收养分，而且还向土壤中分泌一些有机化合物，对养分起到溶解、螯合等作用，这在根际范围内表现得更明显。如植物的根系向根际内分泌质子和有机酸，从而降低根际土壤的 pH，对土壤中的一些养分起到溶解作用，增加了它们的有效性。也有部分植物的根系分泌一些激素类物质，通过促进微生物的活动，增加对有机养分的矿化。也有一些植物通过分泌一些特殊的有机化合物，促进某些离子的溶解和运输，如部分植物能分泌各种麦根酸类铁载体促进植物对铁的吸收。还有一些植物能够改变根系的构型，如在缺磷胁迫下，白羽扇豆形成排根，增加其对磷的吸收。

第六节　土壤的酸碱性和缓冲性

土壤酸碱性是极为重要的化学性质，对土壤肥力和植物营养的关系有多方面的影响。它是土壤溶液的性质，又与土壤固相和气相密切相关。土壤酸碱性是指土壤溶液的特性，它反映土壤溶液中 H^+ 浓度和 OH^- 浓度比例，同时也决定于土壤胶体上致酸离子（H^+ 或 Al^{3+}）或碱性离子（Na^+）的数量及土壤中酸性盐和碱性盐类的存在数量。土壤酸碱性既是土壤的重要化学性质，又是成土条件、理化性质、肥力特征的综合反应，也是划分土壤类型、评价土壤肥力的重要指标。

一、土壤酸性

土壤的酸性：一方面与溶液中 H^+ 浓度相关；另一方面更多的是与土壤胶体上吸附的致酸离子（H^+ 或 Al^{3+}）密切相关。土壤酸性的主要来源是：胶体上吸附的 H^+ 或 Al^{3+}、CO_2 溶于水所形成的碳酸、有机质分解产生的有机酸、氧化作用产生的少量无机酸以及施肥加入的酸性物质等。土壤酸度反映土壤中 H^+ 的数量，根据 H^+ 在土壤中的存在状态，可以将土壤酸度分为两种类型。

1. 活性酸度

活性酸度是指土壤溶液中游离的 H^+ 所直接显示的酸度。通常用 pH 值表示，它是土壤酸碱性的强度指标。土壤 pH 值为土壤溶液中 H^+ 浓度的负对数，土壤学中通常根据土壤的 pH 值将土壤酸碱性分为若干级（表 2-8）。

在土壤酸碱性的分级方面，因研究目的不同，各国的分级标准不完全一致。参照上述分级，我国土壤反应大多数 pH 值在 4.5～8.5，在地理分布上具有“东南酸而西北碱”的规律性，即由北向南，pH 值逐渐减小。大致可以长江为界（北纬 33°），长江以南的土壤多为酸性或强酸性，如华南、西南地区分布的红壤、砖红壤和黄壤的 pH 大多数在 4.5～5.5。长江以北的土壤多为偏碱性和强碱性，如华北、西北的土壤含碳酸钙，pH 一般在 7.5～8.5。

表 2-8　土壤酸碱度的分级

土壤 pH 值	<5.0	5.0～6.5	6.5～7.5	7.5～8.5	>8.5
级别	强酸性	酸性	中性	碱性	强碱性

（引自：沈其荣．土壤肥料学通论）

2. 潜性酸度

潜性酸度是指土壤胶体上吸附的 H^+、Al^{3+} 所引起的酸度。它们只有在转移到土壤溶液中，形成溶液中的 H^+ 时，才会显示酸性，故称为潜性酸度。通常用每千克烘干土中氢离子的厘摩尔数来表示。潜性酸与活性酸处在动态平衡之中，可以相互转化，如下式。

$$\boxed{\text{土壤胶料}}\begin{matrix} xH^+ \\ yAl^{3+} \end{matrix} + (x+3y)K^+ \rightleftharpoons \boxed{\text{土壤胶料}}(x+3y)K^+ + xH^+ + yAl^{3+}$$

（潜性酸）　　　　　　　　　　　　　　　　（活性酸）

土壤潜性酸要比活性酸多得多，相差 3～4 个数量级。实际上土壤的酸性主要决定于潜性酸的数量，它是土壤酸性的容量指标。

土壤潜性酸的大小常用土壤交换性酸度或水解性酸度表示，两者在测定时所采用的浸提剂不同，因而测得的潜性酸的量也有所不同。

(1) 交换性酸度　在非石灰性土壤及酸性土壤中，土壤胶体吸附了一部分 Al^{3+} 和 H^+。当用过量的中性盐溶液（如 1M 的 KCl、NaCl 或 $BaCl_2$）与土壤作用，将胶体表面上的大部分 H^+ 或 Al^{3+} 交换出来，再以标准碱液滴定溶液中的 H^+，这样测得的酸度称为交换性酸度或代换性酸度。

$$\boxed{\text{土壤胶料}}H^+ + KCl \rightleftharpoons \boxed{\text{土壤胶料}}K^+ + HCl$$

$$\boxed{\text{土壤胶料}}Al^{3+} + 3KCl \rightleftharpoons \boxed{\text{土壤胶料}}\begin{matrix} K^+ \\ K^+ \\ K^+ \end{matrix} + AlCl_3$$

$$AlCl_3 + 3H_2O \longrightarrow Al(OH)_3 + 3HCl$$

应当指出，用中性盐溶液浸提的交换反应是一个可逆的阳离子交换平衡，交换反应容易逆转，因此测得的酸量只是土壤潜性酸量的大部分，而不是它的全部。

(2) 水解性酸度　这是土壤潜性酸量的另一种表示方式。土壤用弱酸强碱盐溶液（如 1mol/L 醋酸钠）从土壤中交换出来的氢、铝离子所产生的酸度称为水解性酸度。由于醋酸钠水解，所得的醋酸的解离度很小，而生成的 NaOH 又与土壤交换性 H^+ 作用，得到解离度很小的 H_2O，所以使交换作用进行得比较彻底，另外，由于弱酸强碱盐溶液的 pH 大，也使胶体上的 H^+ 易于解离出来。

$$CH_3COONa + H_2O \longrightarrow CH_3COOH + NaOH$$

$$\boxed{\text{土壤胶料}}H^+ + Na^+ + OH^- \longrightarrow \boxed{\text{土壤胶料}}Na^+ + H_2O$$

$$\boxed{\text{土壤胶料}}Al^{3+} + 3CH_3COONa + 3H_2O \longrightarrow \boxed{\text{土壤胶料}}\begin{matrix} Na^+ \\ Na^+ \\ Na^+ \end{matrix} + Al(OH)_3 + 3CH_3COOH$$

用碱滴定溶液中醋酸的总量即是水解性酸的量。水解性酸度一般要比交换性酸度大得多，但这两者是同一来源的，本质上是一样的，都是潜性酸，只是交换作用的程度不同而已。用上述方法测得的潜性酸实际上还包括活性酸在内，但后者数量很少。

酸性土壤常通过施用石灰，人为地调节土壤酸度。通常用水解性酸度可以指示土壤中潜性酸和活性酸的总量，所以总酸量一般不再测定，酸性土改良中常用水解性酸度的数值作为计算石灰施用量的依据。

二、土壤碱性

土壤溶液中 OH^- 离子浓度超过 H^+ 离子浓度时表现为碱性，土壤的 pH 越大，碱性越强。土壤的碱性主要来源于土壤中交换性钠的水解所产生的 OH^- 以及弱酸强碱盐类（如 Na_2CO_3、$NaHCO_3$）的水解。土壤的碱性除用平衡溶液的 pH 值表示以外，还可用土壤中的碱性盐类（特别是 Na_2CO_3 和 $NaHCO_3$）来衡量，有时叫做土壤碱度（cmol/kg）。对于土壤溶液或灌溉水、地下水来说，其 Na_2CO_3 和 $NaHCO_3$ 含量也叫做碱度（mmol/L 或g/L）。

同时，土壤的碱性还决定于土壤胶体上交换性钠离子的相对数量。通常把钠饱和度（交换性钠离子数量占阳离子交换量的百分数）叫做土壤碱化度或交换性钠百分率。当交换性钠饱和度为5%～20%时称为碱化土，而钠饱和度大于20%时称为碱性土。

三、土壤酸碱性对作物生长和肥力的影响

1. 植物生长需要适宜的酸碱性

植物对土壤酸碱性的要求是长期自然选择的结果。大多数植物适宜生长在中性至微碱性土壤上，有些植物对土壤酸碱性有不同的偏好，它们只能在一定的酸碱范围内生长，因为这些植物对土壤酸碱性有一定的指示作用，可作为土壤酸碱性“指示植物”。如茶、映山红只能在酸性土壤上生长，被作为酸性土壤的指示植物。栽培植物对土壤的酸碱要求不很严格，一般作物对土壤酸碱性的适应范围都比较广，如马铃薯在pH4～8 的范围内都可以生长，但以 pH5 左右生长最好。大多数作物喜欢近中性的土壤，以 pH6.0～7.5 为宜。不同的栽培作物适应不同的 pH 范围（见表 2-9）。

表 2-9 主要的栽培植物生长适宜 pH 范围

大田作物		园艺植物		林业植物	
名称	pH	名称	pH	名称	pH
水稻	6.0～7.0	豌豆	6.0～8.0	槐	6.0～7.0
小麦	6.0～7.0	甘蓝	6.0～7.0	松	5.0～6.0
大麦	6.0～7.0	胡萝卜	5.3～6.0	洋槐	6.0～8.0
大豆	6.0～7.0	番茄	6.0～7.0	白杨	6.0～8.0
玉米	6.0～7.0	西瓜	6.0～7.0	栎	6.0～8.0
棉花	6.0～8.0	南瓜	6.0～8.0	柽柳	6.0～8.0
马铃薯	4.8～5.4	黄瓜	6.0～8.0	桦	5.0～6.0
向日葵	6.0～8.0	柑橘	5.0～7.0	泡桐	6.0～8.0
甘蔗	6.0～8.0	杏	6.0～8.0	油桐	6.0～8.0
甜菜	6.0～8.0	苹果	6.0～8.0	榆	6.0～8.0
甘薯	5.0～6.0	桃、梨	6.0～8.0		
花生	5.0～6.0	栗	5.0～6.0		
烟草	5.0～6.0	核桃	6.0～8.0		
紫云英、苕子	6.0～7.0	茶	5.0～5.5		
紫花苜蓿	7.0～8.0	桑	6.0～8.0		

（引自：沈其荣．土壤肥料学通论）

2. 影响土壤养分的转化和供应

土壤酸碱性对土壤物质的化学变化和微生物活动有广泛影响，它控制着土壤胶体的离子交换，因而对土壤溶液中养分离子的浓度和含量比例影响很大。例如在不同 pH 值土壤溶液中，各种磷酸根的浓度差别很大。在 pH4～6，主要是 $H_2PO_4^-$；在 pH6～7，$H_2PO_4^-$ 和 HPO_4^{2-} 同时存在，前者浓度大于后者；在 pH7.2 时，两者浓度几乎相等；pH＞7.5 时，则以 HPO_4^{2-} 为主。土壤 pH 与养分有效性和微生物活性的关系见图 2-2。

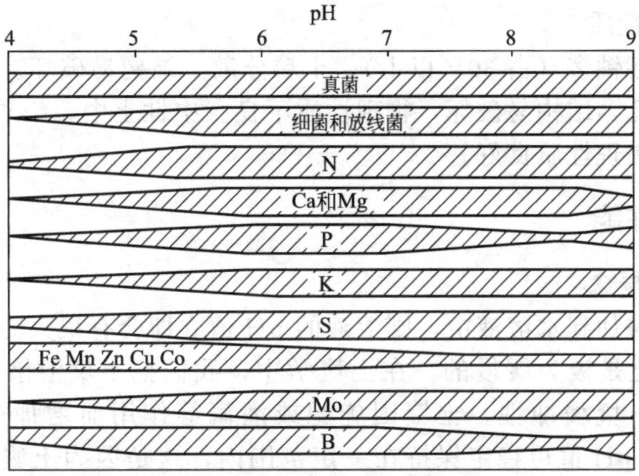

图 2-2 土壤 pH 与养分有效性和微生物活性的关系

（引自：王荫槐．土壤肥料学）

(1) 影响养分的固定、释放与淋失* 当 pH＜5，活性铁、铝多，磷酸根易与它们结合形成不溶性沉淀。红壤中施磷肥，当季作物利用的只有 10% 左右。在 pH＞7 时，则发生明显的钙对磷酸的固定。在 pH6-7 的土壤中，土壤对磷的固定最弱，磷的有效度最大。在微酸至碱性土壤中，氮、硫、钾的有效性也高。

土壤中钙、镁、钾等淋失，是造成酸性反应的原因之一。反之，土壤酸性愈强的，表明这些元素淋失愈多，因而对植物的供应愈加不足。大致在 pH5 以下，钙、镁、钾的有效量降到很低，pH5 以上时，钙与镁的有效量明显增加，而钾则不变。在高 pH 时，交换性钠和钾共同占优势，钠代替钙、镁在碱土中大量累积。

在极强酸性的土壤中，大量铝、铁、锰化合物变为可溶性的，因而造成对植物的毒害。随着土壤酸度的降低，它们的溶解度迅速降低。在 pH6.0～7.0 的土壤中上述活性离子急剧减少或消失（如 Al^{3+}）。在中性土壤中，某些植物会感到铁和锰供应不足，酸性砂土施用过量石灰时，也常常会发生这种情况。在碱性土壤中因氢氧化铁、氢氧化锰发生沉淀而出现植物缺铁和缺锰的情况，例如果树的缺铁黄化症。

铁、锰、铜、锌的有效性在酸性土中高，而在 pH＞7 的土壤中则明显降低，常出现 Fe、Mn 供给不足；在土壤 pH7 左右为临界点，pH 值大于此点时，铜、锌的有效度极低。

pH 值强烈地决定了钼的有效度，因为钼酸盐不溶于酸而可溶于碱，当 pH＞6，钼的有效度增加，所以酸性土施石灰可提高钼的有效性。

关于硼的情况较为特殊，酸性土或含多量石灰的土壤，对硼的固定均甚强烈。过量钙离子的存在，会抑制硼进入植物体。如果植物细胞中含过量的钙，即使硼的含量极为丰富，也会妨碍硼的代谢。在酸性条件下，硼酸盐渐趋向于溶解，但当酸性过强时（例如 pH＜5），硼也会像一些易溶元素那样因过量淋洗损失而减少其有效含量。

(2) 影响土壤微生物活性* 土壤细菌和放线菌，如硝化细菌、固氮菌和纤维分解菌等，均适于中性和微碱性环境，而在 pH＜5.5 的强酸性土壤中，其活性明显下降，真菌可在所有 pH 范围内活动，因而在强酸性土壤中占优势。由于真菌的活动，在强酸性土壤中仍可发生有机质的矿化，使植物得到一些 NH_4^+-N。

在中性和微碱性条件下，真菌遇到细菌和放线菌的竞争。此时固氮菌活性强烈，有机质矿化也较快，土壤有效氮的供应较好。一般说来，铵化作用适宜的 pH 范围为 6.5～7.5，硝化作用为 6.5～8.0，固氮作用为 6.5～7.8。

综合地看，在 pH6.5 左右时各种养分的有效度较高，对大多数农作物的生长比较适宜。

3. 影响黏粒矿物的形成

土壤反应和环境条件（如地形、水分条件等）共同影响着生成的黏粒矿物类型。例如，原生矿物白云母在碱性和微碱性条件下风化，生成伊利石，而在 pH5 的酸性条件下生成高岭石。

4. 影响土壤理化性质

在碱土中，交换性钠多（占 30%以上），土粒分散，结构易破坏。酸性土中，交换性氢离子多，盐基饱和度低，结构易破坏，物理性质不良。中性土中，Ca^{2+}、Mg^{2+} 较多，土壤的结构性和通气性等物理性质良好。

四、土壤缓冲性能

1. 土壤缓冲性的概念

如果把少量酸或碱加到水溶液中，则溶液的 pH 值立即会有很大的变化，但土壤却不是这样，它的 pH 值变化是极为缓慢的。在土壤学中，我们把土壤溶液抵抗酸碱物质，减缓 pH 变化的能力叫做土壤缓冲性。土壤因施肥或灌溉等作用而增加或减少土壤的 H^+ 或 OH^- 时，土壤溶液的 pH 值可稳定保持在一定范围内，这是因为土壤本身对 pH 值的变化有缓冲作用，不致因环境条件的改变而产生剧烈的变化，可以为植物生长和土壤生物（尤其是微生物）的活动创造一个良好、稳定的土壤环境，但也给土壤改良带来了困难。

土壤是一个巨大的缓冲体系，对营养元素、有害污染物质、氧化还原等同样具有缓冲性，同时具有抵抗外界环境变化的能力。这主要是因为土壤是一个包含固、液、气三相组成的多组分开放的生物地球化学系统，包含了众多的、以多样化形式进行相互作用的不同化合物。土壤中发生的各种化学、生物化学过程，常具有一定的自调能力。从某种意义上讲，土壤缓冲性不只是局限于对酸碱变化的抵抗能力，而可以看作一个能表征土壤质量及土壤肥力的指标。

2. 土壤缓冲作用的机制*

（1）土壤胶粒上的交换性阳离子　这是土壤产生缓冲作用的主要原因，它是通过胶粒的阳离子交换作用来实现的。当土壤溶液中 H^+ 增加时，胶体表面的交换性盐基离子与溶液中的 H^+ 交换，使土壤溶液中 H^+ 的浓度基本上无变化或变化很小。

土壤胶粒 $M+H^+ \longrightarrow$ 土壤胶粒 $H+M^+$（M 代表盐基离子，主要是 Ca^{2+}、Mg^{2+}、K^+ 等）

又如土壤溶液中加入 MOH，解离产生 M^+ 或 OH^-、由于 M^+ 与胶体上交换性 H^+ 交换，H^+ 转入溶液中，立即同 OH^- 生成极难解离的 H_2O，溶液的 pH 值变化极微。

土壤胶粒 $H+MOH \longrightarrow$ 土壤胶粒 $M+H_2O$

由此可见交换性阳离子对土壤的缓冲作用具有以下特征。

① 土壤缓冲能力的大小和它的阳离子交换量有关　交换量愈大，缓冲性愈强。所以，黏质土及有机质含量高的土壤，比砂质土及有机质含量低的土壤缓冲性强。在生产实践中，通过各种措施以提高土壤有机质含量，可增强土壤缓冲能力。

② 不同的盐基饱和度表现出的对酸碱的缓冲能力是不同的　如两种土壤的阳离子交换量相同，则盐基饱和度愈大的，对酸的缓冲能力愈强，而对碱的缓冲能力愈小。

（2）土壤溶液中的弱酸及其盐类的存在　土壤溶液中含多种无机和有机弱酸及与它们组成的盐，如碳酸、硅酸、腐殖酸以及其他有机酸及其盐类，它们构成一个良好的缓冲体系，故对酸碱具有缓冲作用。

$$H_2CO_3+Ca(OH)_2 \longrightarrow CaCO_3+2H_2O \qquad Na_2CO_3+2HCl \longrightarrow H_2CO_3+2NaCl$$

土壤中的其他弱酸与它们的盐也有上述类似的反应，从而使土壤 pH 不致发生太大的变化。

（3）土壤中两性物质的存在　两性物质是指在一个分子中既可带正电荷，也可以带负电荷的物质，通常是一些高分子有机化合物，土壤中主要是一些腐殖酸分子。两性物质的存在，使带正电荷的基团可以与酸结合，而带负电荷的基团可以与碱结合，起到了稳定土壤 pH 的作用。举例如下。

$$R\text{—}CH(NH_2)\text{—}COOH + HCl = R\text{—}CH(NH_3Cl)\text{—}COOH$$

（氨基酸）　　（氨基酸氯化铵盐）

$$R\text{—}CH(NH_2)\text{—}COOH + NaCl = R\text{—}CH(NH_2)\text{—}COONa + H_2O$$

（氨基酸）　　（氨基酸钠）

（4）酸性土壤中铝离子的缓冲作用　在极强酸性土壤中（pH＜4），铝以正三价离子状态存在，每个 Al^{3+} 周围有 6 个水分子围绕着，当加入碱类使土壤溶液中 OH^- 增多时，6 个水分子中即有一两个解离出 H^+ 以中和之，而铝离子本身留一两个 OH^-。这时，带有 OH^- 的铝离子很不稳定，与另一个相同的铝离子结合，在结合中，两个 OH^- 被两个铝离子所共用，并且代替了两个水分子的地位，结果这两个铝离子失去两个正电荷，剩下四个正电荷。这种缓冲作用，可以用下式表明：

$$2Al(H_2O)_6^{3+} + 2OH^- \longrightarrow [Al_2(OH)_2(H_2O)_8]^{4+} + 4H_2O$$

3. 影响土壤缓冲性能的因素

土壤具有缓冲性能，使土壤 pH 在自然条件下不致因外界条件改变而剧烈变化。土壤 pH 值保持相对稳定，有利于营养元素平衡供应，从而能维持一个适宜的植物生活环境。影响土壤缓冲性能的因素主要有以下几点。

（1）土壤黏粒含量　土壤质地越细，黏粒含量越多，土壤的缓冲性越强；相反，质地越粗，黏粒含量越少，缓冲能力越弱。

（2）土壤无机胶体　土壤无机胶体的种类不同，其阳离子交换量不同，缓冲性不同。在无机胶体中缓冲性由大变小的顺序为：蒙脱石＞伊利石＞高岭石＞含水氧化铁、铝。土壤胶体的阳离子交换量越大，土壤的缓冲性越强。

（3）有机质含量　土壤有机质含量虽仅占土壤的百分之几，但腐殖质含有大量的负电荷，对阳离子交换量的贡献大。所以，有机质含量越高的土壤，其缓冲性越强，反之，则弱。通常表土的有机质含量较底土的高，缓冲性也是表土较底土强。

第七节　土壤氧化-还原反应

与土壤酸碱反应一样，土壤氧化还原反应是发生在土壤溶液中又一个重要的化学反应。土壤组成中含有一些易于氧化和易于还原的物质，当土壤通气良好，氧分压高时，这些物质呈氧化态；在通气不良、氧不足时则呈还原态。土壤的氧化还原反应始终存在于岩石风化和母质成土的整个土壤形成发育过程中，影响着土壤养分的有效性和植物生长，特别对稻田土壤，它是衡量土壤肥力极为重要的指标之一。

一、土壤中的氧化还原体系

1. 土壤中的氧化还原体系的含义

氧化还原反应中氧化剂（能获得电子的物质）和还原剂（失去电子的物质）构成了氧化还原体系。某一物质释放出电子被氧化，伴随着另一物质取得电子被还原。土壤中有多种氧化还原物质共存，常见的氧化还原体系如下（反应式中的 e 代表得失的电子）。

氧体系　$O_2 + 4H^+ + 4e = 2H_2O$

硝酸盐体系　$NO_3^- + H_2O + 2e = 2OH^- + NO_2^-$

铁体系　$Fe^{3+} + e = Fe^{2+}$

锰体系 MnO_2+4H^++2e ══ $Mn^{2+}+2H_2O$

硫体系 $SO_4^{2-}+H_2O+2e$ ══ $SO_3^{2-}+2OH^-$

氢体系 $2H^++2e$ ══ H_2

此外，土壤中还存在易于发生氧化还原反应的有机体系。

2. 土壤中氧化还原体系的共同特点*

土壤中同一物质可区分为氧化态（剂）和还原态（剂），构成相应的氧化还原体系。土壤空气中 O_2 是主要的氧化剂，它进入土壤中进行化学和生物化学作用。土壤的生物学过程的方向和强度，在很大程度上决定于土壤空气和溶液中氧的含量，在通气良好的土壤中，氧体系控制氧化还原反应，使多种物质呈氧化态，如 NO_3^-、Fe^{3+}、Mn^{4+}、SO_4^{2-} 等。土壤有机质特别是新鲜有机物是主要还原剂，在土壤缺 O_2 条件下，将氧化物转化为还原态，它们在适宜的温度、水分和 pH 条件下还原能力极强。土壤中由于有多种多样的氧化还原体系存在，并有生物参与，氧化还原反应较纯溶液复杂。

(1) 土壤中氧化还原体系分为无机体系和有机体系两类　在无机体系中，重要的有氧体系、铁体系、锰体系、氢体系、氮体系和硫体系等。有机体系包括不同分解程度的有机化合物、微生物的细胞体及其代谢产物，如有机酸、酚和糖类化合物。无机体系的反应一般是可逆的，有机体系和微生物参与条件下的反应是半可逆或不可逆的。

(2) 土壤氧化还原反应不完全是纯化学反应　氧化还原反应在很大程度上有微生物的参与，例如 $NH_4^+ \rightarrow NO_2^- \rightarrow NO_3^-$，分别在亚硝酸细菌和硝酸细菌作用下完成，虽然亚铁的氧化大多属纯化学反应，但在土壤中常在铁细菌的作用下发生。

(3) 土壤是一个不均匀的多相体系　不同土壤和同一土层的不同部位，氧化还原状况会有不同。

(4) 土壤中氧化还原平衡经常变动　土壤氧化还原状况随栽培管理措施特别是灌水、排水而变化。

二、土壤氧化还原电位

这是指土壤中氧化剂和还原剂在氧化还原电极上所建立的平衡电势，它是反映土壤氧化或还原程度的重要指标，可用下式表示：

$$Eh(\mathrm{mV})=E_0+\frac{59}{n}\lg\frac{[\text{氧化态}]}{[\text{还原态}]}$$

式中，E_0 为标准氧化还原电势，即体系中氧化剂与还原剂浓度相等时的电势。上述各体系的值可在化学手册中查到。n 为反应中电子转移数。

从方程式中看出，Eh 值的大小取决于氧化态物质和还原态物质的性质与浓度，而氧化态物质和还原态物质的浓度又直接受土壤通气性的强弱控制。通气性良好时，土壤空气中氧分压大，与其相平衡的土壤溶液中氧浓度也高，氧化态物质与还原态物质的浓度比增高，Eh 值变大；反之，通气不良的土壤其溶液中氧化态物质与还原态物质的浓度比降低，Eh 值变小。因此，氧化还原电势的高低也可作为评价土壤通气性强弱的指标。

旱地土壤的 Eh 值变动在 200～750mV，如果大于 750mV，标志着土壤完全处于好气状态，表明土壤通气过强，若其他条件又适宜时，则有机质分解迅速，还可能造成其他养分的损失，此时应适当灌水以降低氧分压；如果旱地土壤的 Eh 值低于 200mV，则表明土壤水分过多，通气不良，此时应注意排水降渍，疏松土层，增加土壤空气容量。旱地土壤的 Eh 在 400～700mV，多数作物可以正常发育。

水田土壤的 Eh 值变化较大，正常值往往低于 200～300mV，在排水种植旱作物期间，其 Eh 可高达 500mV 以上，而长期积水的水稻土可降至 100mV 甚至下降到负值。一般水稻适宜在轻度还原（200～400mV）的条件下生长，如果土壤经常处于 180mV 以下或低于 100mV，将导致土壤溶液中 Fe^{2+}、Mn^{2+} 的浓度迅速升高，导致水稻铁锰中毒，使水稻分蘖停止，发育受阻。Eh 值降至负值，水田中将会产生 H_2S 和丁酸的累积，这将抑制水稻含铁氧化酶的活性，从而减弱根系吸收养分的能力，尤以磷钾养分为甚。若 Eh 值长期低于

$-100mV$，硫化物与亚铁共同作用使水稻产生黑根，严重时根系腐烂，稻株死亡。因此，对于 *Eh* 值过低的水田，应采取排水烤田措施，以提高土壤的 *Eh* 值。

三、土壤氧化还原状况与养分的关系

氧化还原状况主要影响土壤中变价元素的生物有效性，如高价铁、锰化合物（Fe^{3+}、Mn^{4+}）为难溶态，植物不易吸收。在还原条件下，高价铁、锰还原成溶解度较高的低价化合物（Fe^{2+}、Mn^{2+}），对植物的有效性增高。土壤养分的转化也与 *Eh* 值关系密切。硝化过程及硝酸盐的累积是在 *Eh* 值很高的好气条件下进行的，土壤通气不良，*Eh* 值下降，又会导致反硝化过程的发生，从而造成土壤氮素的损失。在低的 *Eh* 值下，因含水氧化铁被还原成可溶的氧化亚铁，减少了其对磷酸盐的专性吸附固定，并使被氧化铁胶膜包裹的闭蓄态磷释放出来，同时磷酸铁也还原为磷酸亚铁，使其有效性提高。

本章小结

土壤的基本性质包括物理性质和化学性质等。

土壤孔隙性是指孔隙的多少、大小、大小孔隙的比例及其性质的总称，简称土壤孔性。土壤密度是指单位体积的固体土粒（不包括粒间孔隙）的干重，一般取其平均值为 $2.65g/cm^3$。土壤容重是指单位容积土体的干重，单位为 g/cm^3 或 t/m^3。土壤容重大小是土壤肥力高低的重要标志之一。其重要性表现在：①反映土壤松紧状况和孔隙度大小；②计算土壤质量和土壤中各种物质的量。孔隙度是单位容积土壤中孔隙容积占整个土体容积的百分数，一般通过土壤容重和土壤密度来计算。根据土壤中孔隙的通透性和持水能力，可将其分为三种类型：①非活性孔隙；②毛管孔隙；③通气孔隙。

土壤结构是指土壤结构体的种类、数量及其在土壤中的排列方式等。依据土壤结构体的长、宽、高三轴的发育情况可分成：块状结构、核状结构、柱状结构、片状结构和团粒结构。团粒是指近似球形，疏松多孔的小团聚体，其直径约为 0.25～10mm，农业生产上最理想的团粒结构粒径为 2～3mm。其主要特点和肥力特征有：具有良好的孔隙性质，保肥与供肥相协调，能稳定土壤温度，调节土壤热状况，易于耕作。团粒结构的培育措施包括：精耕细作和增施有机肥、合理的轮作制度、土壤结构改良剂的应用。

土壤耕性是指土壤在耕作时所表现的特性，也是一系列土壤物理性质和物理机械性的综合反映。耕性的好坏，应根据耕作难易，耕作质量和宜耕期长短三方面来判断。

土壤胶体是土壤中最细微的颗粒，它与土壤吸收性能有密切关系，对土壤养分的保持和供应以及对土壤的理化性质都有很大影响。直径在 1～1000nm 的土粒都可归属于土壤胶粒的范围。土壤胶体按其成分和来源可分为无机胶体、有机胶体和有机无机复合胶体三类。土壤胶体有以下特性：①土壤胶体具有巨大的比表面和表面能；②土壤胶体电荷；③土壤胶体有凝聚和分散的作用。

土壤保肥有 5 种途径，其中阳离子交换吸收作用是土壤的主要保肥机理。阳离子交换作用就是各种阳离子在土壤胶体颗粒表面和土壤溶液之间不断地进行吸收和解吸的动态过程。阳离子交换作用的特点：①可逆反应；②等价交换。阳离子交换能力是指在溶液中一种阳离子将胶体上另一种阳离子交换出来的能力。土壤中各种阳离子交换能力大小的顺序为：

$$Fe^{3+} > Al^{3+} > H^{+} > Ca^{2+} > Mg^{2+} > NH_4^{+} > K^{+} > Na^{+}$$

阳离子交换量是指在一定 pH 值条件下每千克干土所能吸附的全部交换性阳离子的厘摩尔数（cmol/kg）。一般，阳离子交换量大于 20cmol/kg 的土壤保肥性强；10～20cmol/kg 的土壤保肥性中等；小于 10cmol/kg 的土壤保肥性弱。土壤的盐基饱和度指土壤中交换性盐基离子总量占阳离子交换量的百分数。土壤肥力以盐基饱和度为70%～90%较好。土壤供肥性能表现的主要内容有：土壤供应速效养分的数量；各种缓效养分转变为速效养分的速率；各种速效养分持续供应的时间及植物根系的作用。

土壤酸碱性是极为重要的化学性质，对土壤肥力和植物营养的关系有多方面的影响。土壤酸碱性是指土壤溶液的特性，它反映土壤溶液中H^+浓度和OH^-浓度比例，同时也决定于土壤胶体上致酸离子（H^+或Al^{3+}）或碱性离子（Na^+）的数量及土壤中酸性盐和碱性盐类的存在数量。土壤酸度分为两种类型：活性酸度、潜性酸度（包括交换性酸度、水解性酸度）。土壤溶液中OH^-离子浓度超过H^+离子浓度时表现为碱性。土壤酸碱性对作物生长和肥力的影响有以下几个方面：植物生长需要适宜的酸碱性；影响土壤养分的转化和供应；影响黏粒矿物的形成；影响土壤理化性质。土壤溶液抵抗酸碱物质，减缓pH变化的能力叫做土壤缓冲性。土壤pH值保持相对稳定性，有利于营养元素平衡供应，从而能维持一个适宜的植物生活环境。

氧化还原反应中氧化剂和还原剂构成了氧化还原体系。土壤氧化还原电势是指土壤中氧化剂和还原剂在氧化还原电极上所建立的平衡电势。旱地土壤的Eh在400～700mV，多数作物可以正常发育；一般水稻适宜在轻度还原（200～400mV）的条件下生长。

复习思考题

1. 列表比较五种吸收性能的特点。
2. 简述土壤胶体的主要特性及其与肥力的关系。
3. 简述土壤酸碱度与土壤肥力和作物生长的关系。
4. 简述土壤氧化还原反应与土壤肥力的关系。
5. 设甲土的阳离子交换量为10cmol/kg，交换性钙为6cmol/kg；乙土的阳离子交换量为30cmol/kg，交换性钙为15cmol/kg。问钙离子的利用率哪种土大，如果把同一作物以同一方法栽培于甲乙两种土中，哪种土更需要石灰质肥料？

第三章 土壤肥力因素

>>> 学习目标

技能目标

【学习】土壤肥力因素分析

【熟悉】当地土壤肥力现状调查

【学会】当地土壤的水分含量测定，判断其墒情

必要知识

【了解】土壤肥力因素的基本组成与性质；

【理解】土壤肥力因素对植物生长的作用；

【掌握】土壤培肥途径，能运用所学知识进行土壤肥力因素合理调节。

相关实验实训

实验六 土壤水分含量的测定（见 309 页）

土壤水分、空气、热量和养分都是土壤肥力的重要因素，也是植物正常生长发育所必须的条件。任何土壤的形成、土壤的性质及植物的生长，都与土壤水、肥、气、热状况密切相关。故土壤水分的丰缺、养分状况、空气的组成以及土壤温度适应与否，对土壤肥力和植物生长都具有十分重要的意义。

第一节 土壤水分

土壤水是土壤的重要组成部分，它是作物吸水的最主要来源。土壤水又是土壤中许多化学、物理及生物学过程的必要条件。土壤水的数量处于不断变化之中，它的变化和运动直接影响了土壤中的各种反应过程和作物生长。“有收无收在于水，多收少收在于肥”，这说明了水在农业生产中的重要作用。

一、土壤水分的形态及其有效性

（一）土壤水分的形态类型

土壤能保持水分是由于土粒表面的吸附力以及毛管孔隙的毛管力。根据对土壤水分吸引力的不同，将土壤水分分成以下几种类型。

1. 吸湿水

土壤具有的吸附空气中水汽分子的能力叫吸湿性；土粒通过吸附力吸附的空气中的水分称为吸湿水；只含有吸湿水的土壤称为风干土；除去吸湿水的干土称为烘干土。土壤吸湿水的数量决定于土壤质地、有机质含量及空气的相对湿度。土壤质地越黏、有机质含量越高，土壤吸湿水的数量就越多。空气的相对湿度越大，土壤吸湿水也越多。当空气中的水汽达到饱和时，土壤吸湿水量达到最大值，此时的土壤含水量称为最大吸湿量或吸湿系数。

吸湿水受到的土粒吸引力极大，约为 $3.14\times10^{6}\sim1.013\times10^{9}$ Pa，吸湿水密度大(1.2～2.4g/cm^3)，具有固态水性质，不能溶解其他物质，不能自由移动，植物不能吸收利用，是一种无效水。

2. 膜状水

吸湿水含量达到最大后，土粒剩余分子引力吸附的液态水称为膜状水。膜状水数量达到最大值时的土壤含水量叫最大分子持水量。膜状水通常在吸湿水的外围形成一层连续的水膜(图 3-1)。

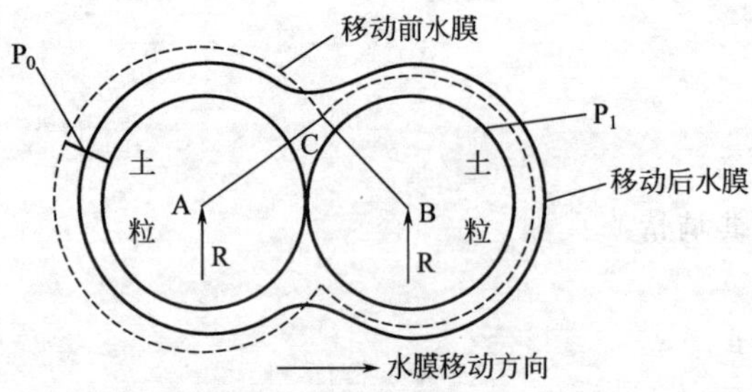

图 3-1　膜状水运动时示意图
(А. ф. Лебедев)

膜状水所受到的吸引力远小于吸湿水，但仍大于常态水，约为 $6.25\times10^{5}\sim3.14\times10^{6}$ Pa。它具有液态水的性质，密度较大，溶解能力较弱，能从水膜厚处向水膜薄处移动，但速度很慢，远不能满足作物的需要，只有植物根与它接触时才能被吸收利用。膜状水的有效性不高，只有部分可供植物利用。其中土壤吸力大于或等于 1.52×10^{6} Pa 的部分植物不能利用，为无效水；土壤吸力小于 1.52×10^{6} Pa 的部分为有效水。一般认为，植物的根系的吸水力平均为 1.52×10^{6} Pa。当土壤水分吸力大于或等于 1.52×10^{6} Pa 时，植物就会因吸收不到水分而发生永久性萎蔫，即使以后增加水分供应也不能恢复生长，此时的土壤含水量称为萎蔫系数或凋萎系数。质地越是黏重的土壤，其凋萎系数越大。

3. 毛管水

通过毛管力保持在土壤毛管孔隙中的水分称为毛管水，毛管水对作物全部有效。毛管水是一般旱地土壤供给植物生长发育所需要的主要水分类型，移动能力很强，可以在土层中向上、向下运动。当长期干旱无雨时，深层土壤的水分能够通过毛细管运动到表层土壤供植物吸收利用。另外表层土壤多余的水分也可以通过毛细管转移到深层土壤或地下水中。毛管水的数量因土壤质地、腐殖质及结构状况等不同而有很大差异。砂黏适当，有机质含量高，特别是具有良好团粒结构的土壤，其内部具有发达的毛管孔隙，毛管水含量可达干土重的20%～30%。

根据毛管水与地下水的联系，可将毛管水分为两种。

(1) 毛管上升水　随毛管上升而被毛管引力的作用保持在土壤孔隙中的水分，称为毛管上升水。毛管上升水达最大含量时的土壤含水量，称为毛管持水量。土壤质地较黏重，有机质含量较高，结构较好的土壤，毛管持水量较高；反之，则低。

(2) 毛管悬着水　不与地下水直接相连的毛管水称为毛管悬着水，反映了表层土壤的保水能力，在生产上有重要的意义。当毛管悬着水达到最大含量时的土壤含水量称为田间持水量。田间持水量大，则土壤保水能力强，反之土壤保水能力弱。影响土壤田间持水量大小的主要因素是土壤的毛管孔隙度，而土壤质地、有机质及耕作状况是影响土壤毛管孔隙度的主要因素。

4. 土壤重力水

当土壤中的水分超过田间持水量时，不能被毛管力所保持，而受重力的影响，沿着非毛管孔隙（空气孔隙）自上而下渗漏，这部分水叫重力水。当大小孔隙中都充满水时，土壤含水量称饱和含水量或全持水量。重力水由于渗漏很快，对作物生产的意义不大，土壤达到饱和含水量时，它包括了各种形态的水分。

重力水下渗到干燥土层时，可转化为其他形态的水分。在水田，重力水是水稻生长的有效水；在旱地，重力水虽然能被作物吸收利用，但很快就渗透到耕作层以下，不能持续供给作物利用，另外它占据了土壤的大孔隙，造成土壤通气不良，严重影响植物的正常生长，而且在重力水流动时冲走表土及大量有效养分。所以，对旱地植物来说重力水是多余的水分。

（二）土壤水分的有效性

土壤中各种形态的水分，对植物来说，并非都能吸收利用。其中能被植物吸收利用的水分称为有效水，不能被植物吸收利用的水分称为无效水。土壤水分对植物是否有效，主要取决于土壤对水分的保持力及植物根系的吸水力。当土壤水的保持力小于植物的吸水力时，土壤水分就能被植物吸收利用，反之植物就不能从土壤中吸水。土壤水在不同保持力情况下的有效性如图 3-2 所示。

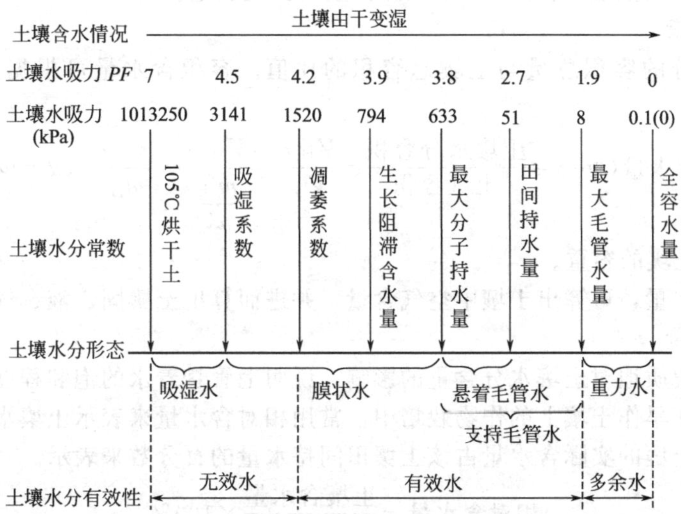

图 3-2　各阶段土壤水分有效性示意图

由图可知，当土壤含水量下降到萎蔫系数时，土壤对水的保持力与根系的吸水力相等，植物不能从土壤中吸水，因此把萎蔫系数作为土壤水分对作物有效性的下限。田间持水量是旱地土壤所能保持的毛管悬着水的最大含量，此时土壤对水的保持力已减小到 $0.1\times10^5\sim0.5\times10^5$Pa，比植物根系的吸水力小得多，水分的有效性很高。超过田间持水量后，虽然这时水分对植物的有效性仍然很高，但由于通气不良而产生渍害。因而把田间持水量作为土壤中作物有效水的上限。因此对旱地土壤来讲，土壤有效水的范围在田间持水量和萎蔫系数这两个重要水分常数之间，两者之差就是土壤能保存的最大有效水量。

不同的土壤，其最大有效水量差异很大。它主要受土壤质地、有机质含量、结构等的影响。单就质地而言，砂质土的萎蔫系数和田间持水量都低，有效水含量小；壤质土的田间持水量高，萎蔫系数较低，有效水含量最大；黏质土的田间持水量虽高，但萎蔫系数也高，故有效水的含量反而比壤质土小（表 3-1）。

表 3-1　不同类型质地土壤的最大有效水含量

土壤质地	沙土	沙壤土	轻壤土	中壤土	重壤土	黏土
田间持水量/%	12	18	22	24	26	30
凋萎系数/%	3	5	6	9	11	15
有效水最大含量/%	9	13	16	15	15	15

二、土壤水分含量的表示方法

(一) 土壤水分含量表示法

自然条件下土壤保持的水分含量称为土壤含水量，常用的土壤含水量表示方法有以下几种。

1. 质量含水量

土壤中保持的水分质量占干土质量的分数（百分数或 g/kg），即

$$土壤质量含水量(\varPhi_m)=\frac{湿土质量(g)-干土质量(g)}{干土质量(g)}$$

这里需要注意的是计算土壤含水量时，是以干土质重为计算基础的，这样才能反映土壤的水分状况。干土质量是指在 105℃下烘至恒重的土壤质量。

2. 容积含水量

土壤所含水分的容积总量与土壤总容积的比值。容积含水量可根据土壤容重计算出来，即

$$容积含水量(\varPhi_V)=\frac{土壤水分容积}{土壤容积}=\frac{V_{H_2O}}{V_{土}}=\frac{V_{H_2O}}{\frac{m_{土}}{d}}=\frac{m_{H_2O}}{m_{土}}\times d=\varPhi_M\times d$$

式中，d 为土壤的容重。

根据容积含水量，可算出土壤中空气含量，并进而算出土壤固、液、气三相的比例。

3. 相对含水量

为了避开土壤质地对土壤水分含量的影响，说明毛管悬着水的饱和程度、水分的有效性以及水汽比例，在旱作土壤上的作物栽培中，常用相对含水量来表示土壤水分的多少。土壤相对含水量是以土壤的实际含水量占该土壤田间持水量的百分数来表示。

$$相对含水量=\frac{土壤含水量}{田间持水量}\times 100\%$$

例：某土壤的田间持水量为 24%，今测得该土壤的实际含水量为 12%，则

$$土壤相对含水量=12/24\times 100\%=50\%$$

一般认为，最适宜旱地植物生长发育的土壤相对含水量以 60%～80%为宜。

4. 水层厚度（D_W）

指一定厚度（h），一定面积（S）土壤中的含水量，相当于同面积水层的厚度。单位：mm（相当于把厚度为 h，面积为 S 的土层中的水分取出来，放入一个面积同样为 S 的容器中，容器中水的高度就是要计算的水层厚度 D_W）。

$$\varPhi_V=\frac{V_{H_2O}}{V_{土}}=\frac{SD_W}{Sh}\Rightarrow D_W=\varPhi_V\times h_{土}$$

用水层厚度来表示土壤含水量的优点在于与气象资料和作物耗水量所用的水分表示方法一致，便于互相比较和互相换算。

(二) 土壤水分能量表示法

1. 土水势 Ψ

土壤的液相是土壤溶液，由水和溶解于水中的物质组成。不含有溶解物质的水称为“纯水”。所有与土壤液相有关的术语，如“水”、“水分”或“液体”，都与“土壤溶液”同义。

土壤溶液处于固—液与液—气界面之间。它可能以固体上的一层膜存在，当液体多时，就成为孔隙水了。

(1) 土水势概念　任何一个土水平衡系统，都有与之相关的能量。单位数量的水由一个

平衡系统转移到另一个系统，所做的功，就称为土水势。这是表示土壤水能量状态常用的名称。土壤水的“能”，只考虑它的势能。土水势是各个分水势的代数和。

（2）土水势的分势 *

基质势 Ψ_m：又叫基膜势；是由土粒分子吸力和毛管力作用下所降低的势能，是最主要的土水势组成部分。

压力势 Ψ_p：在土壤水饱和时由压力作用产生的水势变化。

渗透势 Ψ_s：土壤水中溶质所降低的势能，在一般土壤中忽略不计。

重力势 Ψ_g：在淹水条件下，由于重力作用水向下渗漏时产生的水势变化。

2. 土壤水吸力

（1）概念　土壤水承受一定吸力的情况下所处的能态。相当于基质分势和渗透分势，但一律取正值。

（2）表示方法　在实际应用中仍用土壤对水的吸力来表示。

单位用压力的单位，即大气压或厘米水柱高，以及 pF 值即厘米水柱高的对数值来表示。也可以用帕斯卡表示，简称帕，符号 Pa。

（3）基膜势的测定

① 张力计法。主要原理是将充满水的带有陶土滤杯（孔径在 1.0～1.5μm）的金属管埋入土中，水可通过细孔与土壤水接触，水分由细孔进入土壤。

金属管上端连接金属表，水分由瓷杯细孔进入土壤后，管内形成负压，真空压力计上的负压读数即代表管外土壤水吸力（图 3-3）。

② 压力板或压力膜法。在土壤水吸力低于 80kPa 时，可以用张力计来测定基膜势；如高于 80kPa 时，空气有可能从陶土杯的孔隙中透出。在土壤水吸力高于 80kPa 时，应使用压力膜或压力板。

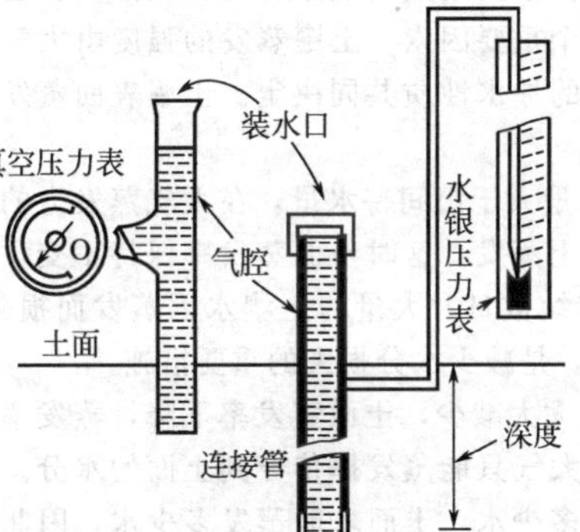

图 3-3　水分张力计结构示意图

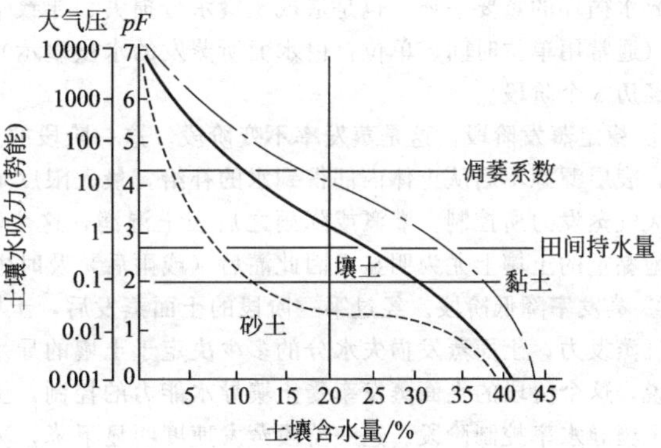

图 3-4　水分能量特征曲线示意图

三、土壤水分能量特征曲线

1. 概念

土壤水分能量特征曲线是以土壤含水量为横坐标，以土壤水吸力为纵坐标绘制的相关曲线（图 3-4）。

土壤水分含量低，土壤水的能量低，水吸力大。土壤水的可移动性和对植物的有效性就弱。

2. 土壤水分能量特征曲线意义

（1）用土壤水吸力判断土壤水分的丰缺　不同质地土壤达到萎蔫系数或田间持水量时，土壤水吸力相似，但含水量相差很大。达到萎蔫系数时，土壤水吸力为 15atm 或 1.5×

10^6 Pa，pF 为 4.2；达到田间持水量时，土壤水吸力为 0.3atm 或 3.0×10^4 Pa，pF 为 2.8。

（2）用相同含水量查不同质地土壤的水吸力　不同质地土壤含水量相同（如 20%）时，其吸力可以相差很大，对植物的有效性不同。

四、土壤水分的运动*

土壤水的运动主要指液态水和气态水的运动。

1. 液态水的运动

土壤液态水的运动有两种情况，一种是饱和流，即土壤孔隙全部充满水时的水流，这主要是重力水的运动；另一种是不饱和流，即土壤孔隙未全部充满水时的水流，这主要是毛管水和膜状水的运动。

（1）饱和流　在土壤中，有些情况下会出现饱和流，饱和流的推动力是重力和静水压力。饱和流有三种类型：一是垂直向下的饱和流，发生在雨后或稻田灌水以后，这种方式有利于稻田土壤空气更新，排出还原过程中产生的有害物质，促进肥料向下分布；二是水平饱和流，如发生在灌溉渠道两侧的侧渗；三是垂直向上的饱和流，发生在地下水位较高的地区，这是造成土壤返盐的重要原因。

（2）不饱和流　土壤不饱和流的运动，包括膜状水和毛管水的运动，这里只讨论毛管水的运动。

水分受毛管引力的作用在毛管孔隙中的移动称为毛管水运动。其运动方向总是从毛管力小（毛管对水的吸引力小）处向毛管力大（毛管对水的吸引力大）处移动，即从毛管粗的地方向毛管细的地方移动。在生产上常讲“锄头底下有水”就是这个道理。毛管水上升的高度与毛管孔径成反比。

2. 气态水的运动

土壤气态水的运动表现为水汽扩散和水汽凝结两种现象：

（1）水汽凝结　土壤中的液态水在较高温度下可转化为水汽。因此土壤孔隙中的水汽经常处于饱和状态。水汽能从温度高、水汽密度大的地方向温度低、水汽密度小的地方移动。当水汽由暖处向冷处扩散遇冷时便可凝结成液态水，这就是水汽凝结。水汽凝结有两种现象值得注意，一是“夜潮”现象，二是“冻后聚墒”现象。

（2）土壤水分的蒸发　土壤水不断以水汽的形态由表土向大气扩散而逸失的现象称为土面蒸发。它是自然界水循环的重要一环，也是造成土壤水分损失、导致干旱的一个重要因素。土壤蒸发的强度由大气蒸发力（通常用单位时间、单位自由水面所蒸发的水量表示）和土壤的导水性质共同决定。土壤表面蒸发一般要经历 3 个阶段。

① 稳定蒸发阶段。这是蒸发率不变阶段。这一阶段的土壤含水量大于田间持水量，在大气蒸发力的作用下，表层源源不断从土体内部得到水的补给，最大限度地供给表土蒸发。这时土面蒸发率保持不变，主要由大气蒸发力所控制。灌溉或降雨之后表土湿润，这个阶段可持续数日，大量的土壤水因蒸发而损失，在质地黏重的土壤上尤为明显，因此灌后（或雨后）及时中耕覆盖，是减少水分损失的重要措施。

② 蒸发率降低阶段。经过第一阶段的土面蒸发后，土壤含水量大大减少，土面蒸发率下降，蒸发率小于大气蒸发力，土面蒸发损失水分的多少决定于土壤的导水能力，大气只能蒸发掉传导到土面的水分。也就是说，这个阶段的土面蒸发率受土壤导水能力的控制，土壤导来多少水，土面才能蒸发多少水，因此又称为土壤导水率控制阶段。这一阶段蒸发速度明显下降，蒸发损失的水量显著减少，且维持土面蒸发的时间不长。当土面的水汽压与大气的水汽压达到平衡时，土面就会出现风干状态的干土层。这时表土层与下面土层的毛管联系中断，下面土层中的水分处于稳定的均衡状态。

③ 扩散控制阶段。通过以上两个阶段的土壤蒸发失水，土壤表层变干，下面比较湿润土层的水分不能传导到土面，只能先在干土层下气化为水汽，再通过干土层的孔隙扩散到大气中去。由于干土层是不良的热导体，所以湿润土层形成的水汽数量不多，加上这些水汽分子还要通过干土层中曲折的孔隙才能扩散到大气中去。所以这一阶段损失水量很少。实践证明，土表有 1～2mm 的干土层就能显著降低蒸发率。

可见，土面蒸发损失的水量主要是在第一阶段，因而保墒重点应放在这一阶段上。

五、土壤水分的保蓄和调节

土壤水分不足或过多的情况下，灌溉和排水是调节土壤水分的根本措施。灌溉应大力发展井灌和自流灌溉，山区应以水库塘坝蓄水灌溉为主。低平地区地下水位过高，根层土壤通气不良时，应建立排水渠道或开沟排水。

除此之外，还可通过各种农业措施提高土壤的蓄水力，减少土壤蒸发、地表径流以及地下渗漏等所造成的水分损失，提高土壤抗旱力，保持大部分水分供给作物利用。保蓄和调节土壤水分有以下几个途径。

1. 耕作措施

我国农民有通过耕作来蓄水保墒的经验，主要措施有秋耕、中耕和镇压等。

秋耕主要是切断心、底土的毛管联系，使之不向土表导水，减少水分蒸发；再者，表土耕翻后，加强收蓄自然降水或灌水的渗入能力。

中耕松土是破除土表的板结状态，可增加水分渗入和减少上下毛管的联系，减少水分蒸发，群众说的“锄头下面有水，锄头下面有火”就是这个道理。

镇压是使表土变紧实和孔隙变细，联系上下毛细管，使底墒能尽快向上流动。所以只有在表土较干而底土较湿润，镇压后才能起到提墒作用。

2. 地面覆盖

地膜覆盖或秸秆覆盖，既保水肥，又可增加温度。

3. 灌溉排水措施

采取喷灌、滴灌、渗灌等措施，不仅可提高灌水利用率，节约水资源，而且可避免沟灌、大水漫灌对土壤性质的不良影响。地势低洼、地下水位高的田块要加强开沟排水。

4. 生物节水

生物节水就是开发利用生物自身生理和基因潜力，在限水条件下最大限度获取农业产出。生物节水的内涵丰富，但最现实、最直接的方式就是推广使用节水型作物品种。节水型品种是节水高产的技术载体，投入少、见效快，达到高产和节水的高度统一。

第二节 土壤空气

土壤空气是土壤的重要组成之一，它对植物的生长发育，土壤中微生物的活动和养分的转化有很大的作用，土壤空气存在于土壤孔隙中，它与土壤的水分经常处于相互消长的运动过程中。

一、土壤空气的组成特点

土壤空气来自于大气，其组成基本与大气相似，但在土壤内，由于根系和微生物等的活动，以及土壤空气与大气的交换受到土壤孔隙性质的影响，使得土壤空气的成分与大气有一定的差别（表 3-2）。

表 3-2 土壤空气与大气的组成比较 单位：%

气体类型	氮(N_2)	氧(O_2)	二氧化碳(CO_2)	其他气体
土壤空气	78.8～80.24	18.00～20.03	0.15～0.65	1
大气	78.08	20.99	0.03	1

与大气相比，土壤空气的组成特点如下。

1. 土壤空气中的二氧化碳的含量高于大气，氧气含量略低于大气

土壤空气中 CO_2 多，O_2 少，主要是由于土壤中生物的呼吸和有机物的分解，消耗氧气和释放二氧化碳的缘故。土壤中二氧化碳多，氧气少，会给植物的生长带来不利影响。

2. 土壤空气的相对湿度比大气高

在一般情况下，土壤含水量总是超过最大吸湿量，土壤水分的不断蒸发几乎使土壤空气

经常呈水汽饱和状态。充足的水汽有助于土壤微生物的生命活动和土壤中生化作用的进行。

3. 土壤空气中有时含有少量的还原性气体

如 CH_4、H_2S、H_2 等。当土壤通气受阻，土壤微生物活动就会产生还原性气体，对植物生长不利。这种情况多出现在长期渍水或表土严重板结，以致通气不良的土壤中。

4. 土壤空气各成分的浓度在不同季节和不同土壤深度内变化很大

主要作用因素是植物根系的活动和土壤空气与大气交换速率的大小。如根系活动弱，且交换速率快，则土壤空气与大气成分浓度相近；反之，两者的成分相差较大。

二、土壤空气对土壤肥力和作物生长的影响

土壤空气状况是土壤肥力的重要因素之一，不仅影响作物生长发育，还影响土壤肥力状况。

1. 影响种子萌发

种子萌发需要吸收水分和空气，对于一般作物种子，土壤空气中的氧气含量大于10%则可满足种子萌发需要，小于5%种子萌发将受到抑制。如果在表层土壤中长时间存在饱和水则会不利于种子的萌发和生长。

2. 影响根系生长和吸收功能

土壤通气良好时，植物根系长、根毛多、颜色白；土壤缺氧时，根系短而粗，根毛少，根系吸收面积小。所有作物根系均为有氧呼吸，氧气含量低于12%，根系发育就会受到影响。所以，对于一般旱作物来讲，只要土壤中不是长时间存在饱和水流，则对根系生长不会产生明显的抑制作用。但对于地下水位较高的地区，或内部滞水的土壤，则根系较少分布，或根系生长受阻。植物根系的生长状况自然影响根系对水分和养分的吸收。

3. 影响土壤微生物活动

土壤空气的组成状况明显改变微生物的活动过程。在水分含量较高的土壤中，或郁闭度较高的土壤部位，微生物以嫌气活动为主，养分转化速率下降，甚至产生一些有机酸、醛类及其他还原性物质，不利于作物生长；反之，微生物以好气呼吸为主，养分转化速率较快，有机质矿质化的产物彻底，不会积累不利于作物生长的还原性物质。

4. 影响土壤养分状况

作物生长的土壤环境状况包括土壤的氧化还原和有毒物质含量状况。通气良好时，土壤呈氧化状态，有利于有机质矿化和土壤养分释放；通气不良时，土壤还原性加强，有机质分解不彻底，可能产生还原性有毒气体。

三、土壤空气的更新与调节

1. 土壤空气更新的形式

土壤空气与大气的交换能力或速率称为土壤通气性，如交换速率快，则土壤的通气性好；反之，土壤的通气性差。土壤空气与大气之间的交换机理如下。

（1）土壤空气的整体交换　土壤空气在温度、气压、风、雨水或灌溉水等因素的影响下，整体排出，同时大气也整体进入，这种气体交换形式称为整体交换。整体交换能较彻底地更新土壤空气。例如，当土表温度低于大气温度时，土壤空气便会收缩，部分大气就会进入土壤；相反当土表温度高于大气温度时，土壤中的热空气就会与大气冷空气产生对流，从而实现了气体的交换。在农业生产措施上耕翻或疏松土壤是整体交换的另一种方式，例如旋耕机破碎土壤时，可以使土壤空气比较彻底地与大气交换，所以耕翻土壤的重要目的之一是更新土壤空气。土壤中耕也能通过整体交换达到更新表层土壤空气的目的。整体交换方式在土壤空气更新中不是主要的交换方式，但在生产上对调节土壤的通气性仍有着重要作用。

(2) 土壤空气的扩散 某种物质从其浓度高处向浓度低处的移动称为扩散。土壤空气扩散是指土壤空气与大气成分沿浓度降低方向运动的一种过程。由于大气与土壤空气的组成特点，一般情况下土壤空气扩散的方向是：氧气从大气向土壤扩散、二氧化碳、还原性气体、水汽从土壤向大气扩散。由于土壤释放出二氧化碳，而从大气中吸收氧气，类似于人类等生物的呼吸，也称为土壤呼吸。这是土壤空气更新的主要形式。

2. 土壤空气的调节

改善土壤孔隙状况是调节土壤空气组成的主要措施。

(1) 调节土壤质地、结构以改善土壤孔隙 土壤质地是影响孔隙状况的主要因素。对一般旱作土壤来讲，通气孔隙至少保持在10%以上。砂土、砂壤土、轻壤土问题不大，但中壤土、重壤土、黏土的空气孔隙度往往较小，通气性较差，对这些土壤采用砂掺黏改良土壤质地，增施有机肥改善土壤结构性，都可以调节土壤空气状况。

(2) 深耕结合施用有机肥料 深耕结合施用有机肥料，可以促进土壤团粒结构的形成，这是改善土壤通气性的基本途径。具有团粒结构的土壤，总孔隙度大，大小孔隙比例恰当，水、气协调，有利于通气作用的进行。对于水田，可通过增施有机肥、晒垡、烤田等措施促进微结构的形成，也可起到调节通气的效果。

(3) 合理排灌 合理排灌，是解决水、气矛盾的重要措施。土壤水分过多既减少了土壤空气的容量，又阻碍了土壤空气与大气的交换。排除土壤中多余的水分，对改善土壤通气状况有显著的效果，特别是在地势低平的河网地区，采取开沟排水，降低地下水位，加强土壤通气尤其重要。

(4) 适时中耕 中耕松土是农业生产中常用来调节土壤通气状况的措施，它具有疏松土壤，增加土壤通气孔隙，改善土壤结构，促进土壤通气等多种作用。尤其是在降雨和灌溉后及时中耕松土，破除地表结壳，可以显著改善土壤通气状况。在作物生命活动最旺盛的时期及时中耕松土，可以促进氧的补充和过多的二氧化碳的排除，促进作物根系的生长发育。

第三节 土壤热量

热量是生物赖以生存、繁衍的基础，土壤中一切的生命活动都要求一定的土壤温度，土壤中的许多物理、化学过程也与土壤温度有密切关系。土壤温度还影响土壤水分、空气和养分的状况，因此土壤热量是土壤肥力的重要因素之一，也是土壤重要的物理特性之一。合理调控土壤温度，对满足植物的温热条件和提高土壤肥力有重要意义。土壤温度主要决定于土壤热量的收支平衡和土壤的热性质。

一、土壤热量来源

土壤热量有三种来源，即太阳辐射热、生物热和地球内热。

土壤热量的最基本来源是太阳的辐射能。农业就是在充分供应水肥的条件下植物对太阳能的利用。太阳辐射进入大气层后，一部分被云层直接反射到太空，一部分被云层和大气吸收，剩余部分才能到达土壤表层，另外被大气和云层吸收的一部分太阳辐射也可以通过辐射形式到达地表。

微生物在分解转化有机质时释放的热量称为生物热。释放的热量，一部分被微生物自身利用，而大部分可用来提高地温。在保护地蔬菜的栽培或早春育秧时，施用有机肥，并添加热性物质，如半腐熟的马粪等，就是利用有机质分解释放出的热量以提高土温，促进植物生长或幼苗早发快长。

地热是从地球内部向地面传导的热能。地热是一种重要的地下资源。在一些异常地区，如火山口附近、有温泉的地方，地热可对土壤温度产生局部影响。一般情况下对土温的作用不大。

二、土壤热性质

土壤温度的高低，主要取决于土壤接受的热量和损失的热量数量，而土壤热量损失数量的大小主要受热容（也有称作热容量）和热导率大小等土壤热性质的影响。

1. 土壤热容量

单位质量或容积土壤，温度每升高1℃或降低1℃时所吸收或释放的热量数量。如以质量计算土壤热的数量则为质量热容量；如以体积计算土壤热的数量则为容积热容量。两者的关系如下。

$$容积热容量=质量热容量\times土壤容重$$

不同土壤成分的热容相差很大（表3-3），水的热容最大，而土壤空气热容最小，前者是后者的3500多倍，而土壤矿物质的热容量相差不大。由于土壤物质存在的状态原因，容积热容的使用比质量热容量更方便。

表3-3 不同土壤成分的热容量

土壤成分	土壤空气	土壤水分	沙粒和黏粒	土壤有机质
质量热容/[J/(g·℃)]	1.0048	4.1868	0.75～0.96	2.01
容积热容/[J/(cm³·℃)]	0.0013	4.1868	2.05～2.43	2.51

一般土壤固相变化不大，水分和空气同处孔隙中，水多则气少，两者互为消长。由于空气热容量很小，所以热容量主要取决于土壤水分含量的多少。如：砂土含水量少，热容量小，容易升温，称热性土；反之，黏土含水多，热容量大，不易升温，称冷性土。农业生产上常利用排水、灌水来调节土温。

2. 土壤导热率

温度较高的土层向温度较低的土层传导热量的性质称导热性，土壤的导热性大小用导热率表示。土壤导热率指土层厚度1cm，两端温度相差1℃时，单位时间内通过单位面积土壤断面的热量，其单位是J/(cm²·s·℃)。土壤不同组成成分的导热率相差很大（表3-4），在其三相组成中，空气的导热率最小，矿物质的导热率最大，水的导热率介于两者之间。与影响土壤热容大小的原因一样，由于土壤矿物质的组成稳定，所以土壤导热率的大小主要取决于土壤水分与土壤空气的相对含量。水分含量高，空气含量低，则土壤导热率高；反之，导热率低。导热率越高的土壤，其温度越易随环境温度变化而变化；反之，土壤温度相对稳定。

表3-4 土壤各成分的导热率和导温率

土壤成分	导热率/[J/(cm·s·℃)]	导温率/(cm²/s)
土壤空气	0.00021～0.00025	0.1615～0.1923
土壤水分	0.0054～0.0059	0.0013～0.0014
矿质土粒	0.0167～0.0209	0.0087～0.0108
土壤有机质	0.0084～0.0126	0.0033～0.0050

3. 土壤导温率

无论是热容还是导热率均不能直观地反映土壤温度变化的特点，而导温率，也称为热扩散率，就能直接地说明土壤温度的变化速率。它是指标准状况下，在单位厚度（1cm）土层中温差为1℃时，单位时间（1s）经单位断面面积（1cm²）进入的热量使单位体积（1cm³）

土壤发生的温度变化值。不同土壤成分的导温率相差很大（表 3-4）。土壤热容和导热率是影响导温率的两个因素，可以用下式表示它们三者之间的关系。

土壤导温率＝土壤导热率/土壤容积热容量

土壤导温率越高，则土温容易随环境温度的变化而变化；反之，土温变化慢。所以，含水量高的土壤，土温变化慢，即在早春时土温不易提高，而在气温下降时，土温下降速率较慢，有一定的保温作用。

4. 土壤的吸热性与散热性

土壤吸热性是指土壤吸收太阳辐射的性能，土壤吸热性的强弱决定于土壤的颜色、湿度和地面状况等。土壤颜色愈深，湿度愈大、表面越粗糙，吸热性就越强。在生产实践中，春季育苗时施用草木灰加深土壤颜色，增加土壤吸热性，有利于提高地温，促进幼苗早生快发。

土壤散热性指土壤向大气散失热量的性能。土壤散热性的强弱与土壤水分的蒸发、土壤的热辐射有关。土壤水分蒸发会散失大量热量，降低土温。因此，当寒潮到来前，常利用烟熏、盖草等措施，减少土壤辐射热，以预防冻害。

土壤吸热和散热随时都在进行。当土壤吸收的热量多于散失的热量时，土壤就增温，反之则降温。

三、土壤温度对土壤肥力和作物生长的影响

土壤热量的多少并不直接作用于土壤过程和作物根系活动，但土壤温度可作为直接作用于土壤过程和根系活动的指标。对于非保护地栽培农田和部分保护地栽培农田的土壤而言，土壤温度的变化主要与气温的变化相一致，但由于大气和土壤之间有一个热量输送的过程，所以土壤温度的变化随气温的变化有一定的滞后性，至于滞后程度的大小则与土壤的热性质有关。

1. 土壤温度与土壤肥力的关系

土壤温度既可作用于土壤中的物理化学反应，也可以通过作用于微生物的活动影响土壤物质的转化，而且对后者的影响要远大于前者。一般来讲，在一定温度范围内温度越高，土壤内的生物活性越强，养分转化速率越快，能够提供给作物生长所需的速效养分的数量越多；反之，提供的速效养分数量越少。

2. 土壤温度与作物生长的关系

土壤温度状况，对植物生长发育的影响是很显著的。植物生长发育过程，如发芽、生根、开花、结果等，都是在一定的临界温度之上才能正常进行。

不同类型作物种子萌发时所需的最适温度范围相差很大（表 3-5）。

表 3-5 几种主要农作物种子发芽要求的土温 单位：℃

作物	最低温度	最适温度	最高温度
水稻	10～12	30～32	36～38
小麦	3～3.4	25	30～32
大麦	3～3.4	20	28～30
棉花	10～12	25～30	40～42
烟草	13～14	28	30

土温过高或过低，不但会影响种子发芽率，而且对作物以后的生长发育以及产量、品质都有影响。所以在考虑各种作物播种时间时，土温是不可忽视的因素。在土温适宜时，根系吸收水和养分的能力强，代谢作用强，细胞分裂快，因此根系生长迅速。

四、土壤温度的调节

土壤温度调节是指提高或降低土壤温度，或改变土壤温度变化的速率。土壤温度调节的原则是：春季要求提高土温，以适时提早作物的播种期和促进幼苗的早生快发；夏季要求土温不要过高，防止作物发生干旱和热害；秋冬季要求保持和提高土温，使作物及时成熟或安全越冬。可以通过生产措施和工程措施调节大田和栽培设施内的土壤温度以及生长环境温度。

1. 耕作施肥

耕作是最普通、最广泛、最简便的调节土温的措施，通过耕作可改变土壤松紧度与水气比例，改变土壤的热特性，达到调节土温的目的。例如：苗期中耕可使土壤疏松，并切断表层与底层的毛管联系，是表层土壤热容量和导热率都减小，这样白天表层土温易上升，对于发苗和发根都有很大作用。另外施肥也是调节土温的重要措施之一，我国农民群众很早就有“冷土上热肥，热土上冷肥”的经验。

2. 灌溉排水

这不仅能调节水气比例，而且也是调节土温的重要措施。例如，早稻实行排水，减少土壤水分，有利于土温迅速上升；炎热夏天实行“日灌夜排”以降低土温变化等都是利用灌排调节土温。

3. 覆盖与遮阴

覆盖是影响土温的有利手段，它能够改变土壤对太阳辐射热的吸收和降低土壤水分的蒸发速度。一般来说，早春与冬季覆盖可以提高土温，夏季覆盖可以降低土温。

4. 应用增温保墒剂

这是利用工业副产品，如沥青渣油等制成的，这种增温剂喷射到土壤表面以后，可形成一层均匀的黄褐色的薄膜，从而增加土壤对太阳辐射能的吸收，减少土壤蒸发对热量的消耗。

第四节 土壤养分状况

研究证明，植物体中含有 70 多种元素，其中已被肯定的植物生长发育所必需的元素有 16 种：碳、氢、氧、氮、磷、钾、钙、镁、硫、铁、硼、锰、铜、锌、钼、氯。其中碳、氢、氧主要来自大气和水，其余元素则主要由土壤提供。由此可见，土壤是植物养分的主要来源，土壤养分的丰缺程度直接关系到农作物的生长状况和产量水平。

一、土壤养分来源

高等植物不可缺少的 16 种营养元素中，除碳、氢、氧可通过吸收空气中的 CO_2 和土壤中的水分来获得外，其余均需要依靠土壤来提供，耕作土壤中植物养分的来源如下。

1. 施肥

施入的各种化学肥料和有机肥料是主要来源。

2. 根茬残体或秸秆还田

每季作物收获后将有相当一部分根茬、根系和落叶遗留在土壤中。据资料报道，一年生作物中，大豆的残留比例高，约为 30%，甘薯、玉米、水稻等为 10%～20%。通过根茬残体和稻草还田，水稻土的养分及有机质都能够在一定程度上得到补充。根茬和稻草中的有机质能够在土壤中分解并释放出各种养分，直接或间接地供作物利用。

3. 生物固氮作用

土壤中具有固氮作用的微生物种类很多，包括细菌、放线菌和蓝藻等，还有生产上广泛应用的豆科作物根瘤的共生固氮，都是增加土壤氮素的重要途径之一。

4. 作物根系对养分的富集

作物庞大的根系，可以将其所及土体内的养分富集于植物和根系物质之中。作物死亡后以残株或残茬形式留在表层，土壤表层的养分不断丰富。尤其是双子叶植物，如棉花、大豆等主根可达土层深处 3～5m，对养分的富集有很大作用。

5. 降雨（雪）增加土壤养分

降水中的氮素通常是 NH_4^+-N 和 NH_3-N。降雨（雪）量随季节和地理位置而异。

此外土壤矿质土粒的风化也能释放出大量元素（氮素除外）和微量元素。

二、土壤养分的形态及地位

1. 据土壤养分有效性分类

（1）有效养分　能够直接或经过转化被植物吸收利用的土壤养分。

（2）速效养分　在作物生长季节内，能够直接，迅速为植物吸收利用的土壤养分，基本上为矿质养分。

（3）无效养分　不能被植物吸收利用的土壤养分，也有人叫它迟效养分。

一般来说，速效养分仅占很少部分，不足全量的1%，应该注意的是速效养分和迟效养分的划分是相对的，二者总处于动态平衡之中。某种养分总量叫该养分全量。

2. 据养分在土壤中存在的化学形态分类

（1）水溶态养分　凡是溶于水的养分，均称为水溶态养分，此类养分存在于土壤溶液中。对作物高度有效，极易被吸收，包括大部分无机盐离子和小部分分子量小、结构简单的有机化合物。例如，NH_4^+、NO_3^-、K^+等，以及简单的氨基酸、尿素、葡萄糖等。

（2）交换态养分　是指吸附于土壤胶体表面的交换性离子，如 NH_4^+、K^+等。土壤溶液中的离子与土壤胶体上的离子可以进行交换，并保持动态平衡。二者没有严格界限，对植物都是有效的。因此，水溶态养分和交换态养分合称速效养分。

（3）缓效态养分　是指某些矿物中较易释放的养分。如黏土矿物中固定的钾以及部分黑云母中的钾。这部分养分对当季植物的有效性较差，但可作为速效养分的补给来源，在判断土壤潜在肥力时，其含量具有一定的意义。

（4）难溶态养分　指存在于土壤原生矿物中且不易分解释放的养分。如氟磷灰石中的磷、正长石中的钾。它们只有在长期的风化过程中释放出来，才可被植物吸收利用。难溶态养分是植物养分的贮备。

（5）有机态养分　以有机态化合物形式存在于土壤中的养分。它们多数不能被植物吸收利用，需经过分解转化后才能释放出有效养分。

土壤中各种形态的养分没有截然的界限，由于土壤条件和环境的变化，土壤中的养分能够相互转化。

三、我国土壤主要养分的分布特点*

氮：我国土壤耕层中的全氮含量大概在 0.05%～0.25%。其中东北地区的黑土是我国平均含氮量最高的土壤，一般为 0.15%～0.35%。而西北黄土高原和华北平原的土壤含氮量较低，一般为 0.05%～0.1%。华中华南地区，土壤全氮含量有较大的变幅，一般为 0.04%～0.18%。在条件基本相近的情况下，水田的含氮量往往高于旱地土壤。我国绝大部分土壤施用氮肥都有一定的增产效果。

磷：磷是农业上仅次于氮的一个重要土壤养分。土壤中大部分磷都是无机状态（50%～70%），只有

30%～50%是以有机磷形态存在的。我国北方土壤中的无机磷主要是磷酸钙盐，而南方主要是磷酸铁、铝盐类。其中有相当大的部分是被氧化铁胶膜包裹起来的磷酸铁铝，称为闭蓄态磷。

我国土壤全磷含量在0.02%～0.11%，其中北方土壤的全磷含量，一般比南方土壤高，我国土壤的全磷含量大体上从南向北有增加的趋势。如东北地区的黑土、白浆土全磷含量一般为0.06%～0.15%，而我国南方的红壤和砖红壤全磷含量一般为0.01%～0.03%。

土壤全磷含量的高低，通常不能直接表明土壤供应磷素能力的高低，它是一个潜在的肥力指标，但是当土壤全磷含量低于0.03%时，土壤往往缺磷。在土壤全磷中，只有很少一部分是对当季作物有效的，称为土壤有效性磷。

近年来，随着产量的提高，我国土壤缺磷面积不断扩大，原来那些对磷肥效果不明显的地区表现了严重的缺磷现象，如广大的黄淮海平原，西北黄土高原以至新疆等地都大面积缺磷。而原来缺磷的地区，由于长期施磷，磷肥效果下降，主要指华中、华南某些缺磷水稻土。在华中华南中高产水稻土上，随着有机肥的施入，磷已可满足作物需要，而大面积的酸性旱地土壤以及部分低产水田，缺磷仍然是相当严重的。

钾：土壤中钾全部以无机形态存在，而且其数量远远高于氮磷。我国土壤的全钾含量也大体上是南方较低，北方较高。南方的砖红壤，土壤全钾含量平均只有0.4%左右，华中、华东的红壤则平均为0.9%，而我国北方包括华北平原、西北黄土高原以至东北黑土地区，土壤全钾量一般都在1.7%左右。因此，缺钾主要在南方。

土壤中的微量元素大部分是以硅酸盐、氧化物、硫化物、碳酸盐等无机盐形态存在。在土壤溶液中可有一部分微量元素以有机络合态存在。通常把水溶液或交换态的微量元素看作是对作物有效的。土壤中微量元素供应不足的一个原因是土壤本身含量过低，另一个原因是含量并不低甚至很高，但是由于土壤条件限制（主要是土壤酸碱度和氧化还原条件）造成有效性降低而供应不足。在前一种条件下，需要补施微量元素肥料，后一种情况下，有时只需改变土壤条件，增加土壤微量元素的有效性，就可提高供应水平。

四、土壤养分的消耗与调节

土壤溶液中的有效养分都是水溶性的离子或是简单的有机分子，通过质流或扩散作用到达植物根系表面而被植物吸收利用。但这些有效养分也经常受到损耗。

1. 土壤养分主要损耗途径

① 随雨水或灌溉水淋失；

② 经生物作用变成气体散入空气中而损失；

③ 在土壤中经化学作用变成无效养分；

④ 经物理化学作用有效养分被固定在矿物晶格中变成无效养分；

⑤ 经生物作用有效养分变成有机物质暂时成为无效养分。

2. 调节土壤养分状况的途径

农业生产中，调节土壤养分状况，以满足作物在不同生育阶段对养分的需要，是获取农作物优质高产的重要环节。调节土壤养分状况可有以下几种途径。

（1）培肥土壤，增强土壤自调能力　实践表明，土壤肥力越高，土壤自身协调作物营养供需能力就越强。提高肥力的一项重要措施就是增施有机肥，提高土壤有机质含量。土壤有机质不仅含有各种养分，而且对提高土壤保肥性，增强土壤供肥性都有重要作用。为此，应广辟有机肥源，一要管好人、畜粪尿，建卫生厕所和积肥池。二要大搞高温堆肥。三要推行秸秆还田。

（2）根据作物需要，实行合理施肥　这是调节作物和土壤养分供需的最主要技术措施。要达到科学合理施肥，必须实行“看天、看地、看禾苗”的三看施肥，即根据当地气候条件、土壤养分供应能力和作物生长情况决定施肥的种类、数量和时间。要建立测肥点，根据当地土壤养分变化，制定施肥方案。生产专用化肥，采用深施、集中施、分层施等施肥技术，提高化肥当季利用率。同时，根据不同作物对不同微量元素的需求量及土壤的丰缺状况，确定微肥的施用量。

（3）调节土壤营养的环境条件，提高土壤供肥力　土壤供肥力不仅决定于土壤养分含量，而且还决定于水、热条件以及土壤反应、氧化还原状况等多种因素。因此，通过调控这些因素也可达到调节土壤养分的目的。"以水调肥"、"以温调肥"、施用石灰等都是调节土壤养分的重要措施。

（4）平整规划土地　要充分利用农闲季节，分批开展土地平整与培土做畦，实行田、林、路、沟、渠统一规划，桥、涵同时配套。在沟水引灌不能达到的地方，积极发展井灌，杜绝大水漫灌，实行节水灌溉。

本章小结

土壤水分、空气、热量和养分都是土壤肥力的重要因素。

土壤水是土壤的重要组成部分。土壤水分的形态类型包括：吸湿水、膜状水、毛管水和重力水。旱地土壤膜状水只有部分可供植物利用，其主要有效水是毛管水；重力水是水稻生长的有效水。田间持水量和萎蔫系数是两个重要的水分常数。土壤水分含量的表示方法有土壤含水量表示法和土壤水分能量表示法。含水量表示法包括质量含水量、容积含水量、相对含水量和水层厚度。土壤水分能量表示法用土水势和土壤水吸力表示。土壤水分调节包括耕作、覆盖、灌溉排水和生物节水措施。

土壤空气是土壤的重要组成之一。土壤空气的特点是：二氧化碳较高而氧含量略低、湿度较大、有时含有还原性气体，土壤空气随季节和土层深度变化。土壤空气影响种子萌发、根系生长、微生物活动和养分状况。土壤空气的调节包括调节质地和结构、深耕结合使用有机肥、合理排灌以及适时中耕。

土壤热量主要来源于太阳辐射。土壤热性包括热容量、导热率、导温率、吸热性和散热性。土壤温度影响土壤肥力和作物生长。调节土温措施有：耕作施肥、灌溉排水、覆盖遮阴以及用增温保墒剂。

土壤养分的几个调节措施有：①培肥土壤，增强土壤自调能力；②根据作物需要，实行合理施肥；③调节土壤营养的环境条件，提高土壤供肥力；④平整规划土地。

复习思考题

1. 重要概念：萎蔫系数，田间持水量，土壤热容量，速效养分。
2. 简述土壤水分的类型和其特征、有效水的范围。
3. 简述土壤水分含量的各种表示方法的计算。
4. 什么是土壤水分能量特征曲线，有何意义？
5. 土壤空气与大气组成有何不同？产生的主要原因有哪些？
6. 简述主要的温度调节措施及其基本原理。
7. 农谚说："锄头有水，锄头有火"，试说明其科学道理。
8. 简述土壤养分的来源及其消耗途径，农业生产上如何调节土壤养分状况？

第四章　我国土壤资源状况

学习目标

技能目标

【学习】剖面点的成土因素观察与描述，我国土壤分类方法。

【熟悉】自然土壤、旱耕土壤和水耕土壤剖面的典型剖面构型，成土母质的划分与识别。

【学会】土壤剖面的选挖、修整、观察记载、性状描述和取样。

必要知识

【了解】土壤剖面含意与形成，土壤分类、分布和我国土地资源特点。

【理解】我国主要土壤的分布和特点。

【掌握】典型剖面构型、剖面性状的观察记载，主要土壤的利用。

相关实验实训

实训一　土壤分类技术（见 323 页）

实训二　土壤剖面观察与土壤种类鉴别（见 324 页）

第一节　我国土壤资源的分类与分布

一、我国的自然地理条件

我国位于欧亚大陆的东部和太平洋西岸，陆域面积约 960 万平方公里。疆域的最北抵达黑龙江省漠河附近的黑龙江江心（53°31′N），最南至南海的曾母暗沙（3°50′N），南北跨约 5500km；西起新疆维吾尔自治区乌恰县西边的帕米尔高原（73°40′E），东至黑龙江省抚远县黑龙江与乌苏里江会口处（135°05′E），东西跨约 5200km。疆土大部分位于中纬度，水热条件良好，自然资源物种众多。

我国陆地地貌的基本特征为山原多，平原少；西高东低，梯状构架。其中以昆仑山和祁连山为北界、川西横断山为东界，构成了西南部高阶地的“世界屋脊”—青藏高原，平均海拔 4500m。青藏高原以北，横断山以东海拔多在 1000～2000m，为中阶地。包括崎岖的云贵高原，沟谷纵横的黄土高原，起伏和缓的内蒙古高原，山清水秀的四川盆地，浩瀚沙漠的塔里木盆地，宽广草原的准噶尔盆地等。大兴安岭—太行山—巫山一线及云贵高原以东是低阶地，海拔多在 1000m 以下。主要有略有起伏的东北平原，辽阔坦荡的华北平原，湖泊众多的长江中下游平原以及偶有奇峰异景的湖广丘陵区。这种地貌构成，有利于夏季太平洋暖湿气流深入内陆。我国山地占总面积的 33.33%，高原占 26.04%，盆地占 18.75%，丘陵占 9.90%，而平原只占 11.98%。

我国大部分地区属东亚季风气候，冬季受西伯利亚干冷气团影响，造成我国冬季寒冷干燥、南北温差大；夏季受海洋暖湿气流影响，高温多雨，南北温差小。

由于山地纵横切割，丘陵起伏，造成自然环境的复杂多样，呈现明显的地带性和地域差异的非地带性的交织。其中，自南往北随着太阳辐射和气温变化，依次出现赤道热带、中热带、边缘热带、南亚热带、中亚热带、北亚热带、暖温带、中温带、寒温带九个温度带（图4-1，表4-1）。自然景观也随气候带显示纬度地带性分异规律。而由东南沿海向西北内陆，随着降水量的递减，又依次出现森林、草原、荒漠等呈现经度地带性分异规律的自然景观带。另外，青藏高原为高原气候区，并因地势高低引起高原气候的变化，导致亚高山草原草甸、高山草原草甸及高山漠境等垂直分异的自然景观带。

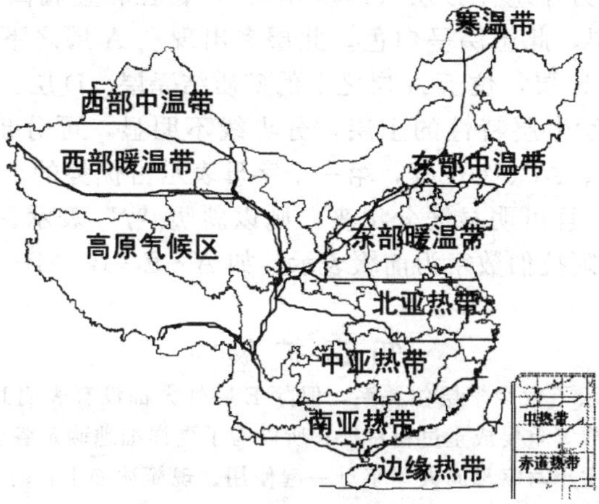

图 4-1　中国气候带分区示意图

表 4-1　气候带的划分指标

气候区域	气温带和气温亚带	指　标 ≥10℃积温	参考指标 ≥10℃日数	农业特征
东部季风区域	温带	最冷月气温<0℃	低温平均值<-10℃	有“死冬”
	寒温带	<1700℃	<105d	一季极早熟的作物
	中温带	1700～3500℃	106～180d	一年一熟，春小麦为主
	暖温带	3500～4500℃	181～225d	两年三熟，冬小麦为主、苹果、梨
	亚热带	最冷月气温>0℃	低温平均值>-10℃	无“死冬”
	北亚热带	4500～5300℃	226～240d	稻麦两熟，有茶、竹
	中亚热带	5300～6500℃	241～285d	稻-稻-油两年五熟；桔，油桐，油茶
	南亚热带	6500～8000℃	286～365d	稻-稻-油一年三熟；龙眼、荔枝
	热带	最冷月气温>15℃	低温平均值>5℃	喜温作物全年都能生长
	边缘热带	8000～8500℃	最冷月 15～18℃	农作物一年三熟；椰子、咖啡、剑麻
	中热带	>8500℃	>18℃	木本作物为主，橡胶、椰子量高质好
	赤道热带	>9000℃	>25℃	可种赤道带、热带作物
西北干旱区域	干旱中温带	1700～3500℃	100～180d	可种冬小麦
	干旱暖温带	>3500℃	>180d	可种长绒棉
青藏高寒区域	高原寒带	>10℃日数不出现	最热月气温<6℃	“无人区”
	高原亚寒带	<50d	6～12℃	牧业为主
	高原温带	50～180d	12～18℃	农业为主

（引自中国自然区划概要．1984，略有改动）

二、土壤剖面

（一）土壤剖面定义与剖面构型

土壤剖面是指从地表向下挖掘出的垂直切面。土壤剖面由平行于地面、外部形态各异的层次所组成，这些层次叫发生层。不同条件下形成的土壤具有不同的发生层组合，这些发生层组合叫剖面构型。不同土壤及土壤的不同层次受各种成土因素的作用不同，表现出不同的形态特征。因此，土壤剖面形态是土壤内部性质的外在表现，是土壤发生、发展的结果，是土壤成长历史的记述。对土壤剖面的观察是认识土壤、利用土壤、改良土壤的基础。

1. 自然土壤剖面

发育完好的自然土壤剖面有 O 层（残落物层）：未分解或半分解的枯枝落叶层；A 层：腐殖质层；B 层：淀积层；C 层：母质层；R 层：基岩层。因此，自然土壤剖面的典型构型为：O—A—B—C—R。另外还有 E 层（即灰化层）：黏粒和金属离子强烈淋溶，抗风化强的矿物砂粒的相对富积层，此土层呈白色。此层多出现在 A 层之下，B 层之上，我国过去多记为 A_2。此外，还有 K 层：位于 A 层之上的矿质结壳层；D 层：半风化母岩碎屑层。过渡层：凡兼有两种主要发生层特性的土层，分界线不明显，可分出过渡层。如 AE、BE、EB、BC、CB、AB、BA、AC、CA 等，第一个字母表示占优势的土层。混杂层：若来自两种土层的物质互相混杂，且可明显区分出来，则以斜竖“/”表示，如 E/B、B/C。当岩性（母质）不连续时，则以阿拉伯数字为前缀表示，如 A—E—B—2B—2BC 等。

知识扩展*

上述大写英文字母只表示了发生学层位关系，但除 E 层外大都没有表明其成土过程特征，如黏粒积聚、钠的积聚、石灰结核形成等重要成土过程特征，所以为了更详细地确定各土层的发生学特征，目前国际上又采用了一套后缀性英文小写字母同大写字母一起使用。现简述如下：a：高度分解的有机质；c：结核性新生体；g：锈纹锈斑；h：有机质在矿质土壤中的自然积聚；k：碳酸盐积聚；m：强度胶结的土层；n：交换性钠的积聚；p：人类耕作影响的土层；q：硅的积聚；s：铁、锰的积聚；t：黏粒的积聚；y：石膏的积聚；z：易溶盐的积聚；v：网纹，指红白相间的网纹层。如 Bck 表示此层有碳酸钙结核体，Bms 表示此层有铁、锰氧化物胶体所形成的强度胶结体。

土层界线类型：土层之间的界线有几种形状，大多数是平整状。此外，还有波状，见于森林土壤的腐殖质层下限；袋状，见于草原土壤的腐殖质层下限；舌状，见于生草灰化土灰化层下限和草原土壤的腐殖质层下限，“舌”的长宽比为 2～5；指状，亦称水流状，见于冻土腐殖质层下限，指的长宽比大于 5，也可由腐殖质沿根孔或掘土动物穴向下流动而成；参差状，也称冲蚀状，见于强度灰化土的灰化层下限，是强淋溶作用土壤的特征；锯齿状，有时见于黏质灰化土；栅栏状，见于碱土脱碱化层与柱状层之间。

土层的过渡情况可分为以下几种。明显过渡：过渡界线的宽度为 1cm 左右；清楚过渡：界线宽 3cm 左右；较清楚过渡：界线宽 5cm 左右；逐渐过渡：界线宽大于 7cm 左右。

根据土壤剖面发生层的特征，可以分为简单剖面和复杂剖面两大类。

1. 简单剖面

(1) 原始剖面　剖面上部只有很薄的 A 层或 AC 层，下面即为母质层 C。又叫 AC 剖面。

(2) 弱分异剖面　剖面层次分异不明显，A、B、C 各层之间无明显界线。如发育于冲积母质上的潮土。

(3) 正常剖面　最常见的一种剖面构型，具有代表该土壤形成过程的完整发生层，且土层厚度正常。

(4) 侏儒剖面　土壤发生层完整，但每一土层的厚度甚薄，仅数厘米。见于陡坡、高山带，荒漠带。

(5) 巨型剖面　是湿润热带气候条件下高度风化形成的超深厚剖面，厚度可达数米至十余米。

(6) 侵蚀剖面　土壤剖面上部被侵蚀掉，又叫截头剖面，只残存部分 A 层者为弱度侵蚀剖面，缺 A 层和残存部分 B 层者为中度侵蚀剖面，缺 A、B 层者为强度侵蚀剖面。

2. 复杂剖面

(1) 异源母质剖面　土壤剖面上部土层的成土物质与底部基岩或母质的物质组成不一致的剖面。

(2) 埋藏剖面　原来的土壤剖面上多次被沉积物质覆盖，在土壤剖面的一定深度中出现一个或一个以上的埋藏层。

(3) 多元发生剖面　土壤剖面中有两个以上由于生物气候条件演替而形成的，反映土壤不同发育历史和环境条件的特征性发生层。

(4) 堆叠剖面　原来的土壤剖面上由于大量施用泥肥、土粪或进行淤灌等人类生产活动，使土壤表层或耕层不断垫高。

(5) 翻动剖面　剖面表土层以下的土层经人为翻动到地表。

(6) 人造剖面　在采矿、兴修水利等活动后，将混杂的土壤物质堆积或填回而形成的剖面。

由此可见，土壤剖面构造反映了土壤的发育程度、土壤形成的特点以及土壤的形成演化过程。

2. 旱耕土壤剖面

旱耕土壤受人类耕作栽培的影响，剖面发育为耕作层（A），犁底层（P），心土层（B），底土层（C）。因此，剖面的典型构型为：A—P—B—C—R。土壤厚度为A、P、B层厚度之和。

(1) A层是熟土层，活土层　厚约15～25cm，疏松多孔，多为团粒和小块状结构，是土壤养分、植物根系、土壤生物的主要聚积区，也保持着大量水分。

(2) P层是犁底层　常受犁压而变得紧实，厚约10cm，多为片状结构，通透性差，对作物有不利的影响。因此，破除犁底层，加厚耕作层是培肥旱土的重要方式之一。

(3) B层是半熟化层　厚约20～60cm，多为块状和核状结构，是土壤水分的重要储备库。

(4) C层是生土层、死土层　厚约30～60cm，受人类活动和生物影响小，土壤发育弱，多为核状或碎屑结构。对物质转运和稳定土温等有一定的作用。

3. 水耕土壤剖面

水耕土壤受人类水耕熟化的影响，剖面发育为耕作层（A），犁底层（P），潴育层（W），底土层（C）。剖面的典型构型为：A—P—W—C。土壤厚度为A、P、W层厚度之和。

(1) A层　水耕熟化层。厚约10～20cm，泥土疏爽，多为微团粒结构，是土壤养分、植物根系、土壤生物的主要聚积区。

(2) P层　犁底层。常受犁压而变得紧实，厚约10cm，多为片状结构，有托水托肥的作用。但过厚过紧对水稻生长发育不利。

(3) W层　潴育层。厚约30～60cm，由于A层夏季淹水种稻而冬季放干种植绿肥、油菜、小麦等旱作物而使W层出现氧化还原交替，A层淋溶的还原物在此层氧化形成铁锰新生体。此层对水稻生长期间的有害还原物的排出与消除起着重要作用，是水稻高产的重要保障。

(4) C层　底土层。厚约20～30cm，受人类活动和生物影响小，土壤发育弱。对水分渗漏、物质转运有一定的作用。

(5) 其他层　G层：潜育层，受长期淹水作用，还原性强。若以小写字母附在其他字母之后，表示有潜育倾向，如，Pg表示犁底层有潜育倾向。S层：流沙层，质地砂性，漏水漏肥。E层：渗育层，水分侧向渗漏漂洗。若以小写字母附在其他字母之后，则表示有渗育倾向。

水稻土的剖面构型概括有*：

表潜型：有A—G、Ag—G、A—G—W—S等构型；

淹育型：有A—P—C、A—P—B—C、A—P—C—D等构型；

心潜型：有A—P—G、A—Pg—G、A—P—G—W、A—P—G—W—C、A—P—G—Wg—C等构型；

渗育型：有A—P—E、A—P—E—C、A—P—E—W等构型；

弱潜型：有A—Pg—W_1—W_2、A—Pg—W—C、A—Pg—W—E—C、A—Pg—Wg—We等构型；

潴育型：有A—P—W、A—P—W_1—W_2、A—P—W—C、A—P—W—S、A—P—W—E—C、A—P—W—We—C、A—P—W—Wg、A—P—Wg—C、A—P—Wg—E—C、A—P—Wg—G、A—P—We—C、

A—P—We—W—C 等构型。

（二）剖面挖掘与观测

1. 土壤剖面的设置与挖掘

土壤剖面设置就是布设挖掘土壤剖面的地点，此过程一般分两步进行。第一步先在地形图或航卫片上根据地貌特点或影像特征预先设置土壤剖面地点。设置的土壤剖面数目和代表的土壤类型等级要根据调查精度和地貌、土壤复杂程度来确定。还必须指出，根据调查精度要确保调查区域或实习区域内每一种土壤类型有一个主要剖面，并且要将土壤剖面设置在该土壤最为典型的地段。第二步是到预设剖面附近，根据野外的实际情况，修正预设的土壤剖面点，最后选择确定出土壤剖面点的具体位置。在野外选择土壤剖面时，应注意两个问题：①土壤剖面点要有比较稳定的利于该土壤发育的环境条件；②不宜在路旁、住宅四周、沟渠附近、粪堆周围等受人类活动干扰很强、不能代表该种土壤自然属性的地方选择土壤剖面点，以保证土壤调查资料的科学性和实用性。

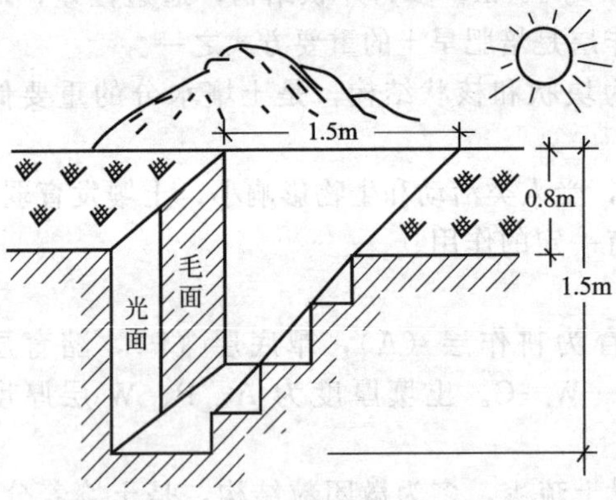

图 4-2 土壤剖面挖掘示意图

当土壤剖面在野外选定之后，应将该地点标注在地形图上，并加以编号。然后即可用锄头或其他挖土工具动手挖掘土壤剖面。主要土壤剖面的规格一般为长 1.5m、宽 0.8m、深 1.5m，观察面的对面要挖成阶梯状，以便观察者下到剖面底部进行观察研究（图 4-2）。土壤剖面一般要挖到母质层；山地土壤一般要挖到母岩层；地下水位较高的土壤，挖剖面时可适当排水；水稻土宜在排干时期挖掘土壤剖面。在挖掘土壤剖面时还应注意以下几点。①剖面的观察面要垂直、向阳，便于观察与摄影，只有在条件不允许的情况下，才可采用其他方向，如坡地观察面要朝坡向。②挖掘的表土和底土要分别堆放在剖面坑的两侧，不得混乱。在回填土坑时先填入底土，后填入表土，以保持正常的土层层序，以免影响原来的土壤肥力。③观察面上方不宜堆土与走动，以免破坏土壤结构，影响土壤剖面的观察研究。④对于垄作耕地来说，观察面应垂直于垄作方向，以便能同时看到垄沟与垄背的表土变化和作物根系发育情况。⑤回填土坑的下部土一定要踏实，以免耕犁时发生事故。

2. 剖面点的成土因素观察与描述

土壤是在各种成土因素综合作用下形成的，一般来说，有什么样的环境条件，必定形成什么样的土壤类型。为了全面认识土壤的形成、发育与属性，对土壤剖面点的成土因素的观察与描述是必不可少的。因此，在挖剖面时，应对成土因素进行观察与描述，填写好记载表的正面。

土壤剖面记载表（正面填写项目）：

剖面编号： 土壤当地名： 审定名： 日期： 年 月 日

地点： 省（市） 县（区、旗） 乡 村 土块名

经度： 纬度：

地貌与地形部位： 海拔： 坡度： 坡向：

成土母质：

植被类型：

主要植物种类及覆盖率：

排灌条件：

地下水位：

侵蚀情况：

生产性能：

填写要求如下。

(1) 土壤剖面编号 填写本剖面观测点的顺序号，一般用剖1、剖2、剖3……表示。也可设计一套有含义的代码系统。

(2) 土壤名称 先填写当地群众对该土壤的命名，后填写按我国现行土壤分类系统的命名（审定土壤名称）。在野外向当地农民访问可获得当地土壤名称，审定土壤名称在野外不易确定时，可暂不填写，待室内分析化验后再填。

(3) 地点 既要填写本剖面所在地的省（市、区）、县（区、旗）、乡和村庄的名称，还要填写剖面地点的具体方位或地块名，如××省、××县、××乡××村南偏东30°500m机井旁。并将此剖面编号标注在地形图上。正确填写地点和方位，可使他人准确、快速找到该地点。现在多用经纬度仪测定，填写该点的经纬度。

(4) 地貌 先观察该剖面所在地大中地貌类型，然后再填写具体地形部位，如河漫滩、二级阶地面、坡积裙中部、鞍部等。海拔高度可根据地形图查取，亦可根据气压高度表确定。

(5) 坡向、坡度 坡向用罗盘测出方位角，如方位角为北偏东20°等；坡度用罗盘测出坡度，如坡度为10°。

(6) 成土母质 按残积、坡积、洪积、冲积、湖积、风积、冰碛、重积等填写母质成因类型，对残积母质应填写母岩名称，如花岗岩残积物等。对古老母质则直接填写其名，如第四纪红土。

(7) 植被 自然植被按植被类型填写，如落叶阔叶林、常绿阔叶林、针叶林、草原、沼泽、灌丛等。同时还要填写出该植被类型的优势种种类以及覆盖度大小等。如为农田，应填写农作物类型、长势等。

(8) 排灌条件 排水条件根据剖面地点的地形闭塞程度与土壤通透性大小，按地面积水、排水不良、排水中等、排水良好分别填写。灌溉条件可根据地面平整程度与周围水利条件与水利设施按灌溉良好、灌溉中等和灌溉不良分别填写。

(9) 地下水位 可根据开挖剖面时，开始大量出现地下水的深度填写。在地下水位大于1.8m时，可根据周围民用井水面距地面深度填写。山坡上的剖面可以不填地下水位。

(10) 侵蚀情况 在野外可根据地面坡度、破碎程度、植被状况、地面组成物质、土层厚度等综合确定侵蚀等级，如强度侵蚀、中等侵蚀、弱度侵蚀等。

(11) 生产性能 向当地群众调查访问。了解该土种的作物种类、产量、倒茬情况、土宜性能、施肥品种与施肥量、施肥效果、耕作性能、主要限制因素、改良利用经验等，并逐项填写。

3. 土壤剖面性态的观测与描述

(1) 土壤剖面层次的划分 土壤剖面挖好后，观察者下到坑底，先用剖面刀靠近剖面一侧自上而下拨出大约20cm宽的能真实反映土壤自然结构特征的毛茬面，即毛面（因用铁铲修整的剖面比较光滑，土壤的自然结构和光泽发生了一定程度的变化）。然后仔细观察毛面上的土壤形态特征，根据颜色、质地、结构、新生体、孔隙、松紧度、干湿度、根系分布等土壤形态特征划分土壤发生层（土层）。在土壤层次划分时，一般是先大致划分，然后再详细划分。对于一般的土壤来说，均可划分为A、B、C三个基本层次；有时还可以划分为E、D和R等层次；在土层较厚或者相邻土层之间的特征呈逐渐过渡时，可划分出一些过渡层次，如AB层、BC层等；对于水稻土可划分为A、P、W和G等层次；对于发生层次不明显的剖面，可划分出表土层、心土层和底土层；对于剖面层次比较复杂，在野外难于准确确定时，可直接用第一层、第二层、第三层、…、第 n 层来划分定名。

(2) 土壤剖面的观测、记载　土壤剖面的观测包括土壤形态特征的观察和土壤化学性质的野外测定。土壤形态特征是指通过人的感官可以直接鉴别的土壤性质，主要包括土壤颜色、质地、结构、紧实度、干湿度、新生体、侵入体、孔隙等。它们是土壤内部物质、能量迁移转化的现阶段的外部表象，是野外识别土壤的最重要的标志。有些土壤性质用肉眼是难以辨别或准确确定的，并且有些土壤性质必须在野外现场测定，所以，在观察描述土壤剖面形态特征的同时，还应根据需要开展一些土壤化学性质的野外速测。野外速测主要有 pH 值、石灰反应、亚铁反应。通过对土壤剖面的观测，填写好记载表的背面。

土壤剖面记载表（背面）：

层次	深度(厘米)	颜色	质地	结构	干湿度	根系量	紧实度	新生体			pH 值	石灰反应	其他(亚铁反应)
								类别	形态	数量			

填写要求如下。

① 描绘剖面图。在土壤剖面形态特征的观察与描述之前，要求完成土壤剖面的素描或照相（因为在土壤形态观察与描述时不可避免地要破坏土壤剖面自然面貌）。然后，量测各土层所居深度，方法是用钢卷尺自地面开始垂直向下连续读取每一土层的始止读数，如 O：0～3cm、A：3～20cm、B：20～65cm 等，并填入土壤剖面记载表。

② 土壤颜色。土壤颜色主要决定于土壤物质组成，比如含有机质多的土壤颜色较暗，多呈黑色或灰色；氧化铁含量高的土壤主要表现出红色；含水化氧化铁多的土壤呈黄色；含亚铁化合物多的土壤呈淡青色等。此外，土壤颜色深浅与土壤含水量关系很大，水分越多，颜色愈深。土壤颜色常常是野外划分土层最明显的标志，也是鉴别土壤性状、确定土壤类型和命名土壤的重要依据，例如我国现行土壤分类系统中的黑土、棕壤、红壤、白浆土、黄绵土等许多土壤类型都是根据颜色来命名的。

土壤的基本颜色有黑、红、白、青四种，彼此相互结合可产生多种多样的土壤颜色。野外描述土壤颜色时，要先目视确定主要颜色和次要颜色，并以主色在后、次色在前的方式记录，如灰棕色即以棕色为主、灰色次之。为了克服主观性误差，可用“门塞尔标准土色卡”比色确定。

知识扩展*

门塞尔标准土色卡的颜色系统采用颜色的三属性来表示，即每种颜色均用色调、亮度和彩度表示。色调指颜色类别，共分出红（R）、黄（Y）、绿（G）、篮（B）、紫（P）、黄红（YR）、绿黄（GY）、蓝绿（BG）、紫蓝（PB）和红紫（RP）十种色调，其中每种色调又分为 2.5，5，7.5，10 四个色调级，如红色可分为 2.5R，5R，7.5R 和 10R 四级。亮度指颜色的明亮程度，以黑色为 0，以白色为 10，逐级划分颜色的亮度。彩度是指颜色的浓淡程度，以无彩为 0，其值越大颜色愈浓。门塞尔色谱颜色的表示方法为色调亮度/彩度，如 5YR5/6，即表示某一土壤的色调是 5YR，亮度为 5，彩度为 6。

在野外观察土壤颜色时，还应注意以下几点。a. 一定要区分土壤结构体表面颜色和内部颜色。结构体表面有时有各种颜色的胶膜，并非土壤的真实颜色，所以在有胶膜时，要观察土块断口的新鲜面的颜色。b. 要注意土壤的湿度情况，一般旱土取干土块的颜色，水稻土取湿土色。c. 在有杂色斑点的情况下，要先描述土壤的主色，然后再描述土壤的斑点颜色。

③ 土壤质地。野外鉴别土壤质地采用的是指感法，即从剖面上取指头大小的一块土壤放在左手掌心中，通常加适量的水分，用右手手指搓捻或放在大拇指与食指中间进行搓捻，根据手指的感觉，鉴定土壤质地。指感法鉴定土壤质地，一般能分出6～7个等级，各级的鉴定标准如下。

a. 砂土。一般情况下不能搓成球，湿时勉强可以成球，但一碰即碎；在指间摩擦时，有砂砾感，并有响声；干时呈单粒状，放在手中砂粒会从指缝中自动流出。

b. 砂壤土。湿时可以搓成球，也可搓成直径2～3mm的短土条，但一碰即断，在指间摩擦有明显的砂砾感。

c. 轻壤土。湿时可搓成直径2～3mm的土条，但提起即断；指间摩擦稍有砂质感，但无沙声，也无柔滑感；干时、湿时均能成土块，但土块易碎。

d. 粉砂壤土。湿时可以搓成1.5～2mm的土条，弯曲时易裂断；在指间摩擦有柔滑的“面粉”感；干时成土块，易破碎。

e. 中壤土。湿时可搓成1.5～2mm的土条，可弯曲成直径2cm的圆环，环外缘有细裂缝；指间摩擦略有滑腻感；干时结块，较坚硬。

f. 重壤土。湿时可搓成1.5～2mm的土条，易弯曲成直径2cm的圆环，环外缘无细裂缝，但压扁时出现细裂缝，黏韧；干时结大块，坚硬；指间摩擦有滑腻感。

g. 黏土。湿时可以捏成各种形状，土条弯曲时外缘无裂缝，黏性很强，黏手难洗；指间摩擦有明显的滑腻感；干时结大块，坚硬，不易破碎。

如果土壤中砾石（一般指粒径大于2mm的土壤颗粒）含量超过1%（按剖面上砾石面积占该土层总面积的百分数计）的土壤，可定为砾质土或砾石土。砾质土在原有质地名称前冠以“砾质”两字，如中砾质壤土、少砾质壤土等。砾质的分级及其标准如下。少砾质：砾石含量1%～5%；中砾质：砾石含量5%～10%；多砾质：砾石含量10%～30%。砾石含量在30%以上的土壤为砾石土，这种土壤不再记载细粒部分的质地名称。其分级标准如下。轻砾石土：砾石含量30%～50%；中砾石土：砾石含量50%～70%；重砾石土：砾石含量大于70%。

④ 土壤结构　土壤结构影响着土壤水、肥、气、热的协调与供应状况，是土壤肥力的重要物理性质。根据土壤结构体的形状一般可分为团粒状、块状、核状、柱状、棱柱状、片状和碎屑等基本类型，其中每类又根据体积大小分为不同规模的土壤结构。野外观察土壤结构的方法是：用铁铲或剖面刀从某一土层掘取一大土块，放在手心中轻捏后轻轻抖动，让土块沿其结构体间的脆弱面自然分开，观察土壤结构体的形状和大小，确定土壤结构类型。土壤湿润时适宜观察土壤结构，此时结构体间易分离。

⑤ 土壤干湿度。土壤干湿度反映土壤含水量的高低，它与土壤结构、有机质含量、质地等有关。野外鉴别土壤干湿度通常分为四级，各级标准如下。

a. 干。土壤呈干土块，在手心中无凉感，用嘴吹时尘土扬起。

b. 润。轻捏土块后松手，土块易散开，在手心中有凉湿感，用嘴吹时无尘土扬起。

c. 潮。土块不易散开，在手心中的潮湿感，能很快将纸润湿，压土团时无水流出。

d. 湿。土壤水分过饱和，土块湿手，手捏土块有水流出。

⑥ 植物根系。植物根量用根与根的间距来判断。间距小于3cm为多，3～5cm为中，大于5cm为少。

⑦ 土壤紧实度。土壤紧实度是指土粒结合及排列的紧密程度，也是土壤反抗外界压力的程度。它与土壤含水量、质地、结构等有密切关系，可直接影响土壤耕性及植物根系伸展情况。土壤紧实度可用土壤紧实度仪测定，用数据表示。无仪器时，可用剖面刀插入土壤时的难易程度来确定，其分级标准如下。

a. 松。很容易地将剖面刀插入土层很深。

b. 散。稍用力可使剖面刀插入较深土层。

c. 紧。用较大气力才能将剖面刀插入土层，拔出稍难。

d. 坚。用很大气力才能将剖面刀前端插入土层，拔出很困难。

⑧ 土壤新生体。新生体是在土壤形成发育过程中所产生的物质，是野外鉴别土壤类型的重要依据之一，同时对农业生产性能也有很大影响。新生体往往附于土壤结构体表面或充填于土壤孔隙或裂隙之间。在野外要对新生体的类别、形态和数量及出现部位进行详细观察、描述和记载。所谓新生体的类别是指新生体的化学成分。常见新生体的化学成分可分为易溶性盐、石膏、碳酸盐、铁锰氧化物、亚铁化合物、二氧化硅、层状铝硅酸盐（黏土矿物)、有机质等。常见新生体的形态主要有胶膜、假菌丝体、结核、锈纹锈斑、粉末状、斑块状等。新生体的数量多少常根据新生体在土层的出露面积占该土层总面积的相对比例大致确定，如常见的胶膜和结构新生体丰度标准为：小于5%为很少，5%～10%为少量，10%～20%为中等，20%～50%为多，大于50%为很多。

新生体是成土过程的产物，在一定环境条件下土壤可能出现的新生体类别是一定的，如热带与亚热带湿润地区的土壤大都存在铁锰胶膜和结核，温带湿润地区的土壤常形成黏粒胶膜，半湿润半干旱地区的土壤出现碳酸盐假菌丝体、结核（砂姜）和斑块，干旱地区的土壤中常有易溶盐积聚等。所以，根据所在自然带的性质即可大致判断出该地区土壤中新生体的类别、形态和数量。

有些土壤还有侵入体。侵入体不是土壤所固有的，而是人类活动的结果，如砖、瓦等物。

⑨ 土壤pH值。土壤pH值反映土壤酸碱度。它是土壤重要的化学性质之一，影响着土壤养分有效性、土壤的保肥性、缓冲性、土壤胶体的分散与凝聚等土壤理化性质和生物群落。测定土壤pH值可帮助认识土壤肥力，选择适宜的作物或植物品种和制订土壤施肥、改良措施等。

野外测定土壤pH，多采用混合指示剂比色法（也可用pH试纸比色法)。pH混合指示剂分pH4～8和pH7～9混合指示剂两种。前者适用于酸性和中性土壤，后者适用于石灰性土壤或盐碱土壤。在野外测定土壤pH时，从土壤剖面上取黄豆大小的土样放在干净的白瓷板穴中，加混合指示剂4～7滴（或加用纯净水浸泡pH试纸后的水)，以能湿润土样而稍有余为限，轻轻震动约1min，静置使其澄清，倾斜瓷盘，观察清液与瓷盘交界处的颜色并与相应比色卡进行对比，判断其pH。在野外也可用浸过石蜡或压膜的白纸（折成直角）代替白瓷板测定土壤pH。pH＜4.5为极强酸性土壤，4.5～5.5为强酸性土壤，5.5～6.5为酸性土壤，6.5～7.5为中性土壤，7.5～8.5为碱性土壤，8.5～9.5为强碱性土壤，大于9.5为极强碱性土壤。

⑩ 土壤石灰反应。土壤石灰反应也称盐酸反应，是野外测定土壤石灰含量多少的一种常用方法。土壤中有无石灰或石灰含量多少是划分土壤类型的重要依据之一。在湿润地区，钙镁离子遭到强烈的淋溶，多无石灰反应；在干旱半干旱地区，土壤淋溶作用弱，一般都含有石灰，有的甚至很多；在碳酸盐母质上发育的土壤（特别是在发育初期）一般也含有一定量的石灰。

野外测定土壤石灰含量是根据碳酸钙与稀盐酸反应可放出二氧化碳气泡的原理来鉴定的。其测定方法比较简单，只需将10%的稀盐酸直接滴在被测土样上观察泡沫反应有无和强弱即可。

a. 无。无泡沫放出，无声音，表示土壤不含石灰或含量甚微，记作“－”。

b. 弱。缓慢放出小泡沫，略有吱吱声，石灰含量小于1%，记作“＋”。

c. 中。有明显的大气泡放出，吱吱声较大，石灰含量在1%～5%，记作“++”。

d. 强。产生沸腾状气泡，历时长，声音大，表示土壤石灰含量大于5%，记作“+++”。

⑪ 土壤亚铁含量。土壤亚铁含量主要反映稻田土壤的氧化还原状况，亚铁过多，说明土壤还原性强，对水稻生长不利。野外测定可用0.1%的邻菲罗啉显色剂：挖出一块耕层下部的水稻土，将适量显色剂滴加在土块面上，会显示红色。越红则亚铁越多，如果显示深红色，则说明土壤还原性很强，对水稻生长不利。

（三）土壤剖面的标本与分析样品的采集

在完成土壤剖面各种性态特征的观测与描述后，为了通过室内比土评土确定土壤分类归属问题以及进一步研究土壤的形成发育和肥力特征，需要采集各种不同用途的土壤标本和分析样品。

1. 分析样品

分析标本是为了供室内开展土壤理化性质测定而采集的样品，又可分为全量分析样品与农化分析样品两种。

（1）全量分析样品　全量分析样品是供室内系统分析研究土壤全量化学组成和各种理化性质而采集的样品，主要采集于具有代表性的剖面。采集时应先将土壤剖面自上而下修整好，从最低层开始采，每层为一个样品，采集每层的典型部位约1kg的土样。耕作层则需自下而上连续采样约1kg，装入干净的布袋中（盐碱土土样应装在塑料袋中，以防盐分随水淋失）。准备两张大小适当的标签（其中一张带细线），用铅笔写清楚剖面编号、土壤名称、层次、日期、地点和采集人。将不带细线的标签装入袋内，以防袋外标签失落；将带线标签的细线同土袋扎口绳一起绑好，带线标签露在袋外面，便于观察。之后，把该剖面各层的土袋捆扎在一起，以避免混乱或丢失。回到室内后，应及时将土样摊在干净的吸水纸上风干，防止潮湿土样发霉变质。

（2）农化分析样品　农化分析样品是为了在室内化验分析与农作物生长有关的养分而采集的标本。其目的在于了解土壤养分状况，编制土壤养分图，为施肥和改良利用土壤提供科学的依据。农化分析样品只采集耕作层（旱地多为0～20cm，水田多为0～15cm）土壤，整层连续采样，上下量一致，并且在某一地块上用对角线法或蛇形曲线法多点采样，以降低采样误差。各点采样量均等，将各点土样混合后的总量应在1kg左右，所以，点多时，各点的采样量就少些，点越多，样品的代表性就越好，如果采集过多，可用四分法舍弃一部分土壤。将采好的样品装入土袋，系好标签，及时风干。

2. 比样标本

土盒标本也叫鉴比标本或比样标本，是为了在室内比土评土、鉴定土壤类型、绘制土壤图和室内陈列而采集的土壤标本。标本盒规格一般为长20cm，宽5cm，厚2cm。标本盒分底盒和盖两部分，底盒又被分隔出5～7格。采集此种标本时，沿土壤剖面自下而上采集每一土层典型部位的与土盒分格大小相当的土块，土块要尽量保持其自然土壤的结构。之后在盖的表面或底盒的侧面贴上长条形标签，写上剖面号、地点、层次、深度、日期及采集人。

3. 整段标本

整段标本是供室内陈列、展览参观用的整个土壤剖面的标本。其规格一般为长100cm，宽20cm，厚8cm。由厚约15mm的木板钉制而成，包括长方形木框和可以活动的上下盖板三部分。采集此种标本时，先在土壤剖面垂直壁上挖出一个与木框大小相当的长方形土柱，将长方形木框套在土柱上，用剖面刀将露在框外的土壤削平，钉上下盖。然后用铁铲慢慢将土柱与剖面连接处切断搬下，削去多余的土壤，盖上盖板，用绳子捆绑牢固，详细记录采样地点、土壤名称、层次及环境条件等。也可用乳白胶制作“布黏薄膜整段标本”和“板黏薄层整段标本”，这样更便于收藏和管理。

三、土壤的分类

（一）土壤分类的概念

土壤分类就是在系统认识土壤的基础上，根据土壤属性的相似性和差异性，按照一定的分类原则和系统，将客观存在的不同土壤进行划分归类，并给以合理命名。土壤分类学是“土壤科学中的科学”，是土壤学领域的“上层建筑”。

（二）土壤分类的目的

土壤分类的目的主要有如下几点：

① 了解各事物间的关系；

② 使已积累的知识系统化；

③ 便于学术交流；

④ 核心目的是为了更好地认识与利用土壤。

（三）土壤分类的依据

土壤分类的依据主要有以下几点：

① 成土因素对土壤形成的影响和作用；

② 成土过程的特性特征；

③ 土壤属性的差别。

（四）世界土壤分类概况*

1. 以前苏联的土壤分类系统为代表的发生学分类

基本观点：强调土壤与成土因素和地理景观间的相互关系，以成土因素及其影响作为理论基础，结合成土过程和土壤属性作为分类的依据。此分类的中心概念清晰，但边界多无指标界定而模糊。此分类为许多国家所采用。也是我国当前的主流分类。

2. 以美国系统分类为代表的土壤诊断学分类

基本观点：依据可以直接感知和定量测定的土壤属性，主要根据诊断层和诊断特性分类。此分类边界由具体指标界定，因此便于信息处理和自动检索。但指标过繁，过分依赖监测和实验室分析数据，给实际鉴别土壤带来困难；指标本身的“硬性”规定带有人为主观性和机械性，给实际工作带来不便；土壤本身具有连续性、变异性和非均质性，所以模糊性是土壤的本质，描述性的定性分类更“客观”一些和更具综合性。

3. 土壤形态发生学分类

基本观点：是土壤形态学和发生学相结合的土壤分类。认为：①土壤分类应根据自然体的全部性状，并需与自然环境联系考虑；②土类之间的差异是由形态（层次）发生发展的阶段性决定的。此分类在西欧影响很大。

（五）我国土壤发生学分类

1978 年，在中国土壤学会组织下，我国土壤工作者集思广益，建立了统一的土壤分类系统——“中国土壤分类暂行草案”（1978），通过第二次全国土壤普查检验后，于 1984 年和 1988 年两度修订，确立了“中国土壤分类系统”（1992）。这一分类系统经少许修改，在 1998 年版的《中国土壤》一书中得到充分体现（表 4-2）。其逐步修订代表了我国土壤科学的发展。

1. 分类的基本原则

（1）发生学原则　即必须坚持成土因素、成土过程和土壤属性（较稳定的性态特征）三结合作为土壤发生学分类的基本依据。

（2）统一性原则　在土壤分类中，必须将耕种土壤和自然土壤作为统一的整体进行土壤类型的划分。

表 4-2　中国土壤分类系统高级分类表

土纲 12	亚纲 29	土类 61	亚　类
铁铝土	湿热铁铝土	砖红壤	砖红壤、黄色砖红壤
		赤红壤	赤红壤、黄色赤红壤、赤红壤性土
		红壤	红壤、黄红壤、棕红壤、山原红壤、红壤性土
	湿暖铁铝土	黄壤	黄壤、漂洗黄壤、表潜黄壤、黄壤性土
淋溶土	湿暖淋溶土	黄棕壤	黄棕壤、暗黄棕壤、黄棕壤性土
		黄褐土	黄褐土、黏盘黄褐土、白浆化黄褐土、黄褐土性土
	湿暖温淋溶土	棕壤	棕壤、白浆化棕壤、潮棕壤、棕壤性土
	湿温淋溶土	暗棕壤	暗棕壤、白浆化暗棕壤、草甸暗棕壤、潜育暗棕壤、暗棕壤性土
		白浆土	白浆土、草甸白浆土、潜育白浆土
	湿寒温淋溶土	棕色针叶林土	棕色针叶林土、漂灰棕色针叶林土、表潜棕色针叶林土
		漂灰土	漂灰土、暗漂灰土
		灰化土	灰化土
半淋溶土	半湿热半淋溶土	燥红土	燥红土、褐红土
	半湿暖温半淋溶土	褐土	褐土、石灰性褐土、淋溶褐土、潮褐土、𪢨土、燥褐土、褐土性土
	半湿温半淋溶土	灰褐土	灰褐土、暗灰褐土、淋溶灰褐土、石灰性灰褐土、灰黑土性土
		黑土	黑土、草甸黑土、白浆化黑土、表潜黑土
		灰色森林土	灰色森林土、暗灰色森林土
钙层土	半湿温钙层土	黑钙土	黑钙土、淋溶黑钙土、石灰性黑钙土、淡黑钙土、草甸黑钙土、盐化黑钙土、碱化黑钙土
	半干温钙层土	栗钙土	暗栗钙土、栗钙土、淡栗钙土、草甸栗钙土、盐化栗钙土、碱化栗钙土、栗钙土性土
	半干暖温钙层土	栗褐土	栗褐土、淡栗褐土、潮栗褐土
		黑垆土	黑垆土、黏化黑垆土、潮黑垆土、黑麻土
干旱土	干温干旱土	棕钙土	棕钙土、淡棕钙土、草甸棕钙土、盐化棕钙土、碱化棕钙土、棕钙土性土
		灰钙土	灰钙土、淡灰钙土、草甸灰钙土、盐化灰钙土
漠土	干温漠土	灰漠土	灰漠土、钙质灰漠土、草甸灰漠土、盐化灰漠土、碱化灰漠土、灌耕灰漠土、
		灰棕漠土	灰棕漠土、石膏灰棕漠土、石膏盐盘灰棕漠土、灌耕灰棕漠土
	干暖温漠土	棕漠土	棕漠土、盐化棕漠土、石膏棕漠土、石膏盐盘棕漠土、灌耕棕漠土
初育土	土质初育土	黄绵土	黄绵土
		红黏土	红黏土、积钙红黏土、复盐基红黏土
		新积土	新积土、冲积土、珊瑚砂土
		龟裂土	龟裂土
		风沙土	荒漠风沙土、草原风沙土、草甸风沙土、滨海风沙土
	石质初育土	石灰土	红色石灰土、黑色石灰土、棕色石灰土、黄色石灰土
		火山灰土	火山灰土、暗火山灰土、基性岩火山灰土
		紫色土	酸性紫色土、中性紫色土、石灰性紫色土
		磷质石灰土	磷质石灰土、硬盘磷质石灰土、盐渍磷质石灰土
		石质土	酸性石质土、中性石质土、钙质石质土、含盐石质土
		粗骨土	酸性粗骨土、中性粗骨土、钙质粗骨土、硅质粗骨土
半水成土	暗半水成土	草甸土	草甸土、石灰性草甸土、白浆化草甸土、潜育草甸土、盐化草甸土、碱化草甸土
	淡半水成土	潮土	潮土、灰潮土、脱潮土、湿潮土、盐化潮土、碱化潮土、灌淤潮土
		砂姜黑土	砂姜黑土、石灰性砂姜黑土、盐化砂姜黑土、碱化砂姜黑土、黑黏土
		林灌草甸土	林灌草甸土、盐化林灌草甸土、碱化林灌草甸土
		山地草甸土	山地草甸土、山地草原草甸土、山地灌丛草甸土
水成土	矿质水成土	沼泽土	沼泽土、腐泥沼泽土、泥炭沼泽土、草甸沼泽土、盐化沼泽土、碱化沼泽土
	有机水成土	泥炭土	低位泥炭土、中位泥炭土、高位泥炭土

续表

土纲12	亚纲29	土类61	亚类
盐碱土	盐土	草甸盐土	草甸盐土、结壳盐土、沼泽盐土、碱化盐土
		滨海盐土	滨海盐土、滨海沼泽盐土、滨海潮滩盐土
		酸性硫酸盐土	酸性硫酸盐土、含盐酸性硫酸盐土
		漠境盐土	漠境盐土、干旱盐土、残余盐土
		寒原盐土	寒原盐土、寒原草甸盐土、寒原硼酸盐土、寒原碱化盐土
	碱土	碱土	草甸碱土、草原碱土、龟裂碱土、盐化碱土、荒漠碱土
人为土	人为水成土	水稻土	潴育水稻土、淹育水稻土、渗育水稻土、潜育水稻土、脱潜水稻土、漂洗水稻土、盐渍水稻土、咸酸水稻土
	灌耕土	灌淤土	灌淤土、潮灌淤土、表锈灌淤土、盐化灌淤土
		灌漠土	灌漠土、灰灌漠土、潮灌漠土、盐化灌漠土
高山土	湿寒高山土	草毡土	草毡土、薄草毡土、棕草毡土、湿草毡土
		黑毡土	黑毡土、薄黑毡土、棕黑毡土、湿黑毡土
	半湿寒高山土	寒钙土	寒钙土、暗寒钙土、淡寒钙土、盐化寒钙土
		冷钙土	冷钙土、暗冷钙土、淡冷钙土、盐化冷钙土
		冷棕钙土	冷棕钙土、淋淀冷棕钙土
	干寒高山土	寒漠土	寒漠土
		冷漠土	冷漠土
	寒冻高山土	寒冻土	寒冻土

（引自：中国土壤.1998）

2. 分类单元的划分

第二次全国土壤普查汇总的中国土壤分类系统，采用土纲、亚纲、土类、亚类、土属、土种、亚种七级分类，是以土类和土种为基本分类单元的分级分类制。土类以下细分亚类，土种以下细分亚种。土属为土类和土种间的过渡单元，具有承上启下作用。土类以上归纳为土纲、亚纲，以概括土类间的某些共性。

（1）土类　为分类的基本单元，分类依据介绍如下。①地带性土壤类型和当地的生物、气候条件相吻合；非地带性土壤类型（如岩成土、水成土）可由特殊的母质或过多的地表水或地下水的影响而形成。②在自然因素与人为因素（如耕作、施肥、灌溉、排水等）作用下，具有一定特征的成土过程，如灰化过程或潜育化过程、黏化过程、富铝化过程、水耕熟化过程等。③每一个土类具有独特的剖面形态及相应的土壤属性，特别是具有作为鉴定该土壤类型特征的诊断层，例如，灰化土的灰化层、褐土的黏化层、红壤的富铝化层。④同一土类必定有其相似的肥力特征和改良利用的方向与途径。例如红壤的酸性、盐土的盐分、褐土的干旱问题。

（2）亚类　分类主要依据如下。①同一土类的不同发育阶段，表现为成土过程和剖面性态上的差异。②不同土类之间的相互过渡，表现为主要成土过程中同时产生附加的次要成土过程，例如，盐土和草甸土之间的过渡类型有草甸盐土亚类和盐化草甸土亚类。

（3）土属　具有承上启下的特点，是土壤在地方性因素的影响下所表现出的区域性变异。如：①成土母质类型；②地形部位特征；③水文地质条件；④古土壤形成过程的残留特征，例如，残余盐土、残余沼泽土等；⑤耕种影响。

（4）土种　基层分类的基本单元。同一土种发育在相同的母质上，并且有相似的发育程度和剖面层次排列。

（5）亚种　土种范围内的细分。依据土种在耕性、质地、养分、耕层厚度等差异。

3. 土壤命名

本分类系统的土壤命名采用分级命名法，即土纲、土类、土属、土种等都可单独命名，习惯名称与群众名称并用。土纲名称由土类名称概括而成；亚纲名称则在土纲名称前加形容词构成；土类名称以习用名称为主，也部分采用了经提炼后的土壤俗名；亚类名称在土类名称前加形容词构成；土属名称从土种中加以提炼选择；土种和变种的名称主要从当地土壤俗名中提炼而得，但应对同土异名或异土同名作仔细分析后而决定取舍。

四、我国土壤的分布

（一）土壤分布概况

我国地域辽阔，地形复杂，条件多变。在不同的水、气、热、母质、生物等作用下，形成不同土壤类型（图 4-3）。

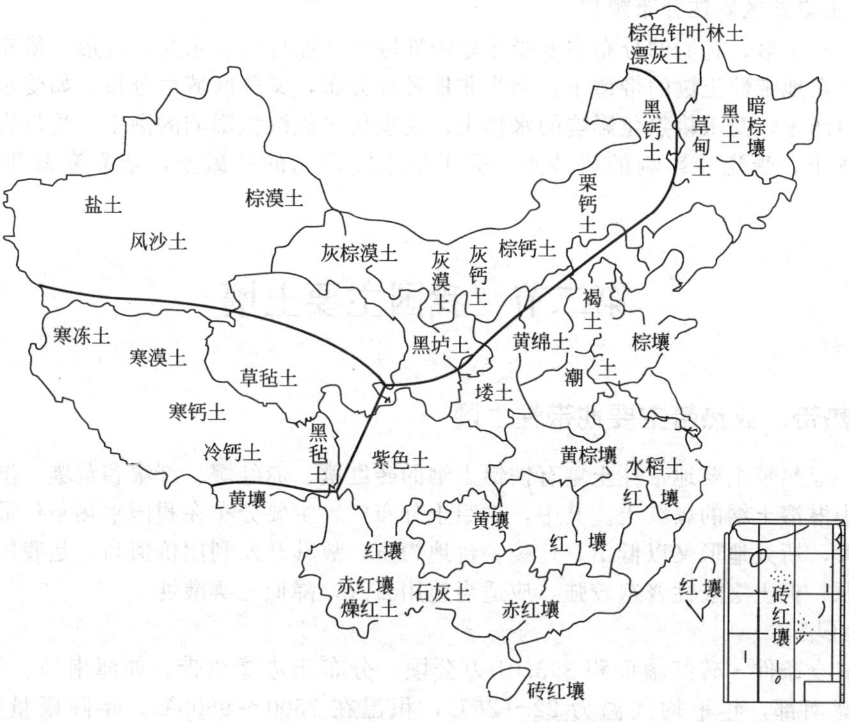

图 4-3　我国主要土壤分布及土壤分区示意图

土壤分布与地理位置、生物气候条件相适应，表现为广域的水平分布规律和垂直分布规律。与地方性的母质、地形、水文和成土时间相适应，表现为中域或微域分布规律。受人类耕作施肥等影响，表现为生产性规律。

（二）土壤的纬度地带性分布规律

受太阳热量影响的不同，出现从赤道向两极呈递减的分布规律，形成了自然气候的纬度地带性。如赤道—热带—亚热带—温带—寒带—极地的气候带。不同的气候带，相应会出现不同的植物带和土壤带。出现自南而北的土壤演替规律。例如，在我国东部季风区，由南向北依次分布着：砖红壤→赤红壤→黄壤和红壤→黄棕壤→棕壤→暗棕壤→棕色针叶林土。

（三）土壤的经度地带性分布规律

在我国北部和西北部干旱草原区，从东到西，由沿海逐渐向内陆深入，因距海洋远近的不同，出现降水量的差异，相应的生物、气候呈现有规律的变化，使土壤类型也发生相应地有规律地更替，表现出土壤的经度地带性分布规律：黑土→黑钙土→栗钙土→棕钙土→灰漠土→灰棕漠土→棕漠土。

(四) 土壤的垂直地带性分布规律

随着山体高度的增加，引起水热条件和生物的变化，使土壤类型出现类似于从南向北的演替规律。越是南边的山体，越高的山体，土壤垂直谱系越完整。如湖南南岳山，从山脚到山顶依次出现红壤（海拔 650m 以下）→黄壤（650～850m）→山地黄棕壤（850～1150m）→山地灌丛草甸土（1150m 以上）的垂直地带性分布规律。

(五) 高山土系列

我国西南部的青藏高原具有“世界屋脊”之称。表现为特有的高原气候，使土壤形成为高山土系列。随着青藏高原地势的增高和水、热、生物变化，土壤类型也相应地出现黑毡土→草毡土→冷钙土→寒钙土→寒漠土→寒冻土的演替。

(六) 土壤的区域性分布规律

另有一些土壤，它们的分布主要受非地带性因素（如母质、水文、地形、耕作等）的制约，多镶嵌在地带性土壤的带谱中，称为非地带性分布，又称区域性分布。如受水分影响的草甸土和沼泽土，受水耕熟化影响的水稻土，受现代水流沉积影响的潮土，受母岩影响的紫色土和石灰土，受流沙影响的风沙土，受干旱水文影响的盐碱土，依靠灌溉耕作的灌淤土等。

第二节 我国主要土壤

一、热带、亚热带主要地带性土壤

热带、亚热带主要地带性土壤有铁铝土纲的砖红壤、赤红壤、红壤和黄壤，淋溶土纲的黄棕壤，半淋溶土纲的燥红土。其中，铁铝土分布广，主要分布在我国水热条件最优越的地区，面积大，所处地形又以低山、丘陵、台地为主，故其开发利用价值高，是我国极为重要的土壤资源。但土壤酸性普遍较强，应适当施用石灰，降低土壤酸性。

1. 砖红壤

(1) 成土条件　砖红壤面积 393.01 万公顷。分布于边缘热带，如海南岛、雷州半岛、云南和台湾南部，年平均气温为 22～26℃，积温在 7500～9500℃，年降雨量在 1600～3000mm。原生植被为热带雨林或季雨林。

(2) 形成过程　富铁铝化作用比赤红壤更加强烈；生物小循环特别迅速，营养物质周转利用特别快。

(3) 剖面特征　剖面厚度大，一般都在 3m 以上。在自然植被下，O 层为当年半分解的凋落物；A 层为暗红色的富含腐殖质层次，一般厚 25cm 左右，团粒结构或团块状结构，较疏松、多根；B 层为砖红色，紧实，核状结构或核块状结构，质地黏重；B 层下为深厚的网纹层；其下为风化的岩层或母质层。土体中有各种铁质新生体。

(4) 理化性状　①全剖面呈酸性至强酸性，pH4.5～5.5；②黏土矿物主要为高岭石和三水铝石，黏粒硅铝率＜1.75；③土壤盐基强烈淋失，交换量低，常为 5cmol/kg 左右；④土壤中有大量的游离态 Fe、Al，使磷易被固定。

(5) 农业利用　是发展热带生物资源的重要基地，是橡胶的主产区，可种植咖啡、可可、香蕉、菠萝、油桐、剑麻、胡椒等热带经济作物。农作物一年三熟。在橡胶幼树林行间，可种植云南大叶茶、金鸡纳、可可、肉桂、三七等短期热带作物。

2. 赤红壤

(1) 成土条件　赤红壤面积 1778.72 万公顷。分布于南亚热带即福建、台湾、广东、广西和云南的南部，是红壤和砖红壤的过渡地区，年均气温 19～22℃，≥10℃积温多在 6500～7500℃。年降水量 1000～2600mm，无霜期达 350d。原生植被为南亚热带季雨林。

（2）成土过程　富铁铝化作用比红壤强烈；生物小循环迅速，营养物质周转利用快。

（3）剖面特征　剖面层次分异明显，具有腐殖质表层（A）、黏化层（B）和母质层（C）。A 层呈棕色；B 层呈棕红色。铁铝氧化物移动淀积较明显。

（4）理化性质　土壤呈酸性至强酸性。pH 多为 4.5～5.5。阳离子交换量较低。各类母质发育的赤红壤，其阳离子交换量的顺序是：辉长岩＞泥页岩＞凝灰岩＞第四纪红黏土＞花岗岩。游离铁氧化物含量较高，对磷素的固定作用强。有机质含量低，矿质养分较贫乏。

（5）农业利用　赤红壤除了能种植中亚热带经济林木和果树如油茶、茶叶、柑橘等外，还能种植热带果木，如木瓜、菠萝、香蕉、洋桃、荔枝等。木棉也能生长。云南的赤红壤上还栽植有经济植物紫胶树和重要药材三七等。橡胶树和咖啡等热带经济植物在局部向阳静风环境也能生长。

3. 红壤

（1）成土条件　红壤面积有 5690.16 万公顷，是我国东部分布面积最大的土壤，它分布在长江以南的广阔低山丘陵地区，包括江西、湖南、云南、广西、广东、福建、台湾的北部以及浙江、四川、安徽、贵州的南部。红壤形成于中亚热带气候条件下，年均温 16～20℃，≥10℃积温多在 5300～6500℃。年降水量 800～1500mm，无霜期 240～280d，自然植被为常绿阔叶林。现多为人工林，树种主要为马尾松、杉木、罗汉松、樟木、楠木以及竹类等，可发育在除紫色岩外的其他各种岩石上。

（2）形成过程　①脱硅富 Fe、Al 化作用：在高温高湿条件下，矿物发生强烈的风化，产生大量可溶性的盐基、硅酸、$Fe(OH)_3$、$Al(OH)_3$。在淋溶条件下，盐基和硅酸被不断淋洗进入地下水后流走。由于 $Fe(OH)_3$、$Al(OH)_3$ 的活动性小，发生相对积累，这些积聚的 $Fe(OH)_3$、$Al(OH)_3$ 在干燥条件下发生脱水形成无水的 Fe_2O_3 和 Al_2O_3，红色的赤铁矿使土壤呈现红色，形成富含 Fe、Al 的层次。②旺盛的生物小循环：在亚热带常绿阔叶林下，水热条件优越，植被生长旺盛，生物的小循环作用十分旺盛。红壤的形成以富铁、铝化过程为基础，生物小循环是肥力发展的前提，这两个过程构成了红壤特殊的形态和剖面特征。

（3）剖面特征　O 层：在森林植被下，堆积着当年的凋落物。A 层：暗棕红色，团粒结构，无人为破坏下可达 30cm 左右，疏松。B 层：棕红色、红色，核状或核块状结构，可达 0.5～1m，比较紧实，质地较黏，常有 Fe 结核存在。在 B 层以下常有一个由红、黄、白三色交错而成的网纹，网纹较坚硬，对植物生长不利。

（4）理化性状　①全剖面呈酸性至强酸性，pH4.5～6。②黏土矿物主要为高岭石、赤铁矿，黏粒硅铝率为 2.0～2.2。③交换量低，常为 5～10cmol/kg，细土的阳离子交换量（CEC）/黏粒＜0.24。④土壤中有较多的游离态 Fe、Al，使磷易被固定。

（5）土壤改良利用　红壤是我国水热条件好而又面积大的重要的土壤资源，不仅能种粮、棉、油、糖、烟等农作物和经济作物，而且是亚热带经济林木、果树的重要产地，可农林结合，因地制宜发展杉木、毛竹、茶叶、油茶、油桐、桑树、漆树、柑橘、枇杷等。红壤利用应注意水土保持，把治山、治水、治田和造林结合起来。

4. 黄壤

（1）成土条件　黄壤面积为 2324.73 万公顷。广布于中国热带、亚热带的山地和高原，以四川盆地周围的山地和贵州高原为多，此外广西、广东、湖南、江西、浙江、福建、台湾等省的山地均有分布。年平均气温为 14～19℃，≥10℃的积温为 4500～5500℃，热量条件比红壤略差，但湿度大，年降水量 1000～2000mm。自然植被为亚热带常绿阔叶林和常绿-

落叶阔叶林混交林。在垂直分布中，黄壤分布在红壤之上。

(2) 形成过程　其富铁铝化作用较红壤弱。因空气湿度大，土壤经常处于湿润状态，土壤中氧化铁受到强烈的水化作用，形成多水氧化铁，使土壤呈黄色。

(3) 剖面特征　在森林植被下，O层为当年半分解的凋落物。A层为暗黄灰色，腐殖质层厚25～30cm，团粒结构或团块状结构；下部为络合淋溶层，淡黄灰色，核状结构或核块状结构。B层为黄色或红黄色，紧实，核状结构或核块状结构，有时含有铁结核。

(4) 理化性状　①全剖面呈酸性到强酸性，pH4～5。②黏土矿物主要为高岭石、拜来石和埃洛石，黏粒硅铝率为2.5左右。③土壤盐基较红壤高，交换量为10～20cmol/kg。

(5) 利用　山地以发展林业为主，造林主要树种为杉木，还可发展毛竹、茶叶、油茶等。丘陵地区的黄壤可以粮为主，多种经营，但均应注意水土保持。

5. 黄棕壤

(1) 成土条件　黄棕壤面积1803.75万公顷。黄棕壤是黄壤、红壤与棕壤之间的过渡性土类。分布范围大致为：北起秦岭、淮河，南到大巴山和长江，西自青藏高原东南边缘，东至长江下游地带。主要分布在江苏、安徽、湖北、陕西南部。地带性植被为北亚热带常绿阔叶林或落叶林。这里夏季高温，有亚热带特点；冬季寒冷，有暖温带特点，年平均气温为15～18℃，≥10℃积温为4500～5300℃，无霜期210～250d。年降水量为750～1000mm，山区大于1000mm。

(2) 成土过程　黄棕壤的形成过程既具有黄壤与红壤富铝化作用的特点，又具有棕壤黏化作用的特点。

(3) 农业利用　山地黄棕壤可以造林，岗地黄棕壤可以经营农业和发展多种经营；在引种经济林木和作物品种时，不能盲目行事。

二、我国东部温带土壤

东部温带的地带性土壤较多，主要有淋溶土纲的黄褐土、棕壤、暗棕壤、白浆土、棕色针叶林土、漂灰土和灰化土，半淋溶土纲的褐土、灰褐土、黑土和灰色森林土。

1. 棕壤

(1) 成土条件　土壤面积有2015.30万公顷。主要分布于我国暖温带湿润地区，纵跨辽东和山东半岛，分布位置在褐土之上；在暖温带半湿润、半干旱和亚热带湿润地区的山地垂直带谱中也有棕壤分布，但分布位置在黄棕壤之上。暖温带湿润季风气候，夏季暖热多雨，冬季寒冷干旱，年均温10～14℃，≥10℃积温3100～4500℃，最冷月均温−10～0℃，季节性土壤冻层深度为50～100cm。年降水量为500～1200mm。自然植被为夏绿阔叶林和针阔交林，较稳定的树种有栎属和松属，主要有辽东栎、蒙古栎、麻栎、栓皮栎、沈阳油松和赤松等。有成片的苹果树和梨树分布。

(2) 剖面特征　土体构型为O—A—Bt—C。O为枯枝落叶层，厚度2～3cm。A为腐殖质层，灰棕色至暗棕灰色，粒状或团块状结构，厚度为10～20cm。Bt为黏聚层，棕色，厚度为30～40cm以上，呈明显的棱块状结构，结构表面上有暗色铁锰胶膜。C为母质层。

(3) 理化性质　黏粒在剖面中部（20～50cm深度内）有明显的聚积，淀积层的黏粒含量可达上覆表层的2～3倍。黏粒硅铝率在3.2以上。黏粒矿物以水云母和蛭石为主。表层有机质含量高，在自然植被下一般为50～90g/kg，向下急剧降低，耕垦后有机质减少至10g/kg左右。土壤酸性至中性，pH5～7，有表层高于下层的特点。表层盐基饱和度可达60%。阳离子交换量为12～28cmol/kg。

(4) 改良利用　棕壤的自然肥力较高，适宜于发展多种经营。丘陵边缘和山前平原宜种植多种粮经作物。丘陵山地可发展林业和用作苹果、梨、李、桃、葡萄等果园。要防治旱涝和水土流失以及多施有机肥培肥地力。

2. 暗棕壤

(1) 成土条件　暗棕壤面积为4018.89万公顷。分布于东北地区的长白山，大、小兴安岭和完达山等山地。在垂直带谱中分布于棕壤之上。气候比棕壤地区的冷凉湿润，年均温－1～5℃，≥10℃积温1600～3400℃，冬季严寒而时间较长，冻土层可深达1～2.5m，年降水量600～1100mm，夏季多云雾，春旱不明显，属中温带湿润气候。原生植被为针阔混交林，针叶树种有红松、冷杉、云杉等，落叶阔叶树种以桦类占优势，林下草灌繁盛。

(2) 剖面特征　土体构型为O—A—B—C。O为凋落物层，有较多的白色菌丝体（真菌）。A为棕灰色，厚度8～15cm。B为棕色，质地较黏，结构面常有铁锰胶膜。C为母质层。

(3) 理化性质　质地较轻，有黏粒移动，但未形成明显的黏粒淀积层。黏粒矿物以水云母为主。表层有机质含量为60～150g/kg，向下明显降低。酸性至微酸性，pH5.0～6.5，以表层最高，表层盐基饱和度为60%～80%，向下明显降低。

(4) 改良利用　暗棕壤是我国最重要的木材产地，面积大、木材蓄积量高，材质优良。生长多种贵重的针阔叶树种，是红松的中心产地。地形平缓、腐殖质层较厚的地段可垦殖为农田和发展多种经营。适种大豆、玉米等作物。

3. 棕色针叶林土

(1) 成土条件　棕色针叶林土面积有1165.15万公顷。主要分布在大兴安岭的北部地区。属寒温带湿润地区，1月平均气温为－31～－15℃，冻结层厚度为2.5～3m，≥10℃的积温<1700℃，降雨量为300～700mm。植被以明亮针叶林为主。

(2) 土壤剖面　以酸性淋溶为主，漂洗和灰作用均不明显。剖面呈棕色，层次分化不明显，为O—A—AB—C构型；全剖面呈酸性反应，pH5.0～5.5。

(3) 利用　是我国重要的林区，森林茂密，有“林海”之称。但由于林内阴暗、潮湿、气温低，以及由此引起的土壤酸性大、有效养分少，因而林木生长缓慢。因此应积极择伐成熟过熟林，以提高土温、降低湿度，加速生物分解。

4. 褐土

(1) 成土条件　褐土面积有2515.85万公顷。主要分布在我国暖温带东部半湿润地区，如关中、晋东南、冀西、豫西等的丘陵盆地和燕山、太行山、吕梁山、秦岭等山地。在水平分布上，褐土东接棕壤，西接栗褐土，南接黄褐土。在垂直分布上处于棕壤带之下。属暖温带半湿润气候，冬干夏湿，雨热同季。与棕壤带的区别是温度较高，降水较少，夏季较为炎热，有明显的旱季。年均温10～14℃，≥10℃的积温为3100～4500℃，年降水量600～800mm。植被以旱生森林和灌丛草原为主，常见树种有栎属及榆树、槭树、华树、山杨等阔叶树，灌丛由酸枣、荆条等组成。

(2) 成土过程　①脱钙过程。土体碳酸钙显著下淋，但还残留有碳酸钙，表现为菌丝状、斑块状和结核状，呈中性至微碱性反应，土壤盐基饱和。②黏化作用。较棕壤的黏化弱，以残积黏化为主。黏化层位于钙积层之上。③人工覆盖作用。施用土粪，形成人工覆盖层，厚度达0.5m以上。

(3) 改良利用　褐土是我国北方重要的耕地土壤资源之一。除用作农田外，还可用于发展水果，如北方有名的苹果、梨、杏、柿、枣等多产于此。

5. 黑土

(1) 成土条件　黑土的面积有734.65万公顷。黑土是一种富含腐殖质和植物营养元素的黑色土壤。主要见于黑龙江和吉林两省中部，多集中在小兴安岭和长白山西侧的山前波状台地、漫岗地，东接暗棕壤，西接黑钙土。属中温带半湿润地区，年均温0.5～6℃，

≥10℃积温 2500～3000℃，夏季温暖，冬季漫长而严寒，无霜期 90～140d。年降水量450～650mm，冬季少雪。土壤冻结深度达 1～2m。植被属于草原化草甸类型，以杂类草群落为主，俗称“五花草塘”。其植物种类多，生长繁茂，一般高 40～50cm，覆盖度达80%～90%；根系可深达 80～100cm。

(2) 成土过程 ①强烈的腐殖质积累过程：雨热同季，草甸植被生长繁茂，产生大量的有机质；冬季严寒漫长，微生物活动性差，形成大量腐殖质。草甸植被根系发达，扎根深。因此，形成深厚的腐殖质层。②彻底的脱钙过程：水分充分，碳酸钙淋溶强，通体无石灰反应。

(3) 剖面特征 剖面构型：Ah—AhB—B—C。Ah 为腐殖质层，深厚，一般为 30～70cm；呈黑色或灰黑色，大部分为团粒状和团块状结构，结构水稳性高，土层疏松多孔，根系很多。AhB 为过渡层，Ah 向下呈舌状延伸。B 为灰棕色或浅棕带黄色，一般厚度为 30～50cm，质地较黏重，核块状或块状结构，较为紧实，含有较多的铁锰小结核。田鼠和蚯蚓的洞穴、粪便较多。

(4) 理化性质 质地多为重壤土至黏土。表层有机质一般为 30～60g/kg，高者达 100g/kg 以上。腐殖质沿剖面下延很深，在 1～2m 处的有机质仍可达 10g/kg 左右。土壤全氮丰富，C/N 比 10～14。呈中性至微酸性，pH6～7。盐基饱和度 70%～90%，以钙、镁为主。阳离子交换量高达 40cmol/kg。

(5) 改良利用 黑土的自然肥力很高，养分丰富，结构良好，是我国最肥沃的耕地之一，使得东北成为我国的粮仓基地。但要做好水土保持，避免造成严重的土壤侵蚀。

三、我国西部温带土壤

我国西部温带地带性土壤有钙层土纲、干旱土纲和漠土纲，共 3 个土纲，9 个土类。属于草原土壤系列，越往西越干。其中，重要的土类有黑钙土、栗钙土、棕钙土、灰棕漠土。

1. 黑钙土

(1) 成土条件 黑钙土的面积有 1321.06 万公顷，是我国温带半湿润草甸草原下形成的具有深厚腐殖质层和钙积层的土壤，也是在草甸植物向草原植物过渡条件下形成的土壤。与黑土分布有交错性，黑钙土与黑土相比靠西一些，地势高一些，水分条件差一些。内蒙古、吉林、青海、黑龙江、甘肃、新疆都有分布，以大兴安岭西侧最多。属温带半湿润气候，夏季温和多雨，冬季寒冷干燥；年均温 1～5℃，≥10℃积温 1600～3000℃，年降水量 350～450mm，干燥度 0.9～1.2；土壤冻结深度达 1.3m 以上。植被为草原和草甸草原，旱生菊科蒿类和禾本科草类为主，覆盖度为 60%～90%。

(2) 形成特点 ①有强烈的腐殖质积累，但弱于黑土。②有明显的钙化过程。

(3) 理化性质 有机质一般为 50～80g/kg。中性至微碱性反应，pH6.5～8.5。阳离子交换量 30～40cmol/kg，盐基饱和度在 90%以上，以钙、镁为主。

(4) 农业利用 以用作三河牛、三河马等大牲畜良种和乳品基地及粮食基地著称。

2. 栗钙土

(1) 成土条件 栗钙土面积有 3748.64 万公顷。我国温带大陆性半干旱草原地区具有栗色腐殖质层和灰白色钙积层的土壤。山西、河北、陕西、青海、新疆、甘肃、内蒙古、吉林都有分布，以内蒙古高原的东部、呼伦贝尔高原西部最为集中。属温带大陆性半干旱气候，年均气温 2.5～6.5℃，年降雨量 250～350mm，≥10℃积温 1700～3000℃，干燥度为 1.0～2.0。植被为干草原类型，草层高度为 5～30cm，覆盖度 20%～50%。多为平坦地形。

(2) 成土特点 ①腐殖质积累比黑钙土弱。②钙化过程比黑钙土强，钙积层位更高。

(3) 理化性质 表层有机质多为 5～40g/kg。土壤呈微碱性至碱性反应，pH7～9。

(4) 农业利用 主要作为牧业用地。

3. 棕钙土

(1) 成土条件　棕钙土面积有2649.77万公顷。分布在内蒙古、新疆、青海，以内蒙古中部最为集中。年均气温3.5～8.5℃，年降雨量150～250mm，气候比栗钙土地区更干、更暖，大陆性特点更强。是温带草原向荒漠过渡地带的荒漠草原土壤。

(2) 土壤特性　①腐殖质积累过程弱；②强烈的钙化作用；③土壤呈碱性至强碱性反应，pH8.0～9.5。④地面普遍多砾石和沙，有的有薄层结皮，上附黑色地衣。

(3) 农业利用　基本上都是牧业用地，草矮小、稀疏，冬、春季饲草严重欠缺。应开发地下水，发展井灌，建立人工草料基地。

4. 灰棕漠土

(1) 灰棕漠土面积　有3071.64万公顷。内蒙古、新疆、甘肃、青海等都有分布。气候属我国西部中温带，极端干旱，年降水量在200mm以下，形成植被十分稀疏的荒漠景观。覆盖度仅3%～5%，多数地面是不毛之地。

(2) 土壤特点　有漆皮化、龟裂化、砾质化和碳酸盐表聚化以及石膏、易溶性盐分的积累等现象。表层有机质含量甚低，多在5g/kg以下，碳酸钙表聚高达70～100g/kg，土壤呈碱性至强碱性反应，pH8.0～9.5。

(3) 农业利用　是我国重要的骆驼基地。

四、我国西南高山土壤

我国西南高山土壤是指青藏高原和与之类似海拔高度，高山垂直带最上部，在森林郁闭线以上或无林高山带的土壤。是在特殊的高山高原气候下形成的土壤。土壤有机质的腐殖化程度低，矿物质分解微弱，土层浅薄，粗骨性强，层次分异不明显，因此将高山土壤作为独特的系列划分开来。共有黑毡土（亚高山草甸土）、草毡土（高山草甸土）、冷钙土（亚高山草原土）、寒钙土（高山草原土）、冷棕钙土（山地灌丛草原土）、冷漠土（亚高山漠土）、寒漠土（高山漠土）和寒冻土（高山寒漠土）8个土类。主要为牧区和无人区，耕地极少。

1. 黑毡土

面积有1943.31万公顷。主要分布于青藏高原东部和东南部。腐殖质累积明显，腐殖化程度较高，盐基不饱和或饱和度低，pH5～8，为高原优良牧场，特别适于牧养牦牛、藏羊等牲畜，是重要的畜产品生产基地，也是小麦等作物的高产土壤。出产虫草、贝母等重要中药。

2. 草毡土

面积有5351.32万公顷。分布于原面平缓山坡，土体一般较湿润，密生高山矮草草甸。表层有厚3～10cm不等的草皮，根系交织似毛毡状，轻韧而有弹性，地表常因冻融交替作用呈鳞片状滑脱。腐殖质层厚9～20cm，含量为60～140g/kg，呈浅灰棕或暗灰色，剖面厚度30～40cm。多为优良的放牧场。在经营管理上要注意做好草场轮牧，不可过度牧用。

3. 冷钙土

面积有11329.70万公顷，是高山土壤中面积最大的土类。主要分布于喜马拉雅山北侧的高原宽谷湖盆，植被属于干草原类型。土壤有机质含量有时可达30～100g/kg，剖面下部砾石背面常有薄膜状碳酸钙累积。大部为牧地，植被稀疏，载畜量低。

4. 寒钙土

面积有6882.00万公顷。分布于羌塘高原东南部，西喜马拉雅山的山前地带。气候寒冷而干旱，年平均气温-2℃左右，年降水300mm上下，年蒸发量在1500mm以上。土体较干燥，腐殖质累积过程缓慢，且出现积钙过程，土体富含砾石，表层草根较少，不形成连续草皮层，有机质含量约15～30g/kg，碳酸钙聚积明显。土壤均较沙质，有风沙危害。植被组成中以紫花针茅为主，覆盖度约30%～50%，主要放牧绵羊。

5. 寒漠土

面积为896.03万公顷。主要分布于藏北高原的西北部，海拔4200～5200m。气候干燥而寒冷，年均气温－10℃左右，年降水低于100mm。植被低矮而稀疏，覆盖度5%～10%。土壤中有机质累积微弱，4～6g/kg，碳酸钙累积明显。地表见白色盐霜及结皮，多孔，含砾石较多，此类土壤甚少利用。植被以藜科和菊科植物为主，只宜牧养山羊。

6. 寒冻土

面积为3063.38万公顷。是青藏高原土壤垂直带谱中位置最高的土壤。寒冻风化强烈，地面多杂乱岩屑、滚石、融冻石流。植被大都成垫状或莲座状贴伏地面，总覆盖度不过1%～2%。

五、我国主要区域性土壤

我国地域辽阔，地形复杂，成土条件除降雨量、积温等有连续变化的因子外，还有成土母质、水文条件、现代河湖沉积、人类耕种熟化等非连续变量因子。在以这些非连续变量因子为主的作用下，形成许多区域性土壤。这些土壤包括初育土纲、半水成土纲、水成土纲、盐成土纲和人为土纲，共5个土纲，27个土类。

1. 黄绵土

(1) 成土条件　黄绵土有1227.91万公顷。是黄土母质经直接耕种而形成的一种幼年土壤。广泛分布于我国黄土高原水土流失较严重的地区，其中以甘肃东部和中部、陕西北部、山西西部面积较广，是黄土高原上分布面积最大的土壤。属暖温带半干旱季风大陆性气候。年降雨量为350～700mm，降雨集中在7～9月，多形成暴雨。年均温12～16℃，积温3200～4500℃。多为塬面被强烈侵蚀后所形成的梁峁丘陵地貌。

(2) 剖面特征和化学性质　剖面发育不明显，仅有A层及C层，且界限不明显。土体疏松、软绵，土色浅淡。成土速度落后于侵蚀过程，因而土壤性质停留在母质状态。土壤肥力水平低，其有机质含量＜10g/kg，全氮量在0.1g/kg以下；磷、钾含量较丰富，分别为1.2～2g/kg和15～25g/kg。全剖面呈强石灰性反应，pH7.5～8.5。

(3) 改良利用　黄绵土区多属地广人稀地区，宜农、林、牧并举，并需修筑梯田，挖沟打坝，积蓄秋雨，以控制水土流失；深耕配合多施有机肥以加厚活土层。黄绵土适耕期长，适种作物广。

2. 风沙土

(1) 成土条件　风沙土面积为6752.73万公顷，是在风成砂性母质上形成的土壤。主要分布在西部和北部的半干旱和干旱地区，以塔里木盆地最为集中。多为暖温带和中温带气候，降水量在200mm以下，干燥度在4以上，气候干燥，温差大，岩石物理风化强烈，不断形成岩屑和沙粒，而地面植被稀疏，不能起到被覆作用，在频繁而强劲的风力吹蚀下，砾石残留，沙粒滚动，形成风沙土。

(2) 成土特点　成土过程很不稳定，也很微弱，因此很难见到土层分化清晰的土壤剖面。一般只发育成具有不明显的结皮，土层变紧的表土层和松散的沙质层，剖面形态在很大程度上表现为母质的性状。流沙在固定过程中，植物残体逐渐在上部土层中累积，有机质含量也增加。如流动风沙土的有机质含量为1～3g/kg，半固定后增至2～8g/kg，固定后可达10g/kg以上。碳酸钙的积累与腐殖质的累积一致，由流动风沙土至半固定风沙土，再到固定风沙土，碳酸钙含量分别约为10g/kg、15g/kg、20～30g/kg。

(3) 改良利用　①植树造林。营造农田防护林和固沙林。②封沙育草，让已被破坏的植被天然恢复。③引水拉沙。指用水的冲击力拉平沙丘，这是改造沙丘成为良田的重要措施。④引洪淤灌。洪水中含有大量细土粒、腐烂植物等，如能引洪淤灌，既能改良风沙土的不良特性，又能提高土壤肥力。⑤设置沙障，以降低风速，有一定的固沙效果。⑥选种抗风沙作物，适时合理播种，多种绿肥，合理耕作等。

3. 石灰土

(1) 成土条件　石灰土有1077.96万公顷。多零星分布在我国南方亚热带石灰岩地区，气候同赤红壤、红壤和黄壤分布区。石灰土土薄、土黏、碱性，因此生态较脆弱。

(2) 土壤性状　石灰土是热带亚热带地区在碳酸岩类风化物上发育的土壤。多为黏质，土壤交换量和盐基饱和度均高，土体与基岩面过度清晰。石灰土土类划分4个亚类，红色石灰土是风化淋溶最强、脱钙作用最深的石灰土，土体无石灰反应，酸碱度中性；黑色石灰土零星分布于岩溶区的岩隙与峰丛间的A—R型土壤，黑色腐殖质层厚20～40cm，有机质含量高，脱钙程度低，土体有石灰反应，微碱性；棕色石灰土亚类性状介于前二者之间，无或弱石灰反应；黄色石灰土亚类分布于海拔800m以上山区，土体有黄化特征，中性反应。

(3) 改良利用　主要用于种植玉米、豆类作物。

4. 紫色土

(1) 成土条件　紫色土有1889.12万公顷。广泛分布南方各省，以亚热带季风气候区为主，以四川盆地面积最大。地形以盆地和丘陵台地为主，现状植物为旱生性稀树草坡，主要种类有马尾松、栎树、余甘子、野香茅、五节芒等。在植被遭受破坏的地区，水土流失比较严重。这种土被称为幼年土。

(2) 土壤性状　紫色土是由紫色岩类风化而成的岩成土壤，A—C或A—R构型，土层较薄，剖面分化不明显。紫色土物理风化强烈、化学风化微弱，土壤易遭侵蚀，但紫色岩易风化，土层更新快。土壤有机质和氮含量不高，但磷、钾等矿质养分含量较高，多为农用土壤，且垦殖指数较高。紫色土按酸碱性划分为3个亚类，即酸性紫色土、中性紫色土和石灰性紫色土。

(3) 改良利用　紫色土母岩疏松，易于崩解，矿质养分含量丰富，肥力较高，是中国南方重要旱作土壤之一。但因侵蚀，干旱缺水现象较普遍。利用时需修建梯田和蓄水池，开发灌溉水源。开辟有机肥源以增加土壤有机质和氮的含量，是提高其生产力的重要措施。

5. 草甸土

(1) 成土条件　草甸土有2507.05万公顷，是在地下水浸润和草甸植被影响下发育的半水成土壤。主要分布于东北地区的三江平原、松嫩平原、辽河平原以及内蒙古、西北地区的河谷平原或湖盆地区，多为低洼地形。母质多为近代河、湖淤积物。

(2) 成土过程　①有明显的腐殖质积累过程。②有氧化还原交替过程。草甸土上的草甸植被生长茂盛，且多集中于30cm土层内，所以有机质含量高。草甸土的地形部位较低，地下水位较高，且升降频繁，使土壤中的铁锰氧化物发生强烈的氧化还原过程，土层呈现锈黄色和或蓝灰色相间的斑纹。

(3) 基本性状　草甸土有较厚的腐殖质层，土壤团粒状至团块状结构，根系盘结。有明显的潜育层，有明显的锈斑、灰斑及铁锰结核。草甸土含水量较高，但有明显的季节变化，旱季为水分消耗期，雨季为水分补给期，冬季为冻结期。

(4) 改良利用　草甸土为养分和水分条件均较优良的土壤，适于多种作物，因此大多数已垦为农田。在东北林区，草甸土是营造丰产林的适宜土壤，苗圃也多设置于这类土壤上，同时也是林区蔬菜的生产基地。但应适量施肥，发展灌排水系统。

6. 潮土

(1) 潮土　有2565.89万公顷，是河流沉积物受地下水运动和耕作活动影响而形成的半水成土壤。多分布于黄河和长江的中、下游的冲积平原，河、湖平原和三角洲地区，以山东、安徽最为集中。多属东部湿润季风气候。

(2) 成土过程　形成过程主要受沉积物、地下水和耕作的影响。①河流沉积物是形成潮土的物质基础。在水力分选作用下，沉积物随地势由高到低或由河床向外延伸，质地由砂至黏呈规律性连续分布。由于河流交互沉积，土壤剖面中黏砂层次相间，厚度和层位变化很大。②地下水位较高，但变化幅度大，通常随季节升降，为1～1.5m。地下水中的溶性物质随地下水向表土移动而引起盐类在土壤表层聚积。在心土层，地下水常导致棕色调的锈纹、锈斑或铁锰结核的形成。③耕作。潮土的沉积物母质中矿质养分较丰富，疏松易垦。持续的耕作活动及增施有机肥料、合理轮作等措施可使熟土层逐步增厚，土壤结构改善，有效肥力得到提高。

（3）改良利用　潮土的性状良好，适种性广，其分布地区历来是中国重要的棉粮基地。但配套的水利工程和农田基本建设对于防治洪涝、干旱和盐碱化等不利自然因素仍属必要，并须辅以防风固沙、翻淤压砂、客砂治黏等改土措施。对处于低洼地段的潮土应进行排涝治渍或改种水稻，以发挥土壤生产潜力。

7. 沼泽土

（1）成土条件　沼泽土是水成土纲的代表，有1260.67万公顷。主要分布于东北地区，以三江平原为主要集中分布区，其次是大兴安岭、小兴安岭、长白山地区。其他地区如青藏高原、华北平原、长江中下游、珠江中下游以及东南滨海地区等也有分布。其形成主要与地形和水文有关，一般不受气候条件限制。具有特殊的沼泽植被，又分为草本沼泽植物群落、苔藓沼泽植物群落和森林沼泽植物群落。地形多为低洼积水地段。母质多为第四纪黏土沉积物。

（2）成土过程　是在气候湿润、地形低洼、地表积水多、地下水位高，生长喜湿性植物条件下形成的。其形成过程称为沼泽化过程，即表层的泥炭化和下部的潜育化过程。

（3）基本性状　沼泽土具有泥炭层，其厚度为10～50cm，超过50cm时即为泥炭土。泥炭层由半分解或未分解的有机残体组成，有的还保持着植物根、茎、叶等的原型。泥炭密度小，仅为0.2～0.4g/cm^3。泥炭中有机质含量多在500～870g/kg，全氮量可达10～25g/kg；全磷量变化较大；全钾量比较低。阳离子交换量可达80～150cmol/kg，最大持水量可达300%～1000%。多为微酸性至酸性。沼泽土下部有一明显的潜育层，呈青灰色至灰绿色至灰白色。

（4）改良利用　中心问题是水分过多和养分呈有机态，致使植物不能直接利用，故此类土壤利用改良的首要措施是排除过多的水分，然后根据土壤条件酌情利用。

① 有机质含量少的可垦为旱田或水田或耐湿树种的造林地。

② 有机质含量高、泥炭层深厚的可利用泥炭制作优质有机肥料，或与氮、磷等化肥制成粒肥，或与铵、磷、钾、钠等制成腐殖酸肥料。

一定要注意的是，沼泽湿地是重要的陆地生态系统，保护沼泽湿地的生态功能具有重大意义。在开发之前一定要进行生态环境分析或环境影响评价，以防止不良的生态后果。

8. 盐土

（1）成土条件　盐土是盐碱土纲的代表。分布面积有1044.01万公顷。主要分布在北方干旱、半干旱地区，尤以甘肃河西走廊、青海柴达木、新疆塔里木等地区盐土分布最广。气候干旱、蒸发强烈、地势低洼、含盐地下水接近地表是盐土形成的主要条件。盐土上的植物有碱蓬、芦草、西伯利亚蓼、碱蒿、盐爪爪、白茨、芦草、碱蓬、海蓬子、芨芨草等。

（2）基本性状　盐分累积的形态通常是地表出现白色盐霜，作斑块状分布。含盐量高的盐土可出现盐结皮（厚度<3cm）或盐结壳（厚度≥3cm），内陆盐土的盐分累积具有表聚性，逐渐向下盐分递减，且为硫酸盐。滨海盐土的盐分累积具有整体性，整个土体均含较高盐分，且为氯化物。

（3）改良利用　盐土的改良应采取灌排、生物及耕作等综合措施；种稻洗盐也是改良盐土的有效措施。

9. 水稻土

（1）成土条件　水稻土指发育于各种自然土壤之上、经过人为水耕熟化、淹水种稻而形成的耕作土壤。我国有水稻土面积2978.03万公顷。广布我国东西南北各地，主要分布在秦岭-淮河一线以南的平原、河谷之中，尤以长江中下游平原最为集中。水稻土由于长期处于水淹的缺氧状态，土壤中的氧化铁被还原成易溶于水的氧化亚铁，并随水在土壤中移动，当土壤排水后或受稻根氧化力的影响，氧化亚铁又被氧化成氧化铁沉淀，形成锈斑、锈线、铁锰结核等。水稻土以种植水稻为主，也可排干水后种植小麦、棉花、油菜等旱作。

（2）成土过程 主要是水耕熟化中水层管理的灌水淹育和排水疏干，使主体发生还原与氧化的交替进行。①氧化还原与 *Eh*。灌水前，*Eh* 一般为 450～650mV，灌水后可迅速降至 200mV 以下，水稻成熟落干后，*Eh* 又回升至 400mV 以上。在淹水种稻期间，表面极薄层（<5mm）与淹水相接，受灌溉水中溶解氧（含氧 6～8mg/L）的影响，呈氧化状态，*Eh* 为 300～650mV。其下耕作层和犁底层，由于水饱和，加之土壤生物活动对氧的消耗，*Eh* 可降至 200mV 以下，为还原层。还原强度与犁底层的渗水速度反相关，以昼夜渗水量为 10～20mm 最好，可起到对耕层供氧去毒的作用，有利于水稻高产。犁底层以下土层的 *Eh* 值则取决于地下水位深度，如地下水位深，该层多处于氧化状态，*Eh* 可达 400mV 以上；如地下水位高，则该层处于还原状态。②有机质的合成与分解。与对应的旱土相比，水稻土有利于有机质积累。③盐基淋溶与复盐基作用。种稻后，饱和性土壤盐基以淋溶为主，非饱和性土壤以复盐基为主，特别是酸性土壤施用石灰后。④铁、锰的淋溶与淀积。在地下水位深的水稻土中，心土层常接收大量的低价铁、锰，并淀积于此形成铁锰结核。

（3）剖面特征 水稻土是在长期种稻条件下，经人为的水耕熟化和自然成土因素的双重作用，以 A—P—W—G 构型为主的水稻土剖面，即潴育型水稻土。①水耕熟化层（A）：由原土壤表层经淹水耕作而成，灌水时泥烂，落干后可分为两层。第一层厚约 6cm，表面（<1cm）由分散土粒组成，表面以下以小团聚体为主，多根系及根锈；第二层厚约 9cm，土色暗而不均一，夹大土团及大孔隙，空隙壁上附有铁、锰斑块或红色胶膜。②犁底层（P）：较紧实，片状，有铁、锰斑纹及胶膜。③水耕淀积层（W）：又叫潴育层或鳝血层。此层含有较多的黏粒、有机质、铁、锰等。④潜育层（G）：此层长期处于还原状态。除潴育型水稻土之外，还有地势较高地方的淹育型水稻土（A—P—C）、地势低洼排水不良的潜育型水稻土（A—Pg—G）、侧渗强的渗育型水稻土（A—P—E—C）等。

（4）基本性状 ①有机质较多，与旱作土壤相比，水稻土利于有机质的积累。旱作土壤施新鲜猪粪、牛粪及马粪，其腐殖质化系数（一年）一般分别为 27.5%、37.6%和 32.0%，而水稻土分别为 38.4%、69.8%和 48.0%。②是供应水稻氮营养的主体。水稻的氮素营养主要来自土壤，一般只有 20%～40%来自化肥。所以培肥水稻土的意义很大。③易缺磷也易积磷。因早春土温低，微生物活动弱，有机磷的转化慢，故早春易发生缺磷性僵苗。但大量施用磷肥，容易使残留磷肥在土壤中积累。④钾大量亏缺。主要是 Fe^{2+} 交换土体中的钾而产生置换淋失，致使幼苗缺钾。可用稻草还田、施草木灰及钾肥等解决。⑤硫毒。硫在还原性强的土壤中易还原为 H_2S，引起水稻中毒，表现为根系发黑。因此水稻土的通气状况比较重要。良好的通气状况的标志是根系嫩白、根孔呈红色。⑥主要耕性。肥力高的油性、排水不良的冷性、质地黏重的僵性、质地较沙的沉沙性、粉沙较多的绵性等。

（5）水、肥管理及培肥

① 水稻高产的土壤条件。a. 较深的地下水位；b. 适量的有机质和较高的土壤养分含量；c. 适当的渗水速度，过快则漏水漏肥，过慢则有害还原物危害根系。

② 水稻土的培肥管理。a. 搞好农田基本建设，尤其是灌排水体系建设，是对水稻进行水层管理的基础。b. 适当施用有机肥料，合理平衡地施用化肥，注意氮肥的施用方法。c. 实行水旱轮作与合地灌排：刮北风时，为防止温度过快下降，可利用水的热容量大的特点，灌深水护苗；刮南风时，宜浅水，有利于温度回升，促进稻苗发棵，特别是插秧返青以后，宜保持浅水促进稻苗生长；水稻分蘖盛期或末期要排水烤田，有消毒增温增铵的作用，

这样在烤田后再灌溉时，水稻能更健壮地生长。

第三节 我国土地资源状况*

我国地域辽阔，土地资源丰富。但人均数量少，地区间的差异大，必须珍爱每一寸土地，并加强地区间的分工与合作。

一、土地条件的地域差异

各地光、热、水、土等资源条件的地区组合有明显的地域差异。具体包括以下几点。

① 东北地区平原面积大，土壤肥力高，宜农荒地资源丰富，沼泽分布广，气候湿润、半湿润，有丰富的森林资源。但气温比较低，生长期短，易遭冻害。应推广塑料覆盖种植技术。

② 华北平原夏季气温高，而冬季寒冷，水资源不足，降水变率大，多旱灾和涝灾，盐碱化严重。应加快南水北调工程建设。

③ 南方地区热量丰富，水资源充沛，生物资源丰富，种类多，多样性高。但是，丘陵和山地比重大，耕地比重小。降水变率较大，易遭受洪水和涝灾，应加大灌排水体系建设。

④ 西北内陆地区面积大，沙漠、戈壁和盐碱地分布广。太阳辐射强，光能资源丰富，气温日差较大，有利于农业的发展，利于发展优质、特种品种，如新疆葡萄、长绒棉等。部分地区利用高山融水灌溉，发展绿洲农业。但一般西北内陆极度缺水。

⑤ 青藏高原地势高，太阳辐射很强，日照时数长（3000h），居全国之首。但是，气候寒冷，热量不足，使植物的生长期短，产量低，载畜量低。应多利用太阳能，发展设施农业。

二、我国土地资源的四个特点

我国土地资源有四个基本特点：绝对数量大，人均占有少；类型复杂多样，耕地比重小；利用情况复杂，生产力地区差异明显；地区分布不均，保护和开发问题突出。

1. 绝对数量大，人均占有少

2006年调查显示，全国耕地面积为1.218亿公顷，人均耕地仅0.09公顷。只有世界人均量的37.3%，草原和林地也分别只有世界人均量的53%和15%。虽然国土资源部2013年12月30日公布的第二次全国土地调查数据耕地总量为13538.5万公顷，比基于1996年第一次土地调查逐年变更到2009年的耕地数据多出1358.7万公顷（详见附录一：关于第二次全国土地调查主要数据成果的公报），但由于调查标准、技术方法的改进和农村税费政策调整等因素影响，有相当部分的耕地需要根据国家退耕还林、还草、还湿和耕地休养生息等安排逐步调整；还有相当数量耕地受到中、重度污染，大多不宜耕种；同时又有一定数量的耕地因开矿塌陷造成地表土层破坏、因地下水超采，已影响正常耕种。总体上看，我国适宜稳定利用的耕地依然是1.2亿多公顷。我国人均耕地少、耕地质量总体不高、耕地后备资源不足的基本国情没有改变，综合考虑现有耕地数量、质量和人口增长、发展用地需求等因素，耕地保护形势仍十分严峻。因此，必须始终坚持“十分珍惜、合理利用土地和切实保护耕地”的基本国策，毫不动摇坚持最严格的耕地保护制度，坚决守住耕地保护红线和粮食安全底线，确保我国实有耕地数量基本稳定。

2. 类型复杂多样，耕地比重小

我国地形、气候十分复杂，土地类型复杂多样，为农、林、牧、副、渔多种经营和全面发展提供了有利条件。在我国陆地面积中，耕地占13.7%，园地占1.1%，林地占23.9%，牧草地占28.0%，居民点工矿用地和交通用地占3.1%，水域占4.4%，未利用土地占25.8%（其中，沙漠、戈壁、高寒荒漠占国土总面积的15%）。上述数据不含我国台湾省。

3. 利用情况复杂，生产力地区差异明显

资源的开发利用是一个长期的历史过程。由于我国自然条件的复杂性和各地历史发展过程的特殊性，我国土地资源利用的情况极为复杂。例如，在广阔的东北平原上，汉民族多利用耕地种植高粱、玉米等杂粮，而朝鲜族则多种植水稻。山东的农民种植花生经验丰富，产量较高，河南、湖北的农民则种植芝麻且收益较好。在相近的自然条件下，太湖流域、珠江三角洲、四川盆地的部分地区就形成了全国性的桑蚕饲养中心等。

不同的利用方式，土地资源开发的程度也会有所不同，土地的生产力水平会有明显差别。例如，在同样的亚热带山区，经营茶园、果园、经济林木会有较高的经济效益和社会效益，而任凭林木自然生长，无计划地加以砍伐，不仅经济效益较低，而且还会使土地资源遭受破坏。

4. 分布不均，保护和开发问题突出

我国西部非季风区占国土面积的40%，占全国耕地的7%，占全国林地的6.7%，占全国草地的93%，占全国难用地的94.9%。东部季风区占国土面积的60%，占全国耕地的93%，占全国林地的93.3%，占全国草地的7%，占全国的难用地的5.1%。所以耕地和林地主要在我国东部，而草地和难用地主要在西部。

我国土地开发程度高，可开发地极少。我国人口众多，经济基础差，对土地保护的压力大。主要表现为以下几点。①土壤质量退化。土壤质量退化主要包括水土流失、土地沙漠化、盐碱化、潜育化以及土壤污染等。②土地浪费。土地浪费表现在土地利用不合理，乱占滥用耕地等。例如，城乡建设用地逐年扩大，占用了大量耕地，而利用效率很低，例如住房面积盲目求大。③发展必须用地导致农用地的减少，例如交通道路用地、发电站（厂）用地、工业厂矿用地、商业发展用地、仓储用地等。

三、我国耕地面积情况

1. 我国耕地在各土壤类型中所占比重

（1）我国耕地来源　在12个土纲中的情况如表4-3。耕地来源最多的半水成土和人为土，分别有3258.00万公顷、3204.89万公顷（含水稻土），其次是以紫色土和黄绵土为代表的初育土和以褐土为代表的半淋溶土，分别占1787.54万公顷、1659.96万公顷。盐碱土最少。

表4-3　我国耕地来源在12个土纲中的情况　单位：万公顷

半水成土	人为土	初育土	半淋溶土	钙成土	淋溶土	铁铝土	干旱土	高山土	漠土	水成土	盐碱土
3258.00	3204.89	1787.54	1659.96	1281.65	1197.85	559.27	209.88	132.31	94.63	54.66	46.85

（2）我国耕地来源的土类情况　第一，潮土为2192.61万公顷；第二，褐土为1106.32万公顷；第三，草甸土为674.24万公顷（表4-4）。

表4-4　各土类耕地面积及所占比重

土类	耕地面积/万公顷	耕地面积占土类的比例/%	土类	耕地面积/万公顷	耕地面积占土类的比例/%	土类	耕地面积/万公顷	耕地面积占土类的比例/%
砖红壤	107.40	26.97	灰钙土	123.84	23.1	沼泽土	50.77	4
赤红壤	107.21	6.03	灰漠土	62.29	2	泥炭土	3.89	2.6
红壤	33.11	5.5	灰棕漠土	7.40	0.2	草甸盐土	3.51	0.3
黄壤	311.55	13.1	棕漠土	24.94	1	漠境盐土	0.00	
黄棕壤	172.25	9.58	黄绵土	528.10	43	滨海盐土	39.42	7.8
黄褐土	280.37	73.6	红黏土	90.56	49.3	酸性硫酸盐土	0.05	2.7
棕壤	381.87	18.9	新积土	162.17	37.8	寒原盐土	0.00	0
暗棕壤	196.66	4.9	龟裂土	0.00	1.5	碱土	3.87	斑块
白浆土	166.68	31.6	风沙土	102.47	19.2	灌淤土	135.35	97.4
棕色针叶林土	0.02	0.02	石灰(岩)土	206.69	21.2	灌漠土	91.51	100
燥红土	8.85	13	火山灰土	4.17	27.2	草毡土	105.77	—
褐土	1106.32	45.1	紫色土	513.09	0.06	黑毡土	5.57	83.6
灰褐土	60.27	9.6	石质土	0.11	6.9	寒钙土	0.01	0.1
黑土	482.29	65.6	粗骨土	180.18		冷钙土	5.62	84.3
灰色森林土	2.23	0.7	磷质石灰土	0.00		冷棕钙土	15.34	—
黑钙土	397.60	30.1	草甸土	674.24	26.9	寒漠土		
栗钙土	525.02	14	砂姜黑土	367.67	97.8	冷漠土		
栗褐土	185.92	38.6	山地草甸土	7.87	1.9	寒冻土		
黑垆土	173.11	67.8	林灌草甸土	15.61	6.3			
棕钙土	86.04	3.2	潮土	2192.61	85.5			

（引自：全国土壤普查办公室编．中国土壤．中国农业出版社，1998）

2. 我国耕地的年际变化

我国耕地面积在解放初期逐年增加，到1957年达到高峰，其后经历了一次大幅度的减少。第二次大的滑坡在1965～1977年；第三次1980～1988年；第四次从1992年持续至今。如图4-4所示。但另有资源显示，1949～1965年，耕地面积的变化以增加为主，峰值为1965年的13886万公顷；从1965年到现在，耕地面积的变化以减少为主，1979年的耕地面积为13476万公顷，2004年已减少到12259万公顷；2004年的耕地面积比峰值的1965年减少1627万公顷，减少了11.7%，比1979年减少1217万公顷，减少了9.0%。

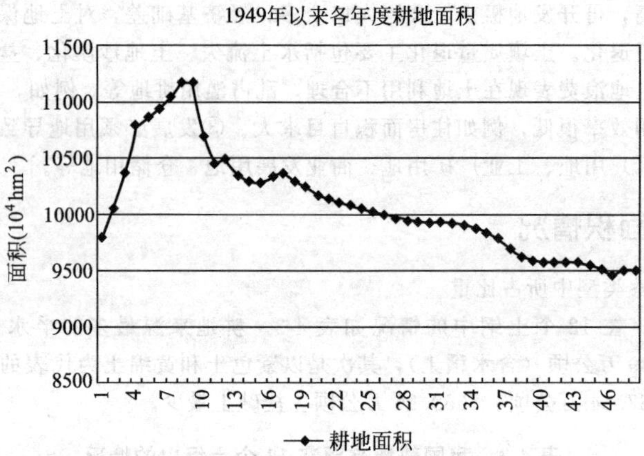

图4-4　我国耕地的年际变化

（引自：毕于运．中国耕地．中国农业科学技术出版社，1995）

3. 耕地面积变化与固定资产关系

我国耕地面积的变化与固定资产投入呈反相关（图4-5）。

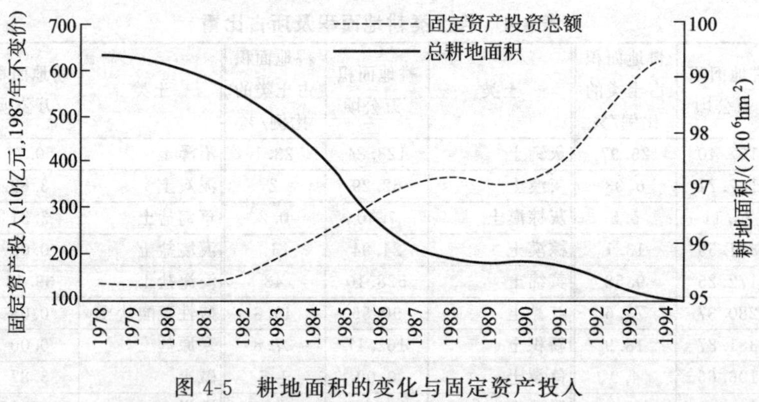

图4-5　耕地面积的变化与固定资产投入

注：1. 数据来源：国家统计局历年统计数据；2. 曲线经3年滑动平均处理。

四、土地资源的合理高效利用

土地资源的合理高效利用应做到以下几点。

① 鼓励农业生产，挖掘复种潜力，加快农业基础设施建设，提高农业现代化水平和综合生产能力，增强中国农业抗御自然灾害的能力。例如，塑料大棚使海拔5000m左右的青海、西藏等地，以及有史以来没有生长过农作物的许多地方，不但长出了农作物，还保持高产稳产。如黄瓜1公顷产60000kg，辣椒1公顷产27000kg。采取各种生产补贴鼓励农业生产。增加复种指数，间接保证播种面积。加强农业基础设施建设，提高农业抗灾能力。改造中低产田和盐碱地，起到储粮于地的作用。提高农业生产的现代化水平，包括实现农业的机械化、良种化，推广科学施肥，推广先进的农业耕作制度和生产技术，提高农业的现代化管理水平等。

② 扩大中线南水北调，解决华北的水资源缺乏问题。发展节水灌溉，发展集水建设，扩大西北和华北的灌溉面积。修筑梯田，发展山区水利。逐步开发东北的宜农荒地。

③ 严格执行耕地保护制度，提高城市建成区人口密度，增加住房国家配给人群，并限制人均住房面积。大幅度提高商业性用地价格。应将土地普查制度化、长期化；应以规模经营和技术进步促进城郊农业土地的高效利用，提高城郊蔬菜单产，从而节省大量耕地，通过控制蔬菜面积保证粮食面积的稳定，以缓解耕地减少造成的损失。

④ 科学规划城市发展，建立合理的城市体系，优先发展大城市；扩大大城市的规划面积，实现城乡统筹发展。应限制私家车的发展，发展城市的轨道交通和公共交通体系，努力建设高密度社区，建立能源节约型的城市。

⑤ 积极推动生态退耕，改善生态脆弱地区的生态环境；提高牧业生产效率和牧区抗御自然灾害的能力。生态退耕是将不宜农的耕地改变其土地用途为林地、灌丛或草地，以更好保护当地生态，实现农业的可持续发展。生态退耕对改善当地的生态环境至关重要。它可以使农田免遭沙漠侵害，增加当地的水资源量，有利于发展灌溉，增加耕地的单产。应在有条件的地区大力发展人工草地和改良草地，改自然放养为圈养，以增强牧区抗御自然灾害的能力。

⑥ 在保障食物安全的前提下，鼓励农产品国际贸易的发展。从过去20年的农产品国际贸易来看，中国农产品进口项目中快速发展的是土地密集型农产品如大豆和食用植物油，而农产品出口项目中，快速发展的是劳动力密集型农产品，如各种鲜活动物和畜产品。农产品出口额大于农产品进口额，说明中国的劳动力密集型农产品在国际市场上具有竞争力。发展农产品国际贸易有利于发挥中国的劳动力资源优势，同时利用国外丰富的土地资源。

⑦ 提倡节约粮食，反对浪费食物；建立现代化的粮食和食物储备和流通系统，确保粮食和食物安全。

本章小结

我国位于欧亚大陆的东部和太平洋西岸，陆域面积约960万平方公里。疆土大部分位于中纬度，水热条件良好，自然资源物种众多。我国陆地地貌的基本特征为山原多，平原少；西高东低，梯状构架。青藏高原为高阶地；云贵高原、黄土高原和内蒙古高原为我国的中阶地；大兴安岭—太行山—巫山一线及云贵高原以东是低阶地，主要有东北平原、华北平原、长江中下游平原、湖广丘陵区。山地占总面积的33.33%，高原占26.04%，盆地占18.75%，丘陵占9.90%，而平原只占11.98%。我国大部分地区属东亚季风气候，自南往北随着太阳辐射和气温变化，依次出现九个温度带。由东南沿海向西北内陆，降水量递减，依次出现森林、草原、荒漠等呈现经度地带性分异规律。青藏高原为高原气候区，并因地势高低引起高原气候的变化，导致亚高山草原草甸、高山草原草甸及高山漠境等垂直分异自然景观带。

土壤剖面是指从地表向下所挖掘出的垂直切面。土壤剖面由平行于地面、外部形态各异的层次所组成，这些层次叫发生层。不同条件下形成的土壤具有不同的发生层组合，这些发生层组合叫剖面构型。自然土壤剖面多具有O—A—B—C—R以枯枝落叶为特征的构型。旱耕土壤具有耕作熟化的A层为特征的剖面构型A—P—B—C—R。水耕土壤剖面具有以水耕熟化的A层，犁底层P和潴育层W为特征的剖面构型A—P—W—C。土壤剖面的设置、挖掘、观测、描述及取样是认识土壤的最常用、最基本的手段。

土壤分类是在系统认识土壤的基础上，根据土壤属性的相似性和差异性，按照一定的分类原则和系统，将客观存在的不同土壤进行划分归类，并给以合理命名。我国当前采用的土壤发生学分类原则是：①发生学原则；②统一性原则。我国土壤采用土纲、亚纲、土类、亚类、土属、土种、亚种7级分类，是以土类和土种为基本分类单元的分级分类制。

我国地域辽阔，地形复杂，条件多变。在不同的水、气、热、母质、生物等作用下，形成不同土壤类型。土壤分布也与地理位置、生物气候条件相适应，表现为广域的水平分布规律和垂直分布规律。如，由南向北，依次分布着：砖红壤→赤红壤→黄壤和红壤→黄棕壤→棕壤→暗棕壤→棕色针叶林土，表现为纬度地带性分布规律。从东到西，由沿海逐向内陆深入，土壤表现出经度地带性分布规律：黑土→黑钙土→栗钙土→棕钙土→灰漠土→灰棕漠土→棕漠土。在山区，随着山体高度的增加，引起水热条件和生物的变化，使土壤类型出现类似于从南向北的演替规律。即土壤垂直地带性分布规律。与地方性的母质、地形、水文和成土时间相适应，表现为中域或微域分布规律。如受水分影响的草甸土和沼泽土，受现代水流沉积影响的潮土，受母岩影响的紫色土和石灰土，受流沙影响的风沙土，受干旱水文影响的盐碱土。受人类耕作施肥等影响，表现为生产性规律。如受水耕熟化影响的水稻土，依靠灌溉耕作的灌淤土等。

我国土壤类型众多。共有12个土纲，61个土类。最重要的有水稻土、潮土、褐土、栗钙土，黄绵土、紫色土等。不同土壤因成土条件、特性不同，要因地制宜地改良利用。

我国土地资源丰富，但人均数量少，地区间的差异大，必须珍爱每一寸土地，并加强地区间的分工与合作。保护耕地是一个系统工程，要依靠法律、政策以及依靠全社会的共同努力，才能真正完成好这项目标。

复习思考题

1. 简述成土条件对土壤的影响。
2. 简述我国成土条件的特点。
3. 对土壤剖面不同层次的修整和观察次序与采样次序有什么不同？为什么？
4. 简述自然土壤剖面、旱耕地剖面和水耕地剖面的剖面构型的差异。
5. 怎样判断所挖剖面是垂直的？
6. 简述我国土壤分类的原则和分类制。
7. 简述我国土壤分布的纬度地带性规律和经度地带性规律。
8. 有哪几种重要的区域性土壤？
9. 简述重要的几种土壤的特性和利用要点。
10. 为什么要加强地区间的分工与合作？
11. 简述我国土地资源的特点。

第二篇　植物营养篇

第五章　植物营养原理

学习目标

技能目标

【学习】植物必需营养元素的判断方法。

【熟悉】植物营养基本原理的应用。

【学会】合理施肥的操作技能。

必要知识

【了解】植物必需营养元素的概念及种类。

【理解】植物营养阶段性的意义及合理施肥的基本概念。

【掌握】植物营养的基本原理、合理施肥的方式。

课外作业：课外就近调查施肥方式，分析其合理性。

植物营养是指植物从外界环境中吸收、利用各种必需营养元素的过程以及必需营养元素在植物生长发育或代谢活动中的作用。植物体所需的化学元素称为营养元素。植物营养原理是植物对营养物质的吸收、运输、转化和利用的规律及植物与外界环境之间营养物质和能量交换的基本原理。自然环境中的营养不一定能满足植物的需要，往往需要通过施肥等手段为植物提供充足而比例适当的养分，以创造良好的营养环境，提高植物营养效率，从而达到高产、稳产、优质、高效的目的。

第一节　植物生长发育必需的营养元素

一、植物体的组成成分

研究植物营养，首先要了解植物体内的元素组成及其必需的营养元素。植物体的组成成分十分复杂，其成分几乎包括自然界存在的全部化学元素，现已查明了70余种。新鲜植物体由水和干物质两部分组成。一般新鲜植物体中含水分75%～95%，干物质5%～25%；在干物质中，碳占45%左右，氧占45%左右，氢占6%左右，氮占1.5%左右，灰分元素占1%～5%。灰分（指新鲜植物经过烘烤，干物质燃烧后余下的残烬）元素的含量虽然较少，但在植物生活中，同样是很重要的，它包含着几十种元素，其中既有植物必需的，又有植物非必需的，反映出植物营养的复杂性和多样性。

二、植物必需营养元素

1. 植物必需营养元素的种类及其一般含量

植物必需营养元素是指所有植物生长发育所不可缺少的元素。从 1640 年万·海尔蒙特的小柳树盆栽试验起，至 1954 年进一步明确了植物生长发育所必需的营养元素共有 16 种（表 5-1）。人们按这 16 种元素在植物体内含量的多少分为大量元素和微量元素：即当元素的含量在千分之几到百分之几十范围时，称之为大量元素，它们是：碳、氢、氧、氮、磷、钾、钙、镁、硫九种元素；当元素的含量在千分之几以下到十万分之几甚至更少时称之为微量元素，它们是：铁、硼、锰、铜、锌、钼、氯七种元素。由于植物体因环境条件的变化，其元素含量会有很大的变化，所以在不少情况下微量元素和大量元素之间的界限并非截然分明。如钙、镁和硫这三种元素一般归类在大量元素中，也在不少情况下单独划出来作为一类，称之为中量元素或次量元素。

表 5-1 高等植物必需营养元素的种类及其在正常生长植株中的平均含量

营养元素		植物吸收利用的形态	在干组织中的含量	
			%	mg/kg
大量营养元素	碳(C)	CO_2	45	—
	氧(O)	O_2，H_2O	45	—
	氢(H)	H_2O	6	—
	氮(N)	NO_3^-，NH_4^+	1.5	—
	钾(K)	K^+	1.0	—
	钙(Ca)	Ca^{2+}	0.5	—
	镁(Mg)	Mg^{2+}	0.2	—
	磷(P)	$H_2PO_4^-$，HPO_4^{2-}	0.2	—
	硫(S)	SO_4^{2-}	0.1	—
微量营养元素	氯(Cl)	Cl^-	—	100
	铁(Fe)	Fe^{2+}，Fe^{3+}	—	100
	锰(Mn)	Mn^{2+}	—	50
	硼(B)	$H_2BO_3^-$，$B_4O_7^{2-}$	—	20
	锌(Zn)	Zn^{2+}	—	20
	铜(Cu)	Cu^{2+}，Cu^+	—	6
	钼(Mo)	MoO_4^{2-}	—	0.1

现在也有不少学者认为镍（Ni）是植物必需营养元素之一，所以一些文献上有“植物必需营养元素为 17 种”之说。毫无疑问，有关植物生长发育必需营养元素的探索并没有完结，随着科技的进步，可能还会有新的发现。综合有关植物营养教科书、专著及文献资料，公认的高等植物生长发育所必需的营养元素的表述仍为 16 种。

2. 植物必需营养元素的判断标准

怎样判断哪些元素是植物必需的呢？为了弄清植物生长发育所必需的营养元素，科学家们用多种方法进行了长期研究。1860 年，德国植物生理学家萨克斯第一次用水培方法培养出完全正常的植物。水培试验的成功，为研究确定必须营养元素的种类和数量奠定了基础。科学家们在用水培试验方法研究植物营养时，对营养液中的化学成分加以控制，有意识地不供给某一化学元素，来观察植物生长是否正常，这样就可以确定哪些元素是植物生长所必需的。1939 年阿农（Arnon）和斯托特（Stout）根据大量精密的无土栽培试验，提出了判断植物必需营养元素的三条标准。

第一，缺乏某种元素，植物不能完成其生命周期。

第二，缺乏某种元素，植物会表现出特有的病症，而只有补充这种元素后，病症才能减轻或消失。

第三，这种元素对植物的新陈代谢起着直接的营养作用，而不是改善植物环境条件的间接作用。

这三条标准被人们所公认。根据这三条标准所阐述的实质性意义，即必不可少性、不可代替性和直接营养性，可以把植物生长发育必需营养元素的基本概念概括为“植物生长发育或代谢作用必不可缺少的化学元素”，简称必需元素。

3. 必需营养元素的来源及“肥料三要素”的概念

在上述16种植物必需营养元素中，碳、氢、氧三种元素来自空气和水分；氮素除豆科植物可以从空气中固定一定的数量外，一般植物主要是从土壤中取得的；其他12种矿质营养元素主要都来自土壤。由此可见，土壤不仅是植物生长的介质，而且也是植物必需营养元素的主要供应者，土壤有效养分的含量及其供应状况如何，必然对植物生长发育乃至产量、品质产生直接而重大的影响。从营养元素的功能和施肥实践看，植物对氮、磷、钾三种元素的需要量较大，而一般土壤中有效含量较少，同时其归还比例（指植物以根茬形式残留给土壤的养分占吸收养分总量的百分数）又小（通常小于10%），大多数情况下需要通过施肥才能满足植物的营养要求，因此氮、磷、钾常被称为“肥料三要素”或“氮磷钾三要素”。也正是这些原因，国内外化肥工业重点发展的就是氮肥、磷肥和钾肥；在农业生产上发挥增产作用最大的肥料也是氮肥、磷肥和钾肥；在不少情况下，从国外进口的化学肥料多是氮肥、磷肥和钾肥以及含氮磷钾较多的复合肥料；同时在种植业生产实践中发生问题较多的也是氮磷钾肥，如肥料利用率低、氮肥在土壤环境中的损失、施肥不合理的情况下污染环境和影响农产品品质问题等；还有近年来发展比较快的缓/控释肥技术的研制、推广和应用等也是围绕氮磷钾肥的生产和施用展开的。

4. 植物的“有益元素”简介*

在植物的非必需营养元素中有一些元素，对特定的植物生长发育有益，或为某些种类植物所必需，或对植物的某个生理过程有特异性作用，因而就称这些元素为“有益元素”或“增益元素”，也有的称之为“准必需元素”。国外有学者认为植物的“有益元素”多达一二十种。常见的有一定生产实践意义的“有益元素”介绍如下。

(1) 钠（Na） 对甜菜、大麻、C_4植物的生长有促进作用，尤其是对棉花纤维的发育有良好作用。

(2) 硅（Si） 水稻为嗜硅植物，水稻植株中有硅化细胞等机械组织，有利于植株抗倒、抗病等，水稻施用硅肥常有显著的增产效果。

(3) 镍（Ni） 镍是脲酶的组成成分，当缺少镍时，会因尿素的积累而对植物产生毒害作用。

(4) 硒（Se） 豆科黄芪属植物紫云英（通常用作牧草或绿肥）为需硒植物，对其施用硒肥，不仅增加产草量，而且能预防牲畜的一些疾病。

(5) 钴（Co） 钴在豆科植物共生固氮中起着重要作用，钴还是许多酶的活化剂，在有机物代谢及能量代谢中起着一定作用。

(6) 铝（Al） 在南方酸性土上生长的茶树为喜铝植物，铝不仅对茶树的生长有良好效应，而且能保持叶片有浓郁的绿色，可能对改善茶叶品质有利。

(7) 钒（V） 可促进生物固氮；促进叶绿素合成；促进铁的吸收和利用；提高某些酶的活性等。

必须明确，上述这些元素之所以被称为“有益元素”，就是因为这些元素对特定植物的生长发育有益或为某些种类的植物或植物的某些生理过程所必需，限于目前的科学技术水平，尚未证明对所有高等植物的普遍必需性。但“有益元素”的作用越来越在生产实践中显示出良好效应，因而受到农业科研和技术推广部门的重视。如果把“有益元素”与必需元素结合在某些作物的平衡营养、平衡施肥体系中，对于提高肥效和产量甚至改善品质必然是有利的。

综上所述，植物的必需营养元素是在植物生长发育或代谢过程中所必不可少的，不仅在元素种类上不可缺少，而且在各自的数量上也不可缺少。现代农业的发展，种植业生产始终离不开施用植物所必需的营养元素，至于采取什么形态的物质为载体把它们施入土壤中供植物需要，使之有利于高产高效，有利于环境保护，有利于食品安全，那是可以随着科学技术的进步而改变的，但无论怎样都必须按植物营养规律供给植物所需要的各种营养元素。

三、必需元素的一般营养功能及其相互间的关系

1. 必需元素的一般营养功能*

各种必需营养元素在植物体内部有着各自独特的作用，但营养元素之间在生理功能方面也有相似性，依此可以把营养元素分为以下四组。

(1) 碳、氢、氧、氮和硫 是构成植物体的结构物质、贮藏物质和生活物质的主要成分。结构物质是构成植物活体的基本物质，如纤维素、半纤维素、木质素及果胶物质等；贮藏物质如淀粉、脂肪和植素等；而生活物质是植物代谢过程中最为活跃的物质，如氨基酸、蛋白质、核酸、类脂、叶绿素、酶等。

(2) 磷和硼 这两种元素有相似的特性，它们都以无机阴离子或酸分子的形态被植物吸收，而在植物细胞中，它们以无机离子形态存在或主要与植物体中的羟基化合物进行酯化作用生成磷酸酯、硼酸酯等，磷酸酯还参与能量转换反应。磷还是磷脂、ATP、核苷酸等的成分，这些物质在生命活动中均有重要作用。

(3) 钾、钙、镁、锰和氯 以离子形态从土壤溶液中被植物吸收，在植物细胞中，它们只以离子形态存在于汁液中，或被吸附在非扩散的有机阴离子上。它们的一般功能是：维持细胞的渗透势，产生膨压，促进植物生长，保持离子平衡或电位平衡。此外，每种元素都还有其他很多功能，如钾能提高多种酶的活性，对植物中碳水化合物等物质的转化与运输起重大作用；钙掺入到细胞壁中胶层的结构中，成为细胞间起黏接作用的果胶酸钙，钙离子能提高细胞膜的透性；镁是叶绿素分子的中心元素，它也是多种酶的特异辅助因子。

(4) 铁、铜、锌和钼 它们主要以配位态存在于植物体内，除钼以外也常常以配合物的形态被植物吸收。这些元素中的大多数可通过原子价的变化传递电子。钼、铁、锌、铜等元素是多种酶的组分或某些酶的活化剂，在植物的新陈代谢中起重要的催化作用。

由于营养元素的相互作用和各自的特殊生理功能，才保证了植物正常的生长发育。它们既有各自的独特作用，又能相互配合，共同担负着各种代谢作用。显然，植物体内任何生理生化过程都不可能由某一种元素单独来完成。

2. 必需营养元素的同等重要律和不可代替律

(1) 概念 植物必需的营养元素在植物体内不论数量多少都是同等重要的；任何一种营养元素的特殊功能都不能被其他元素所代替，这就叫营养元素的同等重要律和不可代替律。

(2) 意义 这个定律包含着两个方面的内容。一是各种营养元素的重要性不因植物对其需要量的多少而有差别，植物体内各种营养元素的含量虽然可差千倍、万倍，但它们在植物营养中的作用并没有重要和不重要之分。缺少大量元素会影响植物的生长发育，缺少微量元素也同样会影响植物的生长发育甚至致死。例如，棉花缺乏大量元素氮，叶片失绿；缺微量元素铁时，叶片也失绿，缺镁也失绿。氮是叶绿素的主要成分，而铁并不是叶绿素的成分，但铁对叶绿素的形成同样是必不可少的。没有氮不能形成叶绿素，没有铁同样不能形成叶绿素。可见铁和氮对植物来说都是同等重要的，缺一不可。二是各种必需营养元素都有着某些独特的和专一的功能，其他必需营养元素是不可代替的。即氮不能代替磷，磷不能代替钾。在缺锌的土壤只有靠施用锌肥去解决，而施用其他元素则无效，甚至会加剧缺乏。因此，生产上在考虑给植物施肥时，必须根据植物营养的要求去考虑不同种类肥料的配合，以免导致某些营养元素的供应失调。

3. 植物必需营养元素之间的相互作用*

土壤是个复杂的多相体系，不仅养分浓度影响植物的吸收，而且各种离子之间的相互关系也影响着植物对它们的吸收，其相互作用关系主要有离子间的拮抗作用和协同作用。

(1) 离子间的拮抗作用 所谓离子间的拮抗作用是指溶液中一种离子的存在能抑制植物对另一种离子吸收的现象。离子间发生拮抗作用的范围主要表现在同性离子之间，即阳离子与阳离子之间或者阴离子与阴离子之间。

植物吸收养分产生拮抗作用的原因尽管是多方面的，但一般认为，水合半径相似的离子往往因竞争载体上专一的结合位置而产生拮抗，例如 K^+、Rb^+、Cs^+；Ca^{2+}、Ba^{2+}；Cl^-、I^-、Br^-；$H_2PO_4^-$、OH^-、NO_3^- 等相互间的拮抗作用就是如此。其他方面的拮抗现象还有：P-Zn 拮抗，即由于过多施用磷肥而诱发缺锌，通常称之为“诱导性缺锌”；K-Fe 拮抗，如水田施钾肥明显影响水稻对 Fe^{2+} 的吸收，因此钾可以防止水稻黑根；Ca-B 拮抗，实践证明，施钙可以防止硼的毒害作用。

（2）离子间的协同作用　溶液中一种离子的存在能促进植物对另一种离子吸收的作用称为离子间的协同作用。即两种元素结合后的效应超过其单独效应之和。根据维茨的研究，溶液中的 Ca^{2+}、Mg^{2+}、Al^{3+} 等二价、三价离子，特别是 Ca^{2+} 能促进 K^+、Br^+、Rb^+ 的吸收。再有氮能促进磷的吸收；阴离子如 NO_3^-、$H_2PO_4^-$、SO_4^{2-} 等均能促进阳离子的吸收。此外，还有 K-Zn 协同，施钾肥后，有助于减轻 P-Zn 拮抗现象等。

需要说明的是，离子间的相互作用是十分复杂的，这些作用都是对一定的植物和一定的离子浓度而言的，是相对的而不是绝对的。在某一浓度下是拮抗，在另一浓度下又可能是协同，如果浓度超过一定的范围，离子协同作用反而会变成离子拮抗作用。不同作物反应也不相同，反映出不同的离子或营养元素之间在不同植物体或代谢中复杂的营养关系。

第二节　植物对养分的吸收

土壤是植物养分的主要来源，植物根系是吸收营养物质的主要器官，植物根系从土壤中吸收营养的过程称为植物的根部营养。此外，植物叶片和幼嫩的茎秆等也可吸收养分，称为植物的根外营养。而养分只有被植物吸收后，才能营养植物，制造有机物。所以，吸收问题对植物营养来讲是十分重要的。

一、植物的根部营养

1．根吸收养分的部位

养分和水分主要是靠根系吸收的。须根系植物的吸收能力大于直根系。根上端部分的细胞壁已出现角质和木栓质，透性降低，难于吸收养分；根尖生长代谢旺盛，主动吸收能力应该较强，但其导管组织尚未完善，养分向上运输能力较弱，相应地该部位吸收的绝对数量也不可能太多；就完整根系而言，根毛因其数量多、吸收面积大（如生长 120d 的单株黑麦，其根系上的根毛多达 140 亿条，总表面积为地上部分总表面积的 130 倍），易与土壤颗粒密切接触而使根系吸收养分的速度与数量成十倍、百倍甚至千倍地增加。所以，根系吸收养分相对活跃、数量最多的部位是成熟区的根毛区，此区大约在离根尖 10cm 以内，愈靠近根尖吸收能力愈强。

因此在生产中应注意施肥的时期、位置和深度，一般来讲，种肥施用深度应距种子一定距离并应在与所播种子相适应的地方，而基肥则应将肥料施到根系分布最稠密的耕层之中（距地表 20cm 左右）。在植物生长期间进行追肥时，也应根据肥料的性质和种植状况施到近根处。

2．根可吸收的养分形态

根系吸收养分的形态主要有离子态和分子态两种，一般以离子态养分为主。矿质养分和氮素几乎都是以离子态形式被吸收的，吸收离子态的养分主要有一、二、三价阳离子和阴离子。就 16 种必需元素而言，除碳、氢、氧外，其余 13 种元素的吸收可分为阳离子和阴离子两组，阳离子有 NH_4^+、K^+、Ca^{2+}、Mg^{2+}、Fe^{2+}、Mn^{2+}、Cu^{2+}、Zn^{2+} 等；阴离子有 NO_3^-、$H_2PO_4^-$、$H_2PO_4^{2-}$、SO_4^{2-}、Cl^-、MoO_4^{2-}、$H_2BO_3^-$、$B_4O_7^{2-}$ 等。分子态养分主要是一些小分子的有机化合物，如尿素、氨基酸、磷脂、生长素等。大部分有机态养分需经微生物分解转化为离子态养分后，才能被植物吸收利用。

3. 土壤养分到达根表的方式

研究表明，分散在土壤各处的离子态养分到达根表的方式有三种：即截获、扩散和质流，其主要影响因素有土壤含水量、土壤溶液中离子浓度以及根系活力等。

(1) 截获 植物根系在生长与伸长过程中直接与土壤接触获取养分的方式称为截获。由于根系在土体中所占空间非常少，所以靠截获吸收的养分是很有限的，只占植物吸收养分总量的0.2%～10%，而植物根系愈发达，根毛愈多，截获的养分数量也愈多。

(2) 扩散 营养物质从高浓度向低浓度均衡分布的过程叫扩散。由于植物不断地从土壤中吸取养分，使得根际（根周围2mm以内的土壤微区）中的养分浓度相对降低（局部亏缺），这样在根际和非根际土体之间产生养分浓度差，在养分浓度差的推动下，养分由浓度高的地方向浓度低的地方迁移。扩散的养分量主要决定于浓度差，浓度差越大，扩散量越多，扩散速度越快。

(3) 质流 由于植物的蒸腾作用所引起的土壤养分随土壤水分流动，向根表迁移的方式称为质流。植物根系为了维持植物正常的蒸腾作用，必须不断地吸收周围土壤中的水分，土壤中含有的各种水溶性养分也就随着水分的流动到达根表面，从而使植物根系获得它所需要的养分。质流作用的强弱和蒸腾作用及土壤溶液中的离子浓度有关，温度愈高时，蒸腾作用愈强，质流作用就愈强，反之则弱。一般情况下，土壤中离子态养分的浓度愈高，供应根表的养分也随之增加，相反则低。

扩散和质流是使土体养分移至根表的主要方式，但在不同情况下，这两个因素对养分移动所起的作用并不完全相同。一般认为，在长距离内，质流是补充根表土壤养分的主要形式，而在短距离内，以离子扩散补充根系土壤养分更为重要。从养分在土壤中的移动性来讲，氮素移动性较大，主要靠质流移至根表，而对于移动性较小的磷、钾，只有一小部分是由质流输送到根部的，大部分供应的钾和几乎全部的磷，都是由扩散作用到达根部的。

土壤养分到达根表以后，还需要经过复杂的生物学过程，才能够进入根内。

4. 根部对无机态养分的吸收*

目前，一般认为溶液中的养分进入根细胞的方式有被动吸收和主动吸收两种类型。

(1) 被动吸收 是指不需消耗代谢能量而使离子进入细胞的过程，又称非代谢吸收。离子可以顺着化学势梯度进入细胞或通过离子交换的方式而被吸收。

被动吸收的特点：一是不消耗代谢能量，养分主要靠养分间的浓度差或植物的蒸腾作用被动进入植物体内，吸收养分与根的代谢基本无关；二是吸收养分无选择性，哪种离子浓度差大和带电荷化学势高，进入根细胞的养分就多；三是被动吸收的养分一般进入到根细胞或组织的自由空间（free space）。

被动吸收的方式主要有两种。一是离子交换。即根细胞呼吸时放出的CO_2溶于水生成碳酸，碳酸解离成H^+和HCO_3^-被吸附在根细胞膜的表面。当阳离子接近植物根部时，就会与吸附在细胞膜表面的H^+进行交换而被根细胞吸附，阴离子则和HCO_3^-进行交换而被吸附。例如，当根系所释放的H^+与基质溶液中的K^+进行离子交换时，K^+首先被吸附于根系表面，而后再进入根部细胞（图5-1）。H^+和HCO_3^-也可和土壤黏粒所吸附的离子进行交换（图5-2）。从本质上讲，离子交换只是养分到达根表或细胞膜外的一种方式。二是离子扩散。

图5-1 根系上的H^+与土壤溶液中的阳离子交换

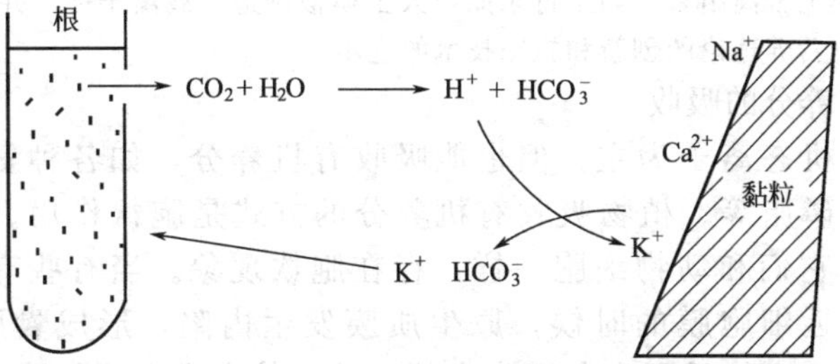

图 5-2 根系分泌的碳酸与黏粒所吸附的阳离子进行的交换

当细胞外养分浓度大于细胞内时，养分顺着浓度差向细胞自由空间扩散而被吸收，即养分由高浓度向低浓度扩散，且这种扩散是可逆的。被动吸收是植物吸收养分的简单形式。

(2) 主动吸收　细胞直接利用代谢能做功，逆电化学梯度吸收离子的过程叫主动吸收，又称代谢吸收。可以从低浓度到高浓度吸收，有选择性，需消耗代谢能量（ATP)。有很多现象用被动吸收是不能解释的，如植物体内某种离子态养分的浓度常比土壤溶液中的浓度高出很多倍，有时竟高达十倍至数百倍，而植物根系仍能不断地吸收这种养分；根系吸收各种离子态养分的比例与土壤溶液中存在的比例不成正比，即并不是土壤中某种离子养分含量多吸收就多，说明植物吸收养分有选择性；植物对养分的吸收强度与其代谢作用密切相关，并不决定于外界土壤溶液中养分的浓度，常表现出植物生长旺盛，吸收强度就大，生长衰弱，吸收强度就小。以上现象说明根系吸收养分决非单靠被动吸收就能完成的，而是存在着更高级的方式——主动吸收。研究表明，主动吸收是植物吸收养分的主要形式。

植物主动吸收养分是一个十分复杂的生理过程。究竟离子态养分如何通过细胞原生质膜这一“天然屏障”而进入植物体内，目前主要从能量的观点或酶动力学原理来解释主动吸收的机理，先后提出“离子泵假说”、“载体假说”、“胞饮作用”等。但养分进入植物体内的真正机制到目前为止还不十分清楚。这里仅介绍用以解释根系吸收离子态养分现象比较合乎情理的“载体假说”的基本观点和过程。

“载体假说”认为，在细胞原生质膜上存在着一些分子，它们能够携带离子穿过细胞原生质膜，这种分子被称为载体（载离子体)。其载运离子的过程为：离子与细胞原生质膜上的载体结合，形成不稳定的离子-载体复合体，在 ATP 释放能量的推动下，向膜内侧转移，并将离子释放到细胞质内。

较深入的一些研究表明，离子载体为一种有机分子，它能够有选择性地螯合某些阳离子。不同的离子载体对不同的离子吸收有所识别或有特定的结合位置。载体转运离子，首先是活化载体，先在膜的外侧与离子相结合形成离子-载体复合物，当它转移到膜的内侧时，便在磷酸酯酶的作用下释放出无机磷，同时将离子释放到膜内。然后，与离子无亲和力的载体在膜内通过磷酸激酶的作用，重新磷酸化而形成 ATP 活化载体，再一次被转移到膜的外侧去运载离子（图 5-3)，如此循环往复将离子态的养料通过细胞原生质膜运送到细胞内部。

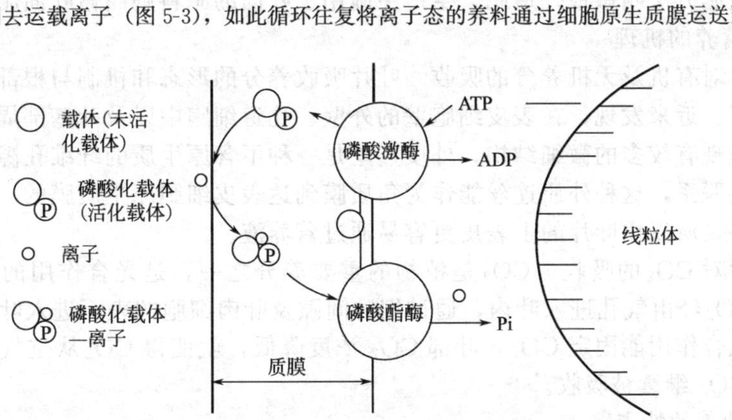

图 5-3 载体运载离子通过质膜示意图

由于“载体假说”比较完善地从理论上解释了关于离子主动吸收中的三个基本过程，即离子的选择性吸收；离子通过细胞原生质膜以及在原生质膜上的运转；离子吸收与代谢作用的密切关系，因此普遍得到了认可。但到目前为止，仍然有两个基本问题并没有搞清楚，一是还不知道载体确切是什么物质；二是载体还没有从细胞原生质膜上分离出来。如果将来能够人工模拟制造“载离子体”并与肥料生产和应用结合起来，必将极大推动植物营养理论的创新和施肥技术的进步。

5. 根部对有机态养分的吸收

植物虽以吸收无机态离子为主，但也能吸收有机养分，如各种氨基酸、核苷酸、核酸、低分子蛋白质、磷脂等。植物吸收有机养分的方式是胞饮作用。人们用电子显微镜观察植物根系发现，它们和动物细胞一样，存在胞饮现象。当有些有机大分子（如球蛋白、核糖核酸等）靠近细胞膜的时候，原生质膜发生内陷，形成囊胞，把那些有机物、水分、无机盐包围起来，然后逐步向细胞内部运转，使之进入到细胞内部（图 5-4）。

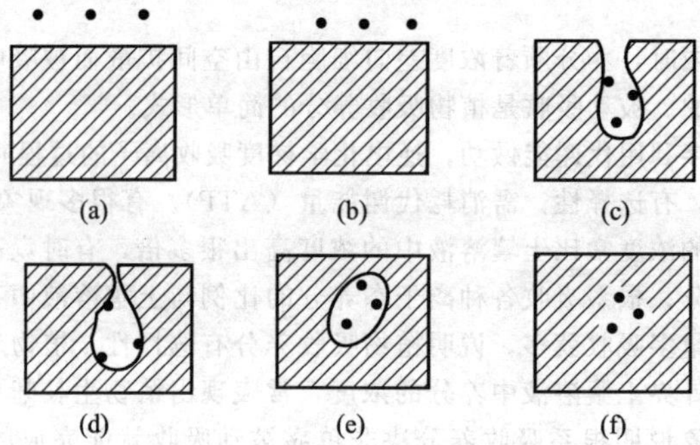

图 5-4 胞饮作用示意图

胞饮作用也是一种需要能量的过程，并且养分要通过原生质膜进入到细胞内部，因此也属主动吸收的形式。此外，用于解释植物根系吸收有机态养料的机理还有“分子筛假说”和“脂质假说”，即一个有机物分子能否被根系所吸收，主要取决于其分子大小或脂溶性强弱，分子愈小、脂溶性愈强愈容易被吸收。植物根系能够吸收有机态养料的事实，为证实有机肥料的营养作用提供了一些理论和实践依据。

二、植物的根外营养

植物不仅可以通过根系吸收养分，而且还可通过幼茎、叶片吸收养分。植物通过茎和叶吸收养分的过程就称为根外营养或叶部营养。把肥料配成一定浓度的溶液，喷洒在植株地上部分的一种追肥方法叫做根外追肥。生产中施用于叶面的肥料则叫做叶面肥。

1. 根外营养的机理

（1）叶片对有机及无机养分的吸收　叶片吸收养分的形态和机制与根部类似，但吸收阳离子养分较多。近来发现，在表皮细胞壁的外壁、孔道细胞中以及叶基部周围、叶脉上下表皮细胞等都呈现有较多的微细结构，外质连丝是一种不含原生质的纤维孔隙，能使细胞原生质与外界直接联系，这种外质连丝能作为角质膜到达表皮细胞原生质膜的一条通道。由于下表皮孔隙较多，所以比叶片的上表皮更容易通过营养液。

（2）叶片对 CO_2 的吸收　CO_2 是植物的重要养分之一，是光合作用的原料，主要通过叶片吸收。CO_2 经由气孔进入叶内，通过细胞间隙及叶肉细胞的表面进入叶绿体，进行光合作用。由于光合作用能固定 CO_2，叶部 CO_2 浓度降低，就使得 CO_2 从空气中不断地向叶绿体扩散，使 CO_2 继续被吸收。

2. 根外营养的特点

一般来讲，在植物的营养生长期间或是生殖生长的初期，叶片有较强的吸收养分的能力，并且对某些矿质养分的吸收比根的吸收能力还强。因此，在一定条件下，根外追肥是补充营养物质的有效途径，能明显提高植物的产量和改善产品品质。根外营养有以下特点。

（1）直接吸收　叶部营养直接供给作物养分，可防止养分在土壤中的固定。如微量元素锌、铜、铁、锰等易被土壤固定，通过叶部喷施直接供给作物，就能够避免其在土壤中的固定作用；某些生理活性物质，如赤霉素等，施入土壤易转化，采用叶部喷施能克服这种缺点。在寒冷或干旱地区，由于土壤有效水缺乏，不仅使土壤养分有效性降低，而且使施入土壤中的肥料难以发挥作用，在这种情况下，叶面施肥能满足植物对营养的要求。

(2) 吸收转化快 实验证明，叶部对养分的吸收和转化明显比根部快，能及时满足作物的需要。如将^{32}P涂于棉花叶片，5min后，各器官已有相当数量的^{32}P，10min后，^{32}P积累就可达到最高点，而根部施肥半月后，才和叶部施用后5min时的情况相当。所以，叶部施肥可作为及时防治某些缺素症和作物因遭受自然灾害而需要迅速供给养分时的补救措施。

(3) 直接影响体内代谢 叶部追肥能提高光合作用和呼吸强度，显著地促进酶促反应，直接影响作物体内一系列重要的生理活动，同时也改善了作物对根部有机养分的供应，增强根系吸收养分和水分的能力，有提高作物产量和改善品质的作用。

(4) 经济有效 微量元素大多在土壤中易被固定，用量又少，土壤施用很难施得均匀，通过叶面喷肥就可以克服这些缺点。

植物的根外营养虽然有上述优点，但也有其局限性。如叶面施肥往往肥效短暂，而且每次喷施的养分总量比较少，又易被雨水淋失等。这些都说明根外营养不能完全代替根部营养，仅能作为一种辅助的施肥手段，只能用于解决一些特殊的植物营养问题，如植物生育期中明显脱肥，迅速矫正某种缺素症，农作物遇到干旱、病虫危害及寒害时，采用根外追肥的办法常常收到很好的效果。实际运用时要根据土壤环境条件、植物的生育时期及其根系活力等灵活掌握。

3. 影响根外营养效果的因素

(1) 植物的叶片类型 一般情况下，双子叶植物叶面积大，叶片角质层薄，溶液中的养分易被吸收。单子叶植物叶面积小，角质层厚，营养液易沿平行叶脉滑落，溶液中养分较难被吸收。因此，对单子叶植物应适当加大浓度或增加喷施次数。从叶片结构上看，叶表面的表皮组织下是栅状组织，比较致密；叶背面是海绵组织，比较疏松，细胞间隙较大，孔道细胞也多，故喷施叶背面养分吸收较快。

(2) 养分的种类 叶片对不同种类矿质养分的吸收速率是不同的。如叶片对氮的吸收依次为：尿素＞硝酸盐＞铵盐，对钾的吸收速率为：氯化钾＞硝酸钾＞磷酸二氢钾。一般无机盐比有机盐的吸收速率快。此外，在喷施生理活性物质（如生长素等）和微量元素时，适当地加入少量尿素可促进其吸收，并能防止叶片黄化。

(3) 养分的浓度和pH值 在一定的浓度范围内，养分进入叶片的速率和数量随着浓度的增加而增加。适当提高喷洒溶液的浓度，可提高根外营养的效果。但如果浓度过高，叶片会出现灼伤症状。特别是高浓度的铵态氮肥（NH_4^+-N）对叶片损伤尤其严重，如添加少量蔗糖，可以抑制这种损伤作用。此外，通过调节pH值，亦可促进不同的离子吸收，偏碱时有利于阳离子的吸收，偏酸时有利于阴离子的吸收。

(4) 溶液湿润叶片的时间 叶片对养分的吸收能力与溶液在叶片上吸着的时间长短有关，湿润叶片的时间越长，养分被吸收的就越多。试验证明，溶液在叶片上保持时间在30min到1h之间，叶片对养分吸收的速度快，数量多。因此，一般以傍晚无风的天气根外追肥效果较好。同时，加入表面活性物质湿润剂（如中性肥皂、较好的洗涤剂等），可降低溶液的表面张力，增大叶面与溶液的接触面积，可明显提高喷施效果。

(5) 喷施次数及部位 不同养分在细胞内的移动速度是不同的。据研究，移动性很强的营养元素为氮、钾；能移动的营养元素为磷、氯、硫；部分移动的营养元素为锌、铜、钼、锰、铁，其中移动速度锌＞铜＞锰＞铁＞钼；不移动的营养元素有硼、钙等。在喷施移动性小的营养元素时，必须增加喷施的次数，以2～3次为宜，同时还应注意喷施部位，如铁肥等多数微肥只有喷施在新叶上效果才好。

4. 适于根外追肥的情形

由于叶面施肥肥效短暂，而且喷施的养分总量有限，所以必须以根部施肥为主，但在下列情况下应采用根外追肥的措施：

① 需要很快恢复某种营养特别是微量元素缺乏症；

② 果树等深根系植物用传统施肥方法难以收效；

③ 基肥不足，植物有明显的脱肥现象，需迅速补肥；

④ 作物植株过密，已难以进行正常追肥；

⑤ 遭遇自然灾害，作物需要迅速恢复正常生长。

三、环境因素对植物吸收养分的影响

1. 温度

植物吸收养分对温度有一定的要求。在一定温度范围内，随着温度增加，植物的新陈代谢活动加强，植物吸收养分的能力随之提高。大多数植物吸收养分的适宜土温为15～25℃。温度过高、过低都不利于养分吸收。在低温时，呼吸作用和各种代谢活动十分缓慢，当温度低于2℃时，植物只有被动吸收。在高温时，植物体内的酶失去活性，当土温超过30℃时，养分吸收就显著减少；若土温超过40℃，吸收养分趋于停止，严重时细胞死亡。所以，只有在适当的温度范围内，植物才能正常地、较多地吸收养分。

试验表明，低温影响植物对磷、钾的吸收比氮明显，且磷、钾可增强植物的抗寒性。所以，对越冬作物更应多施磷、钾肥。几种作物物吸收养分的适宜温度分别为：棉花28～30℃、玉米25～30℃、烟草22℃、番茄25℃、马铃薯20℃、大麦18℃。

2. 光照

根系吸收养分的数量和强度常受地上部往地下部供应的能量所左右，当光照充足时，光合作用强度大，产生的生物能多，养分吸收的也就多；反之，养分吸收的数量就少。所以光照是植物养分吸收的原动力。光照还可直接影响植物体内的同化过程，如根系吸收的NO_3^-要转化成NH_4^+才能为植物利用，这个过程需硝酸还原酶的作用，而植物体内硝酸还原酶的激活则需要光。此外，光照还能调节叶子气孔的关闭而影响到植物的蒸腾作用，从而间接影响植物对养分的吸收。因此，在光照充足的年份、地区和季节可适当多施一些肥料，以发挥其更大的增产作用。

3. 通气

大多数植物吸收养分是一个好氧的过程，良好的通气有利于根的有氧呼吸，也有利于养分的吸收。第一，良好的通气有利于土壤有机养分矿质化为无机养分，这样对根系吸收有利，俗话说“锄头底下三分肥”就是这个道理。第二，土壤通气，氧气充足，根系有氧呼吸能形成较多的ATP，促进根系吸收养分。反之，通气不良，一方面根呼吸作用减弱，养分吸收降低；另一方面很多养分被还原成有害物质危害根系，如H_2S、Fe^{2+}和有机酸等影响根系吸收养分。在生产实践中许多调节土壤通气的措施，如中耕松土、施用有机肥料，水田前期浅水勤灌、中期排水晒田，后期干湿交替等，都是为了促进土壤通气、增强根系吸收能力。

4. 水分

俗话说“有收无收在于水”，说明水分对植物吸收养分起着重要的作用。土壤中从化肥的溶解到有机肥的矿质化及离子态养分的迁移、吸收、运输、同化等都离不开水。土壤水分适宜时，养分释放及其迁移速率都高，从而能够提高养分的有效性和肥料中养分的利用率。研究表明，在生草灰化土上，冬小麦对硝酸钾和硫酸铵中氮的利用率，湿润年份为43%～50%，干旱年份只有34%。水分过多、过少都不利于养分的吸收。

5. 土壤酸碱性

土壤的酸碱性对养分的吸收也有影响。碱性条件下，土壤溶液渗透压高，影响根的吸收能力。过多的 Na^+ 会腐蚀根组织，使其变性。酸性条件下，土壤中有效养分含量减少，会引起 H^+、Al^{3+} 中毒，H^+ 过多使细胞变性。因此，绝大多数作物，只有在中性和微酸性条件下，才有利于养分的吸收和生长。土壤的 pH 也影响植物吸收养分的形态，在酸性溶液中，植物吸收阴离子的数量多于阳离子，而在碱性溶液中，吸收阳离子多于阴离子。这也是生产中根据土壤的酸碱性正确选择使用化学肥料品种的主要依据之一。

第三节 植物的营养特性

一、植物营养的共性与个性

所谓植物营养的共性，是指不同植物在营养方面的多数需求是相同的。如 16 种必需营养元素是所有高等植物生长发育都必需的，就属于植物营养的共性。

但是不同植物或同种植物在不同的生育期所需要的养分也是有差别的，即每种植物在营养方面都有其特殊的需求，这就叫植物营养的个性或称为植物营养的特殊性。如水稻生长必需硅元素；钠对盐生植物有促进生长的作用；豆科植物固氮时需要钴等。植物营养的个性，主要表现在以下三个方面。

1. 不同植物需要的养分不同

如叶类蔬菜需要较多的氮；豆科植物需要较多的磷；块茎、块根类植物红薯、土豆等需要较多的钾；油菜、甜菜、苹果需较多的硼；玉米、菠菜需要较多的锌；花生、甘蓝需要较多的铁等。

2. 不同植物吸收养分的能力不同

如豆科植物能很好地利用难溶性磷肥中的磷，而玉米只有中等利用能力，马铃薯、地瓜利用能力则很弱。同种植物不同品种其肥料用量也不同，如粳稻比籼稻需要养分多，杂交水稻比常规水稻需肥多，在等量施用氮肥的条件下，氮素吸收强度和生产效率均比常规水稻高，所以产量也比常规水稻高。

3. 不同植物对不同肥料的适应性不同

不同植物对不同肥料的适应性不同，不同植物对养分形态的反应也有差别，如北方大田农作物施磷适宜使用过磷酸钙，而南方则适用钙镁磷肥；水稻适宜施用 NH_4^+-N 肥，棉花则适宜施用 NO_3^--N 肥；葱、蒜喜欢硫酸铵或硫酸钾，烟草则忌施氯化铵或氯化钾；番茄生长发育前期宜施 NH_4^+-N 肥，后期宜施 NO_3^--N 肥等。

二、植物营养的遗传特性*

植物对养分的吸收、运输和利用特点大多是由各种植物的基因所控制的，因而是可以遗传的，即植物的营养特性属于植物的遗传性状，可以遗传，这就是植物营养的遗传特性。

不同植物存在营养基因型差异，因而具有不同营养特点，表现在不同植物对养分需求的种类、数量和养分代谢方式等存在差异。如，生长在石灰性土壤上的有些大豆品系易出现典型的失绿症，而另外一些则无失绿症状（Weiss，1943）；芹菜对缺镁和缺硼的敏感性存在着基因型差异（Pope& Munger，1953）；小麦锌营养效率存在基因型差异（Graham）；植物铜利用效率在不同植物种类和不同品种之间都有明显的基因型差异。

研究发现，大豆的铁营养效率是由同一位点的一对等位基因（Fe，Fe 和 fe，fe）控制的，铁高效基因（Fe，Fe）为显性，其分离方式符合孟德尔遗传规律。进一步研究结果表明，铁营养效率的控制部位在根部而不在地上部。铁高效基因型大豆的根系具有较强还原铁的能力等。这样，在搞清营养性状的基础上，就可通过遗传和育种的手段对植物加以改良，将优良的营养基因保留下来，以提高作物产量，这就是研究植物营养遗传特性的目的。

植物营养遗传特性的研究是一门新兴的边缘学科。研究的内容主要包括植物营养性状的形态和生理生化的研究、植物营养性状的遗传潜力研究、植物营养性状的遗传规律研究、植物营养性状控制基因的染色体定位研究、植物营养性状的遗传学改良研究等。研究目标是从植物遗传育种的角度阐明并改良植物营养性状，从而从生物学途径解决农业生产中的一些土壤-植物营养问题。例如提高作物养分吸收利用效率（如选育高效利用土壤中难溶性磷的农作物品种等），增强耐酸、耐盐碱和耐重金属胁迫等。这一领域的研究有可能成为 21 世纪农业生物技术的热门课题之一。

三、植物营养的阶段性

作物从种子萌发到种子形成的整个生长周期内，要经历许多不同的生长发育阶段。在这些阶段中，除种子营养阶段和植物生长后期根部停止吸收养分的阶段外，其他阶段都要从土壤中吸收养分。植物通过根系从土壤中吸收养分的整个时期，称为植物营养期。作物在营养期这段时间，要连续不断地从外界吸收养分，土壤或营养液要不断满足其生命活动的需要。中间如有一段不能满足，则影响其生长发育，致使产量降低，这种现象称之为植物营养的连续性。但在营养的连续性中，各生育期的营养特点也有差异，主要表现在对养分的种类、数量和比例等有不同的要求，这叫植物营养的阶段性。图 5-5、图 5-6 形象地反映了这一营养特性。

由图 5-5、图 5-6 看出，植物吸收氮磷钾三要素的一般规律是：植物生长初期吸收养分少，随着时间的推移，到营养生长与生殖生长并进时期，吸收养分逐渐增多并达到高峰，到了成熟阶段，对营养元素的吸收又趋于减少，即不同阶段有着不同的需肥特征。

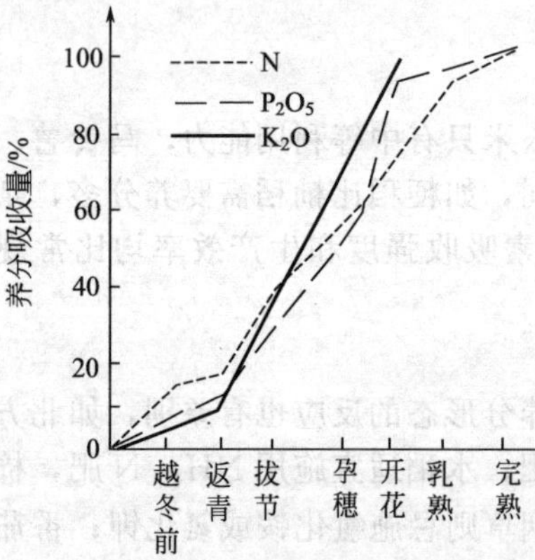

图 5-5 冬小麦不同生育期养分累积吸收曲线

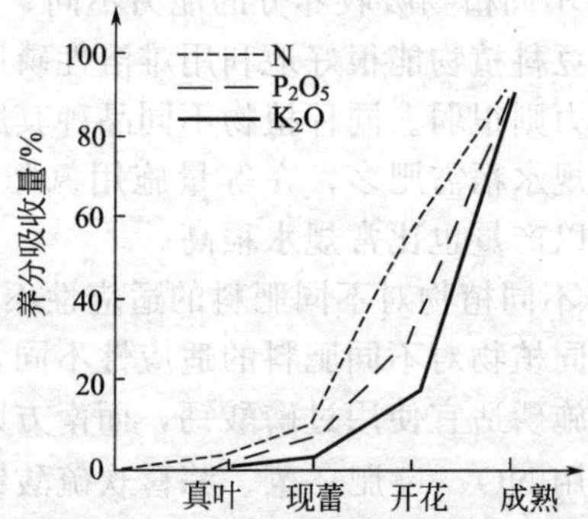

图 5-6 棉花不同生育期养分累积吸收曲线

植物在不同的生育时期，对养分需求的数量是不同的，其中有两个时期特别重要，是植物营养的关键时期，即植物营养临界期和植物营养最大效率期。这两个时期如能及时满足植物对养分的要求，则能显著提高植物产量和改善产品品质，否则，将会导致明显减产。了解植物不同营养阶段的特点，对指导合理施肥具有重大意义，以水稻为例，早稻生长期短，营养期也短，需肥集中，应以基肥为主，早施追肥；中稻应适当提高追肥的比例；晚稻生长期和营养期都长，则应以底肥为主，并分次施用追肥。

1. 植物营养临界期

在植物生长发育过程中，有一个阶段虽对某种养分要求的绝对量不多，但要求程度却很迫切，反应十分敏感，不能缺少。此时如果缺少了这种养分，作物的生长与发育将会受到严重影响，错过了这个时期，即使以后补施再多该种养分也基本无效，即无法弥补由此而造成的损失。这个时期就叫做植物营养临界期。

不同植物、不同营养元素的营养临界期是不同的。大多数植物需磷的临界期在幼苗期。如水稻、小麦磷素的营养临界期在三叶期，棉花在二三叶期，油菜在五叶期以前。据试验，在大麦发育的最初 15d 中，如果不供给磷，会使其生长受到很大抑制，造成严重减产，而在生长后期除去磷，对其产量影响则很小。因作物一般需磷的临界期在幼苗期，且磷在土壤中移动性小、易被土壤固定、在植物体内可再利用，所以磷肥分别作为种肥和底肥使用效果最好。

植物需氮的临界期一般也在幼苗期，但比磷的临界期稍晚。如水稻氮素营养临界期是三叶期和幼穗分化期，棉花是现蕾初期，小麦和玉米一般在分蘖期、幼穗分化期等。

钾营养临界期研究资料很少。一般认为，禾谷类作物钾营养临界期在拔节期前后（即茎秆开始迅速生长阶段）。

总体上看，植物营养临界期一般出现在生长前期，即由种子营养向土壤营养转折时期，因为此时种子中贮存的养分大部分已被消耗，而幼小根系吸收养分的能力又较弱，所以，生产中施足基肥，施好种肥，对满足植物营养临界期的需要，提高植物产量是非常重要的。

2. 植物营养最大效率期

植物在生长发育的不同阶段吸收养分的数量往往差别很大。一般把植物在单位时间内吸收养分数量最多的时期称为植物营养最大效率期，也叫植物的强度营养期。植物营养最大效率期一般是在植物营养生长的旺盛时期或营养生长与生殖生长同时并进的时期。此时，植物吸收养分的数量最大、速度最快，单靠土壤中以正常速度释放出的速效养分已不能满足作物的要求，应该及时追肥加以补充。此时追肥往往能得到最大的经济效果。对于追肥来说，这个时期就是施肥的高效期，或称为追肥的最大效率期。

不同植物的最大效率期是不同的，如玉米氮肥的最大效率期一般在喇叭口至抽雄初期，小麦在拔节期；棉花的氮、磷最大效率期在盛花期至始铃期，油菜在抽薹期等。对于同一植物，不同营养元素的最大效率期也不一样，例如甘薯，氮素营养的最大效率期在生长初期，而磷、钾则在块根膨大期。

其实，作物的强度营养期和施肥的最大效率期是两个不同的概念。前者主要是对作物而言，是作物需肥规律的反映；后者则主要是对肥料而言，是施肥效果的反映。但作物的强度营养期同时也是施肥的最大效率期，所以，实际应用中往往把二者相互联系在一起考虑。

植物的临界营养期和强度营养期是整个营养期中的两个关键施肥时期，在这两个时期保证给植物适量、平衡的养分供应，对提高植物产量具有重要意义。但植物生长发育的各个阶段是相互联系、彼此影响的，前一个阶段营养状况的好坏必然会影响到下一阶段作物的生长与施肥效果。施肥时，既要满足作物营养连续性的要求，又要满足作物营养阶段性的要求。如施足基肥，为整个生育期中养分的持续供应打好基础，同时，还要重视适量施用种肥和适时追肥，并且要注意氮、磷、钾肥的适宜配合比例，以充分满足植物对养分的平衡需要。

第四节 施肥原理

一、施肥的基本原理

合理施肥是指综合运用现代农业科技成果，根据植物的营养特点与需肥规律、土壤的供肥特性与气候因素、肥料的基本性质与增产效应，在有机肥料为基础的前提下，选用经济的肥料用量、科学的配合比例、适宜的施肥时期等正确的施肥措施，又称科学施肥。

20世纪70年代，英国植物营养学家库克首次提出合理施肥的经济学概念，认为最优化的施肥量就是在高产目标下获得最大利润的施肥量。因此，合理施肥就是高产的经济施肥。所以施肥时，必须考虑两条标准：一是产量标准，通过施肥能使单位质量的肥料换回更多的植物产量；二是经济标准，即在用较少的肥料投资获得较高产量的同时，还要获得最大的经济效益。为此，必须首先了解施肥的基本原理。

1. 养分归还学说

1840年，德国化学家李比希（J. V. Liebig）根据索秀尔、施普林盖尔等人的研究和自己的大量试验，提出了养分归还学说。其要点是：第一，植物的每次收获（包括籽粒和茎秆）必然从土壤中带走一定量的养分，使得这些养分在土壤中贫化（表5-2）；第二，如果不归还养分于土壤，地力必然会逐渐下降，影响产量；第三，要想恢复地力就必须归还从土壤中取走的全部物质，否则，土壤迟早是要衰竭的；第四，为了增加产量，就应该向土壤施加灰分元素，即进行施肥。

表5-2 7种大田农作物形成一定经济产量时地上部分氮、磷、钾的摄取量

作物	经济产量/(kg/hm^2)	地上部分的养分摄取量/(kg/hm^2)		
		氮(N)	磷(P_2O_5)	钾(K_2O)
水稻	7500	127.5～187.5	67.5～27.5	157.5～247.5
小麦	4575	126.0	40.5	85.5
棉花	3247.5(籽棉)	154.5	52.5	246
玉米	5047.5	123.0	45.0	97.5
大豆	2625	202.5	37.5	97.5
油菜	825	48.0	21.0	36.0
花生	2400～4050	150～262.5	30～48	97.5～150

养分归还学说的创立开创了科学施肥的新篇章，为合理施肥奠定了基础，推动了化肥工业的产生，从而使粮食产量大幅度提高，在农业生产上具有划时代的意义。

但是应该指出的是，养分归还学说并非完全正确：养分虽然应当归还，但并不是作物取走的所有养分都必须全部以施肥的方式归还给土壤，应该归还哪些元素，要根据实际情况加以判断。

知识扩展*

中国科学院植物研究所用小麦、大麦、玉米、高粱和花生等作物进行的测定结果表明，不同营养元素在归还给土壤的程度上，大致可分为低度、中度和高度三个等级。氮、磷、钾三种元素是属于归还低的营养元素，经常需要以施肥的方式加以补充。属于中度归还的为钙、镁、硫等元素，是否需要施肥，需根据具体情况而定。至于铁、锰等元素，作物需要的少，归还比例大（甚至可多达80%以上），土壤中的含量也较多，一般不必补充。但在一定的土壤条件下，对于某些作物适量补充也是必要的。而那些被植物吸收的有害元素，则完全没有必要补充。

再者，李比希只认识到了养分归还的重要性，而对有机肥的作用认识不足，但无论怎样，这一学说的重要地位是不可磨灭的。

2. 最小养分律

李比希在自己的实验基础上，于1843年在其《化学在农业和生理学上的应用》一书中提出了最小养分律，这也是重要的施肥原理之一。其中心意思是：植物为了生长，需要吸收各种养分，但是决定植物产量的却是土壤中那个相对含量最小的养分因素。在一定限度内，植物产量的高低随最小养分补充量的多少而变化，产量随着这个因素的增减而相对地增减，如果无视这个因素的存在，即使其他营养成分增加再多，也难以再提高植物产量。

根据最小养分律指导施肥实践时，要注意以下几点。①最小养分并不是指土壤中绝对含量最少的那种养分，而是指按照植物对各种养分的需要来说，土壤中相对含量最少（供给能力最小）的那种养分。事实上，最小养分一般是指大量元素，特别是氮、磷、钾，当然也可能会是某种微量元素。②最小养分是限制植物生长发育和提高产量的关键。因此，在施肥时，必须首先补充这种养分；如果不针对性地补充最小养分，即使其他养分增加再多，也难以提高植物产量，而只能造成肥料的浪费。例如，在极端缺磷的土壤上，单纯增施氮肥并不能增产。③最小养分不是固定不变的，当某种最小养分增加到能够满足植物需要时，这种养分就不再是最小养分了，另一种元素又会成为新的最小养分。

知识扩展*

我国农业生产发展的历史充分证明了"最小养分律"这一理论的正确性。20 世纪 50 年代我国农业土壤普遍缺氮，氮就是当时限制产量提高的最小养分，所以，那时增施氮肥的增产效果非常显著。到了 20 世纪 60 年代末，随着化学氮肥施用数量的逐年增加，植物对氮素的需要也基本得到满足，再增施氮肥，其增产效果就不明显了。这时，土壤供磷相应不足，因而磷就成了当时限制产量提高的最小养分。所以，在施氮肥的基础上增施磷肥，植物产量就大幅度增加，特别是在缺磷严重的地区就更为突出。进入 20 世纪 70 年代，随着产量和复种指数的提高以及不重视秸秆还田，供钾不足已成了限制产量再提高的最小养分。20 世纪 80 年代末微量元素在一些土壤和植物上成为新的最小养分。生产上及时注意最小养分的出现并不失时机地给予补充，才能达到优质高产（图 5-7）。

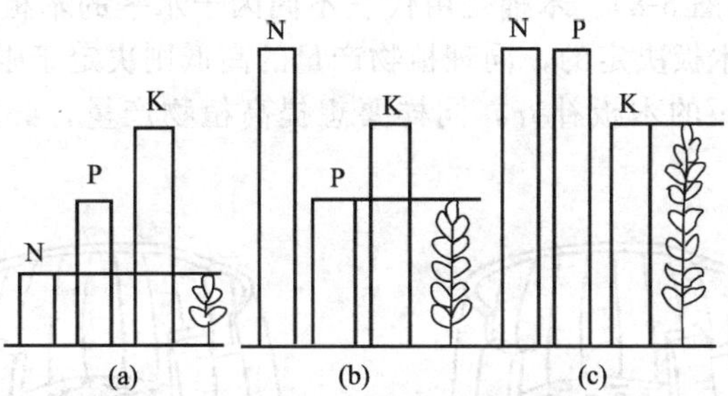

图 5-7 最小养分随条件而变化示意图

总之，最小养分律指出了植物产量与养分供应上的矛盾，表明了施肥应有针对性。就是说，要因地制宜、有针对性地选择肥料种类，缺啥补啥。

3. 报酬递减律

报酬递减律是 18 世纪后期，欧洲经济学家杜尔哥（A. R. J. Turgot）和安德森（J. Anderson）根据投入与产出之间的关系同时提出来的一个经济规律。该定律的一般表述是：从一定土壤上所得到的报酬随着向该土地投入的劳动资本量的增大而有所增加，但报酬的增加却在逐渐减小，亦即最初的劳力和投资所得到的报酬最高，以后递增的单位投资和劳力所得到的报酬是渐次递减的。其实质是单位剂量养分的增产量随施肥量增加而渐次减少。在种植业施肥实践中氮、磷、钾肥的施用都存在着这种效应。

这一定律对工农业及其他行业都具有普遍的指导意义。20 世纪初，德国土壤化学家米采利希（E. A. Mitscherlich，1909）等人在前人工作的基础上，通过燕麦施用磷肥的砂培试验，深入研究了施肥量与产量之间的关系（表 5-3），获得了与报酬递减律相一致的科学结论。

表 5-3 燕麦施用磷肥的砂培试验结果

施磷量[①](P_2O_5,g)	干物质/g	每 0.05gP_2O_5的增产量/g	施磷量[①](P_2O_5,g)	干物质/g	每 0.05gP_2O_5的增产量/g
0	9.8 ±0.50	—	0.30	43.9±1.12	4.25
0.05	19.3 ±0.52	9.11	0.50	54.9±3.66	2.57
0.10	27.2 ±2.00	7.73	2.00	61.0±2.24	0.34
0.20	41.0 ± 0.85	5.99			

① 以磷酸-钙为磷源。

米采利希试验证明：在其他技术条件相对稳定的前提下，随着施磷量地逐渐增加，燕麦产量也随之增加，但是，施肥量越多，每一单位数量肥料所增加的产量越少，即单位肥料的增产量却随施磷量的增加而逐渐减少。

需要指出的是，报酬递减律和米采利希学说都是有前提的，即在其他生产条件保持相对稳定或固定不变时，递加某个条件（如施肥），会出现报酬递减现象。充分认识报酬递减律，在施肥实践中就可以避免盲目性，提高肥料利用率，发挥肥料最大的增产作用，获得最高的经济效益。

4. 因子综合作用律

作物的生长发育受各种因子（水、肥、气、热、光及其他农业技术措施）所影响，只有在外界条件保证作物正常生长发育的前提下，才能充分发挥施肥的效果。因子综合作用律的中心意思就是：作物产量是影响作物生长发育的各种因子综合作用的结果，其中必然有一个起主导作用的限制因子，作物产量在一定程度上受该限制因子制约。这一学说，可用著名的“木桶理论”进行说明（图 5-8）。木桶是由代表不同因子水平的木板所组成。可见，贮水量的多少是由最短的那个木板决定的，同理植物产量的高低则决定于限制因子的水平。它说明要想多贮水，必须将最短的木板补齐，同样要想提高植物产量，必须有针对性地补充限制因子。

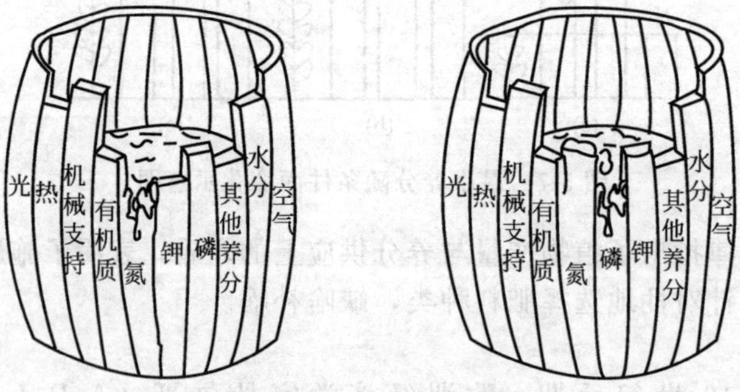

图 5-8 影响植物产量的限制因子示意图

植物产量常随限制因子的克服而提高，同时也只有各因子在最适状态产量才会最高。例如，植物在极端干旱的情况下，施用任何肥料都难以奏效，这时水分就成了植物生长的限制因子；在虫害成灾时，虫害就成了植物生长的限制因子，此时这些限制因子不解决，单纯施肥是没有效果的。所以为了充分发挥肥料的增产作用和提高肥料的经济效益，施肥就必须与其他农业技术措施配合，各种养分之间也要平衡配合施用。

不同养分之间有相互作用的效应。有时可能没有交互作用，甚至有负的交互作用。但不同养分之间的配合往往有正的交互作用。施肥效果也常常与作物品种、生态及技术条件等有相互作用效应，如肥料与水分（图 5-9）、肥料与品种（图 5-10）、肥料与种植密度之间，都有相互作用效应。正确利用养分之间或养分（肥料）与其他农业技术措施之间的交互作用，以充分发挥肥料的增产效应，是经济合理施肥的重要原理之一。尤其是在当今，由于农业科技的进步，最小养分往往已经得到补偿，平衡施肥也较为广泛采用，施肥效果的进一步提高更加有利于发挥肥料与其他措施之间正的交互作用。

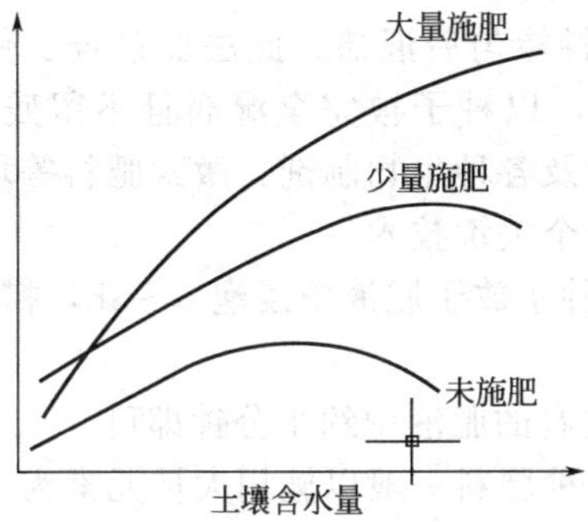

图 5-9 土壤含水量对施肥效果的影响

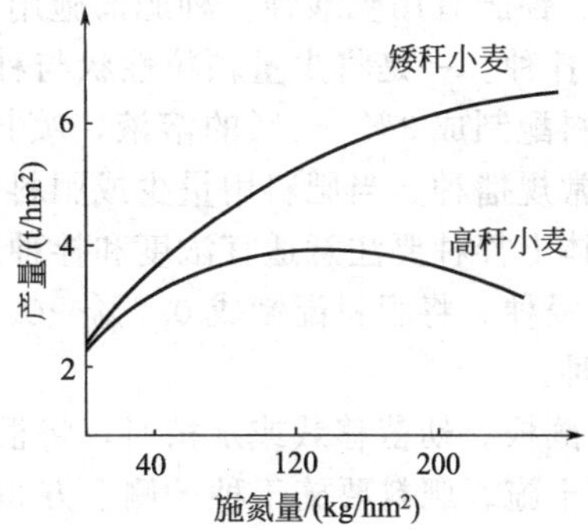

图 5-10 不同小麦品种对氮的效应

总之，利用因子之间的相互作用效应是提高施肥水平的一项有效措施，也是合理施肥的重要原理之一，这样，在不增加施肥量的情况下，可提高肥料利用率，增产增收。

二、施肥的方式

合理施肥，除了应做到根据植物的营养特性、土壤的供肥特点确定植物所需要的肥料外，还必须采取科学的施肥方式，否则，同样难达目的。如不稳定氮肥碳酸氢铵在烈日下或高温天气施用，会导致大量分解挥发，就无法达到预期的肥效。

1. 基肥

(1) 含义及作用 基肥是指播种或定植前结合土壤耕作施用的肥料，又称底肥。

① 基肥的作用。一是满足植物在整个生长发育阶段内能获得适量的营养，为植物高产打下良好的基础。二是培养地力，改良土壤，为植物生长创造良好的土壤条件。

② 基肥的特点。一是肥料可均匀施于耕层，用量较大也不至于造成肥害。二是使用方便，施肥操作不受作物妨碍。

③ 施用原则。一般采取有机肥与无机肥（化肥）相结合；长效肥与速效肥相结合；氮、磷、钾（或多元素）肥配合施用，根据土壤的缺素情况，个别补充微量元素。

④ 基肥的用量。一般占施肥总量的50%以上。30%左右的氮肥，70%～100%的磷、钾肥及微肥。质地偏黏的土壤应适当多施，相反，质地偏砂的土壤应适当少施。有机肥料基本上全部作基肥施用。

(2) 施用技术 一般是结合深耕撒施。深耕可以扩大根系的活动及养分吸收空间，结合深耕施肥可有效避免肥料表聚及根系上移，有利于促根、壮苗。对氮肥来说，深施还可以减少氮的挥发损失。其方法是在土地翻耕前将肥料均匀撒于地表，然后及时翻入土中。凡是植物密度较大（如小麦等），植物根系遍布于整个耕层且施肥量又相对较多的地块上，都可采用这种方法。磷、钾肥及微肥也可以条施，以减少养分的土壤固定。磷、钾肥和微肥也可以顺犁沟施用。

(3) 应注意的问题 一是氮素肥料撒于地表后要随即耕翻，不要长时间曝晒于地表，防止氮素挥发损失。二是避免因结块等原因造成的肥料局部集中，防止烧种烧苗。

2. 种肥

(1) 含义及作用 种肥是播种或定植时施于种子或定植苗附近或与种子混播的肥料。其意义在于：一是满足植物营养临界期对养分的需要，二是满足植物生长初期根系吸收养分能力较弱的需要，利于缓苗、壮苗。种肥一般在土壤肥力差、基肥不足时施用，用量较小，一般占该植物总施肥量的5%～10%。

（2）施用技术 宜选用对种子发芽无副作用的肥料品种。氮肥宜用硫酸铵，磷肥宜用磷酸二铵，钾肥宜用硫酸钾。种肥的施用方式有以下四种。

① 拌种。一是将少量颗粒性状与种子相似的肥料掺匀后混播，此法瓜菜较少使用。二是将肥料配制成3%～5%的溶液，喷拌于干种子上，以种子被完全湿润且不留残液为宜。随即按常规播种。当肥料用量少或肥料价格比较昂贵及各种生物制剂、激素肥料等均采用此法。总体上拌种要注意适宜浓度和拌种后立即播种两个关键技术。

② 浸种。将肥料配制成0.2%～0.5%的溶液，种子放于肥液中浸泡6～8h，捞出晾干，然后播种。

③ 蘸根。幼苗移栽或定植时，将根系浸于1%左右的肥液中约半分钟即可。

④ 土施。肥料要施于种子侧下方3～5cm处，这种肥料一般以施用大量元素为主，一般每公顷用量为45～75kg。

3. 追肥

（1）含义及作用 追肥是指作物生长期间施用的肥料。其作用是在基肥肥效减弱时补足对作物的养分供给，更好地满足各生育期对养分的需求。追肥一般在营养临界期和最大效率期进行，可一次或多次施用。一次用量过大或作物生育期较长时，应该分次施用。追施量一般占施肥总量的50%左右。其中元素比例大致为氮70%，磷、钾20%～40%。每次施用量可根据追肥总量及次数大致均分。

（2）施用原则 一要看土施肥，即肥土少施，瘦土多施；砂土少施，黏土多施。二要看苗施肥，即旺苗不施，壮苗轻施，弱苗适当多施。三看植物的生育阶段，苗期少施，营养生长与生殖生长旺盛时多施。四看肥料性质，一般苗期以速效肥为主，而营养生长与生殖生长旺盛时则以有机、无机配合施用为主。五看植物种类，小麦等播种密度大的植物以速效肥为主。此外，还要看天气或灌溉条件等。

（3）施用技术 一是撒施法（适用于水稻等播种密度大的作物）。二是沟施法，即开沟施用（适用于棉花，玉米等作物），氮肥要深施5～10cm，并覆土压实。磷、钾肥移动性较差，要尽量靠近作物根系施用，深度与根系密集分布层一致。三是环施法，例如果树在其周围开一条围沟施肥。四是喷施法（根外追肥），作为补充施用肥料的方法。

（4）应注意的问题 一是要尽量避免或减少肥料散落在叶面上，以免烧伤叶片。二是随施随灌，确保肥料全部及时随水进入农田。

4. 常见的不合理施肥方式

施肥方式不当会使肥效大大降低，大多是因为施肥数量、施肥时期、施肥方法不合理造成的。常见的不合理施肥方式有以下几种。

（1）施肥浅或表施 不少化学肥料易挥发、流失或难以到达作物根部，不利于作物吸收，造成肥料利用率低。肥料应施于种子或植株侧下方16～26cm的地方。

（2）双氯肥 用氯化铵和氯化钾生产的复合肥称为双氯肥，含氯约30%，易烧苗，要及时浇水。盐碱地和对氯敏感的作物如烟草等不能施用含氯肥料。对叶（茎）菜过多施用氯化钾等，不但造成蔬菜不鲜嫩、纤维多，而且使蔬菜味道变苦，口感差，效益低。

（3）施用方法不当 由于施用方法不当，可能造成肥害，发生烧苗、植株萎蔫等现象。例如，一次性施用化肥过多或施肥后土壤水分不足，会造成土壤溶液浓度过高，作物根系吸水困难，导致植株萎蔫甚至枯死。施氮肥过量，土壤中有大量的氨或铵离子，一方面氨挥发，遇空气中的雾滴形成碱性小水珠，灼伤作物，在叶片上产生焦枯斑点；另一方面，铵离子在旱土上易硝化，在亚硝化细菌作用下转化为亚硝酸，气化产生二氧化氮气体会毒害作物，在作物叶片上出现不规则水渍状斑块，叶脉间逐渐变白。此外，土壤中铵态氮过多时，植物会吸收过多的氨，引起氨中毒。

(4) 过多地使用某种营养元素　这样，不仅会对作物产生毒害，还会妨碍作物对营养元素的吸收，引起缺素症。例如，施氮过量会引起缺钙；硝态氮过多会引起缺钼失绿；钾过多会降低钙、镁、硼的有效性；磷过多会降低钙、锌、硼的有效性等。

(5) 新鲜的人粪尿不宜直接施用于蔬菜　新鲜的人粪尿中含有大量病菌、毒素和寄生虫卵，如果未经腐熟而直接施用，会污染蔬菜，易传染疾病，需经高温发酵或无害化处理后才能施用。未腐熟的畜禽粪便在腐烂过程中，会产生大量的硫化氢等有害气体，易使蔬菜种子缺氧窒息；并产生大量热量，易使蔬菜种子烧种或发生根腐病，不利于蔬菜种子萌芽生长。

为防止肥害，生产上应注意合理施肥。一是增施有机肥，提高土壤缓冲能力。二是按规定技术标准施用化肥。根据土壤养分水平和作物对营养元素的需求情况，合理施肥，不随意加大施肥量，施追肥应掌握轻肥勤施的原则。三是全层施肥。同等数量的化肥，在局部施用时往往造成局部土壤溶液浓度急剧升高，伤害作物根系，全层施肥使肥料均匀分布于整个耕层，避免伤害作物。四是大力发展复合肥，提高化肥质量，减少肥料杂质，提高施肥效率。

本章小结

植物必需的营养元素按照阿农等提出的三条判断标准，目前公认的有16种。这16种元素按其在植物体内的含量可分为大量元素和微量元素两组，其中，氮、磷、钾三种元素，由于作物需要量比较多，而土壤中可供给的有效态数量较少，常常限制作物的生长和产量，因此它们被称为“肥料三要素”。

植物对养分的吸收主要是通过根部吸收的，吸收的主要部位是根毛区。离子态养分是植物吸收的主要形态。养分到达根表的方式有三种：截获、质流和扩散。吸收养分有被动吸收和主动吸收两种形式。影响根系吸收养分的主要因素有：土壤温度、土壤含水量、土壤通气状况和土壤酸碱度（pH值）等。

作物营养特性包括作物营养的共性与个性、作物营养的遗传特性和作物营养的阶段性。其中有两个时期是作物吸收养分的关键时期，一是植物营养临界期，一般在作物生长初期，吸收的数量少，强度小；二是强度营养期，一般在作物生长的旺盛时期，吸收的数量多，吸收强度大，此期是养分的最大效率期，也是影响产量最大的时期。

合理施肥的基本原理包括养分归还学说、最小养分律、报酬递减律及综合因子作用律。充分认识施肥原理，在施肥实践中，就可以避免盲目性，提高肥料利用率，从而发挥肥料最大的增产作用，获得最高的经济效益。

复习思考题

1. 确定植物生长发育必需营养元素的标准有哪些？其实质分别是什么？
2. 为何把氮、磷、钾称为“肥料三要素”？
3. 营养元素的同等重要律和不可代替律的含义是什么？对指导合理施肥有何实践意义？
4. 土壤养分到达根表的方式有几种？影响土壤养分向根迁移的因素有哪些？
5. 被动吸收和主动吸收的主要区别是什么？

6. 叶部营养有什么特点？哪些情况需采用叶部营养的方式？

7. 作物吸收养分的两个关键时期是什么？有什么特点？对施肥有何意义？

8. 施肥的基本原理有哪些？怎样理解最小养分律和报酬递减律？

9. 为什么要分别施用基肥、种肥和追肥？

10. 常见不合理的施肥方式有哪些？

第六章 土壤养分与化学肥料

>>> 学习目标

技能目标

【学习】各类化学肥料的成分、性质和施用技术方法。

【熟悉】复混肥料（包括BB肥）的生产工艺流程。

【学会】常见植物营养失调症状的识别、诊断和常用化学肥料的鉴定及施用技术。

必要知识

【了解】我国化肥生产现状、发展趋势及新型肥料的应用概况。

【理解】中、微量元素的营养功能及土壤中的中、微量营养元素的含量、形态、转化及供应状况。

【掌握】氮、磷、钾的营养功能及土壤中氮、磷、钾素的含量、形态、转化及供应状况。

相关实验实训

实验七　土壤碱解氮含量的测定（见311页）

实验八　土壤速效磷含量的测定（见313页）

实验九　土壤速效钾含量的测定（见315页）

实验十　土壤水溶性盐总量的测定（见317页）

实验十一　化学肥料的系统鉴定（见320页）

实训三　植物营养的外观诊断与化学诊断技术（见326页）

实训五　配方肥（BB肥）的生产工艺参观（见332页）

大量元素氮、磷、钾，中量元素钙、镁、硫及微量元素铁、硼、锰、铜、锌、钼和氯均是所有高等植物生长发育必不可缺少的营养元素。它们既是植物体内多种重要有机化合物的组分，又以多种方式直接参与植物体内的各种代谢过程，而这些营养元素大部分是植物根系从土壤中吸收的，因此，土壤条件和施肥措施对保证作物的高产、优质及土壤肥力的持续、稳定和提高具有重要作用。所以，了解这些养分的营养规律，掌握各种化学肥料的成分、性质及其在土壤中的转化与有效施用方法，对合理施肥、充分发挥肥料的增产效益具有重要意义。

第一节　土壤氮素与氮肥

一、植物的氮素营养

1. 植物体内氮的含量和分布

氮是促进植物生长和产量形成的重要营养元素之一。植物体内的含氮（N）量约占植物体干重的0.3%～5%。氮是除碳、氢、氧外，植物体内含量最高的矿质元素，其含量高低常因植物种类、器官、生育时期及营养条件不同而异。豆科植物蛋白质含量丰富，含氮量也较高，往往高于禾本科作物；同一植物的不同品种间含氮量也有差异性，通常是耐肥品种高于不耐肥品种；植物幼嫩器官和种子中含氮量较高，而茎秆尤其是老熟茎秆含氮量较低；氮在植物体内具有较大的移动性，同一植物不同生育时期含氮量也不相同，一般在营养生长阶段，氮素主要集中在茎叶等幼嫩组织或器官中，当转入生殖生长时期，茎叶中大约有70%的氮素逐步向籽粒、果实、块根、块茎等储藏器官转移，并主要以合成蛋白质的形式储存起来。除此之外，环境条件和供氮水平也能在不同程度上影响植物体内的氮素营养状况，随施氮量增加，植物各器官含氮量均有明显提高，通常是营养器官的含量变化大，生殖器官变动幅度较小。综合国内外有关资料，将一些植物的含氮量（成熟期干物质基础）列于表6-1。

表6-1 大田农作物及园艺作物的含氮量 单位：%

作物	籽粒	茎秆	叶片	作物	籽粒	茎秆	叶片
冬小麦	2.0～2.5	0.33～0.50	1.0	烟草	—	1.64	2.45
水稻	1.2～1.4	0.51～0.63	—	茶树	—	—	4.7(茶叶)
玉米	1.5～1.6	0.21～0.70	2.0	马铃薯	1.93(块茎)	—	2.5(茎叶)
棉花	3.00～3.68	1.46～2.25	3.20	叶菜类	—	—	3.5～4.0
油菜	3.0	0.52	—	番茄	—	—	1.88(茎叶)
大豆	5.36～5.80	1.20～1.75	—	西瓜	0.30(果实)	—	3.0
花生	4～5	1.0	1.5～2.3	苹果	—	—	1.75～2.25
豌豆	4.5	1.04～1.40	—	苗木	—	—	1.55～2.80

2. 氮的营养功能*

氮素的营养功能主要是通过参与组成一系列重要有机物来实现的。

（1）蛋白质　氮是蛋白质的重要组成成分，蛋白质中约含16%～18%的氮，蛋白质氮通常占植株全氮的80%左右。蛋白质是构成细胞原生质的基础物质，原生质是植物体内代谢活动的中心。在植物生长发育过程中，如果供氮不足，细胞的增长和分裂以及新细胞的形成受阻，从而导致植株生长发育缓慢，甚至出现生长停滞。除此之外，蛋白质的重要性还在于它是生命的物质基础，是生命存在的一种形式。一切动、植物的生命都处于蛋白质不断合成和分解的过程之中，没有氮素就没有蛋白质，也就没有了生命，氮素是一切有机体不可缺少的元素，因此它常被称为“生命元素”。对以收获蛋白质为主的农产品而言，氮也可被称为“品质元素”。

（2）核酸和核蛋白　核酸是遗传的物质基础，核酸中含氮15%～16%，核酸态氮约占植株全氮的10%左右。核糖核酸（RNA）和脱氧核糖核酸（DNA）均含有氮素。核酸在细胞内通常与蛋白质结合，以核蛋白的形式存在。核酸与蛋白质的合成、植物的生长发育和遗传变异均有密切关系。

（3）叶绿素　高等植物叶片中含有20%～30%的叶绿体（以体积计），叶绿体是植物进行光合作用的主要场所，而叶绿体含45%～60%的蛋白质；此外，叶绿体中的叶绿素在绿色植物进行光合作用的过程中起着决定性作用，而叶绿素a（$C_{55}H_{72}O_5N_4Mg$）和叶绿素b（$C_{55}H_{70}O_6N_4Mg$）分子中均含有氮素。叶绿素含量高低直接影响着光合作用的速率和光合产物的形成。植物缺氮时，叶片中叶绿素含量下降，叶片黄化，光合强度减弱，光合产物减少，从而使作物产量明显降低。因此，在大田农业生产中，常根据作物叶色的变化有针对性提出管理措施。有些情况下，叶色的深浅也与叶菜类蔬菜的营养价值有关。

（4）酶　酶是由蛋白质组成的高效生物催化剂。植物体内各种生化作用和代谢过程都必须有相应的酶参加，起生物催化作用，许多生物化学反应的方向和速度都是由酶系统控制的，缺少相应的酶，代谢过程就很难顺利进行。可见，氮素常通过酶的作用间接影响植物的生长发育，氮素的供应状况关系到植物体内各种物质及能量的转化过程。

（5）其他含氮有机物　① 植物体内一些维生素如维生素B_1、维生素B_2、烟酸、维生素B_6、叶酸等均含有氮，它们是辅酶的成分，参与植物的新陈代谢。② 一些生物碱如烟碱、茶碱、胆碱、可可碱、咖啡碱等都含有氮，其中胆碱是参与生物膜形成的卵磷脂的重要成分。③ 植物光合作用和呼吸作用形成的高能磷酸化合物——ATP也含有氮素。④ 氮也是一些植物激素的成分，如植物生长素、细胞分裂素、赤霉素等都含有氮，它们在植物体内的含量虽不多，但对植物的生长发育和体内多种生理代谢过程起着重要的调节作用。

可见，氮素在植物营养中的生理功能极为重要和广泛，对植物生长发育及代谢活动的影响全面而深刻，在种植业生产中合理施用氮肥的重要性是不言而喻的。

3. 植物对氮素的吸收与同化*

植物根系从土壤中吸收氮素以无机态氮为主。据^{15}N示踪结果，根系虽能直接吸收氨基酸、酰胺及尿素等有机态氮，但由于土壤中含量很少，其营养意义远不如无机氮重要。

(1) 植物对无机氮的吸收　NO_3^- 和 NH_4^+ 为根系吸收无机氮的主要形态。根系吸收的 NH_4^+ 可直接被利用，而 NO_3^- 必须还原为氨，才能参与氨基酸、蛋白质等含氮有机物的合成。

(2) 硝态氮的还原　硝酸还原为氨大体上经历两个步骤：第一步在硝酸还原酶的催化下，硝酸还原为亚硝酸，其过程基本清楚；第二步是在亚硝酸还原酶的催化下，亚硝酸还原为氨。硝酸还原作用既可在根部进行，也可在叶部进行。硝态氮还原与光合、呼吸等生理过程有较多联系，适宜的光照、温度、通气及 Mo、Fe、Mn 等微量元素的供应都是必要条件，这也从一个侧面说明养分配合对加强氮素营养的重要性。

(3) 铵态氮的同化　由硝酸还原的氨或根系从土壤中吸收的铵态氮，均可与呼吸基质氧化产生的酮酸结合，生成氨基酸，此即氨基化作用，同时，氨基酸（如谷氨酸）还可以通过转氨基作用形成一系列新的氨基酸。

(4) 酰胺的形成及意义　当氮源充足时，植物体内的氨就可与氨基酸结合形成酰胺，如谷氨酰胺和天门冬酰胺。酰胺的形成具有重要意义。首先，酰胺是植物体内氨贮存的一种形式，它可作为各种含氮有机物合成时氮的来源；其次，它可消除植物体内游离态氨积聚过多的毒害作用；另外，可将鉴定植株中酰胺的有无，作为水稻等作物氮素丰缺的生理指标之一。

4. 常见植物氮素营养失调症状

(1) 缺氮　植物缺氮的较普遍症状有以下几点。①植物缺氮时，蛋白质合成受阻，蛋白质和酶的数量下降。②氮是移动性强的元素，植物缺氮时，老叶中的蛋白质分解，释放出氮素向新叶、顶芽等幼嫩组织转移，此即氮素的再利用现象，结果使老叶叶绿体结构被破坏，叶绿素合成减少，从而表现为叶片自下而上黄化。所以当植物叶片出现淡绿色或黄色时，即表示植物有可能缺氮。③植物缺氮时，含氮的植物激素如生长素、细胞分裂素含量下降，致使生长点细胞分裂和生长受阻，导致植株生长缓慢、植株矮小、瘦弱，分蘖或分枝减少，作物易早衰、结实率降低，最终导致产量下降。④植物缺氮也可使作物产品品质下降。供氮不足致使作物产品中的蛋白质含量减少，蔬菜纤维素含量增加，口感差，水果体积变小，维生素和必需氨基酸含量也相应减少，致使其商品价值下降。

知识扩展*

主要大田及园艺作物缺氮症状介绍如下。

① 稻麦类作物。植株矮小，分蘖少；叶片直立，黄绿色，茎短而纤细；穗短小，不实率高。②玉米。苗期生长缓慢，矮瘦，叶色黄绿。抽雄推迟；生长盛期缺氮，老叶从叶尖沿中脉向叶片基部呈“V”字形枯黄。③棉花。植株生长缓慢，分枝少；叶片淡黄绿色，叶面积显著变小；蕾、花、铃减少，铃重减轻，籽棉产量、衣分及纤维质量均下降。④油菜。生长瘦弱，叶片少而小，叶色黄；有效分枝数和每角果的粒数明显减少，千粒重也相应降低，含油量和产量显著下降。⑤ 蔬菜。一般表现为生长缓慢，株形矮小；叶色褪淡、发黄甚至全株黄化，老叶易脱落。结球类叶菜包心延迟或不包心；果菜类蔬菜果实小或畸形。⑥果树。新梢生长缓慢，枝叶稀少且细小；叶色褪淡，老叶黄化早衰且易脱落；枝条老化，树冠扩展受阻，树势加速衰老；花和果实均少，果实不饱满，成熟提早，产量和品质下降。

(2) 氮过剩　氮素供应过多，常给植物生长、产量及品质等带来一系列负面影响。①叶绿素大量形成，叶色浓绿，大量光合产物聚集在叶片等营养器官中，不能有效转化和运输。②植株徒长，贪青迟熟，易倒伏，落花落果现象较重，产量下降。③植物吸收硝态氮及合成叶绿素、氨基酸、蛋白质过程需要消耗大量的光合产物，即“得氮耗糖”作用，使果实含糖量下降，瓜果不甜，品质下降；甜菜块根小、产糖率下降；纤维作物产量减少，纤维品质降低。④大量施用氮肥会降低果蔬品质和耐贮性。⑤大量施氮可导致植株营养生长过旺，群体郁蔽，湿度增加；且植株幼嫩多汁，可溶性碳、氮化合物增多，细胞壁薄，作物抗逆性变差，易受机械损伤（如倒伏）和病虫害侵袭。

知识扩展*

几类农作物氮素供应过多时的症状介绍如下。

① 稻麦类作物。易出现叶片肥大下垂，群体间相互遮阴，严重影响叶片光合作用的进行，植株体内碳水化合物缺乏，形成"生理饥饿"，不仅茎秆细弱，易于倒伏，而且营养生长期延长，贪青迟熟，籽粒秕瘦，千粒重降低，影响产量。②玉米。田间空秆率比较高，严重影响产量。③块根、块茎作物。地上部分旺长，地下块根、块茎小而少，且淀粉和糖含量降低，水分多，不耐贮藏。④棉花。植株旺长，蕾铃脱落严重，形成"高、大、空"，霜后花比重增加，纤维品质变劣。⑤烟草。叶片肥大而粗糙，植株发育和成熟期推迟，烤烟品质下降。⑥油料作物。结荚虽多，但籽粒小而少，含油量降低。

综上所述，氮素供应不足或过剩，均会对植物的生长发育、产量形成和产品品质带来不良影响。氮肥的适宜用量必须根据当地的土壤类型、养分状况、植物种类、肥料性质、施肥技术、农艺措施及生态环境条件综合考虑，才能充分发挥氮肥的增产效益。

二、土壤氮素状况

1. 土壤氮素含量

土壤中氮素的含量不仅受自然因素如土壤母质、植被、地形、气候等影响，同时也受施肥、灌溉、耕作及其他农业措施等人为因素的影响。自然植被下的土壤，其表土中氮素含量与土壤有机质含量密切相关，一般土壤全氮含量约为土壤有机质的1/20～1/10。耕地土壤氮素含量受人为耕作、施肥、灌溉等因素的影响更为明显，我国主要农业土壤耕层全氮(N)含量多为0.5～1.0g/kg。

2. 土壤氮素形态

(1) 无机氮 土壤中的无机氮主要包括铵态氮、硝态氮、亚硝态氮和气态氮等。其中铵态氮和硝态氮最易被植物吸收，属于土壤速效氮素，在植物的氮素营养方面具有重要意义。通常所谓的土壤无机氮即是指铵态氮和硝态氮，其含量一般仅占土壤全氮含量的1%～2%，且波动性大，常作为植物生长期间土壤氮素供应的参考指标。

(2) 有机氮 有机氮一般占土壤全氮的98%以上，构成了土壤全氮的绝大部分。有机氮的组成较为复杂，一般根据其溶解和水解的难易程度，分为三类。①水溶性有机氮。主要包括一些结构简单的游离氨基酸和酰胺等，有些小分子态的水溶性有机氮可以被植物直接吸收，分子量稍大的可以迅速水解成铵盐而被利用，水溶性有机氮的含量一般不超过土壤全氮量的5%。②水解性有机氮。主要包括蛋白质氮和氨基糖态氮，它们分别占土壤全氮的40%～50%和5%～10%，还包括一部分未知态的水解性氮。在土壤中，它们经过微生物的分解后，能够释放出植物直接吸收的氮素，可以作为植物的氮源。③非水解性有机氮。主要有胡敏酸氮、富里酸氮和杂环氮，占土壤全氮量的30%～50%，由于它们难于水解或水解缓慢，故对植物营养的作用较小，但对土壤的理化性质影响较大。

3. 土壤氮素转化

土壤中各种形态的氮素在物理、化学和生物因素的作用下可进行相互转化（图6-1）。一般来说，土壤有机态氮经微生物矿化成铵态氮；一部分铵态氮可以被土壤黏粒矿物（胶体）吸附或固定；另一部分被微生物利用转化为有机氮，或经硝化作用氧化成硝态氮。如果在中性或碱性条件下，一部分铵态氮可以转化成氨而挥发损失；形成的硝态氮经微生物的反硝化作用转变成 N_2、NO、N_2O 或被微生物利用形成有机氮。可见，微生物在土壤氮的转化过程中起了重要作用，凡是影响微生物活性的因素，如土壤有机物的C/N、土壤水分和通气条件、土壤温度、pH 值等均能影响土壤中氮素的转化。

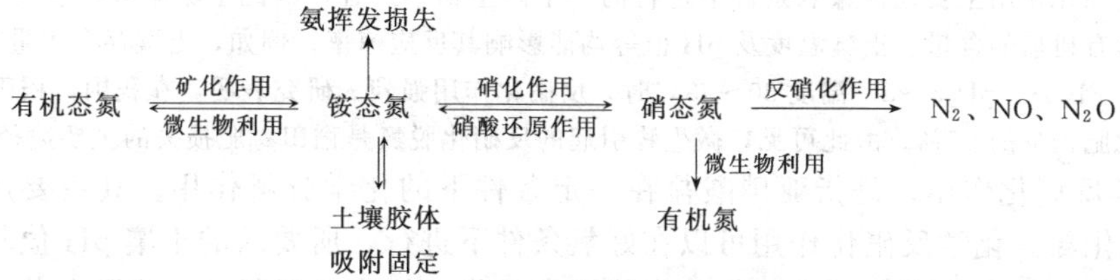

图 6-1　土壤氮素转化示意图

（1）有机态氮的矿化　在微生物的作用下，土壤中的含氮有机物质分解形成氨的过程，称为有机态氮的矿化作用。矿化作用在好氧、嫌氧和兼性条件下均能进行，通过氧化脱氨、还原脱氨或水解脱氨，从而释放出氨。

知识扩展*

土壤有机态氮的矿化强度和速率与土壤环境条件有关，一般土壤温度为 20～30℃、土壤湿度为田间持水量的 60%～80%、土壤 pH 值为中性、有机物 C/N 等于或小于 25/1 时，土壤有机氮的矿化作用最为旺盛、矿化速度最快。矿化作用产生的氨（NH_3）溶于土壤溶液中形成铵离子（NH_4^+），其去路有：被植物吸收；被微生物利用而转化为有机氮；被土壤胶体吸附或固定；在好氧条件下被氧化为硝态氮；在中性及碱性土壤中挥发损失。

（2）土壤胶体对铵态氮的吸附或固定　土壤胶体中，2∶1 型黏土矿物包括伊利石、蒙脱石、水云母和蛭石等能够吸附 NH_4^+。

知识扩展*

被黏土矿物晶格表面吸附的 NH_4^+，既不容易淋失，又有利于植物根系代换吸收，因此有效性高；但如果 NH_4^+ 吸附进入土壤黏土矿物的晶层间，就会形成“晶格固定”，即 NH_4^+ 的大小与这些黏土矿物层间晶穴的大小相近，很容易陷入晶穴中而被固定，从而暂时失去对植物的有效性，特别是在干湿交替频繁的条件下，黏土矿物涨缩性强，更易发生晶格固定。这种吸附固定，虽然降低了 NH_4^+ 的有效性，但也在一定程度上起到调节土壤溶液中 NH_4^+ 的浓度、提高土壤对氮的缓冲能力的作用，而且还可将土壤中过多的速效氮转化为缓效态氮储存起来，在植物生长的旺季再通过理化过程释放出来，成为植物一个重要的氮素给源，这不仅有利于植物生长，也有助于减少氮素的挥发、淋溶、反硝化等损失。

（3）氨的挥发损失　在中性或碱性条件下，土壤中的吸附态 NH_4^+ 转化成 NH_3 而挥发损失的现象称氨的挥发。氨挥发的速率主要取决于土壤 pH、土壤温度和施肥深度等，而且凡影响这些因子的条件也将影响到氨的挥发。例如，当土壤 pH 值小于 7 时，几乎没有氨的挥发损失，随着 pH 值升高，氮损失量增加；随土壤温度升高，氨的挥发损失就会增加。反则挥发损失少；铵态氮肥深施于表土 10cm 以下氮素挥发损失较小，生产中把氮肥深施作为提高氮肥利用率的最有效措施之一。

（4）硝化作用　硝化作用是指土壤中铵或氨在微生物的作用下氧化成硝酸盐的过程。此过程分两步进行。第一步：NH_4^+ 在亚硝化细菌的作用下，氧化成亚硝酸盐；第二步：亚硝酸在硝化细菌的作用下，转化成硝酸盐。硝化过程是一种氧化作用，只有在通气良好的土壤条件下才能进行。硝态氮比铵的移动性大得多，极易流失。因此，无论在旱地还是水田，铵态氮肥都应深施覆土，抑制硝化作用的进行，从而减少氮肥损失。

（5）反硝化作用　反硝化作用是指硝酸盐或亚硝酸盐还原为气态氮（分子态氮和氮氧化物）的作用过程。可分为微生物反硝化和化学反硝化两种类型。

① 微生物反硝化作用*。是指由反硝化细菌引起的反硝化作用，其反应过程为：

$$NO_3^- \longrightarrow NO_2^- \longrightarrow NO \longrightarrow N_2O \longrightarrow N_2$$

微生物反硝化作用主要是在嫌氧条件下进行的一个微生物学过程，因此土壤硝酸盐含量、水气条件、土壤中易分解有机质的含量、土壤温度及 pH 值等均能影响其反应速率。例如，土壤存在大量新鲜有机质、含氮量在 5%～10%、pH 5～8、温度 30～35℃时，反硝化作用强烈。研究表明，在我国，稻田中的反硝化脱氮量约占化肥损失的 35%。由此可见，微生物引起的反硝化脱氮是稻田氮肥损失的主要途径。

② 化学反硝化作用。是指亚硝酸盐在一定条件下的化学分解作用。其主要产物是分子态氮和一氧化氮。化学反硝化作用可以在好氧条件下进行，所要求的土壤 pH 值较低。

（6）无机氮的生物固定　无机氮的生物固定是指土壤中的无机氮（主要包括铵态氮和硝态氮）被微生物吸收同化后，构成其躯体而暂时保存在土壤中的现象。通过生物固定，土壤中的速效氮转化为植物不能直接吸收利用的有机态氮，这种固定是暂时的，微生物死亡后，通过有机质的矿化过程，又可转变为有效氮。

4. 土壤供氮能力及氮的有效性*

能被当季植物利用的氮素称为有效氮，包括水溶性铵盐、硝酸盐、交换性 NH_4^+ 和部分易分解的有机态氮，而土壤无机氮仅占土壤全氮的极少部分（一般不超过 2%），因此当季植物利用的氮素大部分来自于有机氮的转化。目前，我国采用全氮、碱解氮、土壤矿化氮和硝态氮来衡量旱地土壤的供氮能力；采用全氮、碱解氮（1mol/L NaOH）和铵态氮来衡量稻田土壤的供氮能力，其分级指标见表 6-2。一般认为，全氮可以指示土壤供氮的潜力，碱解氮与土壤有效氮的数量有一定联系，无机氮可以反应土壤供氮强度。

表 6-2　稻田土壤供氮能力的分级指标

全氮/%	分级指标			
	高	较高	中等	低
	＞0.20	0.15～0.20	0.10～0.15	＜0.10
碱解氮(1mol/L NaOH)/(mg/kg)	＞200	150～200	100～150	＜100

三、氮肥的种类、性质和施用

氮肥是农业生产中需要量最大的化肥品种，2014 年我国氮肥生产量为 4651.65 万吨左右，居世界首位，已经实现自给有余，并且以尿素为主的氮肥品种部分出口到其他国家。氮肥对提高作物产量，改善农产品品质有重要作用。现代氮肥工业生产所用的原料主要是合成氨。生产合成氨的哈伯（Haber）法是氮肥工业的基础，其反应式如下。

$$N_2 + 3H_2 \xrightleftharpoons[\text{催化剂}]{\text{高温、高压}} 2NH_3$$

合成氨所需的氮气来自空气，氢气来自水或燃料（煤、石油或天然气），且反应必须在高温、高压及有催化剂的条件下进行。合成的氨可直接做氮肥施用，同时也是生产其他商品氮肥的基本原料。合成氨还可经氧化制取硝酸（HNO_3），硝酸也是氮肥工业的原料。

知识扩展*

化学氮肥有不同的分类方法。其一是按含氮基团将化学氮肥分为铵态氮肥、硝态氮肥和酰胺态氮肥 3 种，此种方法较为常用。其二是根据肥料中氮肥的释放速率，将氮肥分为速效氮肥和缓释或控释氮肥，缓释或控释氮肥是当今氮肥的一个重要发展方向，故也将之作为一类肥料加以介绍。此外，根据化学氮肥施入土壤后是否残留酸根，将其分为"有酸根氮肥"和"无酸根氮肥"，前者如氯化铵、硫酸铵，这类肥料如果单一、长期、大量地施用会酸化土壤、破坏土壤性质；后者主要有尿素、碳酸氢铵、液体氮肥等，这类肥料可广泛适用于多种土壤和植物，一般对土壤性质无不良影响。

现将几类主要氮肥的性质及合理施用分述如下。

1. 铵态氮肥

凡氮肥中的氮素以 NH_4^+ 或 NH_3 形态存在的均属铵态氮肥。如碳酸氢铵、硫酸铵、氯化铵及液氨等。其共性包括：①易溶于水，植物能直接吸收利用，肥效快，生产中可作追肥；②肥料中的铵离子易被土壤胶体吸附或固定，移动性较小，不易流失，生产中更适于作基肥；③在通气良好的土壤中，铵（氨）态氮可进行硝化作用，转化为硝态氮，使化肥氮易遭淋失和反硝化损失；④在碱性环境中易发生氨的挥发损失；⑤高浓度的氨可导致植物中毒死亡，植物幼苗阶段对氨最敏感；⑥植物过量吸收铵态氮，会对 Ca^{2+}、Mg^{2+}、K^+ 等离子的吸收产生抑制作用，尤其对于蔬菜、果树和糖料作物，应避免一次大量施入，以免引起营养失调。

(1) 碳酸氢铵（NH_4HCO_3）　简称碳铵，它是用 CO_2 通入浓氨水，经碳化并离心干燥后的产物。因其具有投资少、生产工艺简单、能耗低等特点，一直是我国小型氮肥厂的主要氮肥品种，目前仍占有一定地位，但由于其化学性质不稳定、含氮量低、氮素利用率低等不利因素，逐步为含氮量高、稳定性好的氮肥品种所替代。近年来碳酸氢铵产量有所下降，2011 年产量为 2300 万吨（实物），较 2009 年下降 9. 1%。据估算，2014 年产量仅占氮肥产量的 10%左右。碳酸氢铵已经不再是一个全国性的氮肥品种，目前产量较大的省份有河南、山东、安徽、江苏、河北、湖南、湖北及四川等。

碳铵含氮（N）量 17%左右，其质量标准见表 6-3。

表 6-3　农业用碳酸氢铵的技术指标（GB 3559—2001）

指标名称	干碳酸氢铵	湿碳酸氢铵		
		优级品	一级品	合格品
氮(N)/%	≥17.5	≥17.2	≥17.1	≥16.8
水分(H_2O)/%	≤0.5	≤3.0	≤3.5	≤5.0

注：优级品和一级品必须含添加剂。

① 性质。碳铵为无色或白色细粒结晶，易吸湿结块，易挥发，有强烈刺鼻性氨味；易溶于水，20℃时，每 100g 水可溶解 20g 肥料，其溶解度较一般固体氮肥小，水溶液呈碱性（pH 8. 2～8. 4）。碳铵化学性质不稳定，即使在常温下也易分解，造成氮素的挥发损失。其反应式如下。

$$NH_4HCO_3 \longrightarrow NH_3\uparrow + CO_2\uparrow + H_2O$$

碳铵的分解速度主要受环境温度和肥料本身含水量的影响，环境温度越高、本身含水量越大、分解速率越快，氮素挥发损失就越多。碳铵的挥发还与空气湿度、暴露面积有关，空气湿度愈高，与空气接触面积愈大，分解损失愈多。因此，在贮运过程中，必须包装严密并保持低温、干燥。

碳铵施入土壤后，分解形成的 NH_4^+ 和 HCO_3^- 均可被植物吸收，不残留酸根，属于“生理中性肥料”，长期施用不会对土壤产生不良影响。4 种不同土壤（pH 5.1～8.5，黏粒 11%～33%）对氮肥的吸附，如以碳铵被吸附量的相对值为 100，则硫铵一般为 73～94，氯铵为 64～89，硝铵为 58～79，尿素为 8～11，碳铵在任何情况下都是最易被土壤吸附的一种氮肥。商品性质较差的碳铵一经施入土壤中，就不易继续挥发损失氮素，也不易淋失。碳铵这一优良的农业化学性质，有利于延长和提高施用后的肥效。

② 施用。碳铵可以作基肥和追肥，因碳铵分解释放出的 NH_3 会抑制种子发芽出苗，因此不宜作种肥。始终坚持深施并立即覆土或结合浇水是碳铵合理施用的根本原则，施用深度以 6～10cm 为宜，一般施用量为 600～750kg/hm²。

碳铵在施用中应注意三个方面的问题：一是不能与钙镁磷肥或草木灰等碱性肥料混合施用；二是不与含氮量较高的人畜粪尿等有机肥料混合施用；三是追肥时肥料不能撒落在茎叶上，以避免氮素挥发损失或灼伤作物。

(2) 硫酸铵[$(NH_4)_2SO_4$] 简称硫铵，含氮（N）20%～21%，含硫（S）24%，我国硫铵产量很少，大多是炼焦等工业的副产品。硫酸铵的品质规格见表6-4。

表6-4 硫酸铵的品质规格

指标名称	一级品	二级品	三级品
氮(N含量以干基计)/%	≥21.0	≥20.8	≥20.6
水分(H_2O)/%	≤0.1	≤1.0	≤2.0
游离酸(H_2SO_4)/%	≤0.05	≤0.2	≤0.3

① 性质。纯品为白色结晶，工业副产品硫铵因含少量杂质而呈微黄色。易溶于水，20℃时，每100g水可溶解75g肥料，因硫酸铵中含有少量游离硫酸，水溶液呈微酸性。吸湿性小，物理性状良好。化学性质稳定，常温下不分解、不挥发。

硫酸铵施入土壤后，很快溶解于土壤水中，在土壤溶液中解离为NH_4^+和SO_4^{2-}。由于植物根系吸收NH_4^+的速率或数量快于或大于SO_4^{2-}，土壤中残留的SO_4^{2-}会与土壤中的或来自根表面NH_4^+交换出的H^+结合，引起土壤酸化，因此硫酸铵属于“生理酸性肥料”，如果长期地单一施用大量硫酸铵肥料，必然会对土壤性质产生不良影响，造成土壤酸化。因此，在酸性土壤上施用硫酸铵，应配合施用石灰，以中和土壤酸性，并注意石灰和硫酸铵要分开施用。在石灰性土壤上，SO_4^{2-}则与Ca^{2+}结合生成硫酸钙，因其溶解度小，容易形成细粒状沉淀，堵塞土壤空隙而引起土壤结构破坏、板结，因此应重视有机肥的施用，保持土壤疏松；再则石灰性土壤碳酸钙含量高，呈碱性反应，易造成氨的挥发损失，所以必须深施覆土。在旱地，硫酸铵经硝化作用转化为硝酸，易随水淋失。硫铵施入水稻田，在淹水条件下，易产生硫化氢的毒害作用，使稻根发黑甚至腐烂，如有发生应及时排水通气。

② 施用。硫酸铵适用于一般土壤和各种作物，也可以作为硫肥施用到缺硫土壤上，尤其适用于葱、蒜和十字花科等“喜硫植物”，“喜硫植物”施用硫酸铵不仅可增产，而且更有利于其产品中特殊气味（芥子油糖甙）的形成。硫酸铵可作基肥、追肥，大田作物常用量为300～450kg/hm²；硫铵是各类氮肥中最适于做种肥的氮肥品种，但其用量也不宜过大，一般用作种肥时的施用量为45～75kg/hm²。

此外，硫酸铵还适于在盐碱土上施用。其主要原因：一是硫酸盐离子同钠离子结合，形成可溶性硫酸钠而极易被冲洗掉，降低了土壤中钠含量（此也正是生产中用石膏化学改良盐碱地的原理）；二是硫酸铵的酸性降低了土壤的pH，植物生长发育的土壤环境得以改善，相应也提高了磷、铁等营养元素的有效性。

(3) 氯化铵（NH_4Cl） 简称氯铵，含氮（N）量24%～25%（理论值26.4%）。氯化铵是联合制碱工业的副产品，我国是世界上生产和施用氯化铵最多的国家，年产量已达几百万吨，氯化铵逐渐成为我国农用化学氮肥的主要品种之一。农用氯化铵的质量标准见表6-5。

表6-5 农用氯化铵的质量标准（GB 2946—2008）

指标名称	优级品	一级品	合格品
氮(N含量以干基计)/%	≥25.4	≥25.0	≥24.0
水分(H_2O)/%	≤0.5	≤1.0	≤7.0
钠盐的质量分数(以Na计)/%	≤0.8	≤1.0	≤1.6
粒度(ϕ1.0～4.0mm)/%	≥75.0	≥70.0	—

注：1. 水分指出厂检验结果；
2. 钠盐的质量分数以干基计；
3. 结晶状产品无粒度要求，粒状产品至少要达到一等品要求。

① 性质。氯化铵为白色结晶，含杂质时呈微灰或微黄色。易溶于水，20℃时，每100g水可溶解37g肥料，肥效较快，水溶液呈微酸性。物理性状较好，吸湿性较硫铵稍大，不易

结块。化学性质较稳定，常温下不易分解。

氯化铵施入土壤后，在土壤中的转化与硫铵相似，也属于生理酸性肥料。氯化铵使土壤酸化程度较硫铵更重些，酸性土壤上长期大量施用更应配合施用石灰或有机肥。在中性及石灰性土壤上，铵离子与土壤胶体上的钙离子进行交换，生成易溶性氯化钙，在排水良好的土壤中，氯化钙易被水淋洗流失，导致土壤钙的流失和胶体品质下降。而在干旱或排水不良的盐渍土上，氯离子浓度增加，不利于植物生长，因此，氯化铵一般不能在盐碱地上施用。氯化铵在土壤中的硝化作用比硫铵慢，这是因为氯化铵中含有的大量的氯对参与硝化作用亚硝化毛杆菌有抑制作用。同时，在水田中不会发生 H_2S 毒害，所以氯化铵特别适于在水田施用，其效果要好于硫酸铵。

② 施用。氯化铵宜作基肥和追肥，常用量为：基肥 300～600kg/hm^2，追肥 150～300kg/hm^2。不适合作种肥和秧田肥，因为氯化铵含氯（Cl）量高达 66%，氯化铵分解后所形成的氯离子会影响种子发芽和幼苗生长。氯化铵适用于棉花和麻类作物，可提高棉麻纤维的韧性和抗拉性，改善产品品质。但氯化铵不宜用于耐氯能力差的烤烟、糖料、果树、茶树、薯类等作物上，否则对其品质有不良影响。氯化铵施于块根、块茎等薯类作物会降低淀粉的含量；施用于甜菜、葡萄、柑橘等植物会降低其含糖量；施于烟草则影响其燃烧性和香味。

国内也有研究结果指出，作物吸收氯离子主要积累在茎叶中，籽粒、块根中极少；在多雨地区即使施在甘薯等“忌氯作物”上，产量和品质也基本上无不良影响，其肥效与等氮量的尿素、碳铵相当。一般而言，在南方氯化铵优先用于水稻，北方用于水浇地的粮食作物及豆类作物等，都可以取得较好经济效益。

(4) 液氨（NH_3）　液氨是由合成氨直接加压［15atm(1atm≈101kPa)］经冷却、分离而成的一种高浓度液态氮肥。液氨含氮（N）82.3%，是目前含氮量最高的氮肥品种，与等氮量的其他氮肥相比，具有生产成本低、节约能源、便于管道运输等优点，是一种很有发展前景的肥料，在国外生产量逐年增加，如美国施用液氨已很普遍，约占氮肥施用量的 40%。

液氨在常压下呈气态，其蒸发点为－33℃，加压至 1723～2027kPa 时才呈液态，因此，液氨的运输、贮存和施用均需要耐高压的容器和特制的施肥机具，这也是液氨未能在我国广为应用的主要原因。

液氨适于秋冬季作基肥，施用量 75～150kg/hm^2，施用深度根据土壤质地、含水量及其用量而定，一般应施入土层 15cm 以下，含水量低、质地轻或施肥量大时，应适当增加施肥深度，避免氨的挥发损失。

液氨属于有毒液化气体，施用液氨务必注意安全，防止人体灼伤和冻伤。

2. 硝态氮肥

凡肥料中的氮素以硝酸根（NO_3^-）形态存在的均属于硝态氮肥。包括硝酸铵、硝酸钙、硝酸钠、硫硝酸铵和硝酸铵钙等。其共同点为：①易溶于水，溶解度大，为速效性氮肥，特别适于作追肥；②吸湿性强，易结块，受热易分解，放出氧气，易燃易爆；③施入土壤后，不被土壤胶体吸附或固定，移动性大，易淋失，不宜作基肥；④能被土壤微生物反硝化成气态氮，造成氮损失；⑤本身无毒，过量吸收无害；⑥主动吸收，促进植物对钙、镁、钾等阳离子的吸收。

(1) 硝酸铵（NH_4NO_3）　硝酸铵简称硝铵，由硝酸中和合成氨而成，含氮（N）量 33%～35%，是当今世界上主要的氮肥品种之一。但在我国，国务院办公厅于 2002 年 9 月 20 日下发《关于进一步加强民用爆炸物品安全管理的通知》，明确将硝酸铵纳入民用爆炸物品管理，不得作为化肥生产和销售。同时，暂停进口硝酸铵。允许将硝酸铵作改性处理，制成复合肥或者混合肥，使之失去爆炸性，并且不可还原后作为化肥销售、使用。改性处理后的硝态氮肥，要符合有关部门制定的新的产品标准。由于硝酸铵已退出我国化肥市场，因此不再介绍。

(2) 硝酸钠 ($NaNO_3$) 硝酸钠又名智利硝石，因盛产于智利并远销各国而闻名于世。硝酸钠也可通过工业制造即利用硝酸进行不同工艺的加工生产而获得。我国实际上并未批量生产硝酸钠肥料级产品。尤其是在我国北方生产资料市场上，几乎看不到硝酸钠的销售。

① 性质。硝酸钠含氮 (N) 量为 15%～16%，天然硝酸钠常含有硫酸钠和钙、镁的硝酸盐等杂质，纯净硝酸钠系白色或浅灰色结晶，易溶于水，10℃时溶解度为 96%，20℃时临界吸湿点为相对湿度 74.7%，比硝酸铵稳定。

② 施用。硝酸钠宜作旱地追肥。硝酸钠含有 26%的钠 (Na)，在作物较多吸收 NO_3^- 后残留土壤。故硝酸钠为生理碱性肥料，连续使用硝酸钠可能会造成局部土壤 pH 值上升及土壤中钠离子的积累，甚至还可能会影响土壤理化性状，使土壤结构性变差，易板结，因此硝酸钠不宜施用于盐碱地。国外长期将硝酸钠施用于烟草、棉花等旱作物上，肥效较好。对一些喜钠作物，如甜菜、菠菜等有显著的增产效果，肥效常高于其他氮肥。施用硝酸钠时须注意防止 NO_3^- 流失，防止 Na^+ 的副作用，注意与其他氮肥及钙质肥料搭配使用。

(3) 硝酸钙[$Ca(NO_3)_2$] 除天然矿石外，硝酸钙常由碳酸钙与硝酸反应生成，也是冷冻法生产硝酸磷肥的副产品。我国只有少量产品用作肥料，但目前还没有统一的国家标准。

① 性质。硝酸钙含氮 (N) 13%～15%，纯净硝酸钙是白色细粒结晶，肥料级硝酸钙是一种灰色或淡黄色颗粒，易溶于水，溶解度 128.8%。极易吸湿结块，20℃时吸湿点为相对湿度 54.8%，硝酸钙对热稳定，只在高温 (561℃) 下分解。

② 施用。硝酸钙在与土壤作用及被作物吸收过程中，表现为弱的生理碱性，但由于含有充足 (24%) 的 Ca^{2+} 而不致引起副作用，适用于多种土壤和作物，尤其是酸性土壤、盐碱土或缺钙土壤。对甜菜、大麦、燕麦、亚麻、蔬菜、果树、花生、烟草、马铃薯等作物均具有良好肥效。

施用硝酸钙时主要应避免 NO_3^- 的流失，同时其含氮量低，最好与其他高浓度稳定氮肥(如尿素) 搭配使用。随着设施园艺和无土栽培的发展，需要配制包括足量钙离子在内的完全养分营养液，供滴灌等随水施用。硝酸钙因其含有 NO_3^- 和较多的 Ca^{2+}，而成为首选钙营养肥料，已成为配制多种营养液时必须使用的品种，消费量不断增长。

3. 酰胺态氮肥

凡是肥料中的氮以酰胺基形态存在的叫做酰胺态氮肥，主要为尿素。尿素因具有含氮量高、物理性状好、化学性质稳定及无副成分等优点，成为世界上施用量最多的氮肥品种，也是我国重点生产的高浓度氮肥品种，化工部门常称其为“大氮肥”，近年来发展很快，2014 年我国生产尿素 3303 万吨左右，占我国氮肥总产量的 65%左右。

尿素的化学名称叫碳酰二胺，分子式为 $CO(NH_2)_2$，含氮 (N) 量 46%，是固体氮肥中含氮量最高的品种。尿素的品质规格见表 6-6。

表 6-6 尿素的品质规格 (GB 2440—2001)

指标名称	优级品	一级品	合格品
总氮(N 以干基计)/%	≥46.4	≥46.3	≥46.0
缩二脲($C_2H_5O_2N_3$)/%	≤0.9	≤1.0	≤1.5
水分(H_2O)/%	≤0.4	≤0.5	≤1.0
亚甲基二脲含量(以 HCHO 计)/%	≤0.6	≤0.6	≤0.6
粒度(ϕ0.85～2.80mm)/%	≥90.0	≥90.0	≥90.0

① 性质。尿素是一种化学合成的有机态氮肥，呈白色针状或柱状结晶，易溶于水，是溶解度比较大的氮肥，20℃时，每 100g 水可溶解 105g 肥料，水溶液呈中性。当温度低于

20℃时，吸湿性不大；若温度高于20℃，空气相对湿度大于80%时，尿素吸湿性增强。为了防止吸湿潮解、结块，目前生产的尿素常制成圆形小颗粒状，外涂一层疏水物，使其吸湿性大大降低，特别是适于机械化施肥。尿素生产过程中会产生缩二脲（$NH_2CONHCONH_2$），缩二脲是一种有毒物质，含量超过2%会抑制种子发芽，危害植物生长。尿素作根外追肥时，缩二脲不应超过0.5%，否则会伤害茎叶。

尿素施入土壤后，除少量以分子态被作物吸收或被土壤胶体吸附外，绝大部分尿素在土壤微生物分泌的脲酶作用下，水解为碳酸铵，并进而释放出氨。其反应式如下。

$$CO(NH_2)_2 + 2H_2O \xrightarrow{\text{脲酶}} (NH_4)_2CO_3$$

$$(NH_4)_2CO_3 \longrightarrow 2NH_3\uparrow + CO_2\uparrow + H_2O$$

尿素的转化速率主要取决于脲酶的活性。土壤酸碱度、温度、湿度、质地及施肥方式等都可影响其活性，其中温度影响更为明显，温度越高，水解速率越大。一般来说，土壤温度为10℃，转化需7～10d；20℃时需4～5d；30℃时只需1～3d即可全部转化成碳铵。尿素转化为铵态氮后，才能被植物大量吸收，但这又会造成氨的挥发损失，因此尿素也应深施覆土。近些年来国内外进行的一些有关应用脲酶抑制剂的研究，就是以延缓尿素水解，减少氨挥发损失为出发点的。尿素为“生理中性肥料”，长期施用对土壤无副成分残留、无不良影响。

② 施用。尿素适用于各种土壤和作物，可作基肥和追肥。常用施肥量为150～300kg/hm^2。施用时应采取深施覆土、撒施后随即耕翻或施用后立即灌水的办法，使肥料尽快进入耕土层，因深层土壤脲酶的活性较低，减缓了尿素的水解，可使肥效延长，并可减少氨的挥发损失。肥料中含有少量缩二脲，不利于种子发芽，因此尿素一般不作种肥。如必须作种肥时，一是严格控制用量在37.5kg/hm^2；二是将肥料与干细土混合，施在种子下方或水平距离3cm处，严禁与种子直接接触。

尿素是很理想的叶面肥。在各类氮肥中，尿素是最适于作根外追肥的一个品种，其原因有：①尿素分子体积小，易透过细胞膜；②呈中性、电离度小，不易引起细胞质壁分离，对茎叶损伤小；③具有一定的吸湿性，能使叶面较长时间地保持湿润状态，以利叶片吸收；④进入细胞后很快参与同化作用，肥效快。用作叶面追肥时，早晨或傍晚进行有利于延长湿润时间，施肥效果好。喷施浓度因作物而异（表6-7），一般用量为每次15kg/hm^2，每次间隔7～10d，喷2～3次。

表6-7　大田及园艺作物叶面喷施尿素的适宜浓度

作　物	浓度/%	作　物	浓度/%
稻、麦、禾本科植物	2.0	西瓜、茄子、薯类、花生、柑橘	0.4～0.8
露地黄瓜	1.0～1.5	桑、茶、苹果、梨、葡萄	0.5
萝卜、白菜、菠菜、甘蓝	1.0	柿子、番茄、草莓、温室花卉和黄瓜	0.2～0.3

尿素作根外追肥，还可以与喷施各种农药、化学除草剂、生长调节剂以及磷钾肥和微肥配合进行，一般不影响各自的效果，并且有利于提高功效。但必须注意保持混合喷施溶液的酸碱度为中性至微酸性。

4. 缓释或控释氮肥

缓释氮肥（slow release nitrogen fertilizer）又称长效氮肥，是指由化学或物理方法制成能延缓养分释放速率，可供植物持续吸收利用的氮肥。控释氮肥（controlled release nitrogen fertilizer）是指这类肥料不仅能延缓氮素释放速率，而且还能按植物的需要有控制地释放。缓释或控释氮肥具有以下优点：①溶解度小，能降低氮素淋失、反硝化及挥发损失，并有利于减少氮素的环境污染；②养分释放慢，肥效稳长，一次施用能在一定程度上供应植物全生育期对氮的需求；③减少了施肥次数，而且一次性大量施用也不会出现烧苗现象；④较广泛适用于砂质土壤、多雨地区、高温多雨季节、多年生果树、观赏植物、公园草地等，因此，其发展前景广阔，世界各国都很重视这类新型氮肥的研制和开发。但目前也存在一些问题，如生产成本太高造成价格昂贵、养分释放的速率和时间不易控制等，有待进一步深入研究。

通常按缓释或控释氮肥的性质和作用机理，将其分为合成有机微溶性氮肥和包膜氮肥两类。

(1) 合成有机微溶性氮肥　合成有机微溶性氮肥是以尿素为主体与适量醛类反应生成的微溶性聚合物。施入土壤后经化学反应或在微生物作用下，逐步水解释放出氮素，供植物吸收利用。主要包括尿素甲醛缩合物、尿素乙醛缩合物以及酰胺类化合物。

① 脲甲醛（代号 UF）。是以尿素为基体加入一定量的甲醛经催化剂催化合成的一系列直链化合物，是缓释氮肥中开发最早、应用最多的品种，为白色粉状或粒状微溶性无臭固体，其溶解度与直键长度呈反比。因此，通过控制肥料中长、短键聚合物的配合比例即可控制其溶解度和氮的释放速率。脲甲醛的含氮（N）量一般为 37%～40%，其中冷水不溶性氮占 30%左右。

脲甲醛可作基肥一次性施入，以等氮（N）量比较，对棉花、小麦、谷子、玉米等作物，其当季肥效低于尿素和硫铵等，但肥效较长；脲甲醛施于砂性土壤，其效果好于速效氮肥；但因其价格较高，常用于多年生果树、林木、公园绿地、草坪及观赏植物等。

② 脲乙醛（代号 CDU）。成品为白色粉状物，含氮（N）量为28%～32%，熔点为259～260℃。其在土壤中的溶解度与土壤温度和 pH 值有关，随着土温升高和酸度增大，溶解度增大。因此，脲乙醛较适用于酸性土壤。

脲乙醛可作基肥一次性施入土壤。当土温为 20℃时，脲乙醛在土壤中 70d 后有比较稳定的有效氮释放率，因此，较适用于不断刈割的牧草或绿化草坪。但如用于速生型或生长前期比较旺盛、需肥量较大的植物，应配合施用速效氮肥，以满足植物对养分的需求。

③ 草酰胺（代号 OA）。该产品含（N）氮 31%左右，白色粉末或粒状，微溶于水，施入土壤后直接水解成草胺酸和草酸，同时释放出氢氧化铵。

草酰胺施用在玉米上的肥效与施用硝酸铵相似，草酰胺呈粒状时释放养分减慢，但好于脲醛类肥料。

(2) 包膜氮肥　包膜氮肥是指为了控制速效氮肥的溶解度和氮素释放速率，在其外表面包裹一层或数层半透性或难溶性惰性物质而制成的肥料，如硫衣尿素、长效碳酸氢铵等。常用的包膜材料有硫黄、树脂、聚乙烯、石蜡、沥青及钙镁磷肥等。包膜氮肥主要通过包膜扩散、包膜逐步分解或水分进入膜内膨胀使包膜破裂等过程而释放出氮素。

① 硫衣尿素（简称 SCU）。硫衣尿素是在尿素颗粒表面涂以硫黄，用石蜡作包衣。不仅控制了养分释放，还能为植物提供硫素营养，同时又可起到改土作用。包膜主要成分除硫黄、石蜡外，还有杀菌剂，杀菌剂的作用在于防止包膜物质过快地被微生物分解而降低包膜缓释作用。该肥含氮（N）量为 34%左右。

硫衣尿素施入土壤后，在微生物作用下，包膜中的硫逐步氧化，颗粒分解而释放氮素。硫被氧化后，产生硫酸，从而导致土壤酸化。在通气性差的水稻田就会发生硫化氢的毒害作用，因此不宜大量施用。适宜在缺硫土壤上施用。硫衣尿素中氮的释放速率与土壤微生物活性有密切关系，凡是影响微生物活动的因素均会影响该肥料的释放速率。一般低温、干旱时释放慢，因此，冬前施用应配施速效氮肥。

② 长效碳酸氢铵（简称长效碳铵）。在碳铵粒肥表面包一层钙镁磷肥。在酸性介质中钙镁磷肥与碳铵粒肥表面作用，形成灰黑色的磷酸镁铵包膜，这样既阻止了碳铵的挥发，又控

制了氮的释放，延长肥效。包膜物质还能向植物提供磷、钙、镁等营养物质，且物理性状良好，便于机械化施肥。

长效碳铵成品为灰褐色，粒重1.1～1.2g，含氮（N）11%～12%，含磷（P_2O_5）3%。膜壳致密、坚硬，不溶于水而溶于弱酸。因此，有可能肥料在植物根际处氮素释放快，周围土体中释放慢。氮素释放速率取决于膜料用量、土壤温度及土壤含水量等。

长效碳铵用在砂质土壤及生长期较长的植物上，其肥效优于普通碳铵，氮素利用率可达70%以上，而且施肥次数减少，增产效果明显。

③ 聚合物包膜控释氮肥*。采用聚合物包膜速效氮肥（还包括磷、钾、复肥等）可减缓养分释放速率，并运用特殊工艺使包膜上具有一定数量和大小的细孔，这些细孔具有微弱而适度的透水能力，土壤水分可通过细孔自由扩散到涂层内部，内部溶解的养分通过小孔释放出来，养分的释放速率依膜的特性进行调控。采用的聚合物材料主要有醇酸树脂、聚氯乙二烯、聚乙烯、醋酸乙酰、乙烯聚丙烯等。美国、法国、德国、加拿大、日本、以色列及我国等均有此类产品的生产与销售。

④ 高效涂层氮肥*。在尿素颗粒表面喷涂含有少量氮、钾、镁及微量元素的混合液，使尿素的释放速率减慢。成品肥呈黄色小圆粒状，与普通尿素相比，具有释放氮素平缓、肥效稳长、氮素利用率高等特点，对多种作物均有一定的增产效果。

由此可见，研究和开发全营养控释肥料是现代化学肥料工业一个强有力的发展方向，缓效、控释、复合高效和环境友好（不污染环境）是世界肥料发展的总趋势。

四、提高氮肥利用率的途径

当季作物从所施氮肥中吸收氮素的数量占施氮量的百分数，称为氮肥利用率。氮肥利用率的高低受多种因素制约，如土壤性质、气候条件、作物种类、氮肥品种、施肥量、施肥时期与方法、栽培措施等。它是衡量氮肥施用是否合理的一项重要指标，可采用差值法、^{15}N示踪等方法进行测定。在田间栽培情况下氮肥利用率一般为30%～60%，不同立地条件有所不同，如水田为20%～50%，旱地为40%～60%。据报道，我国种植业生产中的氮肥利用率为40%左右，低于美国和日本。氮肥利用率不高，不仅降低经济效益，也可造成资源浪费和生态环境失衡，如何提高氮肥利用率历来为人们所关注。合理施用氮肥是提高其利用率的重要途径，需从作物种类、土壤条件、肥料性质和施用技术等方面综合考虑。

1. 作物种类

不同的作物种类、同种作物的不同品种、同一品种的不同生育期对氮素的需求量各异。一般双子叶植物的需氮量高于单子叶植物；叶菜类作物的需氮量高于根菜类和瓜果类；高产品种高于低产品种；杂交种大于常规种；生育中期高于苗期和成熟期。只有了解作物的营养和生长特性，才能有针对性地进行作物施肥量的确定、肥料的合理分配和施肥时期的确定，从而提高肥料利用率。不少情况下还要考虑植物氮素营养的个性化特点，如“忌氯”、“喜硫”等，与氮肥品种的正确选择有关。

2. 土壤条件

主要考虑土壤氮素的丰缺状况、土壤质地及土壤酸碱性等。

土壤氮素的丰缺状况是施用氮肥的重要依据之一。土壤全氮和有效氮含量高，土壤供氮能力强，植物从肥料中吸收的氮就减少；反之，则增多，应加大施肥量以满足作物生长需要。

土壤质地影响到土壤的保肥供肥性能。砂质土保肥能力差，肥效快但不持久，在施用氮肥时应“少量多次、均衡供应”；黏质土壤保肥能力强，肥效慢但持久，后劲足，在施用氮肥时，应“前重后轻”，防止作物贪青晚熟；壤质土砂黏适中，既有砂质土壤良好的通透性，又具黏质土壤的保肥性，在整个作物生长期中，供肥平稳，肥劲稳长，对于氮肥的施用要求不太严格。

土壤酸碱性是选用氮肥的重要依据。碱性土壤应选用酸性或生理酸性肥料，酸性土壤则应选用碱性或生理碱性肥料，有利于通过施肥改善植物的生长环境，也可以提高其他养分的有效性；盐碱地应避免或减少施用能增加土壤盐分的肥料；低洼地、水田等还原性强的土壤应减少施用含硫的氮肥或硝态氮肥，以免造成硫化氢毒害或硝态氮淋失。

3. 肥料性质

铵态氮肥具有在土壤中移动缓慢，不易淋失的特点。稻田施用，应避免土表撒施，因其在好氧条件下易氧化为硝态氮，造成淋失或反硝化损失。用于旱地（尤其为碱性土壤）时，为防止氨的挥发损失，应深施覆土。

硝态氮肥不易被土壤胶体吸附，在多雨地区和稻田中容易随水流失或转变成气态氮。因此适用于少雨区的旱地作物。

酰胺态氮肥溶于水后，以分子态存在于土壤溶液中，逐渐被土壤胶体通过氢键吸附。因此稻田施用初期容易随水流失，故要注意施肥后的田间水分管理。另外，酰胺态氮肥水解后转变为碳酸铵，稳定性差，易分解，造成氨挥发，故也应深施覆土。

4. 施肥技术

（1）氮肥深施　无论是施于水田还是旱地，铵态氮肥和酰胺态氮肥都应深施覆土。研究结果表明，氮肥深施可以提高15%以上的利用率，相应减少氮素损失。如在小麦追肥时，碳酸氢铵、硫酸铵和尿素表施的损失率分别是45.3%、42.6%和27.5%；深施到6cm以下，损失率分别为10.0%、20.3%和23.2%。损失率分别减少35.3、22.3和4.3个百分点。另外，氮肥深施，可使养分集中于根系密集层，有利于植物吸收利用。

（2）使用硝化抑制剂和脲酶抑制剂　硝化抑制剂是通过抑制硝化细菌的活性，减缓铵态氮向硝态氮的转化，从而减少硝酸盐的淋失和氮素的反硝化损失。常见的硝化抑制剂有2-氯-6-三氯甲基吡啶（CP）、4-氨基-1,2,4-三唑盐酸盐（ATC）和双氰胺（DCD，也叫氰基胍）等。脲酶抑制剂能够抑制尿素水解，使尿素能扩散移动到较深土层中，从而减少旱地表层土壤中或稻田田面水中铵和氨的浓度，以减少氨挥发损失。研究和使用较多的脲酶抑制剂有O-苯基磷酰二胺（PPD）、N-丁基硫代磷酰三胺（NBPT）和氢醌（也称对苯二酚，俗名几奴尼）等。

（3）重视平衡施肥　大量试验表明，作物生长需要各种养分的均衡供给，平衡施肥是保证作物高产优质、提高肥料效益和保持土壤肥力的重要措施。在施用氮肥的同时，要注意与其他肥料特别是作物需要量也较大的磷、钾肥的配合施用，以达到养分的平衡协调。有机肥料含有多种营养元素，且所含的氮素释放比较缓慢、肥效稳长，与速效的化学氮肥配合施用，优缺点互补，效果良好。总之，创造协调的养分供应条件是提高氮肥增产效果的重要措施。

此外，选用缓释或控释氮肥，发展喷灌、微灌、滴灌技术也是提高氮肥利用率的有效方法。

第二节　土壤磷素与磷肥

一、植物的磷素营养

1. 植物体内磷的含量与分布规律

植物体内磷（P_2O_5）的含量一般占植株干重的0.2%～1.1%，主要以有机态磷的形式如核酸、磷脂和植素等存在，约占全磷量的85%；其余是无机态磷，仅占15%左右，主要以钙、镁、钾的磷酸盐形态存在。植物体内磷的含量因植物种类、生育阶段及组织器官不同而有较大差异。一般来说，油料作物体内的含磷量高于豆科作物，豆科作物高于禾本科作物；生育前期高于生育后期；幼嫩器官高于衰老器官，繁殖器官高于营养器官；植株不同部位的含磷量规律一般是籽粒＞叶片＞根系＞茎秆。

磷的再利用能力可达80%以上，在植物体内移动性很大。植株缺磷症状也总是在衰老器官中先表现出来，这也是生产中提倡磷肥作基肥、种肥早施的原因之一。

2. 磷的营养功能*

(1) 植物体内多种重要有机化合物的组分　磷是植物体内许多重要化合物的结构成分，在植物生长发育和生理代谢过程中具有重要作用。

① 核酸和核蛋白。磷是核酸的重要组成元素，核酸是核蛋白的重要组分，核蛋白又是细胞核和原生质的主要成分。磷的正常供应有利于细胞分裂、增殖和促进植物的生长发育；若磷素供应不足，影响核酸、核蛋白的合成，细胞的形成和增殖受到抑制，导致植物生长发育缓慢，根系发育不良。故磷和氮素一样也被称为“生命元素”。

② 磷脂。磷脂是生物膜的重要组分，生物膜具有多种选择性功能，它对植物与外界环境之间进行的物质、能量、信息交流具有控制和调节作用。且磷脂分子具有酸性基团和碱性基团，对细胞原生质的缓冲性具有重要作用，可以提高植物对环境变化的适应能力。

③ 植素。植素是磷脂类化合物中的一种，是植酸（环己六醇磷酸酯）的钙镁盐，是种子中磷的一种贮藏形式，种子萌发时，它可水解释放出磷酸供幼苗利用。植素的合成还控制着植物体内无机磷的浓度，并参与调节籽粒灌浆和块茎生长过程中淀粉的合成。因此，在植物开花后进行根外追施磷肥，能促进磷酸葡萄糖的形成、转化与淀粉的累积，促使作物籽粒饱满。

④ 三磷酸腺苷（ATP）。ATP是植物代谢过程中能量转移的贮存库和中转站，与植物的生命活动密切相关，因此，磷也被称为“能量元素”。

⑤ 酶。磷还广泛存在于如脱氢酶、氨基转移酶、黄素酶、转酰胺酶等的辅酶中，这些酶在光合作用、呼吸作用和体内物质代谢中具有重要意义。

(2) 参与植物体内许多代谢过程　磷素主要通过参与上述一系列重要有机物的组成和转化，全面、深刻、系统地促进碳、氮等代谢。

① 碳水化合物代谢。在植物光合作用中，磷首先参与光合磷酸化作用，形成同化力（NADPH和ATP）；在CO_2的固定（包括C_3和C_4途径）和还原过程中，CO_2受体、光合最初产物及一系列中间产物的形成和转化，无不需要磷素的直接参与，才使得植物将日光能有效地转化为化学能贮藏起来并进一步合成蔗糖、淀粉、纤维素等，这是植株结构及产量形成的最重要物质基础。不仅如此，碳水化合物在植物体内的运输及呼吸作用等生理过程中都需要磷的参与。

② 氮素代谢。磷是植物体内氮素代谢过程中一些重要酶的组分，如磷酸吡哆醛是氨基转移酶的辅酶，植物通过氨基转移作用可以合成各种氨基酸，有利于进一步合成蛋白质。硝酸还原酶也含有磷，磷能促进植物更多地利用硝态氮。这实际上也是生产中为什么强调氮磷肥配合施用的原因所在。另外，磷还为生物固氮所必需，适量施用磷肥可以增加豆科植物结瘤数量和单个根瘤的质量，提高其固氮量，这就是“以磷增氮”或“以磷换氮”的道理。

③ 脂肪代谢。在糖的合成及糖转化为甘油和脂肪酸的过程中均需要磷的参与。油料作物施用磷肥既可增加油料作物的产量，又能提高其出油率。

(3) 提高植物对外界环境的适应性　磷能增强植物的抗旱、抗寒及缓冲性能，从而提高植物对外界环境的适应性。

① 抗旱和抗寒。磷能提高原生质胶体的水合度和细胞结构的充水度，增加束缚水的能力，减少细胞水分损失；并能增加原生质的黏度和弹性，从而增强原生质抗脱水能力。磷能提高植物体内可溶性糖和磷脂含量，可溶性糖能使细胞原生质冰点下降，从而增强植物的抗寒能力。因此，越冬作物增施磷肥，可减轻冻害，有利于其安全越冬。

② 增强缓冲性。施用磷肥能提高植物体内无机态磷酸盐的含量，这些磷酸盐主要以$H_2PO_4^-$和HPO_4^{2-}的形态存在。二者可在pH6～8范围内形成缓冲体系，其反应如下。

$$KH_2PO_4 + KOH \longrightarrow K_2HPO_4 + H_2O$$

$$K_2HPO_4 + HCl \longrightarrow KH_2PO_4 + KCl$$

因此，在盐碱地上施用磷肥可以提高植物抗盐碱能力。

3. 常见植物磷素失调症状

(1) 缺磷　植物缺磷的营养失调症状较为复杂。从外形上来看：植株生长迟缓，矮小瘦弱、分枝或分蘖减少。在缺磷初期，叶片较小，叶色呈暗绿或灰绿，缺乏光泽，这主要是由于细胞发育不良，叶绿素密度相对提高所致。缺磷较严重时，植株体内碳水化合物相对积累，形成较多的花青素，如玉米、大豆、甘薯、油菜等作物的茎叶上会出现紫红色斑点或条纹。缺磷严重时，叶片枯死脱落。由于磷的再利用能力强，缺磷症状一般从基部老叶开始，然后逐渐向上部扩展。

缺磷可使禾谷类作物如水稻、小麦分蘖延迟或不分蘖，植株直立，抽穗、开花和成熟期延迟，穗粒少而不饱满；玉米果穗秃尖；油菜果瘦小，出油率低；棉花和果树落蕾、落花；甘薯、马铃薯薯块变小且耐贮性变差。

(2) 磷过剩　磷素供应过量时，植物呼吸作用过强，消耗大量碳水化合物和能量，可使谷类作物无效分蘖增多，空秕粒增加；叶片肥厚而密集，叶色暗绿；繁殖器官过早成熟，并由此导致营养体小，茎叶生长受抑，产量降低。同时也影响作物产品的品质，如叶用蔬菜纤维增多、烟草的燃烧性变差、茶叶粗纤维增多等。此外，磷的过量供应，妨碍植物对硅的吸收，使水稻易患稻瘟病。再则由于水溶性磷酸盐可与土壤中的微量元素如铁、锌、锰等形成难溶性化合物，降低了这些元素的有效性，可能诱发植物缺锌、铁、锰症等。

二、土壤磷素状况

1. 土壤中磷的含量和形态

(1) 土壤中磷的含量　土壤中的磷素主要来自成土矿物、土壤有机质和所施用的肥料。其含量受成土母质、气候条件、有机质含量、土壤质地及耕作施肥等的影响。我国土壤的全磷（P_2O_5）含量一般在 0.3～3.5g/kg，从北到南，从西到东，随风化作用增强，土壤全磷含量呈下降趋势，具有明显的“地带性分布”规律。同时局部范围内，磷在土壤中的区域性积累也是完全可能的。如在平原地区，一般以村镇为圆心，土壤磷的含量随离村镇距离的增大而减少，即呈局部“同心圆状”变异。

(2) 土壤中磷的形态　土壤中磷的形态可分为有机态磷和无机态磷两大类。

① 土壤有机磷。土壤耕层有机磷的含量一般为 50～500mg/kg，约占土壤全磷的10%～50%，其含量与土壤有机质含量密切相关。目前已知的土壤有机磷有磷酸肌醇、磷脂和核酸，此外还有少量的磷蛋白和磷酸糖，这些有机磷化合物约占有机磷总量的 1/2，其余一半的形态还不清楚。土壤中的有机磷大部分需要经过微生物活动，使有机态磷转变为无机态磷才能被植物吸收利用。

② 土壤无机磷。土壤中无机磷的含量占土壤全磷量的 50%～90%，是土壤磷的主体。其种类可归纳为以下 4 类。

a. 水溶性磷。主要为碱金属钾、钠的磷酸盐和碱土金属钙、镁的一价磷酸盐，如 KH_2PO_4、$Ca(H_2PO_4)_2$ 等。这类化合物多以离子态存在于土壤溶液中，可被植物直接吸收利用，是植物吸收磷素的主要形态，但数量很少，水溶性磷也可称为速效磷。

b. 弱酸溶性磷。主要为碱土金属的二价磷酸盐，如 $CaHPO_4$ 和 $MgHPO_4$ 等，植物能通过自身根系分泌的酸或根系呼吸产生 CO_2 的碳酸化作用等将其溶解并吸收，弱酸溶性磷的数量较水溶性磷酸盐多。

水溶性磷和弱酸溶性磷均是当季作物能够吸收利用的磷素，通常称为土壤有效磷。

c. 吸附态磷。是指受土粒表面引力（库仑力）吸附在土壤黏土矿物表面的磷，其中可交换的磷较为重要，它可被其他阴离子交换进入土壤溶液供植物吸收利用。

d. 难溶性磷。土壤中无机态磷绝大部分是以固相的磷酸盐存在，是植物难以吸收利用的迟效磷。主要有磷酸钙盐、磷酸铁盐、磷酸铝盐等，如磷灰石［$Ca_{10}(PO_4)_6 \cdot F_2$］、粉红磷铁矿［$FePO_4 \cdot 2H_2O$ 或 $Fe(OH)_2.H_2PO_4$］、磷铝石［$AlPO_4 \cdot 2H_2O$ 或 $Al(OH)_2 \cdot H_2PO_4$］。还有闭蓄态磷（O-P），即被氧化铁胶膜所包被的磷酸盐，有效性极低，不利于旱地作物的吸收利用。当土壤淹水时，氧化还原电位下降，氧化铁胶膜被还原而溶解消失，有利于磷酸盐的释放及作物的吸收。

一般来说，石灰性土壤中的无机磷是以磷酸钙盐为主；酸性土壤中以磷酸铁（铝）盐为主，在高度风化的强酸性土壤中主要以闭蓄态磷酸铁盐存在；中性土壤中，上述几种磷酸盐均占有一定的比例（表 6-8）。

表 6-8　北方主要石灰性土壤不同形态无机磷的含量　　单位：mg/kg

磷的形态	Ca_2-P	Ca_8-P	Al-P	Fe-P	O-P	Ca_{10}-P	总量
变幅	2.06～19.4	19.1～140	10.2～45.4	15.0～37.3	48.0～74.9	319～451	468～683
平均	7.37	54.5	23.5	24.2	60.0	380	550
相对含量/%	1.34	9.91	4.27	4.40	10.9	69.1	100

［引自：蒋柏藩. 石灰性土壤无机磷有效性的研究. 土壤，1992（2）］

（3）土壤供磷水平　土壤中各种形态磷的总和称为土壤全磷。通常情况下，土壤全磷量仅是土壤供磷潜力的一个指标，不能作为土壤供磷水平的确切指标。这是因为，土壤中的磷大多呈迟效状态存在，有效磷含量不高，一般说来，土壤全磷含量与有效磷含量之间往往并不相关。就是说，土壤中全磷含量高时，并不意味着有效磷含量一定就高，但当土壤中全磷含量低到一定水平时，也就可能意味着有效磷供应不足。因此，土壤有效磷在一定程度上能较好反映土壤供磷水平，目前常用其来表示土壤的供磷状况。通常有效磷含量越高，施磷肥效果越差；而在有效磷含量低的缺磷土壤上施用磷肥，也就有着较显著的增产效果。根据国内外经验，用 Olsen-P 作为供磷指标的适用性较大，与作物反应相关性较好，其分级指标见表 6-9。

表 6-9　耕层土壤速效磷含量的分级（Olsen 法）

级　别	1	2	3	4	5	6
速效磷含量(P)/(mg/kg)	＞40	20～40	10～20	5～10	3～5	＜3
土壤供磷水平	高	较高	一般	稍低	低	极低

2. 土壤中磷的转化

土壤中不同形态的磷酸盐可以在一定条件下相互转化，这种转化可以概括为磷的固定和释放两个相反的过程。两个过程相互转化的速率与方向决定着土壤的供磷能力及磷肥的施用效果。

（1）磷的固定　土壤速效磷转变为缓效性或难溶性磷的过程称为磷的固定作用。其固定过程很复杂，通常有以下几种情况。

① 化学固定。在中性和石灰性土壤中，施用可溶性磷肥后，提高了土壤中有效磷的浓度，磷酸根离子与碳酸钙（$CaCO_3$）或方解石［$CaMg(CO_3)_2$］及交换性钙发生以下可能的化学固定过程。

$$\text{磷酸一钙}[Ca(H_2PO_4)_2 \cdot H_2O] \xrightarrow[\text{快}]{} \text{磷酸二钙}[CaHPO_4 \cdot 2H_2O] \xrightarrow[\text{慢}]{}$$

$$\text{磷酸八钙}[Ca_8H_2(PO_4)_6 \cdot 5H_2O] \xrightarrow[\text{慢}]{} \text{磷酸十钙}[Ca_{10}(PO_4)_6 \cdot (OH)_2]$$

在酸性土壤中，当水溶性磷肥施入后，发生异成分溶解而使肥料周围的酸性变得很强，促使土壤中如赤铁矿、针铁矿、三水铝石等铁铝矿物溶解，并使其形成无定型磷酸铁铝盐，然后转化成晶质的粉红磷铁矿、磷铝石等。此外，土壤中交换性铁、铝、锰等离子也可与水溶性磷产生化学沉淀反应，两者均不同程度地降低了磷的有效性。

② 吸附固定。是指土壤固相对土壤溶液中磷酸根离子的吸附作用。按其作用力不同，可分为非专性吸附（物理吸附）和专性吸附或称配位体交换（化学吸附）。

知识扩展*

在酸性土壤上，由于土壤溶液中 H^+ 浓度高，黏土表面的 OH^- 发生质子化作用，遇到 $H_2PO_4^-$ 当即产生非专性吸附。其特点包括以下几点。①是由库仑力（静电引力）作用所引起，不是化学反应的结果，故这种结合较弱，极易被解吸。②当 pH 较低，质子化作用强烈时，吸附反应加快，吸附量增加。

专性吸附是由化学力作用引起的，不易发生逆向反应，这种吸附多发生在铁铝多的酸性土壤中。其特点如下：①吸附过程缓慢，但作用力较强，易随时间延长，出现磷酸盐的老化现象；②磷酸根刚被吸附时，是 $H_2PO_4^-$ 与 OH^- 交换，为单键吸附，$H_2PO_4^-$ 较易被解吸释放。随时间推移，将逐渐转变为双键吸附，最终形成晶态，难以再被解吸。

北方石灰性土壤上，碳酸钙的表面也可以吸附磷酸根离子，碳酸钙颗粒愈细，对磷的吸附固定作用愈强。但其牢固程度不如水化铁铝氧化物，因而对植物的有效性相对较高。

③ 闭蓄作用。是指土壤中的磷酸盐被铁（铝）质或钙质胶膜所包被而失去有效性。闭蓄态磷在未除去外层胶膜时，很难发挥作用。铁质胶膜的闭蓄作用与土壤中的氧化还原条件有关，随淹水时间延长和还原条件加强，铁质胶膜被还原而溶解消失，磷有效性提高。

④ 生物固定。是土壤微生物吸收水溶性磷酸盐构成其躯体，使水溶性磷暂时被固定起来的过程。随微生物死亡，有机磷又可分解释放出有效磷供植物吸收利用，因而在一定程度上避免了土壤其他物质对磷的固定。

（2）磷的释放　土壤中植物难利用态磷转化为可利用态磷的过程称为磷的释放，包括难溶性磷酸盐的释放、无机磷的解吸和有机磷的矿化三种作用过程。因其是土壤中磷的有效化过程，所以在植物营养上具有积极意义。

① 难溶性磷酸盐的释放。主要是指原生或次生的矿物态磷酸盐、化学固定形成的磷酸盐和闭蓄态磷酸盐，经过物理风化、化学风化或生物化学风化作用，使之转变为溶解度较大的磷酸盐或非闭蓄态磷的过程。

② 无机磷的解吸。是指吸附态磷重新进入土壤溶液的过程，但土壤中呈吸附态的磷并不能全部被解吸下来。其解吸的原因包括两个方面。①化学平衡反应。土壤溶液中磷浓度因植物的吸收而降低，从而改变了原有的平衡，使反应向解吸的方向进行。②竞争吸附。能进行吸附固定的阴离子与磷酸根离子进行竞争吸附作用，导致吸附态磷的解吸。因此，提高竞争阴离子的相对浓度有利于磷的解吸。

③ 有机磷的矿化。土壤中有机态磷的化合物（植素、核酸、磷脂等）在土壤微生物分泌的酶的作用下，逐步分解释放出磷酸，可供植物吸收利用，也可与上壤中的金属离子结合，形成溶解性较低的磷酸盐，从而降低了有效性。

总之，土壤中磷的转化受多种因素影响，如土壤 pH 值，土壤有机质含量，微生物活动，土壤活性钙、铝、铁的数量等。其中土壤 pH 影响最大，一般 pH 为 6～7.5 时，磷的有效性较高。农业生产上，通过增施有机肥、实行水旱轮作、调节 pH 等措施，从而减少磷的固定，促进磷的释放和有效性提高。

三、磷肥的种类、性质和施用

2014 年全国磷肥产量约 1708 万吨（以 P_2O_5 计），“十二五”以来，磷肥总量年均增速 1.6%，已经达到自给有余，我国已从磷肥净进口国转变为净出口国，彻底改变了长期以来农业所需磷肥严重依赖进口的局面。目前我国生产和施用的含磷化肥主要为过磷酸钙、重钙和钙镁磷肥、磷矿粉等。

生产单元磷肥的主要原料是磷矿石，一般根据磷矿石中全磷含量的高低划分为不同的品位。全磷（P）含量>12.2%的为高品位磷矿；含磷（P）量<7.86%的为低品位磷矿；含磷（P）量7.86%～12.2%为中品位磷矿。我国的磷矿资源较为丰富，主要分布在贵州、云南、四川、湖南、湖北等省，但大多为中、低品位磷矿。

磷矿石的加工方法有机械法、酸制法和热制法三种，相应生产出三种不同溶解性质的磷肥。①机械法。就是将磷矿石用机械粉碎、磨细制成难溶性磷肥磷矿粉。②酸制法。就是用硫酸等强酸处理磷矿粉，制得过磷酸钙等水溶性磷肥。③热制法。则是借助于电力或燃料燃烧产生高温使磷矿石分解，制得钙镁磷肥等弱酸溶性磷肥。现分别将其代表性品种介绍如下。

1. 水溶性磷肥

水溶性磷肥主要有过磷酸钙（普钙）和重过磷酸钙（重钙）。其共同点是肥料中所含磷酸盐均为一水磷酸一钙 [$Ca(H_2PO_4)_2 \cdot H_2O$]，易溶于水，可被植物直接吸收，为速效性磷肥。

(1) 过磷酸钙　过磷酸钙也称普通过磷酸钙，简称普钙，是世界上工业化生产最早的一个化肥品种，早在1842年英国人劳斯（Lawes）就取得了用硫酸分解磷矿制造普钙的专利权并实现了工业化。在世界范围内，以普钙作为磷肥的主导品种持续了100多年，目前是我国生产最多的一种化学磷肥。过磷酸钙是由硫酸分解磷矿粉制得。其主要反应如下。

$$Ca_{10}(PO_4)_6F_2+7H_2SO_4+3H_2O \longrightarrow 3Ca(H_2PO_4)_2 \cdot H_2O+7CaSO_4+2HF\uparrow$$

① 成分和性质。过磷酸钙是一种多成分的混合物，为灰白色粉末或颗粒，主要成分为水溶性的磷酸一钙和难溶于水的硫酸钙，分别占肥料总量的30%～50%和40%～50%，含有效磷（P_2O_5）12%～18%，另外还含有2%～4%的硫酸铁、硫酸铝，3.5%～5%的游离硫酸和磷酸。两种产品类型过磷酸钙的质量标准分别见表6-10和表6-11。

表 6-10　疏松过磷酸钙的质量标准（GB 20413—2006）

项　目	优等品	一等品	合格品	
			Ⅰ	Ⅱ
有效磷(P_2O_5)含量/%	≥18.0	≥16.0	≥14.0	≥12.0
游离酸(以P_2O_5计)含量/%	≤5.5	≤5.5	≤5.5	≤5.5
水分(H_2O)含量/%	≤12.0	≤14.0	≤15.0	≤15.0

表 6-11　粒状过磷酸钙的质量标准（GB 20413—2006）

项　目	优等品	一等品	合格品	
			Ⅰ	Ⅱ
有效磷(以P_2O_5计)含量/%	≥18.0	≥16.0	≥14.0	≥12.0
游离酸(以P_2O_5计)含量/%	≤5.5	≤5.5	≤5.5	≤5.5
水分(H_2O)含量/%	≤10.0	≤10.0	≤10.0	≤10.0
粒度(1.00～4.75mm或3.35～5.60mm)含量/%	≥80	≥80	≥80	≥80

由于含有游离酸使肥料呈酸性，并具有腐蚀性，易吸湿结块，吸湿后肥料中的磷酸一钙还会与硫酸铁、铝等杂质发生化学反应转化成难溶性的磷酸铁、磷酸铝，导致磷的有效性降低，称为过磷酸钙的退化作用。其反应式如下（以形成磷酸铁为例）。

$$Fe_2(SO_4)_3+Ca(H_2PO_4)_2 \cdot H_2O+5H_2O \longrightarrow 2FePO_4 \cdot 2H_2O\downarrow+CaSO_4 \cdot 2H_2O+2H_2SO_4$$

因此，过磷酸钙在贮运过程中应防潮，避免雨淋。应贮存在干燥、凉爽处，因为温度愈高，退化愈快。

② 在土壤中的转化。过磷酸钙施入土壤后，肥料中的磷酸一钙在土壤中进行异成分溶解，即土壤水分从四周向施肥点汇集，使肥料中的水溶性磷酸一钙溶解并进而水解，形成由磷酸一钙、磷酸和磷酸二钙组成的饱和溶液，反应式如下。

$$Ca(H_2PO_4)_2 \cdot H_2O + H_2O \rightleftharpoons CaHPO_4 \cdot 2H_2O + H_3PO_4$$

饱和溶液中磷酸离子的浓度可高达 10～20mg/kg，与周围土壤溶液形成磷酸根离子的浓度梯度，出现以施肥点为中心，磷酸根离子向周围土壤扩散，使扩散区 pH 值急剧下降为 1.5 左右，从而使土壤中难溶性的铁、铝盐（酸性土壤）或钙、镁盐（石灰性土壤）迅速溶解，同时与磷酸起化学反应，发生磷的固定作用。

③ 施用。无论施在酸性土壤还是石灰性土壤上，过磷酸钙中的水溶性磷均易被固定，因此在土壤中的移动性很小。据报道，石灰性土壤中，磷的移动一般不超过 1～3cm，绝大部分集中在 0.5cm 范围内；中性和红壤性水稻土中，磷的扩散系数更小。因此，合理施用过磷酸钙的原则是：尽可能减少其与土壤的接触面积，以降低土壤固定；尽量增加其与作物根系的接触机会，以提高磷的利用率。

a. 集中施用。过磷酸钙适合于各种土壤和作物，可作基肥、种肥和追肥。作基肥、追肥的常用量为 600～750kg/hm^2，作基肥、种肥的效果通常好于追肥，均应集中施用和深施，以提高根系密集土层中的供磷强度，促进磷向根表的扩散，有利于植物根系对磷的吸收。旱作宜采取条施或穴施；水稻可采用蘸秧根的方法集中施用，用量为 45～75kg/hm^2；作种肥时，可将肥料集中施入播种行、穴中，覆一层薄土后立即播种，一般用量为 75～150kg/hm^2。

b. 分层施用。为了协调磷在土壤中移动性小和作物不同生育期根系分布情况不同的矛盾，还可采用分层施肥的方法，即将 2/3 左右的磷肥作基肥，在耕地时犁入根系密集的底层中，以满足作物中、后期对磷的需求，另 1/3 作种肥或面肥施于表层土壤中，以改善作物幼苗期的磷营养状况。

c. 与有机肥料混合施用。过磷酸钙与有机肥料混后合施用，可以减少磷肥与土壤的接触面积；有机肥中的有机胶体可包被土壤中的三氧化物，从而减少磷的固定；同时，有机肥分解产生的有机酸能络合土壤中的 Fe^{3+}、Al^{3+}、Ca^{2+} 等离子，从而减少这些离子对磷的化学固定作用。此外，过磷酸钙与有机肥混合堆腐还兼有保氮作用，效果更佳。

d. 根外追肥。过磷酸钙作根外追肥不仅可以避免磷肥在土壤中的固定，而且用量少，见效快。喷施于植物体，可直接吸收利用，尤其在作物生长后期、根系吸收能力减弱的情况下施用效果更好。喷施前先将一定量的过磷酸钙浸泡于几倍的水中，充分搅拌 10min，放置澄清，取上部清液稀释至所需浓度后喷施。喷施浓度因作物的种类、生育期、气候条件而异，一般单子叶植物和果树为 1%～3%；双子叶植物如棉花、油菜、黄瓜、番茄等为 0.5%～1%；保护地栽培的蔬菜和花卉一般为 0.5%左右；对不同生育期，一般要求前期浓度小于中后期。喷施时期在作物开花期前后，喷施次数为 1～2 次，每次喷液量为750～1500kg/hm^2。

e. 制成粒状磷肥。为减小过磷酸钙与土壤的接触面积，通常将过磷酸钙制成颗粒状，能有效地减少磷的吸附和固定。

在强酸性土壤上施用石灰时，严禁石灰与过磷酸钙直接混合，施用石灰数天后，再施用过磷酸钙。

（2）重过磷酸钙　重过磷酸钙简称重钙，有效成分的分子式为 $Ca(H_2PO_4)_2 \cdot H_2O$，是由硫酸处理磷矿粉制得磷酸，再以磷酸和磷矿粉作用后制得。重过磷酸钙是一种高浓度速效性磷肥，深灰色颗粒或粉末状，含 P_2O_5 40%～50%，因其含 P_2O_5 量约为普钙的 3 倍，故也称之为三料过磷酸钙。由于其成分中不含硫酸钙，硫酸铁、铝杂质，因此吸湿后不会产生磷的退化。含 4%～8%的游离磷酸，属化学酸性肥料，具有较强的吸湿性和腐蚀性。

重钙适合各种土壤和作物使用，可单独施用，也可与氮钾肥一起制成复合肥料或作为掺合肥料的基础原料。其有效施用方法与普钙相同，不过肥料用量应相应减少，常用量为 150～225kg/hm^2。因其不含硫酸钙，对于喜硫的作物如豆科植物、十字花科植物和薯类的肥效不如等磷量的普钙。

2. 弱酸溶性磷肥

能够溶于 2%的柠檬酸或中性柠檬酸铵溶液的磷肥称为弱酸溶性磷肥，又称枸溶性磷肥，主要包括钙镁磷肥、钢渣磷肥、脱氟磷肥、沉淀磷肥、偏磷酸钙等。

(1) 钙镁磷肥　钙镁磷肥是由磷矿石与适量的含镁硅矿物如蛇纹石、橄榄石、白云石和硅石在高温下共熔，经骤冷而成的玻璃状物质，再磨成细粉状而制成。反应式如下。

$$2Ca_{10}(PO_4)_6F_2+2SiO_2+2H_2O \xrightarrow{1350℃} Ca_3(PO_4)_2+2CaSiO_3+4HF\uparrow$$

① 成分与性质。含磷成分主要为 α-磷酸三钙，含磷 (P_2O_5) 量 14%～18%，成品中还含有 CaO 25%～30%，MgO 10%～15%，SiO_2 约为 40%，是一种以磷为主的多营养成分肥料。钙镁磷肥不溶于水，但能溶于 2%柠檬酸溶液中。粉碎后的钙镁磷肥大多呈灰绿色或棕褐色，呈碱性，2%水溶液的 pH 值为 8.2～8.5，不吸湿、不结块、无腐蚀性。其质量标准见表 6-12。

表 6-12　钙镁磷肥的质量标准（GB 20412—2006）

项　　目	优等品	一等品	合格品
有效磷(P_2O_5)含量/%	≥18.0	≥15.0	≥12.0
水分(H_2O)含量/%	≤0.5	≤0.5	≤0.5
碱分(以 CaO 计)/%	≥45.0	≥45.0	≥45.0
可溶性硅(以 SiO_2 计)/%	≥20.0	≥20.0	≥20.0
有效镁(以 MgO 计)/%	≥12.0	≥12.0	≥12.0
细度(通过 0.25mm 试验筛)/%	≥80	≥80	≥80

注：优等品中碱分、可溶性硅和有效镁含量如用户没有要求，生产厂可不做检验。

② 施用。钙镁磷肥的肥效与植物种类、土壤性质、肥料细度和施用方法等有关。

a. 植物种类。不同植物对钙镁磷肥的利用能力不同，钙镁磷肥适宜施于喜钙的豆科植物或豆科饲料、绿肥上；对需硅较多的水稻和麦类等作物的施肥效果为过磷酸钙的 70%～80%；油菜、瓜类等对钙镁磷肥具有较强的利用能力，施用效果也很好。

b. 土壤性质。钙镁磷肥的肥效与土壤 pH 值密切相关，适于在酸性土壤上施用。

c. 肥料细度。钙镁磷肥的枸溶性磷的含量和肥效与肥料粒径大小有关，一般要求 80%～90%的肥料颗粒能通过 80 目筛。酸性土壤对钙镁磷肥的溶解能力较大，肥料颗粒可大些；石灰性土壤要求 90%的肥料颗粒通过 80 目筛。

d. 施用方法。钙镁磷肥最适合作基肥，酸性土壤也可作种肥和蘸秧肥。基肥常用量为 600～750kg/hm^2，应早施、深施，也可与新鲜有机肥混合堆沤后施用或与生理酸性肥料配合施用，以促进肥料中磷的溶解，但不宜与铵态氮肥或腐熟有机肥混合，以免引起氨挥发。作种肥或蘸秧肥用量为 120～150kg/hm^2。

(2) 其他枸溶性磷肥　除了钙镁磷肥外，枸溶性磷肥还有钢渣磷肥、沉淀磷酸钙、脱氟磷肥等，这些肥料的成分与性质归纳于表 6-13。

表 6-13 枸溶性磷肥的成分、性质及施用技术要点

肥料名称	主要成分	性 质	施用技术
钢渣磷肥	$Ca_4P_2O_9 \cdot Ca_4SiO_3$	含 P_2O_5 8%～14%，黑色或棕色粉末，强碱性，还含有铁、硅、镁、锰、锌、铜等营养元素，颗粒细度要求 80%通过 100 目（$\phi=0.149mm$）筛孔	适宜于酸性土壤上作基肥，不宜作种肥，施用方法与钙镁磷肥相似
沉淀磷肥	$CaHPO_4 \cdot 2H_2O$	含 P_2O_5 30%～40%，灰白色粉末，呈碱性，不吸湿，不结块，贮运方便	适宜于缺磷的酸性土壤，可作基肥和种肥，施用方法与钙镁磷肥相似。可作家畜饲料添加剂
脱氟磷肥	α-$Ca_3(PO_4)_2$	含 P_2O_5 14%～18%，高的可达 30%以上，深灰色粉末，呈碱性，物理性状好，不吸湿，不结块，不含游离酸，贮运方便，含氟量低	施用方法与钙镁磷肥相似。可作家畜饲料添加剂

3. 难溶性磷肥

凡所含磷成分只能溶于强酸的磷肥均称为难溶性磷肥。主要有磷矿粉、鸟粪磷矿粉和骨粉等，肥效迟缓而稳长，属于迟效性磷肥。

(1) 磷矿粉 磷矿粉是由天然磷矿石直接磨成粉末而制成。加工简单，可以充分利用我国丰富的中、低品位的磷矿，也较适合于我国南方大面积缺磷的酸性土壤。

① 成分与性质。磷矿粉中磷酸盐矿物的种类受矿源而异，主要包括羟基磷灰石、氟磷灰石、氯磷灰石、碳酸磷灰石等，呈灰、棕、褐色粉末，全磷（P_2O_5）含量一般为 10%～25%，其中枸溶性磷 1%～5%，是一种中性非水溶性磷肥，性质稳定，不吸水、不结块、不腐蚀。磷矿粉的供磷特点是容量大、强度小、后效长。磷矿石中的全磷含量和枸溶率可以衡量磷酸盐的可给性和直接施用的肥料价值，枸溶率达 15%以上的磷矿粉，才可直接作肥料施用，如果全磷量较高，而枸溶率低于 5%时，只能作加工磷肥的原料。

② 施用。要提高磷矿粉的施肥效果，应从以下几方面综合考虑。

a. 作物特性。不同作物对磷矿粉的吸收利用能力有较大差异。荞麦、油菜、萝卜等对磷矿粉的利用能力强；其次为豆科绿肥、豆科作物、多年生的经济林木和果树；谷子、小麦、水稻等小粒禾谷类作物最弱。

b. 土壤条件。磷矿粉适宜于施用在酸性强（$pH \leqslant 5.5$）和缺磷的土壤上。

c. 肥料细度。一般颗粒愈细，比表面积愈大，磷矿粉与土壤及作物根系接触的面积也愈大，肥效愈高。要求 90%的肥料通过 100 目（$\phi=0.149mm$）筛孔。

d. 施用方法。磷矿粉属于迟效性肥料，宜作基肥，不宜作追肥和种肥。作基肥时，宜撒施、深施。也可与酸性肥料混合施用，或与新鲜有机肥混合堆沤施于酸性土壤，肥效均较好。若施用于果树或经济林木上，可采用环形施肥法，沟深 15～30cm。磷矿粉的用量不宜过少，一般为 750～1500kg/hm^2。因其具有较长的后效，连续施用 4～5 年后，可以停 2～3 年后再用。

(2) 骨粉 骨粉是由动物的骨骼经粉碎磨细并通过规定筛号的粉末而制成。其主要成分是磷酸三钙，占骨粉的 58%～62%，脂肪和骨胶占 26%～30%，此外，还含有磷酸三镁 1%～2%，碳酸钙 6%～7%，氟化钙 2%，骨素中含氮 4%～5%，所以它也是一种多成分肥料，其有效性较磷矿粉高。骨粉宜作基肥，可先与有机肥料堆沤发酵以促进磷酸盐的溶解，适于酸性土壤，当年肥效相当于过磷酸钙的 60%～70%，具有一定后效。

4. 新型磷肥*

新型磷肥是指高浓度或超高浓度的长效磷肥，主要有聚磷酸和聚磷酸铵，还包括包膜缓释磷肥，如包膜磷酸一铵等。

聚磷酸是由两个以上正磷酸分子，在一定条件下脱水聚合而成，长链聚磷酸的通式为 $H_{n+2}P_nO_{3n+1}$，$n \geqslant 2$。主要成分是焦磷酸（$H_4P_2O_7$）、三聚磷酸（$H_5P_3O_{10}$）和偏磷酸（$H_3P_3O_9$），含磷（P_2O_5）量为 76%～85%，是一种制备高浓度磷肥的原料。可以将其制成液体肥料，加入微量元素后仍成可溶态。也可

将聚磷酸进行铵化，或与钾、钙、镁等金属离子反应，即可制取相应的可溶性络合物——聚磷酸盐，从而减少磷在土壤中的固定。其中最重要的是聚磷酸铵，这类磷肥的特点是高效、缓溶，能在土壤中逐步水解成正磷酸盐，为作物吸收，是一种缓慢释放的长效磷肥；一次施用可满足作物整个生育期的需要；在酸性土壤上施用不宜被铁、铝固定，在石灰性土壤中易溶解、有效性高，也特别适合于边远地区缺磷的土壤。焦磷酸铵与聚磷酸铵的组分见表 6-14。

表 6-14 焦磷酸铵与聚磷酸铵的组分 单位：%

肥料名称	分子式	N	P_2O_5	$N+P_2O_5$	N/P_2O_5
焦磷酸二铵	$(NH_4)_2P_2O_7$	13.2	66.7	79.9	0.20
焦磷酸三铵	$(NH_4)_3HP_2O_7$	18.3	62.0	80.3	0.20
焦磷酸四铵	$(NH_4)_4P_2O_7$	22.7	57.7	80.4	0.39
二水合三聚磷酸五铵	$(NH_4)_5P_3O_{10}\cdot 2H_2O$	18.4	56.2	74.6	0.23
六水合四聚磷酸六铵	$(NH_4)_6P_4O_{12}\cdot 6H_2O$	15.4	26.1	41.5	0.59

第三节 土壤钾素与钾肥

一、植物的钾素营养

1. 植物体内钾素的含量、形态及分布

植物体内的含钾（K_2O）量约占植株干重的 0.3%～5.0%，一般都超过磷，与氮相近，喜钾植物或高产条件下植物中钾的含量甚至超过氮。植物体内的含钾量因植物种类和器官不同而异。通常碳水化合物、脂肪及生物碱含量高的植物需钾多，如马铃薯、甘薯、甘蔗、甜菜、西瓜、棉花、烟草等；就不同器官而言，薯类作物的块根、块茎中钾含量高，而谷类作物种子含钾量低，茎秆中钾的含量则较高（表 6-15）。

表 6-15 植物不同部位的含钾（K_2O）量

植 物	部 位	含量/%	植 物	部 位	含量/%
马铃薯	块茎	2.28	玉米	籽粒	0.40
	叶片	1.81		茎秆	1.60
糖用甜菜	根	2.13	谷子	籽粒	0.20
	块根	5.01		茎秆	1.30
烟草	叶片	4.10	水稻	籽粒	0.30
	茎	2.80		茎秆	0.90
小麦	籽粒	0.61	棉花	籽粒	0.90
	茎秆	0.73		茎秆	1.10

与氮、磷相比，钾在植物体内具有某些不同的特点。钾在植物体内形成稳定的化合物，而呈离子态存在。它主要是以可溶性无机盐形式存在于细胞中，或以钾离子形态吸附在原生质胶体表面。至今尚未在植物体内发现任何含钾的有机化合物。

与氮、磷一样，钾在植物体内也有很强的移动性。通常随着植物生长，它不断由老组织向新生组织转移，所以钾主要分布在代谢最活跃的器官和组织中。因此，在幼芽、幼叶和根尖中，钾的含量极为丰富。当植物体内钾不足时，钾优先分配到较幼嫩的组织中，植株从上到下，各叶片之间含钾量存在明显梯度。

2. 钾的营养功能*

(1) 促进酶的活化 20 世纪 70 年代末期人们就已经认为，生物体内约有 60 多种酶需要钾离子作活化剂，约占酶类的 6%左右。由 K^+ 活化的植物体内的酶类涉及合成酶、氧化还原酶和转移酶，几乎和植物所有生理过程，如光合作用、呼吸作用、有机物转化和运输以及氮素代谢有直接或间接的联系。因此供钾水平主要影响植物体内的碳、氮代谢作用。如在植物呼吸作用过程中，钾是磷酸果糖激酶和丙酮酸激酶的活化剂，因此钾有促进呼吸和 ATP 合成的作用，使每单位叶绿体产生的 ATP 数量有所增加。钾也是淀粉合成酶的优良活化剂，与其他一价阳离子相比，钾的活化能力最强，促进淀粉合成的效果最好，因此淀粉含量高的作物如薯类都需要较多的钾。

(2) 促进光合作用和光合产物的运输　试验证明，植物在充足的钾营养条件下，光合磷酸化作用、CO_2 的同化、光合产物的运转等都有改善或促进。

① 促进光合作用。钾不仅能促进叶绿素的形成，而且还能保持和改善叶绿体内类囊体膜的正常结构。缺钾时，类囊体膜易出现片层松散而影响电子传递，致使 CO_2 同化所必需的 ATP 形成减少，从而影响植物的光合作用。试验结果也表明，单位时间内叶绿体合成的 ATP 数量随植物体内含钾量增加而增加（表 6-16）。

表 6-16　钾对叶绿体中 ATP 合成的影响

作　物	干物质中 K_2O 含量/%	ATP [μmol/(mg 叶绿素・h)]
蚕豆	3.7	216
	1.00	143
菠菜	5.53	295
	1.14	185
向日葵	4.7	102
	1.60	68

注：[μmol/(mg 叶绿素・h)] 表示每毫克叶绿素每小时产生 ATP 的微摩尔数。(引自：德国植物营养学家 Pfuger & K. Mengel 的研究资料，1972)

此外，钾还能降低叶内组织对 CO_2 的阻抗，因而能明显提高叶片对 CO_2 的同化。因此，改善钾营养不仅能促进植物对 CO_2 的同化，而且能促进植物在 CO_2 浓度低的条件下进行光合作用，使其更有效地利用太阳能。也有试验研究结果认为，钾是光照的“补偿剂”，在多雨寡照或田间高密度栽植条件下增施钾肥，具有特殊的增产效应。

② 促进光合产物的运输。钾能促进植物的光合产物向储藏器官运输，增加“库”的储存量。对于不能进行光合作用的器官，它们的生长及养分的储存主要靠同化产物从地上部向根或果实中运转。这一过程包括蔗糖由叶肉细胞扩散到组织细胞内，然后被泵入韧皮部，并在韧皮部筛管中运输。钾在此运输过程中有重要作用：a. 由于植物的输导系统需要 ATP 作为能源才能进行养分的运输，而 ATP 合成需要 K^+；b. K^+ 具有高速度透过生物膜的能力，筛管中高浓度的 K^+ 产生渗透梯度促进光合产物的输送。

(3) 促进蛋白质合成　一般认为，钾通过对酶的活化作用，从多方面对氮素代谢产生影响，增强蛋白质合成的物质基础。

首先，钾能提高植物对氮的吸收和利用，K^+ 可作为 NO_3^- 的平衡电荷，能显著地加快 NO_3^- 由木质部向叶片的运输。而且供钾充足，对 NO_3^- 进行同化的硝酸还原酶的诱导合成有促进作用，并能增强其活性，有利于硝酸盐的还原利用。钾能促进蛋白质和谷胱甘肽的合成，因钾是氨基酰-tRNA 合成酶和多肽合成酶的活化剂。试验也表明，对收获种子的植物而言，其种子中的蛋白质含量与钾含量间呈正相关关系（表6-17）。

表 6-17　几种作物种子中钾含量和蛋白质含量的相关性

作物	种子中 K 含量/(g/kg)	粗蛋白质含量/(g/kg)	作物	种子中 K 含量/(g/kg)	粗蛋白质含量/(g/kg)
大豆	17.7	380	燕豆	4.8	121
菜豆	13.8	253	小麦	4.7	120
棉花	12.0	231	黑麦	5.2	113
向日葵	7.1	179	高粱	3.9	110
大麦	5.5	126	玉米	3.3	90

当钾供应不足时，植物体内蛋白质合成减少，可溶性氨基酸含量明显增加。甚至有时植物组织中原有的蛋白质也会分解，导致胺中毒。即在局部组织中出现大量异常的含氮化合物，如腐胺、鲱精胺等，这些含氮化合物对植物有毒害作用。钾还能促进豆科植物根瘤菌固氮，供钾可增加每株的根瘤数、根瘤重，明

显提高固氮酶活性，从而显著增加固氮量。其原因是钾能促进光合产物的合成和向根部的运输，既能改善根瘤的能量供应状况，也为形成氨基酸提供碳架。

(4) 增强植物的抗逆性 钾有多方面的抗逆功能，它能增强植物的抗旱、抗高温、抗寒、抗盐、抗病虫、抗倒伏等的能力，从而提高植物抵御外界恶劣环境的忍耐能力，这对保持作物高产、稳产具有明显作用，因此钾常被称为“抗逆元素”。

① 增强植物的抗旱、抗高温、抗寒、抗盐能力。其原因为：除了钾可促进根系生长，从而增强植物吸水能力；K^+ 还参与细胞的渗透调节功能，细胞中 K^+ 浓度的增加可以提高细胞的吸水渗透势，同时还能提高细胞原生质胶体束缚水的能力，因此，钾能防止细胞或植物组织脱水，提高其抗旱、抗盐能力。而且即使在高温条件下也能保持较高的水势和膨压，以保证植物能正常进行代谢。供钾充足的植物，钾还能促进其光合作用，加速蛋白质和淀粉的合成，这既可补偿高温下有机物的过度消耗，也可在低温条件下使细胞冰点下降，减少霜冻危害，提高抗寒性。此外，供钾充足时，气孔的开闭可随植物生理活动的需要而调节自如，使植物经济用水，所以钾有助于提高作植物的抗旱能力和对高温的忍耐能力。

② 增强植物抗病虫能力。研究表明，钾对增强植物抗病性也具有明显作用（表 6-18）。

表 6-18 施钾对小麦病虫害产生的影响

处理	白粉病病叶率/%	叶锈病			红蜘蛛头数（每 33cm 麦行）
		病叶率/%	严重度/%	反应型	
NP	30～65	100	20～25	中感～高感	100～200
NPK	10 左右	100	5～10	中感～中抗	＜50

（引自：张慎举．黄潮土区小麦应用钾肥的研究．土壤通报，1991）

多数情况下，病害的发生与养分缺乏或不平衡有关。其中，氮和钾对植物的抗病性影响很大，氮过多往往会增加植物对病虫的敏感性，而钾的作用则相反，增施钾肥能提高植物的抗病性，特别是对真菌和细菌病害的抗性常依赖于氮钾比。其原因：一方面，钾能使细胞壁增厚，提高细胞木质化程度，因此能阻止或减少病原菌的入侵和昆虫的危害；另一方面，钾能促进植物体内低分子可溶性化合物如游离氨基酸、单糖等转变为高分子化合物蛋白质、纤维素、淀粉等，有抑制病菌滋生的作用；此外，钾能促进植物体内酚类物质合成，从而抑制病害的生长繁殖。

③ 增强植物的抗倒伏、抗早衰、抗还原性物质毒害的能力。钾能促进植物茎秆维管束的发育，使茎壁增厚，髓腔变小，机械组织内细胞排列整齐，因而增强了抗倒伏的能力。

施用钾肥能够降低小麦灌浆期子粒中脱落酸的含量并能使其含量高峰期时间后移，从而防止了冬小麦的早衰，延长子粒灌浆天数并增加了千粒重。另外在小麦灌浆期间，充足的钾还能延缓叶绿素的破坏，延长功能叶的功能期，这也是抗早衰的又一原因。实际上也是小麦等禾谷类作物施用钾肥促进灌浆的生理机制之一。

此外，在淹水条件下，供钾可改善植物的根际环境，能在植物（如水稻）根系周围形成氧化圈，从而消除 Fe^{2+}、Mn^{2+} 以及 H_2S 等还原物质的危害。

(5) 改善产品品质 钾在改善作物产品品质方面亦具有重要作用，尤其对经济植物更为明显，故钾也常被称为“品质元素”。

施钾能够提高禾谷类产品的营养成分。它不但可以增加玉米、小麦、水稻等作物子粒中蛋白质含量，还能提高胱氨酸、蛋氨酸、色氨酸、酪氨酸等人体必需或半必需氨基酸的含量。

油脂是甘油和脂肪酸合成的，甘油和脂肪酸则是由糖转化而来的，而钾能促进糖的合成，因此，油料植物如花生、大豆、油菜等施钾肥能增加油脂含量。

纤维类植物需钾量较大，适量的钾有利于纤维素的合成，增施钾肥能使其纤维长度和强度等经济性状得到明显改善。

马铃薯属于需钾多的淀粉类植物。钾能促进其碳水化合物尤其是淀粉的合成及运输，有利于其块茎的形成。此外，钾还能通过降低马铃薯块茎中单糖和氨基酸的含量，而使薯片在一定时间内保持稳定的颜色，如果植株缺钾，薯片颜色在短时间内会变褐，从而会影响其深加工食品的商品价值。

施钾还能提高甜菜、甘蔗的蔗糖含量。

烟草是一种喜钾植物，其品质的许多方面都与钾素营养有密切关系，如钾与总糖、还原糖呈正相关；钾可以提高烟叶的燃烧性，供钾充足时，叶片细腻，油分足，光泽好，富有弹性，颜色金黄并有降低烟气中焦油和烟碱的作用。

对于果树和蔬菜，施适量钾能提高果实中全糖量、维生素 A、维生素 B1 和维生素 C 含量，并能改善糖酸比，增加果实风味。还能延长产品的储存期，使其更耐搬运和运输。特别对于叶菜类蔬菜和水果，钾能使其产品色泽新鲜，以更好的外观上市。

3. 常见植物钾素失调症状

(1) 缺钾　缺钾时，植物外形也有明显症状。由于钾在植物体内移动性大，再利用能力强，故缺钾时老叶上先出现缺钾症状，再逐渐向新叶扩展，其主要特征通常是老叶的叶缘先发黄，进而变褐，焦枯似灼烧状。叶片上出现褐色斑点或斑块，但叶中部、叶脉处仍保持绿色。严重时，整个叶片变为红棕色或干枯状，坏死脱落。根系生长明显停滞，细根和根毛生长很差，易出现根腐病。植株维管束木质化程度低，厚壁组织不发达，常表现出组织柔弱而易倒伏。

知识扩展*

不同植物缺钾症状各异。现分别介绍如下。①禾谷类植物。缺钾时下部叶片出现褐色斑点，严重时新叶也出现同样症状。叶片柔软下披，茎细弱，节间短，成穗率低，抽穗不整齐，结实率差，籽粒不饱满。②十字花科和豆科以及棉花等。叶片首先出现脉间失绿，进而转黄，呈花斑叶，严重时出现叶缘焦枯向下卷曲，褐斑沿脉间向内发展。叶表皮组织失水皱缩，叶面拱起或凹下，叶片逐渐焦枯脱落，植株早衰。③蔬菜。一般在生育的中后期表现为老叶叶缘出现黄白色斑点，变褐、焦枯，并逐渐向上位叶发展，老叶依次脱落。④甘蓝。叶球内叶减少，球小而松。⑤花椰菜。花球发育不良，球体小，不紧实，色泽差，品质劣。⑥大白菜、青菜类。缺钾症状主要集中在叶缘部呈坏死状，这可能与叶片含水量高、柔软、病变进程快、边缘迅速失水坏死有关。⑦菜豆。出现“镶金边”。⑧黄瓜。下位叶叶尖及叶缘先发黄，果实发育不良，常呈头大蒂细的棒槌形。⑨番茄。果发发育缓慢，成熟期不齐，着色不匀，果蒂附近转色慢，在其显示绿色斑驳期间，称“绿背病”。⑩果树。缺钾时叶缘变黄或呈暗紫色，皱缩，逐渐发展而出现坏死组织，果实小，着色不良，酸味、甜味都不足。⑪烟草。缺钾时还影响烟叶的可燃性。

(2) 钾过剩　植物对钾具有奢侈吸收的特性，钾供应过量，虽不直接表现出中毒症状，但会影响各种离子间的平衡，抑制植物对镁、钙的吸收，促使出现镁、钙的缺乏症，不仅造成肥料浪费，还会影响产量和品质。

二、土壤钾素状况

1. 土壤中钾的含量和形态

(1) 土壤中钾含量　我国农业土壤全钾（K_2O）含量一般在 0.5%～2.5%，变幅较大。就全国而言，从南向北，土壤全钾、缓效钾及速效钾均呈递增趋势。在相同纬度带，由于成土母质、风化程度及地形不同，土壤钾素状况也有很大差异。

知识扩展*

土壤含钾量主要与下列因素有关。①土壤母质及其风化成土条件。我国华北、西北地区的黄潮土、褐土、黑垆土及黄绵土等土壤类型主要受黄土母质影响，含钾较多。东北地区的黑土、黑钙土、栗钙土、棕壤以及新疆等地的荒漠土，云母含量高，且矿物分解淋溶微弱，所以土壤含钾也很高。华南地区由玄武岩、凝灰岩和浅海沉积物发育的砖红壤，花岗岩和花岗片麻岩发育的赤红壤，含钾矿物少，而且母质在高温高湿条件下受到强烈风化，盐基淋溶强烈，含钾矿物大部分被分解，所以这类土壤含钾量很低。华中地区的丘陵红壤含有较多数量的云母、伊利石矿物，因而含钾量较高。长江以南地区的石灰土及紫色土区，全钾量比该地区的红壤高一些，紫色土含钾丰富，黄棕壤含钾量中等，不同地域的水稻土含钾量存在一定差异。②土壤中黏土矿物种类和土壤的质地类型。土壤中含次生黏土矿物水云母、伊利石、蛭石和蒙脱石多的，其含钾较高，而土壤中以高岭石及含水氧化物类矿物为主的则含钾量较低。此外，质地黏重的土壤含钾量高，而砂性土壤含钾量低。

(2) 土壤中钾的形态与有效性　土壤中的钾依其存在的化学状态及对植物的有效性，常可分为结构性钾、非交换性钾、交换性钾和水溶性钾 4 种形态。

① 结构性钾。又称矿物态钾，主要是指存在于长石类和白云母等原生硅酸盐矿物中的钾。一般含量为0.5%～2.5%，约占土壤全钾的90%～98%，植物对其难以吸收利用，只有在长期风化过程中逐渐释放出来才能被植物吸收利用，因此在植物钾素营养中意义相对较小。

② 非交换性钾。又称缓效钾，主要是指固定在2∶1型层状黏土矿物中的钾和较易风化的矿物中的钾，如黑云母、伊利石及白云母中的一部分钾，它是反应土壤钾潜力的主要指标。在土壤中的含量通常为50～750mg/kg，占全钾量的2%～8%，它虽然很难被植物吸收利用，但它对土壤速效钾的补充具有重要作用。

③ 交换性钾。一般是指被土壤有机质和黏粒矿物上的负电荷所吸附的钾。一般含量为9～90mg/kg，约占土壤全钾量的0.9%～1.8%。交换性钾易被交换到土壤溶液中，是土壤中可供植物吸收的钾的主要部分，常被认为是土壤供钾能力的容量因素。

④ 水溶性钾。是指以离子形态存在于土壤溶液中的钾。在土壤中的含量一般为1～10mg/kg，占全钾量的0.1%～0.2%。这部分钾可以直接被植物吸收利用，常被认为是土壤供钾能力的强度因素。

土壤中的水溶性钾与交换性钾保持着快速的动态平衡，二者合称为速效性钾，占土壤全钾的0.1%～2%，其中90%是交换性钾。

2. 土壤中钾的转化与平衡

（1）土壤钾的释放　钾的释放是钾的有效化过程。是指矿物中的钾和有机物中的钾在空气、水、温度或生物活动的影响下，逐渐风化或分解转变为速效钾的过程。如长石在酸的作用下进行水解，转化成高龄石，同时释放出钾（相关反应式见第一章第一节）。

（2）土壤中钾的固定　主要是土壤溶液中的钾及交换性钾被2∶1型黏土矿物的晶格电荷吸附，继而随晶层间缝隙的收缩而进入晶层内孔穴的过程。其原因为：K^+的大小与2∶1型黏土矿物的晶层上孔穴大小相近，当2∶1型黏土矿物吸水膨胀时，K^+随水进入晶层间，当干燥收缩时，K^+被嵌入晶层内的孔穴中而称为缓效性钾，也称为“晶格固定”。通常认为，土壤干湿交替频繁易发生晶格固定；土壤中铵离子丰富有利于钾的释放，因铵离子和钾离子半径相近，竞争结合位点所致。

不同形态的钾在土壤中可以相互转化，在土壤、植物生态体系中存在着一定的动态平衡关系（图6-2）。

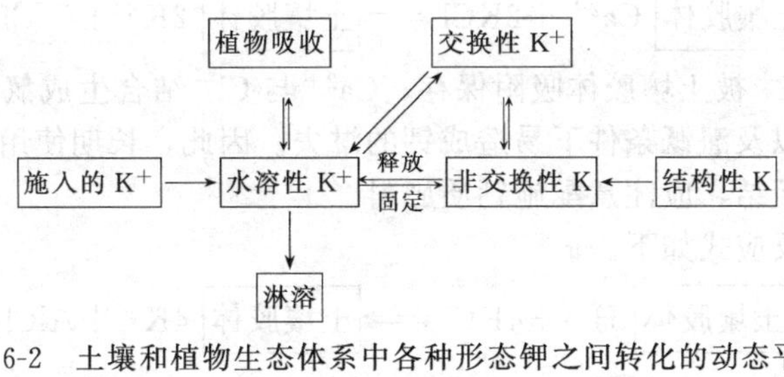

图6-2　土壤和植物生态体系中各种形态钾之间转化的动态平衡

3. 土壤的供钾水平

土壤供钾水平通常用速效钾含量来表示（表6-19）。近年来我国有些研究者认为，缓效性钾可以在一定条件下转化为有效钾，是重要的钾素供给来源（表6-20）。所以土壤供钾能力要从土壤速效钾和缓效钾含量两方面综合考虑。

表6-19　耕层土壤速效钾含量分级（1mol/L NH_4OAC浸提，火焰光度法）

级　别	1	2	3	4	5	6
土壤速效钾含量(K)/(mg/kg)	>200	150～200	100～150	50～100	30～50	<30
土壤供钾水平	高	较高	一般	稍低	低	极低

表 6-20 土壤缓效钾的分级标准（1mol/L 热 HNO_3 浸提 K）

土壤非交换性钾(K)/(mg/kg)	＜300	300～600	＞600
等级	低	中	高

三、钾肥的种类、性质和施用

知识扩展*

世界上主要的钾矿资源主要分布在加拿大、德国和俄罗斯等地，目前俄罗斯、加拿大、德国、法国、美国和以色列等国家是主要的钾肥生产国，其产量约占世界总产量的 93%。我国已探明的钾矿资源很少，主要分布在青海、新疆、西藏、云南、山东、甘肃等省区。钾矿资源的特点是：资源短缺，分布集中；卤水钾矿为主，固体钾盐少；钾盐品位低，共伴生组分多。矿床类型以现代盐湖型为主，其中青海柴达木盆地的察尔汗盐湖占有资源储量 1.65 亿吨，占全国查明资源的 36%。主要用浓缩结晶法生产钾肥，青海盐湖工业集团是我国最大的钾肥生产企业。另据报道，在新疆塔里木盆地的罗布泊地区也发现储量大、分布集中的钾盐，国家已计划逐步开发利用。云南思茅（现普洱）钾石盐矿是我国第一个古代固相矿床，主要以小规模的浮选法生产钾肥。我国海岸线较长，在制盐过程中有大量副产品盐卤，也可以作为生产钾肥的原料。随着水泥工业的发展，从水泥厂的废气中回收钾，可以生产窑灰钾肥。我国缺钾土壤约 4.5 亿亩，钾肥需求量以年均 5%～6%速率增长。虽然我国每年需从俄罗斯、加拿大等国进口约 600 万吨钾肥，但自给率已达 50%以上，2014 年钾肥产量 677 万吨（K_2O），长期依赖进口的局面有了结构性转变，已建成的青海察尔汗和新疆罗布泊两大基地的钾肥生产技术和能力均达到或接近国际先进水平。

钾肥品种比较简单，常用钾肥主要是氯化钾，约占总用量的 95%；硫酸盐型钾肥，主要包括硫酸钾和钾镁肥等，约占 5%。此外，还有少量碳酸钾和窑灰钾肥。

1. 氯化钾（KCl）

（1）成分和性质　氯化钾的生产原料主要是钾石盐、光卤石和苦卤等，其生产工艺主要有浮选法、重介质分离法和结晶法。成品氯化钾为浅黄色、浅砖红色或白色粒状结晶，含钾（K_2O）为 50%～60%，易溶于水，贮存时易吸湿结块，属化学中性、生理酸性肥料。

（2）在土壤中的转化　氯化钾施入土壤后，速溶于土壤溶液中，呈离子状态，一部分被植物直接吸收利用，另一部分 K^+ 能与土壤胶体上阳离子起交换作用。

在中性和石灰性土壤中的反应式如下。

$$\boxed{\text{土壤胶体}}\ Ca^{2+} + 2KCl \rightleftharpoons \boxed{\text{土壤胶体}}\ 2K^+ + CaCl_2$$

通过离子交换，K^+ 被土壤胶体吸附保存，Ca^{2+} 与 Cl^- 结合生成氯化钙的易溶于水，在多雨地区或多雨季节以及灌溉条件下易造成钙的淋失。因此，长期使用氯化钾，会导致土壤中钙的减少而使土壤板结，应注意配施钙质肥料。

在酸性土壤中的反应式如下。

$$\boxed{\text{土壤胶体}}\ H^+ + 4KCl \rightleftharpoons \boxed{\text{土壤胶体}}\ 4K^+ + AlCl_3 + HCl$$

$$AlCl_3 + 3H_2O \rightleftharpoons Al(OH)_3 + 3HCl$$

在酸性土壤上长期大量施用氯化钾，会加重植物受酸和铝的毒害，影响种子发芽或危害植物生长，所以在酸性土壤上施用应配施有机肥和石灰，以中和土壤酸性。

（3）施用　氯化钾可作基肥和追肥，一般用量为 150～225kg/hm²，宜深施在根系附近。可用于多种作物，特别适宜于棉花、麻类等纤维作物，可提高纤维品质。对甜菜、甘薯、马铃薯、葡萄、西瓜、茶树、烟草、柑橘等忌氯作物不宜施用，也不宜用于盐碱地。由于 Cl^- 抑制种子发芽和出苗，故不宜作种肥。

2. 硫酸钾（K_2SO_4）

（1）成分和性质　硫酸钾是仅次于氯化钾的主要商品钾肥。其生产方法有：①直接由天然矿物如无水钾镁矾（$K_2SO_4 \cdot 2MgSO_4$）、明矾石[$K_2SO_4 \cdot Al_2(SO_4)_3 \cdot 4Al(OH)_3$]、钾盐镁矾（$K_2SO_4 \cdot MgSO_4 \cdot 4H_2O$）及硬盐矿（钾石盐和钾盐镁矾的混合物）等制取；②由氯化钾转化而来，目前世界上生产的硫酸钾有70%用此方法获得。硫酸钾为白色、浅灰或淡黄色结晶，含钾（K_2O）50%～52%，易溶于水，物理性状好，不易结块，便于贮、运、施。属化学中性、生理酸性肥料。

(2) 在土壤中的转化　硫酸钾在土壤中的转化与氯化钾相似。不同的是在中性或石灰性土壤中，硫酸钾与钙离子反应的产物是硫酸钙（$CaSO_4$），其溶解度比氯化钙小，对土壤脱钙程度相对较小，对土壤造成板结和酸化程度均小于氯化钾。

(3) 施用　硫酸钾适宜在各种植物和土壤上施用，可作基肥、追肥、种肥及根外追肥。作基肥和追肥时用量为120～150kg/hm^2，在砂性土或喜钾植物上可适当增加到150～225kg/hm^2，并施于根系密集层。种肥用量为30～45kg/hm^2，但肥料不宜与种子直接接触。作根外追肥时浓度以1%～2%为宜。由于它含硫，因此特别适用于十字花科和葱蒜类植物以及对氯反应敏感的烟草等作物。

硫酸钾长期用在酸性土壤上，应与有机肥、石灰等配合施用。在通气不良的土壤中，要尽量少用硫酸钾，以防还原条件下形成的硫化氢（H_2S）造成对根系的毒害。

硫酸钾价格较贵，除特殊情况外，应尽量选用氯化钾。

3. 草木灰

(1) 成分及性质　草木灰是各种植物秸秆、杂草、枯枝落叶等植物残体燃烧后所剩的灰烬，是农村重要的钾肥肥源，特别是在我国钾资源不足的条件下，草木灰对补充土壤钾素的作用更为突出。

草木灰成分复杂，含有钾、磷、钙、镁和各种微量元素。含钾量及成分因植物种类、年龄、组织、部位不同而异，一般草本植物的含钾量高于木本植物，幼嫩组织高于老熟组织。

草木灰中钾的主要形态为碳酸钾（K_2CO_3），其次是硫酸钾和少量的氯化钾。它们都是水溶性钾，有效性高，但易随水淋失，储存时应防雨淋。高温燃烧时（700℃），由于燃烧完全，钾与硅形成硅酸钾，其溶解度很低，同时草木灰中含碳量减少，颜色呈白色。因此灰白色的草木灰中水溶性钾的含量比灰黑色的草木灰少，肥效也较差。草木灰中的磷属弱酸溶性磷，对植物有效性较高。草木灰中的碳酸钾是弱酸强碱盐，因此水溶液呈碱性。

(2) 施用　草木灰适用于多种作物和土壤，特别是在酸性土壤上施用，既可供给植物钾、磷、钙等多种营养元素，又能中和土壤酸性且具有良好的增产效果。草木灰可作基肥、追肥和盖种肥。作基肥用量为750～1500kg/hm^2，追肥宜集中施用，可采用沟施或穴施，为了便于施用，施用前可加湿土或喷洒少量水分使之湿润后再用。也可配制成1%的水浸提液，进行叶面喷施，既可供给植物钾素和微量元素等营养，又能防治或减少病虫害的发生。作盖种肥时，大多用于水稻、蔬菜育苗，既能提供养分，又可吸热增加土表温度，促苗早发。

草木灰是一种碱性肥料，故不能与铵态氮肥、腐熟有机肥和水溶性磷肥混施，以免引起养分的损失或退化。

4. 窑灰钾肥

窑灰钾肥是水泥工业的副产品。因为在生产水泥的原料及燃料中，均含有一定数量的含钾硅酸盐矿物，在1100℃以上的高温下燃烧时，含钾矿物的结构遭到破坏，钾素以氧化钾的形态挥发出来，与烟灰中的CO_2、SO_2和Cl_2（配料中若含有氯化钙）等生成可溶性钾盐，随温度降低，钾盐结晶形成细微的颗粒混入窑灰中，回收后即得窑灰钾肥。

(1) 成分及性质　窑灰钾肥含多种成分，钾含量受水泥原料、燃料、煅烧、回收设备、钾肥颗粒细度等因素影响，不同水泥厂的产品含钾量差异很大，通常在1.6%～23.5%。除含钾外，还含有钙、镁、硅、硫、铁及各种微量元素，其中钙、镁为磷酸盐。产品为灰黄色或灰褐色粉末，颗粒小，质地轻，松散轻浮，是一种吸湿性很强的碱性肥料，水溶液pH值为9～11，吸水过程中产生热量，运输和贮存过程中应防雨淋。窑灰钾肥中水溶性钾约占总钾量的95%，主要是硫酸钾和氯化钾，为速效性钾肥。

(2) 施用 窑灰钾肥可作基肥，不能作种肥，也不宜作蘸秧肥，否则易造成烧种烧苗。最适于在酸性土上和需钙较多的植物上施用。窑灰钾肥颗粒细小轻飘，在田间撒施时应拌适量细土以免被风吹扬损失。作追肥时要防止沾在叶片上，以免灼伤叶片。亦不能与铵态氮肥、腐熟有机肥及水溶性磷肥混施，以免引起氮损失或磷有效性降低。

5. 长效钾肥*

国内外有关长效钾肥的研究较少。主要有包膜钾肥、偏磷酸钾（0-60-40）、聚磷酸钾（0-57-37）、熔成钾磷肥及硅酸铝钾肥等。包膜钾肥施用于烟草的效果很好，特别是在多雨的年份或地区施用效果更佳。偏磷酸钾、聚磷酸钾、熔成钾磷肥和硅酸铝钾肥等都不溶于水，而溶于2%的柠檬酸，在土壤中不易被淋失，可以逐步释放，是具有发展前途的缓效性钾肥。

第四节 土壤中量元素与中量元素肥料

一、植物的中量营养元素

植物的中量营养元素包括钙、镁、硫三种。

1. 营养元素钙的功能、常见失调症状

钙是构成细胞壁的重要元素；它与蛋白质分子相结合，是质膜的重要组成成分；钙是某些酶（如淀粉酶）的活化剂，因而影响植物体的代谢过程。钙有中和酸性和解毒的作用，如草酸钙的形成，它对调节介质的生理平衡具有特殊的功能。植物缺钙时，植株矮小，根系发育不良，茎和叶及根尖的分生组织受损。严重缺钙时，植物幼叶卷曲，新叶抽出困难，叶尖之间发生粘连现象，叶尖和叶缘发黄或焦枯坏死，根尖细胞腐烂死亡。

2. 营养元素镁的功能、常见失调症状

镁是叶绿素的组成成分，缺镁时植物合成叶绿素受阻；镁是糖的代谢过程中许多酶的活化剂；镁能促进磷酸盐在体内的运转：镁参与脂肪代谢和促进维生素A和维生素C的合成。植物缺镁时的症状首先表现在老叶上，叶的尖端和叶脉间色泽褪淡，由淡绿变黄再变紫，随后向叶基部和中央扩展，但叶脉仍保持绿色，在叶片上形成清晰网状脉纹，禾本科作物叶脉平行，失绿呈条状，而双子叶植物，叶脉呈网状，失绿呈斑点状，严重时叶片枯萎、脱落。

3. 营养元素硫的功能、常见失调症状

硫是蛋白质的组成成分，缺硫时蛋白质形成受阻；在一些酶中含有硫，如脂肪酶、脲酶都是含硫的酶；硫能提高豆科作物的固氮效率；硫参与植物体内的氧化还原过程；硫对叶绿素的形成有一定影响。植物缺硫时的症状与缺氮时的症状相似，变黄比较明显。一般症状是植株矮，叶细小，叶片向上卷曲，变硬易碎，提早脱落，开花迟，结果、结荚少。

二、土壤中量元素与中量元素肥料

1. 土壤中的钙与钙素肥料

(1) 土壤中钙素状况* 钙是地壳中第5位最丰富的元素，地壳中平均含钙量为36.4g/kg（CaO，51g/kg）。我国南方的红壤、黄壤含钙量低，一般小于10g/kg，而北方的石灰性土壤中游离碳酸钙含量可达100g/kg以上。土壤钙的含量主要决定于成土母质、风化条件、淋溶强度和耕作利用方式等，施用石灰、过磷酸钙、钙镁磷肥、硅酸钙等肥料均可提高土壤中钙素含量。

土壤中钙可分矿物态钙、交换态钙和土壤溶液中钙三种形态。矿物态钙约占全钙量的40%～90%；交换态钙主要是指吸附在土壤胶体表面的钙离子，是植物可利用的钙。土壤中交换性钙含量很高，变幅也大，为10～300mg/kg，甚至高达500mg/kg以上。交换性钙占土壤全钙的5%～60%，一般在20%～30%。对大多数作物来说，交换性钙在400mg/kg以下，施钙肥可产生明显效果。土壤溶液中钙存在于土壤溶液中的钙离子，通常含量在20～40mg/L，也有的在100mg/L以上。

土壤中矿物态钙较易风化，风化后以钙离子进入土壤溶液，其中一部分为土壤胶体所吸附成为交换性钙。含钙矿物风化以后，进入溶液中的钙离子可能随水而损失，或为生物所吸收，或吸附在颗粒周围，或在干旱地区再次沉淀为次生钙化合物。

(2) 钙肥的种类与性质　主要的钙肥有生石灰、熟石灰、碳酸石灰、含钙工业废渣和其他含钙肥料见表6-21。

表6-21　主要钙肥成分和含钙量

名　称	化学式	Ca含量/%	名　称	化学式	Ca含量/%
生石灰	CaO	60.3	白云石石灰岩	$CaCO_3 \cdot MgCO_3$	21.5
熟石灰	$Ca(OH)_2$	46.1	高炉炉渣	$CaSiO_3$	29.5
方解石石灰岩	$CaCO_3$	31.7	过磷酸钙	$Ca(H_2PO_4)_2+CaSO_4 \cdot 2H_2O$	20.4

① 生石灰（CaO）。又称烧石灰，含CaO 90%～96%。白色粉末或块状，呈强碱性，具吸水性，与水反应产生高热，并转化成粒状的熟石灰。生石灰中和土壤酸性能力很强，其中和值为179，施入土壤后，可在短期内矫正土壤酸度。此外，生石灰还有杀虫、灭草和土壤消毒的功效。

② 熟石灰[$Ca(OH)_2$]。又称硝石灰，白色粉末，溶解度大于石灰石粉，呈碱性反应。施用时不产生热，是常用的石灰。中和值为136，中和土壤酸度能力也很强。

③ 碳酸石灰（$CaCO_3$或$CaCO_3 \cdot MgCO_3$）。由石灰石、白云石磨碎而成的粉末。不易溶于水，溶于酸，中和土壤酸度能力缓效而持久。石灰石比生石灰加工简单，节约能源，成本低而改土效果好，同时不板结土壤，淋溶损失小，后效长，增产作用大。

④工业废渣。主要是高炉炉渣，其成分为硅酸钙，含有CaO 38%～40%，MgO 3%～11%，SiO_2 32%～42%。施入酸性土壤能缓慢中和土壤酸度。

⑤ 其他含钙肥料。石灰氮、过磷酸钙等均含有一定数量的钙，施用这类肥料，不仅可以补充营养，还可中和土壤酸度。

(3) 石灰用量和施用　石灰用量的确定：目前我国多用熟石灰作钙肥，其用量可按土壤交换性酸度或水解性酸度来计算。采用一定浓度的$CaCl_2$溶液浸提土壤样品，然后用标准$Ca(OH)_2$溶液滴定，按下式计算石灰用量。

$$\text{石灰施用量（t/hm}^2\text{）}=\frac{mM}{100}\times\frac{74}{1000}\times2250\times\frac{1}{2}$$

式中，m为水解性酸的厘摩尔数（cmol）；$\frac{1}{100}$为将厘摩尔数转换为摩尔数的转换系数；M为中和水解性酸的石灰中阳离子的化合价的倒数$\frac{1}{2}$；74为$Ca(OH)_2$的摩尔质量；$\frac{1}{1000}$为单位转换系数；2250×10^3为每公顷耕层干土质量（kg/hm^2）；$\frac{1}{2}$为理论值转换为实际施用值的折算系数（熟石灰理论值折半施用），又称为石灰常数。

另一方法是按土壤盐基饱和度的百分数来计算。

$$\text{石灰施用量}=W\times CEC\times M\times(S_2-S_1)\times \mathrm{Lc}/e$$

式中，W为需要中和的单位面积一定深度土层的干土质量；CEC为阳离子交换总量[cmol(+)/kg]；M为CaO摩尔质量56g/mol；S_2为计划盐基饱和度；S_1为实测盐基饱和度；Lc为石灰常数（理论值转换为实际施用值的折算系数），生石灰、熟石灰为0.5，石灰石为 1.3～1.5；e 为电价，以钙离子化合价计为 2。

例如：今测得某土壤的 CEC 为 10cmol(+)/kg，盐基饱和度为 30%，计划施用石灰改土后使盐基饱和度达到 80%，求每公顷耕作层土壤应施用生石灰多少千克？（干土以 2260t 计）

解：$\text{石灰施用量} = W \times CEC \times M \times (S_2 - S_1) \times \mathrm{Lc}/e$

$$= 2260\mathrm{t} \times 10\mathrm{cmol/kg} \times 56\mathrm{g/mol} \times (80\% - 30\%) \times 0.5 \times \frac{1}{2}$$

$$= 2260\mathrm{t} \times 100\mathrm{mol/t} \times 56\mathrm{g/mol} \times 50\% \times 0.5 \times \frac{1}{2}$$

$$= 1582000\mathrm{g}$$

$$= 1582\mathrm{kg}$$

答：每公顷耕作层土壤应施用生石灰 1582kg。

石灰的施用，多用作基肥，也可用作追肥。稻田施用石灰多在插秧前整地时施入，也可在分蘖期和幼穗分化期结合中耕除草时施用；旱田可结合犁田整地时施用石灰，也可采用局部条施或穴施。石灰不能与氮、磷、钾、微肥等一起混合施用，一般先施石灰，几天后再施其他肥料。石灰肥料有后效，一般隔 3～5 年施用一次。

2. 土壤中的镁与镁素肥料

(1) 土壤中的镁* 土壤中镁含量受母质、气候、风化程度、淋溶和耕作措施的影响大。北方土壤含镁量在 10g/kg 以上，南方土壤含镁量一般在 3.3g/kg 左右。镁易于淋溶损失，因此，我国南方土壤容易缺镁。

土壤中镁的形态可分为矿物态、水溶态、代换态、非交换态和有机态五种，主要以无机态存在，有机态镁含量很低，主要来自还田的秸秆和有机肥料。土壤中矿物态镁约占全量的 70%～90%，主要存在于含镁的硅酸矿物、菱镁石和白云石中。水溶态镁含量一般在 5～100mg/L，含量仅次于钙，与钾相似。交换态镁占土壤全镁量 10%～20%，高的可达 25%，其含量一般在 0.1～5.0ml/100g，高的可达 16ml/100g。非交换态镁是矿物态镁中能被稀酸溶解的镁，是矿物镁中较易释放的部分，也可归为矿物态镁，一般占全镁量的 5%～25%。

(2) 镁肥的种类与施用 农业上应用的镁肥有水溶性镁盐和难溶性镁矿物两大类，一些常用的镁肥见表 6-22。

表 6-22 主要含镁肥料

名称	化学式	Mg 含量/%	名称	化学式	Mg 含量/%
硫酸镁	$MgSO_4$	20	钾镁肥	$KCl \cdot MgSO_4$	12
氯化镁	$MgCl_2$	25.6	菱镁矿	$MgCO_3$	27.1
水镁矾	$MgSO_4 \cdot H_2O$	16.3	白云石	$CaCO_3 \cdot MgCO_3$	10～13
泻利盐	$MgSO_4 \cdot 7H_2O$	9.6	钙镁磷肥	$Mg_3(PO_4)_2$	9～11
硝酸镁	$Mg(NO)_3$	16.4	磷酸镁铵	$MgNH_4PO_4$	14
硫酸钾镁	$K_2SO_4 \cdot MgSO_4$	6.6～19.4			

镁肥肥效与土壤有效镁含量有密切关系，土壤酸性强，质地粗，淋溶强，母质中含镁少时容易缺镁。酸性土壤缺镁时以施用菱镁粉、白云石粉效果良好；碱性土壤宜施氯化镁或硫酸镁，施用量以镁计 15～22.5kg/hm² 为宜，柑橘等果树每株穴施硫酸镁 3.75kg 左右。硫酸镁可叶面喷施，浓度为 1%～2%。

3. 土壤中的硫与硫素肥料

(1) 土壤中的硫* 土壤中硫的含量一般为 0.1～5g/kg，大多数在 0.1～0.5g/kg，土壤中硫的含量决定于土壤母岩、土壤类型、大气降水、含硫的有机肥料和无机肥料情况，以及土壤质地、土壤有机质含量及作物种类、产量高低等因素。

土壤中的硫以无机硫和有机硫两种形态存在。在我国南部和东部湿润地区，土壤硫以有机硫为主，有机硫占全硫量的 85%～94%，而无机硫仅占 6%～15%。在北部和西部干旱的石灰性土壤，无机硫含量较高，一般占全硫量的 39%～62%。土壤无机硫可分为三种形态。水溶态、吸附态、矿物态硫。①水溶态硫，主要是指溶于土壤溶液中的SO_4^{2-}，其浓度为25～100mg/L；②吸附态硫，主要是指土壤胶体上吸附的SO_4^{2-}，酸性土壤吸附量较高；③矿物态硫，主要是以硫化物或硫酸盐形态存在于矿物中，如菱铁矿（FeS_2）、闪锌矿（ZnS）、泻利盐（$MgSO_4 \cdot 7H_2O$）、石膏（$CaSO_4 \cdot 2H_2O$）等。

土壤有机硫可分为碳键硫和非碳键硫。碳键硫（C—S键）主要是一些含硫的氨基酸，如胱氨酸、半胱氨酸等，一般占全硫量的5%～20%；非碳键硫（C—O—S键）是由酚、胆碱硫酸盐及类脂化合物所组成。主要是硫脂化合物，如胆碱硫酸脂、酚硫酸脂等，它一般占到全硫量的30%～70%。

土壤中含硫物质在生物和化学作用下发生无机硫和有机硫的转化。

无机硫的转化包括硫的还原作用和氧化作用。①无机硫的还原作用。硫酸盐（SO_4^{2-}）还原为H_2S的过程，主要通过两个途径进行：一是由生物将SO_4^{2-}吸收到体内，并在体内将其还原，再合成细胞物质（如含硫氨基酸）；二是由硫酸盐还原细菌将SO_4^{2-}还原为还原态硫。在淹水土壤中，大多数还原硫以FeS的形式出现。此外还有少量不同程度的硫化物（如硫代硫酸盐）和元素硫等。②无机硫的氧化作用。指还原态硫（如S、H_2S、FeS等）氧化为硫酸盐的过程。参与这个过程的硫氧化细菌利用氧化的能量维持其生命活动。影响硫氧化作用的因素有温度、湿度、土壤反应和微生物数量等。

土壤有机硫在各种微生物作用下，经过一系列的生物化学反应，最终转化为无机硫的形态。在好氧条件下，最终产物是硫酸盐；在嫌氧条件下，则为硫化物。影响有机硫的转化因素有浓度、湿度、pH、能量的供应、土壤耕作状况以及有机质的C/S和N/S等。

（2）含硫肥料的种类和性质　常用的含硫肥料主要有石膏、硫黄及其他含硫肥料，其中石膏、硫黄等是专门作为硫肥应用的，见表6-23。

表6-23　主要含硫肥料

名　称	化　学　式	S含量/%	名　称	化　学　式	S含量/%
石膏	$CaSO_4 \cdot 2H_2O$	18.6	硫酸锌	$ZnSO_4 \cdot H_2O$	18.0
硫黄	S	95～99	硫酸亚铁	$FeSO_4$	11.5
硫酸镁	$MgSO_4 \cdot 7H_2O$	14.0	硫酸铜	$CuSO_4$	12.8
硫酸铵	$(NH_4)_2SO_4$	24.0	硫酸钾镁肥	$K_2SO_4 \cdot 2MgSO_4$	22.0
硫酸钾	K_2SO_4	17.6	过磷酸钙	$Ca(H_2PO_4)_2+CaSO_4 \cdot 2H_2O$	11.9

① 石膏。石膏既可为作物提供钙、硫养分，又是一种土壤改良剂，农用石膏分为生石膏、熟石膏和磷石膏三种。

a. 生石膏。即普通石膏，俗称白石膏，主要成分是硫酸钙（$CaSO_4 \cdot 2H_2O$），含S 18.6%，CaO 23%。石膏呈粉末状，微溶于水，其产品质量与细度有关，农用生石膏以过60目筛为宜。

b. 熟石膏。又称雪花石膏，主要成分为$CaSO_4 \cdot 1/2H_2O$，含S 20.7%。呈白色粉末状，易被磨细，吸湿性强，吸水后又变成生石膏，物理性质变差，施用不便，宜贮存在干燥处。

c. 磷石膏。主要成分是硫酸钙（$CaSO_4 \cdot 2H_2O$），约占64%，含S 11.9%，还含有P_2O_5 0.7%～3.7%。它是磷铵工业的副产品。磷石膏呈酸性，易吸潮。

② 硫黄。农用硫黄含S 95%～99%，能溶于水。农用硫黄必须100%通过16目筛，50%通过100目筛。硫黄由于其不易从土壤耕层中淋失，故后效较长。

（3）含硫肥料的施用　一般掌握以下原则和技术要点。

① 根据土壤条件合理施用。我国南方地区酸性土壤和砂质土壤易缺硫，需补充施用硫肥。土壤通气良好，硫以SO_4^{2-}形式存在，有效性高；排水不良土壤中，SO_4^{2-}被还原为H_2S，对作物产生有害，应注意排除。

② 根据作物种类合理施用。不同作物对硫的需要量相差较大。结球甘蓝、花椰菜、四季萝卜、大葱、大蒜等需要大量的硫；豆科作物、棉花、烟草等需硫中等；油菜、甘蓝、花生、大豆和菜豆等对缺硫比较敏感，施用硫肥有较好的反应。

③ 硫肥的施用技术。石膏可作基肥、追肥和种肥。旱地作基肥的用量为225～375kg/hm²，将石膏粉碎后撒于地面，结合耕作施于土壤。花生可在入土后15～30d施用石膏，用

量 225～375kg/hm^2；稻田施用石膏，可结合耕地时进行，也可栽秧后撒施或塞秧根，一般用量为 75～150kg/hm^2。若水稻用硫黄作基肥应提早施用，一般 7.5～15kg/hm^2，拌合土杂肥或蘸秧根施用。优质小麦和大麦施用硫肥可提高籽粒中蛋氨酸、半胱氨酸和蛋白质含量，有利于提高小麦面筋中的二硫基含量，提高烘烤品质。因此，优质小麦和大麦可用石膏 225～375kg/hm^2 作基肥。

（4）利用石膏作为碱土改良剂　利用石膏作为碱土改良剂时，其用量可用下式计算。

$$石膏用量(kg/hm^2)=\frac{Na}{1000}\times\frac{172}{100}\times\frac{1}{2}\times 2250\times 10^3$$

式中，Na 为交换性钠量（cmol/kg）；$\frac{172}{100}\times\frac{1}{2}$ 为 1cmol($\frac{1}{2}$Ca) 相当于 $CaSO_4\cdot 2H_2O$ 的质量（g）；$\frac{1}{1000}$ 为单位转换系数；2250×10^3 为耕层土重（kg/hm^2）。

施用石膏必须与灌排工程相结合。重碱地施用石膏应采取全层施用法；花碱地的碱斑面积在 15%以下，可将石膏直接施在碱斑上；灰碱地宜在春、秋季平整土地后，耕作时将石膏均匀施在犁垡上，通过耙地，使之与土混匀，再行播种。

第五节　土壤微量元素与微量元素肥料

一、植物的微量营养元素*

第五章第一节已介绍，植物微量营养元素包括铁、硼、锰、铜、锌、钼、氯七种。目前研究和应用比较多的微量元素肥料有硼、锌、钼、铁、铜和锰肥六种。种植业生产中对氯的使用比较少，因为一般情况下，土壤中的氯能满足作物生长发育的需要，或者平时的农业生产中已经客观上起到了补充氯素的作用，如施入土壤中的人粪尿、家畜粪尿等有机肥料中含有氯；施用的氯化铵、氯化钾等化学肥料中含有氯；灌溉水中也含有氯等。虽然微量元素在植物体内的含量很少，但它们在植物正常生长发育过程中起着重要的营养作用。当植物生长过程中缺乏某种微量元素时，植物生长发育会受到明显地影响，产量和品质下降。

1. 锌的营养功能

锌在作物体内参与生长素（吲哚乙酸）的合成。试验表明，锌能促进吲哚乙酸和丝氨酸合成色氨酸，而色氨酸是生长素的前身，因此，锌间接影响生长素合成；锌是许多酶的活化剂，在生长素的形成时，锌与色氨酸酶的活性密切相关，总之，锌通过酶的作用对植物体碳、氮代谢产生广泛影响，例如碳酸酐酶能促进进入作物体内的二氧化碳水化，向叶绿体扩散，因而有助于光合作用；锌还与蛋白质代谢有密切关系，缺锌时蛋白质合成受影响；锌可增强作物的抗逆性。果树缺锌在我国南北方均有所见，除叶片失绿外，在枝条尖端常出现小叶和簇生现象。称为“小叶病”。严重时枝条死亡，产量下降。在北方常见有苹果树和桃树缺锌，而南方柑橘缺锌现象较普遍。此外，梨、李、杏、樱桃、葡萄等也可能发生缺锌。水稻缺锌表现为“稻缩苗”，玉米白苗有时也是缺锌所引起，如缺锌和严重缺锌的玉米叶片，叶脉间失绿呈现清晰的黄绿色条纹，症状主要出现在中脉与叶缘之间，严重缺锌的出现浅棕色条状坏死组织，叶缘及中脉两旁仍保持绿色。

2. 硼的营养功能

硼与细胞壁成分的形成有关，硼可提高细胞壁结构的稳定性；硼能促进植物体内糖的运输，缺硼时，糖的运输和吸收大大减少；硼影响细胞分裂和伸长；硼对酚类化合物生物合成有影响，缺硼往往引起植株体内酚类化合物——绿原酸、咖啡酸的积累，使组织坏死，最终造成植株死亡；硼影响花粉萌发和花粉管的生长，影响授精的顺利进行；植物缺硼时，其生长点和幼嫩叶片的生长受抑制，常常影响产量和品质。严重缺硼时，幼苗期植株就会死亡。硼能促进植物生殖器官的正常发育。春小麦开花后期正常与缺硼的穗部性状有明显差异，如正常的颖壳和麦芒正常收缩，而缺硼的颖壳张开，麦芒外叉。在植物体内含硼量最高的部位是花，因此缺硼常表现为甘蓝型油菜“花而不实”，花期延长，结实很差；棉花出现“蕾而无花”、只现蕾不开花；小麦出现“穗而不实”，结实少，子粒不饱满。大豆发生“荚而不实”或“有荚无粒”，严重影响产量；花生出现“有壳无仁”等现象。果树缺硼时，结果率低、果实畸形，果肉有木栓化或有干枯现象。

3. 钼的营养功能

钼是植物体内硝酸还原酶和固氮酶的组成成分，对植物氮的代谢有影响。缺钼时硝态氮在作物体内还原过程受阻，在体内积累，而减少蛋白质合成；有钼的参与固氮酶才有活性。钼与磷酸代谢有关，缺钼不利于无机磷向有机磷转化。钼还可增强植物抵抗病毒的能力，如施钼能使烟草对花叶病具有免疫性。作物缺钼的共同表现是植株矮小，生长受抑制，叶片失绿、枯萎以致坏死。豆科作物缺钼，则根瘤发育不良，瘤小而少，固氮能力弱或不能固氮。

4. 锰的营养功能

锰存在于核酸代谢酶中，促进氨基酸、蛋白质合成、缺锰植株中游离氨基酸含量增加，蛋白质含量明显减少。锰还调节作物体内的氧化还原反应，参与作物的光合作用和氮素的转化，提高叶绿素的含量，促进碳水化合物的运转、养分的积累和维生素的合成。作物缺锰症状首先出现在幼叶上，表现为叶脉间黄化，有时出现一系列的黑褐色斑点。缺锰的水稻叶片（水培）叶脉间断失绿，出现棕褐色小斑点，严重时斑点连成条状，扩大成斑块。

5. 铁的营养功能

铁是形成叶绿素不可缺少的元素，作物缺铁易失绿黄化；铁是光合作用中许多电子传递体的组成成分，植物缺铁，光合强度下降；铁是许多酶的活化剂；铁还参与核酸、蛋白质和蔗糖的合成。缺铁症状：缺铁时，下部叶片能保持绿色，而嫩叶上出现失绿症。

6. 铜的营养功能

铜是植物体内许多氧化酶的成分或某些酶的活化剂，积极参与植物体内氧化还原反应，因此铜与植物呼吸作用密切相关；铜是叶绿体蛋白——质体蓝素的成分，能积极参与光合作用；铜还参与蛋白质和糖代谢，缺铜植物体内蛋白质合成受阻，还原糖量减少。缺铜症状：缺铜时，叶绿素减少，叶片出现失绿现象，幼叶的叶尖因缺绿而黄化并干枯，最后叶片脱落。缺铜也会使繁殖器官的发育受到破坏。

二、土壤微量元素概述

1. 土壤中锌的有效性、临界值及缺乏原因

（1）土壤中锌的有效性、临界值　土壤中锌的形态有矿物态、吸附态、水溶态、有机络合态。有机络合态中有一部分是锌与氨基酸、有机酸等络合形成的可溶性有机络合物。水溶态锌含量很少。有效锌包括锌离子和可溶性的含锌络离子，含量为 1～10mg/kg。我国土壤有效锌的含量分级见表 6-24。

表 6-24　我国土壤有效锌含量分级　　单位：mg/kg

等级	石灰性、中性土壤［DTPA（二乙烯三胺五乙酸）浸提］	酸性土壤（0.1mol/L HCl 浸提）
很低	＜0.5	＜1.0
低	0.5～1.0	1.1～1.5
中等	1.1～2.0	1.6～3.0
高	2.1～5.0	3.1～5.0
很高	＞5.0	＞5.0
临界值	0.5	1.5

（2）土壤中锌的缺乏原因　受土壤酸碱性、碳酸盐、有机质、磷酸盐、温度等各种因素的影响。pH 是影响锌有效性的重要因素，一般有效锌含量随 pH 升高而降低。因此，缺锌多发生在 pH＞6.5 的土壤上；酸性土壤过量施用石灰，也会诱发缺锌；在大量施用有机肥料，尤其是有机质含量高的淹水还原性土壤上易缺锌；一般砂质土有效锌和全锌含量很低，易缺锌；过量施用磷肥的土壤上会诱发缺锌或产生磷锌拮抗现象；此外，气温低，土壤阴冷潮湿，亦易缺锌。

2. 土壤中硼的有效性、临界值及缺乏原因

(1) 土壤中硼的有效性、临界值 土壤中硼有4种存在形态。①有机态硼。包括土壤有机质吸附的硼和有机质分解产生的糖类与硼酸的络合物，它们分解后可为植物利用。②矿物态硼。主要是含硼矿物，如硼砂、硼镁铁矿等。③吸附态硼。是吸附在土壤胶体表面的硼，对作物有一定的有效性。④水溶态硼。是土壤溶液中的硼，可被作物直接吸收利用，是土壤有效硼的指标。我国土壤有效硼的含量分级见表6-25。

表 6-25 我国土壤水溶性硼分级（沸水浸提——姜黄素比色）

等级	很低	低	中等	高	很高	临界值
水溶性硼	<0.20	0.21～0.50	0.51～1.00	1.00～2.00	>2.00	0.50

(2) 土壤中硼的缺乏原因 土壤中的硼的有效性受多种因素影响。土壤酸碱性与有效硼关系最为密切，当pH>7时，水溶性硼的含量随pH升高而减少。因此，缺硼易发生在石灰性土壤和碱性土壤上；一般砂质土含硼量低；有机质多的土壤有效硼多；干旱使硼的有效性降低，湿润多雨地区强烈的淋溶亦会导致硼损失。

3. 土壤中钼的有效性、临界值及缺乏原因

(1) 土壤中钼的有效性、临界值 钼在土壤中存在的形态有以下几种。①矿物态。如辉钼矿、铅钼矿、铁钼矿等原生矿物中存在的钼，还有次生的钼酸盐类。矿物态钼的有效性一般很低。②有机络合态。腐殖质、碳水化合物、含氮有机物等均可与钼形成络合物，作物不能直接吸收利用。③交换态。指带正电土壤胶体吸收的钼酸根离子，pH>7.5时土壤基本不吸附，pH 3～6时吸附量最大。④水溶态。是存在于土壤溶液中的钼，含量很低，约0.1mg/kg。土壤有效态钼包括交换态和水溶态钼，其分级指标见表6-26。

表 6-26 我国土壤有效态钼含量分级［$H_2C_2O_4$-$(NH_4)_2C_2O_4$浸提］

等级	很低	低	中等	高	很高	临界值
有效钼含量/(mg/kg)	<0.1	0.11～0.15	0.16～0.20	0.21～0.30	>0.3	0.15

(2) 土壤中钼的缺乏原因 只有Mo^{6+}对植物才是有效的，Mo^{6+}是酸性氧化物，在碱性条件下生成可溶性的钼酸盐，在酸性条件下，水溶性钼转化为氧化态钼，有效性降低，故缺钼易发生在酸性土壤上；黄土及黄河冲积物发育的土壤也易缺钼。

4. 土壤中锰的有效性、临界值及缺乏原因

(1) 土壤中锰的有效性、临界值 土壤中的锰以多种形态存在，有矿物态（高价锰氧化物主要为MnO_2）、水溶态和交换态的2价锰（Mn^{2+}）、易还原态的3价锰（$Mn_2O_3 \cdot NH_2O$）以及部分有机态锰。对植物有效的锰包括水溶态、交换态和易还原态，总称为活性锰。活性锰含量或活性锰与全锰含量的比值都能反映土壤中锰的供给状况。我国土壤有效锰含量的分级见表6-27。

表 6-27 我国土壤有效锰含量分级

等级	很低	低	中等	高	很高	临界值
活性锰含量/(mg/kg)	≤50	50～100	101～200	201～300	>300	100
交换性锰/(mg/kg)	<1.0	1.1～5.0	5.1～30.0	>30		

注：1mol/LNH_4OAC，1mol/L中性NH_4OAC-对苯二酚浸提。

(2) 土壤中锰的缺乏原因 土壤锰的有效性受多种因素的影响，如pH、微生物状况、有机质含量、土壤温度、氧化还原状况等，但起主要作用的是土壤酸碱性和氧化还原状况。一般在酸性和还原条件下，可溶性锰增加，而在碱性和氧化条件下，锰的有效性降低。因此，缺锰多发生在中性和碱性土壤，特别在质地轻的土壤上，缺锰现象最为严重。酸性土壤

过量施用石灰，引起诱发性缺锰，气候干旱，光照强度及土温低都会加重缺锰。

5. 土壤中铁的有效性、临界值及缺乏原因

(1) 土壤中铁的有效性、临界值　土壤中铁的含量很高，平均含铁量为3.8%，但主要呈难溶性的矿物存在，也有少量有机螯合态存在，而对作物有效的交换态铁Fe^{2+}、Fe^{3+}、$Fe(OH)^{2+}$、$Fe(OH)^{+}$等和水溶态铁的含量却很少，尤其是在中性和偏碱性土壤中数量更少。土壤有效铁的含量随pH的升高而减少，pH降低，有效铁数量大幅度增加。一般认为土壤DTPA浸提络合铁<2.5mg/kg为缺铁临界指标，见表6-28。

表 6-28　我国土壤有效铁含量分级

等　级	很　低	低	中　等	高	很　高	临界值
有效铁含量/(mg/kg)	<2.5	2.6～4.5	4.6～10.0	10.1～20	>20	2.5

(2) 土壤中铁的缺乏原因　土壤氧化还原状况明显地影响着铁的有效性，还原条件下，Fe^{3+}被还原为Fe^{2+}，有效铁数量大大提高。因此，缺铁主要发生在中性、石灰性、碱性和通气良好的旱作土壤上。果树缺铁多发生在pH偏高的北方旱作土壤上，但是南方海涂柑橘常因缺铁导致叶片失绿、生长不良。广西武鸣县一菠萝园曾全部失绿黄化，表现出明显的缺铁症状，菠萝缺铁不是由于土壤有效铁含量低所致，而是过多地吸收了锰，体内过量的锰会抑制Fe^{3+}的还原，并促使Fe^{2+}的氧化，从而降低植物体内铁的有效性，造成生理缺铁失绿。

6. 土壤中铜的有效性、临界值及缺乏原因

(1) 土壤中铜的有效性、临界值　我国土壤含铜量在3～300mg/kg，平均为22mg/kg。土壤中铜的形态有矿物态、有机络合态、交换态和水溶态，其中交换态和水溶态对作物有效。我国土壤有效铜含量分级见表6-29。

表 6-29　我国土壤有效铜含量分级

等　级	石灰性、中性土壤(DTPA浸提)/(mg/kg)	酸性土壤(0.1mol/L HCl浸提)/(mg/kg)
很低	<0.1	<1.0
低	0.1～0.2	1.0～2.0
中等	0.2～1.0	2.0～4.0
高	1.0～1.8	4.0～6.0
很高	>1.8	>6.0
临界值	0.2	2.0

(2) 土壤中铜的缺乏原因　土壤含铜量与成土母质、有机质含量、土壤质地等多种因素有关。

三、微量元素肥料的种类和性质

微量元素肥料主要是一些含硼、锌、钼、锰、铁、铜等营养元素的无机盐类和氧化物。我国目前常用的品种约20余种，常用代表性微肥种类和性质见表6-30。

四、微量元素肥料的施用方法

微肥的施用方法很多，可以作基肥、种肥、追肥施入土壤，也可直接施在植物体的某个部位，所以可以把施用微肥的方法分为向土壤施肥和向植物施肥。

1. 向土壤施肥

直接施入土壤中的微量元素肥料，能满足作物整个生育期对微量元素的需要，同时由于微肥有一定后效，因此，土壤施用可隔年或隔季施用一次。微量元素肥料用量较少，施用时必须均匀，作基肥时，可与有机肥料或大量元素肥料混合施用。

表 6-30　常用代表性微肥种类和性质

微量元素肥料名称	主要成分	有效成分含量(以元素计)/%		性　质
硼酸	H_3BO_3	B	17.5	白色结晶或粉末,溶于水
硼砂	$Na_2B_4O_7 \cdot 10H_2O$	B	11.3	白色结晶或粉末,溶于水
硫酸锌	$ZnSO_4 \cdot 7H_2O$	Zn	23	白色或淡橘红色结晶,易溶于水
钼酸铵	$(NH_4)_2MoO_4$	Mo	49	青白色结晶或粉末,溶于水
硫酸锰	$MnSO_4 \cdot 3H_2O$	Mn	26～28	粉红色结晶,易溶于水
硫酸亚铁	$FeSO_4 \cdot 7H_2O$	Fe	19	淡绿色结晶或粉末,易溶于水
五水硫酸铜	$CuSO_4 \cdot 5H_2O$	Cu	25	蓝色结晶,溶于水

2. 向植物施肥

植物体施肥是微量元素肥料常用方法，包括种子处理、蘸秧根和根外喷施。①拌种。用少量温水将微量元素肥料溶解，配制成较高浓度的溶液，喷洒在种子上。一般每千克种子0.5～1.5g，一般边喷边拌，然后播种。②浸种。把种子浸泡在含有微量元素肥料的溶液中6～12h，捞出晾干即可播种，浓度一般为0.01%～0.05%。③蘸秧根。这是水稻及其他移栽植物所采取的特殊施肥方法，具体做法是将适量的肥料与肥沃土壤少许制成稀薄的糊状液体，在插秧前或作物移栽前把秧苗或幼苗根浸入液体中数分钟即可。如水稻可用1%氧化锌悬浊液蘸根0.5min即可插秧。④根外喷施。这是微量元素肥料既经济又有效的方法。常用浓度为0.01%～0.2%，具体用量视作物种类、植株大小而定，一般每公顷600～1125kg溶液。⑤枝干注射。果树、林木缺铁时常用0.2%～0.5%硫酸亚铁溶液注射入树干内，或在树干上钻一小孔，每棵树用1～2g硫酸亚铁盐塞入孔内，效果很好。

第六节　复混肥料

随着科学技术的进步和农业集约化程度的提高，世界化肥生产的总趋势是向浓缩化、复合化、液体化和缓效化方向发展，尤其以高浓度复混肥料的生产为主流。当前复混肥料的产量和技术已成为衡量一个国家化肥工业发达程度的重要指标。美、英、日、法、德等发达国家高浓度复混肥已占化肥总产量的60%～80%甚至更高，世界复混肥料的消费量已超过化肥总消费量的1/3。我国复混肥料的生产和应用起步较晚，近年来发展较快，施用量逐年增加，自1995年到2005年，年复混肥用量从670.8万吨增长到1303.2万吨，增加将近一倍。且复混肥用量占化肥总用量的比例也呈逐年增加的趋势，从1995年的18.67%增加到2005年的27.34%。但生产量还远远不能满足需要，目前国产复混肥仅占复混肥总用量的35%左右，大部分需要进口，因此加速我国复混肥料工业的发展已势在必行。

一、复混肥料概述

1. 基本概念

(1) 复混肥料的概念　复混肥料（complex fertilizer）是指氮、磷、钾三种养分中，至少有两种养分标明量的肥料，是由化学方法或物理方法加工制成的。

(2) 复混肥料的含量标志　复混肥料中有效养分的含量，一般用$N-P_2O_5-K_2O$的相应百分含量表示，称为肥料分析式。如肥料包装袋标出养分15-15-10则表示该肥料为含N15%、含$P_2O_5$15%、含K_2O 10%的三元复混肥。如标出18-46-0则表示该肥料为含N18%、含P_2O_5 46%、不含钾素的二元复混肥。若标出15-8-12（S）则表示该肥料为含N15%、含P_2O_5 8%、含K_2O12%的三元复混肥，附在最后的符号（S）表示肥料中的钾是用硫酸钾作为原料，不含氯元素，适合于在烟草等忌氯作物上施用。还有的复混肥料用15-

15-15-1.5（Zn）标出，表明该肥料中除含有氮磷钾三要素外，还含有1.5%的锌，但有效养分只计算氮磷钾三要素。

（3）复混肥料的分类　复合肥料有以下分类方法。

① 按其制造方法可分为复合肥料和混合肥料。a. 复合肥料。其原料主要来自矿物或化工产品，生产工艺中有明显的化学反应过程，产品成分和养分浓度一般比较固定。b. 混合肥料。原材料主要是单质化肥或复合肥料等基础肥料，生产工艺简单，主要是以物理方法为主的二次加工，配方可根据需要在一定幅度内加以调整，产品的成分和养分比例随配方而相应变化。混合肥料按其加工工艺又可分为配混肥料和掺混肥料，前者是以相对固定的配方由几种单元肥料或单元肥料与复合肥料在化肥生产厂经加湿、造粒而成，我国目前多属此类；后者则为以表现密度相似的粒状基础肥料进行机械掺和而成，配方可灵活调整，就近散装掺混。在国外这种方式较为流行。

② 按其有效成分可分为氮磷复混肥、氮钾复混肥、磷钾复混肥及氮磷钾复混肥。

③ 按所含元素种类可分为二元、三元、多元复混肥。含有两种养分标明量的复混肥料称为二元肥料，如磷酸铵、硝酸钾、磷酸二氢钾；含有3种养分标明量的称为三元肥料，如铵磷钾肥、尿磷钾肥、硝磷钾肥等；除3种养分外，在复混肥料中添加一种或几种中、微量元素的称为多元复混肥料；除养分外，在复混肥料中科学地添加植物生长调节剂、除草剂、农药等的称为多功能复混肥料。

④ 按其有效养分总量可分为高浓度、中浓度、低浓度。具体分类指标依据我国的复混肥料国家标准（表6-31）。

表6-31　复混肥料（复合肥料）国家标准（GB 15063—2009）

项　目			指标		
			高浓度	中浓度	低浓度
总养分($N+P_2O_5+K_2O$)的质量分数①/%		≥	40.0	30.0	25.0
水溶性磷占有效磷百分率②/%		≥	60	50	40
水分(H_2O)的质量分数③/%		≤	2.0	2.5	5.0
粒度(1.00～4.75mm或3.35～5.60mm)④/%		≥	90	90	80
氯离子的质量分数⑤/%	未标“含氯”的产品	≤	3.0		
	标识“含氯(低氯)”的产品	≤	15.0		
	标识“含氯(中氯)”的产品	≤	30.0		

①产品的单一养分含量不应小于4.0%，且单一养分测定值与标明值负偏差的绝对值不应大于1.5%；②以钙镁磷肥等枸溶性磷肥为基础磷肥并在包装容器上注明为“枸溶性磷”时，“水溶性磷占有效磷百分率”项目不做检验和判定，若为氮、钾二元肥料，“水溶性磷占有效磷百分率”项目不做检验和判定；③水分为出厂检验项目；④特殊形状或更大颗粒（粉状除外）产品的粒度可由供需双方协议确定；⑤氯离子的质量分数大于30.0%的产品，应在包装袋上标明“含氯（高氯）”，标识“含氯（高氯）”的产品氯离子的质量分数可不做检验和判定。

2. 复混肥料的特点

与单质肥料相比，复混肥料有许多优点，主要可以归纳为以下几个方面。

（1）养分种类多、含量高　复混肥料至少含有两种营养元素，能比较均衡地、较长时间地同时供应作物所需的多种养分，且有利于发挥营养元素之间的协助作用。

（2）副成分少，对土壤无不良影响　多数单质肥料都含有大量的副成分，易对作物或土壤造成不良影响。而复混肥料中有效成分高，副成分少，因此只要施用合理，一般不会对土壤产生不良影响。此外，在掺混复肥中往往要加入一定量的填料如磷石膏、粉煤灰、磷矿粉、高岭土等，具有一定的改土作用。

（3）物理性状好，便于贮存、运输、施用　多数复混肥料都要经过造粒，有的还涂有疏水膜，吸湿性小。因此便于贮存、运输和施用，尤其适合于机械化作业。

（4）降低成本、经济效益高 复混肥料养分浓度高，因此可节省包装材料、运输和贮存费用，同时可减少施肥次数，节省劳动力，从而提高生产效益。

复混肥料具有许多优点，但也存在一些不足之处。主要有两点：①复合肥料养分比例相对固定，不能适用于各种土壤和作物；②难以同时满足不同施肥技术的要求。复混肥料中的各种养分只能采用同一施肥时期、施肥方式和深度，因此不能充分发挥各种营养元素的最佳施肥效果。

二、复混肥料的种类、性质和施用

1. 复合肥料（compound fertilizer）

复合肥料是指通过化合（化学）作用或氨化造粒过程制成的，工艺流程中有明显的化学反应，也称为化成复合肥料。

知识扩展*

目前，一般以磷酸铵系和硝酸磷肥系为基础，采用料浆或熔（融）料造粒工艺生产复合肥料。料浆造粒法是指进入造粒系统的全部或大部分物料呈料浆形式，料浆是用硝酸、磷酸或某种混合酸与氨反应的生成物，有时是酸与磷矿粉反应的产物，磷酸铵、尿素磷铵、硝磷酸铵、硝酸磷肥等的生产方法大多属于这类生产工艺。在生产过程中可以把固体钾盐混入到料浆中或直接加入到造粒机内，制成氮、磷、钾三元复合肥料。熔（融）料造粒工艺是将物料的全部或大部分加热成熔融状态，喷洒于空气流或油流中冷却固化成颗粒。这种造粒工艺已广泛用于生产磷酸一铵、硝酸磷铵和尿素磷铵等，在生产过程中加入钾盐或其他固体肥料，可以配制成氮、磷、钾三元复合肥。

常用的复合肥有以下几种。

（1）磷酸铵 简称磷铵，是用氨中和浓缩的磷酸而生成的一组产物。由于中和程度不同，其主要生成物为磷酸二氢铵（简称磷酸一铵）和磷酸氢二铵（简称磷酸二铵），反应式如下。

$$H_3PO_4 + NH_3 \longrightarrow NH_4H_2PO_4$$

$$H_3PO_4 + 2NH_3 \longrightarrow (NH_4)_2HPO_4$$

磷酸一铵为白色四面体结晶，性质稳定，含 N 9%～11%，含 P_2O_5 56%～64%。磷酸二铵是无色单斜晶体，性质较稳定，但在湿、热条件下，氨易挥发，含 N 13%～17%，含 P_2O_5 38%～45%。

当前，我国生产的磷酸铵大多是磷酸一铵和磷酸二铵的混合物，为灰白色颗粒，易溶于水，养分总浓度为 53%～64%，其中 N 9%～17%，P_2O_5 38%～51%，通常加防潮剂制成颗粒肥出售，品质规格见表 6-32。因其性质稳定，适用于各种土壤和作物，适合与单质氮、钾肥配合，且生产成本较低，因此磷酸铵常作为基础肥料与其他肥料配合，经二次加工制成各类中、高浓度的混合肥料。

表 6-32 传统法粒状磷酸一铵和磷酸二铵的要求（GB 10205—2009）

项目		磷酸一铵			磷酸二铵		
		优等品 12-52-0	一等品 11-49-0	合格品 10-46-0	优等品 18-46-0	一等品 15-42-0	合格品 14-39-0
外观		颗粒状，无机械杂质					
总养分($N+P_2O_5+K_2O$)的质量分数/%	≥	64.0	60.0	56.0	64.0	57.0	53.0
总氮(N)的质量分数/%	≥	11.0	10.0	9.0	17.0	14.0	13.0
有效磷(P_2O_5)的质量分数/%	≥	51.0	48.0	45.0	45.0	41.0	38.0
水溶性磷占有效磷百分率/%	≥	87	80	75	87	80	75
水分(H_2O)的质量分数①/%	≤	2.5	2.5	3.0	2.5	2.5	3.0
粒度(1.00～4.00mm)/%	≥	90	80	80	90	80	80

① 水分为推荐性要求。

磷酸铵可作基肥、追肥和种肥。作基肥用量为 150～225kg/hm^2，施用量以 P_2O_5 含量和需要量计算，不足的氮用氮肥补充。作种肥时注意用量不宜过多，一般 45～75kg/hm^2，并避免与种子直接接触，以免影响发芽或烧苗。磷酸铵是含磷多含氮少的复合肥，宜用于需磷较多的作物，如豆类。若用于其他作物，要适当配施单质氮肥。磷铵不宜与草木灰、石灰等碱性肥料混施，否则会引起氨挥发，同时磷的有效性也会降低。

磷酸铵是一种不含副成分的高浓度氮、磷复肥，较适宜于远程运输。贮存时注意防潮。

（2）硝酸磷肥　硝酸磷肥是用硝酸分解磷矿粉再经氨化而制得。优点是用硝酸分解磷矿既可节省硫源，又能为产品提供氮素。

知识扩展*

硝酸磷肥的生产过程包括 3 个步骤，首先用 50%～60%的硝酸分解磷矿，生产出磷酸和硝酸钙的混合液；随后，采用冷冻法、混酸法或碳化法等不同的工艺流程，去除溶液中过多的钙。除钙工艺不同，产品的组分也有变化（表 6-33）。最后，用氨中和母液，蒸发脱水，造粒干燥。其主要成分为磷酸钙（$CaHPO_4$）、磷酸铵（$NH_4H_2PO_4$）、硝酸铵（NH_4NO_3）、硝酸钙［$Ca(NO_3)_2$］。养分含量有 3 种规格：20-20-0、26-13-0、13-13-0，为二元氮磷复合肥。氮素形态为硝态氮和铵态氮，两者大约各占 50%。磷的形态和含量则因生产工艺不同而有差异。

表 6-33　不同制法硝酸磷肥的成分

制造方法	氮含量(N)/%	磷含量(P_2O_5)/%	水溶性磷占全磷比例/%	N∶P_2O_5
冷冻法	20	20	75	1∶1
碳化法	18～19	12～13	0	1∶0.67
混酸法	12～14	12～14	30～50	1∶1

硝酸磷肥呈深灰色，中性，有一定吸湿性，多做成颗粒肥料，贮运注意防潮。因其含有一定量的硝酸铵，热稳定性差，易燃易爆，贮运时应防高温并远离火源。

硝酸磷肥主要作基肥，因含硝态氮，故宜施于北方旱地，不适于水田和多雨地区。应优先施在含钾较高、氮磷均缺的北方石灰性土壤上。

（3）硝酸钾（KNO_3）　硝酸钾除少量由天然矿物直接开采，或由土硝提制外，大多是将硝酸钠和氯化钾溶液进行复分解后再重新结晶而制成。其反应式如下。

$$NaNO_3 + KCl \longrightarrow KNO_3 + NaCl$$

硝酸钾为斜方或菱形白色结晶，含氮（N）12%～15%，含钾（K_2O）45%～46%，不含副成分，吸湿性小。硝酸钾也是制造火药的原料，储运时要特别注意防高温、防燃防爆，切忌接近火源和易燃物。

硝酸钾宜作追肥，宜施用于旱地，而不宜施于水田。硝酸钾是含钾多含氮少的肥料，最宜施于马铃薯、甘薯、甜菜、烟草等喜钾作物。尤其是烟草，既喜钾又喜硝态氮，最适宜施用硝酸钾。

硝酸钾是配制混合肥料的理想钾源。用它代替氯化钾配制复混肥可明显降低混合肥的吸湿性。

（4）磷酸二氢钾（KH_2PO_4）　磷酸二氢钾（0-52-35）是一种高浓度的磷、钾二元复合肥料，过去采用热法磷酸和氢化钾（或碳酸钾）中和法制成，其反应如下。

$$KOH + H_3PO_4 \longrightarrow KH_2PO_4 + H_2O$$

此法生产工艺简单，但受原料热法磷酸、氢氧化钾（或碳酸钾）来源的限制，难以满足生产需要，而且生产成本高，产品价格昂贵。目前已研制出应用离子交换法生产磷酸二氢钾的新工艺，原料及能耗等都比中和法节省 30%以上。

磷酸二氢钾价格较贵，目前多用于根外追肥和浸种。叶面喷施浓度一般为 0.1%～0.2%，用量为 3kg/hm^2，喷 2～3 次，可增产 10%左右。要掌握好喷施时期，小麦、水稻在孕穗至灌浆期，棉花在花蕾期，果树、蔬菜在果实膨大期效果较好。浸种用的浓度为

0.2%，浸种 20h 左右，捞出晾干播种。国外还用磷酸二氢钾配制高浓度复混肥。

纯净的磷酸二氢钾为灰白色结晶，吸湿性小，物理性状好，易溶于水，化学酸性，水溶液 pH 值为 3～4。磷酸二氢钾品质规格见表 6-34，新的肥料级磷酸二氢钾行业标准尚待修订发布。

磷酸二氢钾价格较贵，目前多用于根外追肥和浸种。叶面喷施浓度一般为 0.1%～0.2%，用量为 3kg/hm^2，喷 2～3 次，可增产 10%左右。要掌握好喷施时期，小麦、水稻在孕穗至灌浆期，棉花在花蕾期，果树、蔬菜在果实膨大期效果较好。浸种用的浓度为 0.2%，浸种 20h 左右，捞出晾干播种。国外还用磷酸二氢钾配制高浓度复混肥。

表 6-34 磷酸二氢钾品质规格（HG 2321—1992）

项 目		一等品	合格品
磷酸二氢钾（KH_2PO_4以干基计）含量/%	≥	98.0	92.0
氧化钾（K_2O 以干基计）含量/%	≥	33.2	31.8
水分（H_2O）/%	≤	4.0	5.0
pH 值		4.3～4.7	

2. 混合肥料

混合肥料是将两种或两种以上的单质化肥，或用一种复合肥料与一两种单质化肥，通过机械混合的方法制得不同养分配比的肥料。生产工艺流程以物理过程为主。混合肥料可以根据农业需要更换肥料配方，灵活性强，尤其适合于生产专用肥料。

按制造方法不同，可将混合肥料分为粉状混合肥料、粒状混合肥料、掺合肥料和专用型复混肥料等类型。近年来，我国研制开发的粒状混合肥料主要产品规格见表 6-35。

表 6-35 我国混合肥料代表产品 单位：%

养分浓度	三元复混肥料（N-P_2O_5-K_2O）				二元复混肥料
	高磷高钾	高磷低钾	低磷高钾	低磷低钾	（N-P_2O_5-K_2O）
低浓度（≥25%）	11-7-7 9-9-7 11-8-6	13-8-4 10-10-4	14-6-8 10-5-10	15-5-5	12-8-0 10-0-10
中浓度（≥30%）	5-15-12 8-8-16 10-8-20	16-10-4 18-8-4	16-4-10 18-4-8	16-7-7 18-8-8	15-10-0 12-0-18
高浓度（≥40%）	15-15-15 12-12-24	22-12-16	18-8-18 20-9-13	20-10-9	23-12-0 10-40-0 13-32-0

注：1. P_2O_5/N 或 K_2O/N 比值>0.5 为高，<0.5 为低。

2. 二元与三元复混肥料养分含量分级相应减少 5%。

(1) 粉状混合肥料 采用干粉掺和或干粉混合，是生产混合肥料中最古老、最简单的工艺，成本低。主要设备为混合器。主要配料有粉状过磷酸钙、重过磷酸钙、硫酸铵、硝酸铵、氯化钾等。这种肥料易吸湿结块，常在加工中加入棉籽壳粉、稻壳粉、蛭石粉、硅藻土等物料，可以减少结块现象。且肥料的物理性状差，呈粉状，施用不便，也不适宜机械化施肥，可在农村随配随用，不适于生产商品肥出售。

(2) 粒状混合肥料 粒状混合肥料的生产是在粉状混合肥料的基础上发展起来的，主要工艺流程包括固体物料破碎、过筛、称量、混合造粒、干燥、冷却、筛分等。用于造粒的机械有转鼓造粒机、圆盘造粒机或挤压造粒机。粒状混合肥料的优点是颗粒中养分分布均匀，物理性状好，施用方便，是我国目前主要的复混肥料品种，且发展势头良好。

(3) 掺混肥料 掺混肥料（blended fertilizer）也称 BB 肥料，是以两种或两种以上粒度相对一致的不同种肥料颗粒为原料，经机械混合（干混）而成的肥料。近年来，我国掺混肥发展迅速，目前生产中较为广泛推广使用的配方肥或专用肥就属这类肥料。掺混肥料日益成为国内复混肥的重要品种类型，并且其生产设备与掺混技术也日趋成熟，国内生产掺混肥料的大型企业不断涌现，系列化产品日益增多。基础颗粒肥供应充足，主要为大颗粒尿素、大颗粒氯化钾和磷酸一铵、磷酸二铵等。

2008 年 4 月 9 日，国家质量监督检验检疫总局、国家标准化管理委员会批准发布了掺混肥料（BB 肥）的国家标准（GB 21633—2008），该标准于 2008 年 12 月 1 日起正式实施。此后生产的掺混肥料不再执行复混肥料（复合肥料）国家标准（GB 15063—2009）。新标准与复混肥料国家标准按总养分含量分高、中、低浓度不同，新标准只有一个指标，即总养分不低于 35.0%，此外水溶性磷占有效磷的百分率、水分含量和粒度（2.00～4.00mm）的指标分别为：不低于 60%、不高于 2.0%和不低于 70%。

掺混肥料具有许多优点。①生产设备简单，能源消耗少，加工费用低廉，对环境的不良影响小。②可散装运输、节省包装费用；随混随用，适合小批量生产。③可根据当地的土壤条件和作物需肥特点与测土配方相结合，可灵活改变配方等。其缺点是如果各组分的粒径和比重相差太大，则在运输、贮存和施用中会出现颗粒分离现象，影响施肥效果。

（4）专用型复混肥料　随着农业生产的集约化、机械化、专业化、科学化和持续发展的要求，专用型复混肥料的生产与施用日益广泛，世界各国尤其在欧美及日本等发达国家专用型复混肥料的发展很快，从单质化肥→复混肥→专用复混肥的发展是化肥工业的前进，也是农业生产发展的必然结果。专用型复混肥的施用表明施肥环节已逐步从单一的“归还”、“补足”和“矫正”阶段进入到要求有针对性、平衡、永续的新的更高阶段。我国近年来专用型复混肥的生产和施用有一定的发展，国内一些大型化肥企业、科研单位或高等院校等进行了专用型复混肥的研制与生产销售，目前，已广泛用于各类作物。

知识扩展*

专用型复混肥开发的关键技术是配方设计，其中至少包括 3 项内容：①养分含量、种类、比例、形态等；②基础肥源和合理的加工工艺；③相应的施肥技术。配方的制定是一个严谨而周密的过程（图 6-3），开始是以某一作物的营养要求作依据，经过参考所用地区土壤、气候、肥源等因子，对配方进行矫正，最后对所得的肥料产品进行生物学试验的验证和评价，通过肥效评价后才能推广销售。配方设计时，可以借用国内外同类的现有配方和全国化肥试验网的资料，更重要的是要充分利用多年多点田间肥效试验的结果，尽量使配方科学合理。另外应该注意的是，配方可根据施用效果不断修正，以使作物达到高产优质、土壤生产力永续的目的。

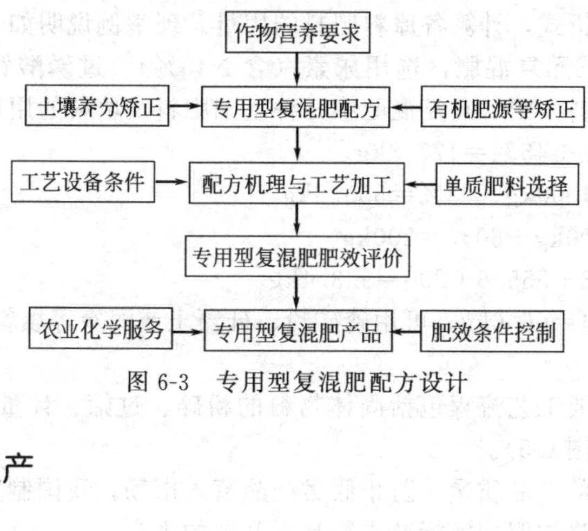

图 6-3　专用型复混肥配方设计

三、混合肥料生产

1. 配方设计

混合复肥的最大优点是针对性强，从而最大限度地发挥施肥效益。配方设计的方法可参考专用型复混肥配方设计，这里不再赘述。我国主要复混肥料代表产品的配方见表 6-35。

2. 肥料混合的原则

氮、磷、钾单质肥料或作为基础肥料的其他肥料，有些可以相互混合加工成混合肥料，有一些则不能混合，若将其制成复混肥料，不但不能发挥其增产效果，而且会造成资源浪费。因此，在选择生产原料时必须遵循以下原则。

(1) 混合后肥料的临界相对湿度要高　肥料的吸湿性以其临界相对湿度来表示，即在一定温度下，肥料开始从空气中吸收水分时的空气相对湿度。肥料混合后往往吸湿性增加，因此，在选择配料时要求临界相对湿度尽可能高些。

(2) 混合后肥料的养分不受损失　在肥料混合过程中由于肥料组分之间发生化学反应，导致养分损失或有效性降低。主要反应有氨的挥发损失、硝态氮肥的气态损失、磷的退化作用等，在选择原料时，必须注意各种肥料混合的宜忌情况（图 6-4）。

1	硫酸铵												
2	硝酸铵	△											
3	碳酸氢铵	×	△										
4	尿素	○	△	×									
5	氯化铵	○	△	×	○								
6	过磷酸钙	○	△	○	○	○							
7	钙镁磷肥	△	△	×	○	×	×						
8	磷矿粉	○	△	×	○	○	△	○					
9	硫酸钾	○	△	×	○	○	○	○	○				
10	氯化钾	○	△	×	○	○	○	○	○	○			
11	磷酸铵	○	△	×	○	○	○	×	×	○	○		
12	硝酸磷肥	△	△	×	△	△	△	×	△	△	△	△	
		1	2	3	4	5	6	7	8	9	10	11	12
		硫酸铵	硝酸铵	碳酸氢铵	尿素	氯化铵	过磷酸钙	钙镁磷肥	磷矿粉	硫酸钾	氯化钾	磷酸铵	硝酸磷肥

图 6-4　配料组分相合性判别图

○—可以混合；△—可以混合，但必须随混随用；×—不可混合

3. 投料量的计算

根据选定的肥料分析式，计算各原料肥料的用量。现举例说明如下。

如生产 8-10-12 的三元复混肥，选用尿素（含 N45%）、过磷酸钙（含 $P_2O_5$18%）、氯化钾（K_2O60%）为原料，则每吨复混肥中三种基础肥料及填料的用量各为多少千克？

尿素：8%×1000kg÷45%＝177.8kg

过磷酸钙：10%×1000kg÷18%＝555.6kg

氯化钾：12%×1000kg÷60%＝200kg

三者总和为：177.8＋555.6＋200＝933.4kg

其余：1000－933.4＝66.6kg，可用磷矿粉、硅藻土或泥炭等填料补充。

4. 工艺流程

复混肥料生产的主要工艺流程包括固体物料的粉碎、过筛、计量、混合、造粒、干燥、冷却、筛分和包装等（图 6-5）。

为了保证复混肥料的产品质量，防止假劣产品流入市场，我国制定了复混肥料的国家标准，各级肥料厂必须严格按照国家标准进行复混肥料的生产。

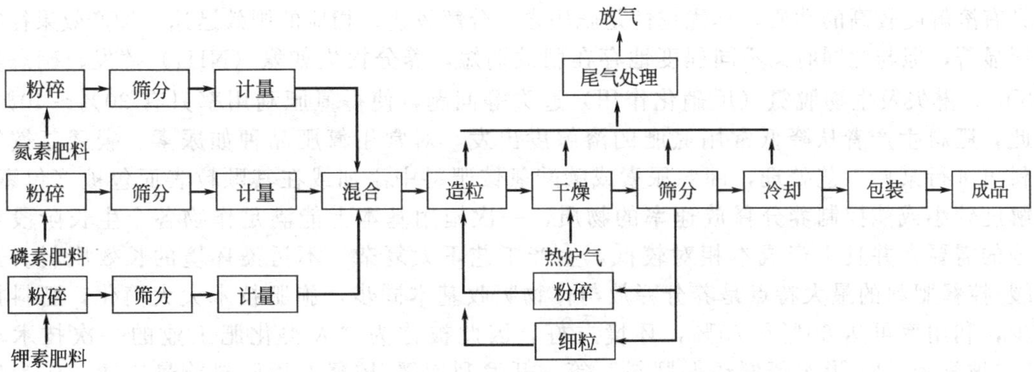

图 6-5　固体复混肥料的生产工艺流程

第七节　新型肥料

近些年来，随着植物营养与施肥研究领域的不断拓展和化学肥料生产新工艺的持续创新，肥料市场需求正在发生着一些变化，现代农业的发展对肥料也有了多样化的要求。开发新型肥料，为种植业生产提供高效、优质、适用的新型肥料产品，已经是现代农业发展的必然要求。

新型肥料和常规肥料既有区别又有联系。任何一种新型肥料，都是在常规或传统肥料的基础上发展起来的，或者说，某一种肥料在没有广泛应用时是新型肥料，而在应用非常广泛并且作为农作物栽培的常规技术措施时，这种肥料也就成了常规肥料，如微量元素肥料及复合肥料的推广应用就是最直接的证明。新型肥料与常规肥料的区别关键在于一个“新”字，而一个肥料的“新”与“旧”是随着时代的迁移而变化的，也就是说，现在的新型肥料，用不了多久可能也就成为常规肥料了。而现在的常规肥料也多是由当年的新型肥料经多年应用而稳定下来的。无论是常规肥料还是新型肥料，其核心或本质必须是肥料，自然都要符合肥料的广义内涵，这就是“用于提供、保持或改善植物营养和土壤物理、化学性能以及生物活性，能提高农产品产量，或改善农产品品质，或增强植物抗逆性的有机、无机、微生物及其混合物料”。但到目前为止，我国并没有一个非常明确的新型肥料的概念或统一的产品质量技术标准。有资料介绍，所谓新型肥料，就是指“加入新材料，采用新工艺、新设备，改变品种或剂型，提高肥料利用率的肥料”。我国科技部和商务部《鼓励外商投资高新技术产品目录》中有关新型肥料目录就包括复合型微生物接种剂、复合微生物肥料、植物促生菌剂、秸秆或垃圾腐熟剂、特殊功能微生物制剂、缓/控释新型肥料、生物有机肥料、有机无机复合肥等。也有文献把一些新型肥料作为“功能性肥料”来介绍，如保水肥料、抗旱肥料、增蘖肥料、抗倒伏肥料等，这些功能性肥料主要包括：具有改善水分利用率的肥料，改善土壤结构的肥料，适应优良品种特性的肥料，改善作物抗倒伏性的肥料，防治杂草的肥料，以及具有抗病虫害功能的肥料等。还有提出“理想的化肥”的新概念，其内涵：①一次施用能满足作物全生育期不同的要求；②损失（挥发、淋失、固定等）小或不损失；③施用方便，有效成分高，且价格低廉；④大量施用也不伤害作物；⑤不污染环境。现结合现代种植业生产中有所应用的与常规化学肥料或与施肥技术改进关联度较高的新型肥料类型介绍如下。

一、以增进常规肥料肥效为基础的新型肥料——缓/控释肥料

1. 意义及特点

我国目前所施用的化肥大多是单质速效化肥。以氮肥为例，所有的氮肥品种无一例外地

都具有溶解度较高的性质，其优越性是施用之后分解较快，相应的肥效迅速，增产效果往往也很显著，但与此同时又不同程度地存在肥效期短，养分损失如氨（NH_3）挥发、硝态氮（NO_3^-）淋失及生物脱氮（反硝化作用）逸失等问题，使得氮肥利用率只有30%～40%。因此，肥料生产者从降低常用氮肥的溶解度出发，对常用氮肥品种如尿素、碳酸氢铵等肥料再进行某些工艺处理，即对尿素或碳酸氢铵肥料中添加或在其颗粒表面包被（包裹）溶解度较小或能控制养分释放速率的物质，一次施用基本上能满足作物各个生长阶段对养分的需要，并且生产成本相对较低，生产工艺不太复杂，不污染环境的长效肥料。这种缓/控释肥料的最大特点是养分释放与作物吸收基本同步，施肥技术大大简化，肥料损失少，利用率可达60%～70%，环境友好，因此被称为“人类化肥工业的一次技术革命”，被誉为“21世纪新型环保肥料”等，开发利用缓/控释专用肥料前景广阔，成为世界化肥产业发展的方向之一。

2. 常见品种类型及应用进展

概括起来，这类缓/控释肥料是以常用氮肥为基础，以各种调控机制使其养分最初释放延缓，延长植物对其有效养分吸收利用的有效期，使其养分按照设定的释放率和释放期缓慢或控制释放，从而减少损失，提高肥效。其已知优越性、代表性品种类型（合成有机微溶性氮肥和包膜氮肥）以及适用技术要求等均在本章第一节介绍，不再赘述。

目前我国已有农业科研部门根据不同农作物的需肥特点，采用可控包衣技术分别制造出在30d、60d、90d、120d、150d、180d、270d甚至360d等不同时间段内养分释放的可控制性缓释肥料。还有不少农业技术推广部门把肥料的缓/控释技术与配方肥开发应用结合起来，形成综合性、广谱性、多元化、智能化的缓/控释配方施肥技术新体系，其应用范围越来越广阔。

二、与改进常规施肥技术方法有关的新型肥料——叶面肥料

1. 叶面肥料的概念

第五章已述及，作物除了根部营养，还可进行根外营养，因此叶面肥必然应运而生。简言之，所谓叶面肥就是用以作物叶面（根外）施用的肥料，也就是营养元素施用于农作物叶片表面，通过叶片的吸收利用而发挥其功能的一类肥料。一般而言，凡是无毒、无害并含有营养成分的肥料水溶液，按一定剂量和浓度喷洒在农作物的叶面上，起到直接或间接地供给养分的作用，均可作为叶面肥来使用。在我国，叶面肥已成了一种新兴的肥料产业。有专家称，中国可能是叶面肥商品牌号最多、使用最广泛的国家。为此，农业部和国家新型肥料、叶面肥料与植物生长调理剂标准化委员会制定了若干叶面肥料的国家标准，如微量元素叶面肥技术要求相关的国家标准（表6-36）就是其中之一。

表6-36 微量元素叶面肥的技术要求（GB/T 17420—1998）

项目			指标：固体	指标：液体
微量元素（Fe、Mn、Cu、Zn、Mo、B，以元素总量计）/%		≥	10.0	10.0
水分含量（H_2O）/%		≤	5.0	—
水不溶物含量/%		≤	5.0	5.0
pH（固体+250溶液，液体为原液）			5.0～8.0	≥3.0
有害元素	砷（As，以元素计）/%	≤	0.002	
	铅（Pb，以元素计）/%	≤	0.002	
	镉（Cd，以元素计）/%	≤	0.01	

注：微量元素指钼、硼、锰、锌、铜、铁等6种元素中的两种或两种以上元素之和，含量小于0.2%的不计。

2. 叶面肥料的主要类型

早期研制、推广的叶面肥基本上都是单一营养元素无机盐类的水溶液，如0.2%～0.3%硼砂溶液、0.1%～0.2%硫酸锌溶液等。我国北方地区曾大面积推广的小麦灌浆期磷酸二氢钾根外追肥也属此类。生产中有时为了防止一些微量元素化合物之间相互作用，产生沉淀等不良反应，常在叶面肥中加入整合剂或络合剂，使之更好地发挥作用，如用来防治缺铁黄化症的硫酸亚铁喷洒至叶面时，其中的二价铁很容易氧化为三价铁而失效，加入EDTA螯合剂后，防治效果就好得多。近年来新开发的叶面肥中还加入有各种生长调节剂，如异生长素、细胞激动素、核黄素等，使叶面肥还具有刺激生长的功能。

目前市场上销售的叶面肥种类很多，品种各异。从营养成分来分，有大量元素（N、P、K）的，也有微量元素（即以微量元素为主）的；从产品剂型来分，有固体的、液体的，也有特殊工艺制成的膏状的；从产品构成来看具有复合化的特征，一般将氮磷钾、微肥与氨基酸、腐殖酸或有机络合物复合形成多元、复合的叶面肥。经过国家农业部登记的液体叶面肥料大致有以下4种类型。

(1) 清液型　多种营养元素无机盐类的水溶液，它又可分为纯水溶液和添加螯合物的水溶液两种，一般要求其所含微量元素的总量应不少于10%。

(2) 氨基酸型　以氨基酸为络合剂加入各种营养元素组成，要求微生物发酵制成的氨基酸液，其含量不低于8%；由水解法制成的氨基酸液，其含量不低于10%，两者中所含微量元素均不低于4%。

(3) 腐殖酸型　以黄腐酸为络合剂加入各种微量元素制成，要求同上。

(4) 生长调节剂型　在上述几种类型叶面肥中加入生长调节剂制成。

所有各种液体叶面肥，不管含有多少种营养元素或物质，一般都由水，大量、中量和微量元素，螯合剂或络合剂，展着剂以及调节剂等构成。常用螯合剂如EDTA、DTPA等，还有用木质素磺酸、柠檬酸、聚磷酸、环烷酸等作螯合剂的。有的叶面肥中含有一些天然物质浸出液如海藻素、菇脚浸提液、某些中草药等，可能有生长调节作用，但机理不明。展着剂是一些表面活性物质，如洗衣粉等，它有助于叶面肥在作物叶片表面的附着。在叶面肥中配制的生长调节剂要求是已知种类，新型生长调节剂的采用有另外的要求。

3. 现代种植业对叶面肥料的技术要求

现代种植业对叶面肥料的技术要求主要包括以下几点。

① 增产效果显著，没有副作用。

② 能改善农产品的内在和外在品质。

③ 投入和产出比例高，经济效益好（国外有称之为增值肥料的）。

④ 能增强植物的抗逆性，减少灾害性损失。

⑤ 使用过程中体现绿色安全，属环保型肥料。

4. 叶面肥料应用技术要点

叶面肥料应用技术要点包括以下几点。

① 叶面肥种类繁多，应根据当地作物及其品种、耕作栽培条件、气候因素等有针对性选择应用。

② 严格按照产品说明书的施用方法进行喷施，如剂量及稀释倍数、喷施时期、次数及肥液的单位面积用量等。

③ 喷洒叶面肥时应尽量使叶片有较长时间保持湿润状态，因此，高温、日照强烈及多风时应避免使用（详见第五章第二节）。

三、针对农作物栽培方式变革应用的新型肥料——气体肥料

目前见诸报道或应用的气体肥料有供氧剂、CO_2 气体肥料和甲烷气体肥料。农业生产中开发利用的气体肥料主要是 CO_2 气体肥料。这是因为，CO_2 是植物进行光合作用必不可少的两大原料之一，直接影响植物干物质生产。空气中 CO_2 浓度约为 0.03%，一般高等植物进行光合作用适宜的 CO_2 浓度为 0.1%；另一方面，在保护地栽培实践中，一般情况下，光照、温度、水分条件及一般养分供应并不欠缺，CO_2 供应不足常成为光合作用主要的限制因子。因此，在一定的生产、生态、技术条件下施用 CO_2 气体肥料，更有利于提高植物对光、热、水、肥的利用效率，奠定增产的生理基础。可以说 CO_2 气体肥料发展前途很大，但目前农业科技工作者还难以确定每种作物究竟吸收多少 CO_2 后效果最好。

1. CO_2 气体肥料的增产效果

据报道，美国新泽西州农场，在农作物生长发育旺盛时期和成熟期，每周喷射两次 CO_2 气体，喷 4～5 次后，蔬菜可增产 90%，水稻增产 70%，大豆增产 60%，高粱甚至可以增产 200%。

我国从 20 世纪 70 年代开始，先后在黄瓜、西瓜、芹菜、番茄、辣椒等作物上进行温室施用 CO_2 气体肥料的研究。结果表明，苗期可壮苗，低节位着果好，产量增加 15%～20%。移栽前期施用，一般可提高早期产量 30%～60%，尤其是黄瓜，产量可提高 65%以上。不仅如此，保护地施用 CO_2 气体肥料还具有综合的生理生态效应。如蔬菜外观品质好，个大，色泽鲜艳，果肉厚实耐贮运；番茄、青椒可提前上市 7～10d；植株健壮，抗病虫能力也有增强。

2. 作物保护地 CO_2 气体肥料的使用方法

不同植物、不同季节、不同天气，施用 CO_2 浓度不同。冬暖型大棚的冬季生产和春用棚的早春生产，施 CO_2 的时间，一般是 11 月至翌年元月每日的 8：30～9：00，元月下旬至 2 月下旬每日的 7：30～8：00，3～4 月每日的 6：30～7：00 开始，大约 1～2h。不同生育期使用浓度分别是：苗期 1300～1700mg/kg；坐果期 1500～2000mg/kg；果实膨大期 1000mg/kg。

(1) 固体 CO_2 气体粒肥　蔬菜等作物定植缓苗后，施用量为 225～300kg/hm^2，沟施或穴施。将肥料按 20～30g/m^2 埋于株行间内，埋深 2～5cm，保持土壤潮湿疏松状态（此肥亦可用于大田）。

(2) 在室内布点放置适量的 CO_2 固体干冰碎块　让其在常温下升华为 CO_2 气体。

(3) 通入压缩 CO_2 气体　可通过多孔管发放将 CO_2 灌入栽培作物的温室，或用 CO_2 发生器将 CO_2 输入温室，或用液化石油燃烧产生 CO_2 气体。

(4) 用工业废盐或粗硫酸　将其装入塑料桶内，挂在棚架上，距地面 1m 左右，桶下安装一般有开关的塑料管。地面上放一个盛碎石灰块的瓦罐。将塑料管插入罐内，每天清早按规定时间启动开关产生 CO_2，达到所需浓度为止。

(5) 用瓷盆或在地面挖土坑　土坑用薄膜垫严，内装一定量的硫（盐）酸，每天清晨，定量放入碳酸氢铵。加入量按温室体积计算 CO_2 浓度。当酸耗尽，形成的硫酸铵或氯化铵当化肥施用。

(6) 在室内建池子　利用糖化饲料或厩肥兼气发酵，不时搅拌池子，增加室内 CO_2 浓度。

3. 大田作物 CO_2 气体肥料的应用

(1) 利用各种秸秆、绿肥翻压入土的最初 3 个月内，把土壤水分调控在 20%左右。此量最适微生物活动，有机物质分解，小麦、玉米等出苗及生长所需 CO_2 浓度。

(2) 增施猪牛厩肥、堆肥等有机肥料，调控水分，连续释放 CO_2，满足禾苗生长的需要。

(3) 将碳铵与圈肥、磷肥等混合制成球肥、粒肥，或用钙镁磷肥制成包膜肥料，塞秧蔸，深施入土 7～10cm 缓慢分解，供作物生长之需。

(4) 在水稻、玉米、果树等作物行间，铺放杂草、秸秆等物，既抗旱保水减少蒸发，又增加养分和 CO_2，供作物吸收利用。

通过以上办法施入的有机肥料、秸秆、杂草、碳铵等，经微生物分解，释放出 CO_2，一部分溶于土壤水中，供根系吸收；一部分扩散到空气中，提高近地面空气 CO_2 浓度，供作物地上部分吸收。

(5) 在作物生育旺盛期和成熟期间，每周在田间喷 CO_2 1～2 次，连续 4～6 次，提高近叶面空气 CO_2 浓度，改善作物碳素营养。

四、对常用肥料或作物进行处理产生特殊效应的新型肥料——磁性肥料

磁性肥料理论上讲应属于“物理肥料”的范畴，即一类有形、无形的自然物质或应用物理反应制成的物理产品，人们统称为“物理肥料”，如“光肥”(利用特定波段的光波对农作物进行特殊的照射)、“磁肥”(用磁化水处理种子或灌溉)、“电肥”(用低频电流处理种子或让植物处在人工制造的电场中生长)、“声肥”(对蔬菜等作物每天定时播放一定频率的音乐)等。也有文献将“物理肥料”称为“第三代肥料”。目前农业生产上应用的磁性肥料，主要是以氮磷钾复合肥及部分微量元素为原料，加入粉煤灰作添加剂后，经颗粒成型并磁化处理加工制作成的，因此，磁性肥料也可以理解为磁化的复合肥料。由于这种肥料既有复合肥料的营养功能，又增添新的增产因素——剩余磁化强度，因此适用于各种土壤及农作物。国内试验结果，在等养分量施用的技术条件下，其肥效优于化肥，且具有长效和无污染等特点，农作物施用一般增产 10%左右，甚至可达 20%～30%。20 世纪 90 年代中后期全国已有 50 多个厂家生产此类肥料。

1. 大田生产使用磁性肥料的增产效应

(1) 有利于微团粒结构的形成，改善土壤生态环境　施磁性肥料后，土壤负电数增加，磁性增加，消除土壤的有毒无机物，降低土壤容重，促进土壤养分的转化，提高土壤肥力。

(2) 改善根际营养，提高根系活力，促进植物生长，增产效果明显　据统计，玉米增产 6.8%以上，水稻增产 7.8%以上，甘薯增产 20.8%左右。多元磁性肥与等养分普通复合肥在水稻、小麦、油菜、大豆、棉花上应用，多元磁性肥料比普通复合肥料增产 5%～10%。

(3) 改善产品品质　如西瓜、苹果等含糖量增加 10%左右，棉花纤维长度增加，蔬菜幼苗体内叶绿素含量增加，提高果树坐果率，促进果实膨大，着色好、口感好。施磁性肥料后对后季作物也有一定影响。磁化水浸种，使水稻提前发芽 1～2d，发芽势也有提高，幼苗生长健壮。用磁化水灌溉，使水稻籽粒还原糖、淀粉、粗蛋白得到不同程度的提高。

(4) 提高化肥利用率　可节省 1/4～1/3 化肥用量，降低生产成本，提高经济效益。

2. 使用磁性肥料可能的增产机理

(1) 磁性肥料含多种营养成分　磁性肥料与复合（混）肥料一样含有氮、磷、钾多种营养元素，为作物提供速效养分。

(2) 通过磁效应改善土壤理化性质　磁性肥料施入土壤后，其磁性颗粒具有强烈磁易感性，在其周围形成一个附加的局部磁场，使土壤颗粒发生“磁性活化”逐步团聚化；改善土壤结构，孔隙度增加，透水透气性改善。磁性物质可改善土壤氧化还原状态和 pH 值，促进呼吸、代谢过程和营养元素转化。同时，磁性物质在土壤中加速水解并强烈释放能量，促进有机质矿化和其他氧化过程进行，使土壤有效性 N、P、K 和微量元素增加。

(3) 产生磁生物效应 磁性肥料施入土壤后可使土壤磁性增加若干倍，在磁性颗粒周围形成磁性微域，引起土壤中微生物、酶及植物根系发生一系列磁化学反应及磁生物反应，增强植物对水分、养分吸收能力，促进植株发育，增强抗逆力，提高作物产量和品质。

(4) 保氮作用 磁性载体粉煤灰是一种细小的多孔体，有较大的表面积，具有较强的吸附作用，因此能减少氮素损失，提高氮素有效利用率。

3. 磁性肥料的种类及使用方法

磁性肥料的种类，因各生产厂家的配方不同，品种很多。就磁性肥料实物来说，有粉煤灰含量分别在100%、70%～80%和50%以下的产品；按含有的养分种类分别有磁化氮肥、磁化氮磷复合肥、磁化氮磷钾复合肥及磁化氮磷钾微量元素多元复合肥；按有效养分总含量分别有8%～10%（低浓度）和20%～45%（中高浓度）等类型，如有效养分含量分别为8%-8%-4%和10%-8%-7%的磁性肥料品种，在生产中就有应用。磁性载体物质有粉煤灰、硫铁矿渣、选铁尾矿、黄磷渣等多种工业废弃物。剩磁有强、中、弱之分。

还有用磁化机直接处理种子的应用形式。如用磁化机处理的小麦种子，在田间试验中发现，适宜的磁场强度可使小麦产量有较大增加，旱地增产幅度达18.5%。同时还发现种子磁化后，其光合强度、呼吸强度以及酶的活性都增强。

磁性肥料因品种不同，使用方法也不同。广义的磁性肥料还包括磁化水，一般用于浸种和灌溉。多元磁性肥料一般用作基肥、种肥和追肥。作基肥时采用条施、穴施。作种肥时，采取拌种、盖种，磁场直接处理种子。作追肥时应早施。施用量因土壤肥沃程度、作物种类而异，一般施用量为750～1050kg/hm^2。果树环状或放射状基施，施用量还应增加。目前，磁性肥料的应用领域已经扩展到北方优质强筋小麦的栽培中去，其主要功效是可以改善优质强筋小麦的加工品质，如湿面筋含量提高，面团形成时间及稳定时间都有所延长，尤其是对面团稳定时间的延长有较明显的作用，面团稳定时间为强筋小麦重要的面粉加工指标，稳定时间越长，表明面团的筋力越强，面筋网络越牢固，搅拌耐力越好，面团操作性能好，相应的面包的评分越高。初步表明磁性肥料在某些生产、生态及技术条件下的特殊效应，值得引起重视并加以开发利用。

五、对植物营养具有部分“必需”及“有益”双重功效的新型肥料——硅肥

硅肥是近代发展起来的矿物肥料。1926年，美国加州大学Sommer等农业研究人员率先提出水稻是喜硅作物，硅是水稻良好生长所必需的营养元素。1930年，日本专家也进行了水稻硅营养研究。20世纪50年代日本开创了硅肥应用的先河，1955年，日本政府最早以肥料法的形式肯定硅肥，并把硅肥作为一种新型肥料生产与推广施用，硅肥的施用给日本的农业带来了高效益。从20世纪60年代开始，东南亚各国就已经注意到硅肥的应用，据报道，泰国水稻田施硅肥的面积占到75%。我国台湾试验表明，硅肥在水稻上的增产效果已超过磷肥，东南亚等产稻国把硅肥列为继氮、磷、钾之后的第四大元素肥料。

我国有关硅肥的工业化生产及种植业应用研究始于20世纪70年代中后期，至20世纪90年代，硅营养的基础理论及硅肥的生产、应用研究取得重大突破，“九五”期间全国累计推广硅肥施用面积已达200万公顷，除水稻外，硅肥对大麦、小麦、玉米、花生、棉花、甘蔗、黄瓜、番茄等也有良好增产效应，随着现代农业的发展，硅肥的作用已日益突出。

1. 硅肥对农作物的作用

(1) 硅是水稻等作物体组成的重要营养元素 水稻是典型的喜硅、需硅植物，其茎叶含硅（SiO_2）量达到干重的15%～20%；每生产1000kg稻谷、水稻地上部分SiO_2的吸收量达150kg，超过水稻吸收氮、磷、钾的总和。据悉，水稻等6种作物灰分中，7种营养元素（Si、P、K、Ca、Mg、Fe、Mn）的氧化物占灰分平均组成的80%左右，其中SiO_2占灰分

总量的比重为水稻 61.4%、小麦 58.7%、大麦 36.2%、扁豆 17.0%、大豆 15.1%、苜蓿 14.2%。

(2) 硅肥有利于提高作物的光合作用　水稻等作物吸收硅后，形成硅化细胞，提高细胞壁强度，使植株机械组织发达、株形挺拔、茎叶直立、茎叶间夹角减小，有利于通风透光和密植，提高了群体光合作用强度，有利于有机物积累从而增产。

(3) 硅肥能增强作物抵抗病虫害的能力　主要是硅化细胞的形成使作物表层细胞壁加厚，角质层增加，从而增强对病虫害的抵抗能力，特别是对稻瘟病、叶斑病、茎腐病、小粒菌枯病、白叶枯病、小麦白粉病、锈病及稻飞虱、螟虫、蚜虫等病虫害的抵抗能力增强。

(4) 硅能提高作物抗倒伏和根系氧化能力　硅素能增强植株基部茎秆强度，使作物导管的刚性增强，增强植株内部通气性，从而增强根系的氧化能力，防止根系早衰与腐烂，根系发达必然增强抗倒伏能力。这对稻麦类作物高产、超高产、超级水稻栽培是有一定意义的。

(5) 硅能增强作物的抗旱抗寒能力　作物体中的硅化细胞能够有效地调节叶片气孔开闭及水分蒸腾。因此施用硅肥后，增强了作物抗旱、抗干热风、抗寒及抗低温的能力，对发展旱作农业、节水农业具有重要意义。

(6) 硅能活化土壤中磷和提高磷肥利用率　硅能减少磷肥在土壤中的固定，同时还有活化土壤中的磷及促进磷在植物体内运转的作用，从而提高磷肥的利用率、禾谷类作物的结实率和瓜果的成果率，如施硅肥草莓成果率提高 18%～28%。

(7) 硅肥有改良土壤等综合作用　国内南北方农田土壤应用硅肥实践证实，硅肥不仅能改良红壤、黄壤，而且能增强水稻等作物抗盐碱能力。硅肥还能防治重金属对农田的污染；防止 H_2S 为害根系，从而防止作物烂根。硅肥有促进有机肥分解，抑制土壤病菌作用。如塑料大棚连续种植 3 年以上，就会遇到霉菌等病菌的积累，严重影响产量与品质，施用硅肥，会有效地防治霉菌的存活与繁殖。

此外，硅肥还被称为作物保健肥料，品质肥料、调节性肥料，这是对一般化学肥料功能不足的补充。近 10 年来国内外硅肥与农产品品质方面的研究成果日益增多。其机理，一是硅肥的施用抵制了对作物生育有害的活性铝，有利于甘蔗等作物的糖含量提高；二是硅肥可以改善农作物果实的色香味等感官效果；三是硅肥可以减轻甚至消除病虫害与农药污染和重金属的污染。有些情况下适量的硅营养在苹果等水果表皮形成硅化细胞，可以抑制水分蒸发，增强了耐贮性和运输性，进一步提高了果实收获后的商品率和经济价值。

2. 硅肥的种类、性质和施用

国内外利用最多的含硅肥料是钢铁炉渣，其次是各种冶炼炉渣，还有钙镁磷肥、石灰石粉、窑灰钾肥等都含有相当数量的硅，也可以作为缺硅地区的硅肥应用。各种含硅肥料的主要成分和含硅量见表 6-37。

表 6-37　一些常见的含硅肥料

肥料名称	主要成分、化学式	SiO_2/%	其他成分/%
硅酸钠	Na_2O、$n$$SiO_2$、$H_2O$	55～60	—
硅镁钾肥	$CaSiO_3$、$MgSiO_3$、K_2O、Al_2O_3	35～46	K_2O 7.5(6～9)
钙镁磷肥	a-$Ca_3(PO_4)_2$、$CaSiO_3$、$MgSiO_3$	40	P_2O_5 16.5(14～20)
钢渣磷肥	$Ca_4P_2O_9$、$CaSiO_3$、$MgSiO_3$	25(24～27)	P_2O_5 12.5(5～20)
窑灰钾肥	K_2SiO_3、KCl、K_2SO_4、K_2CO_3、CaO	16～17	K_2O 12.6(6～20)
钾钙肥	K_2SO_4、Al_2O_3、CaO、SiO_2	35	K_2O 3.5(1～5)
粉煤灰	SiO_2、Al_2O_3、Fe_2O_3、CaO、MgO	50～60	P_2O_5 0.1、K_2O 1.2

(1) 硅酸钠 ($Na_2O \cdot nSiO_2 \cdot H_2O$)　硅酸钠是一种水溶性硅肥，含 SiO_2 50%～60%，为黄白色、灰白色粉末。一般作基肥施用，75～150kg/hm^2，由于成本高，使用不普遍。

（2）钢铁炉渣硅钙肥（$Ca_4P_2O_9 \cdot CaSiO_3 \cdot MgSiO_3$） 含 SiO_2 24%～27%，金属冶炼副产品，为钢铁炉渣肥，亦称碱性炉渣，可溶于弱酸、肥料呈黑灰色，既可作为硅肥应用，也可作钙肥和镁肥使用。一般用作基肥，1500～2250kg/hm^2，其肥料细度要求90%以上通过100目筛。

（3）其他含硅肥料 目前国内外所施用的含硅肥料，主要是指碱性（pH＞8）、枸溶性无定型玻璃体一类肥料，其化学组成较为复杂，主要由焦硅酸复盐（$Ca_2MgSi_2O_7$）和硅酸钙（β-Ca_2SiO_2）构成，其次是 $MgFe_2O_4$、$Ca_3(PO_4)_2$、Fe_2O_3、$CaTiO_3$ 等。凡是含可溶性 SiO_2 15%以上，CaO、MgO 不大于30%，有害重金属小于0.0001%，含水量在14%～16%的化工、冶炼行业各种废渣均可用作生产含硅肥料，如高炉炉渣、黄磷炉渣、粉煤灰、碳化煤球渣、铁锰渣等。炉渣、硅灰石、粉煤灰等原料的粗制品硅肥，均属缓效性硅钙肥料，当年水稻对其利用率很低，因此，施用量很大，1500～2250kg/hm^2，只能作基肥施用。

3. 硅肥有效施用的条件

水稻硅肥肥效主要和土壤有效硅含量有关。南京土壤研究所的研究表明：①在土壤有效硅＜80mg/kg 的土壤上进行硅肥试验，平均增产率约10%；②土壤有效硅含量在120mg/kg左右时，水稻施用硅肥多点试验，部分达到显著的增产效果，并认为当氮肥施用水平提高时，硅肥将具增产作用；③有效硅含量＞200mg/kg的土壤上，水稻施用硅肥没有明显效果。一般来说，在气候炎热、雨量大而集中、土壤淋溶作用强烈的南方酸性土壤容易缺硅；质地轻，含粉砂较多的土壤，以及在峡谷多雾、低温、日照短的山垄田，有历史性的稻瘟病重发地区，也都容易缺硅。土壤中有效硅临界值为100mg/kg。河南省科学院蔡德龙的实验结果还打破了华北平原土壤不缺硅的传统观点。几种作物施用硅肥的增产率分别是：水稻10%～26%，小麦10%～15%，花生15%～25%，棉花10%～15%，蔬菜的增产幅度更大些，其投入/产出比为（1∶10）～（1∶5）。

六、类似微量元素肥料功用的新型肥料——稀土肥料

稀土是一个沿用下来的历史名称，它是一族金属元素的总称，即位于化学元素周期表中原子序数为57～71的镧系元素，包括镧（La）、铈（Ce）、镨（Pr）、钕（Nd）、钷（Pm）、钐（Sm）、铕（Eu）、钆（Gd）、铽（Tb）、镝（Dy）、钬（Ho）、铒（Er）、铥（Tm）、镱（Yb）、镥（Lu）以及和镧系元素化学性质相似的钪（Sc）和钇（Y）共17种元素，统称为稀土元素，也称稀土金属。稀土的英语写法是 rare earth，故习惯用 R 或 RE 表示为稀土元素。具有稀土标明量的农用化学品称为稀土肥料，也有的称为稀土微肥。

知识扩展*

虽然到目前为止，既没有发现植物缺少稀土元素的典型症状，也没有见到由于缺少稀土元素而引起作物减产的现象，但是现代植物营养的研究，并未完全受第五章第一节所述植物必需营养元素标准所局限，而是放眼于整个生态系统中的具有生物学效应的所有元素。国内外长期的、大量的生物学试验已经证明，除16种必需元素外，某些金属元素或非金属元素对植物的生长发育和作物的产量、品质有良好的作用，不少文献将包括稀土元素在内的一些化学元素称为植物的"有益元素"。例如，国外学者从20世纪20年代的单学科研究，大都肯定了稀土元素对植物具有一定的生理活性，涉及的供试作物材料有小麦、豌豆、萝卜、黄瓜、玉米、向日葵及大豆等10余种。国内外从20世纪80年代初期开始，经过10多年的一系列多学科稀土农用研究，较充分地证明了稀土元素对作物的生长发育、产量构成和生理功能的有益影响，阐述了稀土在种植业生产（包括粮、棉、油、麻、茶、糖、菜、烟、果、桑、药等各类作物）及畜禽饲养业和水产养殖业中的实际应用价值。随着植物营养生理研究领域的不断扩展和高新技术的应用，稀土农用的增产机理和实质，有可能在不远的将来被逐步揭示出来。

1. 稀土元素的生理功能

（1）对植物生长发育的影响 ①促进作物种子萌发；②促进作物幼苗及植株生长；③改善作物经济产

量性状及产品品质。

(2) 对植物根系的影响 ①促进植物生根及根系生长；②增强根系活力；③促进根系对养分的吸收。

(3) 对植物光合作用的影响 ①提高叶绿素含量；②提高光合面积和光合势；③提高光合速率；④促进光合产物向经济产量部分运转。

(4) 对植物体内物质代谢及抗逆性的影响 稀土元素还表现出促进植物生理活性的广泛性：①促进氮素吸收和硝态氮还原；②促进一系列酶的活性，如硝酸还原酶，淀粉酶、脂肪酶、脱氢酶，超氧化物歧化酶（SOD）及过氧化物酶（POD）等；③增强植物抗逆性，如抗寒、抗旱、抗高温干热、抗盐碱等；④提高作物的抗病能力。

2. 稀土在农业生产上的应用效果

我国稀土农用的研究和开发工作，开始于1972年。经过多年研究，并通过稀土农用技术鉴定的作物有20多种。农作物施用稀土，一般情况下增产8%～15%，作物种类不同，增幅有所变化，通常大田作物增幅稍低，园艺类作物增幅较大，如粮食作物8%～13%，油料作物8%～20%，纤维作物10%～16%，糖用作物8%～15%，水果10%～35%，蔬菜15%～35%。施用稀土的投入与收益的比例为(1∶10)～(1∶7)。

3. 稀土肥料的种类及施用

我国稀土肥料多数是用稀土精矿或含稀土元素的矿渣制成，主要产品有：氯化稀土、硝酸稀土、稀土复盐、氢氧化稀土、硫酸稀土等，农业生产中常用的品种主要是硝酸稀土 $R(NO_3)_3$，如商品名称叫做“常乐”或“常乐”益植素的稀土肥料就是这种形式，它是低毒的水溶性稀土盐类，有固体和液体两种。作物的种类不同，生育期不同，使用稀土的剂量和浓度不同。通常叶面喷施的使用浓度变幅在0.01%～0.1%，单位面积使用剂量也波动在198～1980g/hm^2。

叶面喷施稀土的时间一般都在作物的生理转折期，如缓秧期、团棵期、拔节期、初花期、初果期、分蘖期等，叶面喷施的次数一般为两次增产效果明显，两次相隔的时间一般为1～2周。

稀十肥料的其他施用方法还有：①浸种。将硝酸稀土溶在温水中，根据作物种类配制成不同浓度的溶液（表6-38），将所有需要处理的种子在溶液中泡18～20h取出后晾干播种。②拌种。将一定量的硝酸稀土溶在80～100mL的水中配成不同浓度的溶液，用喷雾器在种子上，边喷边搅拌使得所有的种子均匀地沾上稀土溶液，晾干后播种。③蘸秧。在水稻插秧前，从秧田取出苗后在氧化物浓度为0.04%～0.06%的稀土溶液中浸泡3～5min后再插秧。如采用秧盘育秧，在插秧前用稀土溶液浸泡整个秧盘，使基质吸足稀土溶液后，放置4～6h后再插秧（或抛秧），利于缓秧早发新根。

表6-38 配制50kg喷洒液所需“常乐”量及浓度①

用水量/kg	750	750	750	750	750	750	750	750	750	750
“常乐”用量/(g/hm^2)	198	396	594	792	990	1188	1386	1584	1782	1980
喷洒液浓度/%	0.01	0.02	0.03	0.04	0.05	0.06	0.07	0.08	0.09	0.10

① 按稀土“常乐”含 $R(NO_3)_3$32%计。

此外，近些年来我国的稀土农用不仅在种植业、饲养业（包括粮食、棉花、油料、麻类、茶叶、糖料、蔬菜、烟草、果树、蚕桑、药材等各类作物）生产中取得一系列成果，而且，还摸索出在畜禽饲养业和水产养殖业中具有实际应用价值，如畜禽饲养业及水产养殖业应用稀土（通常作为新型饲料添加剂或饵料等），畜禽提高存活率4.5%～10%，增重6%～13%；蛋鸡产蛋率提高6%～15%，肉鸡增重6%～10%；生猪日增重8%～13%；草鱼成活率提高14%以上，增产14%～18%，鲤鱼、鲢鱼产量提高10%～18%。各类豆科及禾本科牧草喷施一定浓度的稀土肥料，干草产量提高6.6%～37.7%，平均增产21.3%；拌种处理干草产量提高4.1%～56.8%，平均增产23.2%，并且牧草品质有所改善，如红豆草开花期粗蛋白质含量增加13.1%～19.2%，粗脂肪含量增加7.4%～36.0%。稀土农用领域的广泛性、综合性、“奇异性”，必将对深化植物营养生理的研究和应用带来新的启示、开辟新的途径。

本章小结

土壤养分与化学肥料主要介绍土壤氮、磷、钾、中微量元素及复混肥料的种类、成分、性质、施用方法与技术。

氮是促进植物生长和产量形成的重要营养元素之一。植物缺氮时，典型症状是叶片自下而上黄化。氮素供应过多时，如稻麦类作物易出现叶片肥大、下垂，群体间相互遮阴，易于倒伏，贪青迟熟，籽粒秕瘦。土壤中各种形态的氮素在物理、化学和生物因素的作用下进行相互转化：①有机态氮的矿化；②土壤胶体对铵态氮的吸附或固定；③氨的挥发损失；④硝化作用；⑤反硝化作用；⑥无机氮的生物固定。主要氮肥包括：铵态氮肥，如碳酸氢铵、硫酸铵、氯化铵及液氨等；硝态氮肥，包括硝酸铵、硝酸钙、硝酸钠、硫硝酸铵和硝酸铵钙等；酰胺态氮肥，主要为尿素（尿素是很理想的叶面肥）；缓释氮肥。当季作物从所施氮肥中吸收氮素的数量占施氮量的百分数，称为氮肥利用率。合理施用氮肥是提高其利用率的重要途径，需从作物种类、土壤条件、肥料性质和施用技术等方面综合考虑。

磷是植物体内许多重要化合物的结构成分，植株缺磷症状也总是在衰老器官中先表现出来，这也是生产中提倡磷肥作基肥、种肥早施的原因之一。植物缺磷，植株生长迟缓，矮小瘦弱、分枝或分蘖减少。缺磷较严重时，作物的茎叶上会出现紫红色斑点或条纹。缺磷严重时，叶片枯死脱落。磷素供应过量，主要症状是植物呼吸作用过强，作物无效分蘖增多，空秕粒增加。土壤中不同形态的磷酸盐可以在一定条件下相互转化，概括为磷的固定（化学固定、吸附固定、闭蓄作用、生物固定）和释放（难溶性磷酸盐的释放、无机磷的解吸和有机磷的矿化）两个相反的过程。我国生产和施用的含磷化肥主要为过磷酸钙、钙镁磷肥等。合理施用过磷酸钙的原则是：尽可能减少其与土壤的接触面积，以降低土壤固定；尽量增加其与作物根系的接触机会，以提高磷的利用率。具体方法包括：集中施用、分层施用、与有机肥料混合施用、根外追肥、制成粒状磷肥。钙镁磷肥最适合作基肥，酸性土壤也可作种肥和蘸秧肥。磷矿粉属于迟效性肥科，宜作基肥，不宜作追肥和种肥。

植物体内的含钾（K_2O）量一般都超过磷，喜钾植物或高产条件下植物中钾的含量甚至超过氮。缺钾时老叶上先出现缺钾症状，再逐渐向新叶扩展，其主要特征通常是老叶的叶缘先发黄，进而变褐，焦枯似灼烧状，常表现出组织柔弱而易倒伏。钾供应过量会影响各种离子间的平衡，抑制植物对其他养分的吸收，不仅造成肥料浪费，还会影响产量和品质。钾的释放是钾的有效化过程，是指矿物中的钾和有机物中的钾在空气、水、温度或生物活动的影响下，逐渐风化或分解转变为速效钾的过程，土壤中钾的固定主要是土壤溶液中的钾及交换性钾被2∶1型黏土矿物的晶格电荷吸附，继而随晶层间缝隙的收缩而进入晶层内孔穴的过程。常用钾肥主要是氯化钾、硫酸钾、草木灰和钾镁肥等。此外，还有少量碳酸钾和窑灰钾肥。氯化钾可作基肥和追肥，宜深施在根系附近。可用于多种作物，特别适宜于纤维作物。对忌氯作物不宜施用，也不宜用于盐碱地，不宜作种肥。硫酸钾适宜在各种植物和土壤上施用，可作基肥、追肥、种肥及根外追肥，特别适用于十字花科和葱蒜类植物以及对氯反应敏感的烟草等作物。草木灰适用于多种作物和土壤，特别适用于在酸性土壤上施用。

土壤中量元素肥是指包括钙、镁、硫三种元素的肥料。目前我国多用熟石灰作钙肥，其用量可按土壤交换性酸度或水解性酸度来计算。石灰多用作基肥，也可用作追肥。镁肥肥效与土壤有效镁含量有密切关系，酸性土壤缺镁时以施用菱镁粉、白云石粉效果良好；碱性土壤宜施氯化镁或硫酸镁；硫酸镁可叶面喷施。含硫肥料主要有石膏、硫黄等。其施用原则和技术要点包括以下几点：① 根据土壤条件合理施用；②根据作物种类合理施用；③硫肥的施用方法：石膏可作基肥、追肥和种肥；④利用石膏作为碱土改良剂。

微量元素肥料主要是一些含硼、锌、钼、锰、铁、铜等营养元素的无机盐类和氧化物。微肥的施用方法很多，可以作基肥、种肥、追肥施入土壤，施用微肥的方法分为向土壤施肥和向植物施肥。

复混肥料是指氮、磷、钾三种养分中，至少有两种养分标明量的肥料。复混肥料中有效养分的含量，一般用 N-P_2O_5-K_2O 的相应百分含量表示，称为肥料分析式。复混肥料的分类有如下几种方法：按制造方法划分、按有效成分划分、按所含元素种类多少划分、按其有效养分总量划分。应注意复混肥特点、混合原则、配料量计算、生产工艺和有效使用方法。

随着植物营养与施肥研究领域的不断拓展和化学肥料新技术、新工艺生产的新型肥料，内容包括缓/控释肥料、叶面肥料、气体肥料、磁性肥料、硅肥、稀土肥料的类型、功能、增产效应和施用技术等。

复习思考题

1. 简述土壤中氮素形态以及在土壤中的转化过程。
2. 试比较植物氮、磷、钾的营养失调症状。
3. 试述常见氮肥的种类及其施用注意点。
4. 试述提高氮肥利用率的意义及措施。
5. 尿素为什么适合作根外追肥？
6. 磷对植物有哪些生理功能？
7. 按溶解性不同，化学磷肥可分为哪几类？各类有哪些磷肥品种？
8. 磷在土壤中有哪些转化过程？请解释土壤中磷的吸附固定、化学固定、闭蓄作用、生物固定。这些作用对磷的有效性有什么影响？
9. 试述常用磷肥的施用要点。
10. 植物体内钾的形态和分布特点如何？
11. 土壤速效钾和缓效钾与土壤供钾状况有何关系？
12. 氯化钾和硫酸钾在施用中各应注意哪些问题？
13. 钾为什么被称为“品质元素”？主要表现在哪些方面？
14. 为什么钾能增强植物的抗逆性？
15. 为什么氮、磷、钾肥都应深施？
16. 忌氯作物有哪些？
17. 土壤中量元素有哪几种？有何失调症状？
18. 如何施用钙肥、镁肥、硫肥？
19. 土壤中微量营养元素有几种？有何失调症状？
20. 如何施用微量元素肥料？
21. 简述化学肥料发展趋势。
22. 复混肥料的含义和养分表示方法是什么？它有哪些特点？
23. 复混肥料有哪些类型？肥料混合的原则是什么？

第七章 有机肥料

>>> 学习目标

技能目标

【学习】常用有机肥料的积制原理和制作方法。

【熟悉】当地有机肥料的种类性质及施用技术。

【学会】常见有机肥料的积制和使用。

必要知识

【了解】我国有机肥料发展概况。

【理解】有机肥料的性质、作用和积制原理。

【掌握】有机肥料的概念、特点以及常用有机肥料的施用技术。

有机肥料是一类重要的肥源，在农业生产中有养分全面、肥效长、污染少、能增强土壤肥力、提高作物产量和改善产品品质等重要作用。资源极为丰富，品种繁多，几乎一切含有有机物质并能提供多种养分的材料都可用来制作有机肥料。

第一节 有机肥料概述

一、有机肥料的概念与特点

1. 有机肥料的概念

有机肥料主要来源于动植物，指施于土壤以提供植物营养为其主要功效的含碳物料。也是利用有机物质如植物秸秆、动植物残体、人畜粪尿、绿肥、河泥、垃圾和各种废弃物等做原料，经人工就地积制或直接沤制等制成的肥料，称有机肥料，习惯上也叫作农家肥料。

2. 有机肥料的特点

有机肥料种类多，数量大，但就总体而言，它们都有以下共同特点。

(1) 来源广、数量大、种类多　人畜粪尿、秸秆、杂草、炕坯土，各种废弃物、河泥、城市粪稀、污水、垃圾，腐殖酸类肥料、沼气池肥和豆科绿肥作物等等都是有机肥料。我国每年有机肥的总量达18亿～24亿吨，其中氮、磷、钾养分为1500万～2000万吨，占肥料总养分的40%左右，特别是农业生产中的钾素供应，约有70%钾素依靠有机肥源。

(2) 肥效长、养分全　有机肥料中内含氮、磷、钾等大量营养元素和钙、镁、硫、锌、硼等中、微量元素，还富含刺激植物生长的某些特殊物质，如胡敏素和抗生素等。氮、磷、钾 $(N+P_2O_5+K_2O)\geqslant 8\%$，在土壤有益微生物和有机胶体的作用下，不断分解，不断释放，不断供给作物吸收，肥效平稳而持久。

(3) 生产成本低、资源广泛、可就地积制　粪尿肥和堆杂肥是我国农村中广泛施用的有机肥料。这类肥料主要是在农村中就地取材，就地积制，就地施用。其中，厩肥的数量很大，是农村的主要有机肥源，占农村有机肥总量的60%～70%。农作物秸秆也是很重要的有机肥源。其养分丰富，来源广，数量多，可直接还田，也是堆、沤肥的重要原料。

(4) 养分含量低、施用量大 有机肥料体积大，养分含量较低，施肥数量大，运输和施用耗费劳力多，应注意提高有机肥料的质量。

(5) 减少环境污染 对人、畜、环境安全、无毒，是一种环保型肥料。

总体来讲，有机肥料是植物养分的仓库，有较强的保肥能力，能活化土壤中的潜在养分，既供给植物吸收，同时又能改良和培肥土壤。

二、有机肥料在现代农业生产中的重要作用

1. 增加土壤养分，促进作物生长

有机肥料所含的养分多以有机态形式存在，通过微生物分解才能转变为植物可利用的形态。有机肥料施入土壤后，为微生物活动提供大量的能源物质，促进微生物活动，加速土壤中原有的磷、钾等矿质养分的释放，提高土壤有效肥力。同时，有机肥料富含作物生长所需养分，可全面促进作物生长。

2. 改善土壤的理化性质，提高土壤肥力

有机肥料含有大量的包括腐殖酸类的有机物质，长期施用有机肥料可以改良土壤物理、化学和生物特性，熟化土壤，培肥地力。我国农村的“地靠粪养、苗靠粪长”的谚语，在一定程度上反映了施用有机肥料对于改良土壤的作用。

(1) 改善土壤结构 增施有机肥料一是促进了土壤中的微生物活动，二是增加了形成土壤结构体的胶结物质，使没有结构的砂土成为有良好结构的土壤，同时使易形成大块状结构的黏土成为富含团粒结构的肥沃土壤。

(2) 改善土壤热状况 增施有机肥料可加深土色，增强土壤吸热能力。同时，有机肥料分解释放热量，也可提高土壤温度。

(3) 提高土壤阳离子交换量，增强土壤的缓冲能力 所有的有机肥料都具有较强的阳离子代换能力，既可以吸收更多的钾、钙、镁、锌等营养元素，防止淋失，提高土壤保肥能力，又可以起到稳定肥效，提高土壤缓冲性能等方面的作用，尤其是一些腐殖酸类有机肥效果更明显。

(4) 减少养分固定，提高难溶性磷酸盐有效性 有机肥在分解中，能产生各种有机酸、腐殖酸及其他羟基类物质，它们都具有很强的络合能力，能与许多金属元素络合，形成络合物，可防止土壤对这些营养元素的固定而失效。

3. 增加作物产量和改善农产品品质

有机肥在土壤中分解，转化形成各种腐殖酸、氨基酸、糖类等物质。这些物质能促进植物体内的酶活性以及物质的合成、运输和积累。大量研究结果表明：施用有机肥料，作物产品的品质得到很大的改善，蛋白质、维生素等含量提高，硝酸盐等一些有害成分减少，比较耐贮存。中国农业科学院土壤肥料研究所在华北 38 个点试验指出有机肥料和无机肥料配合施用比单施平均增产 26.3%～36.4%。对于番茄和菜花类，采用有机无机肥配合，可使维生素 C 的含量提高 16.6～20.0μg/g。

4. 能够增强农作物的抗逆能力

连年增施有机肥料，使土壤微生物新陈代谢旺盛，活化了土壤养分，提高了土壤肥力，使作物根系发达，各种矿质养分吸收均衡，叶面积增加，光合产物——碳水化合物也相应增加，作物对干旱、寒冷及病虫害抵抗能力增强，因此极大促进了作物生长发育，使产量大幅度提高。

5. 刺激植物生长发育

有机质在分解转化过程中形成腐殖酸、维生素、激素、生长素、酶等物质。它们能刺激

植物生长，改善作物营养状况。

6. 减轻环境污染，节约能源

有机肥料主要来源为工业、农业和城市等有机废弃物，这些有机废弃物中含有大量病菌和虫卵，若不及时处理会传播病菌污染环境，使地下水中氨态、硝态和可溶性有机态氮浓度增高，以及地表与地下水富营养化，造成环境质量恶化。有机肥料在腐熟的过程中，可吸附、降解，有效地降低污染。

7. 与无机肥料配合施用可起到相互促进、相互补充、缓急相济的作用

有机肥料数量大、来源广、含有作物所需的各种营养元素和某些生物活性物质，而无机肥所含养分除复合肥外，较单一；有机肥肥效慢而稳，供应时间长，当季利用率低，属迟效肥，而无机肥多为速效肥，易被作物及时吸收，但不持久；有机肥既能促进植物生长，又能保水、保肥，而无机肥易挥发、淋失、固定而降低利用率。所以，从有机肥与无机肥料的特点来看，它们各有优缺点，配合施用可起到相互促进、相互补充、缓急相济的作用。

三、我国有机肥资源状况及分类简介*

我国地跨寒带、温带、亚热带，幅员辽阔，有机肥料资源极为丰富，数千年来，我国古代劳动人民积累了积制、保存、施用有机肥料的系统经验和方法。根据全国各地区调查，目前使用的有机肥料就有 14 类 100 多种。随着人口的增加，农业、畜牧业生产的发展，人民生活水平的提高，有机肥料的数量和质量都将会有很大的变化。

有机肥料根据其来源、特性与积制方法可分为五大类。

① 粪尿肥类。粪尿肥类是指人、畜、禽的排泄物，含有丰富的有机质和各种作物所需的营养元素，属优质有机肥。包括人粪尿、家畜粪尿、家禽粪尿、厩肥、海鸟粪以及蚕沙等，在有机肥资源总量中占有重要地位。

② 堆沤肥类。堆肥和沤肥是利用垃圾、人畜粪尿、秸秆残渣、杂草等为原料混合后按一定方式进行堆沤的肥料。包括堆肥、沤肥、秸秆直接还田利用以及沼气池肥等。

③ 绿肥类。在农业生产中，凡是把正在生长的植物绿色体直接耕翻或割下后压到土壤中用作肥料的统称为绿肥，包括栽培绿肥和野生绿肥。

④ 杂肥类。包括泥炭及油粕类肥料、泥土类肥料、海肥和农盐以及生活污水、工业污水、工业废渣等。

⑤ 商品有机肥料。包括工厂化生产的各种有机肥料、有机-无机复混肥料、腐殖酸类肥料及各种生物肥料。

第二节　粪尿肥与厩肥

一、人粪尿肥

人粪尿是我国农民常用的有机肥料，是一种养分含量高，含氮素、磷素较多，碳氮比值较小、腐熟快、肥效快，适于在多种作物和土壤上施用，增产效果大的有机肥料。但它易于流失和挥发，而且还含有多种病菌和寄生虫卵，易于传播疾病。如果利用不当，对土壤和作物都可能产生不良影响，为此，合理贮存人粪尿和对粪尿进行适当的无害化处理，是合理利用人粪尿的关键。

1. 人粪尿的成分和性质

人粪是食物经消化后未被吸收利用而排出体外的残渣，其中约含 70%～80%的水分；20%左右的有机质，主要成分是纤维素和半纤维素、脂肪和脂肪酸、蛋白质、肽、氨基酸、

各种酶、粪胆汁，还有少量的粪臭质、吲哚、硫化氢、丁酸等臭味物质；以及5%左右的矿物质，主要是硅酸盐、磷酸盐、氯化物以及钙、镁、钾、钠等的无机盐类；此外，人粪中还含有大量已死的和活着的微生物，有时还含有寄生虫和寄生虫卵。新鲜人粪一般呈中性，但肉食者的粪呈碱性，混食者的粪呈中性。

人尿是食物经过消化吸收，并参与新陈代谢后所产生的废液。其中含有95%左右的水分，其余5%左右是水溶性含氮化合物和无机盐类，其中含尿素1%～2%，食盐为1%左右，并含有少量的尿酸和马尿酸、磷酸盐、铵盐、各种微量元素和生长素等。健康人的新鲜尿为透明黄色，呈弱酸性反应。但在贮存时，尿中的尿素水解成碳酸铵后，就变成微碱性反应。

人粪尿中主要含有氮、磷等养分及有机物，其含量多少，与人的年龄、饮食、健康状况密切相关。根据各地资料，人粪尿的主要养分含量及一成年人一年粪尿中养分排泄量见表7-1。

表7-1 人粪尿的主要养分含量及一成年人一年粪尿中养分排泄量

种类	主要各成分占鲜物的含量/%					一成年人排泄量/kg			
	水分	有机质	氮(N)	磷(P_2O_5)	钾(K_2O)	鲜物	氮(N)	磷(P_2O_5)	钾(K_2O)
人粪	>70	约20	1.00	0.50	0.37	90	0.90	0.45	0.34
人尿	>90	约3	0.50	0.13	0.10	700	3.50	0.91	1.34
人粪尿	>80	5～10	0.5～0.8	0.2～0.4	0.2～0.3	790	4.40	1.36	1.67

(引自：郑宝仁. 土壤与肥料. 北京大学出版社，2007)

人粪中的养分主要呈有机态，须经腐熟分解后才能被植物吸收利用。人尿的成分较简单，其中尿素态氮占全氮量的70%～80%。磷、钾是水溶性的无机盐，故人尿的肥效比人粪快，因人粪和人尿中都是含氮多而磷、钾少，所以常把人粪尿当作氮肥施用。

2. 人粪尿的贮存和管理

人粪尿是一种养分含量高且肥效快，半流体零星积攒的肥料，易挥发、流失和渗漏，同时还含有很多病菌和寄生虫卵。若使用不当，则容易传播病菌和虫卵，因此，贮存和管理尤为重要。实践证明，人粪尿经过腐熟可以达到提高肥效并且有利于卫生的目的。

(1) 人粪尿的合理贮存　人粪尿合理贮存的目的在于：既要减少养分的损失，又要有效地控制和减少病菌、虫卵的传播。因此，人粪尿的合理贮存的原则：一是保氮，二是无害化。

人粪尿的贮存过程也就是人粪尿的发酵腐熟过程。在贮存过程中，它在微生物作用下，通过酶促反应，使人粪尿中复杂的有机物分解成简单化合物，其基本反应如下所述。

① 人粪中的含氮化合物的分解。

$$\text{蛋白质} \longrightarrow \text{氨基酸} \longrightarrow \text{有机酸} + NH_3 \uparrow$$

②人尿中的尿素在脲酶的作用下分解。

$$CO(NH_2)_2 + 2H_2O \xrightarrow{\text{脲酶}} (NH_4)_2CO_3$$

$$(NH_4)_2CO_3 \longrightarrow 2NH_3 \uparrow + CO_2 \uparrow + H_2O$$

人粪尿腐熟后，铵态氮数量明显增加，一般其含量可占全氮含量的80%。在贮存期间，要防止或减少氨的挥发，同时，也要防止尿液的渗漏。

人粪尿达到腐熟的时间因温度、水分等条件而有差异，人尿在夏季约需2～3d，冬季约需10d左右；人粪尿混存时，夏季约需6～7d，其他季节约需10～20d。人粪尿腐熟的标志是腐熟后的人粪尿外观上由原来的黄色或褐色变为绿色或暗绿色，成为烂浆状的流体或半流体物质。因人粪尿在腐熟过程中产生大量碳酸铵，粪胆质在碱性条件下，很快氧化为暗绿色的胆绿素。

$$\underset{\text{粪胆质（褐色）}}{C_{32}H_{36}N_4O_6}+O_2 \longrightarrow \underset{\text{胆绿素（绿色）}}{C_{32}H_{36}N_4O_8}$$

常用的保氮措施有：粪池应遮阴加盖，严防渗漏和挥发，还可加入保氮物质，如3%～5%的过磷酸钙、石膏或硫酸亚铁等使碳铵转化为稳定的磷酸二氢铵和硫酸铵。主要反应如下所述。

$$(NH_4)_2CO_3+Ca(H_2PO_4)_2 \longrightarrow 2NH_4H_2PO_4+CaCO_3\downarrow$$

$$(NH_4)_2CO_3+FeSO_4 \longrightarrow (NH_4)_2SO_4+FeCO_3$$

$$(NH_4)_2CO_3+CaSO_4 \longrightarrow (NH_4)_2SO_4+CaCO_3\downarrow$$

（2）人粪尿的无害化处理　无害化处理的基本要求是既要杀死粪便中的病菌、虫卵，防止蚊蝇滋生繁殖，避免环境污染，又要防止养分损失，以利保肥。常见的人粪尿的无害化处理方法有以下几种。

① 密封堆积法　把人粪尿与作物秸秆、垃圾、马粪等混合制成高温堆肥，利用堆肥产生的高温杀虫灭菌。人粪尿经过密封堆积后，粪液基本上达到无害化要求，粪液中铵态氮含量一般在0.2%以上，可以做追肥施用。

② 加盖沤制法　将人粪尿贮于粪池或粪缸之中，加盖密封发酵，保存1个月以上。利用缺氧条件下高浓度的 NH_3 及还原性物质杀灭病菌。

③ 药物无害化处理　在生产上急需用肥时，可采用药物消毒的方法。即在每100kg的人粪尿中加入50%的敌百虫2g或浓度为15%的氨水1～2kg，搅拌后封闭2～3d，即可杀灭蛔虫卵和血吸虫卵；一些野生植物也具有杀菌灭卵的作用，如在人粪尿中加入1%～5%的辣蓼草，24h后可将血吸虫卵杀死；加入1%～5%的鬼柳叶、闹羊花则需4d。另外，苦楝、青蒿、辣椒秆、蓖麻叶等也有一定的杀虫灭蛆作用。

3. 人粪尿的合理施用

① 人粪尿属于速效性肥料，可用作基肥和追肥，但以作追肥更适宜，它对于一般树木、花卉的生长都有良好的效果，特别是对草本花卉，效果更为显著。

② 加水沤制成粪稀，经腐熟后可作追肥，多施用于叶菜类作物如白菜、菠菜、甘蓝、芹菜等，加水稀释4～5倍，直接浇灌。为提高肥效，减少氨的挥发，可开沟、穴，施后立即覆土。

③ 经腐熟无害化处理的人粪尿是优质的有机肥料，但因其含有0.6%～1%的氯化钠，所以施用时应注意：一是盐土、碱土或排水不良的低洼地应少用或不施，以防加剧盐、碱的累积，危害作物；二是忌氯作物如瓜果类、薯类、烟草和茶叶等少施，以免降低这些作物的产量；三是不能连续大量施用，因 Na^+ 能大量的代换盐基离子，使土壤变碱。

④ 人粪尿虽是有机肥料，但因磷钾含量低，施用时应注意配合磷钾肥或其他有机肥。切勿与草木灰、石灰混合施用，以免使养分损失，降低肥效。

二、家畜粪尿与厩肥

家畜粪尿肥是猪、马、牛、羊等的饲养动物排泄物，含有丰富的有机质和各种营养元素，是一种良好的有机肥料；厩肥（或称圈粪）是家禽粪尿和各种垫圈材料、饲料残渣混合积制的肥料。北方多用土垫圈称土粪，南方多用秸秆称“草粪”或“栏粪”，统称厩肥。

(一) 家畜粪尿的成分和性质

1. 成分

家畜粪尿是以植物性原料作饲料，经家畜消化器官消化后，没有被吸收利用而排出体外的物质，由畜粪和畜尿所组成。所以畜粪中的消化物质是半腐解的植物性有机物质，成分复杂，主要有纤维素、半纤维素、木质素、蛋白质及其分解产物、脂肪、有机酸、酶和各种无机盐类。畜尿的成分简单，都是水溶性物质，主要有尿素、尿酸、马尿酸以及钾、钠、钙、镁等无机盐类。

家畜粪尿中的养分含量因家畜种类、年龄、饲料与用量等而有较大的差异（表 7-2）。就养分而言，各种畜粪尿中有机质较多，约为 15%～30%，以羊粪尿中氮、磷、钾含量最高，猪、马粪次之，牛粪最差；排泄量则牛粪最多，马粪次之，猪粪又次之，羊粪最少。此外，粪尿中含有植物所需的中量元素如钙、硫、镁和微量元素。故腐熟后的家畜粪尿是完全肥料。

表 7-2 新鲜家畜粪尿中主要养分的平均含量 单位：%

种类	成分	水分	有机质	氮(N)	磷(P_2O_5)	钾(K_2O)	钙(CaO)
猪	粪	81.5	15.0	0.60	0.44	0.44	0.09
	尿	96.7	2.8	0.30	0.12	1.00	微量
牛	粪	83.3	14.5	0.32	0.25	0.16	0.34
	尿	93.8	3.5	0.95	0.03	0.95	0.01
马	粪	75.8	21.0	0.58	0.30	0.24	0.15
	尿	90.1	7.1	1.20	微量	1.50	0.45
羊	粪	65.5	31.4	0.65	0.47	0.23	0.46
	尿	87.2	8.3	1.68	0.03	2.10	0.16

(引自：金为民. 土壤肥料. 中国农业出版社，2001)

2. 性质

不同的家畜粪尿，其性质有着相当大的差异。

(1) 家畜粪的性质

① 猪粪。由于饲料的多样化，猪粪中养分含量不太一致，氮素含量比牛粪高一倍，磷钾含量也高于牛粪和马粪，只是钙、镁含量低于其他粪肥。猪粪质地较细，C/N 比值小，且含有大量的氨化细菌，其含氮化合物较易分解。腐熟的猪粪含有大量的腐殖质和蜡质，且阳离子交换量大，保肥、保墒的效果较好。猪粪适用于各种土壤和作物，尤其施于排水良好的土壤为好。

② 牛粪。牛是反刍动物，饲料经胃中反复消化，粪质细密。牛饮水较多，粪中含水量较高，通气性差，分解腐熟缓慢，发酵温度低，故称冷性肥料。牛粪的养分含量是家畜粪中数量最低的，尤其氮素含量低，C/N 比值大。为了加速分解，可将牛粪略加风干，加入3%～5%的钙镁磷肥或磷矿粉，或加入马粪混合堆积，可加速牛粪的腐解，获得优质的有机肥料。牛粪对改良有机质含量较少的轻质土壤具有良好的效果。一般作基肥施用。

③ 马粪。马对饲料的咀嚼和消化不及牛细致，所以，粪中纤维素含量高，粪质粗松，水分少而易于蒸发，同时粪中含有大量的高温性纤维分解细菌，能促进纤维素分解腐熟，分解快，堆积时发热量大，所以称马粪为热性肥料，可作温床发热材料，提高苗床温度。如果在沼气池中加入马粪，能促进发酵材料的分解，在制造堆肥时，加入适量的马粪，以利提高堆肥温度。马粪对改良质地黏重的土壤有显著效果。

④ 羊粪。羊也是反刍动物，对饲料咀嚼很细，羊饮水少，羊粪肥质细密而干燥，肥分

含量较高，羊粪也是热性肥料。羊粪易于发酵分解，可将羊粪与猪粪、牛粪混合堆沤后施用。羊粪对各种土壤均可施用。

⑤ 兔粪。兔是食草为主的杂食动物，饲料质量较好，故兔粪养分含量高，鲜兔粪平均全氮含量为0.87%，全磷0.30%，全钾0.65%，粗有机物24.6%，还含有多种中、微量元素，如锌、铁、硼、钙、镁、硫等，所以兔粪也是一种优质高效的有机肥料。兔粪C/N比值小，易腐熟，施入土壤中易分解，肥效快，亦属热性肥。腐熟好的兔粪可作追肥。

⑥ 禽粪。家禽包括鸡、鸭、鹅等，它们以各种精饲料为主，所以粪便中含的纤维素量少于家畜类，粪质细腻，养分含量高于家畜粪，年排泄量低于家畜粪尿，亦属于精细肥料(表7-3)。就养分而言，在各种禽粪中，以鸡粪、鸽粪中养分含量最高，而鸭粪、鹅粪次之。禽粪腐熟速度快，发热量较低，腐熟后适于各种土壤和作物施用。

表 7-3 新鲜禽粪中的养分平均含量　　单位：%

种类	有机质	氮(N)	磷(P_2O_5)	钾(K_2O)	年排泄量/kg	N：P_2O_5：K_2O
鸡粪	25.6	1.63	1.55	0.82	5～7.5	1：0.94：0.52
鸭粪	26.2	1.10	1.40	0.62	7.5～10	1：1.27：0.56
鹅粪	23.4	0.55	0.50	0.95	12.5～15	1：0.91：1.73
鸽粪	30.8	1.76	1.78	1.00	2～3	1：1.01：0.56

(2) 家畜尿的性质　畜尿中含有较多的氮素，都是水溶性的物质。畜尿中的氮素形态，因家畜种类而有差异，尿素态氮以猪、牛尿中含量少，马、羊尿中含量多。马尿酸态氮以羊、牛尿中含量多，马尿中含量少（表7-4)。畜尿中含有多量的马尿酸，尿素含量则比人尿少。家禽尿液成分比较复杂，分解缓慢，必须经过腐解，转变为碳酸铵后，才能被土壤吸附或被作物吸收利用。

表 7-4 家畜尿中各种形态氮占全氮的比例　　单位：%

氮的形态	猪尿	牛尿	马尿	羊尿
尿素态氮	26.60	29.77	74.47	53.39
马尿酸态氮	9.60	22.46	3.02	38.70
尿酸态氮	3.20	1.02	0.65	4.01
酐态氮	0.68	6.27	痕迹	0.60
氨态氮	3.79	—	—	2.24
其他态氮	56.13	40.48	21.86	1.06

(引自：王荫槐．土壤肥料学．中国农业出版社，1992)

(二) 厩肥的成分和性质

厩肥是完全肥料，含有植物需要的各种营养元素和丰富的有机质。因此，能改善植物营养状况、降低土壤容重，促进团粒结构的形成。厩肥的主要成分是纤维素，半纤维素，蛋白质、脂肪、有机酸及各种无机盐类，还有尿素、尿酸、马尿酸等。但是，厩肥因家畜种类、饲料、垫圈材料与用量等方面的差异，厩肥的成分也不尽相同（表7-5)。

表 7-5 厩肥中主要成分的含量　　单位：%

种类	水分	有机质	N	P_2O_5	K_2O	CaO	MgO	SO_3
猪厩肥	72.4	25.0	0.45	0.19	0.60	0.08	0.08	0.08
牛厩肥	77.5	20.3	0.34	0.16	0.40	0.31	0.11	0.06
马厩肥	71.3	25.4	0.58	0.28	0.53	0.21	0.14	0.01
羊厩肥	64.6	31.8	0.83	0.23	0.67	0.33	0.28	0.15

(引自：王淑敏．植物营养与施肥．中国农业出版社，1991)

新鲜厩肥的养分主要为有机态，植物很难直接吸收利用，同时因其含有大量的微生物，施入土壤后由于微生物的生物吸收，会与植物争水争肥，在气条件下会引起反硝化作用，造成氮素损失。因此，新鲜厩肥必须经过一段时间的堆制，待腐熟后才能施用。

（三）家畜粪尿与厩肥的施用

施用家畜粪尿和厩肥时，需要根据作物的种类、土壤性质、气候条件和肥料本身的性质等具体情况，结合生产实践合理利用，以提高肥料的利用率。

1. 根据作物的种类施用

凡是生育期较长的作物，可施用半腐熟的厩肥；而生育期较短的作物，需施用腐熟程度较高的厩肥或畜粪。水稻等禾本科作物对厩肥利用率低，可施用腐熟的厩肥。蔬菜地因生育期短，宜施用腐熟的厩肥或畜粪。

2. 根据土壤性质施用

家畜粪尿与厩肥首先应施在肥力水平较低的土壤上，以起到培肥地力的作用。质地黏、排水差的土壤，应选用腐熟程度高的厩肥；质地轻，可选用腐熟程度低的厩肥。对冷浸田、阴坡地等，可以施用羊、马粪等热性肥料。

3. 根据气候条件施用

温暖湿润地区，雨季，可施用半腐熟的厩肥，翻耕应浅一些；冷凉干旱地区，降雨量较少的旱季，宜施用腐熟的厩肥，翻耕可适当深些。

4. 根据肥料本身的性质施用

家畜粪比尿难分解，如粪尿分别贮存，尿宜作追肥，粪宜作基肥；厩肥腐熟后主要作基肥用。新鲜厩肥的养分多为有机态，C/N 比值大，不宜直接施用，尤其不能直接施入水稻田。若将厩肥与化肥混合使用，既可提高肥料的利用率，又可提高土壤的肥力，是合理施肥中的一项重要措施。

第三节　堆肥、沤肥与秸秆还田

一、堆肥

堆肥材料来源广，可因地因时制宜，就地取材进行堆制。通常北方农村及大型农场以秸秆为主；南方农村则以场头废弃物、野草、草皮为主；丘陵山区有较多的山青、落叶可被利用；泥炭多的地区，也可以以泥炭为原料。

堆肥材料中虽有一定量的养分，但大都不能直接被作物吸收利用。同时体积庞大，有时还含有杂草种子、病菌、虫卵等。通过堆制，既可以释放出有效养分，又能利用腐熟过程中产生的高温杀死杂草种子、病菌和虫卵。同时又有缩小体积、节约运输劳力和提高耕地质量的作用。为了加速腐熟，在堆制前对不同材料要加以处理：粗大的应切碎至 10～15cm 或轧碎；含水分多的应晒一下；城市垃圾要分选；老熟的野草可进行堆积或先用水浸泡，使之初步吸水软化等。

1. 堆肥的腐熟原理

堆肥的腐熟是指粗有机物质在微生物作用下，进行着矿质化和腐殖化的两个对立统一的过程。所谓矿质化是微生物彻底分解有机物质为简单无机盐类的过程，也是植物养分元素有效化过程。所谓腐殖化是微生物利用矿质化产生的中间产物重新合成腐殖质的过程。简言之，堆肥腐熟过程是微生物对粗有机物进行的分解和再合成的过程。

高温堆肥一般经过发热、高温、降温及腐熟保肥等阶段。堆积温度升至50℃左右为发热阶段，这时中温性微生物占优势，主要分解水溶性有机物及蛋白质类的含氮化合物；当堆温升到60～70℃为高温阶段，这时中温性微生物逐步被高温性微生物代替，其中以好热性纤维分解菌占优势。除继续分解易分解的有机物质外，主要强烈分解半纤维素、纤维素等复杂有机物。同时也开始了腐殖化过程。这是杀虫灭菌及消灭杂草种子的能力很强的阶段。

当堆温温度降至50℃以下为降温阶段，高温纤维分解菌的活动受到抑制，中温性微生物显著增加。主要分解残留下来的纤维素、半纤维素等。新合成的腐殖质也有少量被分解。但腐殖化过程仍占优势，以后逐步进入腐熟保肥（堆温下降至常温并开堆使用前为腐熟保肥阶段。此阶段要防止大雨冲刷封堆泥土导致的速效养分损失）。不同阶段主要微生物群落如下：无芽孢细菌（如氨化细菌），芽孢细菌（中温性纤维分解菌），放线菌、好热性真菌（高温性纤维分解菌）。

不同材料的堆肥在微生物的数量上虽有高低之分，但仍有一定的规律：即细菌多，放线菌次之，真菌较少。

2. 堆制条件

微生物的活动是堆肥腐熟的动力。因此，控制与调节好堆肥中微生物的活动，就能获得优质堆肥。影响微生物活动的主要条件有以下几点。

（1）水分　首先水分是微生物正常生存繁殖不可缺少的物质；其次，堆肥材料吸水软化后易被分解，水分在堆肥中移动时，可使菌体和养分随水流向各处，有利于腐熟均匀；再次，水分还有调节堆内通气的作用。堆肥适宜的含水量一般为原料重（湿重）的60%～75%。在腐熟过程中，要注意调节水分。发热阶段，水分不宜太多；高温阶段，水分消耗较多，要经常补充，以免堆肥材料过干；降温阶段，宜保持适量的水分，以利腐殖质积累。

（2）通气　堆肥应掌握前期适当通气后期嫌气的原则。堆肥腐解初期，主要是好氧性微生物的活动过程，需要良好的通气条件。如果通气不良，好氧性微生物活动受到限制，堆肥腐熟缓慢；相反，通气过盛，不仅堆内水分和养分损失过多，而且造成有机质的强烈分解，对腐殖质的积累也不利。因此，堆肥前期要求肥堆不宜太紧，设通风沟等。后期嫌气有利于养料保存，减少挥发损失，因此要求堆肥适当压紧或塞上通风沟等。

（3）碳氮比　调节堆肥原料中的C/N比，是加速堆肥腐熟，提高腐殖质化系数的有效途径。一般微生物分解较适合的C/N比约为25∶1。用作堆肥材料的C/N比较大，如禾本科作物秸秆的C/N比为（50～80）∶1，杂草为（25～45）∶1，因此，若用禾本科作物秸秆作堆肥材料时要求每1000kg秸秆，加入3～5kg氮素，以降低碳氮比至适宜的范围，保证堆肥的正常腐熟。此外，加入少量磷肥，不但能促进腐熟，而且能减少氮素损失。

（4）温度　各种微生物都有其适宜的活动温度。堆温过低，微生物活动不旺；堆温过高，也会抑制微生物的活动。当堆温高达75℃时，微生物活动几乎全部受到抑制；65℃时，仅有少数细菌和放线菌发挥作用；只有在50～60℃时才能兼顾高温真菌、细菌和放线菌等几类微生物发挥最大的分解作用。因此，冬季或气温较低季节，可接种高温纤维分解细菌（如加骡、马粪），以利升温；夏季或堆温过高时，可采用翻堆和加水的办法降温，以利继续分解。

（5）酸碱度　各种微生物对酸碱度都有一定的适应范围。纤维分解菌、氨化细菌以及堆肥的大多数有益微生物都适宜中性至微碱性的环境。堆肥在堆腐过程中会产生各种有机酸和碳酸，使pH值降低，从而在一定程度上抑制了后期微生物的活动。所以在堆制高温堆肥时，最好加入2%～3%的草木灰，以中和其酸度。普通堆肥因有土壤的调节与缓冲，可以少加或不加。

3. 堆制方法

（1）普通堆肥　普通堆肥是在嫌气低温条件下堆腐而成。堆温变幅小，一般15～35℃，最高不超过50℃，腐熟时间较长。堆积方式有地面式和地下式两种。

① 地面式。地面露天堆积，适于夏季。要选择地势平坦，靠近水源，运输方便的田间地头或村旁作为堆肥场地。堆积时，先把地面平整夯实，铺上一层草皮土厚约10～15cm，以便吸收下渗的肥液。然后均匀地铺上一层铡短的秸秆、杂草等厚约20～30cm，再泼一些稀薄人畜粪尿，再撒少量草木灰或石灰，其上铺一层厚约7～10cm的干细土。按此一层一层边堆边踏紧，堆至1.7～2m高为止。最后用稀泥封好。1个月左右翻捣一次，并在堆肥中补充适量的水分或人畜粪尿。夏季2个月左右，冬季3～4个月即可腐熟。

② 地下式。在田间地头或宅旁挖一土坑，或利用自然坑，将杂草、垃圾、秸秆、牲畜粪尿等倒入坑内，日积月累，层层堆积，直堆到与地面齐平为止，盖厚约7～10cm的土。堆积1～2个月后，底层物质因含有适当水分，已经大部分腐烂，就掘起翻捣，并加适量的粪水然后仍用土覆盖，以减少水分蒸发和肥分损失。夏、秋季经1～2个月，冬、春季经3～4个月即可腐熟使用。

（2）高温堆肥　高温堆肥是在好氧条件下堆积而成。具有温度高（可达60℃以上）、腐熟快及消灭病菌、虫卵、草籽等有害物质的优点。为加速腐熟，一般采用接种高温纤维分解细菌，并设通气装置。堆制方式有地面式和半坑式。

① 地面式。适用于夏季高温多雨季节或地下水位较高地区。选择场地地头近水源处，将秸秆切碎为5cm左右，摊在地面上，按干秸秆：马粪：人粪尿：水＝5：3：2：8的比例，用2000kg堆肥材料堆成3～4m宽，1.5～2m高的堆，然后堆顶覆细土约5cm厚。一般5d内堆内温度显著升高，几天内可达70℃以上。等温度下降至常温后，破堆将材料充分翻捣，可适量加粪尿和水，重新堆积。一般翻2～3次，大约30d左右便可腐熟。

② 半坑式。适用于雨量较少、气候干燥、蒸发量较大或气候寒冷的季节和地区。选背风向阳近水源处，挖深1m的长方形或圆坑，在底部挖深、宽15cm的“十”字形通气沟与坑壁斜沟相接至地面。沟面用玉米秸纵横各盖一层，坑壁斜沟也用秸秆掩盖，保持沟沟相通不应堵塞，以便通风透气。再用整根的去叶秸秆，松松地捆成直径30cm左右的圆柱体，作为通气塔，直立于坑底“十”字沟交叉处。坑底最好铺一层老堆肥，然后按切碎秸秆：马粪：人粪尿：水＝1：0.4：0.2：（1.5～2）的比例，分层堆积入坑，要保持塔顶高出堆顶。最后，用细土严封堆顶，地面的四个通气口不应掩盖，通气塔顶部也敞开。堆好后几天，温度急剧上升，高达70℃左右。不用翻堆，高温后的5～7d将堆顶通气塔和坑壁斜沟的四个通气口封死，以停止通气，此时堆内开始腐殖化过程。

4. 堆肥的成分和施用

腐熟的堆肥为黑褐色，汁液浅棕色或无色，有臭味，材料完全变形，很易拉断。堆肥的性质基本上和厩肥类似，其养分含量因堆肥原料和堆制方法等的不同而不同。堆肥富含有机质，C/N较小，是良好的有机肥料。其中养分以钾最多，由于加入氮源，氮比磷含量高，且多为速效态，易被作物吸收，肥效很高。堆肥中还含有维生素、生长素以及微量元素等，对所有作物都适用，为完全肥料。

高温堆肥与普通堆肥相比，高温堆肥的氮磷含量和有机质含量均较高、而C/N低于普通堆肥。这表明高温堆肥的质量通常优于普通堆肥。

堆肥一般用作基肥。土壤质地砂性、高温多雨的季节或生长期长的作物如果树、桑树、玉米、水稻等，可用半腐熟的堆肥；反之，土壤质地黏重、低温干燥的季节、和地区或生长期短的作物如蔬菜等，宜施用腐熟的堆肥。腐熟的优质堆肥也可作追肥和种肥，但半腐熟的堆肥不能与根或种子直接接触，以防烧苗。施用后立即翻耕，宜配合速效氮、磷肥施用。施用量各地差异较大，一般15000～30000kg/hm^2。

二、沤肥

沤肥是我国南方水稻产区广泛应用的一种重要肥料，是利用有机物质同泥土混合在一起，在淹水条件下通过微生物进行嫌气分解积制而成的。由于沤肥分解速度较慢，有机质和氮素损失较少，腐殖质积累较多，所以肥料质量较高。

沤肥一般是用作基肥，多数用在稻田，其肥效稳而较长，对作物有一定的增产效果。还能消除水稻土长期渍水条件下所产生的还原阳性离子对作物的危害。在施用时为了充分发挥沤肥的肥效，合理施用沤肥，还应适当地配合施用速效性氮肥和磷肥。

三、沼气发酵肥

1. 沼气发酵肥的优点

沼气发酵有三大好处：一是发酵产生的沼气可以作为燃料解决农村部分能源问题；二是发酵后的废水废渣可作肥料施用，而且干物质中氮的损失要比堆沤肥少一半；三是改善城市环境卫生，驱除粪臭和减少蚊蝇的滋生。

2. 沼气发酵的原理

沼气发酵是有机物在隔绝空气并在一定温度、湿度条件下由多种厌氧性有机营养型细菌参与的发酵过程，可分为两个过程。一是分解过程：由厌氧性分解细菌分解复杂的碳水化合物和含氮化合物，形成简单的有机化合物和无机物，如乳酸、丁酸、甲酸和 CO_2、H_2S、NH_3 等。二是产气过程：再经过沼气细菌作用，多种途径产生甲烷即沼气（CH_4）。反应如下，以上两个过程在沼气发酵中同时进行。

$$CH_3COOH \longrightarrow CH_4\uparrow + CO_2\uparrow$$

$$4CH_3OH \longrightarrow 2CH_4\uparrow + CO_2\uparrow + H_2O$$

$$CO_2 + 4H_2 \longrightarrow CH_4\uparrow + 2H_2O$$

3. 沼气发酵的条件

沼气发酵条件比堆肥、沤肥要求更严格。如果沼气微生物活动衰弱，沼气产生少，出肥率低，经济效益不高，就难于推广。其主要技术条件如下所述。

(1) 严格密闭　沼气细菌是绝对厌氧细菌，在空气中几分钟就会死亡，所以必须建立严密封闭的沼气池。

(2) 合适的材料配比　材料中的 C/N 比，被认为是重要指标之一。据试验，最适的 C/N比为 25∶1，过高或过低产气都会减少。如用秸秆青草应与人粪尿配合，有利于持久产气，三者配合比例以 1∶1∶1为宜。适当加入磷肥，近年来还加入 $ZnSO_4$、牛粪、豆腐坊和酒坊的污泥对持久产气有良好效果。但禁用含磷高的豆饼、菜籽饼，它们在厌氧发酵过程中能产生较多的剧毒物质硫化氢和磷化氢。

(3) 调节水分和温度　沼气细菌产气过程要求适宜的水分。水分过多干物质少；产气少；水分过少，因酸过量，影响发酵，也容易使液面形成结皮层对产气不利，一般以干物质占水量的 5%～8%为宜。沼气细菌产气过程与温度有密切关系，在温度为 25～40℃时较理想，从建池、配料及科学管理多方面着手控制好池温以保证正常产气量。

(4) 注意接种甲烷细菌，甲烷细菌菌种有两个来源　一是外接，即初次投料时，接入产气好的老沼气渣、老粪池渣、长年的阴沟污泥，二是内接，即在每次清除沼气作肥料时，应保留部分池渣作为菌种，保证正常产气。

(5) 调节酸碱度（pH）　甲烷细菌活动最适的 pH 为 6.7～7.6，但材料在发酵过程中会产生多种有机酸，使pH下降。当pH在6.5以下时，抑制了甲烷细菌的活动，因此可加入占材料干重0.1%～0.2%的石灰或草木灰。

4. 沼气发酵肥的成分、性质和施用

沼气发酵肥养分含量见表7-6和表7-7，研究表明，沼液的氮、磷、钾含量较一般堆肥、沤肥高，全氮1.25%、全磷1.90%、全钾1.33%。

表7-6 沼渣的养分含量

项目	肥分全量/%				速效养分量/mg/g		
	全碳	全氮	全磷	全钾	铵态氮	速效磷	速效钾
最高含量	49.86	2.97	6.02	2.15	10.59	26.38	18.20
最低含量	20.82	0.34	0.07	0.53	0.56	0.19	2.34
平均含量	36.35	1.25	1.90	1.33	3.79	7.09	8.37
标准差	6.27	0.61	1.53	0.39	2.55	6.42	4.57
变异系数	17.3	48.8	80.5	29.3	67.1	90.6	54.6
样本数	106	120	85	85	32	85	85

（引自：范业宽. 土壤肥料学. 武汉大学出版社，2002）

表7-7 沼液的养分含量

项目	肥分全量/%				速效养分量/mg/g		
	全碳	全氮	全磷	全钾	铵态氮	速效磷	速效钾
最高含量	4.82	0.99	0.98	3.90	971	315	3900
最低含量	0.42	0.09	0.10	0.38	24	4.95	375
平均含量	2.03	0.39	0.37	2.06	295.5	73.3	1758.3
标准差	1.26	0.18	0.22	1.01	241.6	65.8	855.5
变异系数	62.1	46.2	59.5	49.0	81.8	89.7	48.7
样本数	135	133	74	75	74	78	78

（引自：范业宽. 土壤肥料学. 武汉大学出版社，2002）

研究表明，沼气发酵肥的养分含量损失比较少。如氮，堆、沤肥的损失率可达18.2%～30.7%甚至可达50%左右；沤肥也近25%～30%；而沼气发酵肥损失率只有1.3%～2.6%。磷的损失率只有堆沤肥的1/15。沼气发酵肥的残渣是一种优质有机肥，碳氮比窄，含腐殖质丰富，可达28.49%，堆沤肥则为14.03%。所以，沼气发酵肥养分含量比堆沤肥高，保肥保水能力强，改土作用大。

四川省对主要作物进行了78个试验，结果表明沼气发酵肥比露天粪池肥都增产。增产幅度为6.3%～18.8%。

沼气发酵肥可作基肥、追肥，也可浸种，发酵液一般作追肥，发酵残渣作基肥，渣液混合作基肥，也可作追肥。作基肥用量为37500～45000kg/hm^2，作追肥用量为22500～30000kg/hm^2。

此外，在利用沼气肥过程中要防止中毒、爆炸，确保安全。

四、秸秆还田

1. 秸秆的成分与性质

秸秆作为植物残体，含有作物生长所需的大量元素和微量元素。作物秸秆种类不同，所含的营养元素差异很大，一般豆科作物秸秆含氮较多，禾本科作物秸秆含钾量高，油料作物秸秆氮、钾含量均较丰富。秸秆分解后释放的氮素可为作物吸收利用。此外秸秆还田还能归还其他大量元素和微量元素。一般籽粒取走后，仍有80%左右的钾素保存在秸秆中，且有效性与钾肥相近。此外，秸秆中含有较丰富的微量元素，如油菜秆含硼多，稻草含硅约8%，秸秆还田对部分缺硼、缺硅土壤有综合防治作用。

2. 秸秆在土壤中的转化

指秸秆翻压入土后，在微生物的作用下，进行矿质化和腐殖化的过程。秸秆的有机组分中，纤维素、半纤维素和蛋白质等比较容易被微生物分解。在适宜的条件下，通过微生物的作用，只需几周的时间就能分解其总量的60%～70%，残留于土壤中的多以氨基酸、氨基糖和酚等土壤腐殖质以及微生物体等形态存在。在好氧条件下，一般4个月后，木质素仅分解25%～45%，其余部分残留在土壤中。木质素分解形成的各种酚类化合物，其游离基同蛋白质的分解产物缩合而成腐殖质类物质。

秸秆在土壤中的分解和转化主要取决于其化学组成、土壤水分、气候条件、土壤质地等因素。

(1) 秸秆化学组成　作物秸秆在土壤中的矿化和腐殖化作用的强弱主要取决于作物秸秆的C/N比和木质素质量分数。稻根、麦根、麦秸等作物残体，含氮量低于1%，木质素含量大于17%～21%，在短期内不易分解，腐殖化系数一般较高，大于0.30。稻草、玉米秸秆含氮量也小于1%，但木质素低于13%，所以易于分解。但是在分解前期（夏季2～4周，冬季8～12周）不仅不能为作物供氮，反而还会固定土壤中一部分矿质态氮，含氮量愈低，固定的氮量愈多。

(2) 土壤含水量　秸秆还田后，旱地土壤保持田间持水量60%～80%，最有利于秸秆的腐烂。水田如果长期灌深水，则不利于腐解，腐解后产生的还原物质也较多，故最好是浅水勤灌，干干湿湿，并适时烤田，则有利于秸秆腐解。

(3) 气温　在土壤含水量适宜的条件下，气温越高，秸秆分解越快，残留在土壤中的有机质也越少。一般在夏季施入土壤的秸秆分解较快，而在秋季分解则较慢。

(4) 土壤质地　在相同的水热条件下，黏质土壤秸秆还田，秸秆分解速度慢于砂土。因为砂土的通透性较好，有利于好氧性微生物的繁殖；在中性土壤上，秸秆的腐殖化系数也随黏粒质量分数的增多而加大。

此外，土壤pH、土壤利用方式等对秸秆的腐解都有一定影响。但是秸秆的化学组成，土壤的水热条件是主要因子。

3. 秸秆直接还田技术

(1) 秸秆还田的方法

① 直接翻压。北方平原麦区、玉米区，南方平坝麦区、早稻区可结合机械收割，尽量将秸秆就地粉碎翻压入土。

② 覆盖还田。南、北方均有采用。主要结合水土保持、少（免）耕技术，利用麦秸、玉米秸覆盖田土。一般有三种方式：其一是作物生长期间，在其行间铺盖粉碎的麦秸或玉米秸；其二是残茬覆盖，即在小麦收割时适当留高桩（15～20cm），免耕播种夏季作物在麦收前提前套入，待夏播作物出苗后中耕灭茬，使残茬铺盖于土壤表面；其三在北方一年只种植一季，可结合机械化收割，将秸秆切碎后全部犁翻入土，也可在第二季播种前将早已腐烂的秸秆再犁翻入土。

③ 留高桩还田。南方稻区、部分冬水田区采用此法。一般水稻收获穗子后，残留40～60cm稻秆，直接翻压入土。

总之，不论采用何种方式直接还田，都应尽早翻压入土，以便秸秆吸收水分腐解，同时需保持充足的土壤水分，秸秆宜浅埋。一般10～20cm的耕作层，土壤水分充足，微生物活跃，能够加速腐解。

(2) 秸秆还田数量　大量研究资料表明，秸秆还田的数量以2250～3000kg/hm^2为宜。

在南方茬口较短的地区，秸秆还田的数量要根据当地情况而定。一般情况，旱地要在播种前15～45d，水田要在插秧前7～10d将秸秆施入土壤，并配合一定量的化学氮肥施用。在气候温暖多雨的季节，可适当增加秸秆还田量，否则数量要减少。

(3) 配施速效化肥　在秸秆还田的同时，应配合适量的化学氮肥或腐熟的人、畜粪尿调节C/N，以避免出现微生物与作物争氮的矛盾，也可以促进秸秆加快腐烂和土壤微生物的活动。一般以使干物质含氮量提高至1.5%～2.0%，C/N降低到（25～30）∶1为宜。配合氮素化肥时不宜用硝态氮肥，以免还原脱氮。

(4) 水分管理　秸秆还田后，一定要保持土壤适当的含水量。在旱地，应保持田间持水量为60%～80%；在水田应浅水灌溉，干干湿湿，并经常烤田，才有利于秸秆的腐烂，同时可以减少水田还原条件下腐解产生的有毒物质（如CH_4、有机酸和H_2S）的累积。

(5) 带有病虫害的秸秆不能还田　带有病虫害的秸秆不能还田，否则易造成病虫害的蔓延。

第四节　绿　肥

凡作为肥料的绿色植物均称绿肥，栽培用做绿肥的作物称为绿肥作物。绿肥的栽培利用在我国有悠久的历史，随着农业生产的发展，绿肥已由原来大田轮作和直接肥田为主的栽培方式，逐步过渡到多途径发展的种植牧草。

一、绿肥的分类

1. 按植物学特征分类

(1) 豆科绿肥作物　属于豆科作物，都有根瘤菌，能固定空气中的游离氮素。肥效较高，是栽培绿肥中的主要种类。如田菁、苜蓿、毛叶苕子等。

(2) 非豆科绿肥作物　豆科以外的绿肥作物的总称。大多没有固氮能力，主要包括肥田萝卜、荞麦、青刈大麦、油菜及芝麻等。

2. 按栽培季节分类

(1) 冬季绿肥作物　一般在冬秋播种，作为次年春播或夏播作物的肥料，如毛叶苕子、油菜等。

(2) 夏季绿肥作物　于春夏季播种，作为秋季作物的肥料，如河北、山东等地的夏播大豆、绿豆、田菁及水生绿肥。

3. 按栽培年限分类

可分为一年生绿肥作物、二年生或越年生绿肥作物、多年生绿肥作物。

4. 按种植条件分类

可分为旱生绿肥，如紫花苜蓿、苕子、草木樨、田菁等；水生绿肥，如水葫芦、绿萍等。

二、绿肥的作用

绿肥除了和其他有机肥料相同的作用外，如增加土壤有机质和养分，改良土壤结构等，还有以下几个特殊的作用。

1. 增加土壤氮素来源

绿肥作物含氮量较高，一般为0.3%～0.7%，平均为0.5%。豆科绿肥具有根瘤菌，能固定空气中的氮。植物吸收的氮约 2/3 是来自根瘤菌中的生物固氮。如果按产草量 45000kg/hm^2 翻压入土，可使土壤净增氮素 150kg，相当于 325.5kg 尿素。

2. 富集和转化土壤养分

绿肥作物根系发达，吸收难溶性矿质养分能力很强。而且，主根入土较深，可达 2～4m，能将一般作物不易吸收的养分转移集中到地上部分，待绿肥翻耕后，可丰富耕层土壤的养分。

3. 改良低产土壤

种植耐盐性强的绿肥能使土壤脱盐。据山东省农业科学院土壤肥料研究所试验，种植田菁后，由于茎叶覆盖抑制盐分上升，根系穿透较深，改善土壤结构促进土壤脱盐。雨后土壤脱盐率为 67.4%，而对照脱盐率为 39.7%，效果明显。一般土壤表层盐分可下降 50%～60%，促使作物产量迅速提高。酸性土壤种植绿肥，能增加土壤有机质，提高土壤肥力，降低土壤板结，提高土壤的缓冲作用，减少土壤酸度和活性铝的危害。据江西省红壤研究所试验，种植紫云英 3 年后土壤 pH 由 5.1 上升到 5.8。

4. 聚集流失养分，净化水质

通过“三水一绿”（水花生、水葫芦、水浮莲和绿萍）的种养吸收水中可溶性养分，把农田中流失的养分和城市污水流入水体的养分进行吸收富集，回归农田，提高养分利用率。水生绿肥还能减轻水质污染，吸收污水中十几种重金属和酚类有机化合物，使水质达到不同程度净化。

5. 绿肥作饲料促进农牧结合，发展加工业和药业

绿肥作物富含蛋白质、脂肪和多种维生素等，是畜禽的优良青饲料。绿肥既促进畜牧业的发展，又增加了优质有机肥的“过腹还田”，促进了农牧双丰收，同时发展绿肥还可带动医药工业的发展，如田菁所含胶质在开采石油、食品加工和医药上均有广泛用途，柽麻茎秆还可剥麻，箭舌豌豆种子可加工制作粉条。发展养蜂业是致富的一条途径，而紫云英蜂蜜是营养丰富的保健品。

6. 减少水土流失、改善生态环境

绿肥根系发达，枝叶繁茂，覆盖度大，故对固沙、防止土壤冲刷、改善土壤通透性、增强蓄水保水、夏季降低土壤温度、冬季保温等都能起到良好的作用。

7. 种植绿肥植物能绿化环境，减少尘土飞扬，净化空气

我国西北荒漠地区沙尘暴频发，来势凶猛，造成大面积尘土飞扬，污染包括北京在内的广大地区。种植绿肥是防止沙荒、改善环境的主要措施之一，如种植沙打旺绿肥是改良沙荒、植树造林的先锋作物，每公顷绿肥植物每天能吸收 360～900kg 的 CO_2，放出 240～600kg 的氧气。除此之外，还可减少或消除悬浮物、挥发酚和多种重金属的污染。

三、绿肥的种植方式

根据绿肥的生物学特性，可以采取多种种植方式。

① 单种。指在一块地上单一种植一种绿肥作物。单种常用于休闲地或荒山荒地。

② 插种。指在作物换茬的短暂间隙中，种植短期速生绿肥作物，作下季作物的基肥。如麦收后插种柽麻，插种绿豆作晚稻基肥，

③ 间种。指在主作物的行间，播种绿肥，以后多作为主作物的肥料，如棉花、果树、桑树行间。间种绿肥，能充分利用空间，多生产一季绿肥。

④ 套种。不改变主作物的种植方式，将绿肥套种在主作物的行株之间。套种可分为两种。一种叫前套，先把绿肥作物种在预留的主作物的行间，以后用作主作物的追肥，如在预

留的行间播种箭舌豌豆，以后再播种棉花；箭舌豌豆生长到要影响棉花时，就压青作追肥。第二种叫后套，在主作物生长的中、后期，在其行间套种绿肥，待主作物收获后，让绿肥作物继续生长，作下季主作物的肥料，如晚稻套种紫云英，棉花套种苕子等。

⑤ 混种。用不同绿肥种子，按一定比例混合或相间播在同一块田地里，以后都作绿肥用，如江西省采用紫云英、油菜、肥田萝卜、小麦等混种。充分利用立体空间，一般比单种产量高。

四、绿肥作物的栽培

1. 紫云英（*Astragalus sinicus L.*）

紫云英（图 7-1）又称红花草、江西苕、小苕，原产中国，为一年生或越年生豆科植物。它是我国稻田主要的冬季绿肥作物，种植面积占全国绿肥面积的 70%以上，在长江以南各省广泛种植，近年来有北移的趋势，在旱地也有种植。

紫云英主根直立粗大，圆锥形，侧根发达，根瘤较多。喜温暖，种子发芽的适宜温度为 15～25℃，低于 5℃或高于 30℃时发芽困难。春天月平均温度在 10～15℃时生长很快，开始结荚的适宜温度为 15～20℃。

紫云英喜湿润，适宜在田间持水量 75%左右的土壤中生长。喜肥性强，耐旱、耐瘠、耐涝力较差。适宜的土壤 pH 为 5.5～7.5，pH 低于 5 的土壤要施用石灰，才能正常生长。耐盐力差，土壤含盐量达 0.1%时，虽可出苗，但不结瘤，不能越冬；土壤含盐超过 0.2%时，则不能生长。

紫云英的栽培方式有在稻田、棉田或其他秋收后作物地上套种，或与肥田萝卜、麦类、油菜、黄花苜蓿、蚕豆等混种或间种，或在旱地单种等。

2. 苕子（*Vicia*）

图 7-1 紫云英

图 7-2 苕子

苕子（图 7-2）系巢菜属多种苕子的总称，为一年生或越年生豆科草本植物，其栽培面积仅次于紫云英和草木樨。我国栽培最多的品种有蓝花苕子，在四川、湖北、浙江及华南等地栽培较为广泛；紫花苕子适应性广，除不耐湿外，其他抗逆性都强，主要有光叶紫花苕（简称光苕）和毛叶紫花苕，前者适合于长江中下游地区和西南各省种植，而后者在西北、华北、东北等地区栽培较多。

苕子耐酸、耐盐碱、耐旱、耐瘠性稍强于紫云英，耐湿性比紫云英弱，尤其在现蕾到开花结荚期，必须是干燥天气，才能正常结实。苕子的生育期比紫云英长，成熟晚，春播往往不能结籽。

3. 箭舌豌豆（*Viria sativa L.*）

箭舌豌豆（图 7-3）为一年生或越年生豆科作物。按原产地可分为北方型和南方型两类。目前广泛种植的箭舌豌豆和大荚箭舌豌豆均属南方型早熟品种，从东欧国家引进的大多为北方型品种。在我国的云南、贵州、四川、江苏、浙江等省及西北、华北、东北各地均有种植。

箭舌豌豆主根明显，侧根发达，有粉红色根瘤。喜冷凉、干燥气候，耐寒、怕热，适应性广。气温在5℃左右时种子即可发芽。苗期较耐旱，但蕾期到花荚期对水分很敏感，遇旱生长停滞，遇涝易烂根。耐瘠薄，不耐盐渍。在黏土、砂土等 pH 6.5～8 的土壤上均可种植，但以排水良好的土壤为宜。适宜间种、套种、混种。病虫害较轻，抗蚜虫能力特强。

4. 草木樨（*melilotus Adans.*）

草木樨（图 7-4）为豆科草本植物。有一年生或两年生以及黄花草木樨和白花草木樨之分。我国华北、东北、西北地区广泛种植，近年来已逐渐南移。

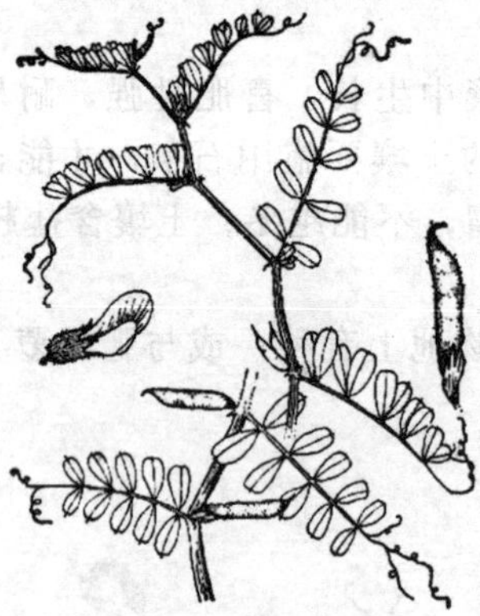

图 7-3 箭舌豌豆

图 7-4 草木樨

草木樨主根肥大，侧根茂密，入土 2m 以上。根茬多，养分含量高。生活力很强，喜温暖、湿润或半干燥气候，但又具有抗逆性强，对环境条件适应性广的特性，适于南、北方种植。耐瘠薄，除重盐碱地和酸性土壤不适宜种植外，在其他低产瘠薄的土壤上均能生长，尤其在 pH 7.5～8.5 的石灰性黏质土壤上生长最好；耐旱性强，在年降雨量大于 300mm 的地区均能正常生长；耐寒性强，当土温稳定在 5～7℃，土壤水分为 10%～12%时种子开始萌芽，生长健壮的植株和根部着生的越冬芽能耐－30℃的严寒。耐盐碱性强，土壤含盐量在 0.3%以下能正常生长，常用以改良盐碱土。此外，草木樨具有一定的耐阴性，可与其他作物间种、套种，但共生期不宜超过 60～70d，否则影响主作物的产量。

5. 田菁（*Sesbana cannabina Pers.*）

田菁（图 7-5）为豆科植物。喜温暖湿润气候。种子发芽最低温度为 12℃，当土温在 15℃以上，土壤含水量在 20%以上时，播种后 6～8d 即可出苗。田菁耐涝能力强，从形成 3～4 片真叶开始，就可在淹水环境中生长。因此，田菁能间种、套种于水稻田。田菁耐盐碱能力很强，在全盐量为 0.3%～0.5%的盐土或 pH 为 9.0 的碱土上均能生长。田菁还具有较强的耐旱、抗病虫害的能力，以及适应性强等特点。

6. 柽麻（*Crtalaria juncea L.*）

柽麻（图 7-6）为豆科植物。苗期生长比较迅速，产草量高，是一种优良的速生绿肥品种，可在各种茬口上进行间种、套种、插种。

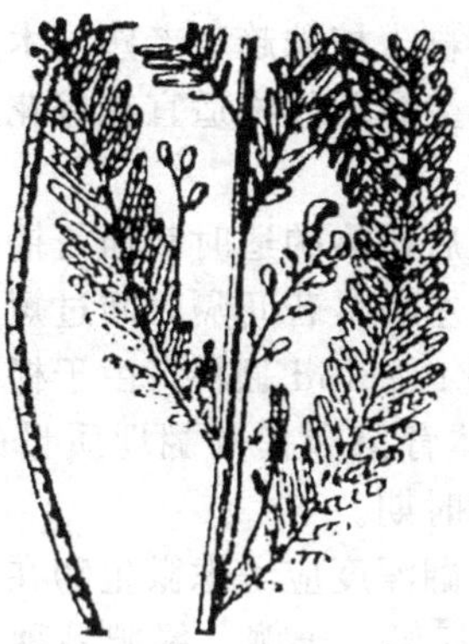

图 7-5　田菁

图 7-6　柽麻

柽麻喜温暖湿润气候，气温在 12～40℃时均能生长。种子发芽最低温度为 12℃，月平均气温高于 20℃时生长迅速。柽麻适应性强，能耐旱、耐瘠、耐酸和耐碱。

以上绿肥品种均属豆科绿肥，含氮量高于其他绿肥作物，在利用上，多采用饲草和肥料兼顾。用于青饲、青贮或调制成干草、干草粉，用来喂养家畜、家禽，再利用其排泄物作肥料，这是一种“过腹还田”的利用方式。直接用做肥料可采用直接翻压作基肥为主。间种、套种的绿肥也可就地掩埋作为主作物的追肥。此外还可与河泥等混合堆沤，绿肥沤制后施用肥效较好，同时又能避免绿肥直接翻压可能引起的危害。

7. 满江红［*Azolla imbricata*(Roxb) *Nakai*］

满江红又称红萍或绿萍（图 7-7），是一种水生蕨类固氮作物。无性繁殖是绿萍的主要繁殖方式。在环境条件适宜时，一般 3～8d 就可增殖一倍。萍叶互生，覆瓦状排列，叶分上下两片。上片叶称背叶或同化叶，能进行光合作用，固定空气中的氮素。同化叶在环境条件适宜时呈绿色，在不良条件下（高温、低温、缺肥或虫害时）则为紫红色或黄色，故有红萍之称。

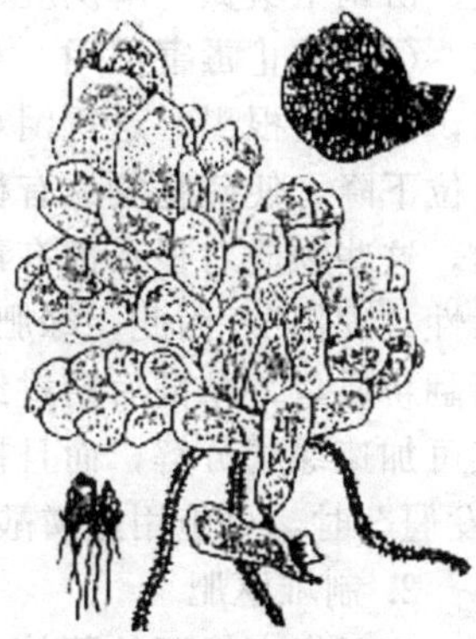

图 7-7　绿萍（红萍）

8. 细绿萍（*Azolla filiculoide*：*Lamk.*）

细绿萍又称细满江红或蕨状满江红，与上述绿萍是同属异种。与绿萍相比具有较强的抗寒性和较低的起繁温度，但耐热性较差。适宜温度为 15～22℃。当温度升高到 25℃时，繁殖速度下降，30℃时生长很弱。细绿萍在温度偏低的情况下能保持较强的固氮能力。故细绿萍适于南方早稻田和北方水稻区放养利用。细绿萍耐盐性也较绿萍强，在盐分浓度为 0.3%时也有较高的固氮性。土壤含盐量增至 0.5%时，细绿萍除叶色转红外，生长速度未见明显变慢，而绿萍在这样的条件下已渐趋死亡。因此在有淡水来源的条件下，细绿萍可作为改良滨海盐土的先锋植物。

五、绿肥的合理利用

绿肥的利用方式一般有三种：直接翻耕、制堆沤肥和作饲料用。

1. 直接翻耕

绿肥直接翻耕以作基肥为主。间种、套种的绿肥也可就地掩埋作为主作物的追肥。翻耕前最好将肥切短，稍加晾晒，这样有利于翻耕和促进其分解。早稻田最好用干耕，旱地翻耕要注意保墒、深埋、严埋，使土草紧密结合，以利绿肥分解。为了充分发挥绿肥的肥效，直接翻耕时应注意以下事项。

(1) 翻耕适期 应掌握在鲜草产量和肥分总含量最高时进行。过早翻耕，虽然植物柔嫩多汁，容易腐烂，但鲜草产量低，肥分总量也低。过迟翻耕，植株趋于老熟，木质素、纤维素增加，腐烂分解困难。据试验，几种主要一年生或越年生绿肥作物适宜在盛花期、未木质化前翻压。

翻耕时间除考虑绿肥本身情况外，还要考虑能否保证后作物的适时栽插与播种以及施肥作物的需肥时间。稻田翻耕绿肥，一般要求在插秧前10d左右，若间隔时间过短，有机质分解不完全会影响幼苗生长。棉田施用绿肥，一般可在播前10～15d翻耕。由于棉田有早播要求，存在绿肥早耕，影响鲜草产量的矛盾，可采取营养钵育苗和提高翻埋质量的办法来解决。夏、秋季绿肥的翻耕适宜期应选在土中有充足水分的时期。

(2) 翻耕深度 绿肥分解主要靠微生物活动。因此耕翻深度应考虑微生物在土壤中旺盛活动的范围，一般以耕翻入土10～20cm较好。还应考虑气候、土壤、绿肥品种及其组织老嫩程度等因素。土壤水分较少、质地较轻、气温较低、植株较嫩时，耕翻宜深，反之则宜浅些。

(3) 施用量 在决定绿肥用量时要考虑绿肥中养分含量、土壤性质、作物种类、品种、耐肥能力与作物计划产量等因素，一般用量为15000～22500kg/hm^2。

(4) 与无机肥料配合施用 绿肥与化学氮肥配合施用能调整两者的供肥强度，提高肥效。因为无机氮可提高绿肥的矿化率，而绿肥增加了能量物质，强烈地影响到土壤中微生物对化学氮肥的同化、固定和再矿化作用，从而影响化肥的氮素供应过程。

绿肥是一种偏氮、少磷的有机肥料，翻压绿肥时配合施用磷肥，可以调整土壤N/P比值，协调土壤氮、磷供应，从而能充分发挥绿肥的肥效，提高后作物产量。

(5) 防止毒害作用 稻田绿肥施用过多、翻耕过晚时，水稻会出现中毒性“发僵”现象，即叶黄根黑，返青困难，生长停滞。因为绿肥分解时消耗了土壤中的氧，土壤氧化还原电位下降，使硫化氢、有机酸等有害物质积累，在排水不良的酸性土壤中还会有Fe^{2+}的积累，这些物质对根系都有毒害作用，严重地抑制根系呼吸和养分吸收，从而导致水稻出现中毒性“发僵”。因此，绿肥用量不宜过大，特别是排水不良的水稻田尤应注意控制用量，提高翻耕质量，犁翻后精耕细耙，促使土肥相融，有利于绿肥分解。配合施用速效氮和石灰不仅可加速绿肥分解，而且提高了土壤pH，可减少甚至避免有机酸的危害。若已出现中毒性“发僵”时，可施用过磷酸钙75～112.5kg/hm^{2}或石膏粉22.5～37.5kg/hm^2。

2. 制堆沤肥

为了提高绿肥的肥效，或因贮存的需要，可把绿肥作堆沤肥材料。堆沤后绿肥肥效平稳，同时又能避免绿肥分解过程中产生有害物质的危害。

3. 作饲料用

绿肥也可先作饲料，然后利用家畜、家禽、家鱼的排泄物作肥料，这种绿肥“过腹还田”的利用方式，是提高绿肥经济效益的有效途径，绿肥牧草还可用于青饲料贮存或调制成干草、干草粉。

第五节 其他有机肥料

一、泥炭

泥炭又叫草炭、草煤等，是各种植物残体在水分过多、通气不良、气温较低的条件下，未能充分分解，经多年的累积，形成的一种不易分解、稳定的有机物堆积层，有时有大量泥沙掺入。在我国分布较广，蕴藏丰富。它也是一类重要的有机肥源。

1. 泥炭的成分和性质

自然状态下，泥炭含水量在50%以上。干物质中主要含纤维素、半纤维素、木质素、树脂、脂肪酸等有机物，此外还含有少量的磷、钾、钙等灰分元素。我国部分地区泥炭的成分和性质见表7-8。

表 7-8 我国部分地区泥炭的成分和性质

泥炭产地	pH	有机质/%	N/%	C/N	灰分/%	P_2O_5/%	K_2O/%
吉林	5.4	60.0	1.80	18.8	40.0	0.30	0.27
北京	6.3	57.4	1.94	—	42.6	0.09	0.24
山西忻县	—	49.3	2.01	—	—	0.18	—
山东莱阳	5.6	44.8	1.46	—	55.2	0.02	0.50
内蒙古	—	67.8	2.09	—	—	—	—
青海	6.3	68.5	1.25	19.8	31.5	—	—
新疆	6.3	—	0.75	—	—	0.15	—
江苏江阴	3.0	62.0	3.27	—	38.0	0.08	0.59
浙江宁波	4.0	68.2	1.96	—	21.8	0.10	0.20
广西陆川	4.6	40.0	1.21	—	59.8	0.12	0.42
广东阳春	5.6	63.3	0.49	—	32.7	—	—
安徽	6.3	50.5	1.50	17.0	50.0	0.10	0.30
四川宜宾	4.9	54.1	1.61	—	45.9	0.34	—
云南昆明	5.2	64.1	2.39	—	35.9	0.18	—
贵州威宁	—	67.3	1.61	—	—	0.24	—

（引自：陆欣. 土壤肥料学. 中国农业出版社，2002）

2. 泥炭在农业上的利用

泥炭在农业上的利用价值及方式主要取决于它的成分和性质。有机质质量分数在50%以上，就可以作肥料或有机肥的原材料。可以根据形成泥炭的植物类型了解泥炭种类和养分质量分数。例如，苔藓属植物残体形成的泥炭即为高位泥炭，其养分质量分数少，不宜直接作肥料。而芦苇泥炭则养分质量分数高，适当风干就可作肥料。分解程度大于25%的低位泥炭可直接作肥料。小于25%的应堆沤、垫圈后才能利用。pH小于5.5的泥炭在施用前应与堆肥、草木灰、磷矿粉一起堆腐，pH大于5.5的泥炭可以单独施用或堆腐后作肥料。此外，泥炭的持水量、灰分质量分数的高低也决定了它的利用方式。例如，高位泥炭持水量可达1000%～1800%，是一种优质的垫圈材料。含蓝铁矿的泥炭是一种含磷较高的泥炭（P_2O_5可达到3%），可用于缺磷的土壤。泥炭的利用方法有以下几种。

（1）泥炭垫圈　主要利用高位泥炭吸水吸氨能力强的特性，可制成质量较高的圈肥，并能改善牲畜的卫生条件。垫圈用的泥炭应先风干，再适当打碎，含水量在30%左右为宜。

（2）泥炭堆肥　将泥炭与人、畜粪尿及其他有机物质制成堆肥，使泥炭中部分复杂、难分解的有机态氮转化为速效氮，并利用泥炭有机质质量分数高的特点，保持人、畜粪尿中的氮及其他营养元素，减少养分损失。一般用低位泥炭加入等量或一半的其他新鲜有机物质，如人、畜粪尿及青草等。堆制方法同堆肥。

（3）混合肥料　泥炭中含大量腐殖酸，但含速效养分较少。将泥炭与碳酸氢铵、氨水、磷肥或微量元素等制成粒状或粉状掺和肥料，可以减少氨的挥发损失，避免磷和某些微量元素在土壤中的固定，提高化肥的利用率和肥效。

（4）育苗营养钵　分解程度中等的低位泥炭是制造营养钵的最理想的材料。因为它具有一定的黏结性和松散性，保水保肥，通风透气，便于幼苗根系发育，又不易散碎。泥炭含速效养分少，所以在制造育苗钵时，应根据各种幼苗的营养要求，加入适量腐熟的人、畜粪肥和化肥。此外，还应根据泥炭的酸度及作物对环境的要求，先在泥炭中加入适量石灰或草木灰混合堆积后，再加其他肥料。肥料混匀后，加入适量水分，即可应用。另用淤泥（黏结剂）或锯木屑、沙子（松散剂）等调节营养钵的紧实度。

(5) 菌肥的载体 泥炭也是制造细菌肥料的良好载体。将泥炭风干、粉碎、调整酸碱度、灭菌后就可接种制成各种菌剂。如各种豆料作物根瘤菌剂、固氮菌剂、磷细菌等菌肥，都可以用泥炭作为扩大培养或施用时的载菌体。

二、腐殖酸类肥料

腐殖酸类肥料是以含腐殖酸较多的泥炭、褐煤、风化煤等为主要原料，加入一定标明量的氮、磷、钾或某些微量元素所制成的肥料。如腐殖酸铵、硝基腐殖酸铵、腐殖酸氮磷复合肥料、腐殖酸钠、腐殖酸钾、腐殖酸微量元素肥料等。腐殖酸类肥料含有大量有机质，具有有机肥料的特点，同时又含有速效养分，兼有化肥的某些特征，所以又是一种多功能的有机-无机复合肥料。

1. 腐殖酸类肥料的作用

(1) 改土作用 腐殖酸类肥料含有大量的有机质和有机胶体，可以把分散的无结构的土粒胶结在一起，形成遇水不易松散的水稳性团粒，从而使土壤孔隙度增加，容重减少，土壤通气性、透水性和保墒能力得到加强，耕性变好。对于改良过黏、过沙的贫瘠土壤有良好的效果。腐殖酸具有较高的阳离子交换量，通常可达 300～500cmol（+）/kg。因此，在我国南方红黄壤地区施用，可以络合游离的铁、铝离子，形成铬合物，提高磷肥利用率。在北方盐碱土上施用可对土壤中的 Na^{+}、Ca^{2+}、Mg^{2+}、Fe^{3+}、Al^{3+}、Cl^{-}、SO_4^{2-} 等具有很强的交换能力和吸附作用，降低土壤溶液中的氯化物、硫酸盐浓度，减少盐分对作物的危害，可以增强土壤的缓冲能力。

(2) 营养作用 腐殖酸类肥料除含腐殖酸外，还含有一定数量的速效性氮、磷、钾养分，可供作物吸收。此外，由于腐殖酸吸附能力强，能活化土壤中矿质元素，如磷、钾、钙、镁和微量元素，使养分有效性提高。腐殖酸吸附 NH_4^+ 的能力强，与铵态氮肥配合施用，可以提高磷的有效性，减少磷的固定。同时，腐殖酸能刺激根系发育，增大根系与肥料的接触面积和增加根系分泌有机酸的数量，从而提高根系对难溶性养分的利用率。此外，黄腐酸等低分子的腐殖酸对含钾的硅酸盐、钾长石等有溶蚀作用，可缓慢分解增加钾的释放。腐殖酸的螯合作用对微量元素也有活化作用，它能使难溶性的微量元素形成可溶性的螯合物供根部吸收，并有助于它们从根部向上运转。

(3) 刺激作用 腐殖酸类肥料的刺激作用主要表现在能促进作物种子萌发，提高种子出苗率，促进根系生长，提高根系吸收水分和养分的能力，增加分蘖（枝）和提早成熟。腐殖酸类肥料产生刺激作用的主要原因在于腐殖酸分子结构中存在着酚基和醌基，它们参与作物体内的氧化还原过程，加强作物体内多种酶如多酚氧化酶、过氧化氢酶、抗坏血酸氧化酶等的活性。多酚-醌体系既是氧的活化剂，又是氢的载体，故能促进作物的呼吸作用，增加养分吸收量和干物质累积量，有利于作物的生长发育和增产。

2. 腐殖酸类肥料及施用

(1) 腐殖酸铵 由于原料来源不一，生产方式各异，腐铵的质量差异较大。一般腐殖酸质量分数 30%～40%的原料，氨化完全后，产品的速效氮在 2%以上。质量好的原料生产的腐铵，其速效氮可达 4%左右。由于腐铵含氮量低，施用量比其他化学氮肥要大，宜就地生产、就地施用。一般质量中等的腐铵，用量不宜超过 1500kg/hm²。质量好的腐铵，普通用量即可。腐铵的肥效稳长，一般宜作基肥，用作追肥效果较差。作基肥施用时，旱地应采用沟施、穴施等集中施肥方式，便于根系吸收，但不宜与根系直接接触。水田则耙田时施用（全层施用）肥效较好，面施易造成表层浓度过高和养分流失。此外，腐铵还应注意配合磷、钾肥施用，有利于提高磷、钾肥的利用率。

(2) 硝基腐铵　硝基腐铵是一种质量较好的腐肥，腐殖酸质量分数高（40%～50%），大部分溶于水，除铵态氮外，还含有硝态氮，全氮可达6%左右。生长刺激作用也比较强。此外，对减少速效磷的固定，提供微量元素营养，均有一定作用。硝基腐铵适用于各种土壤和作物。据各地试验，施用硝基腐铵较等氮量化肥多增产10%～20%。不过这种肥料生产成本较高，必须设法降低成本，才能达到增产增收的目的。硝基腐铵的施用方法与腐铵类似。由于质量分数较高，施用量要相应减少，一般作基肥施用，施用量以600～1125kg/hm^2为宜。

(3) 腐殖酸钠（简称腐钠）　主要用于刺激作物生长，可用于浸种、浸根、叶面喷施等。一般适宜的浸种浓度为0.01%～0.05%，浸种时间则应根据种子的种皮厚薄、吸胀能力及地区温差而有所不同。蔬菜、小麦类种子只需浸泡5～10h，而水稻、棉花等种子需浸泡24h以上。一般适宜浸根的浓度与浸种相似。经上述处理后，根系生长快，次生根增多，返青期缩短。腐钠适宜于各种作物叶面喷施，尤其是双子叶植物和一些经济作物。一般适宜的叶面喷施浓度为0.01%～0.05%，最好配尿素或磷酸二氢钾一起喷施，效果更显著。

三、饼肥

将含油分较多的种子经过压榨去油后剩下的残渣用做肥料即称为饼肥。饼肥既是优质的有机肥料，又是良好的牲畜饲料。这类肥料应提倡“过腹还田”和综合利用。

1. 饼肥的成分和性质

我国的饼肥主要有大豆饼、花生饼、棉籽饼、胡麻籽饼和菜籽饼等。饼肥一般含有机质75%～85%，N1.1%～7.0%，P_2O_5 0.4%～3.0%，K_2O 0.9%～2.1%，并含有丰富的蛋白质和氨基酸等（表7-9）。

表7-9　主要饼肥氮、磷、钾的平均含量　　单位：%

饼肥种类	N	P_2O_5	K_2O	饼肥种类	N	P_2O_5	K_2O
大豆饼	7.00	1.32	2.13	蓖麻籽饼	5.00	2.00	1.90
花生饼	6.32	1.17	1.34	棉籽饼	3.41	1.63	0.97
芝麻饼	5.80	3.00	1.30	大麻籽饼	5.05	2.40	1.35
菜籽饼	4.60	2.48	1.40	胡麻饼	5.79	2.81	1.27

（引自：王阴槐. 土壤肥料学. 中国农业出版社，1992）

饼肥中含有丰富的氮素，尤以豆科作物的饼肥含氮高，常达6%～7%，菜籽饼、芝麻饼、蓖麻饼含磷较高，P_2O_5含量可达2%～3%。饼肥中所含氮素主要是蛋白质态的，所含磷主要是有机态的腐殖酸和卵磷脂等，所含钾大部分是水溶性的，以钾离子的形态存在。

部分饼肥中含有一些副成分，如菜籽饼中含有皂素，棉籽饼中含有棉酚，蓖麻饼中含有蓖麻素，这些副成分都有毒性，此类饼肥不宜作饲料，可以处理后再作饲料。

2. 饼肥的施用

饼肥养分完全，肥效持久，适用于各类土壤和多种作物，尤其对瓜、果、烟草、棉花等作物，能显著提高产量，改进品质。

饼肥可作基肥、追肥。一般在播种前2～3周施入，并翻入土中，以便充分腐熟。饼肥不宜在播种时施用，因在土壤中分解时会产生高温和生成各种有机酸，对种子发芽以及幼苗生长均有不良影响。

饼肥作追肥，必须经过腐熟。发酵的方式，一般采用与堆肥或厩肥混合堆积的方法，或将饼肥打碎，用水浸泡数天即可施用。一般用量在750～1000kg/hm^2。

四、泥土肥

泥土类肥料包括泥肥和土肥。

1. 泥肥

河、塘、沟、湖里的肥沃淤泥称为泥肥。此类肥料具有来源广，数量大，可就地积制和就地利用的优点。其养分来源主要有：水生动植物的残体和排泄物；由雨水带入的养分；随雨水冲刷下来的表土及其中的养分；生活污水等。不同泥肥的养分含量见表7-10。

表7-10 不同泥肥的养分含量

种类	有机质/%	全氮(N)/%	磷(P_2O_5)/%	全钾(K_2O)/%	铵态氮/(mg/kg)	速效磷/(mg/kg)	速效钾/(mg/kg)
河泥	5.28	0.29	0.36	1.82	1.25	2.8	7.5
塘泥	2.45	0.20	0.16	1.00	273	97	245
沟泥	9.37	0.44	0.49	0.56	100	30	—
湖泥	4.46	0.40	0.56	1.83	—	18	55

(引自：王阴槐. 土壤肥料学. 中国农业出版社，1992)

在使用泥肥时要防止重金属污染，泥肥中污染物不能超出我国的农用污泥的污染物控制标准。

2. 土肥

土肥包括熏土、炕土、陈墙土、地皮土等。现在随着人民生活水平的提高，炕土、陈墙土和地皮土等已日益减少。熏土是农田表土在适宜温度和少氧条件下用枯枝、落叶、草皮、秸秆等熏制而成，故又称熏土肥，是山区、半山区及部分平原地区的一种肥源。土壤施用熏土肥后土壤的渗透率、孔隙度、阳离子交换量明显提高，速效养分也有所增加，常作基肥施用。

五、城镇废弃物

城镇废弃物来源广，数量大，含有一定的养分和有机物质，是有机肥料的重要补充，可在培肥土壤、为植物提供养分、保持农业持续发展方面作出贡献。城镇废弃物主要有城市垃圾、生活污泥和粉煤灰等。

1. 城市垃圾

城市垃圾中含有大量的有机质和多种植物生长所需的养分。城市垃圾宜用作高温堆肥。垃圾经过筛选后，与城区公厕粪混合堆沤，制成垃圾堆肥施用，若未经严格分选，常年施用使土壤理化性质变坏。国内外经验证明，经过严格分选，仅留下有机废弃物的垃圾与人粪尿等掺混堆积，制成堆肥，为一种优质肥料。垃圾堆肥一般作基肥，用法用量与堆肥、圈肥相似。

2. 生活污泥

生活污泥是指以生活污水为主的污水在污水处理厂净化过程中产生的沉降物，亦叫生活污水污泥。生活污泥含有丰富的有机质，有机碳含量达38.7%左右，全氮（N）达4.82%左右，全磷含量（P）达1.3%左右，全钾（K）达0.44%左右，还含有钙、镁、铁、锰、铜、锌等中微量元素。大量试验表明，生活污泥农用有明显的增产效果。但是，在生活污泥农用时，应严格按照农用污泥污染物控制标准，禁止不适用的污泥进入农田。生活污泥的应用最好要经过稳定化处理，或经灭菌消毒。

3. 粉煤灰

粉煤灰是火电工业特有的固体废弃物，年排放量极大。开展粉煤灰的农业综合利用有其重要意义。粉煤灰的农用主要有以下几方面。

(1) 作土壤改良剂 粉煤灰呈碱性或强碱性，并含钙、镁等元素，可作酸性土壤的改良剂。施用时要配施有机肥，防止过量施用造成土壤重金属污染。

(2) 制成复混肥施用 施用这些肥料可为作物提供钙、镁、钾等多种矿质营养元素。在一定条件下可增强作物抗逆性，提高对氮、磷的利用率，促进高产稳产。

(3) 作为冬小麦等越冬作物或水稻秧田的盖种肥 以提高土温，改善作物苗期的土壤环境，有利于壮苗。

第六节 商品有机肥

近年来，随着农业结构的调整和绿色食品及无公害食品产业的发展，有机肥已逐步成为我国肥料业生产和销售的热点。商品有机肥是利用生物有机肥工厂化生产技术，将大量的畜禽粪便及农副产品有机废弃物充分利用起来，同时运用现代科技对传统生产工艺进行改进，用科学方法生产优质生物有机肥，是解决资源浪费、环境污染的关键环节。生物有机肥是以有机质为主的全营养性肥料，有利于改善土壤结构和平衡，增加土壤养分含量，提高农产品质量。

一、商品有机肥常见的生产方法

1. 以畜禽粪便为原料生产商品有机肥

(1) 高温快速烘干法 用高温气体对干燥滚筒中搅动、翻滚的湿鸡粪进行烘干，造粒。此法的优点：降低了恶臭味，杀死了其中的有害病菌、虫卵，处理效率高，易于工厂化生产。缺点：腐熟度差、杀死了部分有益微生物菌群、处理过程能耗大。

(2) 氧化裂解法 用强氧化剂（如硫酸）把鸡粪进行氧化、裂解，使鸡粪中的大分子有机物氧化裂解为活性小分子有机物。该法的优点：产品的肥效高，对土壤的活化能力强。缺点：制作成本高、污染大。

(3) 塔式发酵加工法 畜禽粪便接种微生物发酵菌剂，搅拌均匀后经输送设备提升到塔式发酵仓内。在塔内翻动、通氧，快速发酵除臭、脱水，通风干燥，用破碎机将大块破碎，再分筛、包装。该工艺的主要设备有发酵塔、搅拌机、推动系统、热风炉、输送系统、圆筒筛、粉碎机、电控系统。该产品有机物含量高，有一定数量的有益微生物，有利于提高产品养分的利用率和促进土壤养分的释放。

(4) 移动翻抛发酵加工法 该工艺是在温室式发酵车间内，沿轨道连续翻动拌好菌剂的畜禽粪便，使其发酵、脱臭，畜禽粪便从发酵车间一端进入，出来时变为发酵好的有机肥，并直接进入干燥设备脱水，成为商品有机肥。该生产工艺充分利用光能、发酵热，设备简单，运转成本低。其主要设备有翻抛机、温室、干燥筒、翻斗车等。

2. 以农作物秸秆为原料生产商品有机肥

(1) 微生物堆肥发酵法 将粉碎后的秸秆拌入促进秸秆腐熟的微生物，堆腐发酵制成。此法优点：工艺简单易行，质量稳定。缺点：生产周期长，占地面积大，不易形成规模生产。

(2) 微生物快速发酵法 用可控温度、湿度的发酵罐或发酵塔，通过控制微生物的群体数量和活度对秸秆进行快速发酵。此法的优点：产品生产效率高，易形成工厂化。缺点：发酵不充分，肥效不稳定。

3. 以风化煤为原料生产商品有机肥

(1) 酸析氨化法 主要用于生产钙镁含量较高的以风化煤为原料的商品有机肥。生产方法：把干燥、粉碎后的风化煤经酸化、水洗、氨化等过程制成腐殖酸铵。该法的优点：产品质量较好，含氮量高。缺点：耗酸、费水、费工。

(2) 直接氨化法 主要用于生产腐殖酸含量较高的风化煤为原料的商品有机肥。生产方法：把干燥、粉碎后的风化煤经氨化、熟化等过程制成腐殖酸铵。该法的优点：制作成本低。缺点：熟化过程耗时过长。

4. 以海藻为原料提炼商品有机肥

为尽可能保留海藻天然的有机成分，同时便于运输和不受时间限制，用特定的方法将海藻提取液制成液体肥料。其生产过程大致为：筛选适宜的海藻品种，通过各种技术手段使细胞壁破碎，内容物释放，浓缩形成海藻精浓缩液。海藻肥中的有机活性因子对刺激植物生长起重要的作用，集营养成分、抗生物质、植物激素于一体。

5. 以糠醛为原料生产商品有机肥

利用微生物来进行高温堆肥发酵处理糠醛废渣，同时还利用微生物发酵后产生的热能来处理糠醛废水。废渣、废水经过生物菌群的降解后，成为优质环保有机肥。生物堆肥的选料配比合理，采用高温降解复合菌群、除臭增香菌群和生物固氮、解磷、解钾菌群分步发酵处理废渣，在高温快速降解糠醛废渣的同时，还能有效控制堆肥现场的臭味，使发酵的有机肥料没有臭味，并使肥料具有生物肥料的特性，品位得到极大的提高。

6. 以污泥为原料生产商品有机肥

将含水率为80%的湿污泥，加工为含水率为13% 的干污泥，方法为：可直接晾干，环境条件恶劣，但生产成本低；污泥与粉碎后的农作物秸秆掺混［C/N=(30～40)/1］高温发酵7d，稳定有机质，并杀菌，适宜有秸秆资源的地区，但需有性能稳定的发酵翻堆设备做支持；利用热风炉产生的高温烟气一次烘干，加工设备要求内部带破碎轴的滚筒烘干机，边破碎边烘干，以提高烘干效率，并使烘干污泥的颗粒变小（直径3mm，方便利用）。之后将干污泥粉碎（可使用链条式或锤片式破碎机，为减少粉尘污染也可选用雷蒙磨）。加入有益微生物，圆盘造粒（圆盘造粒机），低温烘干（低温烘干机），冷却筛分（多级冷却筛分机），最后包装入库。

此外，还可以利用沼气、酒糟、泥炭、蚕沙、生活垃圾等为原料生产商品有机肥。

二、商品有机肥生产的发展趋势

1. 菌种的多样化

在酵母菌、磷细菌、钾细菌、固氮菌基础上，向多功能的菌种发展。开发能够分解不同有机物料的多功能微生物复合菌群及研究它们在有机肥中的存活机理。深入探求微生物、有机物料，土壤随环境、时间变化的内在生存发展机制。

2. 生产工艺的现代化

有机肥需求量大，生产中技术条件要求严格，只有提高其生产工艺的自动化和现代化水平才能最大限度地增加生产规模、降低成本，生产出物美价廉的有机肥。如除臭工艺、发酵工艺，有机肥造粒工艺［深入探索不同类型有机肥的粒度大小对肥效的影响，尤其是粒度对保水性能、改土性能、活化土壤性能、活化物质（氨基酸、腐殖酸）的利用率的影响］。

3. 有机肥工厂化加工工艺简单化

有机肥生产过程就是有机废弃物在一定的设施、设备内，经过微生物的作用发酵腐熟成有机肥，完成这一过程的方法有多种，可以是以手工完成，也可以通过机械设备辅助来完成。选择不同的生产工艺，对于有机肥的建厂成本以及投资运转的差别也会很大。有机肥生产的附加值不高，应选择比较简单的工艺，一是降低投资成本，二是设备简单便于操作维护，从而降低生产成本，提高价格优势。

4. 有机肥加工时间快速化

有机肥加工过程中最重要的环节是有机废弃物的发酵腐熟，夏季需要一周左右，冬季气温较低，大约需要一个月。随着生产工艺的日渐成熟，有机肥加工时间越来越快速化。

有机肥发酵时间的长短决定了从原料到成品的时间，如果发酵时间长，则所用的人工、水电等成本也就会较多，从而导致生产成本的提高。所以工厂化加工有机肥料发酵过程的快速化可以提高生产效率，降低生产成本，缩短发酵周期，减少发酵过程中氮的损耗，提高肥料的质量。

5. 商品有机肥的施用标准

农业部在《高标准农田建设标准》(NY/T 2148—2012) 中明确提出，商品有机肥的施用标准为 3000～4500kg/hm^2。

本章小结

有机肥料指主要来源于动植物，施于土壤以提供植物营养为其主要功效的含碳物料。其特点是：①来源广、数量大、种类多；②肥效长、养分全；③生产成本低、资源广泛、可就地积制；④养分含量低、施用量大；⑤减少环境污染。有机肥料的作用有以下几点：增加土壤养分促进作物生长；改善土壤的理化性质，提高土壤肥力（①改善土壤结构；②改善土壤热状况；③提高土壤阳离子交换量，增强土壤的缓冲能力；④减少养分固定，提高难溶性磷酸盐有效性）；增加作物产量和改善农产品品质；能够增强农作物的抗逆能力；刺激植物生长发育；减轻环境污染，节约能源；与无机肥料配合施用能相互促进、相互补充、缓急相济。

粪尿肥与厩肥是我国当前的主要有机肥料。人粪尿肥是一种养分含量高，氮素、磷素较多，碳氮比值较小、腐熟快、肥效快，适应性广，增产效果大的有机肥料。但它易于流失和挥发，而且还含有多种病菌和寄生虫卵，易于传播疾病。合理贮存和进行适当的无害化处理，是合理利用人粪尿的关键。家畜粪尿与厩肥是猪、马、牛、羊等饲养动物排泄物，含有丰富的有机质和各种营养元素，是一种良好的有机肥料；厩肥（或称圈粪）是 家禽粪尿和各种垫圈材料、饲料残渣混合积制的肥料。家畜粪尿与禽粪含有比较全面的养分，是当前我国最主要的有机肥。猪粪是温性肥料，牛粪是冷性肥，马羊粪是热性肥。厩肥是完全肥料，含有植物需要的各种营养元素和丰富的有机质。施用家畜粪尿和厩肥时，需要根据作物的种类、土壤性质、气候条件和肥料本身的性质等具体情况，结合生产实践合理利用；根据作物的种类施用、根据土壤性质施用、根据气候条件施用、根据肥料本身的性质施用。

堆肥、沤肥与秸秆还田是改土培肥的重要内容。堆肥材料来源广，可因地因时制宜，就地取材进行堆制，通常北方农村及大型农场以秸秆为主，南方农村则以场头废弃物、野草、草皮为主。堆肥的堆制方法分普通堆肥（地面式、地下式）和高温堆肥（地面式、半坑式）。高温堆肥与普通堆肥相比，其氮碳含量和有机质含量均较高，而 C/N 低于普通堆肥。堆肥一般用作基肥。沤肥是我国南方水稻产区广泛应用的一种重要肥料。沤肥一般用 作基肥，应适当配施速效性氮肥和磷肥。沼气发酵肥能解决能源、肥料和环境问题。沼气发酵肥可作基肥、追肥，也可浸种。在利用沼气肥过程中要防止中毒、爆炸、确保安全。秸秆还田是我国近十余年来沃土工程的重要举措。秸秆直接还田技术包括：秸秆还田的方法（直接翻压、覆盖还田、留高桩还田）、掌握秸秆还田数量、配施速效化肥、水分管理应保持田间持水量为60%～80%、带有病虫害的秸秆不能还田。

绿肥是指作为肥料的植物绿色体。绿肥除了和其他有机肥料相同的作用外，还有增加土壤有机质和养分、改良土壤结构和其他特殊的作用。我国主要栽培绿肥有：紫云英、苕子、箭舌豌豆、草木樨、田菁、柽麻、满江红、细绿萍等。绿肥的利用方式一般有三种：直接翻耕、制堆沤肥和作饲料用。其他有机肥料还有：泥炭、腐殖酸类肥料、饼肥、泥土肥、城镇废弃物等。

商品有机肥是利用生物有机肥工厂化生产技术，将大量的畜禽粪便及农副产品有机废弃物充分利用起来，运用现代生产工艺和科学方法生产优质生物有机肥。

复习思考题

1. 有机肥料主要可分为哪几类？对作物和土壤有何作用？
2. 简述粪尿肥的主要成分及其贮存、施用方法。
3. 简述秸秆还田的意义及主要方法。
4. 种植绿肥有哪些重要意义？
5. 绿肥利用有哪些方式？施用时应注意哪些问题？
6. 为什么农业生产中提倡无机肥料和有机肥料要配合施用？

第三篇　土壤农化技术应用篇

第八章　高产稳产农田建设及中低产土壤改良

学习目标

技能目标

【学习】高产稳产农田建设、土壤改良与土壤污染防治技术。

【熟悉】我国主要中低产土壤的改良利用和土壤污染的防治措施。

【学会】中低产旱地和水田土壤改良技术。

必要知识

【了解】我国高产稳产农田特征、低产土壤的类型及国外土壤改良新技术。

【理解】高产稳产农田建设、中低产土壤与土壤污染的概念、农田与园地土壤障碍因子。

【掌握】我国高产稳产农田建设与中低产土壤改良利用的基本方法。

相关实验实训

实训四　土壤改良（或土壤免耕）现场参观（见331页）

第一节　高产稳产农田建设

一、我国高产稳产农田的特征

土壤的高产稳产是人类生产的主要目的。农田土壤高产稳产是天地人物谐调统一的结果，其中高肥力与土壤高产稳产有着密切的关系。肥沃、高肥力的土壤不一定就会高产，但高产稳产土壤必然是肥沃的而且高肥力的土壤。

1. 高产稳产水稻土的特征

高产稳产水稻土是高产稳产农田的重要组成部分。高产稳产水稻土的肥力评价不仅要注意土壤本身的性质和熟化程度，还要重视土壤的剖面形态特征及土壤所处的外界环境条件。由于各地自然条件和人为影响的差别较大，各地的高产稳产是与低产比较而言的，很难制订统一的肥力指标，但仍然可以归纳出一些共同的肥力特征。

（1）良好的土体构造　肥沃水稻土具有良好的剖面构造，即深厚的耕作层、发育适当的犁底层、水气协调的淋溶淀积层（斑纹层）和清泥层。

① 深厚的耕作层。深厚的耕作层有利于水稻根系发育，吸收养分的范围扩大，促进水稻生长。这是获得水稻高产的重要土壤因素。据研究，水稻分蘖期的主要根系分布10～13cm，幼穗形成期达到17cm，抽穗期前后可以伸展到20cm以下。如果耕层过浅，到幼穗

形成期甚至分蘖盛期，根系分布就已经达到全部耕层，消耗了大部分养分，后期生长受限，引起早衰，必然低产。高产水稻土的耕作层深度约为 18～22cm，这部分的根系占 80%左右。对耕作层深度的要求因品种不同而异，杂交稻的根系比常规稻发达而要求耕层更要深厚些。

② 发育适当的犁底层。犁底层的厚度一般为 5～7cm，颜色较暗，呈扁平的块状结构，较紧实，干时开裂细缝，湿时可闭合。灌水期间，犁底层有一定的保水保肥作用。高产水稻土犁底层不宜离地表过近和厚度过大，以免影响土壤通气、透水和根系的发展。

③ 水气协调的淋溶淀积层（斑纹层）。此层位于犁底层之下，厚度最少达 30～40cm，多的可达 70cm。其中，淋溶层既承受耕作层下淋的可溶性养分、有机物质、铁质和黏粒，也向下淋失一部分物质，多形成棱块、棱柱状结构，形成水汽协调的斑纹层；淀积层在旱季暴露于地下水位之上，灌水期为临时地下水位的波动范围，接受淋溶物质的淀积，土质较黏重，形成小棱柱及碎块状结构，在灌水期间有明显的滞水作用，保水性较强。在空气较多的条件下，铁质氧化成锈纹、锈斑。

④ 清泥层。此层为常年地下水所在的层次。其位置不能过高，至少应在 70cm 以下，甚至在 1m 以下才出现。

以上是平原地区高产水稻土的土体构造。在西南、华中、华南等低山丘陵区，除了少数冲沟中下部田块以外，一般都缺乏清泥层，而代之以母质层，地下水位较深，水分渗透性良好，必须保证灌溉水源才能获得高产。

(2) 土质不宜过砂过黏　土壤质地直接影响土壤肥力和土壤生产性能。高产水稻土既要有一定保水、保肥力，又要有一定通气透水性，质地过砂过黏都不适宜。据研究，我国南方大多数高肥力水稻土质地为中壤土、重壤土。

(3) 有机质多、养分丰富、有效性高

① 土壤有机质含量。通常高产田有机质含量都高于中低产田，但不是越高越好。据广东省农科院土肥所测定，高产水稻土有机质含量平均 3%左右。浙江省高产田平均腐殖质含量约为 3.3%。上海郊区和苏南高产水稻土有机质含量一般在 2.5%～3%。

② 土壤氮素。一般土壤全氮含量与有机质含量呈正相关。据统计，广东省高产田全氮量多在 0.14%～0.22%，一般 0.16%左右。浙江省高产田全氮多数为 0.15%～0.3%，平均 0.22%。江苏太湖地区高产鳝血黄泥土和上海市郊主要土壤黄泥头，全氮量平均在 0.15%～0.2%。可见，高产水稻土全氮量至少在 0.15%以上。

土壤全氮是供应速效氮的基础，但因全氮在不同土壤中转化为有效氮的难易不同而并不呈正相关。氮素供应强度（水解氮占全氮的%）的大小，可以衡量土壤肥沃程度。氮素供应强度也可以用铵态氮含量来表示。如上海市郊肥沃水稻土黄泥头的有机质和全氮量仅为低肥力水稻土青紫泥的一半左右，但其供氮量却较后者高一倍多；江苏省南部肥沃水稻土黄泥土的氮素含量和在水稻生长各阶段的氮素平均供应强度都较青泥土和板浆白土为高（表 8-1）。

表 8-1　水稻土的氮素含量及其供应强度（江苏）

土壤	肥力表现	全氮/%	不同时期(日/月)的平均供氮强度/[mg(N－NH_4^+)/(100g·d)]			
			8/6～13/6	13/6～23/6	27/6～8/7	8/7～23/7
黄泥土	肥沃	0.169	1.33	0.54	0.25	0.10
青泥土	低、湿、黏	0.119	0.59	0.17	0.08	0.05
板浆白土	淀浆板结	0.086	0.37	0.03	—	—

（引自：熊毅，李庆逵。中国土壤，1987）

③ 土壤磷素。土壤中的磷素包括有机磷和无机磷。有机磷占全磷的 20%～50%，高产土中有机质积累多，有机磷也随之增加。有机磷矿化转变成有效磷供植物利用。

土壤无机磷含量因成土母质不同而异。母质为石灰性、中性紫色岩风化物，成土后全磷含量常高达0.15%～0.20%，而母质为砂岩的全磷量仅在0.05%左右。

土壤全磷量、速效磷和土壤生产力有明显的相关性。资料表明，早稻高产田全磷一般在0.10%～0.20%，平均0.14%，而产量较低的水稻土多低于0.10%。一般高产田的速效磷含量也比中、低产田为高。

④ 土壤钾素。土壤中的钾素受施肥和母岩及其风化程度的影响。母岩、母质是影响土壤全钾量的重要因素。据南京土壤研究所资料，在紫色砂页岩上发育的水稻土，全钾量在2.5%～5%；在第四纪红色黏土花岗岩发育的红壤、千枚岩上的水稻土，全钾量在0.8%～1.8%；在石灰岩和红砂岩上的水稻土全钾量为0.69%～1.12%；冲积物上的水稻土全钾量视母质来源差异而不同。全钾量与作物产量之间尚未见明显的相关性，但有人认为高产水稻土全钾量一般在1.5%以上。但高产土壤速效钾含量也高。

⑤ 保肥性能好，供肥稳而长。高产水稻土有较好的保蓄有效养分的能力，而且能持续稳匀供给作物。即便施肥不当，该土壤仍表现“少施不脱肥，多施不徒长”的特点，群众称为“饱得，饿得”。

高产田的土壤耕层有机质和速效养分含量高，有机质一般在2.5%以上，碱解氮在200mg/kg土左右，速效磷在35mg/kg土以上，速效钾150mg/kg土以上。

(4) 土壤微生物活性强　微生物活性是指微生物生命活动所产生的生理生化特性，如呼吸强度、氨化强度、硝化强度、纤维分解强度及各种酶的活性等。微生物活性与养分供应有密切的关系，微生物数量、组成及其活性能直接和间接表明土壤肥力水平，并与作物产量密切相关。因此，不少研究者认为土壤微生物活性可作为土壤肥力的一项指标。

(5) 结构、耕性良好，渗漏量适当

① 结构、耕性良好。良好的结构性和耕性是高产水稻土具有的重要特征。华南高产水稻土泥肉田在灌水耕作后，耕层土壤表现出软滑松泡，微团聚体稳定。这种良好耕性被农民形容为“软而不烂”。当土壤失水干燥到一定程度后，可见微团聚体相互结合成蜂窝状结构，土壤表现出弹性，这也曾经被誉为“海绵田”。当其在干耕时土垡小而酥，易松散，耕作质量好。苏南高产黄泥田在麦季时土壤容重一般为1.20g/cm^3，总孔隙度大于55%，非毛管孔隙度大于5%。

② 渗漏量适当。水是调节各肥力因子极为重要的因素。各地农民都有“以水调气、以水调温、以水调肥”的经验，而且农民经长期生产实践，根据水稻土水分渗漏速度总结出区别土壤好坏的三种情况：“漏水”、“囊水”、“爽水”。它们分别表示土壤渗漏量过大、过小、适中。爽水田具有适当的通气透水性，这是高产田的重要特征之一，俗称为“爽而不漏”。据江苏省26个灌溉试验站测定，爽水田日均渗漏量9～15mm；珠江三角洲泥肉田13～17mm；广东五华县示范农场7～15mm；浙江高产田10～15mm。

2. 高产稳产旱地土的特征

我国土壤资源丰富，农业利用方式十分复杂，高产稳产的衡量标准不尽相同，因此其土壤性状也不尽相同。但仍可归纳出同一地区高产肥沃旱地土壤区别于一般土壤的基本特征。现介绍如下。

(1) 具有深厚的土层和良好的土体构造　土层厚度达1m以上（有的地区标准是大于0.8m），土体构造合理。具有土层深厚、上虚下实的土体构造：耕作层疏松、深厚，质地较轻；心土层较紧实，质地较黏。既有利于通气、透水、增温、促进养分分解，又有利于保水保肥。上下土层密切配合，使整个土体成为能协调供应作物高产所需要的水、肥、气、热等条件的良好构型。

(2) 耕层深厚，地面平整　土壤耕层是根系密集层，又是养分富集层。耕层深厚，地面平整，有利于植物养分的蓄积和作物根系的伸展。一般高产旱地土壤耕层厚度达20cm以上，能达到30cm最好。据试验，深耕30cm以上，0～40cm土层中小麦根系总量的80%集中在 0～30cm 土层中，油菜根系下扎深度还要大一些。又据蔗田试验，以浅耕 12cm 为对照，深耕 20cm 增产 9%，深耕 24cm 增产 36%。江西省农科院曾在坡度为 5°的丘陵红壤上连续试验两年，测定土壤有机质和全氮量，试验前分别为 0.58%和 0.049%，试验后未平整坡地因水土流失分别下降到 0.5466%和 0.0290%，平整后的梯地分别上升到 1.5351%和 0.0709%。

(3) 养分含量高 丰富而适量协调的土壤养分是作物高产的物质基础。土壤的养分含量不在于愈多愈好，而要适量协调，达到一定的水平。北方高产旱作土壤有机质含量一般在 1.5%～2.0%，全氮含量达 0.1%～0.15%，速效磷（P）含量 10mg/kg 以上，速效钾含量 150～200mg/kg，阳离子交换量 20cmol（+）/kg 以上。据针对南方单产超 7500kg/hm^2 土壤的典型调查，土壤有机质达 2.24%，全氮 0.136%，阳离子交换量 20.98cmol（+）/kg。

(4) 黏砂适中，结构良好 各作物对质地要求不同，如玉米、小麦、油菜适宜于中壤到重壤土，棉花、甘蔗、甘薯适宜于中壤到砂壤土，花生适宜于砂壤土。大多数高产稳产土壤以壤土为宜，疏松易耕，结构性好，有良好的水、气、热状况。据测定，高产土壤团聚体占土重的 46%～57%，大于 0.25mm 的水稳性团聚体占 25%～36%，总孔隙度为 58%，其中毛管孔隙占 42%，大孔隙为 16%。总体要求质地适中，耕性好，有较多的水稳性团聚体，大小孔隙比例 1：(2～4)，土壤容重 1.10～1.25g/cm^3，土壤总孔度 50%或稍大于 50%，其中通气孔度一般在 10%以上。

(5) 土壤反应适宜，不含有害物质 各作物的生理特点不同，对土壤反应的要求各异(详见第二章)，多数作物要求 pH 值 6.5～7.5。目前，不含有害物质的土壤难寻，但进入植株体的重金属、化学残留物不能超过国家标准。

此外，高产稳产旱地还应具备以下旱涝保收的条件：水源充足，有完备的排灌渠系，地块整齐；在山丘区梯地化，水土保持林分布合理，有良好的水土保持和防洪设施；在平原区田园化、林网化，有排渍防涝的良好设施。

3. 我国现行《高标准农田建设标准》简介

农业部于 2012 年 3 月 1 日颁布行业标准《高标准农田建设标准》(NY/T 2148—2012)，结束了我国农田建设缺乏明确统一标准的局面。该标准明确提出：高标准农田是指土地平整，集中连片，耕作层深厚，土壤肥沃无明显障碍因素，田间排灌设施完善，排灌保障程度较高，路、林、电等配套，能够满足农作物高产栽培、节能节水、机械化作业等现代化生产要素，达到持续高产稳产、优质高效和安全环保的农田。显然，建设高标准农田，既与现代农业生产和经营方式相适应，更主要的是为国家粮食安全奠定坚实基础。同时该标准还定义了农田综合生产能力的概念，即指一定时期和一定经济技术条件下，由于生产要素综合投入，农田可以稳定达到较高水平的粮食产出能力。生产要素包括农田基础设施、土壤肥力以及优良品种、灌溉、施肥、植保和机械作业等农业技术。

《高标准农田建设标准》将全国分为五大区 15 个类型区，以耕地粮食综合生产能力指标为基础，对土地平整、土壤培肥、田间灌溉、农用输配电、田间道路和农田防护林等 11 方面的建设内容和水平作了具体规定，同时将良种应用、科学施肥、农机作业、土壤墒情监测、土壤肥力监测和虫情自动监测等作为配套技术和设施，也提出相应的标准。该标准的颁布，将有利于提高我国农田建设的规范化、科学化、标准化水平，对指导和规范我国各地开展高标准农田建设以及保障我国农产品的有效供给均具有重大的意义。

二、建设高产稳产农田的措施

(一) 建设高产稳产水稻土

1. 搞好农田基本建设，改善土壤水分状况农田基本建设的内容可概括为山、水、田、林、路综合治理。改善土壤水分状况是建设高产稳产水稻土的最根本措施，因此，在各项农田基本建设措施中最重要的是农田水利建设。

(1) 平原地区 实行“园田化、渠网化、园林化”。首先经过统一规划，形成方案，再予实施。经过平整土地，再使格田成方，沟渠成网，沟渠路旁植树成行。就水利建设而言，健全灌排渠系，灌渠和排沟分开，在稻田中开挖围沟和穿心沟，达到排灌方便，地下水能降、能控，旁渗水能撇，以便水旱轮作。就排水而言，宜采取明沟（易于堵塞）与暗沟配套。浅明沟可排除田面水和耕层滞水，深暗沟排除土壤剖面中的滞水层，降低地下水位。

① 平原及平坝区田间排灌系统的布置方式设计。在蓄引工程与排干等骨干工程完成后，田间排灌系统的布置方式和完善程度将直接影响稻田水分状况。总的原则是：排灌分系、高低分开。渠道由大到小分为干渠、支渠、斗渠、农渠、毛渠，相应的排水沟分为干沟、支沟、斗沟、农沟、毛沟。干渠是从水源引水的渠道。支渠是灌溉系统中，从干渠引水到斗渠的渠道。斗渠是由支渠引水到农渠或灌区的渠道。农渠是从斗渠引水到毛渠或某几块田块的渠道。毛渠是从农渠引水直接到某田块的渠道。排水沟则由小到大进行排水至容泄区。地势平坦区域的排灌沟渠也可只分为主、支、农三级（图 8-1）。

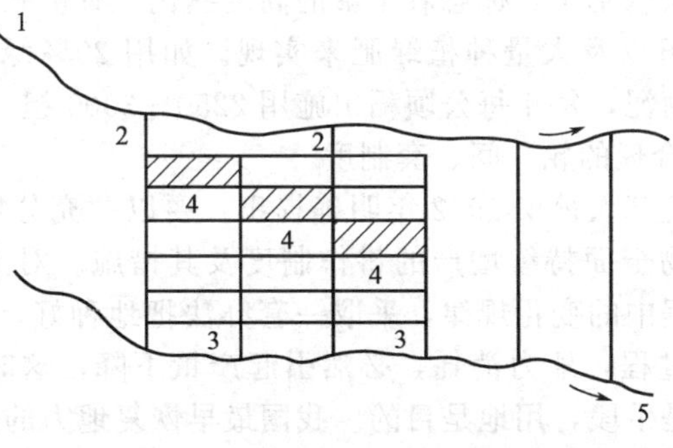

图 8-1 排灌渠系布置示意图

1—灌水支渠；2—灌水农渠；3—排水农渠；4—条田；5—排水支渠

在田园化与渠网规划中，田间排灌系统中的灌水农渠与排水农沟相间而又平行排列，各自的间距一般均为两块条田的长度，一般为 15～25 块条田的宽度，约 300～500m，一条农渠或排沟的排灌面积为 30～50 块条田，即 $100\times0.0667\text{hm}^2$ 左右。如果用流量表示输水能力，则在 12h 内能全部灌上 30mm 的水层（每 0.0667hm^2 灌水 20m^3），要求农渠的输水能力应达到 51L/s（$0.051\text{m}^3/\text{s}$）**，具有相同泄洪能力的排水农沟，也可在 12h 内排泄 30mm 的一场大雨。

** $0.051\text{m}^3/\text{s}$ 由下式计算得来：$[(100\times20)\times1.1]\div(12\times60\times60)=0.051$

式中，(100×20) 为 $100\times667\text{m}^2$ 面积的田，每 667m^2 灌水 20m^3；再乘以 1.1 指输水量比灌水量多 10%（10%为渠道渗漏系数）；$(12\times60\times60)$ 为 12h 的秒数。

② 暗沟设计的三种类型。

a. 暗管（瓦管或灰土管及塑料暗管）。如上海郊区的塑料暗管按照田块不同规格和不同的土质情况，分别采用内直径为 5.5cm 或 7.0cm 的塑料管，顺长布置 1～2 根，埋设深度入口处至少 0.8～1.0m，设计适宜坡降以取得除渍效益。优点是埋得较深，不受土质限制，使用期较长，可用十几年不检修，但投资较大。

b. 鼠道（丰产洞）。沿着田块的方向，用拖拉机作动力的鼠道犁开凿 6cm×9cm 呈椭圆形的洞。一般深 0.5～0.7m，间隔 2～15m，使用期可达 3～5 年，成本低，易于推广。

c. 土堡盖暗沟。较明沟为深，不增加投资，易于推广，但使用期较短。

(2) 丘陵山区 通过工程措施、生态措施及耕作措施等进行治山治水减少水土流失，减少泥沙淤塞田块。丘陵山区水稻土的主要问题是水源不足，容易受旱。一是解决灌溉问题：兴修水库、山平塘、鱼鳞坑储蓄地面水，发展电灌站，提高供水能力。二是整修灌排渠道，提高灌排能力。就排水防洪方面，宜在丘陵山脚挖掘环山沟，梯田背部及两侧翼挖排水沟，防止洪水进田和泥沙覆盖原有耕层肥土。另外，对于面积小、形状不规整的田块，应尽可能做到削高填低、裁弯取直，变小田为大块田，便于机械化操作。

2. 深耕改土，精耕细作，创造深厚肥沃的活土层

在各项作物生产技术8个基本因素中，土是核心。深耕是“土”字的中心内容之一，也是耕作措施的基本环节。据测定，水稻根系80%以上分布在0～20cm的土层内，因此稻田深耕的深度一般在20cm左右，同时结合施用肥料尤其是有机肥料，改善土壤结构，创造深厚肥沃的活土层，为水稻高产提供耕层土壤条件。

3. 增施有机肥料，加速土壤熟化

有机肥料是熟化土壤的重要物质基础。仅有耕作措施，没有肥料措施，特别是有机肥料，则创造的土壤结构也不能长期维持，只要经受外力作用就容易遭到破坏。增加有机肥，就会为土壤提供大量的有机胶体，经长期耕作种植，耕层腐殖质含量丰富，呈暗灰色，以水稳性微团粒为主，土壤松软肥沃，标志着土壤的高度熟化。有机肥的来源可通过城乡有机废物利用、积造，秸秆还田以及大量种植绿肥来实现。如用20%绿肥或青草，30%猪厩肥，50%的河泥混合制作草塘泥，每年每公顷稻田施用2250～3000担。

4. 用养结合，建立合理的轮、间、套制度

中国耕作学科主要奠基人孙渠1962年明确提出：要以“充分用地，积极养地、用养结合”为核心，研究农作物全面持续增产的耕作制度及其措施。对土地，既要会用，又要会养。利用土地在耕种过程中的变化规律，采取一套办法把地种好，多打粮食和其他农产品，这就是用地。经过种地过程，地力消耗，必然引起产量下降，这时就需要采取措施恢复地力，这就是养地。养地是手段，用地是目的。我国最早恢复地力的办法是弃耕制，后来为短期弃闲，再后来除了使用肥料，就是采用换茬、轮作、复种的办法来培育地力，把用地养地结合起来。稻田轮作主要形式就是水旱轮作。水稻是瘦土作物，则旱作时应该种植肥土作物。把豆科作物与禾谷类作物、深根作物与浅根作物搭配起来，形成合理的复种、轮间套作制，保证主茬作物，调协不同作物的养分供应，有利于用地养地。

(二) 建设高产稳产旱作土

高产稳产旱作土建设仍要贯彻山、水、田、林、路综合治理的农田基本建设方针。在加强农田基本建设、创造高产土壤环境条件的基础上，进一步运用有效的农业技术措施来培肥土壤。着重抓好以下措施。

① 创造深厚土层。对于已具备比较深厚土层的土壤，无论工程措施还是耕作措施，重点是减少水土流失。对于土层比较浅薄的土壤，通常是坡地，首先通过工程措施进行坡改梯或大窝深耕，加厚土层，再进行沟坡整治、植树造林，化水土肥“三跑土”为“三保土”。

② 精耕细作，加深耕层。对于土壤结构不良、紧实板结的土壤，应深耕结合施用有机肥，精细整地，创造深厚肥沃的耕作层。

③ 调节土壤养分含量。土壤养肥含量包括总量和有效量。对于养分丰富的土壤，通过增加土壤胶体数量或改善胶体品质，控制养分释放速度，以保持植物实时需要的供肥强度。对于相对贫瘠土壤，应通过土壤胶体与适当施肥加以调节。

④ 客土改土，黏砂适中。如果条件允许，可分别采取客土掺黏或客土掺砂，创造适合作物需要的质地，一般为壤质土。

⑤ 调节适宜的土壤反应，控制有害物质。调节土壤反应的方法主要有胶体调节法和施

用酸碱物质调节法。增加胶体数量与改善胶体品质可以增强土壤的缓冲性能达到调节土壤反应的目的；施用酸性物质（含肥料）可降低土壤碱性，施用碱性物质（含肥料）可降低土壤酸性。控制有害物质入土的主要途径包括防止含有害物质的矿渣入土，避免用矿毒水灌溉，控制不适当或过量的化肥施用，防止使用高残留化学农药。

第二节 中低产土壤改良技术

一、我国中低产土壤的类型及分布

中低产土壤是指土壤中存在一种或多种制约农业生产的障碍因素，导致单位面积产量相对低而不稳的耕地。中低产田土类型是在农业生产中表现出具有限制农业生产发展和提高单位产量的各种障碍因素类型。以当地大面积近三年平均单位面积产量为基准，低于平均产量20％以下为低产土壤，处于平均产量±20％以内的为中产土壤。

根据低产原因和土壤特性，可将中低产田土总体分为七种类型：瘠薄型、滞涝水田型、滞涝旱地型、盐碱型、坡地型、风沙型、干旱缺水型。同时，也可按区域特点分型定名。

我国中低产田的分布范围较广，全国各地均有，主要集中在北方旱农地区、黄淮海平原地区、三江平原地区、松辽平原地区、江南丘陵地区等。根据大的区域气候和地形条件不同可分为北方和南方两大区域。

二、中低产土壤的总体成因

中低产土壤的低产原因包括自然环境因素和人为因素两个方面。自然环境因素包括坡地冲蚀、土层浅薄、有机质和矿质养分少、土壤质地过黏或过砂、土体构型不良、易涝或易旱、土壤盐化、过酸或过碱等；人为因素包括盲目开荒、滥砍滥伐、水利设施不完善、灌溉方法落后、掠夺式经营导致土壤肥力日益下降等，因而造成作物产量不稳不高。

三、北方中低产土壤改良

北方中低产土壤较多，以下重点介绍盐碱土、砂姜黑土、风沙土的改良技术。

（一）盐碱土的改良技术

1. 盐碱土的含义与类型

盐土与碱土及各类盐化土壤、碱化土壤统称盐渍土或盐碱土。盐碱土中含有可溶性盐的数量过多或碱性过重，以致对大多数作物都有不同程度的危害。

盐碱土中的可溶性盐主要包括钠（Na^+）、钾（K^+）、钙（Ca^{2+}）、镁（Mg^{2+}）等的硫酸盐、氯化物、碳酸盐和重碳酸盐。硫酸盐和氯化物一般为中性盐，碳酸盐和重碳酸盐一般为碱性盐。

当土壤表层中的盐类绝大部分为中性盐，其总盐量超过0.1％（氯化物为主）或0.2％（硫酸盐为主）时，对大多数作物来说，就会发生不同程度的危害，从而影响作物产量，这样的土壤称为盐化土壤；总盐量超过0.6％（氯化物为主）或0.2％（硫酸盐为主）时，对植物危害极大，只有少数耐盐植物能生长，严重时甚至寸草不生，成为光板地，这种土壤称为盐土。

根据盐碱土的形成条件、成土过程和土壤特性等，将我国盐碱土分为盐土和碱土两大类。其中，盐土又分滨海盐土、草甸盐土、沼泽盐土、洪积盐土、残余盐土和碱化盐土六个亚类；碱土又分草甸碱土、草原碱土和龟裂碱土三个亚类。

如果土壤表层所含的可溶性盐中有较多的碱性盐时，pH＞8.5，土壤呈强碱性反应，交换性钠离子占交换性阳离子总量的百分数（称为碱化度或钠化率）超过5%时，则称为碱化土壤，对作物有强烈的毒性和腐蚀作用，并恶化土壤性质。碱化度超过15%时，可能形成碱土。

2. 北方地区盐碱土的分布

在我国北方广大内陆地区中，盐碱土主要分布在淮河以北，大西北及青藏高原等内陆干旱、半干旱地区的河流冲积平原、盆地和湖泊、沼泽地区。如东北的松嫩平原、松辽平原，华北的黄淮海平原，内蒙古的前后套平原，大西北的宁夏银川平原，河西走廊，山西南北盆地，甘肃和新疆的各河流沿岸阶地、山前平原和吐鲁番盆地、准噶尔盆地、哈密倾斜平原以及青藏高原的柴达木盆地和湟水流域，西藏雅鲁藏布江流域等，都有各种盐碱土分布。

3. 盐碱土对农业生产的危害

盐碱土对农业生产的危害主要是妨碍作物的正常生长发育，造成歉收甚至颗粒无收，成为农业生产中的低产土壤。危害的原因是由于盐碱土中含有大量可溶性盐，从而发生下列危害现象。

（1）高浓度盐分引起植物“生理干旱” 根区土壤溶液渗透压的高低直接影响植物对水分的吸收。当可溶性盐类含量增加时，渗透压也随之提高，结果使作物吸水困难，造成“生理干旱”，影响生长，严重时使植物体内的水分“反渗透”而凋萎死亡。

（2）盐分的毒性效应 某些离子浓度过高时，对一般作物会产生直接毒害。例如，某些对盐敏感的棉花的叶中累积过量的钠离子时，会发生叶缘或叶尖焦枯的钠灼伤现象。氯离子在叶中的过多积累，也能引起某些作物叶子的“氯灼伤”，使叶缘发生枯焦，严重时可能造成叶片脱落，小枝条干枯甚至使植株死亡。

（3）高浓度的盐分干扰作物对养分的正常摄取和代谢 当土壤溶液中的某种离子的浓度过高时，就会破坏作物对其他离子的正常摄取，从而造成作物的营养紊乱。例如过多的钠离子妨碍作物对钙、镁、钾的吸收，而高浓度的钾离子又会妨碍作物对铁和镁的摄取，结果导致诱发性的缺铁和镁的黄化症。

（4）强碱性降低养分的有效性 土壤中的碱性盐水解时使土壤呈碱性反应，磷酸盐以及铁、锌和锰等植物营养元素易于形成溶解度很低的化合物，降低了有效性，导致营养失调。

（5）恶化土壤物理性质和生物学性质 碳酸钠等强碱性盐，对胶体具有强大的分散能力，使土壤团聚体崩溃，土粒高度分散，导致土壤湿黏干硬，透水透气不良，耕性恶化。

4. 盐碱地改良利用技术

利用改良盐碱土的措施可以概括为四个方面：水利措施，包括排水、灌溉洗盐、引洪放淤；农业技术措施，包括种稻、平整土地、耕作、客土、施肥等；生物措施，包括植树种草、发展绿肥等；化学改良措施，包括施用石膏及其他化学改良物质。

（1）排水 通过排水排除土壤中的可溶性盐分，使地下水位下降，阻止盐分上升。排水是盐碱地改良最主要的措施。排水的方式很多，包括明渠、暗渠、井排、抽排、生物排水等，其中明渠、井排最常见。

① 明渠排水。土壤中聚积的可溶性盐在灌溉或降雨时随水下淋，这些下淋的含盐水分，必须采取排水措施排走，才能不使土壤重新反盐，从而达到淡化土壤的效果。

② 竖井排水。灌排结合、井沟渠结合。

盐碱土地区打井是为了抽取地下水进行灌溉和洗盐，既淋洗了土壤表层的盐分，同时也降低了地下水位，起到了灌溉排水排盐的作用，有的地方还在汛期到来之前，抽排矿化度较高的地下水，腾出地下库容，既能防止汛期因雨水补给而抬高地下水位，又能迅速下水淡化。

③ 洗盐排水。洗盐就是把水灌到盐碱地里，使土壤盐分溶解，通过下渗把表土下层中的可溶性盐碱淋洗出去，再渗入排水沟加以排除。

盐碱地冲洗有两种形式，盐碱荒地开垦前的冲洗，用大定额冲洗水冲洗，把1m土层的含盐量降低到作物能正常生长的允许范围内。盐碱耕地的灌溉冲洗，既要满足作物对水分的要求，又要淋洗土壤的盐分，调节土壤溶液浓度，使土壤水盐动态向稳定脱盐方向发展，并结合农业技术措施，巩固和提高土壤脱盐效果。

(2) 放淤改良　放淤是把含有泥沙的洪水引入筑好的畦块，畦块四周有围堰和进退水口，洪水流入畦块后堵闭退水口使泥沙沉降下来，形成一层淤泥层，然后排除澄清的剩余水，这一措施在引黄灌淤的盐碱地区被大量采用。

(3) 种稻改良　“碱地生效、开沟种稻”。在有淡水水源可供利用，又有良好排灌条件配合下，低洼易涝的盐碱地种稻是边利用边改良，改良与利用结合，收效较快的措施。

盐碱地上种稻，既要高产，又要有较好的改良效果，必须注意下列问题。

① 健全灌排系统。种稻不仅需要灌水，也要健全灌溉系统，而且必须有通畅的排水系统，这不仅能排出土壤盐碱和高矿化的地下水以及防止雨季出现沥水，还能使稻田在短时期内落干，使地下水迅速下降，以满足机械耕地的需要。

② 泡田洗盐。适当排灌。种稻前要泡田洗碱，使土壤耕层含盐量下降到对稻苗无害的限度内。泡田洗盐对促进土壤脱盐效果十分显著。泡田洗盐用水定额因土壤含盐量、盐分组成、土壤质地、地下水位、排水条件而异，一般来说土壤含盐量越高，土壤渗水性越差，排毛间距要求越密，冲洗定额要求越大，如表8-2所示。插秧后，应根据情况适当排灌，以保证既节约用水，又不使田间水层盐分过高。

表8-2　滨海地区盐碱地冲淡定额及土壤脱盐关系

盐碱程度	1m土层盐量/%	渗水性能	排毛间距/m	冲洗定额/m^3	冲洗次数	冲洗后20cm土中含盐量/%
重盐碱地	0.5～0.7	较好	50	150	2	0.1
盐碱荒地	0.7～1.48	差	50	150～200	2～3	0.1
盐碱荒地	2.0～2.5	很差	25	200～300	3	0.2
光板地	2.5	较差	12.5	300	4	0.25

(引自：河北省农垦科学研究所)

③ 水旱轮作，合理换茬。盐碱地上水稻用水量大，每公顷在15000m^3以上。盐碱土大部分分布在北方干旱地区，春旱严重。正当水稻插秧时，往往水源不足，影响水稻的生长和改盐效果。为了扩大改盐效果，可以进行水旱轮作，这样既可充分利用水源，扩大种稻改盐面积，又能在旱作时改善土壤通气状况，促进土壤中有机质分解，利于养分的分解和转化，这样既可以改善土壤肥力，又能消灭杂草，减轻病虫害和调节劳畜力。

(4) 耕作施肥改良　在盐土改良上，耕作和施肥也是一项重要措施，主要有平整土地、深耕深翻、适时耕耙、增施有机肥料等。

① 平整土地。平整土地可以消灭局部高地积盐的不利因素，灌后能使水分均匀下渗，提高降水淋盐和灌溉洗盐效果，有效防止土壤斑状盐渍化。

② 深耕深翻。深耕深翻有疏松耕作层、破坏犁底层、降低毛管的作用，并能提高土壤的透水保水性能。盐碱地经过深耕深翻后，可以加速土壤淋盐，防止表土返盐。

“深耕晒田、养坷垃”是华北和西北农民耕种盐渍土的有效措施。深翻以秋翻最有利于土壤脱盐和防止土壤再返盐。伏雨之后，土壤盐分已淋至底层，及时翻地松土，既利于防止旱季返盐，又可长期晒垡，促进土壤风化。

③ 适时耕耙。适时合理耕耙可疏松耕作层，抑制土壤水和地下水的蒸发，防止底层盐分向上运行，导致表层积盐。盐碱地区群众在适时耕耙的经验是：浅春耕，抢伏耕，早秋耕，耕干不耕湿。

④ 增施有机肥，合理施用化肥，以肥改碱。施用有机肥是增加土壤有机质，达致改良和培肥盐碱土的重要措施。这不仅可以改善土壤的结构，提高土壤的通透性和保蓄性，减少土壤的蒸发，而且可促进淋盐，抑制返盐，加速脱盐。特别是有机质分解过程中产生的有机酸，既能中和碱性，又能使土壤的钙活化，这些都能减轻或消除碱害，从而可以使盐碱地的“盐、碱、瘦、死、板、冷”等不良特性得到改良，逐步变成高产稳产农田。

(5) 植树造林，广种绿肥，进行生物改良　植树造林对盐碱土有良好的作用。林带可以改善农田的小气候，减低风速，增加空气湿度，从而减少地表蒸发，抑制返盐。林木根系不断自土壤深层吸收水分，消耗于叶面蒸腾，可以明显地降低地下水位。据测定，5～6 年生的柳树，每年每公顷的蒸腾量可达 $20.40m^3$，起到竖井排水的作用。这都极有利于改良盐碱土。盐碱地上造林，应选择耐盐的树种，乔木有洋槐、杨、柳、榆、臭椿、桑、沙枣等；灌木有紫穗槐、柽柳、杞柳、白蜡条、酸刺、宁夏枸杞等。种植时还要因地制宜，如高栽刺槐、洼栽柳、平坦地上栽柳树。杨树选择弱碱性，重碱沟坡栽柽柳。

为使造林成活率高，必须先改土整地，然后造林，包括开沟排盐、垫高地面、种植绿肥、培肥改土、挖穴换土等。

绿肥牧草有茂密的茎叶覆盖地面，可减弱地面水分的蒸发，抑制土壤返盐。又由于根系强大，大量吸收水分，经叶面蒸腾，使地下水位下降，从而有效地防止土壤盐分向表土层积累。据测定，新疆地区紫花苜蓿整个生长期叶面蒸腾达 $395m^3$，约占总耗水量的 67%. 种植紫花苜蓿三年，地下水位下降 $0.9m^3$，土壤脱盐率也大大提高。

翻压绿肥不仅由于有大量的根、茎、叶进入土壤，提高有机质的含量，而且有机质分解的有机酸还对土壤的碱性有一定的中和作用。据河南封丘县在瓦碱土上种植紫花苜蓿的结果，pH 降低 0.5～1.4，碱化度下降 17%～23%，苏打消失。

(6) 化学改良　碱化土或碱土中含有大量苏打及代换性钠，致使碱性强，土粒分散，物理性质恶化，作物难以正常生长。改良这类土壤除了消除多余的盐分外，主要应清除土壤胶体上过多的代换性钠和降低碱性。这样，在采取水利和农业技术措施的同时，施用一些化学改良剂，能收到更好的效果。如石膏、硫酸亚铁（黑矾）、明矾、硫黄等，这些物质通过离子交换及化学作用，降低了交换性钠的饱和度和土壤的碱性，从而改良土壤的理化及生物学特性，达到改良和提高肥力的目的。但其缺点是用量大，投资多。我国使用的主要石膏、黑矾、腐殖酸肥料等。石膏在土壤中的化学反应介绍如下。

$$Na_2CO_3 + CaSO_4 \longrightarrow CaCO_3 + Na_2SO_4$$

$$2NaHCO_3 + CaSO_4 \longrightarrow Ca(HCO_3)_2 + Na_2SO_4$$

结果使土壤中游离的 Na_2CO_3 和 $NaHCO_3$ 与石膏作用产生以 $CaCO_3$ 沉淀及 $Ca(HCO_3)_2$ 和中性盐 Na_2SO_4，土壤的吸附性 Na^+ 被 Ca^{2+} 取代形成 Na_2SO_4，而 Na_2SO_4 又易于淋洗，从而消除游离性碱和代换性钠，降低了碱性，改善了物理性质。据河南、江苏等地在花碱地上，吉林省在苏打盐土上试验，对稻、棉、玉米、高粱、大豆等作物均有不同程度的增产效果。一般增产幅度为水稻 10%～15%，棉花 15%～65%，玉米 15%～30%，大豆 25%～30%，杂交高粱 15%～20%。用量一般每公顷 750～3000kg。可结合播种时与农家肥混合沟施或穴施。

其次是黑矾（$FeSO_4$）和一些工矿废弃物，如木材干馏的副产品和制造铵磷类复合肥的副产品磷石膏，以及生产糠醛剩下的糠醛渣，还有风化煤、腐殖类肥料等都可利用。这些改良办法已取得一些初步的试验成果，并有部分在生产实践中推广应用。

(二) 砂姜黑土的改良技术

1. 砂姜黑土的分布

砂姜黑土广泛分布于黄淮平原南部，面积约 $3.13\times10^6hm^2$，其中以安徽省面积最大，为 $1.4\times10^6hm^2$，河南省次之，为 $8.7\times10^5hm^2$，再则为山东、江苏等省，为黄淮海平原主要低产土地之一。最早称为砂姜土，后命名为“潜育褐土”、“青黑土”等。第二次土地普查发现河北、北京一带的冲积扇沼洼地也有砂姜黑土的分布。

2. 砂姜黑土的主要特性和生产评价

(1) 主要特性　砂姜黑土的剖面一般有以下层次。原黑土层上部已分化为耕作层、犁底层，黑土层成为埋藏土层，其下为砂姜层，砂姜层下为潜育层。黑土层下均具有棱柱状结构。黑土层一般厚 30～40cm，色较深但有机质含量不高。全剖面呈青灰色，但表层腐殖质含量不高，一般为 1.0%～1.5%。

(2) 理化性质　土壤质地偏黏，黏土矿物以蒙脱石为主，水云母次之，并含有高岭石及绿泥石。阳离子交换量为 15～30cmol/kg，所带电荷以永久电荷为主。土壤总孔隙度低，水分物理性质差，农业物理性质不良，养分状况表现为潜在肥力不低，而有效肥力较低，一般不含石灰。

砂姜黑土旱涝频繁，肥力低，粮食产量低而不稳，每公顷产 2250kg 左右，其低产原因可概括为旱、涝、瘠、僵、碱五个方面。

砂姜黑土地处淮北平原，地形平坦、低凹造成排水困难，易发生内涝。再者，土质黏重，非毛管孔隙低，透水性、蓄水性低，既不能容蓄降水，又不能抗御干旱，因此形成大雨大灾、小雨水灾、无水旱灾的情况。又加上结构不良，下层漏水，上层蒸发强烈，地下水补充困难，故群众称之为“漏风、漏水、漏肥、怕旱、怕渍”。除部分高肥砂姜黑土外，一般有机质和全氮含量均低，全磷的平均含量为 0.086%，耕层有效磷含量只有 3.05mg/kg，大多数砂姜黑土缺磷比缺氮更为突出。此外，砂姜黑土因质地黏重，结构差，大多数耕性不良并部分发生碱化，致使砂姜黑土成了土性不良、难于管理、作物产量低而不稳的低产土壤。

3. 砂姜黑土的类型

砂姜黑土共分为砂姜黑土、盐化砂姜黑土、碱化砂姜黑土、石灰性砂姜黑土四个亚类。

(1) 砂姜黑土　典型砂姜黑土的分布面积最广，一般均已垦殖。麦类、大豆、高粱、棉花、薯类均可种植，在防漏基地的地上可试种水稻。培肥管理适当则成为高产、稳产、熟化度高的土壤。

(2) 盐化砂姜黑土　一般地下水位较高，地下水排泄不畅，在砂姜黑土区呈斑点状分布。土壤表层有积盐现象，表层含盐量不超过 0.5%。

(3) 碱化砂姜黑土　分布于小型碟形洼地，为地下水汇集区。剖面形态同土类典型状态，但表层质地为轻壤，无结构，雨后结硬壳。表面有积盐现象，含盐量可达 1.3%，但下层含盐量在 0.1%以下，全剖面 $pH>9$。

(4) 石灰性砂姜黑土　主要分布于河北、北京一带的冲积扇沼洼地，其母质为石灰性冲积物。土壤质地轻壤—中壤，全剖面有 $CaCO_3$ 反应，有机质含量 1%～2%，土体内砂姜石形成盘状。

4. 砂姜黑土的利用改良

砂姜黑土的低产原因是多方面的，改良措施亦应综合考虑。

(1) 排涝蓄水，发展灌溉　根据砂姜黑土排水困难和易旱易涝的特点，应注意排蓄灌相结合。在设计排水沟深度时，排蓄两者应同时考虑。如排沟过深，地下水降低太多，植物难以利用，不利防旱。排沟过浅，则对于防涝、排渍不利。故排沟深度以维持地下水在 1m 左右为宜，以适应毛管上升高度。砂姜黑土区的排水沟，一般大沟 3.5m，中沟 2.5m，小沟

1.5m，即可达防涝、防渍、防旱的目的。

砂姜黑土地区一般地下水位浅，水质好，宜于发展井灌。井深5～6m的压水机井一般每日能浇1～2hm^2地，这种井投资少，很受群众欢迎。砂姜黑土下层棱柱状结构发达，易裂大缝，漏水严重，因而耗水量大，灌溉效益低。因此，务求平整地面，讲究灌溉方法，切忌大水漫灌，长畦通灌；提倡沟灌，窄畦短灌，有条件的地方可实行秸秆还田等以积累土壤有机质，提高土壤肥力。

（2）用养结合，培养地力　砂姜黑土区水热条件较好，特别是人均耕地较多的地区，可提倡种植绿肥，调整轮作倒茬制度，用养结合；并且扩大有机肥源，实行秸秆还田等以积累土壤有机质，提高土壤肥力。

（3）化肥引路，氮磷配施　砂姜黑土养分贫乏，缺磷尤甚，氮磷化肥配施效果非常好。在瘠薄的砂姜黑土上，氮磷单施每千克化肥一般分别增产小麦1.2kg和0.45kg，采取氮磷配施，每千克化肥一般增产小麦3.9kg，说明氮磷配施在低产砂姜黑土上应用有广阔的前途。

（4）深耕改土，加深熟化层　砂姜黑土耕层浅薄，一般不超过15cm，其下为犁底层，再下为黑土层，黑土层棱柱状结构发达，对作物生长不利。一因作物根系难于穿透犁底层，减少了营养面积；二因干旱时结构体之间裂缝，容易漏水漏肥；三因干旱时毛管断裂，影响地下水补给。若深耕20～30cm，则可改良上述不良特性。深耕应在秋末冬初进行，经过冰冻使生土变酥，土肥相融，加深熟化层。深耕结合施用有机肥是加速改土的重要措施。对于砂姜黑土来说尤其重要。

（三）风沙土的改良技术

1. 风沙土的分布

风沙土是风沙地区风成砂性母质上发育的土壤。主要分布在我国北纬36°～49°间的干旱半干旱地区，总面积约63.7万平方公里。多在黑钙土、栗钙土、棕钙土和漠土地带内，其他如栗褐土、褐土区等也有零星分布。从东部的呼伦贝尔经小腾格里、毛乌素到西部的柴达木、塔克拉玛干为我国风沙土的集中分布区。

2. 风沙土的类型特征

随着风沙土由流动—半固定—固定过程的发展，风沙土在类型与特性方面均产生了较明显的变化。

（1）土体结构　从无明显的层次发育逐步到较明显的A—C型剖面层次结构。

（2）风沙土的基本性质　可随三种类型有明显变化（表8-3）。表8-3说明随着生物作用增强，风蚀作用减弱，从流动风沙土到固定风沙土土壤有机质含量、微生物总量增多；＜0.01mm的物理性黏粒、碳酸钙、三氧化物以及易溶盐含量均明显增加，但SiO_2含量则因砂粒相对含量减少而明显降低，这就意味着植物其他营养成分随风沙土的固定程度而增加。

表8-3　三类风沙土性状比较表

土壤性状	流动风沙土	半固定风沙土	固定风沙土
物理性黏粒/%	＜1～2	3～4	可达25左右
有机质含量/%	0.1～0.3	0.2～0.8	＞1
微生物总量/(个/kg)	812	6340	4865
细菌含量/(个/kg)	680	5320	4510
$CaCO_3$/%	＜1	1.5左右	2～3
SiO_2/%	＞80	77左右	＜65
R_2O_3/%	8～12	15～20	＞20
易溶盐量	少	中	多

（引自：熊毅，李庆逵．中国土壤，1987）

3. 风沙土的治理培肥途径

总体来看，风沙土存在着流动性、贫瘠性和易干易旱、易冷易热的偏极性等问题。但也不是一无是处，它土质松，好耕作，透水通气，增温快，早春化冻早，养分转化快，供肥快，作物出苗快且苗易全易壮，适于山药、红薯等块根、块茎作物以及花生、棉、瓜类等喜温作物的生长。

针对风沙土上述特点，可将风沙土的特性与治理风沙土的办法归结为“二喜三怕”，即一喜干燥二喜风，但怕草、怕树、怕水冲。因此，应采用以下综合措施。

(1) 营造林带、林网　配合我国“三北”林网规划，营造防风固沙的“绿色长城”阻沙南进。具体做法是：在风沙流动的风口沙头，垂直主风向，规划建造多道固沙基干林带，宽4m，其中包括5～10条小林带组成复式林带，并采用乔灌混交搭配，起着上阻下截的挡风作用。与此同时配合基干林带与当地主风向垂直，副林带又与主林带垂直相交，构成约$13hm^2$左右的方田林网。在具体步骤上，可先设地障，铺秸秆、柳条，种蒿草、沙柳、花棒等耐旱灌草，以育草固沙，进而营造乔灌林。

(2) 引水拉沙　在造林种草的同时，根据风沙土喜旱怕水的特点，在有水源条件下开渠引水，以水固沙，以水拉沙，拉平沙丘，划畦作埂，建造农田。

(3) 沙田掺土　粗沙营养成分少，细土营养成分高，所以在沙中掺土，既增加风沙土的营养成分，又增强风沙土保水保肥性能，因此俗语说：“沙团掺泥，好得出奇”。可就近寻找土源进行掺土。根据土源多少，可采取满铺、行掺、穴掺或翻土压沙等措施。

(4) 引洪漫淤　用洪水引来淤泥，同样起到沙田掺土、培肥改土的效果。但要作好引水渠系和田面工程，保证不跑水串畦，才能蓄水澄泥，以后再翻耕调匀，以土改土。

(5) 生物培肥　如陕北榆林地区于生荒沙地种三年黄芪（一年长苗，二年长根，三年长参）后成为改种谷子的好茬；另外可种固沙绿肥、牧草沙打旺、沙蒿，地埂上种紫穗槐、柽柳，既可肥田，又可养畜，发展牧业和副业，以牧促农、以副促农；同时在培肥的固定风沙土上种植葡萄、枣、药材、瓜、薯、花生等经济果木作物，不仅产量高，而且品质好。再如河南民权县，在黄河沙滩上将刺槐与杨树混种，可固土固氮加速林木生长。总之，要让风沙土也在农、林、牧、副全面发展中发挥更好的作用。

四、南方低产土壤改良

(一) 低产旱地土壤改良

1. 坡耕地的改良

坡耕地是指分布在山坡上，土层浅薄，地面平整度差，跑水、跑肥、跑土突出，作物产量低的旱地。坡耕地的存在严重制约旱地作物产量的大幅度提高。据国家水利部门有关研究资料介绍，全国现有的$1.2\times10^8hm^2$耕地中，坡耕地为$2.1\times10^7hm^2$，这些坡耕地每年流失土壤约1.5×10^9t，占全国水土流失总量的1/3。

四川省紫色丘陵区坡土改梯土的经验比较丰富，如传厢并土改土，聚土垄作改土，爆破改土，用钢钎、十字锹深啄改土，分台修筑地埂改土等。坡改梯地建设主要有以下几个环节。

(1) 改形工程　主要包括降缓坡度、保护表土、增厚土层、修筑地埂等环节。

① 降缓坡度。按等高线设计台位，降缓坡度是坡改梯的核心。据四川省有关农业部门联合调研公布的结果，四川省5°以上的坡耕地约$2.31\times10^6hm^2$，占旱耕地面积的76%，但这部分坡耕地每年的土壤侵蚀量达2.3×10^9t，占耕地侵蚀量的96%。5°～25°尚需改造的坡耕地有$9.65\times10^5hm^2$，通过改造为坡度在3°以下的缓坡地或水平梯地，变“三跑土”（跑土、跑水、跑肥）为“三保土”（保土、保水、保肥），增强土壤保蓄水分、养分的能力，从

而达到旱地作物优质、高产的目的。

坡改梯的梯地设计：梯地宽度主要取决于坡度大小和土层厚度，又要适应机耕，一般坡度 3°～6°的情况下，梯地的宽度以 15～20m，长 50～100m 为宜，以利于排灌和机耕。地面坡度与梯壁高度和土面宽度的关系见表 8-4。

表 8-4　地面坡度与梯地设计参考值　　单位：m

土面宽度 / 梯壁高度	地面坡度							
	＜4°	4°	5°	6°	7°	8°	9°	10°
1.0	＞15	14.3	11.4	9.5	8.1	7.1	6.3	5.7
1.2	＞18	17.2	13.7	11.4	7.8	8.5	7.6	6.8
1.4	＞21	20.0	18.0	13.3	11.4	10.0	8.8	8.0
1.6	＞24	22.9	18.3	15.2	13.0	11.4	10.1	9.1

修筑梯地是丘陵山区建设高产稳产农田的一项重要措施。通常梯地走向大致沿着等高线延伸，而每一台阶则沿着坡面切高填低，以达到最终使每一梯地面基本平整的要求，但边坡壁仍然要保持与地平面约 75°的斜面，以防梯台垮塌（图 8-2）。

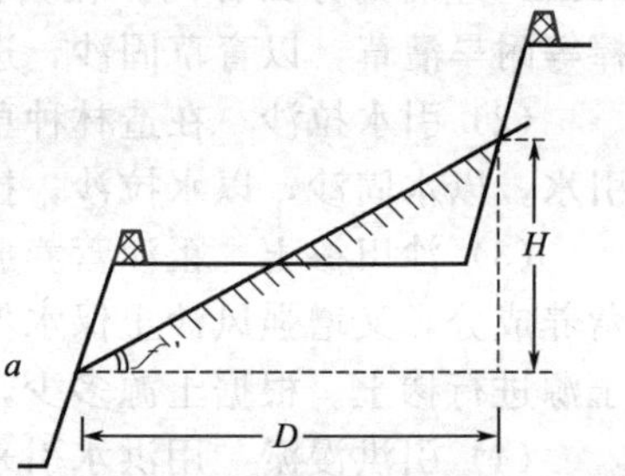

图 8-2　坡改梯纵切面设计示意图

a—地面坡度；H—梯壁高；

D—梯田面宽（包括梯壁、田基）

在施工时，要将原有表层土集中堆置，再进行挖填。一般情况下，将每一梯地按前面设计图切高填低，但如果梯壁不高则也可以采取部分下切上垫，尤其是在做背沟时（图 8-3）。

② 保护表土。表土是耕作土壤的精华，肥力较高，结构良好，通透性和蓄水保肥力较强。在建设梯地时，必须保护好表土。保护表土的方法有三种：一是等高横向中带堆土法；二是横向纵厢堆土法；三是逐台下翻法。在水平梯地修筑的最后一个环节，就是必须将表土铺填回地面。如果修筑时裸露的石块较多，则可暂时在堆垒的土堆上种植庄稼，待挖填方中翻出的石块风化后再将表土回填至表层（图8-4）。

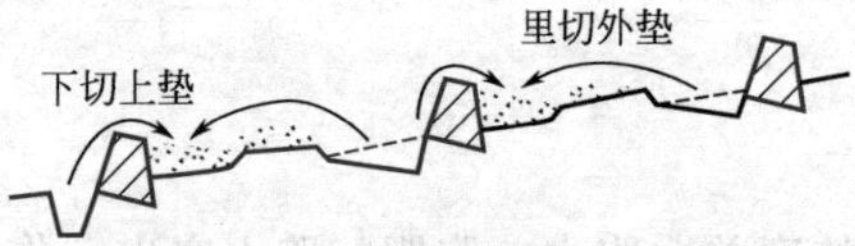

图 8-3　水平梯地挖填土施工图

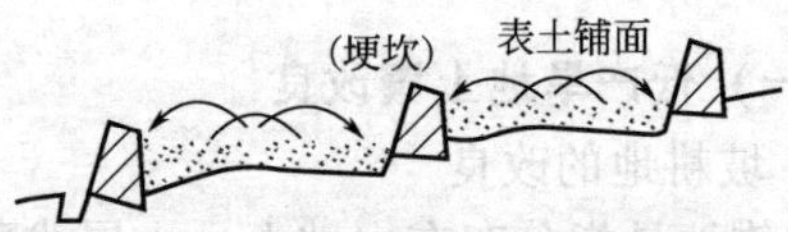

图 8-4　水平梯地修筑中表土回填示意图

③ 增厚土层。土壤本身是一个巨大的天然水库。中低产田改造，增厚土层是关键。高标准梯台地要求土层深度要达 80～100cm，一时土层达不到这个厚度也不能低于 50cm。然后在每年农闲季节，将沉沙凼中的泥沙回填土面。增厚土层有利于作物根系的下扎、吸收水分和养分，同时能使土壤保蓄更多的水分，增强土壤抗旱能力。

④ 修筑地埂。坡改梯后做到地面平整，台位清晰，必须有牢固的地埂作保证。地埂一般不宜过高，提倡“矮坎窄梯”，坎高约 100cm。地埂材料要因地制宜，就地取材，可用条石、块石、卵石、三脚架预制件，可半土半石，也可是石骨埂、土埂。埂坎的保护利用，可因地制宜地种植速生树木、果木、灌木、草类、黄花菜、药材、豆科绿肥等，既绿化了地埂，又可避免雨水直接打击，防止冲刷，减缓风化，加固地埂，防止垮塌。

(2) 旱坡地聚土免耕　“旱地聚土免耕耕作法”是一种生态上具有防蚀、抗旱、培肥的自调能力，经济上具有增产、增质、节劳省工，技术上简便易行，比较高效的旱坡地开发生态工程。其做法是将1m宽的土层全部垒加到预先已经施用底肥的相邻1m宽的地面上，也可以两面各0.5m表土垒于中间1m已预施底肥的土面上（图8-5）。

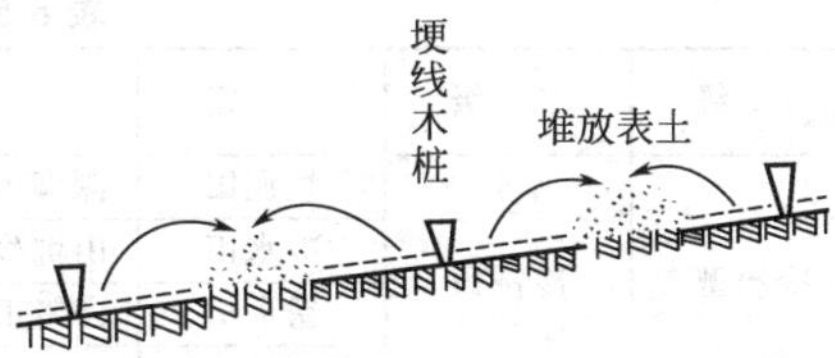

图8-5　旱地聚土改土示意图

在聚土后，裸露出来的母岩、母质经过挖啄，再经风化成土后回聚堆土，然后改造上轮聚土底部的母岩、母质。这项技术的特点是能造就50cm厚的耕作层，并用较简易的方法把肥料施在地表35cm以下，既减少肥料的损失，又促进作物的后期生长，它还可以利用筑垄、季节性免耕、覆盖等措施，减少水土流失。这项技术可广泛应用于南方红黄壤丘陵地区，特别是紫色土丘陵地区和旱地上。适用的土壤类型还包括紫色土、黄壤、红壤、赤红壤、潮土等。近年来，这项技术在建设小果园、小桑园、小菜园、小药园以及荒山造林上取得良好效果，增产效益为15％～30％，减少水土流失70％，在红壤丘陵区有极大的应用潜力。

(3) 营造良好环境

① 建立人工调水系统，拦截径流。建设三池（蓄水池、沉沙池、贮粪池）配套是紫色丘陵旱坡地雨养农业高产体系中的重要内容之一，目的在于延长水池使用寿命，减缓用工矛盾。由于紫色丘陵区母岩易于风化、石骨子易随水冲走，淤塞水池，要延长蓄水池的寿命，尽可能发挥效能，需在蓄水池前修一个沉沙池，池内的泥沙可随时取出；建造储粪池是因为丘陵区旱坡地一般分布的台位高，远离农舍，有机肥施用困难，储粪池可达到泡青沤肥的目的，也可在农闲时担粪入坑储粪，待农忙时用，有利于缓解劳动力的冲突，不误农时。

② 建立抗旱养地耕作制度，改善生态环境。这是紫色丘陵旱坡地雨养农业高产技术体系的重要内容。改坡耕地的单一种植制度为间套作，改落后的果粮间作耕作制度或完全清耕的耕作制度为肥土与瘦土作物间套作的耕作制度。例如在经济园林行间间种绿肥，使整个地面全年都在地被物的覆盖之下，起到保土保水肥土的作用，这样必然达到用地养地的目的，既改良培肥地力，又获得作物的优质高产。

2. 不良质地和化学性质的改良

客土改良过砂过黏的土壤。对黏重土壤采取掺沙改黏，对河沙土、山沙土、石骨子土，采用掺泥改沙。用石灰改良酸性土。尤其对强酸性的红黄壤，宜施用石灰改良，抑制铝的活动性。以水改良盐碱土。滨海盐渍土、江河冲积土上的次生盐碱土，采用灌水洗盐，排水去碱的办法，创造适宜于作物良好生长的土壤环境。

(二) 低产水稻土（田）的改良

根据地形分布，土壤性状及障碍因素等差异，各地低产田的划分大同小异，一般可归纳为冷浸型、黏瘦型、沉板型、毒质型和缺水型，也可分别叫做冷浸田、黏瘦田等（表8-5）。

1. 冷浸型水稻土的改良利用

这是我国南方山丘区分布很广、面积很大的低产水稻土，据统计约占低产水稻土面积的30％。其低产原因是水温土温低，有效养分缺乏，土粒分散、土烂泥深，还原性物质过多。现将主要改良技术措施介绍如下。

(1) 开沟排水，降低地下水位　这是改造冷浸田的主要工程措施，也是从源头上解决田块冷浸最有效的手段。广东、福建、浙江等省在涝渍灾害治理方面，除了采取兴建排水涵闸和机电泵站，开挖排水渠道和截洪渠外，就采用了开“三沟”（截洪沟、排水沟、灌溉沟），排“五水”（山洪水、黄泥水、冷泉水、铁锈水、内渍水）等综合

表 8-5 低产水稻土的基本类型

一级	二级	三级	各地名称
冷浸型	冷浸田	烂泥田	深脚田、烂泥田、湖洋田、芙蓉田、陷田
		冷水田	山坑冷底田
		锈水田	卤镜田、卤田
		鸭屎泥田	
黏瘦型	重泥田	重泥田	泥骨田、腊泥田、黏土田、马肝淤田
	胶泥田	胶泥田	胶泥、红胶泥
		死黄泥田	黄泥骨田、黏瘦田、黄夹泥
	白鳝泥田	白鳝泥田	
	石灰板结田	石灰板结田	
		硬底田	
		锅巴田	
沉板型	淀浆田	淀浆田	结粉田、白散土、澄白土、小粉土、板而砂、淀煞白土、砂板土
	沉沙田	沉沙田	细沙田、绵砂田、砂质浅脚田
	沙漏田	沙漏田	砂板田、砂漏田、漏水砂田
毒质型	咸田	咸田	
	反酸田	咸酸田	
	矿毒田	猛毒田	
		硫黄田	
		炭浆水田	
缺水型	缺水田	缺水田	望天田

（引自：皮德信. 土壤肥料学. 南方本）

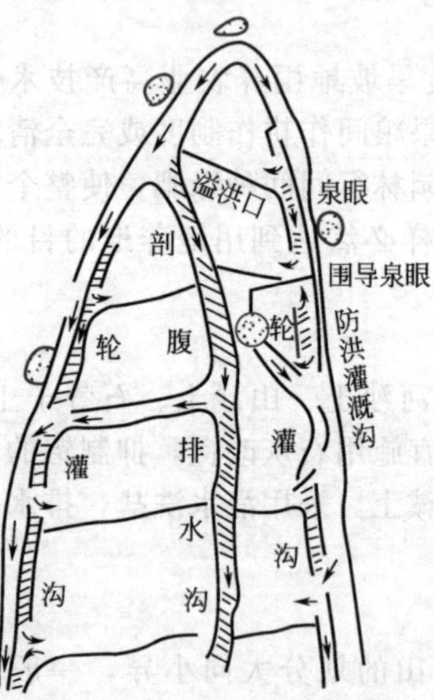

图 8-6 “三沟”配套示意图

治理措施。“三沟”的布置形式各地有别，基本形式见图 8-6。

① 截洪沟。也叫环山沟，防洪沟，排洪沟。根据山垄地形、土壤和山洪最大流量等情况，因地制宜在山脚垄内开截洪沟，以截断山洪入侵，防止水土冲刷流失。截洪沟大小以能及时排泄山洪为宜，也可将截洪沟与排水沟相连，并在连接处以水闸控制，增大排洪能力。若当地灌溉水源不足，可将山水引入水塘蓄积。

② 排水沟。根据冷泉的来源和垄宽决定排水沟的位置和沟形，按其作用可分为环田沟、中心沟及横沟、导泉暗沟等。根据地形和地下水走向决定用环形沟或中心沟作排水主沟。中心沟作排水主沟可设明沟或暗沟，明沟深度为 70～100cm，宽度以能迅速排涝为度；暗沟的沟深以入口处 1～2m，出口处 2～3m 为宜。横沟间距为 20～50m，并与中心沟、环田沟连通构成田间排水网络。

下面就泉眼导水引流设计作具体说明。

泉眼特别多的冷浸田，在用砂、石堵塞泉眼的同时，开好暗沟将冷泉水引到排水沟排出田块，以达到彻底根治冷浸田的目的。开暗沟的方法是先把烂泥挖起后开一条 1m 左右的深沟，沟底铺一层 30～50cm 厚的石子或粗砂，也可将三条松枝按“品”字形捆扎后连续平铺在沟内替代石子，上面再铺一层约 5～6cm 厚不易腐烂的硬骨草或芒萁草，再盖上平整石块。有条件则可用瓦筒或水泥筒做导泉暗沟（图 8-7）。

导泉暗沟材料的选择和设计，可以根据当地条件，因地制宜，就地取材。以下是三种典型材料的导泉暗沟设计方案（图 8-8）。

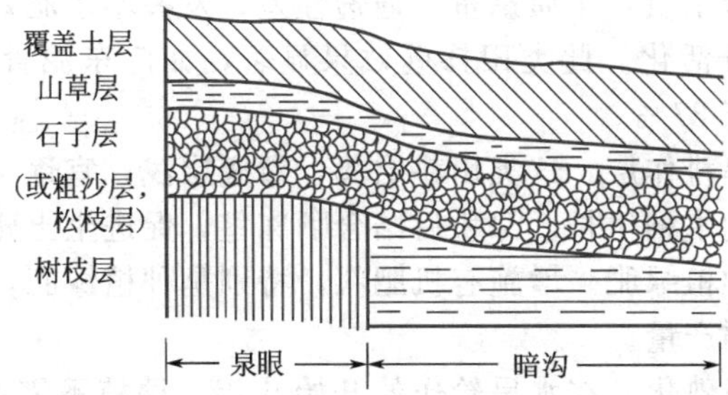

图 8-7　冷浸田堵泉眼及暗沟导流示意图

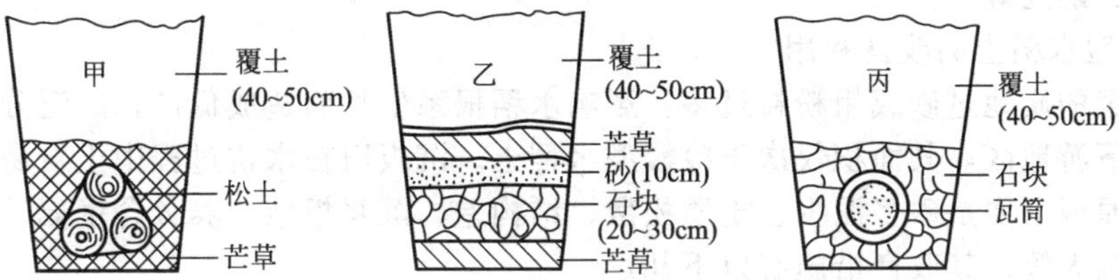

图 8-8　导泉暗沟结构形式

松木结构导泉暗沟的做法是先在沟底放一层芒草，再把三条松木并成“品”字形放下，松木的周围用芒草塞紧便于排水。

砂石结构导泉暗沟的做法是在沟底由下而上顺序放一层芒草，一层 20～30cm 厚的砂石，再放一层草。

瓦筒结构导泉暗沟的做法是在瓦筒四周用细砂塞紧，瓦筒与冷泉眼连接处用芒草包裹，以防瓦筒被泥土堵塞影响导流。

③ 灌水沟。灌水沟要改串灌漫灌为轮灌浅灌，窄田灌排结合，宽田灌排分开。需用冷泉水灌溉的田块，可在排水沟设闸拦水，待水温升高后再灌溉。灌水沟与排水沟相邻并列布置，可以减少其与排水沟、道路交叉而增加的施工难度和造价。

(2) 冬耕晒田　传统习惯冬泡只会加重田块冷浸。冷浸田应改冬泡为冬干，进行冬耕晒田。这样可以改善土壤耕性和通气透水性，有利于土壤微生物活动，加速土壤养分转化。冬耕后的土垡一定要晒白、晒透，不然翌年会耕不碎，耙不烂，形成大量泥核。耕作质量差，水稻生长必然受到抑制。

(3) 增施肥料　冷浸田一般缺乏磷、钾和硫素营养。蘸秧根是一种经济有效地施肥方法。每公顷用过磷酸钙 75kg 或钙镁磷肥 150kg 蘸秧根，可以增产 17%以上，福建农业科学试验站在烂泥田上做的钾肥试验，可以使水稻平均增产 36%。每公顷用石膏 22.5kg 或硫黄 7.5kg 沾秧根，可以增产 11%以上，磷、硫配合效果更好。冷浸田施用石灰和草木灰，既可以增加营养，又可以降低土壤酸性，同时有利于过多的亚铁离子被氧化，减轻还原物质的危害。

另外，冷浸田在开沟排水的基础上，采取自然免耕垄作，春种水稻，秋种绿肥，是一项改良土壤非常有效的措施（见第九章）。

2. 黏瘦型水稻土的改良利用

这类田分布较广，包括川、滇、黔的胶泥田，广西的腊泥田，广东的泥骨田，福建的黏瘦田和湖南的重黏田等，其中以广东、广西、云南和湖南较多。这类田的低产原因主要是土质黏重，结构差；土壤瘠瘦；耕作层浅薄，耕性差。其主要改良措施有以下几点。

(1) 掺砂改土，改善土质 土质黏重，通透性差，发挥不了肥效。应通过掺砂加深耕作层，改善质地，加速养分活化。此类田掺砂效果显著，如广东泥骨田每公顷掺砂375t，并结合其他措施，稻谷增产87%。

(2) 逐年深耕，加厚耕作层 这类田耕层薄，犁底层浅，宜逐年加深耕作层，避免一次性大量生土翻到地面影响水稻生长。深耕后结合晒冻垡，促进生土熟化。

(3) 增施有机肥，种植绿肥 增施有机肥料，特别是种植绿肥，可使土质疏松，结构改善，培肥地力，提高水稻产量。

(4) 水旱轮作，加速熟化 在水旱轮作的开始几年，种植不需要深翻整地的绿肥作物，如紫云英、苕子、肥田萝卜等，然后再逐渐扩大到需要翻土整地的粮肥兼收的冬季作物，如油菜、蚕豆、豌豆等。

3. 沉板型水稻土的改良利用

这类土壤的质地过砂或粗粉粒过多，影响水稻根系生长而造成低产，广泛分布于我国南方和长江中下游地区，其面积仅次于冷浸型水稻土。沉板田在水耕过程中土粒易下沉造成板结，其低产原因主要是砂多泥少、土质松散、结构差、沉浆板结，养分含量低、保水保肥力弱、土温变幅大等。其改良措施有以下几点。

(1) 客土掺泥，改良土质，加厚耕作层 即增加土壤黏粒，改变质地组成，增加耕层厚度。这类土壤宜多施含黏粒多的湖泥、河泥、塘泥、海泥、草皮泥以及老墙泥等，还可引洪淤灌，然后经过数年耕作，使耕层砂黏比例适中，同时黏粒逐渐下移形成紧实的犁底层，增强保水保肥能力。

(2) 深耕改土 对上砂下黏的重砂田，采取深耕，把底层黏土翻入耕层，可以改变耕层泥沙比例。深耕要配合施用有机肥，如果缺乏有机肥则应逐年深耕，以免耕层生土过多影响根系生长。

(3) 增施有机肥和氮磷肥 沉板田缺乏有机质和氮磷，应增施牛栏粪、堆沤肥、绿肥和加强秸秆还田，配合施用速效氮磷肥，速效氮肥要少量多次施用以免流失，可以增加掺泥改土和深耕改土效果。

(4) 水旱轮作 沉板田容易落干，适种作物广，宜水旱轮作，提高肥力。如广东惠阳市在砂质田采用水稻与花生、红薯轮作，提高肥力和单产的同时解决了油料和饲料问题。

4. 毒质型水稻土的改良利用

毒质田是指因土壤中含有盐、酸、毒等有害物质而危害水稻生长的一类低产田。这类田在我国南方分布甚广，如滨海地区的咸田，广东、广西、福建等省的入海河口地带的咸酸田，以及工厂、矿区附近的矿毒田等。

(1) 毒质田类型和特性

① 咸田。分布于我国滨海地区，土壤由海水浸渍而成，含有以氯化钠为主的盐分，耕层含盐量一般达0.3%～1%，超过水稻的忍受浓度0.3%。土壤脱水，则盐分集中到表土，危害更严重。

② 反酸田（咸酸田）。这类田主要是热带、亚热带滨海地区的一种具有“反酸”特点的稻田，在粤、桂、闽等省的入海河口有分布。太湖附近新围的湖荡田，在排水落干后再灌水，也出现反酸现象。“反酸”是因为稻田底有一种暗红色的酸水（硫化物）上升，使土壤pH值低于3.0，严重危害水稻生长甚至使水稻死亡。同时，这类田地有的受海水浸渍含盐，叫做咸酸田，有的具有像矾一样的苦涩味，叫做矾田。

③ 矿毒田。矿毒田是指受矿毒水危害的水稻土，如煤炭水田、硫酸水田、钨毒田、锰毒田等，特别是汞、镉、铅、铬等具有显著生物毒性的重金属污染的稻田，零星分

布于工矿附近，但随着工业的发展，如不加强“三废”处理和监控，其危害将会越来越严重。

(2) 毒质型水稻土的改良措施　毒质田形成原因各异，种类繁多，各地应有针对性地采取措施。一般而言，可以采取工程措施、生物措施、农艺措施进行改良。如①修建和改造排灌渠道，保证水源，改善灌溉水，增加淡水洗毒排毒，对矿毒田另辟水源或将煤洞水沉淀氧化后再灌田；②种植绿肥、增施有机肥尤其是厩肥，对改良矿毒田、提高土壤缓冲性能很有效用；③施用石灰肥料，中和土壤酸、增强代换排盐功能；④实行垄作，犁田晒冬，促进有毒物质氧化分解降低毒性。

5. 缺水型水稻土的改良利用

缺水田是指缺乏水利设施，易受旱患的低产田。这类田块多分布在丘陵高处及山顶，俗名叫望天田。低产原因主要是缺水，其次是缺肥，再者是耕层浅薄。其改良措施包括：第一，兴修水利；第二，增施有机肥和种植绿肥；第三，逐年深耕加厚耕作层。

第三节　果园和茶园土壤改良利用方法

如果利用丘陵山坡地建设果园、茶园，要根据地形和土壤实际情况选择改良方法。改良的整体环节大体包括地表改形、土层改造、改良质地、改良结构、改善土壤组成、调节土壤酸碱性。以上两园对土壤的要求总体相近，但两者的改良利用又有所区别。

一、果园土壤改良利用

用土层较浅薄、土壤较贫瘠的丘陵、山地建苹果、梨、桃、李、柑橘等果园，最好进行开园整地和培肥地力，果树栽植后再进行相应的改良。如果栽植果树前没有进行过开园整地和培肥地力，而果苗栽下后发现耕作层浅，结构不良，肥力低，有机质少，酸碱度不适宜等，则应针对存在的具体问题，及早采取有效措施进行改良。

1. 地表改形

如果是在坡度较大的坡地建园，在建园之前必做的工作就是地表改形。在10°～25°的坡地进行坡改梯，根据坡度设计梯面宽度和梯壁高差，通过爆破、人工挖砾、夯实梯壁、平整地面等环节建造梯台地（具体方法本章第二节已述）。

2. 深耕改土

如果是坡度较大、水土流失严重、耕作层浅的果园，建园前未进行地表改形，可选用以下方式深耕改土。①补修梯地或挖鱼鳞台，用以降低坡水流速，从而减少表层熟土冲刷流失；同时深耕台面行间，加深耕作层，重视农家肥和大压绿肥，并进行合理间作，以加深土壤活动层和加速土壤熟化，逐步建成适宜果树生长的园地。②实行大窝种植。根据果树成林后的大小及根系分布状况，通过爆破或人工挖砾，在坡面上建造深度和直径大体1m的圆筒形大窝，再将肥土、堆肥与挖出击碎的生土充分拌和后回填，最后盖上表土至窝面平整。注意窝内不能渍水，如果岩性致密不易走水，则采用窝内爆破较佳。

3. 改良土壤结构

结构差的黏土、砂土和砂砾土，首先进行“客土”。砂砾土要捡去大砾石掺塘泥或黏土，结合精耕细作、重施有机肥和合理轮间套作，逐渐创造结构良好的土壤。

4. 增加土壤有机质

有机质含量是判断土壤肥力的重要指标，也是果树生长的重要条件。我国果园的有机质含量一般只有1%～2%，按多数果树的需要应为3%～5%。增加和保持土壤有机质含量的方法主要有：种植绿肥压青，增施堆厩肥、土杂肥、作物加工废料，秸秆还田以及秸秆地面覆盖等。

5. 调节土壤酸碱度

果树种类不同，对土壤酸碱度的要求也不同，如苹果最适宜的土壤 pH 值为 5.4～6.8，梨为 5.8～7.0，桃为 4.5～7.0，柑橘为 5.5～6.5。pH 值为 6 时，磷的有效利用率最大，此时磷是磷酸一钙状态；pH 值小于 5.5 时，土壤中的氧化铝和铵离子的危害作用最强，使磷酸和铜变成固态而不能为根系吸收。我国南方土壤多为酸性，必然影响养分活动，或造成有效养分缺乏，或导致某些游离态养分增加而对果树产生危害。调节的方法主要有以下几点。

(1) 酸性土的调节 pH 值 5.5 以下的酸性土，多施碱性和微碱性化肥，如碳酸氢铵、氨水、石灰氮、钙镁磷、磷矿粉、草木灰等，必要时增施石灰，中和土壤中的酸。

(2) 碱性土的调节 pH 值超过 8 的碱性土，会使苹果、梨、柑橘等果树发生生理障碍，出现叶片黄化和缺素症。调节的方法可以概括为以下几点。

① 施肥调节。多施有机肥和酸性化肥，如硫酸铵、硝酸铵、过磷酸钙、硫酸钾等，用这些化肥中的酸去中和土壤中的碱。

② 引水调节。建立灌排系统，定期引淡水灌溉，进行灌水洗盐、冲淡盐碱含量，使含盐量降低到 0.1%以下。

③ 表土覆盖。地面铺沙、盖草或盖腐殖质土，以防止盐碱随毛管水上升，在地表集结。

④ 地被物调节。营造防护林和种植绿肥，用以降低风力风速，减少水分蒸发，防止土壤返碱。

⑤ 中耕切断毛管。雨后或灌溉后及时中耕，可以切断土壤毛细管，抑制盐碱随着毛管上升，减少水分蒸发造成的地表返盐返碱。

二、茶园土壤改良利用

在我国，茶树适合在南方云雾多、昼夜温差大的山地酸性土壤中生长。高肥力的清洁土壤，是建设高产优质茶园的必备条件。低产茶园土壤的改良措施主要有以下几点。

1. 整地施肥

在建园前，沿着等高线挖坑，宽度 1m，深度根据原有土层厚度和基岩性质挖 0.5～1m。按每公顷茶园土坑施肥 22500～30000kg 的比例，将堆渣肥、作物秸秆等有机肥与挖出的生土充分拌匀后全部回填。

2. 实行垄作

将相邻土坑之间的土壤集中垒于土坑之上，稍微夯实呈瓦背形即可在垄背上开窝，施用适量基肥后，栽种茶苗，并灌定根水。

3. 茶园土壤管理

建园后茶园土壤的管理内容主要是耕作施肥。

(1) 充分深耕与施足肥料 深耕能够消除土层板结，改善土壤三相比与通透性。深耕时间可在 9～10 月秋茶收后进行，对老林茶园要与改树同期，耕作深度力求 15cm 以上。坡度不陡的茶园可采用机械来完成耕作作业，在耕作的同时，进行开沟施肥，注意有机肥与无机肥料配施，按有机肥 4500kg/hm^2、高氮化肥 1125kg/hm^2 施肥后立即盖土。另外根据土壤有效养分含量适当补充必要的养分，但切忌过量使用化肥，防止高残留有害物质进入茶园，这是营造清洁茶园的根本要求。

(2) 覆盖 一般园地铺草以鲜草 22500～30000kg/hm^2 为宜。地面覆盖可以有效截留大气降水，防止水土流失，减少土面蒸发。覆盖物腐烂后，又能增加茶园的有机质。

第四节　园林绿地土壤管理与培肥

一、园林植物生长对土壤的基本要求

1. 园林植物的概念及种类

园林植物是指适用于园林绿化的植物材料。包括木本和草本的观花、观叶或观果植物，以及适用于园林、绿地和风景名胜区的防护植物与经济植物。室内花卉装饰用的植物也属园林植物。园林植物分为木本园林植物和草本园林植物两大类。

以植物特性及园林应用为主，结合生态进行综合分类，园林植物主要有以下类别。

(1) 园林树木　适于在园林绿地及风景区中栽植应用的木本植物，包括乔木和灌木、藤本，很多具有美丽的花、果、叶、枝或树形；也包括一些在城市及工矿区绿化中能起卫生防护和改善环境作用的树种，有的还兼能提供果品、油料、木材、药材等产品，是园林绿化的骨干植物。按园林树木在园林绿化中的用途和应用方式可以分为庭荫树、行道树、孤赏树、花木（花灌木）、绿篱植物、木本地被植物和防护植物等。按观赏特性可分为观树形、观叶、观花、观果、观芽、观枝、观干及观根等类。在观树形树木中，通常可分为圆柱形（如箭杆杨）、尖塔形（如雪松）、卵圆形（如加拿大杨）、倒卵形（如千头柏）、球形（如五角槭）、扁球形（如板栗）、钟形（如欧洲山毛榉）、倒钟形（如槐）、馒头形（如馒头柳）、伞形（如龙爪槐）、盘伞形（如老年期的油松）、棕榈形（如棕榈）、丛生形（如玫瑰）、拱枝形（如连翘）、偃卧形（如鹿角桧）、匍匐形（如偃柏）、悬崖形（如生长在高山岩石缝隙中的树木）、苍虬形（如复壮的老年期树木）、风致形（受自然环境因子影响而形成富于艺术风格的树形）等。

(2) 露地花卉　包括一、二年生花卉、宿根花卉、球根花卉、岩生花卉（岩石植物）、水生花卉、草坪植物和园林地被植物等。

(3) 温室花卉和室内植物　一般指温带地区须长年或一段时间在温室栽培的植物，又可分为热带水生植物、秋海棠类植物、天南星科植物、凤梨科植物、柑橘类植物、仙人掌类与多浆植物、食虫植物、观赏蕨类、兰花、松柏类、棕榈类植物，以及温室花木、温室盆花和盆景植物等。

2. 园林植物生长对土壤的基本要求

土壤是各种园林植物生存的基础，植物种类不同，适宜其生长的土壤类型亦有差异，但大多要求生长在有机质丰富、土层深厚、土质疏松、结构良好、保水保肥性较强、排水通畅、无生长障碍层、pH 近中性的土壤中。不同花卉、苗木的栽培管理条件不同，所适宜的土壤特性各异。

二、园林绿地的管理与培肥

园林绿地包括公园绿地、街道绿地、单位环境绿地、居民住宅区绿地（庭院绿地）、运动场绿地（如足球场、高尔夫球场、赛马场）等；另外，用于绿化的苗圃和花圃、城市的大型绿化隔离带以及城市周边地区用于游憩的森林和草地等也都属于绿地的范畴。

（一）不同栽培方式下园林绿地土壤的特性

1. 露地栽培土壤的特性

(1) 土壤质地各异　不同园林花木，适宜其生长的土壤质地不同。砂土类土壤可作扦插和栽培耐干旱的花木；黏土类土壤适宜栽培喜黏性花木；壤土类土壤砂黏适中，适宜栽培大部分种类的园林花木，此类质地土壤的面积所占比例最大。

(2) 土壤酸碱度差异大 各种园林植物对土壤酸碱度的适宜性有较大差异。大多数园林植物要求中性或弱酸性土壤，也有少数适宜强酸性（pH 4.5～5.5）和碱性（pH 7.5～8.0）土壤。

① 酸性土壤。适宜于酸性花木，如杜鹃、山茶、兰花、凤尾厥及凤梨科植物等，要求土壤 pH 在 6.8 以下，才能生长良好。

② 中性土壤。大多数园林花木喜欢近中性的土壤环境，要求土壤 pH 在 6.5～7.5，才能生长良好。

③ 碱性土壤。石竹、玫瑰、扶桑、香豌豆、天竺葵、侧柏、仙人掌类等，能在碱性土壤（pH7.5 以上）上正常生长。

(3) 土壤有机质和养分含量高低不一 一般来说，花卉土壤的有机质和养分含量较高，主要是施用有机肥和其他有机物质改良土壤的结果。而作为供应苗木的苗圃土壤，由于移植时一般带土球起苗，带走部分较肥沃的表土，使土壤有机质和养分含量降低。对于这类土壤，应及时补充熟化土壤和增施有机肥改善土壤养分状况。

2. 保护地土壤的特性

近年来，花卉苗圃的保护地栽培发展很快。保护地土壤的基本性质除部分保持露地栽培土壤的特性外，由于环境的改变，还形成了一些独有的特性。土壤溶液的盐分浓度明显比露地土壤的高。一般露地土壤溶液的全盐浓度为 300～500mg/kg，而保护地土壤可达 10g/kg 以上。多数植物生长发育的适宜浓度为 2g/kg，若土壤盐分浓度高于 4g/kg，就会抑制植物生长。因此，保护地土壤的施肥要特别注意土壤养分的适量与平衡施肥，防止盐分聚积影响植物生长。

3. 盆栽用土的特性

盆栽用土必须具备土质疏松、通气透水性好、养分含量高等条件。一般要求培养土的容重应低于 1，通气孔度不小于 10%。

(二) 园林绿地土壤的灌溉

水分多少直接影响园林花木的生长发育。水分多，花卉会出现徒长现象，甚至烂根死亡；水分少，植物易出现萎蔫而无法正常生长。因此灌溉是花卉栽培的一项重要的农艺措施。灌溉方式主要有以下几种。

1. 沟灌

沟灌是通过畦沟进行灌溉，其优点是能较好地保持土壤疏松且灌水效率高，但水的利用率较低。

2. 喷灌

其优点是：①容易控制灌水定额；②有效提高水分利用效率；③较好地保持土壤的良好结构；④调节田间的空气湿度；⑤高温天气下起到降温作用；⑥能冲洗掉植物叶茎上的尘土，使花卉艳丽。其缺点是耗能、投资和运行成本较高，且受风的影响比较大，强风下不能进行。

3. 微灌

微灌包括滴灌、微喷灌等，是通过低压管道系统与安装在末级管道上的滴头，将水和植物所需要的养分以较小的流量均匀、准确地直接输送到植物根部附近的土壤表面或土层中，基本不产生地面径流和深层渗漏，水的利用率较喷灌提高 15%～25%。由于可把水与养分同时向植物输送，既可节省人工又可满足植物对水分和养分的需求。缺点为投资和运行成本高，推广受到限制。

（三）园林绿地土壤的耕作

1. 整地

整地是对使用过的土地、出过大土球苗的苗圃地进行整理。因出球苗后，地面上遗留下许多坑洞，或因掘苗出圃造成地面不平，应将穴坑填平或对灌水不利的凸凹地进行平整。

2. 耕耙平整

将腐熟有机肥撒施于地表后进行翻耕，翻耕深度视情况而定。植大苗的土壤可适当加深，小苗可浅些；秋耕和休闲地的初耕可深些，春季或二次翻耕可浅些；一两年生草本花卉可翻耕 20～30cm，而球茎、宿根花卉根系较大，可深翻至 40～50cm。翻耕后的土块需打碎，然后耙平。

3. 作畦

其目的主要是有利于灌水和排水。作畦方式依气候条件、地势高低、土壤性质、花卉种类及栽培目的而定。作畦是在翻耕的基础上进行的，高畦有利于排水，多用于南方多雨地区，其畦一般高出地面 20～30cm，畦面宽一般为 1.0～1.5m。低畦多用于北方干旱地区，畦面两侧有畦埂，以便保持雨水及灌溉，畦面宽一般为 1m 左右。

（四）园林绿地土壤的施肥

1. 基肥

基肥以有机肥为主，常用的有厩肥、堆肥、人畜粪尿肥等，多在整地时翻入土内，施用量视土壤肥力状况和植物种类而定。有机肥一般应腐熟后再用，以免造成“烧根”。

2. 追肥

追肥是补充基肥养分的不足，以满足观赏植物不同生长发育阶段的需求。常用化肥、人粪尿等，追肥宜勤施少施。除了土壤施肥外，为了促进开花结果，防止落花落果或补给某种植物缺乏的微量元素，可采用根外追肥，如柑橘、石榴、无花果等等观果花卉，花谢后喷 0.05%～0.1%的磷酸二氢钾，可防止落果并促进果实膨大、形整色润。山茶花、杜鹃花等生育期间喷 0.2%～0.5%的硫酸亚铁，可使叶色浓绿光亮。

三、低肥力园林土壤的改良利用

低肥力园林土壤的改良，包括土壤熟化、不同质地类型土壤的改良及劣质土改良等。

1. 土壤熟化

一般园林观赏树木、深根性宿根花卉要求具有 80～120cm 的土层，对于一般的园林植物，其根系的 80%集中在 0～50cm 范围内，其中 50%分布在 0～20cm 的表土层中，因此对有效土层浅的花卉、苗圃、观赏树木的土壤进行深翻改良非常重要。深翻可改善根际土壤的通气透水性，使其疏松多孔，并增加其保水保肥性，从而改善园林绿地植物根系生长和吸收环境，促进地上部生长。在深翻的同时，结合施用腐熟有机肥或土壤结构改良剂，效果更好。一年四季均可进行深翻，但一般在秋季结合施基肥深翻效果最佳，并注意深翻施肥后立即灌透水，有助于有机质的分解和植物吸收养分。一般园林树木深翻至 80cm，多年生花卉苗圃深翻至 20～40cm，且深翻土层逐步加深。

2. 不同质地类型土壤的改良和利用

各种园林观赏植物的栽培，都要求团粒结构良好，土层深厚，水、肥、气、热协调的土壤，一般壤土、砂壤土、黏壤土较适合植物生长，但对于理化性质较差的黏质土和砂质土，除因地制宜利用外，必要时则需要进行土壤质地改良。

（1）黏质土　通气透水性差，在掺砂的同时混入纤维含量高的作物秸秆、稻壳等有机肥，可有效改良此类土壤的通透性，以利于植物生长。较适宜栽培喜黏性的花木。

（2）砂质土　通气透水性较好，但保水保肥性差，有机质含量低，土壤温度变化剧烈、日夜温差大。常采用"掺淤"（即掺入塘泥、河泥等）并结合增施有机肥来改良。也可使用土壤结构改良剂来改善土壤的保水性和促进团粒结构的形成。砂质土可用于扦插和栽培耐干旱的花木。

对于盆栽的观赏植物，包括盆花、观叶植物、盆景等，盆栽基质或盆土一般是由人工配制的，常用原料有：园土、腐叶土、堆肥土、塘泥、泥炭、蛭石、珍珠岩、稻壳灰、黄沙等。对于不同植物，选用的材料种类及配比有所不同。

3. 劣质土壤改良

(1) 盐碱地改良　盐碱地的主要危害是土壤含盐量高和离子毒害。当土壤的含盐量高于土壤含盐量的临界值 0.20%，土水势下降，植物根系很难从土壤中吸收水分和营养物质，易引起植物"生理干旱"和营养素缺乏症。且盐碱地的土壤 pH 值一般在 8.0 以上，可使土壤中多种营养元素的有效性降低。

盐碱地的改良措施主要从以下几方面进行。

① 合理灌溉。通过淡水灌溉或洗盐，降低土壤含盐量；若地下水含盐量高，应采取措施降低地下水位。

② 多施有机肥。增施有机肥能够改善土壤结构，提高土壤营养物质的有效性，也可通过种植绿肥如苜蓿、草木樨、田菁、黑麦草等改善土壤的理化性状。

③ 化学改良。施用土壤结构改良剂，促进土壤团粒结构的形成并提高土壤的保水性能。

④ 适时中耕。通过中耕切断土壤毛管，减少水分蒸发，减少地表积盐。

⑤ 地表覆盖。减少土面蒸发，防止盐分随水上升至地表。

(2) 土壤酸碱度改良　土壤酸碱度对园林植物的生长发育影响较大，土壤中必需营养元素的有效性，土壤微生物的活性，根系吸水、吸肥能力，以及有害物质对根部的作用等，均与土壤酸碱性有关。园林植物产自于世界各地，因此对土壤的酸碱度要求不一致，见表 8-6。

表 8-6　常见园林植物最适土壤酸碱度

植物种类	pH	植物种类	pH	植物种类	pH
葡萄	7.5～8.5	枇杷	5.5～6.5	凤仙花	5.5～6.5
西府海棠	6.5～8.5	香蕉	4.5～7.5	芍药	6.0～7.5
苹果	5.4～8.0	凤梨科植物	4.0	杜鹃	4.5～6.0
枣	5.0～8.0	菠萝	4.5～5.5	秋海棠	5.5～7.0
梨	5.5～8.5	金鱼草	6.0～7.5	山茶	4.5～5.5
柿子	6.5～7.5	君子兰	5.5～6.5	仙人掌类	7.5～8.0
樱桃	6.0～7.5	仙客来	6.0～7.5	菊花	6.0～7.5
柑橘	6.0～6.5	石竹	6.0～8.0	八仙花	4.6～5.0
桃	5.5～7.0	一品红	6.0～7.5	月季花	6.0～7.0
板栗	5.5～6.8	郁金香	6.5～7.5	兰科植物	4.5～5.0

土壤过酸时可加入适量石灰，或种植碱性绿肥作物如肥山萝卜、紫云英、毛叶苕子、油菜、豇豆、蚕豆、金光菊、二月兰、大米草等来调节土壤酸性；土壤偏碱时宜加入适量的硫黄、石膏、硫酸亚铁等，或种植酸性绿肥作物如苜蓿、草木樨、田菁、绿豆、扁蓿豆、百脉根、偃麦草、黑麦草、燕麦等来调节。

(3) 渣砾质土壤改良　城市渣砾质土壤的利用原则是以种植耐旱树木和灌木为主，渣砾含量若不多（<30%），可不改良。若渣砾含量较高，需要剔除过量的渣砾。栽花、种草时，大的砖砾、石块等应尽量挖出取走，这样可在一定程度上改善土质。如果渣砾过多（如含量为 50%），无论如何不能保证园林植物（树木、灌木等）对水分、养分和扎根条件的要求，应向渣质土中掺入足够量的壤土。若地块的绿化价值和绿化要求都很高（如建造草坪或大型

花池），则应采取客土覆盖或彻底换土的方法。

上述黏土、砂土及渣砾土的改良，是对一般的城市绿地或生产绿地而言的，有些专用绿地，如高尔夫球场、足球场、赛马场、飞机场等，则对土壤质地和质地层次有特殊的力学要求。

第五节　土壤污染与防治

人为活动产生的污染物进入土壤并积累到一定程度，引起土壤质量恶化，进而造成农作物中某些指标超过国家标准的现象，称为土壤污染。土壤污染物的来源广、种类多，大致可分为无机污染物和有机污染物两大类。无机污染物主要包括酸、碱、重金属（铜、汞、铬、镉、镍、铅等）盐类，放射性元素铯、锶的化合物，含砷、硒、氟的化合物等。有机污染物主要包括有机农药、酚类、氰化物、石油、合成洗涤剂以及由城市污水、污泥及厩肥带来的有害微生物等。

一、土壤中重金属污染与防治

我国是以农业为基础的发展中国家，近年来随着工业化建设的进行，以及农用化肥农药的大量施用，使土壤污染问题日趋突出。而土壤重金属污染是其中重要的组成部分，由于其在土壤中残留期长，植物体易富集，且不能被土壤微生物分解，从而对农产品的产量、品质和人类的身体健康造成了很大的危害。

1. 土壤重金属污染的特性

(1) 重金属对植物体产生毒性的浓度范围不同　一些重金属元素是植物生长发育所必需的营养元素，如 Cu、Zn、Mn、Fe 等，具有一定的生理功能，它们只是在含量很高时，才会发生污染危害，出现中毒症状，但这种限量一般很高。据有关资料表明，造成植株危害的土壤有效锌含量一般超过 100mg/kg，折合土壤全锌量可达 1g/kg。而另一些植物生长发育不需要的元素，如镉、汞、铅等，对植物产生毒性的浓度范围要低得多，如镉的土壤含量限值只有 0.3～0.6mg/kg，铅为 2.50～3.50mg/kg，汞为 0.3～1.0mg/kg。

(2) 不同的重金属对植物产生危害的症状不同　有些重金属元素主要是妨碍植物的生长发育及产量，如 Cu、Zn 等，而另一些重金属元素如 Hg、Cd 等，主要是通过在植物体内的积累对人和其他动物产生危害。例如 Cd 主要影响 Ca 的代谢，当其在体内积累过多时，骨质中的 Ca 被 Cd 所替代，使骨质疏松软化，极易骨折且疼痛难忍，并引起肾功能失调，即我们所说的痛痛病。

(3) 对于不同的植物种类引起污染的重金属浓度不同　不同的植物对重金属污染的忍受能力也有差异。如对 Cd 污染而言，玉米、大豆和莴苣等为敏感植物，当土壤含 Cd 量为 4～13mg/kg 时，就能导致减产 25%；番茄、南瓜、苎麻等对 Cd 的敏感性较低，它们在土壤含 Cd 量高达 160～250mg/kg 时产量才有所降低。对于同一种植物的不同基因型和不同生长时期重金属污染的浓度也有所不同。不同基因型的植物，其对重金属的吸收能力和生物量可相差 3～10 倍。

(4) 重金属对土壤微生物有一定的毒性，而且对土壤酶活性有抑制作用　微生物在土壤中不仅不能降解重金属，反而有些重金属还会在微生物的作用下转化为毒性更强的有机化合物（如甲基汞等），从而引起微生物数量及种群的变化，进而影响整个土壤生态系统的平衡。重金属对土壤酶活性的抑制，可作为重金属污染程度的指标。

2. 土壤重金属污染的来源

① 采矿业和冶炼工业向环境中排放的“三废”成为土壤重金属污染的重要来源。

② 煤和石油的燃烧也是土壤中重金属的重要来源。

③ 过量化肥农药的不当使用以及施用含有重金属的污泥、垃圾等也是一个重要的污染源。以土壤中的Pb污染为例，Pb在土壤中的主要存在形态为难溶性的Pb化合物，被植物体吸收后主要集中在根部，造成蓄积性中毒。

④ 交通工具燃用含铅汽油所释放的铅物质对路边土壤的污染，其排放量可用相应的模型进行估算。

⑤ 随着污水灌溉而进入土壤中的重金属。我国有利用污水进行灌溉的传统，农业部进行的全国污灌区调查表明，在约140万公顷污灌区，遭受重金属污染的土地面积占污灌面积的64.8%，其中轻度污染的占46.7%，中度污染的占9.7%，严重污染的占8.4%。

⑥ 废旧电池，也是造成土壤重金属污染的一个来源。

3. 土壤重金属污染的防治

土壤重金属污染具有潜伏期长、累积性强和隐蔽性等特点，因此在重金属污染的防治上应当以“防”为主，具体措施如下。

(1) 定期开展土壤质量调查与监测　土壤质量调查主要包括区域土壤重金属污染情况调查和污染程度的分级与评价。一般以区域土壤的背景值或土壤污染物的临界值作为评价标准，把土壤中重金属的含量与背景值或污染物的临界值的比值转换为无量纲数值（如污染指数）来判断污染情况。

(2) 切断污染源以及控制重金属进入食物链　切断污染源是指采取有效措施，控制和消除污染源，这是目前治理重金属污染的最切实有效的方法。例如，限制工矿企业重金属污染物的随意排放及制订污染物的排放标准。农业方面的方法有：①要注重平衡施肥，减少化肥的使用量和污染；②要加强农药的管理，控制农药的种类及施用量，减少其在土壤中的残留；③对于污水灌溉和施用污泥，要制定相应的标准，将污染控制在源头。另一方面，土壤中的重金属污染物主要通过植物的吸收累积，进而通过食物链对人体造成危害，因此，我们应采取措施控制植物的吸收，减少重金属物质在植物可食部分的积累量，如种植一些对重金属吸收能力较差的品种等。对于污染特别严重的地区，我们应避免种植一些可供食用的植物，而改种观赏性的植物或用以培育新品种。

(3) 改良土壤结构，从而提高其对土壤重金属污染的抵抗能力　土壤环境具有一定的自净能力，其自净能力的大小取决于土壤的环境容量，而环境容量是可以调控的，调控的机理是改变土壤的组成及结构，从而改变土壤中重金属的存在形态，降低其毒性；或者是减少作物对重金属的吸收率。如增加有机肥的施用量，可增加土壤胶体对重金属的吸附能力，同时有机质又是还原剂，可促使土壤中某些重金属的形态发生变化，从而降低其毒性。又如控制土壤中水分的含量，可以改变土壤的氧化还原状况，进而影响重金属的存在形态。据研究，在水稻抽穗到成熟期，保持淹水可明显减少水稻籽食中Cd，Zn，Cu，Pb的含量。此外，在农忙时节撒石灰，硅肥，可以降低农作物对有毒重金属的吸收率。

(4) 采用工程措施以及生物措施

① 工程措施。是指利用物理和物理化学原理治理污染土壤，常用的工程措施主要有客土，换土，翻土和清洗法，以及用电极吸附的电化法等。

② 生物措施。就是利用某些特定的动物、植物和微生物较快地将重金属移出土壤，或者改变其存在形态，从而达到改良土壤的目的。目前对植物修复土壤重金属污染研究得比较多，且取得了一定的进展。例如，在云南Pb、Zn矿区选出20个对重金属有较强吸收能力的植物，其中三种植物能累积2种以上重金属。由于重金属在土壤中不能降解，因此重金属的植物修复技术主要是利用植物的稳定化作用、植物对重金属的提取积累作用、根际的过滤

作用，以及植物的挥发作用，即通过植物使土壤中的某些重金属（如 Hg）转化成气态而挥发出来。如许多湿地植物在其根系表面还原金属成不溶性的沉积物，从而防止金属的移动，减少了对环境的危害，改造的湿地一般可消除 90%以上来自各种废水中的重金属。有些植物如小花南芥、续断菊等通过根系吸收对重金属有很强的积累作用。截至目前共有 70 个属 500 多种植物具有超强积累作用。

（5）利用微生物来消除重金属的污染　德国科学家新近研究出一种能吃掉有毒重金属的超能力细菌，这种细菌能在有毒的核废料中存活，还能聚集吸附有毒重金属。西班牙的科学家也培育出一种转基因细菌，可分泌出一种可与重金属结合的特殊蛋白质，有望消除重金属。这些都为我们治理重金属污染提供了新的途径。

二、土壤中化肥的污染与防治

化肥是重要的农业生产资料，对提高作物产量有很大作用。但是化肥施用量的不断增加也对土壤产生了不良影响，主要表现在：增加了土壤重金属与有毒元素的危害；导致土壤硝酸盐积累；破坏土壤结构，促进土壤酸化；降低土壤微生物活动，从而改变了土壤的性状，降低了土壤肥力，降低了作物产量，产生追施化肥的恶性循环。

1. 施用化肥对土壤的污染

（1）增加土壤重金属和有毒元素的危害　重金属是化肥对土壤产生污染的主要污染物质，进入土壤后不仅不能被微生物降解，而且可以通过食物链不断在生物体内富集，甚至可以转化为毒性更大的甲基化合物，最终在人体内积累，危害人体健康。土壤环境一旦遭受重金属污染就难以彻底消除。产生污染的重金属主要有 Zn、Ni、Cu、Co 和 Cr。从化肥的原料开采到加工生产，总是给化肥带进一些重金属元素或有毒物质，其中以磷肥为主，约占 20%。磷肥的生产原料为磷矿石，它含有大量有害元素 F 和 As，同时磷矿石的加工过程还会带进其他重金属 Cd、Hg 等，特别是 Cd。

另外，利用废酸生产的磷肥中还会带有三氯乙醛，会对作物造成毒害。比如，1980 年山东文登施用含有三氯乙醛过量的磷肥，使 300hm^2 农作物受害，大面积绝收。所以对用重金属含量高的磷矿石制造的磷肥要慎重使用，以免导致重金属在土壤中的积累。研究表明，无论是酸性土壤、微酸性土壤还是石灰性土壤，长期施用化肥还会造成土壤中重金属元素的富集。如，长期施用硝酸铵、磷酸铵、复合肥，可使土壤中 As 的含量达 50～60mg/kg。

（2）导致营养失调，造成土壤硝酸盐累积　目前我国施用的化肥以氮肥为主，而磷肥、钾肥和复合肥较少，长期这样施用会造成土壤营养失调，加剧土壤 P、K 的耗竭，导致 NO_3^--N 累积。NO_3^- 本身无毒，但若未被作物充分同化其含量会迅速增加，摄入人体后被微生物还原为 NO_2^-，使血液的载氧能力下降，诱发高铁血红蛋白血症，严重时可使人窒息死亡。同时，NO_3^- 还可以在体内转变成强致癌物质亚硝胺，诱发各种消化系统癌变，危害人体健康。

（3）导致土壤酸化　长期施用化肥还会加速土壤酸化。一方面氮肥在土壤中的硝化作用产生硝酸盐。整个过程分为两步，首先是铵转变成亚硝酸盐，然后亚硝酸盐再转变成硝酸盐。可见在通气良好的土壤中，硝化作用的结果是形成 H^+，因此当氨态氮肥和许多有机氮肥转变成硝酸盐时，会释放出 H^+ 导致土壤酸化。另一方面，一些生理酸性肥料，比如磷酸钙、硫酸铵、氯化铵在植物吸收肥料中的养分离子后，导致土壤中 H^+ 增多。许多耕地土壤的酸化都和生理性肥料长期施用有关。

氮肥在通气不良的条件下，可进行反硝化作用，以 NH_3、N_2 的形式进入大气，大气中的 NH_3、N_2 可经过氧化与水解作用转化成 HNO_3，降落到土壤中引起土壤酸化。土壤酸化后可加速 Ca、Mg 从耕作层淋溶，从而降低盐基饱和度和土壤肥力。

(4) 降低土壤微生物活性　土壤微生物是个体小而能量大的活体，它们既是土壤有机质转化的执行者，又是植物营养元素的活性库，具有转化有机质、分解矿物和降解有毒物质的作用。中科院南京土壤研究所的试验表明，施用不同的肥料对微生物的活性有很大的影响，在红壤、水稻土和潮土中，土壤微生物数量、活性大小的顺序为：有机肥配施无机肥＞单施有机肥＞单施无机肥。目前，我国施用的化肥中以氮肥为主，而磷肥、钾肥和有机肥的施用量低，这会降低土壤微生物的数量和活性。

2. 防治措施

(1) 强化环保意识，加强土壤肥料的监测管理　目前大多数人还没有意识到化肥对土壤环境和人体健康造成的潜在危险。今后应加强教育，提高群众的环保意识，使人们充分意识到化肥污染的严重性，调动广大公民参与到防治土壤化肥污染的行动中。注重管理，严格化肥中污染物质的监测检查，防止化肥带入土壤过量的有害物质。制定有关有害物质的允许量标准，用法律法规来防治化肥污染。

(2) 增施有机肥　有机肥是我国传统的农家肥，包括秸秆、动物粪便、绿肥等。施用有机肥能够增加土壤有机质、土壤微生物含量，改善土壤结构，提高土壤的吸收容量，增加土壤胶体对重金属等有毒物质的吸附能力。各地可根据实际情况推广豆科绿肥，比如实行引草入田、草田轮作、粮草经济作物带状间作和根茬肥田等形式种植。另外，作物秸秆本身含有较丰富的养分，比稻草多含有0.5%～0.7%的氮、0.1%～0.2%的磷、1.5%的钾以及硫和硅等。因此推行秸秆还田也是增加土壤有机质的有效措施。从发展来看，绿肥、油菜、大豆等作物秸秆还田前景较好，应加以推广。

(3) 推广配方施肥技术　配方施肥技术是综合运用现代化农业科技成果，根据作物需肥规律、土壤供肥性能与肥料效应，在以有机肥为主的条件下，在产前提出施用各种肥料的适宜用量和比例及相应的施肥方法。推广配方施肥技术可以确定施肥量、施肥种类、施肥时期，有利于土壤养分的平衡供应，减少化肥的浪费，避免对土壤环境造成污染，值得推广。

(4) 施用硝化抑制剂　硝化抑制剂又称氮肥增效剂，能够抑制土壤中铵态氮转化成亚硝态氮和硝态氮，提高化肥的肥效和减少土壤污染。据河北省农科院土肥所贾树龙研究，施用氮肥增效剂后，氮肥的损失可减少20%～30%。主要是由于硝化细菌的活性受到抑制，铵态氮的硝化变缓，使氮素较长时间以铵的形式存在，减少了对土壤的污染。

(5) 改进施肥方法　氮肥深施，主要是指铵态氮肥和尿素肥料。农业部统计，在保持作物相同产量的情况下，深施节肥的效果显著。碳铵的深施可提高利用率31%～32%，尿素可提高5%～12.7%，硫铵可提高8.9%～22.5%。磷肥按照旱重水轻的原则集中施用，可以提高磷肥的利用率，减少对土壤的污染。对于施肥造成的土壤重金属污染，可采取施用石灰，增施有机肥，调节土壤氧化还原电位等方法降低植物对重金属元素的吸收和积累，还可以采用翻耕、客土深翻和换土等方法减少土壤重金属和有害元素。

三、农药及有害有机物的污染与防治

1. 农药对环境的污染

农药的施用对环境中的病虫草害和其他有害生物起作用的同时，也可能对大气、水体、土壤、农作物、食品，以及环境造成污染。

(1) 农药对大气的污染　农药对大气的污染主要来自于农药的喷洒，经喷洒形成的漂浮物，大部分附着在作物与土壤表面，还有一部分则通过扩散分布于周围的大气环境中，这些漂浮物或被大气中的飘尘所吸附，或以气体或气溶胶的状态悬浮在空气中，随着大气的运动而扩散，从而使大气污染的范围不断扩大，有的甚至可以漂移到很远很远的地方。农药对大气的污染程度与范围，主要取决于施用农药的性质（蒸汽压）、农药施用量、施药方法以及施药地区的气象条件（气温、风力等）。通常大气中的农药质量分数极微，一般都在 10～12ng/kg 以下，但在农药生产厂区或在温室内施药，其周围大气中的农药质量分数高达几十至数百 ng/kg，局部地区甚至更高。

（2）农药对水体的污染　农药对水体的污染主要来自以下几个方面。水体直接施用农药；农药生产厂向水体排放生产废水；农药喷洒时农药微粒随风漂移降落至水体；环境介质中的残留农药随降水、径流进入水体；另外农药容器和使用具的洗涤亦会造成水体污染。进入水体的农药，因性质的差异，其存在状态也不相同。如对水溶解度很小的有机氯农药，将主要吸附于水体中的悬浮颗粒物或泥粒上，溶解于水中的农药质量分数较小，通常以 ng/kg 计；而对一些水溶解度较大的农药，如有机磷或氨基甲酸酯类农药，水体农药质量分数则可能达到 μg/kg 甚至 mg/kg 级。水体农药污染的程度和范围，不同的农药也不相同。一般以田沟水与浅层地下水污染最重，但污染范围较小；河水污染程度次之，但因农药在水体中的扩散、农药随水流运动而迁移，其污染范围较大；自来水与深层地下水因经过净化处理或土壤吸附过滤，污染程度相对较小。

（3）农药对土壤的污染　土壤是农药在环境中的"贮藏库"，又是农药在环境中的"集散地"。田间施药大部分进入土壤环境中，另外大气中的残留农药与喷洒时附着在作物上的农药，经雨水淋洗也将进入土壤中，用已受农药污染的水体灌溉农田及地表径流等都是造成农药土壤污染的原因。进入土壤环境中的农药，因施用的农药不同，施药地区土壤性质的差异以及农药用量和气象条件的差别，使农药在土壤中的残留和迁移行为有很大差别。农药对土壤的残留和污染主要集中在使用地区 0～30cm 深度的土层中。土壤农药污染程度视农药量而异，土壤受农药的污染程度和范围，与种植作物种类、栽培技术以及施用农药种类和数量有关。通常栽培水平高或复种指数高的土壤，农药用量也大，土壤农药残留污染的程度也就高。果园农药施用量一般较高，土壤中农药残留污染的程度也最为严重。另外，性质稳定，在土壤中降解缓慢，残留期长的农药品种对土壤的污染要更严重。

（4）农药对农作物和食品的污染　土壤中农药的残留与农药直接对作物的喷洒是导致农药对作物和食品污染的重要原因。农作物的污染程度与土壤的污染程度、土壤的性质、农药的性质以及作物品种等多种因素有关。农作物通过根系吸收土壤中的残留农药，再经过植物体内的迁移、转化等过程，逐步将农药分配到整个作物体中；或者通过作物表皮吸收黏着在植物叶面上的农药进入作物内部，造成农药对农作物和和食品的污染。经研究发现，农药对食品的污染程度一般为：肉类最大，其次是蛋类、食油、家禽、水产品、粮食、蔬菜、水果。

（5）农药对环境生物的污染　环境中的微量农药可通过食物链的转化过程逐级浓缩，从而导致对环境生物的农药富集与污染。居于食物链位置愈高的生物，其浓缩倍数也愈高，受农药污染的程度也愈严重。

2. 农药对人体健康的影响

环境中的农药一般是通过皮肤、呼吸道和消化道 3 条途经进入人体，农药一旦进入人体，对人体健康危害十分严重。

3. 农药污染的防治措施

施用农药的目的是为了防治病虫草害，保证农作物高产丰收，但农药的使用又可能会引起环境的污染，危害人体健康，因此，为最大限度地扬利避害，必须做到以下几点。

① 加强农药的科学管理。

② 安全合理地使用农药。

③ 发展高效、低毒、低残留的农药新品种。

④ 广泛开展生物防治或综合防治。

⑤ 提高农民的环境保护意识，让生物防治在综合防治中起主导地位，自觉地不使用污染严重的高浓度农药。

四、我国土壤污染状况调查的最新进展

国家环境保护部和国土资源部于 2014 年 4 月 17 日公布了《全国土壤污染状况调查公报》，此次全国土壤污染状况调查始于 2005 年 4 月，于 2013 年 12 月结束，在我国尚属首次。调查范围为中国境内（未含港、澳、台地区）的陆地国土，调查点位覆盖全部耕地、部分林地、草地、未利用地和建设用地，实际调查面积约 630 万平方公里。

从公报披露的一系列数字来看，我国部分地区土壤污染较重，耕地土壤环境质量堪忧，工矿业废弃地土壤环境问题突出。全国土壤总超标率为 16.1%，耕地土壤点位超标率高达 19.4%。其中轻微、轻度、中度和重度污染点位比例分别为 13.7%、2.8%、1.8% 和 1.1%。林地土壤点位超标率为 10.0%，草地土壤点位超标率为 10.4%，未利用地土壤点位超标率为 11.4%。土壤污染以无机型为主，有机型次之，复合型污染比重较小。无机污染物超标点位数占全部超标点位的 82.8%，主要无机污染物包括镉、汞、砷、铜、铅、铬、锌、镍等重金属，点位超标率分别为 7.0%、1.6%、2.7%、2.1%、1.5%、1.1%、0.9%、4.8%。南方土壤污染重于北方，长三角、珠三角、东北老工业基地等部分区域土壤污染问题较为突出，西南、中南地区土壤重金属超标范围较大。镉、汞、砷、铅 4 种无机污染物含量分布呈现从西北到东南、从东北到西南方向逐渐升高的态势（详见附录二）。

第六节 国外土壤改良新技术

近年来，在国外对土壤板结、蒸发、有毒物质污染等进行了一系列的研究，现已研制和开发出了土壤保湿剂、松土剂、增肥剂、消毒剂、除污剂等。

一、液体通气保湿剂

日本研制的一种土壤改良剂，含有聚乙烯醇 6.66%、脱乙酞甲壳质 0.11%、氨基酸 0.022%、单宁 0.019%。在黏土中加入这种改良剂，能改善土壤不良结构，形成团粒结构，提高土壤通气性、透水性和保水性。

二、聚合物亲水松土剂

法国利用聚合物制成的一种能湿润和疏松土壤的亲水松土剂。该松土剂呈颗粒状，撒入土壤（用量为 $100g/m^2$）后即起作用。当土壤潮湿时，颗粒吸收水分而剧烈膨胀，其体积可增大数百倍。然后逐渐释放出水分，使作物在干旱时也有一定的水分维持生长。随着含水量逐渐减少，颗粒的体积也随之减小，空出原来占据的位置，从而使土壤疏松。

三、陶瓷保湿剂

日本农业专家开发出的一种能改造沙漠的陶瓷保湿剂。这种陶瓷含有众多的石膏，可以吸收比其本身重许多倍的水，具有良好的蓄水和保水性能。将它与高分子树脂和沙混合，可用来培育水果或蔬菜。

四、注射松土法

德国专家制成了一种使用压缩空气的注射装置，专门向土壤中注入塑料颗粒和石灰，不

仅可使土壤疏松，石灰还可中和土壤中的酸性。

五、土壤通电消毒法

美国发明了一种净化被污染土壤的方法，就是给受污染的土壤通上直流电，当电流接通时，液态酸在阳极形成并运动到土壤气孔中，吸收土壤中的污染物进入液体。在电渗析过程中，使用大量的水冲刷土壤，把气孔中的液体冲出来，使其运动到阴极，在那里液体被抽到地表面，污染物因而离开了土壤。

六、沸石除污

俄罗斯科技人员在向土壤中喷洒农药的同时施入一定的天然沸石，由于沸石含有众多微孔，吸附性强，能够促进吸收和析出任何物质与气体的分子，所以不仅能免除化学农药对土壤的污染，有利于作物生长，而且同农药混用还能增强药性，提高杀虫效果。

本章小结

高产稳产水稻土农田特征如下：①良好的土体构造；②土质不宜过砂过黏；③有机质多、养分丰富、有效性高；④土壤微生物活性强；⑤结构、耕性良好，渗漏量适当。

高产稳产旱地土农田特征是：①具有深厚的土层和良好的土体构造；②耕层深厚，地面平整；③养分含量高；④黏砂适中，结构良好；⑤土壤反应适宜，不含有害物质。

建设高产稳产水稻土农田的措施如下：①搞好农田基本建设，改善土壤水分状况；②深耕改土，精耕细作，创造深厚肥沃的活土层；③增施有机肥料，加速土壤熟化；④用养结合，建立合理的轮、间、套制度。

建设高产稳产旱作土农田的措施是：①创造深厚土层；②精耕细作，加深耕层；③调节土壤养分含量；④客土改土，黏砂适中；⑤调节适宜的土壤反应，控制有害物质。

中低产土壤是指土壤中存在一种或多种制约农业生产的障碍因素，导致单位面积产量相对低而不稳的耕地。中低产土壤改良技术主要包括两个方面，即北方主要中低产土壤的改良技术和南方主要中低产土壤的改良技术。二者因南北差异而有不同。

果园土壤改良要点是：① 地表改形；② 深耕改土；③ 改良土壤结构；④ 增加土壤有机质；⑤ 调节土壤酸碱度。

茶园土壤改良要点是：① 整地施肥；②实行垄作；③茶园土壤管理。在建园后的茶园土壤管理主要是耕作施肥及覆盖。

园林绿地土壤管理与培肥有多项措施，其中低肥力园林土壤的改良，包括土壤熟化、不同质地类型土壤的改良及劣质土改良等。

人为活动产生的污染物进入土壤并积累到一定程度，引起土壤质量恶化，并进而造成农作物中某些指标超过国家标准的现象，称为土壤污染。污染与防治包括：土壤中重金属、化肥、农药及有害有机物的污染与防治。

近年来，国外土壤改良新技术的主要成果归结起来有：土壤研制和开发出了液体通气保湿剂、聚合物亲水松土剂、陶瓷保湿剂、注射松土法、土壤通电消毒法及沸石除污等新技术。

复习思考题

1. 高产稳产水稻土具有哪些共同的肥力特征？
2. 某一地区高产肥沃旱地土壤区别于一般土壤的基本特征是什么？

3. 试述高产稳产水稻土的建设措施。
4. 高产稳产旱作土建设应着重抓好哪些措施？
5. 什么叫做中低产土壤？什么叫做中低产田土类型？中低产土壤的总体成因有哪些？
6. 如何改良盐碱土？
7. 如何科学利用砂姜黑土？
8. 简述风沙土的治理培肥措施？
9. 试述我国北方中低产土壤的改良利用技术。
10. 试述我国南方坡耕地改良利用技术。
11. 我国南方低产水稻土有哪些一级类型？
12. 试分析我国南方低产水稻土的成因与改良技术。
13. 简述分述果园和茶园土壤改良利用方法。
14. 简述低肥力园林土壤的改良利用方法。
15. 简述土壤重金属污染来源及防治措施？
16. 面对化学肥料的污染，应如何进行科学施肥？
17. 农药对环境污染包括几方面？如何防治？
18. 目前国外土壤改良技术有何新进展？
19. 简述土壤重金属污染来源及防治措施？
20. 面对化学肥料的污染，应如何进行科学施肥？
21. 农药对环境污染包括几方面？如何防治？

第九章　土壤免耕技术

学习目标

技能目标

【学习】各类免耕的操作方法。

【熟悉】常见土壤免耕的基本技术流程，一定免耕类型的适用条件分析。

【学会】水田、旱地自然免耕和我国当前典型免耕的主要技术环节。

必要知识

【了解】国内外土壤免耕的发展概况。

【理解】土壤免耕的基本概念。

【掌握】土壤免耕类型的基本原理、优点和局限性。

相关实验实训

实训四　土壤改良（或土壤免耕）现场参观（见 331 页）

土壤耕作是使用农具以改善耕层构造和地面状况的多种技术措施的总称。从古至今，土壤耕作经历了从原始“刀耕火种”到现代机械化耕作的逐步演变。我国几千年的农业史就是一部从粗放垦种到精耕细作的发展史。然而，在我国农民耕种过程中早就产生过土壤免耕雏形。早在公元 265～316 年我国华南地区就开始采用免耕技术种植再生稻；1068～1077 年浙江开始发展双季间作稻，后季稻也采用的是免耕栽培法；甘肃的砂田栽培也是一种免耕法，已有二三百年历史。20 世纪 30 年代的美国，认为传统耕作法需要多种机具多次进入田间耕作，容易破坏土壤结构，20 世纪 40 年代开始研究减少土壤耕作次数的少耕体系，20 世纪 60 年代出现了播种前不单独进行任何土壤耕作，在播种时一次完成切茬、开沟、喷药、覆土等多道工序的免耕法。目前，美国、加拿大和澳大利亚等国已基本全部采用了以机械化为支撑的保护性耕作。但值得注意的是，其做法是以机械化和大量使用化肥及除草剂等农药为基础的，从而难以保证生物环境质量。我国土壤免耕是一种保护性耕作技术。土壤免耕是指在同一块土壤上在一定年限内，既免除播种前的耕作（犁耕和深翻），又免除播种后的中耕，作物收获后直接将作物残茬留在土壤中并进行下茬作物播种的耕作方式。当然，必要时可以在播种行上进行有限的耕作。根据作物残茬返还方式不同可分为残茬免耕和覆盖免耕。残茬免耕是在作物收获后，作物地上部分被带走，地下部分则原位保留，直接播种的耕作方式；覆盖免耕是在作物收获后直接播种，并将前作地上部有序平铺覆盖在地表的耕作方式。在我国虽然早就有一些土壤免耕的经验，但古代农业书中多半只强调精耕细作的优点，没有对免耕加以评价和讨论，何者更优没有正确的论断。考察我国土壤免耕史，至今只有自然免耕理论与技术的研究最为系统完善，在形成中国特色土壤免耕理论与实践上做了开创性工作。

第一节　土壤自然免耕技术

1980 年，我国著名土壤学家、中国科学院院士侯光炯教授根据自己创建的土壤生物热力学理论，并结合生态学观点，在总结湿板田小麦栽培法和半旱水稻栽培法基础上，把试验基点建在四川宜宾长宁县进行系统试验研究，认识到土壤免耕的实质。1983 年初侯光炯教授根据几年来的研究成果和我国农民及农村科技工作者的实践经验，在总结覆盖免耕和残茬免耕基础上提出了土壤自然免耕的新概念。土壤自然免耕具有两方面的内涵：一是模拟自然土壤高肥力的生理生态特征；二是土壤高肥力的基本要求是免耕。

实行自然免耕必须具备的条件有以下几点。①结构化。由于耕作技术不当，造成的硬块，必须通过精耕细作改变为疏松的结构。②腐殖化。腐殖质贫乏的土壤，最好是先种绿肥1～5 年。土壤中腐殖质含量越多，有效免耕期越长，免耕增产的效果也越显著。③细菌化。曾经施用牛滚凼肥、沼气肥和泥肥的土壤，微生物丰富，是最适合免耕条件的土壤。

根据土壤自然免耕的生态条件不同划分为水田自然免耕和旱地自然免耕。

一、水田自然免耕技术

水田自然免耕是在水田半旱式耕作制基础上进一步深入研究而提出来的。水田半旱式耕作制的研究始于 1980 年，当时侯光炯教授带领一批科技人员在四川省长宁县相岭综合试验基点经过试验、示范推广，在改良利用冬水田方面取得初步成效，引起了农民群众的兴趣和农业界的重视。但最初水田半旱式栽培采用的是每年都翻耕起垄，虽然取得了增产效益，但仍然耗费劳力。于是侯光炯教授在 1983 年初提出应该实行“自然免耕”的思路，经过进一步试验探索，产生了良好的效果，并形成了一套新的耕作制理论。1984 年水田自然免耕在四川省扩大综合试验达 20010hm^2，并辐射到我国南方稻区。1987 年四川、贵州，湖北、广东、福建等省推广面积达 342124.31hm^2，平均增产粮食 1050kg/hm^2，增值 832.50 元/hm^2。20 世纪 80 年代至 90 年代水田自然免耕技术在我国南方稻区推广面积达到数百万公顷。

1. 水田自然免耕的优点

水田自然免耕的特点是人为改变地表形态，变传统的多犁多耙、淹水平栽水稻和放干种麦（胡豆、油菜等）为半旱垄（畦）种稻、麦，沟内按作物生育期要求维持一定水位，以持续供给作物生长用水；同时，又可在沟内养鱼、养萍，实行长期免耕、浸润。实践证明，这一耕作制有“五省一高”的优点。

（1）省工 水田自然免耕改变了传统栽培中的多犁多耙，即便第一次起垄前进行一犁一耙，人工起垄每公顷需要投劳 45～60 个劳动日，却省去 30～45 个牛工投入日。连续免耕则不需要牛工投入。其薅秧、管水等也比传统方法省工。

（2）省水 自然免耕是作垄种植，在作物生长期间通常蓄水面位于秧窝之下，不仅可充分吸纳自然降水，还因田间水与大气直接接触面积减少约 1/3，减少了田间水分蒸发量；同时，与全田淹灌相比减少了水分渗漏量。据试验研究，水田自然免耕法一般可减少灌水定额 70%以上，提高抗旱能力 7～10d。

（3）省肥 自然免耕稻田的基肥施于垄埂并覆盖一层稀泥，减少串灌串排造成的养分流失；沟内可养鱼、养萍增加土壤养分，减少施肥量。

（4）省种 在自然免耕田块种植水稻，返青成活后分蘖力强，每公顷常规稻省种 45～60kg，杂交稻每公顷省种 12～13.5kg，杂交稻小苗省种 22.5kg 左右。在垄埂（畦）上种植小麦，采用撒播、稀播、匀播，每公顷只需用种 90～127.5kg，而旱地旱田种植小麦每公顷用种 135～180kg，因此每公顷可省种 45～52.5kg。

（5）省农药 在稻田垄作免耕后，垄埂间自然形成宽窄行，通风透光性好，稻株生长健壮，纹枯病减轻。干田小麦多白粉病、白蚂蚁，畦、垄作小麦则不易发生。稻麦如能早生快发，基本无杂草危害。因此，垄作减少了施药次数和施药量。

（6）经济效益高　自然免耕栽培中稻（杂交稻或常规稻）、双季稻都比传统耕作平栽相应的水稻显著增产。一般每公顷增产稻谷750～1500kg，特别是冷浸烂泥田效果更好，每公顷增产2250～3000kg或者更多。如采用垄种稻，沟养鱼、养萍、种笋，经济效益还会更高。川东南连作小麦每公顷产量可达2250～3750kg。

2. 水田自然免耕的改土增产机理

水田自然免耕一般不需要工程投资，就可以改造低产田，当季就可以见效。特别是冷、烂、毒、瘦和大肥田等低产田的改良和增产效果更为显著。其增产原因主要在于起垄后，根层增厚，实行浸润灌溉，土温升高，结构改良，通透性好，微生物增多，酶活性增强，养分有效性提高，使土体内水、热、肥、气能稳、匀、足、适地供给作物，协调了土壤与作物间物质和能量的供求关系。具体改土增产机理如下。

（1）增厚了活土层　稻田起垄后，垄埂的活土层一般由平板田的20cm增至30cm以上（图9-1）。

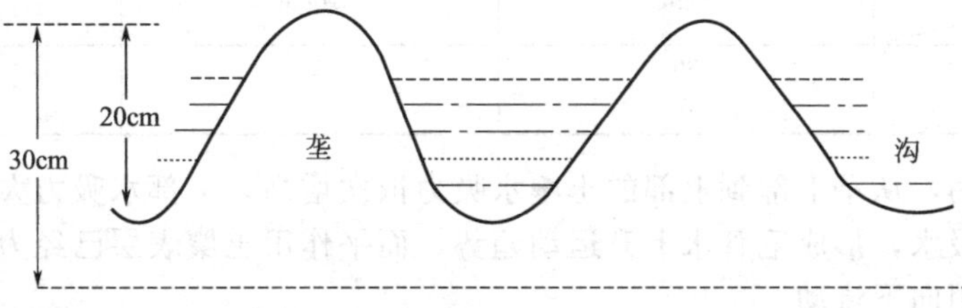

图9-1　水稻土起垄活土层增厚的示意图

活土层增厚有利于水稻根系发育。经研究，垄作田在0～20cm土层内集中了90%以上的水稻根系，分蘖时在此范围内根系纵横分布，根系量大而健壮，根毛多，根系横向分布范围达50cm，比平作田宽10cm。平作田0～20cm土层内水稻根系少，根系纤弱细长，根毛也不发达，多黑根。

（2）改善了土壤水分状况　在平板田内长期淹水，土壤以重力水为主，饱和状态下的水分在重力作用下向下渗漏。自然免耕田块起垄后，只有沟内以重力水形式渗透到土层中，而垄埂的重力水减少，形成毛管上升水为主的土壤水文体系，整个土层不易形成过饱和水，因此水分渗漏损失少。这时，只有沟内水面与大气接触产生蒸发作用；垄面呈半旱状态，水分主要以植物蒸腾形式离开稻田（图9-2）。

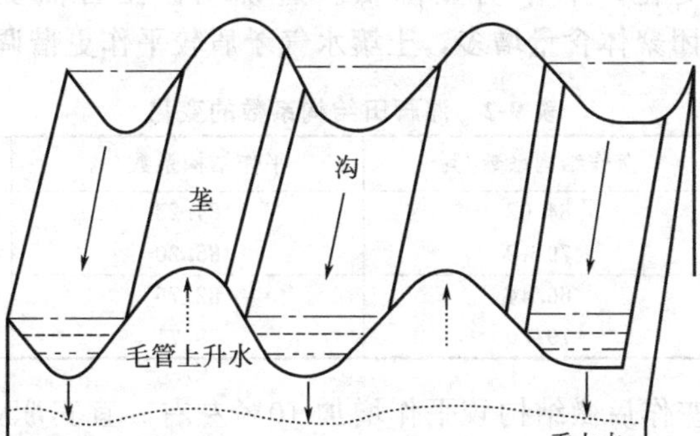

图9-2　免耕垄作水分运动示意图

而淹水平作田块的水分（液态水）以重力水形式向下运动（图9-3）。

淹水平作田块水分渗透到土层中后，土层上部土壤呈饱和或过饱和状态，土层中的水分

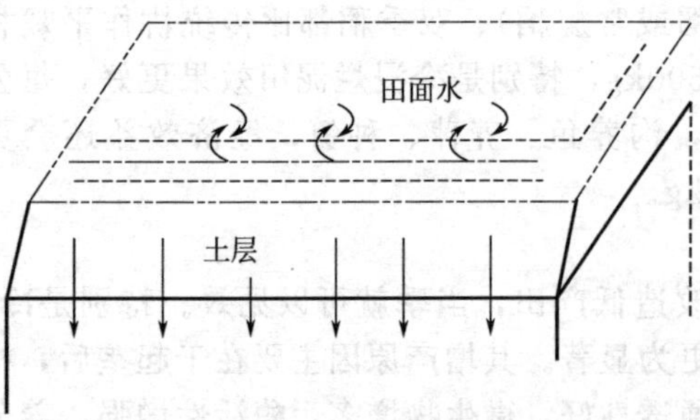

图 9-3　平作田块重力水运动示意图

必然以重力水形式往下渗漏。而且平作田块的田面完全被水层淹没，因气流作用经常使水层形成波纹及旋流，进一步增大了水面与大气的接触面积，从而大大增加了水的蒸发损失。

西南农大土化系水田自然免耕栽培研究组在 1984 年 6 月 5 日测定该校农场灰棕紫泥水稻土表明，平作田土壤含水量 99.6%，而垄作田土壤含水量为 67.0%。垄作田的垄埂上水分含量低于垄沟内土壤含水量，毛管水经土壤毛细管不断上升，形成一个连续的毛管上升水系。

稻田水分运动也可用土壤水吸力测定结果来证明（表 9-1）。

表 9-1　土壤水吸力测定结果　　单位：Pa

处理 \ 土层	5cm	10cm	15cm
垄作	30	26	10
平作	0	7	26

表中数据说明，从垄下部到上部的土壤水吸力依次增高，上部水吸力大，能不断从水吸力较小的垄下部吸水，形成毛管水上升运动趋势，而平作田土壤表层已经为水分饱和，水分受重力和吸力作用向下流动。

(3) 改善了土壤结构和通透性

① 改善结构。垄作种植水稻或小麦，不打乱表土层，不破坏原来的土壤结构。沟内蓄浅水层，使毛管水源源不断地浸润垄（畦）面，垄面下 25～30cm 也排除了重力水，既保证作物根系吸水需要，又能保持土壤结构，改变了长期淹水导致耕层呈分散状态。而常规耕作中表层细土粒随重力水下渗黏闭土层孔隙，破坏了土壤结构。所以垄作使土壤结构得到改善。

中国科学院成都分院土壤室王昭雄等在酸性紫色水稻土深脚田上的测定结果表明，水稻分蘖期深脚田 0～10cm 垄作与平作结构系数相当接近；到完熟期，垄作结构系数增加，平作反而下降。其中，结构系数 $Kc=(b-a)\times100/b$，a 为微团聚体分析<0.01mm 颗粒的百分含量；b 为机械分析<0.001mm 颗粒的百分含量。10～20cm 土层，从分蘖期到完熟期垄作结构系数基本上无变化，平作明显降低。这说明，在自然免耕垄沟浸润条件下，<0.001mm的水稳性微团聚体含量增多，土壤水气矛盾较平作更谐调（表 9-2）。

表 9-2　深脚田结构系数的变化

深度/cm	垄作结构系数/%	平作结构系数/%	备注
0～10	84.02	84.23	1982 年 6 月 4 日水稻分蘖期
10～20	79.12	85.20	
0～10	86.44	82.76	1982 年 8 月 21 日水稻完熟期
10～20	79.20	79.71	

据测定，一般土壤垄作后微结构较平作增加 10%左右。宜宾职业技术学院卓开荣原于 1984 年 8 月 2 日水稻腊熟期测定潮沙泥田土壤容重，免耕垄作为 0.87，翻耕垄作为 0.97；同时意外发现自然免耕试验不同处理间泥浆浮散程度（浮散度）的差异：上述水稻土翻耕垄作与免耕平作土壤浮散度最大，其次为翻耕平作，免耕垄作浮散度最小。说明此土壤在板田基础上起垄栽稻有利于保护和增加水稳性土壤微结构。西南农业大学谢德体、曾觉廷 1989 年的研究资料认为，随着自然免耕年限延长，水稳性团聚体含量每年递增 3%～5%，但一

经翻耕，该团聚体含量即很快下降，恢复到免耕前的水平。

② 改善土壤通透性。垄作与平作的 *Eh* 值从一个方面反映出土壤通气状况。垄作土壤的 *Eh* 值比平作平均提高 100～200mV，还原性有毒物质减少。据观察，四川紫色水稻土垄作露出水面 0～15cm 的土壤为灰棕紫色，耕层中产生一些棕红色锈纹、锈斑；而同田平作 0～15cm 的土壤呈暗灰色。这是因为起垄后，扩大了土壤与大气的接触面，增加了气体交换，从而提高了土壤的氧化势；相反平作的水层阻隔了空气直接进入土壤，造成平作土壤还原势强，*Eh* 值低。卓开荣 1984 年在潮沙泥田上进行试验，测试结果如图 9-4。

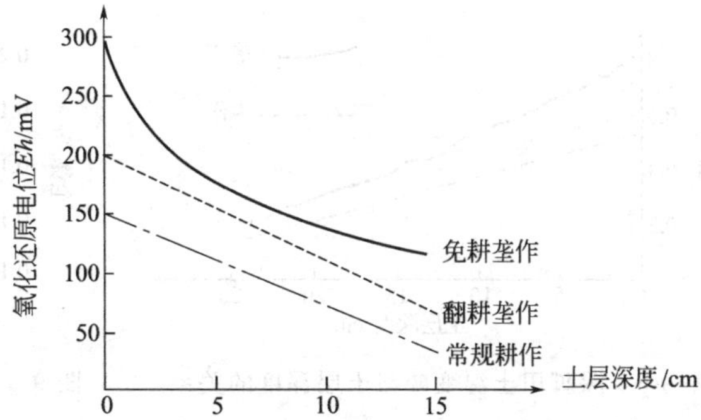

图 9-4 不同耕作不同深度土层氧化还原电位变化

从垄作、平作土壤不同深度氧化还原电位的变化曲线可以看出，不同耕作方式下，土壤间氧化还原状态有明显的差异。不同耕作方式，从土表到 15cm 土层 *Eh* 值变化趋势相仿，但是免耕垄作高于翻耕垄作，翻耕垄作高于常规耕作。

西南农业大学水田自然免耕栽培研究组在该校农场示范田灰棕紫泥水稻土上的测定结果表明，垄作的氧化还原电位较平作高出 160～280mV，亚铁浓度要低 315mg/kg，还原物质总量低 75%～81%。水田自然免耕垄作的这一系列变化，为水稻根系生长发育创造了良好的土壤环境（表 9-3）。

表 9-3 示范田还原物质总量及亚铁浓度测定值

项目 \ 土层/cm \ 处理	垄作		平作		比较
	2～4	10～12	2～4	10～12	%
Fe^{2+} 浓度/(mg/kg)	780.5	817.1	1097.3	1132.0	40
还原物质总量/(mg/100g)	6.08	8.11	11.04	14.19	75～81

（4）改善了土壤热状况　稻田垄作，土面受光面积由过去平作田的 0 增加到 6000m^2/hm^2，太阳辐射直接照射垄顶，受热增加。热量状态是温度的函数。对温度的测定情况表明，10cm 土层内垄埂土温比平作高 2～3℃。垄埂土温升高，克服了冷浸田、阴山夹沟田土温低而引起的水稻坐蔸现象。而相应的又增加了垄埂土壤的散热面积，并且减少了垄埂土壤含水量，热容量减小，夜间受气温影响而土温降低。垄埂昼夜温差大，促进了稻根的健壮生长，又有利于降低稻株的呼吸消耗，增加活体干物质积累量，为后期生长发育奠定了基础。试验表明，同是分蘖盛期，垄作比平作植株干重高 32%。

王昭雄等（1981 年）在水稻生长期测定不同深度土温与田面以上 1m 处的气温的结果表明，土壤浅层温度变幅垄作高于平作（图 9-5）。

图 9-5 表明，水稻生育各期，0～20cm 各土层内，温度变幅 R_x/R_0（各深度土温日较差/田面 1m 处气温日较差）是垄作大于平作，20cm 以下渐趋一致。

（5）垄作加速土壤养分变化　自然免耕垄作有利于土壤养分有效化。垄埂土壤处于毛管浸润之下，土壤通透性和热状况得以改善，好气性微生物活跃，养分分解快。据测定，自然免耕条件下土壤总有效氮、NO_3^--N 增加，但 NH_4^+-N 有所下降，氮代谢强，提高了土壤的供氮能力。由于 NO_3^--N 含量高容易随水流失，应注意巧施氮肥。垄埂上水分含量较低，土壤有效磷含量有降低的趋势。灰棕紫泥肥田在水稻分蘖期及孕穗期土壤全氮含量垄作高于平作（图 9-6）。

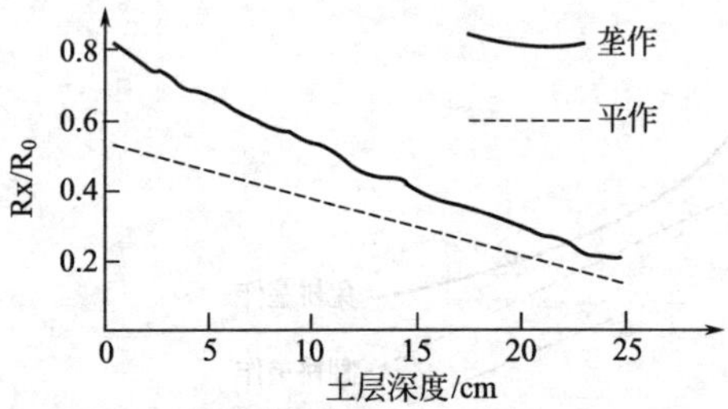

图 9-5　深脚田土温变幅与土层深度的关系

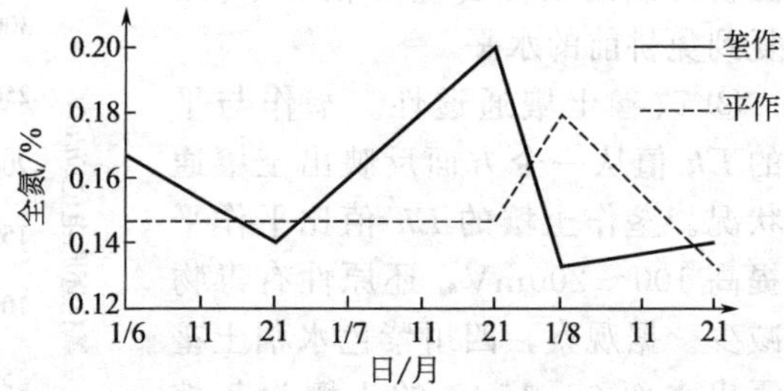

图 9-6　肥田（0～10cm）各生育期土壤全氮的变化

此图说明，垄作在决定水稻产量的重要时期，土壤养分与水稻生理需要比较谐调。如结合养萍等综合利用以及加强秸秆覆盖还田，则土壤有机质、全氮、碱解氮、有效磷、有效钾等含量会进一步提高。

由此看来，自然免耕稻田在起垄和浸润灌溉等措施调控下，土壤性质得到改善，肥力因素协调，为作物生长创造了良好环境，植株生长健壮，根系发达，代谢势强，光合产物积累多，可能获得高产。

3. 水田自然免耕种植水稻技术

首次开展稻田自然免耕种植水稻的主要技术环节有：起垄→施肥→栽稻→管理等。不同类型的水田在技术要求上有一定差异，在利用上也有单一种植水稻与综合利用之分。稻田自然免耕垒土形式有垄式和畦式两种，但以垄式效果更好（图 9-7）。

(a) 垄式　　(b) 畦式

图 9-7　免耕形式示意图

1—垄面；2—沟及水位线；3—畦面；4—畦沟及水位线

(1) 水田自然免耕操作技术规程　水田自然免耕适用于各种水稻土，尤其有利于改造长期淹水的低产冬水田、冷浸田、深脚烂泥田、大肥田、常年坐蔸田等。对初次起垄田块，一般可分为五个操作规程。

① 整地作垄。冬水田在水稻收割后及时翻耕，待水稻根茬软化后耙平田面，筑高田坎蓄水过冬。开春后一般不再犁耙，但对土壤板结和杂草多的田块，在栽秧前半月应犁耙一次，而深脚烂泥田以不犁板田为宜。据 1984 年在灰棕潮泥冬水田的试验结果显示，板田免耕起垄容易成形，并且从土性及水稻产量看免耕起垄最佳，其次是翻耕平作与免耕平作，翻耕后起垄最差。

作垄（作埂）操作一般分两次进行，第一次在栽秧前 7d 左右开沟作出粗垄，但深脚、烂泥田可提早至栽秧前 10d 左右作粗垄（不宜过早，以免垄面裸露时间长，滋生杂草）；第二次于栽秧前 2～3d 理埂成形，以达到垄（厢）面的高度和外形要求，理通沟道。

水旱轮作田则于小春作物收获后，立即耕翻晒垡数日，灌水泡田并整糊田埂，于栽秧前一周内待土壤浸湿后一次起垄（作畦）成形。

a. 作垄规格。分为畦式和垄埂式两种。根据水稻品种、种植与养殖配套方式及田块肥力水平确定垄（畦）规格。垄式规格，大肥田栽种杂交稻的垄距（一垄一沟）为70cm左右，常规中稻60cm；中等偏上肥力田块栽杂交稻垄距60cm，常规中稻53～60cm；中等肥力田块栽杂交稻垄距53cm；中等偏下肥力田块栽生育期短的品种以及双季稻的垄距为46～53cm。以上规格的垄高为20cm。养鱼稻田垄距67～80cm，垄高30～33cm。宽畦式规格一般畦面宽120cm，沟宽30cm，畦高30cm。宽垄（窄畦）式可按103cm宽开沟，垄面做成平顶宽70cm，沟宽33cm，沟深30cm。

b. 操作方法。操作方法包括手工操作与机具操作。自然免耕起垄一般用手工操作，尤其在丘陵、山区田块比较小的情况下，这在首次起垄中稍显费劳力，但长期免耕条件下就不会有那么大的耗费。20世纪90年代前后，各地农机研究院所在操作机械方面进行过一系列研究，如四川省宜宾农机研究所曾根据水田自然免耕需要试制了水田免耕筑埂机，1991年四川省忠县农业机械研究所设计了一种主要适用于丘陵山区的水田半旱式耕作的人力筑埂器。我国2007最新农业机械设备类发明专利汇编中列出了方便可调式筑埂器、农田筑垄机等。

以下以手工操作为例说明起垄的操作方法，按预定规格等距拉线起垄。实际上无论操作人多人少，一般采用一线连二桩，桩钉两边将线尽量拉直，沿线起垄。但如果采用“双人双线法”或“多人双线法”，就可减少人员在田间的无效走动造成的劳力浪费。线桩钉好后，人员在横行等距内远离线的一半刨泥至犁底层，向挨线的一半垒泥，人在沟内向前推进。垄面做成瓦背形，畦面为平顶（图9-8）。

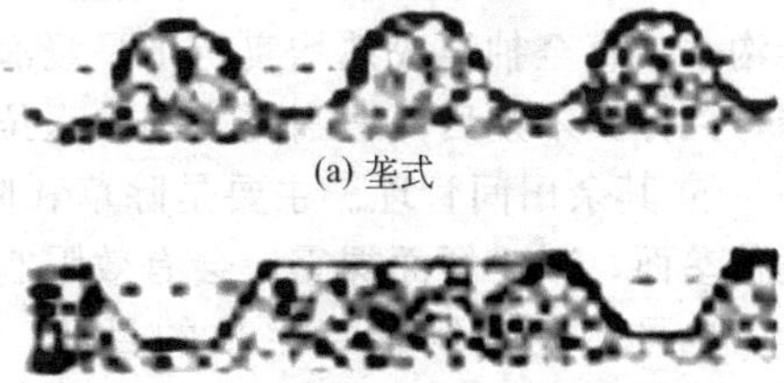

(a) 垄式

(b) 畦式

图9-8　垄（畦）横断面示意图

要求：垄（畦）要直，垄面不宜抹光，做到大平小不平，也不要用力压埂，以免破坏土壤结构和毛管通畅。垄埂直才能保证规格质量和栽秧后田间通风透光良好。垄埂（畦面）平以便于栽秧位置的高矮一致和水浆管理，一般起垄时以淹过犁坯2/3的水层深度为宜，便于以水验平，做到全田垄埂背面在同一水平面上。

② 施肥。稻田肥力、水稻品种和秧苗大小是确定施肥量和施肥方法的依据。施肥量与平作田相同。栽杂交稻大苗实行基肥一道清的全层施肥法，栽常规稻和杂交稻中小苗实行重底早追肥。全层施肥时，每公顷施用农家肥22.5～37.5t，磷肥450～600kg，尿素75kg或碳铵187.5kg。农家肥、磷肥（特别是钙镁磷肥）在作埂前施用，化学氮肥在第二次作埂前撒施于头道埂上。重底早追的（底肥占总肥量的70%～80%，追肥占20%～30%），根据田块肥瘦，在施足底肥基础上，于栽秧后7～10d每公顷施用尿素75kg提苗促分蘖，增加上林穗数，以后看苗补肥（对生育期长的品种，中、小苗直插田块，应在栽后20d左右看苗酌情补施一次追肥），但应防止造成后期贪青晚熟。另外，采用根外追肥与作物生长刺激素相结合促进高产，用磷酸二氢钾配合三十烷醇兑水，在孕穗期、始穗期各喷施一次。

③ 栽秧。栽秧时的水位是秧苗能否正常成活返青的关键。为了使栽秧位置恰当，就用水位线来控制插秧位置。垄作的应在栽秧前将水位升到垄埂高的2/3处，将秧苗栽植于垄背两侧边缘平水位线浅插；畦式的应将水位线升高到刚淹过畦面进行插秧。

秧苗类型和插秧规格要根据秧苗品种和田块类型来决定。杂交稻靠分蘖夺高产，一般田块以小苗为主，一般冬水田，宜插3.5～5叶中苗或2叶的小苗；冷浸田、烂泥田、深脚田、长年坐蔸田、小春干田以及稻底养鱼田，应栽多蘖壮秧（7～9叶龄的大苗）。常规稻则靠主穗争分蘖夺高产，也以栽多蘖秧为主；高肥力、浅脚田、向阳的田块宜栽小苗。

栽秧规格为垄埂式每条埂上错窝栽两行，必须将秧苗在埂脊两侧水位线处各栽1行。畦式每垄上栽4～6行，垄上行距一般为16～20cm，穴距10～13cm。小苗秧每穴插双株，每公顷基本苗45万左右；多蘖壮秧的杂交稻和常规中稻每穴90～120个分蘖，每公顷田块24万～45万穴（依土壤类型及地区生态特点而定，如云南偏多，而四川偏少），180万～270万基本苗。

图9-9 分期管水示意图

（a）返青期；（b）分蘖期；（c）中后期

④ 管水。秧苗栽插完后的水浆管理分为三个阶段（见图9-9）。

第一阶段（返青期）：插秧后灌水淹过垄顶2cm左右，秧苗基部自然全部浸入水中直至秧苗返青，以利活棵。

第二阶段（分蘖期）：返青后进入分蘖期及时降低水位，露出秧蔸，以利提高土温促进分蘖。

第三阶段（中后期）：在分蘖盛期后，要继续降低水位露出秧蔸以控制无效分蘖，保持半沟水，直至抽穗成熟均实行半旱浸润灌溉。兼养鱼的田块，可在分蘖盛期降低水位控制分蘖，到分蘖末期后，适当提高沟中水位，以利鱼类生长。

⑤ 其余田间管理。主要是除草和防治病虫两个方面。如果插秧后及时撒入部分短秸秆覆盖垄面，减少埂面裸露，会有效限制杂草滋生，同时提倡栽中苗及多蘖壮秧，使秧苗早封行，也可达到抑制杂草生长的目的。如果垄埂面裸露，则容易滋生杂草，应注意防除，一般可于栽后10～15d，每公顷用48%苯达松乳油3750ml或96%禾大壮乳油2250～3000ml，或60%丁草胺乳油1800～2250ml，12%恶草灵乳油2250ml兑水750L均匀喷洒埂面，尽量避免喷到秧苗上。或用上述药剂拌细土或河沙375kg均匀撒施在垄面上，但必须要薄水层，并且施药后保持5d以上，对水稻才安全。连续养鱼田一般不需化学除草，若须用除草剂，可选用对鱼较安全的农得时、果尔等低毒高效药剂。

自然免耕栽培由于采用的是宽行、窄株栽插方式，一般病虫害较少，但也要注意防治，特别是后期防止稻飞虱等危害。

需要强调的是，制定的管理措施必须符合生态学规律。自然免耕田间管理的最终目标是不使用化学药剂，不用或少用化肥，突出覆盖（秸秆还田被称为死覆盖，活体植被层被称为活覆盖）抑制杂草滋生，加强生物防治以防除病虫。

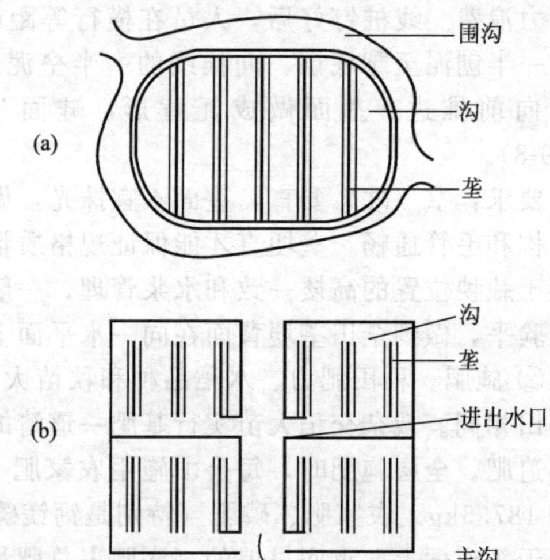

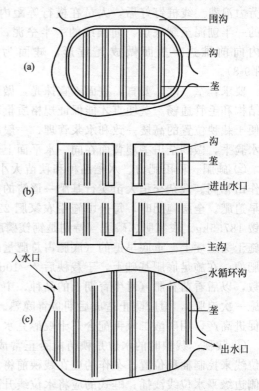

图9-10 自然免耕垄沟布局形式

（a）高塝田、坳田；（b）冲田、低台田；（c）一般田块

(2) 水田自然免耕不同地形部位的垄沟布局　垄沟布局应因地制宜地选择，主要考虑防渗、水分流向及保土调温等因素（图 9-10）。

① 高塝田、坳田。这类田块容易干裂田埂而造成渗漏，应沿着田埂四周作 1～3 条闭合围埂（保水埂），中间据光照方向及风向（与垄向一致，便于通风透光）作直埂。直埂两头接拢保水埂。

② 冲田、低台田。由于汇水面大，水流急，冲刷严重，垄向应顺着水流方向，以利排灌畅通。一般在田块中部开深沟和对着田埂开缺口，上下田的放水口应对直，以利排洪和灌溉。平常堵好通向免耕田块的进水口，需要灌溉时堵好田埂放水口而打开进水口即可。每条垄埂与田壁和田边保持一定距离，有利于抑制全田漫灌引起的隐匿冲刷。

③ 一般田块。这类田块平常都有排灌活动，起垄时第一条垄的一头接拢田壁，另一头离田坎 30～40cm，第二条垄则相反，依次交错起垄。在水分管理中迂回灌排，流速缓慢，可有效地抑制冲刷。尤其用冷泉水灌溉的田块，形成循环水缓慢流动，冷水与大气进行热交换，提高水温，可避免大春栽秧前期因水温低而引起水稻坐蔸。

(3) 水田自然免耕中的综合利用技术　水田自然免耕中的综合利用形式多种多样，有垄稻沟萍、垄稻沟鱼、垄稻沟鱼萍、垄稻沟笋、稻笋鱼萍等利用形式。

① 垄稻沟萍套作。这种利用形式在起垄、栽秧、管水、病虫防治等方面与单种水稻的自然免耕规格要求一致。以下详细介绍两类田块的具体操作。

大肥田及原来养萍长势好的田块，一般不施用底肥，起垄时压入一部分萍作底肥，每公顷田块保留 15000～22500kg 萍种，待秧苗成活返青后喷施 0.2%磷酸二氢钾即可，也可有针对性地施用微量元素肥料。

一般田块，每公顷可施用 150kg 尿素或 450kg 碳铵、300～450kg 磷肥、150kg 化学钾肥或 450～600kg 草木灰作底肥，返青成活后喷施 2%尿素和 0.2%磷酸二氢钾，并撒入 22500～30000kg 鲜细绿萍。在萍体长满垄沟后让其自然倒萍或打捞一部分作其他田块萍种以及作旱地肥料，最好作饲料或鱼的饵料。

这种利用方式有效解决了普通耕作田块萍体“压秧、冷田”的问题，每公顷产鲜萍达 75000kg 以上，增加了氮源和有机质，促成水稻高产。如四川隆昌县 1984 年的示范结果表明，这种利用形式可以使往年自生细绿萍的大肥田“坐蔸、猛苗”的问题得以根治。0.57hm^2 田块“汕优二号”温室小苗垄稻沟萍折算获得每公顷水稻 8920.5kg 的好收成，比 1983 年平均每公顷增产稻谷 951kg，增产率 11.9%。同时，与当年平作田块相比每公顷多收 1090.5kg，增产 13.9%。

水稻收获后及时除杂草，每公顷放入 2250kg 以上萍种进行秋繁，作饲料及翌年春萍种。

② 垄稻沟鱼技术措施。

a. 严格消毒。在起垄前，每公顷用 375kg 生石灰（单独撒入）、300kg 氨水或碳铵、450kg 茶枯均匀泼洒入田，以便杀灭病菌和杂鱼，又为栽秧施用了底肥，促进饵料生物繁殖生长，为稻鱼双丰收奠定基础。

b. 垄沟设置规格。本法适合窄垄平顶式，一般一沟一垄 67～80cm，垄面宽 25cm，沟深 30～33cm（图 9-11）。

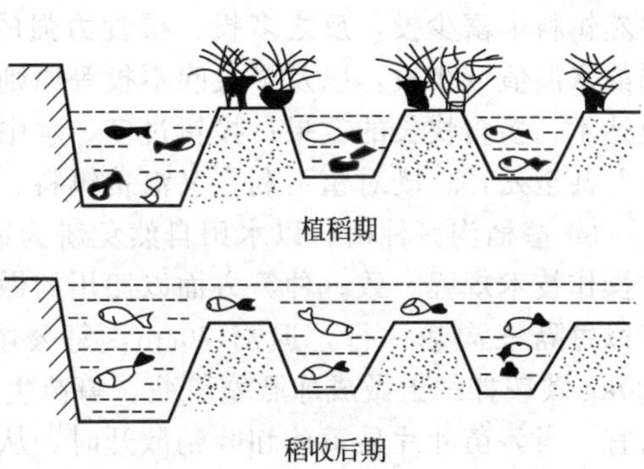

图 9-11　稻鱼配套水管示意图

同时，要进行十字沟和鱼凼设置。在田内挖掘十字沟及围沟，沟深 40～50cm，以便鱼苗活动和水分管理。鱼凼一般设置在田中央，大小、形状随田块和鱼的多少而定，其面积通常占田块面积的5%～8%为宜；形状可以是方形、梯形、圆形、椭圆形等，深70～80cm。

c. 栽秧管理。最好栽大中苗秧。栽秧的窄行和退窝同一般自然免耕垄作田一致，栽好后及时提高水位淹过垄面2cm，返青成活后降低水位至秧蔸，以后不再降低水位，喷施0.2%磷酸二氢钾增强秧苗代谢势和抗逆性，促进分蘖。

d. 适时适量投鱼。一般在水稻分蘖前期投放大规格（长5～8 cm）鱼苗，宜多种鱼混养以取长补短并形成加环食物链。投放比例可按40%鲤鱼、20%草鱼、20%白鲫和本地鲫鱼、20%花白鲢鱼，每公顷投放鱼种4500～9000尾。投放量多则必须有较大的鱼凼鱼沟辅之以人工投放饵料。一般可在收稻前向鱼沟投喂绿萍和豆渣等农副产品。

e. 做好四防工作。即防旱、防洪跑鱼、防毒、防盗。同时，做好病虫防治工作，特别是在盛夏高温期，每月用生石灰、漂白粉等做两次预防非常必要。水稻病虫应尽量消灭在栽秧之前。若本田非用药不可，也应选用高效低毒长效农药，并灌深水喷苗，如防治螟虫可用杀虫双、杀虫脒等，严禁用毒土或用药液泼苗，以免鱼苗受到毒害。收割水稻时尽快去除秸秆，以免污染水源，并灌溉深水。稻收后每公顷分次投放青草30000～45000kg，牛粪等农家肥75000kg左右，以利成鱼生长。

③ 垄稻沟鱼萍利用的关键技术。这是以垄稻为载体放萍养鱼的农田生态系统，是一项技术性强，综合开发冬水田的措施要着重抓好起垄、栽秧、管水、放萍、投鱼、除害、投饵等关键技术。

a. 起垄。垄沟规格与垄稻沟鱼相同，要求垄直沟通边沟串，沟垄南北向。烂泥田起垄要早，便于沉紧增加固力，分三次完成，于第二次起垄后施底肥。

b. 栽秧。栽插时间要早，以旬均温18℃左右为佳，以小苗直插为上，利用小苗可塑性强的特点，早栽快发，达到苗多、苗大、粒重、产量高的效果。

c. 管水。管水要勤，做到前期不脱水，移栽至分蘖盛期灌水应淹过秧脚1～2cm，分蘖盛期起只灌大半沟水，水质要好（中性、溶氧量5～7mg/L，无污染）。收稻以后灌深水，至少水位要平齐垄面，田坎允许则超过垄面最好，才能达到水宽、鱼大、产量高的效果。

d. 放萍。放萍要早，在秧苗移栽十天后进行。多萍种混合（细绿萍、红浮萍、青萍）分散放萍，使之既作饵料又增肥效。萍茂时注意开天窗，可用稻草编扎竹块做成椭圆形或长方形筐平放在沟内水面上成为通气窗，以利鱼苗生长。

e. 适时投鱼与除害。在放萍追肥后一周至分蘖盛期，投鱼应以适当比例混合青、草、鲢、鲤等大规格鱼种4500～7500尾/hm^2。在某些区域或田块，在放鱼前要注意防治鱼病和敌害，消除湖靛、青泥苔、水网藻、甲藻和绿藻，在鱼生长期中要注意防鼠虫害。

f. 适时适量投饵。据鱼群活动长势，气、水温度状况投饵。掌握鱼小少投，鱼大多投；自然饵料丰富少投，反之多投；摄食力强的水温值域（如鲤鱼为24～27℃）多投，摄食力弱的水温值域少投，以及早投晚不投等原则。总之，不能不投饵，也不能多投饵。不投或少投达不到多食快长的效果；投饵过多，水中饵料浓度大，会引起溶氧量下降，发生鱼群“浮头”甚至死亡，既对鱼不利，又浪费饵料。

④ 垄稻沟笋种植。以水田自然免耕为载体进行垄稻沟笋种植。种稻同普通水田自然免耕操作技术规程一致。种笋方面以四川的做法为例，笋苗在清明前后栽种于垄沟内，间隔密度以每隔三沟栽一行，退窝70cm，每公顷栽种7500余株为宜。水稻收割后，每公顷用300kg碳铵拌细土做成球肥塞笋蔸。笋苗生长期间应做好剥叶与压墩工作，一般以剥叶三次为宜。当笋苗叶片显黄色和叶鞘散开时，从叶鞘基部将叶片全部剥去。第一次剥叶在夏至后进行，第二次在大暑前后进行，第三次在水稻收割后进行，并除去分蘖笋苗。压墩在水稻收割后进行，其做法是在笋丛中压上一层泥土。当笋的心叶变黄，叶鞘裂开，微露白色笋肉

(0.3～0.6cm) 后，即可分批采收，一般高笋在 9 月下旬，鹅笋在 10 月上旬开始采收。若翌年继续栽笋，应在田边按每公顷留 150～300 窝种苗即可。

⑤ 稻笋鱼萍综合利用。这项组合模式又可分为数种形式，如稻 // 笋 / 鱼 / 萍、稻—稻（晚稻）// 笋 / 鱼/ 萍、稻（中稻）—稻（再生稻）// 笋 / 鱼 / 萍等形式。这是在垄稻沟鱼萍基础上实行自然免耕，向垄沟内栽种笋，垄上实行双季稻的利用形式。笋的栽培规格宜稀一些，在沟内每隔 4 垄以 2m 左右退窝栽笋。笋过密不利于水稻生长发育和鱼群活动，过稀又不利于套种增值。要有适当的种植密度，形成多形式多层次的立体结构。在鱼凼周围可按 50cm 栽一棵笋，保持适当遮光密度，以利于鱼群和细绿萍越夏（注：—示轮作、//示间作、/示套作，下同）。

以上各类模式，虽然在我国南方都有一些成功典型，但各地切忌生搬硬套，要经过小面积试点，摸索当地规律，选择或组合适应当地的模式。确定水田自然免耕综合利用模式的原则是：有利于提高土壤肥力，成本较低，效益最佳。

4. 稻田自然免耕轮作小春作物技术

这项工作有三个发展阶段，最初是利用常规耕作的平田在水稻收获后的秋季做畦播种小春作物，第二阶段是利用水田垄作收稻后并垄做畦，第三阶段直接利用原垄稍作整理播种小春作物。按连续免耕最好第一次垄作水稻，第二次种植小春作物，依次循环利用。

(1) 稻田轮作小麦技术规程

① 开畦（垄）作沟。这种利用方式有畦式和垄式两种。

a. 开畦作沟。畦式又叫做水厢小麦。在平板田内水稻收割后，采取拉线理沟起垄或做厢，若是稻田窄垄，在收稻后将三至四条垄合并为一畦。重庆市大面积采用二垄并一畦效果很好。做畦时将沟内泥土压在稻桩上，使畦面平整呈微凸形，以不积水为度，切忌做成瓦背形［同图 9-7(b)］。在平田上拉线理沟，畦面宽 100cm，沟宽 30cm，沟深 23～27cm，沟壁要直，做到沟直畦平。

b. 垄式操作。垄式又分新起垄与护垄轮作两种做法。

第一种是新起垄，在平板田基础上起垄，最好做成平面顶，播种小麦时种子才不易掉入水沟中，沟深 23～27cm。

第二种是护垄轮作，也可称为清沟保垄，其前作为稻田垄作。在水稻收割后，小麦播种前 7～10d，将沟内稀泥理起来压在垄埂上，将稻桩全部盖住，做到垄埂面大平小不平，不宜在垄埂上用力压土，也不要将土面抹光，以免破坏土壤结构。垄宽规格与种稻相似，但沟深要达 23～27cm，最好也做成平面顶。

② 施肥播种。在小麦播种前 1～2d，每公顷用油饼 300～375kg、磷肥 450kg、尿素 150kg 撒于畦面或垄面，压上沟内稀泥，待晾 1～2d 后，顶面紧皮即可播种，采用撒播较优。宜选用耐湿早熟品种。播种后每公顷地立即用土杂肥和窑灰拌泥沙 15000kg 左右覆盖。10d 后追施第一次肥，每公顷用肥 75～120kg、水粪 300 担，以后看苗追肥。

③ 覆盖。覆盖是自然免耕的又一关键措施。覆盖可以抑制杂草滋生，保水保肥。在小麦播种施肥后，将前茬作物秸秆平铺与垄面，如果铡碎至 20cm 左右长度撒于垄面效果更好。覆盖可以防止垄面长时间裸露，有效抑制杂草滋生。当小麦长至封行后形成活覆盖，秸秆则逐渐腐烂分解成为有机肥料。

④ 管水。根据季节气候条件和苗情调控好沟内水位是获得小麦丰收的关键。当土壤含水量适宜时，沟内保持一定水位，能起到以水稳垄（畦）结构、调温、调肥作用。具体可分为固定管水和分期管水两种方法。

a. 固定管水法。从小麦播种到收获，垄（畦）沟水位固定在距垄（畦）面 20cm 或 20～30cm 为宜。围沟比一般垄沟深而宽大，以保蓄更多的水分维持全田的底水，达到浸润的目的（图 9-12）。

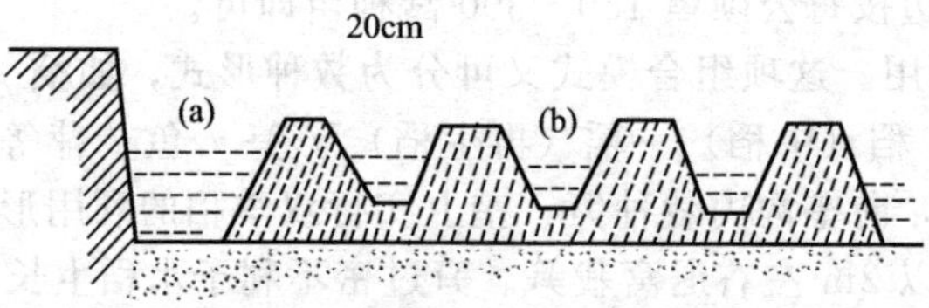

图 9-12 小麦固定管水示意图

(a) 围沟；(b) 垄沟

麦鱼配套的做法：在种植小麦期间按小麦固定管水法进行。只是要求沟深垄大，利于鱼群活动。在前茬水稻收割后灌深水促进成鱼生长，在种植小麦前捕捞，到植麦期保持垄沟浅水，但鱼凼和围沟仍有较深水层，因此植麦期田间鱼苗放养量要低于垄稻沟鱼数量（图 9-13）。

b. 分期管水法。从小麦播种到分蘖，沟内水位保持在距顶面 12cm 处，分蘖至孕穗期降至距顶面 17cm 处，抽穗至收获降低距离顶面 20cm 以下。这就是三段式分期管水法。这一方法的原则是沟内水位从播种至成熟只能逐步降低，绝不能回升，以免小麦黄苗，导致减产（图 9-14）。

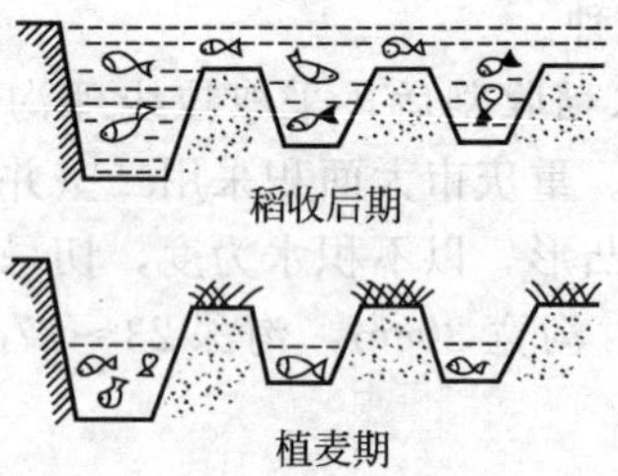

图 9-13 麦鱼配套管水

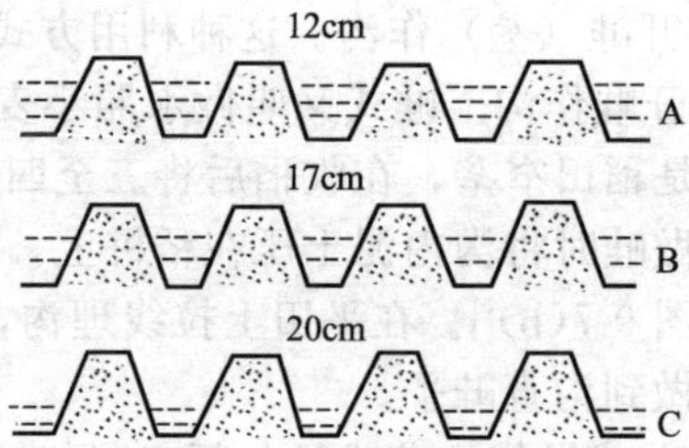

图 9-14 小麦分期管水图

也可以按两段式分期管水。在春节前，小麦播种至拔节保持水位在垄（畦）面以下 13～14cm，田间有较大湿度以稳定土温。春节后水位距垄（畦）面 20cm 以下，保持沟内有底水，不干裂即可。

⑤ 防治病虫。这种种植方式，田间湿度大，容易感染病虫。注意病虫预测、预报和预控十分重要，特别要注意防治锈病、白粉病以及蚜虫。

（2）其他小春作物的种植。其他小春作物的种植管理大体与种植小麦相近。以胡豆、绿肥为例作简单介绍。

① 胡豆的种植。前茬垄作水稻及再生稻收割后，于胡豆播种前 7～10d，清理沟泥压在垄上盖住稻桩，整块田垄高一致，顶略呈瓦背形，保持半沟水。窝播 2 粒种，行窝距大体 20cm×20cm，错窝种植。收种胡豆的退窝宜稀，胡豆青退窝宜密。播种后，每公顷用 375～600kg 磷肥、750kg 草木灰，拌和 15000kg 堆渣肥或干细土盖种。苗高 10cm 后保持沟内有花花水即可。

② 绿肥种植。田间处理与小麦相同。种子处理根据绿肥品种而定，如紫云英注意用当年种子，要进行晒种、擦种、优选、浸种、催芽及拌菌拌肥等种子处理环节，最好进行点播或条播于垄顶部。在苗期喷施 2%尿素促进生长，冬前撒 750kg/hm^2 草木灰增强抗性，春后 300 担/hm^2 提苗，盛花期收割。

总之，水田自然免耕一般在板田基础上起垄（此前田面断过水，土体干硬，结构不良者应以精耕细作为基础），最好从大春作物开始，以后在轮作换茬中长期保持免耕垄作状态。

其关键技术可归纳为“四连续”，即连续垄作、连续免耕、连续覆盖、连续浸润。第一次起垄后，下一茬作物播前通过基肥施用，对原垄沟泥清理上垄，不用耕翻，在下茬作物播种后将上茬作物秸秆覆盖于垄面（所谓的死覆盖），在作物生长茂盛以后又形成活覆盖，垄沟一直保持一定水位使根系分布层处于浸润状态。

二、旱地自然免耕技术

我国的旱地土壤占耕地面积的四分之三，四川省旱地土壤占耕地面积的54%，主要分布于低山丘陵区。长期以来，各地按传统耕作方法经营旱耕地，每茬作物收获后耕翻土地，造成较长时间的地面裸露或半裸露状态，旱季土面蒸发严重，夏季雨量集中时又以地表径流形式冲蚀大量表土。

旱地自然免耕技术是在水田自然免耕中得到启示，将自然免耕理论从水田扩大到旱地加以应用的产物。侯光炯教授指出：“旱地也应该和水田一样走自然免耕的路子，精耕细作基础上，因地制宜地与其他技术综合配套，并且在作物结构方面还要把水稻搬到旱地上来”。旱地自然免耕从1984年开始在四川长宁试验，随后西南农大及我国南方多所高等农业院校、科研院所也将其作为重点课题进行研究。其中1989～1996年，侯光炯教授在宜宾职业技术学院组织旱地自然免耕配套技术课题组进行了长期定位试验。结果表明旱地自然免耕土壤性质和多数作物产量均优于常规耕作。0～20cm土层1～3mm结构体三年的平均含量，免耕比翻耕高出11.0%，免耕蓄水力也比翻耕高。在免耕垄作最优处理小区折合每公顷周年轮间套三种主要作物产量为小麦5085.8kg，玉米5718.0kg，杂交水稻旱种达6843.0kg。1992年窄垄施农肥平均每公顷免耕小麦产量2919.0kg，翻耕为2470.5kg；当年大春遇到干旱，水稻产量免耕2599.5kg，翻耕只有441.0kg。其余年成的趋势一致，尤其干旱严重的年份，翻耕种稻更显劣势。可见，翻耕耗费成本、土性差、产出低，而旱地自然免耕显示出很强的优势。

1. 旱地自然免耕的准备工作

旱地自然免耕是有条件的，可以免耕的土壤应该是深厚肥沃、疏松多孔、耕层多团粒结构的土壤。如通透性差的粉状黏土、缺乏有机质而干板的黏土、有毒物质污染严重而又不易排除的土等不适宜或暂时不适宜免耕。旱地自然免耕的准备工作就是免耕前的精耕细作。这就把精耕细作与免耕的辩证关系融合起来了，而不是有人说的自然免耕就是“种懒庄稼”，“否定了几千年的生产经验，是反中国五千年农耕史的做法”。

旱地自然免耕不是种懒庄稼，对于黏重板结、结构不良、有机质贫乏的瘦瘠土壤以及杂草丛生的土壤，在免耕前必须进行精耕细作。精耕细作的含义大体是指中国历史悠久的农业，在耕作栽培方面的优良传统，如轮作、复种、间作套种、三宜耕作、耕薅结合，加强管理等。免耕前的精耕细作不能完全按照传统精耕细作模式，通过反复轮作换茬慢慢改造土壤，而是以其为借鉴，只用1～5年时间快速耕种（精耕、重施农家肥、种植绿肥等）培肥土壤，达到免耕条件。

免耕前的精耕细作主要抓好几点工作。

（1）深耕炕土　这类土壤的大春作物最好在7～8月份就能收获，然后迅速耕翻让阳光暴晒，使土中多余水分蒸发掉，整地时土块才容易散碎。农谚道“七月犁田一碗油，九月犁田光骨头”。因为这个阶段土壤处于活化温度范围，微生物活跃，有利于根茬腐烂分解，促进良好结构形成。

（2）精细整地　在炕土后抓住宜耕期深翻细耙，击碎大土块。同时尽量清除田间杂草，尤其是难以防除的杂草要连根带出土壤，用于制作高温堆肥或沼气肥原料。

（3）重施农肥　将铡碎成20cm以内的前作秸秆、堆渣肥及含有落叶等有机残体较多的垃圾肥撒于土面，结合进一步翻耕碎土将这些农家肥与耕作层土壤充分混匀。

(4) 复种轮作 一是要求植物根系发达；二是尽量选择肥土作物，尤其是豆科绿肥，也可以种植蔬菜；三是除了夏季整地期，其余时间通过复种轮作使土面周年生物覆盖良好，避免地面裸露。

按以上方式最快通过1～2个轮回，或更长时间，创造深厚肥沃、结构良好、疏松多孔的耕作层，然后按旱地自然免耕规程进行操作。

2. 旱地自然免耕的技术规程

"四免四连续"可以称之为旱地自然免耕技术的五字诀。

免即是勿或不要，"四免"就是不采取耕、灌、施化肥、施农药四项措施，即免耕、免灌、免化肥、免农药。免耕是除了播种行外，不采取任何耕作措施；免灌是除了播种或移栽作物时的定根水，不再进行灌溉；免化肥是不使用化学肥料，按有机农业模式施肥；免农药是不使用化学农药，这是搞好免耕大小环境后的目标，如果免耕初期还达不到要求，也应该使用高效低毒低残留农药。"四免"是进行好自然免耕的基本要求和要达到的最高境界。"四连续"是指连续免耕、连续等高垄作、连续覆盖和连续间套作这四项技术环节。其中，免耕是核心，垄作、覆盖是技术关键。旱地自然免耕的技术规程就是"四连续"措施。

(1) 连续免耕 除了第一茬作物播种前的土壤整理外，以后每茬作物播种或移栽只需作播种沟（穴）和盖种，不进行任何翻耕。这样可以持续免耕3～5年或更长时间。这项措施完全适合须根系与植根系作物，但如果土壤质地、结构和松紧度等基础条件不够就实行免耕，则块根块茎作物会受到限制。连续免耕使组成土体的千千万万个结构单位不断裂、不变位，上下左右孔道畅通，能始终保持稳、匀、足、适的通气、透水、导温、供肥，为作物根系提供一个最适宜的生态环境。同时，截留的作物根系原位就地腐解，形成腐殖质，能够稳定土壤结构，土壤越种越肥，确保作物产量提高。宜宾自然免耕研究所在宜宾职业技术学院农场的试验点连续免耕与翻耕水稻旱作的第三年，5月16日移栽秧苗后遇上26d夏旱，免耕处理的秧苗很快成活返青，生长状况优于附近水栽之后因天旱形成干板田的秧苗，配合免耕采取了最优有组合措施的田块每公顷达到5055.0kg的产量，而翻耕处理在其他措施一致的情况下，秧苗迟迟不能转青，80%以上叶片干枯，生育期推迟20d左右，几乎无收成。

(2) 连续等高垄作 其做法是：大体沿着等高线开沟做垄，一垄一沟宽窄垄50cm或宽垄1m，垄顶到沟底相对高度23～30cm。垄埂做成后连续多年使用。要真正实现长期免耕垄作，必须改善宏观生态条件，就得辅之以"大三化"（林网化、渠网化、立体农业化）建设。在丘陵山区，特别要根据地形和汇水面积开好排洪沟和做好沉沙凼，种好防护林草。连续等高垄作的作用是增厚垄面土层，拦蓄雨水，阻止径流，引水下渗，促成旁渗，滴水归田，以毛管水回润垄部，土壤水热状态由无序变有序，一般情况下可以实现免灌免排。

(3) 连续覆盖 将前茬作物的秸秆、糠壳、穗壳以及收集到的落叶覆盖（称为死覆盖）沟底和垄侧，秸秆、穗壳等通透性好的材料可以铺于垄顶，厚度以垄顶1～2cm、垄侧与沟内3～7cm为宜。在免耕期间，地表要始终保持全面覆盖状态，才能抑制由辐射热日周期变化引起的土壤内部水热动态的多变，达到滴水归田，形成土壤大水库，保证土壤持久回润，也能最大限度地阻止土面蒸发失水，还能防止土壤冲刷流失、抑制杂草滋生和增加土壤有机质。显而易见，这样必然能够改良土壤，增产增收。

(4) 连续间套作 连续间套作是指大小春作物配套，茬口紧密衔接，提高复种指数，尽量减少垄埂裸露时间，田间有不间断的活体植被覆盖（活覆盖）。具体做法是将小麦和胡豆等小春作物、玉米与水稻及薯类等大春作物、蔬菜、绿肥、食用菌以及中药材进行适当组合，根据作物播种期与生育期不同，按照预留行长期轮换种植的方式进行利用。活覆盖能减少太阳对土面的直接辐射、降低土面蒸发、提高水分有效性，同时避免因强烈土面蒸发失水收缩引起土壤龟裂板结。另外作物根茬留在土中，根际微生物增加，酶活性增强，水稳性团粒结构增加，必然使之成为高肥力、高产优质的土壤。

旱地自然免耕作物连续间套作原则是粮经作物、高矮秆作物、禾本科与豆科作物等相互配合，充分利用时间、空间及光热水肥资源，达到土壤连续活覆盖的生态效应及获得良好的经济效益。目前我国南方作物组合的主要模式有以下几种。

① 果、桑、茶园和林地（幼龄期）间套种：园林//小麦——旱种水稻/香菇；

② 麦//菇—稻/肥；

③（肥—玉/玉/苕）//（麦—稻/肥）；

④（肥—花生/苕）//（麦—稻/肥）。

土壤长期免耕、覆盖、间套作，有利于土壤“小三化”建设，即形成腐殖化、细菌化、结构化或温润化。

以上措施相辅相成，缺一不可，共同构成旱地自然免耕技术这个有机整体。其中，免耕前的精耕细作是基础，连续免耕是根本措施，连续等高垄作和连续覆盖是关键，连续间套作是手段。在此基础上，连续施用有机肥与胶体肥，少用化肥与化学农药，最终不用化肥与化学农药是保证。只有这样才能提高肥力，实现优质高产，达到旱地自然免耕的效果。

第二节　土壤免耕技术应用及展望

一、我国土壤免耕的应用现状

1. 稻田免耕覆盖沃土新技术

近年来，四川省全面推广稻田免耕覆盖沃土新技术，方法简便，容易被农民接受，推广成效显著。水稻免耕覆盖沃土栽培技术就是将收获小春后的稻田实行全部免耕，把农作物秸秆直接平铺在田面，然后进行抛栽。该技术是集沃土工程、节水农业和生态保护于一体的稻田耕作新技术。具有省水、省地、省工、省费用、增产增效的“四省二增”；适用范围广，操作简便，节支增收；降低劳动强度，迅速增加土壤有机质，重建土壤结构，及时消化大量秸秆；避免了秸秆野外焚烧，减少了污染，保护生态环境，提高耕地综合生产能力等优点。水稻土免耕覆盖沃土栽培新技术的要点包括以下几个方面。

① 小春收获后的稻田实行全免耕。

② 秸秆直接覆盖还田，将人工或机械收割并切成10～20cm长的大、小麦、油菜秸秆直接平铺在稻田里。

③ 铺秸秆后，淹深水泡田，水层为10～15cm。

④ 待稻田水回落至5～7cm深时，每公顷撒施腐秆灵30kg，然后撒施配方肥600kg，再泼粪水300～450担。

⑤ 选用旱育秧苗，要求选用矮、健、壮、多蘖、无病虫害的秧苗。每公顷抛27.0万窝左右，分厢定苗均匀抛秧。

⑥ 抛秧后7d内保持浅水层，待秧苗扎根立苗时，再灌水、除草，以后视苗情补肥和进行间隙灌溉。并注意加强各个时期病、虫害防治等。

2. 21世纪我国北方土壤免耕推广概况

（1）治理沙尘暴的又一良方：免耕法　这是2002年3月22日新华社王文化的报道信息。免耕法对解决我国北方农区的沙化问题有明显作用。据中国科学院地学部研究报告，产生沙尘的地表物质以粉尘为主，其颗粒直径多以0.063～0.005mm物质为主体，这些颗粒不是来自沙漠戈壁的粗沙粒而是主要来自农田。农业部保护性耕作中心主任、中国农业大学博士生导师高焕文教授对沙尘暴与农耕地的关系进行了专题研究，研究结果表明，北京外围地区 55 个县冬季农田翻耕休闲的耕地面积超过沙尘来源面积的 70%。因此，要解决农田冬春裸露易起沙尘的问题，有必要推广与全面翻耕土壤的传统耕作方法不同的免耕法，以庄稼的根茬固定土壤，可以起到和种草种树相近的防沙治沙效果。同时免耕法可以蓄贮降雨、减少蒸发、培养地力、改善播种质量，从而实现抗旱的目标。

(2) 我国北方将全面推广“懒汉种田”免耕模式 据 2003 年 8 月 18 日新华网梁宏峰报道，2003 年 8 月 17 日至 20 日，农业部保护性耕作研究中心和中国农业工程学会农业机械化专业委员会组织澳大利亚及国内保护性耕作领域的权威专家、学者在甘肃兰州召开旱地保护性耕作研讨会暨中澳保护性耕作培训会。农业部副部长张宝文在给这次培训班发来的贺信中说，农业部计划用 7 到 10 年时间，在我国北方地区全面推广保护性耕作技术，即被相关专家形象地称之为“懒汉种田”的耕作模式——旱地保护性耕作。

参加此次培训班的农业部农业机械化司副司长刘敏介绍，农业部已在北方 13 个省、市、自治区的 58 个县建立了旱地保护性耕作示范点，示范面积近 $1.33\times10^{5}hm^{2}$。2005 年，示范面积达到 $1.01\times10^{6}hm^{2}$，形成“环京津区”和“西北风沙源”两个保护性耕作带。到 2010 年，示范推广面积将达到 $1.00\times10^{7}hm^{2}$，使“三北”地区 1/3 的旱地实现保护性耕作。

保护性耕作与强调深翻、深松、加深活土层的传统农业耕作方式迥然不同，而是最大限度地减少土壤耕作，将作物秸秆残茬留于地表。其核心技术是：土壤尽量不翻耕，留下秸秆残茬覆盖田面；使用茬地播种机播种，随种子播种深施化肥；采用除草剂与浅锄相结合清除杂草。

(3) 我国北方保护性耕作实施面积达 $2.04\times10^{6}hm^{2}$ 农业部从 2002 年启动“保护性耕作示范县建设”项目以来，实施区域已扩展到北方 15 个省（区、市），保护性耕作实施面积达到 $2.04\times10^{6}hm^{2}$，免耕播种面积约 $6.67\times10^{6}hm^{2}$，带动机械化秸秆还田面积 $2.00\times10^{7}hm^{2}$。从 2002 年到 2007 年，中央已累计投入项目资金 1.7 亿元，带动地方各级财政配套资金和农民及服务组织自筹资金 17.28 亿元。保护性耕作推广面积迅速扩大，相关技术进一步完善，经济效益、社会效益和生态效益日益显现。目前，已在北方 15 个省（区、市）及新疆生产建设兵团、黑龙江省农垦总局建设了 173 个国家级示范县，328 个省级示范县。

二、土壤免耕的特点

1. 保护性耕作同传统耕作的主要区别

① 作物收获后留根茬，并保证播种后 30%以上的秸秆覆盖地表；

② 减少耕作次数；降低生产成本；

③ 采用化学除草（采用化学除草或者机械除草）；

④ 取消铧式犁耕翻，实行免耕或少耕。

2. 自然免耕与国内外其他免耕的区别

① 自然免耕法以农业生态系统学和土壤生物热力学为理论指导；

② 自然免耕以精耕细作为基础，创造可实行免耕的基本条件；

③ 常规免耕必须由除草剂引路，而自然免耕则因利用生态学原理，把杂草消灭在免耕之前或杂草在免耕措施控制下受抑制，不用除草剂；

④ 自然免耕重视地面覆盖，抑制土面蒸发失水，防止土层变硬；

⑤ 自然免耕实行垄沟耕作制，使雨水和灌溉水集中流向沟内并下渗土层深处贮存，以毛管水形式源源不断上升供应植物需要；

⑥ 普通免耕为平板地面，自然免耕为垄沟地形，扩大了地表面积，增厚土层，加大了根系和潜水位的距离，免受潜水低温危害，加强了大气和土壤之间氧气和热量交换，加强了

微生物活动，充分发挥了耗散结构的优越性；

⑦ 自然免耕最大特点是连续免耕，土壤结构有了经久不变，保持孔隙畅通的基础，微生物在最佳水热条件下为土壤积累大量腐殖质；

⑧ 改善生态条件，配合进行林网化、渠网化和立体农业化建设。

三、我国推广土壤免耕的展望

1. 农业部近期推广土壤免耕的目标

农业部在广西南宁召开的“全国免耕栽培技术现场会”提出，各级农业部门要强化措施，积极稳妥地推进免耕栽培技术的集成创新和推广应用，力争全国粮食作物免耕栽培技术推广面积达到 $2.00\times10^7hm^2$，占粮食作物面积的比例达到20%以上；与传统耕作栽培技术相比，免耕技术平均每公顷节约成本750元，提高粮食单产5%左右。

2. 我国土壤免耕重点推广区域及主要内容

以南方和黄淮海地区为主，兼顾东北、西北。南方地区以示范推广免耕抛秧、免耕小麦、玉米免耕移栽、稻草覆盖免耕马铃薯、免耕油菜、免耕棉花等为主，开展蔬菜等免耕试验；黄淮海地区以示范推广免耕玉米、免耕大豆为主，开展免耕小麦等研究；东北地区示范推广免耕水稻、免耕玉米，开展免耕大豆试验研究；西北地区开展免耕玉米示范推广，开展小麦、杂粮作物等免耕栽培研究。

第三节 土壤调理剂

土壤调理剂（soil conditioner）是由农用保水剂及富含有机质、腐殖酸的天然泥炭或其他有机物为主要原料，辅以生物活性成分及营养元素组成，经科学工艺加工而成的产品，有极其显著的“保水、增肥、透气”三大土壤调理性能。在“第二章土壤基本性质”的“第一节土壤孔隙性和第二节土壤结构”中已讲述土壤结构破坏造成土壤板结以及相应的解决措施，介绍了土壤结构改良剂（属于“土壤调理剂”范畴）。土壤耕作管理技术不到位、自然因素作用，尤其是不当的土壤免耕，会破坏土壤性质，造成土壤板结，影响正常生产。为此，本节就土壤板结的形成原因和土壤调理剂作用机理及其应用作进一步介绍。

一、土壤板结的成因

土壤板结是指土壤表层因缺乏有机质，结构不良，在灌水或降雨等外因作用下结构破坏、土粒分散，而干燥后受内聚力作用使土面变硬，不适于农作物和花木等生长的现象。形成土壤板结的原因主要有以下7个因素。

① 农田土壤质地太黏，耕作层浅。黏土中的黏粒含量较多，耕作层平均不到20cm，土壤中通气孔隙和毛管孔隙较少，通气、透水、增温性较差，下雨或灌水以后，容易堵塞孔隙，土壤表层结皮，表土板结。

② 有机肥严重不足、秸秆还田量减少。土壤中有机物质补充不足，土壤有机质含量偏低、结构变差，影响微生物的活性，从而影响土壤团粒结构的形成，造成土壤的pH值过高或过低，导致土壤板结。

③ 塑料制品过多进入土壤。地膜和塑料袋等没有清理干净，或含有塑料制品的垃圾过多进入土壤，塑料在土壤中很难分解，形成有害的块状物。我国每年随着生活垃圾进入填埋场的废塑料，占填埋垃圾重量的3%～5%，其中大部分是塑料袋垃圾，施入土壤中不易降解，造成土壤板结。

④ 长期单一偏施化肥。农家肥严重不足，单施化肥，特别是重氮轻磷钾肥，土壤有机质下降，腐殖质不能得到及时补充，引起土壤板结和龟裂。

a. 氮肥过量施入：微生物的氮素供应增加 1 份，相应消耗的碳素就增加 25 份，所消耗的碳素来源于土壤有机质，有机质含量低，影响微生物的活性，从而影响土壤团粒结构的形成，导致土壤板结。

b. 磷肥过量施入：磷肥中的磷酸根离子与土壤中钙、镁等阳离子结合形成难溶性磷酸盐，既浪费磷肥，又破坏了土壤团粒结构，致使土壤板结。

c. 钾肥过量施入：钾肥中的钾离子饱和度升高，将形成土壤团粒结构的多价阳离子置换出来，而一价的钾离子不具有键桥作用，土壤团粒结构的键桥被破坏，也就破坏了团粒结构，致使土壤板结。

⑤ 镇压、翻耕等农耕措施导致上层土壤结构破坏。由于人为管理和机械进入土面，压板作用明显，破坏了土壤结构造成土壤板结。此外，机械耕作过深，特别是耕层土壤下翻，底层土壤进入表层，也破坏了表土的团粒结构。而每年施入土壤中的肥料只有部分被当季作物吸收利用，其余被土壤固定，形成大量酸盐沉积，造成土壤板结。

⑥ 有害物质的积累。部分地方地下水和工业废水及有毒物质含量高，长期利用灌溉，使有毒物质积累过量，引起表层土壤板结。

⑦ 风沙、暴雨水土流失。遇到风沙、暴雨后表土层细小的土壤颗粒被带走，使土壤结构遭到破坏而引起土壤板结。

二、土壤调理剂的作用机理

土壤调理剂能够打破土壤板结、疏松土壤、提高土壤透气性、降低土壤容重、促进土壤微生物活性、增强土壤肥水渗透力；具有改良土壤，治理荒漠，保水抗旱，增强农作物抗病能力，提高农作物产量，改善农产品品质，恢复农作物原生态等功能，大幅度提高植树成活率。正规产品应确保无公害，无污染，无生物激素，不同于国际市场上各种化肥、农药、叶面肥和生物激素，是世界农林业种植的新型绿色生产资料。

三、土壤调理剂的应用

1. 腐殖酸土壤调理剂

腐殖酸土壤调理剂（humate soil conditioner）能够改善土壤的物理、化学性质和微生物性能，增加土壤的肥力。泥炭中腐殖酸的主要构成是胡敏酸和富里酸，已被证明可以促进根系的发育和有益微生物的活动。简单地说，腐殖酸土壤调理剂可以帮助土壤释放有利于植物吸收的各种营养元素，治理土壤板结、沙化、盐碱化现象，提高土壤渗透性，增加土壤的保水保肥能力，减少土壤水分蒸发，增加土壤的阳离子交换能力，有利于对铁、镁、锌、铜的螯合，促进中量、微量元素更好地被植物根系吸收。如蓝得土壤调理剂。此调节剂在生产过程中还添加腐殖酸、虾粉、海藻粉等物质，使土壤有机质含量更丰富，更利于作物的生长。经中国海洋大学、山东农业大学、潍坊农科所、安丘市现代农业示范园、荣成市土肥站等单位试验证明，可以改善疏松土壤，调整土壤微生物种群结构，提高肥料的吸收利用率，增强作物的抗逆性，提高产量，改善品质。具体使用方法如下。

（1）果树类　桃树、梨树、苹果树、葡萄等果类作物施用可在采果后至翌年春萌芽前与其他有机肥料、无机肥料混合，在细根生长区开沟（深 30～40cm）施用覆土。每棵用量1～1.5kg，防止苦痘病、烂果、裂果、小叶病有特效，并且果型整齐，着色均匀，提高优质果比例，耐贮运，增加农民收益。

（2）蔬菜类　黄瓜、茄子、辣椒、番茄、芹菜等，穴施或沟施，每亩用量 50～75kg，可使植株明显粗壮，根系发达，对小叶病、肌腐病、根腐病、烂果有特效。

(3) 葱、姜、蒜、萝卜、马铃薯、芋头等根茎作物 种植时沟施或穴施，追肥时与复合肥混合均匀施入，每亩用量50～75kg，可明显疏松土壤，促进块茎膨大，可有效防止缺素症的发生，预防地下病虫害如姜瘟、癞皮及马铃薯黑斑病等。

(4) 甜瓜、香瓜、西瓜、草莓等瓜类作物 每亩用量50～75kg，可以促进作物对营养成分的吸收，使作物强壮，减少病虫害的发生，改善品质，提高果实含糖量，提早成熟上市，增产增收明显。

(5) 花生、小麦、玉米等大田作物 可撒施、沟施或穴施，每亩用量50kg，可使作物秸秆粗壮、抗倒伏、穗大、籽粒饱满，从而提高作物产量。

注：①本品配合其他有机肥或无机肥用作底肥效果尤佳。②密闭封存于阴凉干燥处，保质期三年。

2. 免深耕土壤调理剂

免深耕土壤调理剂是一种能够打破土壤板结、疏松土壤、提高土壤透气性、促进土壤微生物活性、增强土壤肥水渗透力的生物化学制剂，适用于改良各类型土壤和盐碱地。由于它疏松土壤深度达地表以下80～120cm，可真正实现免深耕，同时可提高肥料利用率50%以上，保水节肥，环保高效，所以深受广大农民朋友欢迎。免深耕土壤调理剂早期由成都新朝阳生物化学有限公司开发，采用国际领先的工艺技术，针对不同的土壤类型，不同的土壤理化性能，不同的耕作方式，不同的自然环境条件，将土壤微粒结构促进剂和土壤活化剂进行有机结合研制而成的一种高效、广谱、安全、低毒、无残留、作用机理独特的新型土壤调理剂。

(1) 根据成都新朝阳生物化学有限公司介绍的施用方法 在种植作物小麦、柑橘、辣椒、番茄、水稻田间土壤湿润情况下（或在雨前或雨后6h内）按照说明书兑水直接喷施于地表。第一年选择使用两次，以后每年可减少为一次。

70mL瓶装兑水20～30kg，直接喷施于0.2～0.4亩面积的田地。

200g瓶装兑水60～100kg，直接喷施于1亩面积的田地。

100mL袋装兑水30～50kg，直接喷施于0.6亩面积的田地。

(2) 根据平阴县收集总结的经验，具体使用方法

① 对于黑土、沙壤土和各种免耕、少耕土地的施用：每年应在春、夏、秋季节，每亩用200g兑水100kg喷施地表1～2次。

② 黄壤、红壤、棕壤等黏性大、土块硬、板结严重、水肥分布不均、耕作层较浅的土壤施用：每年应在春、夏、秋季节，每亩用300～400g兑水100kg，喷施地表两次。

按以上标准使用为一次土壤改良过程，以后逐年减少施药量和次数，直至不施。

注意事项：免深耕土壤调理剂一定要在土壤充分湿润的前提下使用，因为水是它的活性载体，没有水就不能激活它。喷施后，也应经常保持土壤湿润，这样使其有效成分常在活跃状态，加快疏松土壤的速度。当然，如果天旱无水，也不必担心药剂失效，因为它是一种生物化学制剂，土壤里一旦有水就被激活，就能对板结土壤发挥疏松作用。

目前，土壤调理剂品种越来越多，使用范围也日益增大，各地还应边试验、示范，边总结经验，将适合当地成熟的技术，进行推广。

本章小结

土壤耕作是使用农具以改善耕层构造和地面状况的多种技术措施的总称。

土壤免耕是指在同一块土壤上在一定年限内，既免除播种前的耕作（犁耕和深翻），又免除播种后的中耕，作物收获后直接将作物残茬留在土壤中并进行下茬作物播种的耕作方式。

土壤自然免耕具有两方面的内涵：一是模拟自然土壤高肥力的生理生态特征；二是说明土壤高肥力的基本要求是免耕。实行自然免耕的土壤条件包括结构化、腐殖化、细菌化。

水田自然免耕是在水田半旱式耕作制基础上进一步深入研究而提出来的。

水田自然免耕具有“五省一高”的优点。

水田自然免耕具体改土增产机理为：①增厚了活土层；②改善了土壤水分状况；③改善了土壤结构和通透性；④改善了土壤热状况；⑤垄作加速土壤养分变化

水田自然免耕一般可分为五个操作规程：整地作垄—施肥—栽秧—管水—其余田间管理，主要指除草、防治病虫。

水田自然免耕中的综合利用形式有：垄稻沟萍、垄稻沟鱼、垄稻沟鱼萍、垄稻沟笋、稻笋鱼萍等。

稻田轮作小麦技术规程为：①开畦（垄）作沟；②施肥播种；③覆盖；④管水；⑤防治病虫。

旱地自然免耕需要的土壤条件为：深厚肥沃、疏松多孔、耕层多团粒结构。

不适宜或暂时不适宜免耕的旱地土壤有通透性差的粉状黏土、缺乏有机质而干板的黏土、有毒物质污染严重而又不易排除的土等。

免耕前的精耕细作主要工作包括：①深耕炕土；②精细整地；③重施农肥；④复种轮作。

旱地自然免耕的技术规程就是“四连续”措施：①连续免耕；②连续等高垄作；③连续覆盖；④连续间套作。

国外免耕法采用以机械化为支撑的保护性耕作，其做法是以机械化和大量使用化肥及除草剂等农药为基础；国内普通免耕借鉴了国外经验，更加重视留茬和秸秆覆盖；自然免耕具有较完善的理论，以精耕细作为基础，免耕垄作，重视覆盖与生态建设，尽量减少或不用化学物质。

我国土壤免耕的应用现状为：南方大力推广“稻田免耕覆盖沃土新技术”；北方以免耕法治理沙尘暴；我国北方保护性耕作实施面积目前已达 $2.04\times10^6\,hm^2$。

我国正有计划地推行土壤免耕技术，目前这一技术正在全国上下逐渐形成共识。

本章最后一节对土壤调整剂的概念、土壤板结的形成原因、土壤调理剂作用机理及其应用进行了典型介绍。

复习思考题

1. 什么叫土壤免耕？土壤自然免耕的内涵是什么？
2. 简述国内外土壤免耕的发展概况。
3. 西方土壤免耕与我国一般免耕及土壤自然免耕有何区别？
4. 什么条件的土壤适合免耕？什么土壤不宜免耕？
5. 水田自然免耕为何能增产？
6. 简述水田自然免耕的操作技术规程。
7. 举例说明一种水田自然免耕中的综合利用技术。
8. 简述稻田轮作小麦技术规程。
9. 旱地自然免耕应做好哪些准备工作？
10. 谈谈对旱地自然免耕技术规程的认识。
11. 简述水稻土免耕覆盖沃土栽培新技术要点。
12. 举例说明本世纪我国北方土壤免耕的推广情况。
13. 谈谈你对土壤免耕现状的认识和土壤免耕的发展潜力。

第十章 设施农业土壤的管理

学习目标

技能目标

【学习】设施农业土壤特性与管理、盆栽土壤的原料与配制。

【熟悉】设施农业土壤的改良途径与盆栽土壤的配制原则。

【学会】设施土壤的改良与培肥管理技术。

必要知识

【了解】农业设施的类型、设施土壤的特性及形成原因。

【理解】设施农业土壤的概念、设施土壤与露地土壤的区别。

【掌握】设施土壤的管理与盆栽土壤的制作方法。

设施农业土壤亦叫保护地土壤，系指玻璃温室、塑料大棚、中棚、小棚、地膜覆盖、冷室、荫房等室内用于栽培植物的土壤。保护地土壤，因物质转化过程及水盐动态不同于大田，造成土壤的特性与露地土壤有很大区别。因此，保护地土壤的培肥和管理与露地有所不同，应当按照保护地的特性，实施相应的技术措施。

第一节 设施农业土壤的特性

农业设施如温室和塑料拱棚内温度高，空气湿度大，气体流动性差，光照较差，而作物种植茬次多，生长期长，施肥量大，根系残留量也较多，因而使得土壤环境与露地土壤很不相同，影响设施作物的生育。

保护地土壤的特性与自然土壤和露地耕作土壤比较，主要有以下特性。

一、次生盐渍化

由于温室是一个封闭（不通风）的或半封闭（通风时）的空间，自然降水受到阻隔，土壤受自然降水自上而下的淋溶作用几乎没有，使土壤中积累的盐分不能被淋洗到地下水中。

由于室内温度高，作物生长旺盛，土壤水分自下而上的蒸发和作物蒸腾作用比露地强，根据“盐随水走”的规律，造成土壤表层积聚了较多的盐分。

此外，如果施肥量超过植物吸收量，肥料中的盐分在土壤中越聚越多，也会形成土壤次生盐渍化。设施生产多在冬、春寒冷季节进行，土壤温度也比较低，施入的肥料不易分解，也不利于作物吸收，也容易造成土壤内养分的残留。人们盲目认为施肥越多越好，往往采用加大施肥量的办法以弥补地温低、作物吸收能力弱的不足，结果适得其反，当土壤氨态氮浓度过高时危害最大。据沈阳农业大学园艺系调查，当地多年种植蔬菜的温室，土壤盐分浓度(EC 值）很多已近临界值。设施土壤培肥反应比露地明显，养分积累进程快，容易发生土壤次生盐渍化，土壤养分也不平衡。一些生产年限较长的温室或大棚，因养分不平衡，土壤中 N、P 浓度过高，导致 K 相对不足，Zn、Ca、Mg 也缺乏，所以温室番茄“脐腐”果高达

70%~80%，果实风味差，病害也多，这与土壤浓度障碍导致自身免疫力下降有关。

一般设施农业土壤盐类浓度随着使用年限的增加而提高。盐分含量提高，使土壤溶液浓度升高，危害植物生长。一般设施农业土壤溶液的浓度可达1000mg/kg以上，而露地土壤溶液浓度为500~3000mg/kg，植物所需的溶液浓度通常在800~1500mg/kg。测定表明，当土壤溶液浓度达到2000mg/kg时，作物完全萎蔫，甚至死亡。

二、有毒气体增多

在设施农业土壤上栽培植物时，会向土壤中施用大量铵态氮肥，由于室内温度较高，很容易使铵态氮肥气化而形成NH_3，NH_3浓度过高，会使植物茎叶枯死。氨在土壤通气条件好的情况下，1周左右会氧化产生NO_2。施入土壤中的硝态氮肥，如遇通气不良，也会被还原，产生NO_2。NO_2含量过高植物叶片将会中毒，出现叶肉漂白，影响植物的正常生长。一般的测定方法是用pH试纸在棚顶的水珠上吸收，试纸显蓝色，说明设施内存在的气体为NH_3；若试纸呈现红色，则说明室内气体是NO_2。此外，土壤中含的硫、磷等物质在通气不良时会产生H_2S、PH_3等有毒气体，也会对植物产生毒害作用。

三、高浓度CO_2

微生物分解有机质的作用、植物根系的呼吸作用，会使室内CO_2浓度显著提高，如浓度过高，会影响室内O_2的相对含量。但是CO_2可以提高土壤的温度，冬季也可提高温室温度。CO_2也是植物光合作用的碳源，可以提高植物光合作用的产量。

四、病虫害发生严重

在设施生产中，设施一旦建成，就很难移动，连作的现象十分普遍，年复一年地种植同一种植物。而且保护地环境相对封闭，温暖潮湿的小气候为病虫害繁殖、越冬提供了条件，使设施地内作物的土传病害十分严重，类别较多，发生频繁，危害严重，使得一些在露地栽培可以消灭的病虫害，在设施内难以绝迹。例如根际线虫，温室土壤内一旦发生就很难消灭；黄瓜枯萎病的病原菌孢子是在土壤中越冬的，设施土壤环境为其繁衍提供了理想条件，发生后也难以根治。过去在我国北方较少出现的植物病害，有时也在棚室内较严重。

五、土壤肥力下降

设施内作物栽培的种类比较单一，为了获得较高的经济效益，往往连续种植产值高的作物，而不注意轮作换茬，久而久之，使土壤中的养分失去平衡，某些营养元素严重亏缺，而某些营养元素却因过剩而大量残留于土壤中。露地栽培轮作与休闲的机会多，上述问题不易出现。设施内土壤有机质矿化率高，N肥用量大，淋溶又少，所以残留量高。沈阳农业大学园艺系定位试验证明设施土壤总残留量＞NO_3^--N淋溶量＞NH_3挥发量＞吸收量。调查结果表明使用3~5年的温室表土盐分可达200mg/kg以上，严重的达1~2g/kg，达到盐分危害浓度低限（2~3g/kg）。设施内土壤全P的转化率比露地高2倍，对P的吸附和解吸量也明显高于露地，P大量富集（可达1000mg/kg以上），最后导致K的含量相对不足，K失衡，这些都对作物生育不利。

由于保护地内不能引入大型的机械设备进行深耕翻，少耕、免耕法的措施又不到位。连年种植会导致土壤耕层变浅，发生板结现象，团粒结构破坏、含量降低，土壤的理化性质恶化。并且由于长期高温高湿，使有机质转化速度加快，土壤的养分库存数量减少，供氮能力降低，最终使土壤肥力严重下降。

第二节　设施农业土壤的改良与培肥管理

保护地栽培首要问题是整地。整地一般要在充分施用有机肥的前提下，提早并连续进行翻耕、灌溉、耙地、起垄、镇压等项作业，有条件的最好进行秋季深翻。整地作畦最好能做成“圆头形”，也就是畦或垄的中央略高，两边呈缓坡状而忌呈直角，这样有利于地膜覆盖栽培；畦或垄以南北方向延长为宜，高度一般条件下为 10～15cm，过高影响灌水，不利于水分横向渗透。畦或垄做好后，不要随意踩踏。在较干旱的大面积地块中，应该在畦或垄沟分段打埂，以便降雨时蓄水保墒。整地时土壤一定要细碎疏松，表里一致。畦或垄做好后要进行 1～2 次轻度镇压，使表里平整，利于土壤毛管水上升和养分输送。

在保护地栽培条件下，可以通过以下几种方式对土壤进行改良和培肥。

一、改善耕作制度

换土、轮作和无土栽培是解决土壤次生盐渍化的有效措施之一，但是劳动强度大不易被接受，只适合小面积应用。轮作或休闲也可以减轻土壤的次生盐渍化程度，达到改良土壤的目的，如蔬菜保护设施连续使用几年以后，种一季露地蔬菜或一茬水稻，对恢复地力、减少生理病害和病菌引起的病害都有显著作用。

当设施内的土壤障碍发生严重，或者土传病害泛滥成灾，常规方法难以解决时，可采用无土栽培技术，使土壤栽培存在的问题得到解决。

二、改良土壤理化性质

连年种植导致土壤耕层变浅，发生板结现象，团粒结构破坏。而改良土壤理化性质的方式，主要有以下几种。

① 植株收获后，深翻土壤，把下层含盐较少的土翻到上层与表土充分混匀。

② 适当增施腐熟的有机肥，以增加土壤有机质的含量，增强土壤通透性，改善土壤理化性状，增强土壤养分的缓冲能力，延缓土壤酸化或盐渍化过程。

③ 对表层土含盐量过高或 pH 值过低的土壤，可用肥沃土来替换。

④ 经济技术条件许可者，可开展无土栽培。

三、以水排盐

合理灌溉可以降低土壤水分蒸发量，有利于防止土壤表层盐分积聚。设施栽培土壤出现次生盐渍化并不是整个土体的盐分含量高，而是土壤表层的盐分含量超出了作物生长的适宜范围。土壤水分的上升运动和通过表层蒸发是使土壤盐分积聚在土壤表层的主要原因。灌溉的方式和质量是影响土壤水分蒸发的主要因素，漫灌和沟灌都将加速土壤水分的蒸发，易使土壤盐分向表层积聚。滴灌和渗灌是最经济的灌溉方式，同时又可防止土壤下层盐分向表层积聚，是较好的灌溉措施。近几年，有的地区采用膜下滴灌的办法代替漫灌和沟灌，对防治土壤次生盐渍化起到了很好的作用。闲茬时，浇大水，表层积聚的盐分下淋以降低土壤溶液浓度。夏季换茬空隙，撤膜淋雨或大水浸灌，使土壤表层盐分随雨水流失或淋溶到土壤深层。

四、科学施肥

平衡施肥减少土壤中的盐分积累，是防止设施土壤次生盐渍化的有效途径。过量施肥是蔬菜设施土壤盐分的主要来源。目前我国在设施栽培尤其是蔬菜栽培上盲目施肥现象非常严重，化肥的施用量一般都超过蔬菜需要量的1倍以上，大量的剩余养分和副成分积累在土壤中，使土壤溶液的盐分浓度逐年升高，土壤发生次生盐渍化，引起生理病害加重。要解决此问题，必须根据土壤的供肥能力和作物的需肥规律，进行平衡施肥。

配方施肥是设施园艺生产的关键技术之一，我国园艺作物配方施肥技术研究要远远落后于大田作物，设施栽培中花卉与果树配方施肥更少有研究，目前设施配方施肥技术研究正处于起步阶段，一些用于配方施肥的技术参数还很缺乏，在参考国内外大田作物和蔬菜配方施肥研究成果的基础上，根据我国设施蔬菜生产特点，对蔬菜作物提出如下配方施肥技术方案，以供参考。

1. 土壤养分平衡法

蔬菜配方施肥是在施用有机肥的基础上，根据蔬菜的需肥规律、土壤的供肥特性和肥料效应，提出氮、磷、钾和微量元素肥料的适宜用量以及相应的施用技术。

肥料的有效养分含量是根据某种肥料的有效成分含量确定的，肥料利用率是指当季作物从所施入肥料中吸收的养分占施入肥料养分总量的百分数。肥料利用率随肥料的种类、施肥量、作物产量和土壤的理化性质及环境条件的不同而变化。

一般菜田氮素化肥的利用率为30%～45%，磷素化肥的利用率为5%～30%。钾素化肥的利用率为15%～40%。有机肥料的养分利用率更为复杂，一般腐熟的人粪尿、鸡粪和鸭粪的氮、磷、钾利用率为20%～40%，猪厩肥的氮、磷、钾利用率为15%～30%。

有机肥供肥量是指施入土壤中的有机肥料对当季蔬菜的供肥量，一般可先把有机肥料的数量确定下来，并根据其氮、磷、钾养分的含量和它们的当季利用率，先算出施入有机肥料所能提供的氮、磷、钾数量，余下的用化学肥料来补。

具体计算方法如下。

有机肥料肥量=有机肥料施入量（kg）×有效养分含量×利用率

2. 土壤有效养分校正系数法

土壤有效养分校正系数法，是在土壤养分平衡法的基础上提出的。在土壤养分平衡法中获得土壤供肥量参数，需要在田间布置缺氮、缺磷和缺钾试验，并分别通过不施氮、磷和钾试验区的产量及蔬菜的100kg经济产量吸肥量，计算出土壤的氮、磷和钾的供肥量。而用土壤有效养分校正系数法可以不用上述试验，通过土壤养分测定和土壤有效养分校正系数来计算出土壤的供肥量。

氮、磷、钾化肥的具体施用技术，可根据不同蔬菜品种的需肥规律和有关栽培措施来定。一般磷肥做基肥一次性施用；钾肥可以一次性做基肥施用，也可以分两次施用，2/3做基肥，1/3做追肥；氮肥的施用方式较多，一般以1/3做基肥，2/3做追肥，并分两三次追施。

增施有机肥、施用秸秆可以降低土壤盐分含量。设施内宜施用有机肥，因为其肥效缓慢，腐熟的有机肥不易引起盐类浓度上升，还可改进土壤的理化性状，疏松透气，提高含氧量，对作物根系有利。设施内土壤的次生盐渍化与一般土壤盐渍化的主要区别在于盐分组成，设施内土壤次生盐渍化的盐分是以硝态氮为主，硝态氮占到阴离子总量的50%以上。因此，降低设施土壤硝态氮含量是改良次生盐渍化土壤的关键。

施用作物秸秆是改良土壤次生盐渍化的有效措施，除豆科作物的秸秆外，其他禾本科作物秸秆的碳氮比都较宽，施入土壤以后，在被微生物分解过程中，能争夺土壤中的氮素。据研究，1g没有腐熟的稻草可以固定12～22mg无机氮。

在土壤次生盐渍化不太重的土壤上，按每公顷施用4500～7500kg稻草较为适宜。在施用以前，先把稻草切碎，一般应小于3cm，施用时要均匀地翻入土壤耕层。也可以施用玉米秸秆，施用方法与稻草相同。施用秸秆不仅可以防止土壤次生盐渍化，而且还能平衡土壤养分，增加土壤有机质含量，促进土壤微生物活动，降低病原菌的数量，减少病害。

根据土壤养分状况、肥料种类及植物需肥特性，确定合理的施肥量和施肥方式，做到配方施肥。控制化肥的施用量，以施用有机肥为主，合理配施氮、磷、钾肥。化学肥料做基肥时要深施并与有机肥混合施用，作追肥要“少量多次”，缓解土壤中的盐分积累。也可以抽出一部分无机肥进行叶面喷施，既不会增加土壤中盐分含量，又经济合算。

五、定期进行土壤消毒

土壤中有病原菌、害虫等有害生物和微生物、硝酸细菌、亚硝酸细菌、固氮菌等有益生物。正常情况下这些微生物在土壤中保持一定的平衡，但连作时由于作物根系分泌物质的不同或病株的残留，引起土壤中生物条件的变化，打破了平衡状况，造成连作危害。由于设施栽培有一定空间范围，为了消灭病原菌和害虫等有害生物，可以进行土壤消毒。

1. 药剂消毒

根据药剂的性质，有的灌入土壤中，也有的洒在土壤表面。使用时应注意药品的特性，现举几种常用药剂为例进行说明。

(1) 甲醛（40%） 用于温室或温床床土消毒，消灭土壤中的病原菌，同时也杀死有益微生物，使用浓度 50～100 倍。使用时先将温室或温床内土壤翻松，然后用喷雾器均匀喷洒在土面上再稍翻一翻，使耕作层土壤都能沾着药液，并用塑料薄膜覆盖地面保持 2d，使甲醛充分发挥杀菌作用后揭膜。打开门窗，使甲醛散发出去，两周后才可以恢复使用。

(2) 硫黄粉 用于温室及床土消毒，消灭白粉病菌、红蜘蛛等。一般在播种后或定植前 2～3d 进行熏蒸，熏蒸时要关闭门窗，熏蒸一昼夜即可。

(3) 氯化苦 主要用于防治土壤中的线虫。将床土堆成高 30cm 的长条，宽由覆盖薄膜的幅度而定，每 30cm 注入药剂 3～5ml 至地面下 10cm 处，之后用薄膜覆盖 7d（夏）到 10d（冬），以后将薄膜打开放风 10d（夏）到 30d（冬），待没有刺激性气味后再使用。本药剂使用后也同时杀死硝化细菌，抑制氨的硝化作用，但在短时间内即能恢复。该药剂对人体有毒，使用时要开窗，使用后密封门窗保持室内高温，能提高药效，缩短消毒时间。

上述 3 种药剂在使用时都需提高室内温度，使土壤温度达到 15～20℃以上，10℃以下药剂不易气化，效果较差。采用药剂消毒时，可使用土壤消毒机，土壤消毒机可使液体药剂直接注入土壤到达一定深度，并使其汽化和扩散。面积较大时需采用动力式消毒机，按照运作方式有犁式、凿刀式、旋转式和注入棒式 4 种类型。其中凿刀式消毒机，是悬挂到轮式拖拉机上牵引作业，作业时凿刀插入土壤并向前移动，在凿刀后部有药液注入管将药液注入土壤之中，而后以压土板镇压覆盖。与线状注入药液的机械不同，注入棒式土壤消毒机利用回转运动使注入棒上下运转，以点状方式注入药液。

2. 高温法消毒

(1) 蒸汽消毒 蒸汽消毒是土壤热处理消毒中最有效的方法，它以杀灭土壤中有害微生物为目的。大多数土壤病原菌用 60℃蒸汽消毒 30min 即可杀死。但对烟草花叶病毒等，需要 90℃蒸汽消毒 10min。多数杂草种子需要 80℃左右的蒸汽消毒 10min 才能杀死。土壤中除病原菌之外，还存在很多氨化细菌和硝化细菌等有益微生物。若消毒方法不当，也会引起作物生育障碍，所以必须掌握好消毒时间和温度。

蒸汽消毒的优点是：①无药剂的毒害；②不用移动土壤，消毒时间短、省工；③通气能形成团粒结构，提高土壤通透性、保水性和保肥性；④能使土壤中不溶态养分变为可溶态，促进有机物的分解；⑤能和加温锅炉兼用；⑥消毒降温后即可栽培作物。

土壤蒸汽消毒一般使用内燃式炉筒烟管式锅炉。燃烧室燃烧后的气体从炉筒经烟管从烟囱排出。在此期间传热面上受加热的水在蒸汽室汽化，饱和蒸汽进一步由燃烧气体加热。为了保证锅炉的安全运行，以最大蒸发量要求设置给水装置，蒸汽压力超过设定值时安全阀打开，安全装置起作用。

在土壤或基质消毒之前，需将待消毒的土壤或基质疏松好，用帆布或耐高温的厚塑料布覆盖在待消毒的土壤或基质表面上，四周要密封，并将高温蒸汽输送管放置到覆盖物之下。每次消毒的面积与消毒机锅炉的能力有关，要达到较好的消毒效果，每平方米土壤每小时需要 50kg 的高温蒸汽，也有几种规格的消毒机，因有过热蒸汽发生装置，每平方米土壤每小时只需要 45kg 的高温蒸汽就可达到预期效果。根据消毒深度的不同，每次消毒时间的要求也不同。

(2) 高温闷棚　在高温季节，灌水后关好棚室的门窗，进行高温闷棚杀虫灭菌。

3. 冷冻法消毒

把不能利用的保护地撤膜后深翻土壤，利用冬季严寒，冻死病虫卵。

六、种耐盐作物

种植田菁、沙打旺或玉米等吸盐能力较强的植物，把盐分集中到植物体内，然后将这些植物收走，可降低土壤中的盐害。据分析，生产 100kg 玉米，就相当于从土壤带走 6.2kg N、3.4kg P_2O_3、12.7kg K_2O、4.9kg CaO、2.6kg MgO。蔬菜收获后种植吸盐力强的玉米、高粱、甘蓝、南瓜等作物，能有效降低土壤盐分含量和酸性。若土壤有积盐现象或酸性较强，可选择耐盐力强的蔬菜如菠菜、芹菜、茄子、莴苣等或耐酸力较强的油菜、空心菜、芋头、芹菜，达到吸取土壤盐分的目的。

第三节　盆栽土壤的配制与管理

盆栽土壤也可叫做培养土或营养土。培养土是盆栽花卉和盆景的主要人工土壤，由于花木特别是大的盆栽植物、盆景，尤其是树桩盆景，对土壤中的水、肥、气、热供应的要求极其严格，一定植物区系要求一定的土壤条件、一定的土壤养分和矿物营养的比例、适宜的通气性质等，才能满足盆景植物的正常生长。所以必须了解植物对土壤的生态要求，运用科学的方法进行人工调剂，配合日常的水肥管理和光照处理，促进盆栽植物的正常生长。营养土是用园土、腐熟有机肥及其他材料混合配制而成的混合物，一般可用于苗床土壤、盆栽土及营养钵育苗等。因各地肥源不同，营养土配制有较大差异，但总体的要求基本一致。一般营养土要求有机质含量 15%～20%，全氮含量 5～10g/kg，速效氮、速效磷、速效钾的含量大于 60～100mg/kg，pH 值为 6～6.5，配制好的营养土要疏松肥沃，有较强的保水、保肥和透气性能，并且无病菌虫卵及杂草种子。

一、盆栽植物营养土配制原则

(1) 培养土的物理性状比土壤肥力更为重要　这是因为肥力可以通过人工施肥或根外追肥加以补充，予以调整。但培养土的物理性质经一定的调制后，已经固定在植物盆中，短期不能更换。因此，应根据植物对土壤的生态要求予以调制，保持适宜的通透性和持水性能，降低容重，保持良好的结构状态，提高总孔隙度，协调非毛管孔隙与毛管孔隙的比例。要求孔隙度占容积 50%以上，毛管孔隙和非毛管孔隙比例为 8∶2 或 9∶1。采用持水强的材料作培养基，有利于植物的吸水和通气，土壤质地以壤质和砂质粉砂壤土为最适宜。

(2) 盆栽的培养和培养土的酸碱度，必须符合植物生长的土壤酸碱度　不同的材料配出的酸碱度必须符合植物的基本要求，材料必须经济、耐用，并具有较好的缓冲性能和多次效应，以充分发挥经济效益。

二、培养土的材料选择

营养土配制材料可以因地制宜，就地取材。目前可供选择的营养土材料有以下10余种。

(1) 园土　配制营养土的主要材料。园土又称菜园土、田园土，是普通的栽培土。因经常施肥耕作，肥力较高，团粒结构较好。缺点是干时表层容易板结，湿时通气透水性能较差，与营养土的要求相差很远，因此不能单独施用，必须和其他材料混合配制。一般种过蔬菜或豆类作物的表层砂壤土最好。

(2) 腐叶土　腐叶土又称腐殖质土，是利用各种植物的叶子、杂草等掺入园土，加水和人粪尿经过堆积、发酵腐熟而成，pH值呈酸性，需经曝晒过筛后才能使用。

(3) 腐熟堆肥　是经堆制、捣碎、过筛、去杂等工序，再掺一定的黄心土、烧土配制成的培养土。

(4) 松针土　是松林内由于针叶的新陈代谢凋落的松针和枯枝落叶在地表经风化、收集后掺粉砂壤土制成。

(5) 河沙　掺入一定数量的河沙有利于营养土的通气和排水性能，是营养土的基本材料。河沙有细沙和粗沙，通常选用粗沙。用海沙配制营养土时，必须用淡水冲洗，否则因含盐量过高而影响植物的生长。

(6) 砻糠灰和草木灰　砻糠灰是稻壳燃烧后形成的灰，草木灰是作物秸秆和杂草燃烧后形成的灰。砻糠灰和草木灰的含钾量较高，还含有Ca、Mg、P、S、Fe、Al、Na、Mn、Si及微量元素等。营养土中加入砻糠灰和草木灰能使土壤疏松，增加土壤的通气性和排水性能，氮易使土壤盐基饱和度增大而提高土壤碱性。

(7) 山泥　是一种天然富含腐殖质的土壤。土壤疏松，呈酸性，一般常用作栽培兰花、杜鹃、山茶等喜酸性花卉。

(8) 泥炭　是古代湖沼地带的植物被埋藏在地下，在淹水和缺少空气的条件下分解不完全的特殊有机物。泥炭分高位泥炭土和底位泥炭土，一般常用底位泥炭土又称泥炭土。它吸水性强、容重小、富弹性、孔隙多、有机质多，持水量60%以上，含盐分较多，富含N、P、K，微酸性到中性反应，是理想的培养材料。泥炭风干后呈褐色或暗褐色，酸性或微酸性反映，有机质含量可达40%～80%，含氮量1%～2.5%。含磷、钾量约0.1%～0.5%，孔隙度较高，可达77%～84%。

(9) 蛭石　是将云母类矿物加热到1000℃后膨胀形成的材料。蛭石具有较高的孔隙度，质地轻，容重0.1～0.13g/cm^3，吸水量大，约为500L/m^3，并且对酸碱有良好的缓冲性，阳离子交换量较高。因此，加入适量蛭石，不仅能提高营养土的通气性，而且能提高土壤保水、保肥及缓冲性能，同时还能为营养土增加镁和钾元素。一般在盆栽花卉时，在盆栽土的表面撒上一层蛭石，即美观，又具有保湿、通气的特性。

(10) 骨粉　是将动物骨骼磨碎、发酵制成的材料。骨粉含大量磷素，做磷肥使用，一般加入量不超过总量的1%。

除以上配制营养土的材料外，还有珍珠岩、木屑、陶粒、稻壳、树皮、岩棉、苔藓、垃圾、刨花等多种材料，生产中根据具体情况需要来进行配制。

当前最简便易行的培养土配方材料是选择田间较肥沃的壤质土和砂质壤土，清除杂草、土块、种子、苗木根后，经消毒灭菌，加一些腐熟过筛处理的堆肥，即可作为培养土。

三、培养土的配制方法

由于植物种类繁多，必须依据具体植物种类和发育阶段、原产地的生态条件、不同的管理措施，协调一致进行合理配制。

1. 一般按常用材料体积比进行配制

① 烧土 78%～88%，腐熟堆肥 10%～20%。

② 泥炭、烧土、黄心土各 1/3。

③ 腐熟肥料 30%～40%，泥炭土、粉砂壤土各 1/3。

④ 腐熟肥料 30%～40%，加黄土岗粉砂壤 30%～40%，过磷酸钙 5%，其他砂土 10%～20%。

⑤ 松针土、泥炭土、粉砂壤土各 1/3。

⑥ 壤土 1/2、泥炭 1/4、砂 1/4，加肥料（平均用量 $1m^3$）、过磷酸钙 1.2kg、磷酸钙少量，可作为播种用的培养土。

⑦ 按容积比壤土 7/12、泥炭 3/12、砂 2/12，加肥料和蹄角（牛羊角）粉 1.2kg，过磷酸钙 1.2kg，碳酸钙 0.5kg。

⑧ 扦插用土：采用粉砂壤土，保持 98% 的湿度（饱和湿度）。粉砂壤土具有一定持水性，透水性良好，使土壤具有一定比例的非毛管孔隙（空气孔隙）和毛管孔隙。

2. pH 调整和缓冲剂的使用

(1) 不同的植物要求不同的酸碱度　一般针叶树 pH 在 4.5～5.5，阔叶树 6.5～8。一般利用可溶盐的电解程度调整 pH 值。强碱弱酸盐的电离强度大，可调整 pH 值过低的土壤，相反弱碱强酸盐可调整降低土壤 pH 值。

(2) 为保持培养土 pH 值的相对稳定性，应加适当的土壤稳定剂　这在盆栽容器中有很大的作用。盆栽土壤和自然土壤不同，容易改变。一般常用稳定剂是有机肥料的堆肥。堆肥中含有腐殖质酸钙，具有内盐作用，遇碱与内盐酸根中和，遇酸与内盐的碱中和，起到缓冲稳定作用。有的化学肥料也可以起到缓冲作用，如化肥中的硫酸铵、硫酸钾可以调整土壤 pH 值过高，碳酸铵和碳酸钾可以调整土壤 pH 过低，磷酸二氢钾和磷酸氢二钾、苯二钾酸氢钾、硼酸等配合成适当比例，也可起到缓冲作用。

本章小结

设施农业土壤的概念是指玻璃温室、塑料大棚、中棚、小棚、地膜覆盖、冷室、荫房等室内用于栽培植物的土壤。

设施农业土壤的特性主要有：次生盐渍化、有毒气体增多、高浓度 CO_2、病虫害发生严重、土壤肥力下降。

设施农业土壤的改良与培肥管理方式有：改善耕作制度、改良土壤理化性质、以水排盐、科学施肥、定期进行土壤消毒、种耐盐作物。

盆栽植物营养土配制原则为：①培养土的物理性状比土壤肥力更为重要；②盆栽的培养和培养土的酸碱度，必须符合植物生长的要求。

培养土的材料选择有园土、腐叶土、腐熟堆肥、松针土、河沙、砻糠灰和草木灰、山泥、泥炭、蛭石、骨粉等。当前最简便易行的培养土配方材料是壤质和砂质壤土，经消毒灭菌，加一些腐熟过筛的堆肥。

培养土的配制方法：一般按常用材料体积比进行配制，注意 pH 调整和缓冲剂的使用。

复习思考题

1. 什么是设施农业土壤?
2. 设施土壤与露地土壤有何区别?
3. 如何对设施土壤进行合理管理?
4. 怎样配制盆栽营养土?

第十一章　测土配方施肥

学习目标

技能目标：

【学习】根据资料，进行养分平衡法配方施肥方案的拟订。

【熟悉】制作和填写“测土配方施肥技术建议卡”。

【学会】进行肥料效应函数法（3414）施肥方案的设计。

必要知识：

【了解】测土配方施肥的意义、作用及常用测土配方施肥方法。

【理解】测土配方施肥的含义。

【掌握】掌握肥料试验设计的一般程序。重点掌握养分平衡法及肥料效应函数法配方施肥。

相关实验实训

实训六　配方施肥栽培试验参观及部分操作（见 333 页）

测土配方施肥是以肥料田间试验、土壤测试为基础，根据作物需肥规律、土壤供肥性能和肥料效应，在合理施用有机肥料的基础上，提出氮、磷、钾及中、微量元素等肥料的施用品种、数量，以及施肥时期和施用方法。

测土配方施肥包括以下几种。①中微量元素养分矫正施肥技术。中、微量元素养分的含量变幅大，作物对其需要量也各不相同，主要与土壤特性、作物种类和产量水平等有关。矫正施肥就是通过土壤测试，评价土壤中、微量元素养分的丰缺状况，进行有针对性的因缺补缺的施肥方法。②肥料效应函数法。根据“3414”方案田间试验结果建立当地主要作物的肥料效应函数，直接获得某一区域、某种作物的氮、磷、钾肥料的最佳施用量，为肥料配方和施肥推荐提供依据。③土壤养分丰缺指标法。通过土壤养分测试结果和田间肥效试验结果，建立不同作物、不同区域的土壤养分丰缺指标，提供肥料配方。土壤养分丰缺指标田间试验也可采用“3414”部分实施方案。④养分平衡法。

肥料效应是肥料对作物产量和品质的作用效果，通常以肥料单位养分的施用量所能获得的作物增产量和效益表示。肥料效应田间试验是获得各种作物最佳施肥品种、施肥比例、施肥数量、施肥时期、施肥方法的根本途径，也是筛选、验证土壤养分测试方法，建立施肥指标体系的基本环节。通过田间试验，掌握各个施肥单元不同作物的优化施肥数量，基、追肥分配比例，施肥时期和施肥方法；摸清土壤养分校正系数、土壤供肥能力、不同作物养分吸收量和肥料利用率等基本参数；构建作物施肥模型，为施肥分区和肥料配方设计提供依据。

肥料效应田间试验设计，取决于试验目的。在具体实施过程中可根据试验目的选用“3414”完全实施方案或部分实施方案。对于蔬菜、果树等经济作物，可根据作物特点设计试验方案。

第一节　测土配方施肥概述

测土配方施肥技术是施肥技术上的一项重大革新，是农业发展的必然产物，受到广大种植业者的欢迎和支持，解决了他们在农业生产中的疑惑问题。随着现代农业科技成果的不断应用，我们已经走出了靠经验施肥的老路，有了先进的化验分析仪器和测试手段，摆脱了对单一肥料的依赖，追求各种营养元素的配合施用。事实证明，测土配方施肥技术推广以来，取得了巨大的经济效益、社会效益和环境效益。

一、测土配方施肥的概念和内容

1. 测土配方施肥的概念

测土配方施肥国际上通称为平衡施肥技术，就是以肥料田间试验和土壤测试为基础，根据作物需肥规律、土壤供肥性能和肥料效应，在合理施用有机肥的基础上，提出氮、磷、钾及中、微量元素等肥料的施用品种、数量，施肥时期和施用方法。

从以上描述中不难看出，测土配方施肥的特征就是“产前定肥”。即生产者在种植前就已经知道，应向土壤施用什么肥料，用量是多少以及如何施用等问题。如果等到作物收获的时候生产者才了解什么肥料多了、什么肥料少了或哪些用法不当，是没有意义的。

测土配方施肥是一个完整的技术体系，全面考虑了“作物需肥规律”、“土壤供肥性能”和“肥料效应”三个方面的条件，如图 11-1，从图中可以看出，作物所需要的养分，来自土壤和施肥两个途径。作物需要，一般来讲都是相对的，关键在于土壤的供肥能力，肥料在此起的是调剂作用，这种调剂的程度，决定肥料的用量。

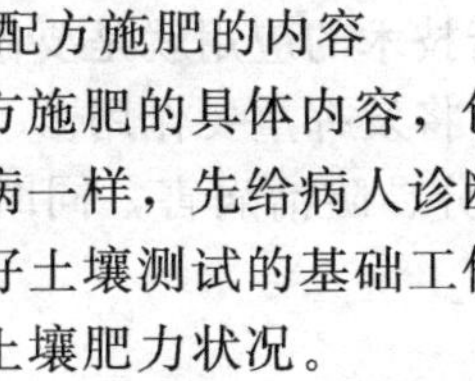

图 11-1　作物、土壤、肥料关系示意图

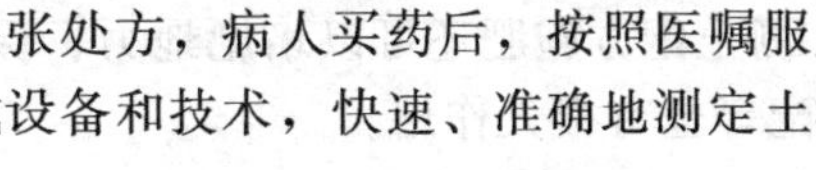

图 11-2　测土配方施肥工作流程

2. 测土配方施肥的内容

测土配方施肥的具体内容，包含着“测土”、“配方”和“施肥”三个程序（图 11-2）。就像医生看病一样，先给病人诊断病情，然后开一张处方，病人买药后，按照医嘱服用。

（1）搞好土壤测试的基础工作　充分利用测试设备和技术，快速、准确地测定土壤养分含量，掌握土壤肥力状况。

（2）进行肥料的配方，即施肥推荐和肥料配置　根据土壤测试结果和田间试验数据，参照已有的施肥经验，合理确定养分配方；根据农业生产需要和土壤、作物的实际情况，选择优质、高效的作物专用肥或各种单一肥料。

（3）田间施肥工作　确定最恰当的肥料用量及施肥时期和施用方法，通过技术培训、示范和咨询，科学合理地施用肥料。

测土配方施肥并不是只讲化肥的配合施用就可以了，还必须注意一个原则，即“有机肥为基础”。化肥只能提高土壤养分浓度而对维持和提高土壤肥力的作用较小，因此坚持“用地养地相结合，有机无机相结合”的肥料工作方针，做到用、养兼顾，保证土壤越种越肥，以利于农业生产的可持续发展，是一定要体现在测土配方施肥技术之中的。

二、测土配方施肥的理论依据

测土配方施肥技术是一项较为复杂但科学性很强的综合性施肥技术，综合应用了科学研究的成果，汲取了种植业者在生产中的成功经验，它的应用标志着我国施肥技术水平发展到了一个新的阶段。中国农业未来增产技术的潜力评估研究也表明，测土配方施肥技术应列在第一位。测土配方施肥考虑了土壤、肥料、作物的相互联系，同时还注重生态环境和农业的可持续发展问题。因此，它在继承一般施肥理论的同时，又有了新的进展。其主要的理论依据有：植物的矿质营养学说、养分归还学说、最小养分律、报酬递减律、必需营养元素同等重要和不可代替律、因子综合作用律、作物营养临界期和最大效率期以及有机肥料和化学肥料配合施用原则等。

三、测土配方施肥的作用

① 测土配方施肥是提高化肥利用率的主要途径。目前我国每年化肥利用率平均仅为30%，氮肥为20%～45%，磷肥为10%～25%，钾肥为25%～45%。化肥利用率偏低的原因很多，如土壤水、气、热状况，种植制度以及生产管理水平等等，但施肥量和施肥比例不合理，是其中的主要因素。通过开展测土配方施肥，可以合理地确定施肥量和肥料中各营养元素比例，有效提高化肥利用率。

② 推广测土配方施肥是实现"提高产量、改善品质，节约成本，增加效益"的重要措施。化肥是农业生产中重要的生产资料，占种植业生产资金投入量的一半以上，直接关系到农产品成本和品质。测土配方施肥技术能有效地控制化肥投入量及各种肥料的比例，达到降低成本，增产增收的目的。

③ 测土配方施肥经济效益明显，其调控方式主要有三种。一是调肥增产。不增加化肥投资，只调整氮、磷、钾等养分的比例，即起到增产增收作用。例如湖北董冈将氮磷钾肥的比例从1980年的1：0.17：0.25调整到1992年的1：0.57：0.7，使该县的稻谷生产效率提高了64%。二是减肥增产。在土壤肥沃的高产地区，通过减少肥料用量而达到增产或稳产效果。例如广东珠江三角洲实行"水稻氮调法"后，氮肥用量减少40%左右，而水稻单产仍较传统施肥提高10%以上。三是增肥增产。例如陕西省通过测土配方施肥发现有些地区土壤缺钾，施用钾肥，其农作物增产15%～23%。

④ 广泛应用测土配方施肥技术能够缓解化肥供求矛盾，减轻资源与能源的压力。近几年，能源价格高涨，用于生产肥料的矿产资源日趋匮乏。新技术的应用就是要做到人与自然的和谐统一，测土配方施肥技术在我国农业的可持续发展中将发挥重要作用。

⑤ 测土配方施肥还可以培肥地力、保护生态、协调养分、防治病害，同时对有限肥源合理分配等也有很大作用。

四、测土配方施肥的进展

土壤养分的化验分析是测土配方施肥的基础和前提，在20世纪20年代后期与30年代初期，土壤测试方法有了较快发展，Bray、Morgan、Heste等科学家的研究工作为土壤有效养分浸提方法和测定方法的建立奠定了基础，这一时期也是土壤化学发展的快速期。到20世纪40年代，土壤测试作为确定施肥的依据已经为欧美国家普遍接受。美国在20世纪60年代就建立了较为完善的测土施肥体系。现在，美国配方施肥技术覆盖耕地面积达到80%以上，近40%的玉米作物利用土壤或植株测试推荐施肥技术，大部分州制定了测试技术规范。精准施肥在美国早已从实验研究走向了普及应用，23%的农场采用了精准施肥技术。日本、德国、英国等发达国家也重视测土施肥，建立了国家级土壤测试实验室和区域的实验室为测土施肥服务。英国出版了《推荐施肥技术手册》进行分区和分类指导，并经常组织专家进行更新。

智能化和信息化是欧美现代施肥推荐的发展趋势，氮肥推荐越来越偏重于根据作物生长状况的植株营养诊断结果来进行。除了常用的植株硝酸盐诊断、全氮分析、叶绿素仪等分析手段外，光学和遥感技术也被应用到植株营养诊断中来。例如，据 Sripada 等研究，在玉米上利用遥感数据进行氮肥用量推荐可比常规施肥减少 35%，而肥料利用率可以提高 50%。覆盖面积更大的卫星遥感技术、成像光谱技术、原位土壤养分分析技术、非破坏性的植物营养状况监测技术发展也很迅速。这些新技术的发展和应用将会代替传统的测土配方施肥技术，但必须与测土配方施肥技术相衔接，必须是对已有的测试指标和推荐施肥体系的完善和发展。

我国最早的测土施肥研究是 20 世纪 30 年代到 40 年代，由张乃凤等人开始的。新中国成立后，我国的测土施肥工作有了快速发展，周鸣铮等许多科学家为此做出了很大贡献。特别是随着 20 世纪 80 年代第二次全国土壤普查的开展，测土施肥研究与推广应用取得了突破性进展，众多土壤测试方法的筛选和校验研究为我国后来的测土配方施肥工作打下了坚实的基础。1992 年农业部组织了 UNDP 平衡施肥项目，应用“3414”试验设计方案获得了大量重要的田间试验结果。原化工部指导组建了不同地区的复合肥厂，配制各种通用型和专用型复混肥料为广大种植业者服务。到 20 世纪末期，我国已初步建立了适合我国农业生产状况和特点的测土配方施肥技术体系。

当前，人们已深刻地认识到这样一个事实：肥料是作物高产优质的物质基础，同时又是潜在的环境污染因子，不合理施肥就会造成环境污染。换言之，测土配方施肥已经进入了以产量、品质和生态环境为综合目标的科学施肥时期。以前单纯以提高产量为单一目标的测土施肥的观念也正被广大种植业者所抛弃。施肥既要考虑各种养分的资源特征，又要考虑多种养分资源的综合管理、养分供应和需求的时空一致性，以及施肥与其他技术的结合。

第二节 测土配方施肥的基本方法

肥料配方设计首先确定氮磷钾养分的用量，然后确定相应的肥料组合，通过提供配方肥料或发放配肥通知单，指导生产使用。农业部于 2006 年制定了“测土配方施肥技术规范（试行）”，并在全国范围开始了培训、试点，把这项施肥技术确定为重点农业技术推广项目之一。其基本方法有养分平衡法、土壤与植株测试推荐施肥法、土壤养分丰缺指标法和肥料效应函数法等。

一、养分平衡法

根据作物目标产量的构成，土壤和肥料两方面供给养分的原理，用需肥量与土壤供肥量之差估算施肥量，计算公式如下。

$$\text{施肥量}=\frac{\text{目标产量所需养分总量}-\text{土壤供肥量}}{\text{肥料中养分含量}\times\text{肥料当季利用率}}$$

养分平衡法涉及目标产量、作物需肥量、土壤供肥量、肥料利用率和肥料中有效养分含量五大参数。目标产量确定后，因土壤供肥量的确定方法不同，养分平衡法形成了土壤有效养分校正系数法和地力差减法两种类型。

1. 土壤有效养分校正系数法

（1）基本原理　土壤有效养分校正系数法是通过测定土壤有效养分含量来计算施肥量。

其计算公式如下。

$$施肥量=\frac{目标产量\times单位经济产量养分吸收量-土壤测试值\times2.25\times校正系数}{肥料中养分含量\times肥料当季利用率}$$

式中，2.25为换算系数，即把1mg/kg的速效养分，按每公顷表土质量为225万千克换算成土壤养分量（kg/hm^2），施肥量单位为kg/hm^2。

(2) 有关参数的确定

① 目标产量。目标产量可采用平均单产法来确定。就是利用施肥区前三年平均单产和年递增率为基础确定目标产量，其计算公式如下。

$$目标产量=(1+递增率)\times前三年平均单产$$

一般粮食作物递增率以10%～15%为宜，露地蔬菜为20%左右，设施蔬菜可达30%左右。

② 作物需肥量。通过对正常成熟的农作物全株（通常为作物地上部分）养分的化学分析，测定出各种作物每100kg经济产量（具有一定经济价值的收获物）所需养分量，即可获得作物需肥量。

$$作物目标产量所需养分量=\frac{目标产量(kg)}{100}\times100kg经济产量所需养分量$$

在实际工作中，若没有进行每形成单位经济产量（100kg）所需养分量的测定，也可以通过查资料的方法获得，但一般仅作参考（表11-1）。

表11-1 常见作物每100kg经济产量所需养分量 单位：kg

作物	收获物	所需养分量			作物	收获物	所需养分量		
		N	P_2O_5	K_2O			N	P_2O_5	K_2O
水稻	稻谷	2.40	1.25	3.13	黄瓜	果实	0.40	0.35	0.55
大麦	籽粒	2.70	0.90	2.20	茄子	果实	0.30	0.10	0.40
小麦	籽粒	3.00	1.25	2.50	番茄	果实	0.45	0.50	0.50
玉米	籽粒	2.60	0.90	2.20	胡萝卜	块根	0.31	0.10	0.50
高粱	籽粒	2.60	1.30	3.00	萝卜	块根	0.60	0.31	0.50
谷子	籽粒	2.50	1.25	1.75	卷心菜	叶球	0.41	0.05	0.38
棉花	皮棉	13.8	4.80	14.4	洋葱	葱头	0.27	0.12	0.23
甘薯	块根	0.35	0.18	0.55	芹菜	全株	0.16	0.08	0.42
马铃薯	块茎	0.50	0.20	1.06	菠菜	全株	0.36	0.18	0.52
花生	荚果	6.80	1.30	3.80	大葱	全株	0.30	0.12	0.40
大豆	豆粒	7.20	1.80	4.00	大蒜	蒜头	0.50	0.13	0.47
豌豆	豆粒	3.09	0.86	2.86	柑橘	果实	0.60	0.11	0.40
油菜	菜籽	5.80	2.50	4.30	苹果	果实	0.30	0.08	0.32
烟草	鲜叶	4.10	0.7	1.10	梨	果实	0.43	0.16	0.41
甜菜	块根	0.40	0.15	0.60	葡萄	果实	0.60	0.30	0.70
甘蔗	茎	0.19	0.07	0.30	桃	果实	0.51	0.20	0.76

注：1. 块根、块茎、果实为鲜重，籽粒为风干重。

2. 大豆、花生等豆科作物有根瘤菌的固氮作用，氮素的确定按吸收量的1/3计算。

③ 土壤供肥量。通过土壤有效养分校正系数估算。具体方法是将土壤有效养分测定值乘一个校正系数，以表达土壤“真实”供肥量。

$$土壤供肥量(kg)=土壤测试值\times2.25\times校正系数$$

$$校正系数=\frac{缺素区作物产量吸收该元素量(kg/hm^2)}{缺素区该元素土壤测定值(mg/kg)\times2.25}$$

上式中，缺素区作物产量有时也可以利用作物基础产量（不施肥时作物产量，即空白产量）来代替。这些资料都要通过肥料试验结果来获取。

④ 肥料利用率。肥料利用率是可变的，由于作物种类、土壤状况、气候条件、肥料用量、施肥方法和时期的不同而有差异。通过田间试验，用差减法计算。

$$\text{肥料利用率}(\%)=\frac{\text{施肥区作物吸收养分量}-\text{缺素区作物吸收养分量}}{\text{肥料施用量}\times\text{肥料中养分含量}}$$

例：根据肥料田间试验结果（见表 11-2）计算肥料利用率。

表 11-2 某地小麦肥料三要素试验结果 单位：kg/hm^2

编　号	处　理	养分施用量			产量
		N	P_2O_5	K_2O	
1	无肥区	0	0	0	4300
2	无氮区	0	105	135	5065
3	无磷区	225	0	135	6115
4	无钾区	225	105	0	5875
5	氮磷钾区	225	105	135	7335

一般每 100kg 小麦产量大约吸收氮素 3.0kg，则能够求得 N 素利用率：

$$\text{某氮肥 N 素利用率}(\%)=\frac{(7335-5065)\times\frac{3.0}{100}}{225}\times100\%=30.3\%$$

同理，利用表中资料，可以求得磷、钾的利用率。

有机肥料中各营养元素的利用率，可以通过田间试验来获取，也可以取氮 15%～30%、磷 20%～30%、钾 50%～60%作为参考。

⑤ 肥料养分含量。无机肥料、商品有机肥料养分含量取其标明量，不明养分含量的有机肥料可以当地不同类型有机肥料的养分平均含量为参考。

(3) 土壤有效养分校正系数法应用实例　以下按实例演示，说明求算施肥量的方法和步骤。

例：某农户种植小麦，前三年平均产量为 $6000kg/hm^2$，今测得土壤有效氮为 70mg/kg，计划用猪厩肥 $15000kg/hm^2$，试估算该农户应施多少尿素才能达到配方施肥的要求？(田间试验结果：缺氮区产量 $3000kg/hm^2$，土壤测试值 N 55mg/kg；猪厩肥含 N 0.5%，利用率 25%；尿素含 N 46%，利用率 35%)

估算步骤如下。

① 目标产量及目标产量所需养分量。

$$\text{目标产量}=6000\times(1+15\%)=6900(\text{kg})$$

$$\text{目标产量所需 N 量}=6900\times\frac{3.0}{100}=207(\text{kg})$$

② 土壤校正系数及土壤供 N 量。

$$\text{校正系数}=\frac{3000\times\frac{3.0}{100}}{55\times2.25}=0.73$$

$$\text{土壤供 N 量}=70\times2.25\times0.73=115\ (\text{kg})$$

③ 有机肥料供应 N 素量。供 N 素量 $=15000\times0.5\%\times25\%=18.75$ (kg)

④ 需补充 N 素量及尿素化肥用量。

$$\text{需补充 N 素量}=207-115-18.75=73.25\ (\text{kg})$$

$$尿素化肥用量=\frac{73.25}{46\%\times35\%}=455\ (kg)$$

结论：该农户应施 455kg/hm^2 尿素才能达到配方施肥的要求。

2. 地力差减法

地力差减法是根据作物目标产量与基础产量之差来计算施肥量的一种方法。由于基础产量所吸收的养分全部来自土壤，它所吸收的养分量能够代表土壤提供的养分数量。其计算公式如下。

$$施肥量=\frac{(目标产量-基础产量)\times作物单位经济产量养分吸收量}{肥料中养分含量\times肥料当季利用率}$$

如果肥料三要素资料比较齐全，基础产量用缺素区产量来代替则更为合理，其好处是考虑了土壤中最小养分限制因子的影响，更为科学。

例如，杂交水稻目标产量为 9750kg/hm^2，其基础产量为 5250kg/hm^2，若达到目标产量需用多少尿素（含 N46%，利用率 40%）？每生产 100kg 稻谷需氮素 2.4kg。

按公式计算如下。

$$尿素用量=\frac{(9750-5250)\times\frac{2.4}{100}}{46\%\times40\%}=587(kg/hm^2)$$

结论：需要施用尿素 587kg/hm^2 才能达到目标产量。

二、土壤与植株测试推荐施肥法

在综合考虑有机肥、作物秸秆应用和管理措施的基础上，根据氮磷钾和中、微量元素养分的不同特性，采用不同的养分优化调控与管理策略。其中，氮素推荐根据土壤供氮状况和作物需氮量，进行实时动态监测和精确调控（包括基肥和追肥的调控）；磷钾肥通过土壤测试和养分平衡进行监控；中、微量元素采用因缺补缺的矫正施肥策略。

1. 氮素实时监控施肥技术

根据目标产量确定作物需氮量，以需氮量的 30%～60%作为基肥用量。具体基施比例根据土壤全氮含量，同时参照当地丰缺指标来确定（见表 11-3）。

表 11-3 氮肥基施比例的确定

土壤氮素水平	高	中	低
全 N 量/(g/kg)	>1.5	0.5～1.5	<0.5
N 素基施比例	30%～40%	40%～50%	50%～60%

30%～60%的基肥比例可根据上述方法确定，并通过“3414”肥料田间试验进行校验，建立适合当地不同作物的施肥指标体系。有条件的地区可在播种前对 0～20cm 土壤无机氮（或硝态氮）进行监测，调节基肥用量。

$$基肥用量(kg/hm^2)=\frac{(目标产量需氮量-土壤无机氮)\times(30\%\sim60\%)}{肥料中养分含量\times肥料当季利用率}$$

其中，土壤无机氮（kg/hm^2）=土壤无机氮测试值（mg/kg）×2.25×土壤校正系数

氮肥追肥用量推荐以作物关键生育期的营养状况诊断或土壤硝态氮的测试为依据，这是实现氮肥准确推荐的关键环节，也是控制过量施氮或施氮不足，提高氮肥利用率和减少损失的重要措施。测试项目主要是土壤全氮含量、土壤硝态氮含量，小麦拔节期茎基部硝酸盐浓度、玉米最新展开叶叶脉中部硝酸盐浓度。水稻则采用叶色卡或叶绿素仪进行叶色诊断。如

中国农业大学陈新平等通过对玉米的营养诊断提出的追施氮素的方案，在北京地区得到大面积示范推广（见表11-4）。

表11-4 植株诊断追肥（N，kg/hm^2）推荐表

目标产量/(t/hm^2)	NO_3^- 测定值/(mg/L)					
	<500	500～750	750～1000	1000～1250	1250～1500	>1500
6.75～7.50	127.5	120.0	112.5	102.0	94.5	82.5
6.00～6.75	135.5	127.5	120.0	112.5	105.0	90.0
5.25～6.00	147.0	109.5	75.0	37.5	18.0	0
4.50～5.25	82.5	60.0	45.0	19.5	12.0	0

［引自：陈新平等．土壤肥料，1999（2）］

2. 磷钾养分恒量监控施肥技术

土壤中磷、钾的含量、形态以及转化规律和营养特点与氮素完全不同，土壤有效磷及速效钾含量指标与作物的营养水平相关性较强。根据土壤有（速）效磷钾含量水平，以土壤有（速）效磷钾养分不成为实现目标产量的限制因子为前提，通过土壤测试和养分平衡监控，使土壤有（速）效磷钾含量保持在一定范围内。

对于磷肥，基本思路是根据土壤有效磷测试结果和养分丰缺指标进行分级，当有效磷水平处在中等偏上时，可以将目标产量需要量（只包括带出田块的收获物）的100%～110%作为当季磷肥用量；随着有效磷含量的增加，由于磷的肥效降低，需要减少磷肥用量，直至不施；之后随着有效磷的降低，又需要适当增加磷肥用量。在极缺磷的土壤上，由于磷的肥效往往极其显著，可以施到需要量的150%～200%。在2～3年后再次测土时，根据土壤有效磷和产量的变化再对磷肥用量进行调整。

钾肥首先需要确定施用钾肥是否有效，这是最重要的前提，如果钾肥肥效不显著，只能造成肥料的浪费。如果效果明显，再参照上面方法确定钾肥用量，但需要考虑有机肥和秸秆还田带入的钾量。

一般大田作物磷钾肥料全部做基肥，对于某些果树、蔬菜等作物可以按一定比例与氮肥配合作追肥施用。如杨莉琳、胡春胜在《太行山山前平原高产区精准施肥指标体系研究》中提出的冬小麦、夏玉米磷肥用量推荐方案（见表11-5）。

表11-5 太行山山前平原高产区冬小麦、夏玉米P肥用量指标

目标产量/(kg/hm^2)	0～20cm土壤速效磷(P)/(mg/kg)	分级	秸秆还田施磷(P)/(kg/hm^2)	未秸秆还田施磷(P)/(kg/hm^2)
6000～7500	<10	极低	60～75	70～75
	10～20	低	40～55	50～55
	20～35	中	20～30	30～35
	>35	高	0	0

3. 中微量元素养分矫正施肥技术

中、微量元素种类多、养分的含量变幅大，作物对其需要量也各不相同。主要与土壤特性（尤其是母质）、作物种类和产量水平等有关。通过土壤测试评价土壤中、微量元素养分的丰缺状况，进行有针对性的因缺补缺的矫正施肥。土壤缺乏某一种中、微量元素，则补充该元素的肥料，土壤中不缺乏，则没必要施用该元素的肥料，更不能补施其他元素的肥料。

如，安徽省土肥站推荐的小麦平衡施肥微量元素用量及方法（见表11-6）。应根据土壤硼、锌、锰等含量及小麦缺素症状针对性地使用微量元素。

表 11-6　小麦平衡施肥微量元素用量及方法（安徽省土肥站）

肥料品种	施用量及方法
硫酸锰	基施用量 15～30kg/hm^2；喷施浓度 0.1%～0.2%于拔节前喷两次；浸种浓度 0.05%～0.01%，浸 6～10h；拌种用量 4～8g/kg 种
硫酸锌	基施用量 15～30kg/hm^2；喷施浓度 0.1%～0.2%于拔节前喷两次；浸种浓度 0.05%，浸 6～10h；拌种用量 4～5g/kg 种
硼肥	基施用量 3.75～7.5kg/hm^2；喷施浓度 0.1%～0.2%于拔节前和孕穗前各喷一次；浸种浓度 0.02%～0.05%，浸 6～10h

注：拌种时，将每千克麦种所用的拌种肥加水配成 1kg 水溶液，对种子进行喷雾处理，再将喷润后的种子闷 4h。经浸种或拌种处理的种子，待晾干后方可播种。

三、土壤养分丰缺指标法

土壤测出的速效养分，只是一个相对量，必须首先搞清楚和田间试验得出的结果是不是有一定的相关性，如果有这种相关性，才能作为测土配方施肥的参数应用。通过土壤养分测试结果和田间肥效试验结果，建立不同作物、不同区域的土壤养分丰缺指标，确定肥料施用数量。对该区域其他田块，通过土壤养分测定，就可以了解土壤养分的丰缺状况，提出相应的推荐施肥量。

1. 相对产量指标的确定

土壤养分丰缺指标田间试验可采用“3414”部分实施方案（即三要素试验）结果，用缺素区产量占全肥区产量百分数即相对产量的高低来表达土壤养分的丰缺情况。

$$某养分的相对产量(\%)=\frac{缺素区产量}{NPK\ 区产量}\times 100\%$$

生产上相对产量低于 50%的，土壤养分为极低；相对产量 50%～75%为低；75%～95%为中；大于 95%为高。

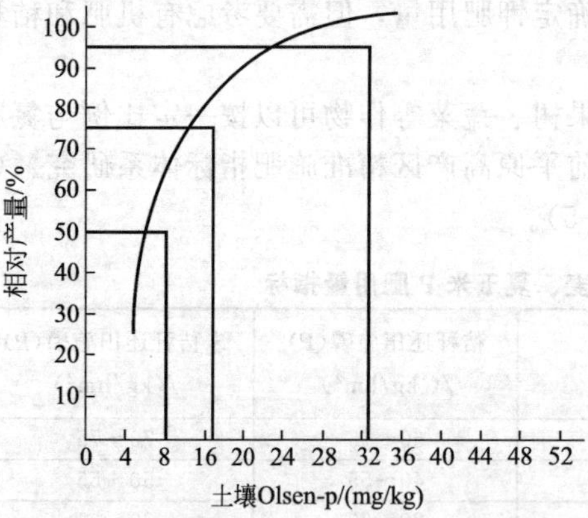

图 11-3　土壤有效磷对小麦的丰缺指标

2. 养分丰缺指标的确定

以土壤养分测试值（mg/kg）为横坐标，相对产量（%）为纵坐标作曲线图，划出土壤养分的丰缺程度，获得土壤养分丰缺指标。如中国农业大学陈新平、张福锁，测定的土壤有效磷（Olsen 法）含量与小麦相对产量的关系，见图 11-3。

3. 推荐施肥量的确定

建立了土壤养分丰缺指标后，再建立针对不同肥力水平的推荐施肥量。这需要进行田间多点施肥量的试验，把产量与施肥量进行回归分析，建立肥料效应函数，通过边际分析，计算出不同肥力水平下的最佳推荐施肥量。如陈新平、张福锁研究的小麦施用磷肥的推荐方案（见表 11-7）。

表 11-7　小麦施用磷肥的推荐方案

肥力等级	相对产量/%	Olsen-P/(mg/kg)	推荐施磷量(P_2O_5)/(kg/hm^2)
极低	＜50	＜8	120
低	50～75	8～17	90
中	75～95	17～33	60
高	＞95	＞33	0

［引自：中国农技推广，2006（4）］

四、肥料效应函数法

根据肥料田间试验结果建立当地主要作物的肥料效应函数，直接获得某一区域、某种作物的氮、磷、钾肥料的最佳施用量，为肥料配方和施肥推荐提供依据。

采用单因素或多因素多水平回归试验设计，将不同施肥处理和相应的产量结果进行数理统计，求得表达产量（y）与施肥量（x）之间的函数关系的回归方程［$y=f(x)$］，可以计算出最大施肥量和最佳施肥量。由于计算机软件的开发应用，肥料效应方程的建立更为方便快捷。现以单因素肥料效应模型来说明此法的应用。

单因素肥料效应模型可拟合成一元二次回归方程。

$$y=a+bx+cx^2$$

式中，y 为子粒产量（kg/hm^2）；x 为肥料用量（kg/hm^2）；a 为截距（不施该肥料时的产量）；b 为一次回归系数；c 为二次回归系数。

根据此方程，通过边际分析，可求出最佳施肥量（x_o）和最大施肥量（x_{max}）。

$$最佳施肥量\ x_o=\frac{\frac{P_x}{P_y}-b}{2c}\quad（其中\ P_x\ 为肥料价格,P_y\ 为产品价格）$$

$$最大施肥量\ x_{max}=\frac{-b}{2c}$$

下面举例说明肥料效应函数法的具体应用。例如，某地进行的小麦氮素效应试验结果表明。底肥为 P_2O_5 120kg/hm^2 和 K_2O 150kg/hm^2，设置处理分别为 0、120kg/hm^2、240kg/hm^2 和 360kg/hm^2，对应产量分别为 5265kg/hm^2、5985kg/hm^2、6615kg/hm^2 和 6180kg/hm^2。设小麦单价 1.8 元/kg，氮素单价 4.0 元/kg。

经回归分析得到肥料效应函数方程为：$y=5213.60+10.03x-0.02x^2$。

则：

$$最佳施肥量\ x_o=\frac{\frac{4.0}{1.8}-10.03}{-2\times0.02}=195\ (kg/hm^2)$$

$$最大施肥量\ x_{max}=\frac{-10.03}{-2\times0.02}=251\ (kg/hm^2)$$

在生产中要根据具体条件选择合适的测土配方施肥的方法并确立相应的施肥制度。养分平衡法概念清楚，容易掌握，但田间试验工作量大，土壤校正系数变异大，不易确定；土壤养分丰缺指标法直观性强，定肥简便，但精度较差，一般只用于磷钾及微量元素肥料的定肥；土壤与植株测试推荐施肥方法与土壤、作物相关性强，因缺补缺，但需要较好的化验分析条件；肥料效应函数法精度高，反馈性好，但有地区局限性，当土壤肥力变化后，函数往往失去应用价值。各地可根据具体情况选择适宜的方法。一般是采用一种，也可以多种方法互相补充，配合使用。

在养分需求与供应平衡的基础上，坚持有机肥料与无机肥料相结合；坚持大量元素与中量元素、微量元素相结合；坚持基肥与追肥相结合；坚持施肥与其他措施相结合。在确定肥料用量和肥料配方后，合理施肥的重点是选择肥料种类，确定施肥时期和施肥方法等。由于各地自然条件、生产水平有较大差异，要借鉴当地群众丰富独特的施肥经验，因地制宜地确立适合当地的施肥措施。

第三节 配方施肥中的肥料试验

我国幅员辽阔，地形复杂气候多样，土壤类型和农业生产条件千差万别，不可能有一种放之四海而皆准的施肥推荐模型能够满足所有情况，因而必须结合当地土壤、气候条件和作物种植习惯，进行肥料田间试验，探索适合于当地的推荐施肥指标体系，寻求最佳施肥量和施肥时期，所以肥料效应田间试验在测土配方施肥技术的推广应用过程中显得尤为重要。

一、肥料试验的特点与种类

肥料试验是进行农业科学技术研究的重要手段，通过对作物营养特性、各种营养元素的作用、肥料的肥效和利用率以及施肥技术等问题的研究，为促进作物高产、优质、高效和可持续发展而进行的合理施肥提供科学依据。

1. 肥料试验的特点

(1) 肥料试验的结果通常以作物对施肥的反应作为判断标准　肥料具有提高作物产量、改善产品品质或改良土壤性状的作用，施肥是相对于作物而言，没有作物的生产也谈不上什么施肥问题。肥效的产生也要通过作物的长势、长相、产量水平、品质的好坏或取得的经济效益来衡量。仅仅研究肥料本身是化学学科的任务，农业生产还必须研究肥料对作物的肥效以及影响肥效的环境因素。

(2) 肥料试验的结果具有较大的相对性　影响作物生长的因素很多，既有环境因素，也有人为因素。相同的肥料试验，其结果会因为各种条件的不同有较大差异。因此，同一个试验往往需要进行多年、多点、多次的校验，最终才能得出符合客观规律的结论，才能用于指导农业生产。

(3) 肥料试验通常需设置肥底　试验中有一些非试验因素有时会影响试验效果，为了降低或消除干扰因素，在肥料试验中通常设置肥底。如研究磷肥的用量试验，可以设置一定量的氮钾肥为肥底，处理为：①不施肥（CK）；②NK；③$NK+P_1$；④$NK+P_2$；⑤$NK+P_3$；⑥$NK+P_4$。其中不施肥（CK）为对照，可检验设置的肥底是否合适。当然，在有些多因素多位级的肥料试验中，设计本身对干扰因素有一定的抑制，也可以不设置肥底。

2. 肥料试验的种类

肥料试验的种类繁多，具体应用哪种试验方法，应该根据试验目的和相应的试验环境条件等来确定。

(1) 根据试验手段和方法分类　主要分为田间试验法、生物模拟法、化学分析法、核素技术法等，在此主要介绍前两种方法。

① 田间试验法。选择有代表性的田块，在一定的环境和栽培技术条件下，进行肥料试验研究。由于在田间进行，试验结论和生产实际的相关性较好，可以直接指导生产实践。但也有环境因素无法人为控制的缺陷，如灾害性天气等，此时会得不到理想的结果。

② 生物模拟法。生物模拟法是借助盆钵、培养盒（箱）等特殊的装置种植植物进行肥料的研究，通常称为盆栽试验或培养试验。试验条件能够人为控制，能更清楚揭示试验因素的作用及产生效应的实质。盆栽试验的结果多用于阐明理论性的问题，只有通过田间试验的进一步验证，才能应用于生产。

盆栽试验的种类很多，常用的有土培法、砂培法和营养液培养法等。

(2) 根据研究因素分类　主要分为单因素和多因素试验。

① 单因素试验。在其他因素相对一致的条件下，只研究一个因素效应的肥料试验。例

如，在各种生产条件一致的情况下进行的复混肥料用量试验，复混肥料用量是唯一的研究因素。该种试验简单易行，但没有考虑各因素之间的相互关系，往往具有一定的局限性。

② 多因素试验。研究两个以上不同因素效应的试验。例如某种作物某复混肥料不同用量和施肥时期的研究，为二因素（用量和施期）试验；如氮、磷、钾不同配比的研究，就是三因素试验，以此类推。多因素试验克服了单因素试验的某些缺陷，注重了各因素间的联系和影响，能够比较全面地反映生产实际。但是，随着因素的增多，试验设计会很复杂和庞大，试验的精确性往往会降低。因此，多因素的确定以 2～4 个为宜。

③ 综合试验。将各种丰产措施结合在一起以创造高产的试验形式，具有检验和示范作用的试验叫综合试验。这种试验简单易行，各地都可吸取当地和外地的丰产经验和科研成果，设计适合当地应用的丰产技术方案。这是推广丰产经验，提高作物产量的一种行之有效的方法。

(3) 按试验期限划分　可以分为单季试验和长期试验。单季试验是指试验期限仅为一个生产季节，如肥料用量试验常用此法。长期试验是指试验期限多为几年或几个生产季节，如英国洛桑实验站的小麦长期定位试验，迄今已有很长时间。

(4) 按试验小区大小划分　可以分为大区试验（330m^2 以上）、小区试验（10～60m^2）和微区试验（10m^2 以下）。

二、肥料试验的基本要求

1. 目的性

要制订合理的试验方案，对试验的预期结果及其在农业生产和科学试验中的作用做到心中有数，这样才能有目的地解决当前生产实践中亟待解决的问题，并兼顾将来可能出现的问题，避免盲目性，提高试验的效果。

2. 代表性

试验实际上属于抽样观察。它的代表性决定了试验结果能否说明要解决的问题，也就是说能否反映总体的客观规律。试验条件应能代表将来准备推广试验结果地区的自然条件与生产条件，这样有利于试验结果的推广应用。另外还要注意到将来可能被广泛采用的条件，使试验有预见性。

3. 准确性

试验结果的准确性是指试验结果与被研究的理论真值相接近的程度，越是接近，则试验越准确。但一般试验中真值是未知的，故实际上常用精确性来判断准确性，即指同一处理的试验指标，在不同重复观察中所得数值彼此接近的程度，由试验误差的大小决定。这就要求尽可能避免发生人为的错误，尽可能降低由于各种偶然因素的影响而引起的试验误差，以提高试验的精确性。

4. 复现性

复现性是指在相似的条件下再次试验会得到相类似的试验结果。也就是说，一项试验结果在推广前，必须重复几年的试验，如果获得类似的结果，则说明试验结果有推广应用价值。

三、常用肥料田间试验方案的设计

1. 试验目的、试验材料和试验安排

写明供试肥料的名称、肥料来源、肥料种类和主要特点、试验示范的目的和意义。

供试材料：包括供试肥料和试验中所采用的其他肥料。

供试土壤：选择当地主要土壤类型。

供试作物：选择有代表性的作物品种。每个产品试验作物不少于3种，每种作物不少于4个试验点。

试验点分布：根据试验作物安排试验地点，试验地点应是试验作物的主要种植区，并考虑其代表性。

试验的管理：田间管理工作，如间苗定苗、中耕、除草、治虫、灌排等，要按当地常规管理办法进行。

2. 试验处理设计

试验处理就是试验的具体项目，需根据试验任务和目的进行设计。举例说明如下。

（1）用于拌种、种肥、基肥、追肥的固体新型肥料　设3个处理：①常规施肥；②常规施肥＋等量细土；③常规施肥＋少量细土＋新型肥料。

（2）肥料三要素试验　完整的肥料三要素试验需设8个处理：①CK（不施肥）；②N；③P；④K；⑤NP；⑥NK；⑦PK；⑧NPK。简化的三要素肥料试验设5个处理：①CK（不施肥）；②NP；③NK；④PK；⑤NPK。

（3）肥料施用技术试验　磷肥施用量试验设置的处理：①不施肥（CK）；②NK；③$NK+P_1$；④$NK+P_2$；⑤$NK+P_3$；⑥$NK+P_4$。

3. 试验方法设计

田间试验方法较多，但常用的有对比法和随机区组法。

（1）对比法　各处理在田间排列上，每隔两个处理小区设一个对照小区，有利于对比（图11-4）。

该法比较简单，适于处理多或小区面积大的试验。当处理很多时，可以用间比法，每隔4个或9个处理设1对照区，重复2～4次，各重复可排成一排或多排，各重复内的顺序可采用顺序或随机排列。

（2）随机区组法　每个处理在每一区组内只能列入1次，对照区作为一个处理参加试验，各处理在同一区组的排列完全随机，各区组内的随机排列是独立进行的（图11-5）。

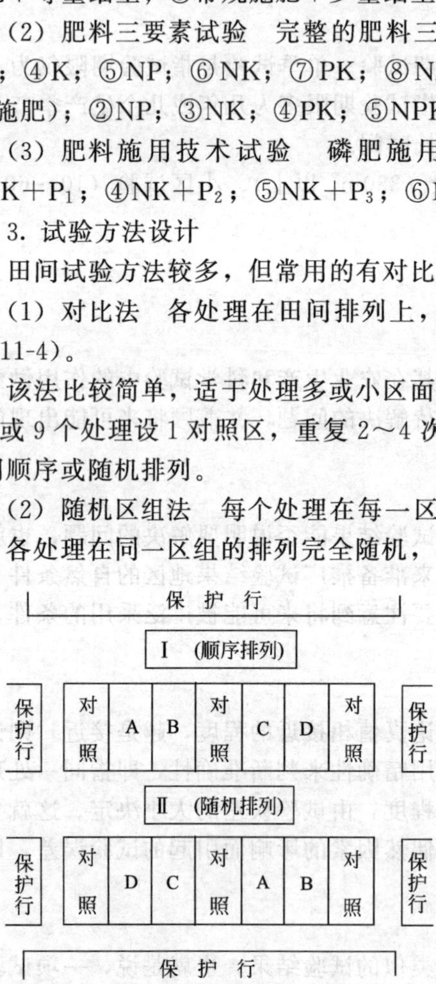

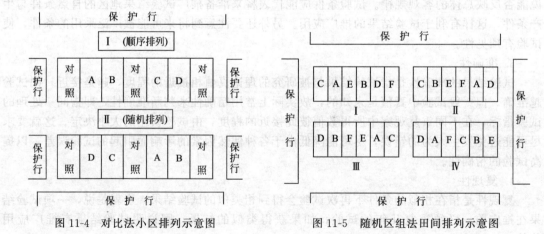

图11-4　对比法小区排列示意图

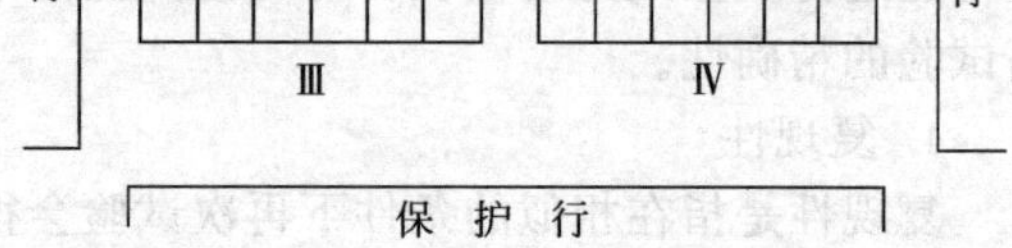

图11-5　随机区组法田间排列示意图

4. 试验小区设计

大田作物小区的面积一般在20～40m^2，蔬菜作物小区面积在5～10m^2，果树3～4株为一个小区，小区间留1株做保护行。处理较少，小区面积可适度增大；处理较多，小区面积适度减少。在丘陵、山地、坡地做试验，小区面积宜小；平原地区小区面积可大些。

5. 重复的设计

重复是每个处理设置的区数，目的是估算试验误差和减少试验误差。一般设置3～5次重复，具体根据区域环境差异、小区大小和试验精确度的要求而定。

另外，在试验区周围还应该设置保护行，以消除边际效应和其他因素的影响。

四、"3414"田间试验设计

农业部《测土配方施肥技术规范》推荐采用"3414"方案设计，在具体实施过程中可根据研究目的采用"3414"完全实施方案（表 11-8）和部分实施方案。该方案设计吸收了回归最优设计处理少、效率高的优点，是目前应用较为广泛的肥料效应田间试验方案。"3414"是指氮、磷、钾 3 个因素，4 个水平，14 个处理。4 个水平的含义：0 水平指不施肥，2 水平指当地推荐施肥量，1 水平＝2 水平×0.5，3 水平＝2 水平×1.5（该水平为过量施肥水平）。为便于汇总，同一作物，同一区域内施肥量要保持一致。如果需要研究有机肥料和中、微量元素肥料效应，可在此基础上增加处理。

表 11-8　"3414"试验方案处理

试验编号	处理	N	P	K	试验编号	处理	N	P	K
1	$N_0P_0K_0$	0	0	0	8	$N_2P_2K_0$	2	2	0
2	$N_0P_2K_2$	0	2	2	9	$N_2P_2K_1$	2	2	1
3	$N_1P_2K_2$	1	2	2	10	$N_2P_2K_3$	2	2	3
4	$N_2P_0K_2$	2	0	2	11	$N_3P_2K_2$	3	2	2
5	$N_2P_1K_2$	2	1	2	12	$N_1P_1K_2$	1	1	2
6	$N_2P_2K_2$	2	2	2	13	$N_1P_2K_1$	1	2	1
7	$N_2P_3K_2$	2	3	2	14	$N_2P_1K_1$	2	1	1

该方案除了应用 14 个处理，进行氮、磷、钾三元二次效应方程的拟合以外，还可以分别进行氮、磷、钾中任意二元或一元效应方程的拟合。

例如，肥料三要素试验可取表 11-8 中的编号 1、2、4、8、6 处理。氮肥效应可取表 11-8 中的编号 1、2、3、6、11 处理，氮磷二元效应可取表 11-8 中的编号 1、2、3、4、5、6、7、11、12 处理，依此类推。

五、测土配方施肥技术常用的肥料试验

1. 肥料利用率田间试验

通过多点田间氮肥、磷肥和钾肥的对比试验，摸清我国常规施肥下主要农作物氮肥、磷肥和钾肥的利用率现状和测土配方施肥提高氮肥、磷肥和钾肥利用率的效果，进一步推进测土配方施肥工作。

试验采用对比试验，大区无重复设计。具体办法是选择代表当地土壤肥力水平的地块，先分成常规施肥和配方施肥 2 个大区（每个大区不少于 1 亩）。在 2 个大区中，除相应设置常规施肥和配方施肥小区外还要划定 20～30m^2 小区设置无氮、无磷和无钾小区（小区间要有明显的边界分隔），除施肥外，各小区其他田间管理措施相同。各处理布置如图 11-6（小区随机排列）。

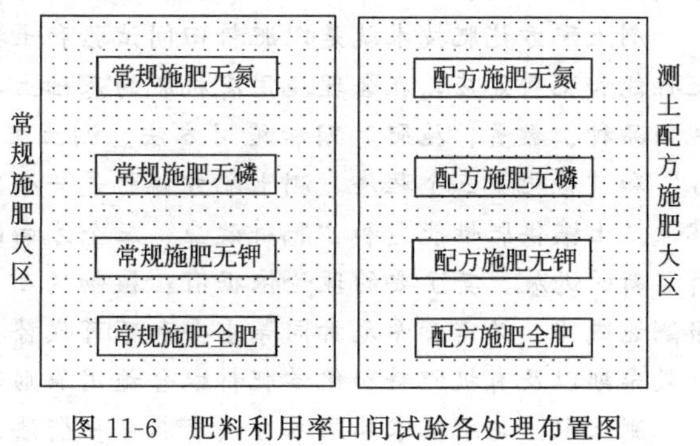

图 11-6　肥料利用率田间试验各处理布置图

2. 有机肥当量试验

蔬菜、果树、花卉等生产中，特别是设施栽培生产中，有机肥的施用很普遍。按照有机肥的养分供应特点，养分有效性与化肥进行当量研究，即某种有机肥料所含的养分，相当于化肥所含多少养分的肥

效，这个系数，就称为“同效当量”。试验设置6个处理（表11-9），分别为有机氮和化学氮的不同配比，所有处理的磷、钾养分投入一致，其中有机肥选用当地有代表性并完全腐熟的种类。

表 11-9 有机肥当量试验方案处理

试验编号	处理	有机肥提供氮占总氮投入量比例	化肥提供氮占总氮投入量比例	备注
1	空白	—	—	① 有机肥基施、化肥追施；② M_0、M_1、M_2 分别表示有机肥不施、第一用量、第二用量；③ N_0、N_1、N_2 分别表示化肥不施、第一用量、第二用量；④ 有机肥提供的氮量以总氮计算
2	M_1N_0	1	0	
3	M_1N_2	1/3	2/3	
4	M_1N_1	1/2	1/2	
5	M_2N_1	2/3	1/3	
6	M_0N_1	0	1	

“同效当量”系数的计算公式为：

$$同效当量=\frac{有机氮处理-无氮处理}{无机氮处理-无氮处理}$$

注：式中无机氮改为化学氮更贴切。

例，每公顷玉米地施用某种有机肥料15000kg，分析测得其含氮量为0.5%，折合有机肥氮75kg/hm²，玉米产量6000kg/hm²。施用化肥氮75kg/hm²，玉米产量7200kg/hm²。如果不施肥时玉米产量为4500kg/hm²，则该有机肥料的同效当量为0.56，即1kg有机肥氮相当于0.56kg化氮肥的肥效。应用“同效当量法”虽可不必测定有机肥料的利用率，但必须测得有机肥料的养分含量，并要进行有机肥和化肥的同效当量田间试验。

$$\begin{aligned}同效当量&=(有机氮处理-无氮处理)/(化学氮处理-无氮处理)\\&=(6000-4500)/(7200-4500)\\&=1500/2700\\&=0.56\end{aligned}$$

备注：建议收集学习“农业部测土配方施肥技术规范（2011年修订版）”。

本章小结

如何提高作物单产、改善作物品质、降低生产成本、减少肥料污染、节约矿产资源、维持农业可持续发展，中国农业未来增产技术的潜力评估研究表明，测土配方施肥技术应列在第一位，国际上通称为平衡施肥技术。农业部制定了“测土配方施肥技术规范”，并在全国范围开始了培训、试点，把这项施肥技术确定为重点农业技术推广项目之一。

测土配方施肥技术就是以肥料田间试验和土壤测试为基础，根据作物需肥规律、土壤供肥性能和肥料效应，在合理施用有机肥的基础上，提出氮、磷、钾及中、微量元素等肥料的施用品种、数量、施肥时期和施用方法。测土配方施肥的具体内容，包含着“测土”、“配方”和“施肥”三个程序。测土配方施肥是一个完整的技术体系，全面考虑了“作物需肥规律”、“土壤供肥性能”和“肥料效应”三个方面的条件。它在继承一般施肥理论的同时，又有了新的进展。其主要的理论依据有：植物的矿质营养学说、养分归还学说、最小养分律、报酬递减律、必需营养元素同等重要和不可代替律、因子综合作用律、作物营养临界期和最大效率期以及有机肥料和化学肥料配合施用原则等。

测土配方施肥技术其基本方法有养分平衡法、土壤与植株测试推荐施肥法、土壤养分丰缺指标法和肥料效应函数法等。

测土配方施肥技术涉及面比较广，是一个系统工程。实施过程中，需要农业教育、科研、技术推广部门和肥料生产企业同广大种植户相结合；配方肥料的研制、销售和应用相结合；现代先进技术与传统实践经验相结合，具有明显的系列化操作、产业化服务的特色。在应用时，还要注重以下几方面的工作，一是搞好调查研究和资料的收集整理工作；二是做好肥料的田间试验工作，特别是“3414”试验，为配方施肥提供基本参数，选择合适的测土配方施肥的方法并确立相应的施肥制度；三是注重信息技术在测土配方施肥技术中的应用；四是加强技术培训、示范和推广工作。

复习思考题

1. 什么是测土配方施肥技术？在生产中有哪些作用？
2. 测土配方施肥技术的内容和依据是什么？
3. 测土配方施肥技术有哪些基本方法？各有何特点？
4. 收集有关资料，为当地主栽作物用养分平衡法确定出施肥量。
5. 什么是肥料试验？“3414”肥料试验方案在测土配方施肥技术中有什么意义？

第十二章　信息技术在土壤肥料中的应用

学习目标

技能目标：

【学习】信息技术在土壤肥料中的应用技术。

【熟悉】精准农业的主要技术支持体系、土壤养分测定的技术支持、测土配方施肥信息化处理的要求、任务、内容、精确施肥的技术理论体系。

【学会】测土配方施肥信息化处理技术。

必要知识：

【了解】国内外信息技术在土壤肥料中的应用发展概况。

【理解】信息技术在土壤肥料中的应用，以及测土配方施肥信息化处理的要求、任务、内容。

【掌握】信息技术在土壤管理中的应用，及信息技术在农田施肥管理中的应用。

第一节　信息技术在土壤管理中的应用

一、信息技术在精准农业中的应用

1. 精准农业的概念与特点

随着农业生产市场化程度的提高，农业生产中降低成本、提高产出率、发展优质高效农业的要求以及环境保护、资源利用、农业可持续发展等方面的要求，迫切呼唤经济效益、社会效益、生态效益同步增长的新型农业的出现。20 世纪 80 年代国外学者提出了精准农业构想，1990 年以后，GPS（全球定位系统）技术应用到农业生产领域，标志着精准农业技术体系的初步形成，1992 年 4 月在美国召开第一次精准农业学术研讨会，精准农业这一概念逐渐被人们所接受。

精准农业是指由信息技术支持的，根据空间变异定位、定时、定量地实施一整套现代化农业操作技术与管理的系统。其技术支持主要是 3S（GPS，全球定位系统；GIS，地理信息系统；RS，遥感遥测系统）集成，这种农业技术体系是信息技术网络化、智能化、数字化综合应用的体现，其核心是实时测知作物个体或小群体或平方米尺度小地块上作物生长及疫病的实际情况，进而确定针对性的农业措施，在取得最优效果和付出最低代价的同时，减少污染，保护生态，实现农业的可持续发展。

精准农业的第一个特点是高产、高效，即最合适的投入带来最大的产出。第二个特点是生态环保，使农业生产过程的各种投入要素减量、适量、最优。第三个特点是安全。精准农业标准化、模块化、系统化的农业发展模式是量和质的安全的保证，其发展模式完全可以保证国家的粮食安全、食品安全。第四个特点是可持续性，是以最少的资源换取最大的产量。精准农业的发展是现代农业可持续发展的重要模式。精准农业将农业带入数字和信息时代，是 21 世纪农业的重要发展方向。

2. 精准农业技术组成

精准农业是空间信息管理与变异分析相结合的现代农业管理策略和农业操作技术体系，以地理信息技术为主体的信息技术是精准农业的技术核心。RS（遥感）是农田信息的获取手段，GPS（全球卫星定位系统）是地理位置信息的获取手段，GIS（地理信息系统）是农田信息的管理和分析手段，DSS（决策支持系统）和 ES（专家系统）是形成决策支持系统的核心，再加上变量施用技术（VRT），构成了精准农业技术体系的基本内容。

（1）农田信息获取　精准农业实施，要求农田信息能够高密度、高速度、高准确度、低成本获取。农田信息通过产量测量、作物监测以及土壤采样等方法获取土壤信息、作物信息和农田微气象信息，以便了解整个田块作物生长环境的空间变异特性。目前田间信息获取主要有传统田间采样、田间 GPS 采集、智能农机作业、多平台遥感获取等几种方式。

① 产量数据采集。带定位系统和产量测量的谷物联合收割机，在收获的同时记录当地的产量，记录数据以文本形式（经度、纬度、产量和谷物含水量）存储在磁卡中，然后读入计算机进行处理。

② 土壤数据采集。土壤信息一般包括土壤含水量、土壤肥力、SOM、pH、土壤压实度、耕作层深度等。利用 GPS 在田间定位，采集土样。采集的土样送到实验室处理分析。

③ 苗情、病虫草害数据采集。利用机载 GPS 或人工携带 GPS，在田间行走中可随时定位，记录位置，并记录作物长势或病虫草害的分布情况。该数据的准确性很大程度上依赖于人的判定能力。

④ 其他数据采集。地形边缘测量，一般利用带 GPS 的机动车或人工携带 GPS 在田间边界循环行走一圈，就能将边界上的点记录下来，经过平滑形成边界图。另外，还要获取近年来轮作情况、平均产量、耕作情况、施肥情况、作物品种、化肥、农药、气候条件等有关数据。这些数据用于进行决策分析。

（2）农田信息管理与分析　农田信息具有多源性，具体表现在存储格式多样性、多尺度性和获取方式多样性，另外还包括系统或数据库组织的复杂性。通过 GIS 平台，在融合多源数据的基础上建立农田管理系统，实现对多源、多时相农田信息的有序管理和分析，这是精准农业实施的基础，其作用表现在数据组织和集成管理、空间分析查询、空间数据更新与综合处理、可视化分析与表达等方面。从目前农田信息采集方式来看，获取的信息大部分是以点状方式存在的，这不能满足精准农业的需要，往往需要通过分析将点状信息转换为面状信息。

一般采集的数据都是以文本表形式表示，需要利用一些数学方法进行处理，生成分布图。

① 产量数据分布图。由于产量数据是通过连续采样获得的，一般使用平滑技术（实际上是一种低通滤波方法）。通常使用移动平均法来平滑数据曲面，它能消除采样测试误差，清楚地显示区域性分布规律和变化趋势。通过聚类分析生成具有不同产量区间的产量分布图。

② 土壤数据分布图。由于土壤采样是非连续的采集土样，需要估计采样点之间的数据，这种估计过程称为插值，即用已知采样点的土壤数据估计相邻未采样点的土壤数据的一种方法。当实际采样间距大于合理的采样间距时，就不能保证插值精度，这时可用其他方法处理。

③ 苗情、病虫害分布图。由于该数据采样既不像产量测量连续采样，也不像土壤采样以栅格采集，而是在行走中人为定点，记录数据。这样的数据处理一般采用趋势面分析，即用某种形式的函数所代表的曲面来逼近该信息的空间分布。趋势面分析从总体上反映了苗

情、病虫草害的空间变化趋势。

未来的发展趋势是数据采集和数据分析统一起来，将田间观测者的地理位置和田间观测数据，通过便携PC和天线发往办公室PC，利用软件自动生成田间数据分布图。

(3) 变量决策分析　“精准农业”技术是根据田间采集到的不均衡空间分布数据及有关作物其他信息，经过决策分析来控制投入方式和施用量。变量决策分析是精准农业技术体系中的核心，直接影响精准农业技术的实践效果。GIS用于描述农田空间上的差异性，而作物生长模拟技术用来描述某一位置上特定生长环境下的生长状态，只有将GIS与模拟技术紧密地结合在一起，才能制定出切实可行的决策方案。作物生长模拟技术是利用计算机程序模拟在自然环境条件下的作物生长过程。作物生长环境除了不可控制的气候因素外，还有土壤肥力、墒情等可控因素。GIS可以提供田间任一小区、不同生长时期的时空数据，利用作物生长模拟模型，通过决策者的参与提供科学的治理方法，形成田间治理处方图，指导田间作业。

(4) 田间变量控制实施　变量施用机具是精准农业的田间实现。精准农业技术的目的是科学治理田间小区，降低投入，提高生产效率。作为支持精准农业技术的农业机械设备，除了带有定位系统和产量测量的联合收割机外，按处方图进行作业的农业机械还有，带有定位系统和处方图读入设备，可以控制播深和播量的谷物精密播种机；控制施肥量的施肥机；控制剂量的喷药机；控制喷水量的喷灌机；控制耕深的翻耕机等。例如，当驾驶拖拉机在田间喷施农药时，驾驶室中安装的监视器显示喷药处方图和拖拉机所在的位置，驾驶员监视行走轨迹的同时，数据处理器根据处方图上的喷药量，随时向喷药机下达命令，控制喷洒。

3. 精准农业的主要技术支持体系

(1) 全球定位系统（GPS）　地球上空分布着GPS卫星，可以发送非常精确的时空信息，GPS接收机从通过它们上空的卫星接收信号。GPS接收机有两种模式，分别为信号接收模式和差分接收模式。后者精度较高，定位于1m以内，能够满足田间操作精度要求。GPS在精准农业中主要应用于以下三个方面，一是智能化农业机械作业的动态定位。即根据管理信息系统发出的指令，实施田间耕作、播种、施肥、灌溉、排水、喷药和收获的精确定位。二是农业信息采集样点定位。即在农田设置的数据采集点、人工数据采集点和环境监测点均需GPS定位数据，以便形成信息层进入GIS。三是遥感信息GPS定位。即对遥感信息中的特征点用GPS采集定位数据，以便与GIS配准。

(2) 地理信息系统（GIS）　GIS是处理空间信息的应用软件，可用于组织、分析和显示同一区域各种类型的空间数据，每一种信息可以组成一个图层，不同图层的信息可以经过分析复合生成新的图层。在GIS平台上，可以复合地形、土壤类型、土地利用和作物分布图，所有这些资料都是数字化储存，并能修改、复制和任意重新生成。这些资料与农学模型和决策支持系统相结合，就能形成强有力的管理工具。

(3) 农田信息采集系统　实施精准农业需要采集的信息有产量图、土壤物理特性、土壤养分、土壤污染物含量、作物农情信息等，其中产量图、土壤水分、土壤养分、土壤污染物含量、作物长势是需要实时采集的。土壤紧实度、地面高程可能变化不大。实时数据的快速自动采集，主要依赖于田间变化测量传感器技术的发展。应用于精准农业比较成熟的采集系统有产量监测图和土壤水分监测图。产量图和土壤采样是实施精准农业的第一步，产量图是通过处理收割机上安装的产量记录系统记录的产量数据和收割机驾驶舱顶部安装的全球定位系统记录的位置数据而生成的。产量图输出的是一个数据文件，每隔1.2s记录收割机所在点的地理坐标（经、纬度）及其产量数据，经软件处理生成产量等值线图。一旦产量图形成，就可以显示田间产量的差异是否明显，如果差异不明显，精准农业技术就无需实施，但多年的试验还未发生这种情况。管理者看到生成的产量图，通常要分析形成产量差异的原因，为了追究成因，还需要采集土壤类型、地形、水系、树高等信息；种子、喷灌、施肥等农业管理措施也是必须记载的。不同影响因素间的相关性用统计分析方法予以鉴别。

（4）管理决策支持系统　管理决策支持系统是精准农业的核心，即所谓精准农业的大脑。管理者怎样才能使采集的信息有意义，GIS 则是处理研究这些信息最好的方法。GIS 的优势是使管理者能综合所有的信息图件，并根据需要形成新的图件，显示产量和其他环境要素间的相互作用，以便了解不同区域产量差异的原因。决策者依据 GIS 提供的这些信息，结合经济、农学和环境的软件模型建成一个集成的决策支持系统（DSS），连同传统经验、专家知识、模型计算及其他的农业生产记载，综合到管理信息系统中。连续多年的研究，将便于决策者更好地理解田间产量变化的原因。因此，精准农业并不是一项特殊的农业管理技术，而是作为一个集成的系统，能将管理技术提炼并融合到计算机软件之中，去指导农业实践，特别是在综合考虑环境影响的时候。

（5）智能化农业机械　精准农业中的智能化农业机械是指装有全球卫星定位仪（GPS）、产量传感器及监视器的联合收割机，带有自动控制装置的播种机、施肥机、施药机以及其他与拖拉机配套的农机具。产量传感器利用谷物吸收 α 射线的能力作为质量流速的指示剂，例如收割机上安装同位素发射仪，通过收集信号的衰减来监测产量；另一种方法是在机器上安装光发射器和收集器，分析谷物流截获的光量。监视器应用于收割机和拖拉机作业运行中监视、显示和记录农机性能和运行参数，计算、显示工作效率及投入量，并以数据卡形式输入输出，用来控制农机设备，实施定位变量投入。现代工程装备技术是精准农业技术体系的重要组成部分，是“硬件”，其核心技术是机电一体化技术，在现代精准农业中，应用于农作物播种、施肥、灌溉和收获等各个环节。

二、信息技术在坡耕地分布评价中的应用

1. 耕地分布评价的意义

在中国现有的 $1.2\times10^8hm^2$ 耕地中，坡耕地面积为 $2.1\times10^7hm^2$，占 17.5%，每年产生的土壤流失量约为 1.5×10^9 t，占全国水土流失总量的三分之一。坡耕地带来的水土流失是目前我国水土流失最为突出的问题之一。目前我国 25° 以上的坡耕地大约有 $3.3\times10^6hm^2$，主要分布在长江上游地区、黄土高原地区、沙漠化地区和东北黑土区，生活在这些地区的农民种地难、增收难、退耕难。

耕地的坡度、坡向、高程是决定耕地质量的重要因素，及时准确地提供坡耕地的分布情况，对于退耕还林工作的规划是很有必要的。在地理信息技术条件下，通过建立数字地面模型，可以进行地形地表分析，解决土地坡度、坡向的分布统计。

2. 信息技术在坡耕地分布评价中的应用

在具体工作过程中使用 GIS 软件，制作数字地面模型，进行三维地形表面分析和坡度量算统计。

（1）工作流程　在 GIS 软件中，管理、组织、存储数据最基本的单位是图层，一个图层相当于一个专题图，包含了地物的空间位置信息和属性信息，利用 GIS 软件进行土地坡度、坡向、高程的分布统计的工作流程如下。

① 利用国土资源调查结果，提取耕地信息，在 GIS 软件中生成耕地图层，给不同耕地分类赋予不同的属性；

② 获取该地区的 DEM 数据［DEM 即数字高程模型，就是在一个地区范围内，用规则格网点的平面坐标（X，Y）及其高程（Z）描述地貌形态的数据集］；

③ 分别生成坡度分布图层、坡向分布图层和高程带分布图层；

④ 将耕地图层与坡度图层、坡向图层、高程带图层分别叠加分析，得到耕地的坡度、

坡向、高程属性进行面积统计，叠加河流、行政区划、道路、居民点等基础地理信息生成专题图。

(2) 坡度、坡向和高程带分布图的生成　坡度、坡向、高程带图层利用 GIS 软件的 TIN 模块，由 DEM（数字高程模型）数据生成。

① DEM 数据获取，目前常用的获取 DEM 数据的方法有两种：一是用航天、航空遥感影像立体像提取 DEM；二是用现有地形图扫描数字化等高线，获取高程数据生成 DEM。

② 生成坡度图、坡向图、高程带图，在 GIS 软件中，运用 TIN 模块的分析功能可计算坡度、坡向和高程带。利用 DEM 生成图形；

③ 图形叠加，是将土地利用图与坡度图、坡向图、高程带分布图依次叠加，科学研究它们的共同区域，进行叠加分析；

④ 面积统计，将土地利用图与坡度图、坡向图、高程带分布图依次叠加后，可根据坡度、坡向、高程带分布的分类条件提取耕地，得到各类耕地面积。

利用地理信息系统技术进行土地的坡度、坡向、高程带统计，可为农业规划、退耕还林等大型项目提供较真实的基础资料，可结合遥感资料进行森林资源及不可种植面积调查，为调整农、林产业结构提供科学依据，利用 DEM 进行三维地表面积分析，可以得到实地测量无法得到的结果，填补国土资源调查的一项空白，实现基础测绘成果的增值服务。

三、信息技术在土壤养分测定中的应用

土壤养分测定是精准农业信息采集的重要环节，三种信息技术在土壤养分测定中各有应用，遥感技术作为宏观对地观测的重要手段，可以实行实时监测；全球定位系统 GPS 技术提供了全天候、实时精确定位的测量手段；应用 GIS 技术可对农田施肥数据进行有效管理。

1. 土壤养分分布调查

对农田养分状况的动态监测是信息的采集、获取过程，内容包括养分的容量、供应强度、空间分布、动态变化等。在播种之前，可用一种适用于在农田中运行的采样车辆按一定的要求在农田中采集土壤样品。车辆上配置 GPS 接收机和计算机，计算机中配置地理信息系统软件。采集样品时，GPS 接收机把样品采集点的位置精确地测定出来，将其输入计算机，计算机依据地理信息系统将采样点标定，绘出一幅土壤样品点位分布图。采集有代表性的样品，进行化验室分析测试，运用化学分析、光谱分析等技术，获得土壤养分信息。

依据农田土壤养分含量分布图，设置有 GPS 接收机的“受控应用”的喷施器，能够精确地给田地的各点施肥，施用的化肥种类和数量由计算机根据养分含量分布图控制。

2. 土壤养分测定的技术支持

(1) 遥感技术　遥感技术的应用优势是实时监测，能够反映田间情况，减少采样、运输、处理分析等过程，大大提高监测的速度和能力，同时也降低了成本。遥感技术是宏观对地观测的重要手段。

(2) GPS 技术　农田养分信息具有显著的空间属性，其空间变异性很大，需要对信息进行准确的定位。全球定位系统（GPS）提供了全天候、实时精确定位的测量手段，结合土壤的含水量、氮、磷、钾、有机质、病虫害等不同信息的分布情况，可以辅助农业生产中的灌溉、施肥、喷药等田间操作。

(3) GIS 系统　农田养分信息包括多种形式，如电子地图、遥感影像、三维空间图形、多媒体信息以及各种专业测量信息、属性信息、统计信息等。为便于数据的管理及分析使用，这些信息都需要以数据库形式存储，通常需要以图形方式进行表达，这种表达应该是图形和属性的并集。建立农田施肥 GIS 系统，应用 GIS 技术可对农田施肥数据进行有效管理。

第二节　信息技术在农田施肥管理中的应用

农田施肥管理是指通过对农田养分进行动态监测，根据获取的信息对农田养分平衡进行评价，以此为依据指导耕作、施肥措施，调控农田土壤养分的供给状况，提高养分的有效利用，保证作物的正常生长，达到高产、优质、高效的目的，并维持、提高农田的持续生产能力，保证粮食安全和农业可持续发展。

一、信息技术在测土配方施肥中的应用

信息技术在测土配方施肥中的运用主要指应用计算机和信息科学相关技术收集、存贮、传递、处理、分析和利用与测土配方施肥有关的信息，建立土壤养分和施肥信息等数据库和配方施肥等决策应用系统。全面合理地分析利用获得的土壤、作物、肥料等数据，进行高效的农田养分管理与施肥决策。信息技术在这个过程中发挥着重要的作用。

1. 测土配方施肥信息化处理的要求

将地理信息技术、数据库技术、决策系统技术和网络技术相结合，建立网上耕地地力评价与配方施肥决策信息系统，实现测土配方施肥数据成果的共享、数据库的高效管理，可以方便快捷地提供施肥决策。

2. 测土配方施肥信息化处理的任务

运用GPS技术实现测土配方施肥信息的定位采集；利用数据库技术与地理信息技术建立土壤肥料数据库，并对数据库进行管理与维护；再应用耕地地力的评价模型建立耕地地力评价系统，以及应用配方施肥模型建立作物推荐配方施肥系统；最后结合网络信息技术，实现网上耕地地力评价与配方施肥决策。利用信息技术促进测土配方施肥的实施到位与其科研成果的推广。

3. 测土配方施肥信息化处理的内容

应用数据库技术建立土壤肥料信息数据库，可将大量土壤、作物、肥料等信息通过记录、分类、整理，进行定量化、规范化的处理，以及可视化的查询分析，并通过数据库管理系统实现数据库的更新与维护，这些都是测土配方施肥信息化处理的基础内容与工作。

利用耕地的地形地貌，成土母质、土壤理化性状，农田基础设施等耕地自然属性，以及通过层次分析法或专家直接评估求得的该属性对耕地地力的贡献率，建立关于耕地地力评价的耕地地力指数模型。

利用地理信息系统平台和耕地资源基础数据库，应用耕地地力指数模型，建立县域耕地地力评价系统，为不同尺度的耕地资源管理、农业结构调整、养分资源综合管理和测土配方施肥指导服务。

根据肥料效应田间试验分析所得到土壤养分校正系数、土壤供肥能力、不同作物养分吸收量和肥料利用率等基本参数，构建作物施肥模型，建立施肥模型库。

借助地理信息系统平台，利用建立的数据库与施肥模型库，建立配方施肥决策系统，为科学施肥提供决策依据。地理信息系统与决策支持系统的结合，形成了空间决策支持系统，解决了传统的配方施肥决策系统的空间决策问题，以及可视化问题。

将逐步完善的网络技术与已建立的耕地地力评价系统和配方决策系统结合起来，发展形成网上耕地地力评价与配方施肥决策系统，实现测土配方施肥的网络化和数据库的共享化。用户可以在不同时间和地点，通过远程网络，输入实时测得的土壤等数据，就能方便快捷地得到农田土壤的养分供需情况及其专题图形，以及针对性地施用肥料种类和施肥量等决策信

息，据此可以进行科学的配肥、供肥与施肥。

在应用上，一方面可向农业生产决策部门提供服务，另一方面将在各县不断增加农田土壤养分状况调查、分析测试信息及有关植物营养与施肥科研新进展的基础上，通过互联网调整各县系统信息及其输出，指导农业生产平衡施肥及作物专用复（混）合肥料的生产和应用。

二、遥感技术在精确施肥管理中的应用进展

精确施肥管理是精准农业的重要内容之一，不仅能保证作物产量和品质，而且能提高肥料利用效率、降低生产成本、减少地下水污染，从而产生巨大的社会、经济和生态效益。

1. 精确施肥的概念

精确施肥亦即变量施肥，就是因土、因作物、因时的全面平衡施肥；以不同空间单元的产量数据与其他多层数据（土壤理化性质、病虫草害、气候等）的综合分析为依据，以作物生长模型、作物营养专家系统为支持，以高产、优质、环保为目的，优化组合了信息技术(RS、GIS、GPS)、生物技术、机械技术和化工技术的变量处方施肥理论和技术。

2. 精确施肥的技术理论体系

(1) 土壤数据和作物营养实时数据的采集 这是精确施肥实施的关键，是确定基肥、追肥施用量的基础。传统的数据收集方法主要是通过田间破坏性取样—实验室化学分析来获取，不仅耗费大量的人力物力财力，且时效性较差。遥感技术的发展，为土壤数据和作物营养实时数据的采集提供了一个非破坏性、快捷实用的新途径。

(2) 差分全球定位系统（DGPS） 无论是田间作物和土壤信息的实时采集，还是肥料的精确施放，都以农田空间定位为基础。全球定位系统为精确施肥提供了基本条件。GPS 接收机可以在地球表面获得 GPS 卫星发出的定位定时信号，DGPS 除了接收全球定位卫星信号外，还需接收信标台或卫星转发的差分校正信号。这样可使定位精度大大提高。

(3) 决策分析系统 决策分析系统是精确施肥的核心，直接影响精确施肥的技术实践成果。决策分析系统包括地理信息系统（GIS）和模型专家系统两部分。GIS 用于描述农田空间属性的差异性；作物生长模型和作物营养专家系统用于描述作物的生长过程及养分需求，并根据不同的施肥策略判断施肥量的多少。目前的施肥策略大致可以分为两类。一是前摄策略，即在生长季之前就已制定好了施肥处方图。整块田被划分为若干个较小的管理亚区，然后根据每个管理亚区的前季作物产量数据或播前土壤网格取样分析结果，在生长季之前就生成氮肥变量处方图，具体施肥时间和次数和常规施肥相同。二是反应策略，即在生长季内实时生成施肥处方图。其主要是根据生长季内作物的实际氮素水平或土壤信息来调整施氮量。常常采用植株或冠层反射光谱或叶绿素仪（SPAD）读数或土壤传感器信息来指示氮素是否缺乏。施肥处方图根据作物的氮胁迫程度生成。

(4) 控制施肥 控制施肥是精确施肥的最终实现，需要通过一定的工程技术装备来实现。根据施肥策略的不同有两种形式。一是处方信息控制施肥，根据决策分析后的电子地图提供的处方施肥信息，对田块中肥料的撒施量进行定位调控。二是实时控制施肥。根据监测土壤的实时传感器信息，控制并调整肥料的投入数量，或根据实时监测的作物光谱信息或叶片 SPAD 值分析调节施肥量。

3. 遥感技术在精确施肥中的应用进展

(1) 在作物营养诊断中的研究进展 各种植物胁迫，如缺氮、干旱等都会使作物叶片的光反射特性发生改变，遥感技术通过检测作物冠层的光反射和吸收性质来检测作物营养状况，特别是氮素营养状况。随着遥感技术的进一步发展，航空成像光谱仪等高分辨率的航空图像和卫星图像也逐渐用来大面积监测作物的元素营养状况。目前应用较多的是

氮素营养诊断，遥感技术在其他营养元素（磷素、钾素及某些微量元素）诊断方面也有了一些研究。

(2) 在土壤肥力诊断中的进展 土壤在作物生长期间大多数被覆盖，只有在播种前和生长前期裸露比例较高。因此，关于用遥感技术来直接探测田间土壤肥力的研究相对较少，大部分是围绕风干碾碎土样的光谱特性与土壤参数之间的关系开展研究的。对裸土反射率影响最大的两个因子是土壤有机质（有机碳）和土壤水分。此外，土壤质地粒子大小等也会影响光谱特性。

(3) 精确施肥算法 用遥感技术来指导施肥，可以节约用肥量（32～57kg N /hm^2），以前大多数研究都是基于实际作物的光谱植被指数或叶片 SPAD 值与充足施肥区的比值来判断是否需要施肥，但施肥量的确定还需进一步建立模型算法进行计算。

4. 理论技术存在的问题和未来发展方向

土壤数据采集仪器价格昂贵，性能较差，不能分析一些缓效态营养元素的含量，而遥感由于空间分辨率和光谱分辨率问题，使遥感信息和土壤性质、作物营养胁迫的对应关系很不明确，不能满足实际应用的需要。随着高分辨率遥感卫星服务的提供（1～3m），加强遥感光谱信息与土壤性质、作物营养关系的研究和应用将是近几年精确施肥研究的热点和重点。DGPS 的定位精度已完全能满足精确施肥的技术需要，虽然关于 DGPS 导航自动化施肥的耕作机械已有研究，但 DGPS 与 GIS 数据库结合进行自动化机械施肥还有待于进一步发展，同时 GPS-RS-GIS 也正趋向于一体化。作物模型和专家系统方面，除进一步加强作物营养机理和生理机理研究外，模型的适用性和通用性方面应与精确施肥紧密结合，现在许多模型需要的变量过多或普通方法难以测定，模型需要进一步简单化和智能化。

本章小结

本章概要介绍了信息技术在土壤肥料中的应用。

信息技术在土壤管理中的应用已逐渐扩大范围。精准农业是指由信息技术支持的根据空间变异，定位、定时、定量地实施一整套现代化农业操作技术与管理的系统。其技术支持主要是 3S 集成系统。精准农业的特点是高产、高效；生态环保；安全；可持续性。精准农业技术体系的基本内容：①农田信息获取；②农田信息管理与分析；③变量决策分析；④田间变量控制实施。精准农业的主要技术支持体系包括：①全球定位系统（GPS）；②地理信息系统（GIS）；③农田信息采集系统；④管理决策支持系统；⑤智能化农业机械。信息技术在坡耕地分布评价中的应用主要有：使用 GIS 软件，制作数字地面模型，进行三维地形表面分析和坡度量算统计。信息技术在土壤养分测定中的应用体现在：遥感技术作为宏观对地观测的重要手段，遥感技术实行实时监测；全球定位系统 GPS 技术提供了全天候、实时精确定位的测量手段；应用 GIS 技术可对农田施肥数据进行有效管理。

信息技术在农田施肥管理中主要应用在测土配方、精准施肥管理领域。信息技术在测土配方施肥中运用主要指应用计算机和信息科学相关技术收集、存贮、传递、处理、分析和利用与测土配方施肥有关的信息，建立土壤养分和施肥信息等数据库和配方施肥等决策应用系统。精确施肥亦即变量施肥，就是因土、因作物、因时全面平衡施肥。精确施肥的技术理论体系包括：①土壤数据和作物营养实时数据的采集；②差分全球定位系统（DGPS）；③决策分析系统；④控制施肥。

遥感技术在精确施肥中的应用进展包括：①在作物营养诊断中的研究进展；②在土壤肥力诊断中的进展；③精确施肥算法。

复习思考题

1. 简述精准农业的概念与特点，技术组成，以及主要的技术支持体系。
2. 简述信息技术在坡耕地分布评价中的应用。
3. 土壤养分分布调查、土壤养分测定的技术支持有哪些？
4. 测土配方施肥信息化处理的要求、任务、内容是什么？
5. 精确施肥概念、精确施肥的技术理论体系是什么？

第二部分　实践教学

第一篇　实验项目

实验一　土壤农化样品的采集与制备

一、实验目标

1. 技能目标

通过实验，使学生掌握耕层土壤混合样品的采集和制备方法。并根据不同分析项目采取相应的采样和处理方法。根据工作岗位要求，采样人员要具有一定采样经验，熟悉采样方法和要求，了解采样区域农业生产情况。

2. 知识目标

土壤样品的采集与制备是土壤分析工作中的一个重要环节。其正确与否，直接影响分析结果的准确性和有无应用价值，必须按照“随机”、“多点”和“均匀”的方法进行采样和制样，使分析的样品具有最大的代表性。

二、实验原理

通过多点采集，使土壤具有代表性；根据农化分析样品的要求，将采集的代表性样品磨成一定的细度，以保证分析结果的可比性；采取四分法舍取样品以保证样品在采集与制备过程的代表性。

三、仪器用具

采样前，收集采样区域土壤图、土地利用现状图、行政区划图等资料，绘制样点分布图，制订采样工作计划，准备 GPS（全球卫星定位系统）。

小铁铲（或锄头）、布袋（或塑料袋）、标签、铅笔、钢卷尺、木棒、镊子、土壤筛（18 目、60 目）、广口瓶、角勺、研钵、盛土盘等。

四、操作规程

（一）样品采集

1. 样品的代表性

（1）采样路线　耕层土壤混合样品的采集必须按照一定的采样路线按照“随机”、“均匀”、“等量”和“多点混合”的原则进行采样。采样时应沿着一定的线路，采样点的分布形式以蛇形（“S”形）为好，在地块面积小、地势平坦、肥力均匀的情况下，方可采用对角线或棋盘式（“梅花”形）采样路线（图实验 1-1）。采样点要避免田边、路旁、沟边、挖方、填方及肥料堆积过的地方和特殊地形部位等。

（2）采样单元　根据土壤类型、土地利用、耕作制度、产量水平等因素，将采样区域划分为若干个采样单元，每个采样单元的土壤性状要尽可能均匀一致。平均每个采样单元为

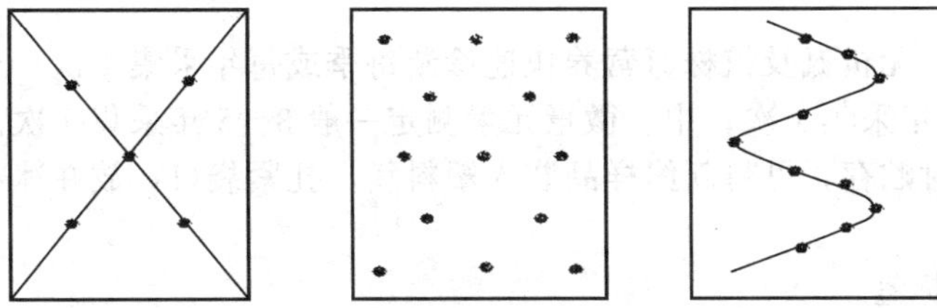

对角线采样法　　棋盘式采样法　　蛇形采样法

图实验 1-1　土壤采样布点路线

6.7～13.3hm^2（平原区、大田作物每 6.7～33.3hm^2 采一个样；丘陵区、大田园艺作物为每 2～5.3hm^2 采一个样；温室大棚作物为每 30～40 个棚室或 1.3～2.7hm^2 采一个样）。为便于田间示范跟踪和施肥分区，采样集中在位于每个采样单元相对中心位置的典型地块（同一农户的地块），采样地块面积为 0.07～0.67hm^2。有条件的地区，可以农户地块为土壤采样单元。如采用 GPS 定位，则需要记录经纬度，精确到 0.1″。

（3）采样点数量　采样点的数目一般应根据采样区域大小和土壤肥力差异情况，每个样品可酌情采集 5～20 个点。要保证足够的采样点（尽量取 15～20），使之能代表采样单元的土壤特性。采样必须多点混合。果园采样要以树干为圆点向外延伸到树冠边缘的 2/3 处采集，每株对角采 2 点。蔬菜地混合样点的样品采集要根据沟、垄面积的比例确定沟、垄采样点数量。

2. 采样方法

在确定的采样点上，先将 2～3mm 表土刮去，然后用土钻或小铁铲垂直入土 15～20cm 左右（图实验 1-2）。每点的取土深度、质量应尽量一致，将采集的各点土样在盛土盘或塑料布上集中起来，粗略选去石砾、虫壳、根系等物质，混合均匀，采用四分法，弃去多余的土，直至达到所需数量为止（图实验 1-3），一般每个混合土样的质量以 1kg 左右为宜（用于推荐施肥的土样为 0.5kg 左右；用于田间试验和耕地地力评价的土样为 2kg 以上，长期保存备用）。

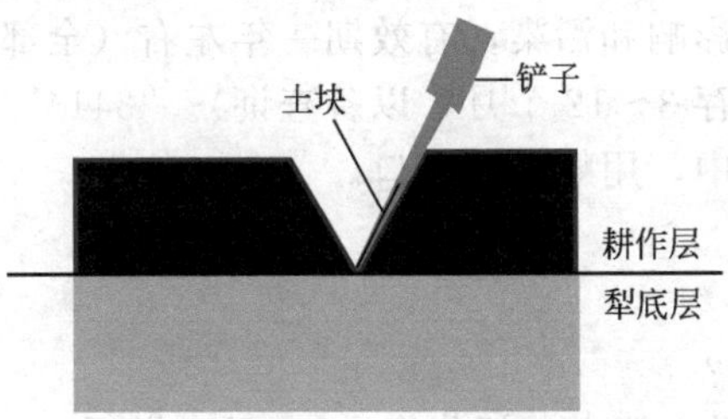

图实验 1-2　土壤采样法

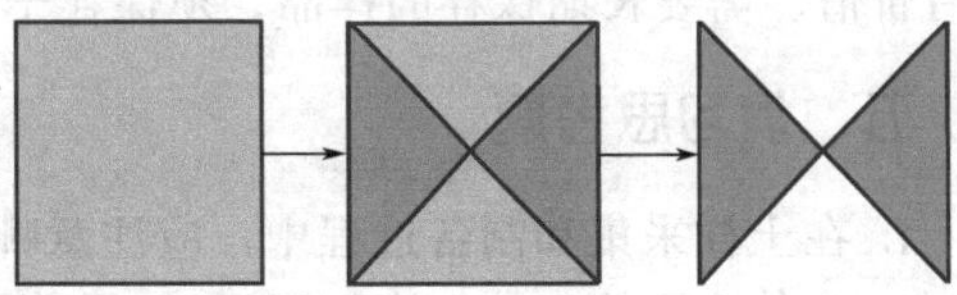

图实验 1-3　四分法分样图

大田采样深度为 0～20cm，果园采样深度一般为 0～20cm、20～40cm 两个层次分别采集。用于土壤无机氮含量测定的土样的采样深度应根据不同作物、不同生育期的主要根系分布深度来确定。

3. 采样时间

为了制定施肥计划可在前茬作物收获后或施基肥前进行采样（一般在秋后）；为了判断施肥效果，则在作物生长期间，施肥的前后进行采样；为了解决随时出现的问题，需要对土壤测定时，应随时采样；为了摸清土壤养分变化和作物生长规律，可按作物生育期定期取样。

一般设施蔬菜在晾棚期采集。果园在果品采摘后的第一次施肥前采集，幼树及未挂果果园应在清园扩穴施肥前采集。进行氮肥追肥推荐时，应在追肥前或作物生长的关键时期采集。

同一采样单元，无机氮及植株氮营养快速诊断每季或每年采集 1 次；土壤有效磷、速效钾等测定一般 2～3 年采集 1 次；中、微量元素测定一般 3～5 年采集 1 次。新鲜样品一般不宜贮存，如需要暂时贮存，可将新鲜样品装入塑料袋，扎紧袋口，放在冰箱冷藏室或进行速冻保存。

4. 装袋与填写标签

采好后的土样装入布袋中，立即用铅笔填写标签，一式两份，一份系在布袋外，一份放入布袋内，标签写明采样地点、深度、样品编号、日期、采样人、土壤名称等。同时将此内容登记在专门的记载本上备查。尽快将土样送入化验室或室内风干。

（二）土壤样品的制备

1. 风干剔杂

除速效养分、还原物质的测定需用新鲜样品外，其余均采用风干土样，以抑制微生物活动和化学变化，便于长期保存。

风干土样的处理方法：田间采回的土样，应立即捏碎大的土块，剔除根茎叶、虫体、新生物、侵入体等，铺平放在木板上或光滑的厚纸上，厚约 2～3cm，放置在阴凉、干燥、通风、清洁的室内风干。严禁暴晒或烘烤，防止受到酸、碱气体及灰尘的污染。风干过程中，应随时翻动，经过 5～7d 后可达风干要求。

2. 磨细过筛

将风干以后的土样平铺在木板或塑料布上，用木棒碾碎，边磨边筛，直到全部通过 1mm 筛孔（18 目）为止。在磨细、过筛过程中，应随时将土样中的植物残根、新生物、侵入体等剔除。石砾和石块不要碾碎，必须筛去，少量可弃去；多量时，应称其质量，计算其百分含量。过筛后土样经充分混匀后，用四分法分成两份，一份供 pH、速效养分等测定用，另一份继续磨细至全部通过 0.25mm（60 目）筛孔，供有机质、全氮等测定用。

3. 装瓶贮存

过筛后的两份土样分别充分混合后，应分别装入具有磨口塞的广口瓶中，内外各附标签一张，标签上写明土壤样品编号、采样地点、土壤名称、深度、筛孔号、采集人及日期等。在保存期间应避免日光、高温、潮湿及酸碱气体的影响和污染，有效期一年左右（全部分析工作结束，分析数据核实无误后，试样一般还要保存 3～12 个月，以备查询）。“3414”试验等有价值、需要长期保存的样品，须保存于广口瓶中，用蜡封好瓶口。

五、复习思考题

1. 在土样采集和制备过程中，应注意哪些问题？
2. 为什么不能直接在磨细通过 18 目筛孔的土样中筛出一部分作为 60 目土样呢？

实验二 土壤质地的测定

一、实验目标

1. 技能目标

通过本次职业技能训练，要求学生掌握测定土壤质地的两种基本方法。第一种简易比重计法，能迅速测定土壤质地类型，费时少，又有相当的精确性，适用于生产上大量样本的质地测定工作；第二种是手测法，是最简便的土壤质地测定法，广泛应用于野外、田间土壤质地的鉴定。

2. 知识目标

一是了解测定土壤质地的意义。土壤质地是土壤重要的物理性质之一，它反映了组成土壤矿物质颗粒的粗细程度和砂黏性质，直接影响到土壤的持水性、透水性、通气性和土壤的物理机械性。土壤质地测定可以为因土种植、因土施肥、因土改良，因土灌溉及合理栽培提供科学依据。二是明确土壤质地测定的方法及原理。

二、测定方法一（简易比重计法）

1. 方法原理　田间土壤往往是许多大小不同的土粒相互胶结在一起而成团聚体存在的，因此必须加以分散处理，使其成单粒状态，按它的粒径大小分成若干级，并加以定量，从而求出土壤机械组成。对粒径较大的土粒（>0.25mm），一般采用筛分法测定。对粒径较小的土粒（<0.25mm），则采用静水沉降法来进行分级测定。此法是以司笃克斯定律为依据设计的。据司笃克斯（Stokes）1851 年的研究结果，球体微粒在静水中沉降，其沉降速度与球体微粒的半径平方成正比，而与介质的黏滞系数成反比。其关系式如下：

$$v=\frac{2}{9}gr^2\frac{d_1-d_2}{\eta}$$

式中　v——半径为 r 的颗粒在介质中沉降的速度，cm/s；

g——重力加速度，981cm/s^2；

r——沉降颗粒的半径，cm；

d_1——沉降颗粒的密度，g/cm^3；

d_2——介质的密度，g/cm^3；

η——介质的黏滞系数，g/（cm・s）。

又指出，当作用于球体的一些力达平衡时，即加速度为零时，球体匀速沉降。这时：

$$s=vt$$

式中　s——沉降的距离，cm；

v——沉降的速度，cm/s；

t——沉降的时间，s。

根据上式可得到下面公式：

$$t=\frac{s}{\frac{2}{9}gr^2\frac{d_1-d_2}{\eta}}$$

由上式可求出不同温度下，不同直径的土壤颗粒在水中沉降一定距离所需的时间。在到达沉降时间时，用特制的土壤比重计（甲种鲍氏比重计）测定一定深度液层内某种粒径土粒悬液的密度，则可计算出土壤悬液中所含土粒（即小于某一粒径土粒）的数量。再通过换算，就可求出该土壤中各级土粒的百分率，从而确定土壤的机械组成，进行土壤质地命名。

2. 材料与用品

(1) 仪器用品

① 土壤颗粒分析吸管仪、鲍氏土壤比重计（甲种）。

② 搅拌棒（多孔圆盘搅拌器）。

③ 沉降筒：即 1000ml 量筒，直径约 6cm，高约 45cm。

④ 土壤筛（孔径 0.25 mm 的漏斗筛）。

⑤ 三角瓶（500ml），漏斗（直径 7cm）、有柄磁勺。

⑥ 天平（感量0.0001g和0.01g两种）。

⑦ 其他。电热板，计时钟，温度计（100℃± 0.1℃），烘箱，250ml高型烧杯，50ml小烧杯，普通烧杯，小量筒，漏斗架，真空干燥器，小漏斗（内径4cm）等。

（2）试剂配制

① 0.5mol /L氢氧化钠溶液：称取20g氢氧化钠（化学纯），加蒸馏水溶解后，定容至1000ml，摇匀。

② 0.25mol/L草酸钠溶液：称取33.5g草酸钠（化学纯），加蒸馏水溶解后，定容至1000ml，摇匀。

③ 0.5mol/L六偏磷酸溶液：称取51g六偏磷酸钠［$(NaPO_3)_6$］（化学纯），加蒸馏水溶解后，定容至1000ml，摇匀。

④ 2%碳酸钠溶液：称取20g化学纯碳酸钠溶于1000ml的蒸馏水中。

⑤ 异戊醇$(CH_3)_2CHCH_2CH_2OH$（化学纯）。

⑥ 6%过氧化氢、混合指示剂、软水等。

软水制备：将200ml 2%的碳酸钠加入15000ml自来水中，静置一夜后取上清液。

3. 操作规程

（1）分散土粒　即采用物理和化学的方法破坏土壤复粒，使其分散成单粒，分散愈彻底，测定结果愈准确，这里介绍两种方法。

① 煮沸法。称取通过1mm筛孔的风干土50g（精确到0.01g），倾入500ml三角瓶中，加入分散剂（石灰性土加0.5mol/L六偏磷酸钠60ml，酸性土加0.5mol/L氢氧化钠40ml，中性土加0.5mol/L草酸钠20ml），并加软水250ml，轻轻摇匀，插上小漏斗，置于电热板（或电炉）上，煮沸1h（注意：在煮沸过程中，应轻轻摇动3～4次，避免底部土壤结块烧焦）。稍冷却后，将悬液经过0.25mm的漏斗筛，用软水冲洗入1000ml的量筒中，一边冲洗，一边用皮头玻棒摩擦，直至筛下的流水清亮为止（注意：洗水量不能超过量筒刻度）。

② 研磨法。称取通过1mm筛孔的风干土50g（精确到0.01g），倾入有柄磁勺中，先以少量分散剂润湿土壤（分散剂的选择和用量同上法），并调到稍成糊状，用橡皮塞研磨10～15min后，加入软水50ml，再研磨1min，稍静置，将上部悬液经0.25mm的漏斗筛倾入1000ml的量筒中。残留的土样再加入剩余的分散剂研磨，倾入漏斗筛上，将全部分散好的悬液都过漏斗筛移入量筒后，再用软水冲洗漏斗筛，要边洗边用皮头玻棒轻轻摩擦，直至筛下的流水清亮为止，注意洗水量不要超过量筒刻度。

（2）1～0.25mm粒级的颗粒处理　当转移悬液时，筛下流水清亮后，残留在漏斗筛上的土粒即为1～0.25mm粒级的颗粒，用洗瓶洗入已知质量的铝盒中，倾出过多的清水，先在电热板上蒸干，然后置于105℃的烘箱中烘干称重，计算占烘干土的百分率。

（3）悬液中的各级土粒密度的测定　将量筒内的悬液用软水稀释至1000ml的刻度，测量悬液的温度，根据当时的液温和待测粒级的各级粒径（＜0.05mm、＜0.01mm、＜0.005mm、＜0.001mm），查表实验2-1（小于某粒径土粒沉降所需时间）选定比重计读数时间。用多孔圆盘搅拌以后，按每分钟上下各30次的速度，迅速搅拌1min，应特别注意将底部的土粒搅起来，使土粒分散均匀，取出搅拌器便开始记录时间，此时即为土粒沉降起始时间。如悬液产生较多的气泡，应滴加数滴异戊醇消泡，在读数时间前30s，轻轻放下比重计，提前10s进行读数，准确读取液面弯月面下缘与比重计相切处刻度，记录其读数，单位为：g/L。

4. 测定结果

（1）结果记录（表实验2-2）

表实验 2-1　小于某粒径土粒沉降所需时间

温度/℃	沉降时间											
	(<0.05mm)			(<0.01mm)			(<0.005mm)			(<0.001mm)		
	/h	/min	/s	/h	/min	/s	/h	/min	/s	/h	/min	/s
4		1	32		43		2	55		48		
5		1	30		42		2	50		48		
6		1	25		40		2	50		48		
7		1	23		38		2	45		48		
8		1	20		37		2	40		48		
9		1	18		36		2	30		48		
10		1	18		35		2	25		48		
11		1	15		34		2	25		48		
12		1	12		33		2	20		48		
13		1	10		32		2	15		48		
14		1	10		31		2	15		48		
15		1	8		30		2	15		48		
16		1	6		29		2	5		48		
17		1	5		28		2	0		48		
18		1	2		27	30	1	55		48		
19		1	0		27		1	55		48		
20			58		26		1	50		48		
21			56		26		1	50		48		
22			55		25		1	50		48		
23			54		24	30	1	45		48		
24			54		24		1	45		48		
25			53		23	30	1	40		48		
26			51		23		1	35		48		
27			50		22		1	30		48		
28			48		21	30	1	30		48		
29			46		21		1	30		48		
30			45		20		1	28		48		
31			45		19	30	1	25		48		
32			45		19		1	25		48		
33			44		19		1	20		48		
34			44		18	30	1	20		48		
35			42		18		1	20		48		
36			42		18		1	15		48		
37			40		17	30	1	15		48		
38			38		17	30	1	15		48		
39			37		17		1	10		48		
40			37		17		1	10		48		

表实验 2-2　简易比重计法质地测定数据记录表

土样号	分散剂种类	温度/℃	<0.05mm 读数	<0.01mm 读数	<0.005mm 读数	<0.001mm 读数	质地名称	质地分级标准

(2) 结果计算

① 将风干土样质量换算成烘干土样质量。

$$烘干土样质量(g)=\frac{风干土样质量(g)}{吸湿水含量(\%)+1}$$

② 对比重计读数进行必要的校正计算。

校正值＝分散剂校正值＋温度校正值

校正后读数＝原读数－校正值

分散剂校正值（g）＝加入分散剂的体积（ml）×分散剂的摩尔浓度（mol/L）×分散剂的摩尔质量（g/mol）$\times10^{-3}$

比重计的温度校正值可从表实验 2-3 查得。

表实验 2-3 甲种比重计温度校正表

温度℃	校正值	温度℃	校正值	温度℃	校正值
6.0～8.5	－2.2	18.5	－0.4	26.5	＋2.2
9.0～9.5	－2.1	19.0	－0.3	27.0	＋2.5
10.0～10.5	－2.0	19.5	－0.1	27.5	＋2.6
11.0	－1.9	20.0	0	28.0	＋2.9
11.5～12.0	－1.8	20.5	＋0.15	28.5	＋3.1
12.5	－1.7	21.0	＋0.3	29.0	＋3.3
13.0	－1.6	21.5	＋0.45	29.5	＋3.5
13.5	－1.5	22.0	＋0.6	30.0	＋3.7
14.0～14.5	－1.4	22.5	＋0.8	30.5	＋3.8
15.0	－1.2	23.0	＋0.9	31.0	＋4.0
15.5	－1.1	23.5	＋1.1	31.5	＋4.2
16.0	－1.0	24.0	＋1.3	32.0	＋4.6
16.5	－0.9	24.5	＋1.5	32.5	＋4.9
17.0	－0.8	25.0	＋1.7	33.0	＋5.2
17.5	－0.7	25.5	＋1.9	33.5	＋5.5
18.0	－0.5	26.0	＋2.1	34.0	＋5.8

③ 将校正后的比重计读数按下式进行换算。

$$粒径小于某定值的土粒含量=\frac{校正后读数}{烘干土样质量}\times100\%$$

④ 土壤质地名称的确定　土壤质地分类标准有国际制、美国制、前苏联（卡庆斯基）制以及中国质地分类（其中除美国制外见第一章）。以生产上用得最多的卡庆斯基制为例，根据实测结果进行查表确定土壤质地名称（表实验 2-4）。

表实验 2-4 前苏联制质地分类标准（草原土及红黄壤类）

质地类型	＜0.01mm 黏粒含量/%	质地类型	＜0.01mm 黏粒含量/%
松砂土	0～5	重壤土	45～60
紧砂土	5～10	轻黏土	60～75
砂壤土	10～20	中黏土	75～85
轻壤土	20～30	重黏土	＞85
中壤土	30～45		

在分析结果中，大于 1mm 的石砾含量需另行计算，按表实验 2-5 确定石质程度，冠于表实验 2-4 查得的质地名称之前。对于盐基不饱和的土壤，应把 0.05mol/L HCl 处理的流失量并入“物理性黏粒”的总量中，而对于盐基饱和土壤，则应把它并入“物理性砂粒”总量之中。

表实验 2-5　土壤中所含石块成分多少的分类

大于 1mm 的石砾含量/%	石质程度	石质性类型
＜0.5	非石质土	根据粗骨部分的特征确定为：漂砾性的、石砾性的或碎石性的石质土三类
0.5～5	轻石质土	
5～10	中石质土	
＞10	重石质土	

5. 注意事项

① 如土壤中含有机质较多应预先用 6%的过氧化氢处理，直至无气泡发生为止，以除去有机质，过量的过氧化氢可在加热中除去。

② 如果土壤中含有多量的可溶性盐或碱性很强，应预先进行必要的淋洗，以脱除盐类或碱类。

③ 为了保证颗粒作独立匀速沉降，必须充分分散，搅拌时上下速度要均匀，不应有涡流产生；悬液的浓度最好＜3%，最大不能超过 5%，过浓则互相碰撞的机会多。

④ 由于介质的密度和黏滞系数以及比重计浮泡的体积均受温度的影响，最好在恒温下进行。

三、测定方法二（手测法）

1. 方法原理

各粒级的土粒具有不同的黏性和可塑性（砂粒粗糙，无黏性，不可塑；粉粒光滑如粉，黏性与可塑性较弱；黏粒细腻，表现较强的黏性与可塑性）。不同质地的土壤，各粒级土粒的组成不同，表现出粗细程度和黏性及可塑性的差异。本法以手指对土壤的感觉为主，结合视觉和听觉来确定土壤质地名称，方法简便易行，熟练后也较准确，适合于田间土壤质地的鉴别。

2. 材料与用品

砂土、壤土、黏土等已知质地名称土壤样本和待测土壤样本、表面皿。

先取小块土样（比算盘珠略大）于掌中，用手指捏碎，并捡出细砾、粗有机质等新生体或侵入体。细碎均匀后，即可用以下方法测试。

3. 操作规程

手测法分成干测法和湿测法两种，无论是何种方法，均为经验方法。手测法简便易行，广泛应用于野外、田间土壤质地的鉴定。

(1) 干测法　取玉米粒大小的干土块，放在拇指与食指间使之破碎，并在手指间摩擦，根据指压时间大小和摩擦时感觉来判断。

(2) 湿测法　取一小块土，除去石砾和根系，放在手中捏碎，加入少许水，调至不感觉有复粒存在，以土粒充分浸润为度（水分过多过少均不适宜），根据能否搓成球、条及弯曲时断裂等情况加以判断，现将卡庆斯基制土壤质地手测判断法标准列于表实验 2-6 以供参考。

(3) 结果判断（表实验 2-6）

4. 注意事项

① 湿试法测定中，加水多少是一个关键，对于黏性比较重的土壤，加水可稍多一些，因为在搓揉过程中，易失水变干降低质地等级，故动作要迅速。

② 湿法测定时，土条的粗细和圆圈的直径大小，直接影响结果的准确度，必须严格按规定进行。

表实验 2-6 卡庆斯基制土壤质地手测法判断标准

质地名称	在手指间挤压或摩擦时的感觉（干时测定情况）	在湿润下揉搓时的表现（湿时测定情况）
沙土	干土块毫不费力即可压碎，砂粒一望而知。手捻粗糙刺手，发出嚓嚓响声。几乎由砂粒组成	不能成球形，用手捏成团，但一松即散，不能成片
沙壤土	干土块用小力即可捏碎。砂粒占优势，混夹有少许黏粒，很粗糙，研磨时有响声	可勉强捏成厚而极短的片状，能搓成表面不光滑的小球，但搓不成细条
轻壤土	干土块用力稍加挤压可碎，手捻有粗糙感	可捏成较薄的短片，片长不超过 1cm，片面较平整，可成直径约 3mm 土条，但提起后容易断裂
中壤土	干土块稍加大力量才能压碎，成粗细不一的粉末，砂粒和黏粒含量大致相同，稍感粗糙	可捏成较长薄片，片面平整，但无反光，可搓成直径约 3mm 小土条，但弯成直径 2～3 cm 小圈即断裂
重壤土	干土块用大力挤压可破碎成粗细不一的粉末，粉砂粒和黏粒土占多，略有粗糙感	可捏成较长薄片，片面光滑，有弱的反光，可搓成直径 2mm 的土条，能弯成 2～3cm 圆形，但压扁时即生裂缝
黏土	干土块很硬，用手不能捏碎成细而均一的粉末，含黏粒为主，有滑腻感	可捏成较长薄片，片面光滑有强反光，不断裂，可搓成直径 2mm 的土条，也可搓成直径 2cm 的圆环，压扁时无裂缝

四、复习思考题

1. 质地测定前，为什么要对土样进行分散？
2. 应用简易比重计法测定土壤质地时，为提高测定结果的准确度，应注意哪些问题？
3. 用手测法鉴定土壤质地时应注意哪些问题？

实验三 土壤有机质含量的测定

一、实验目标

1. 技能目标

通过训练，使学生能够熟练进行土壤有机质含量测定的操作，为判断土壤肥力状况，进行中、低产田土壤改良和高产田的创造与培育提供理论依据。

2. 知识目标

明确土壤有机质含量测定的意义；了解土壤有机质测定的原理。

二、土壤有机质测定——NY/T 1121.6—2006（油浴加热重铬酸钾氧化——容量法）

1. 应用范围

本标准适用于土壤有机质含量在 15%以下的土壤。

2. 方法原理

在加热条件下，用过量的重铬酸钾-硫酸溶液氧化土壤有机碳，多余的重铬酸钾用硫酸亚铁的标准溶液滴定，由消耗的重铬酸钾的量按氧化校正系数计算出有机碳量，再乘以常数 1.724，即为土壤有机质含量。

3. 主要仪器设备

①电炉（1000W）；②硬质试管（ϕ25mm×200mm）；③油浴锅：用紫铜皮作成或用高度为 15～20cm 的铝锅代替，内装甘油（工业用）或固体石蜡（工业用）；④铁丝笼大小和形状与油浴锅配套，内有若干小格，每格内可插入一支试管；⑤自动调零滴定管；⑥温度计（300℃）。

4. 试剂

(1) 0.4mol/L 重铬酸钾-硫酸溶液　称取 40.0g 重铬酸钾溶于 600～800ml 水中，用滤纸过滤到 1L 的量筒内，用水洗涤滤纸，并加水至 1L。将此溶液转移到大烧杯中。另取相对密度为 1.84 的浓硫酸（化学纯）1L，缓慢到入重铬酸钾水溶液中，不断搅动。为避免溶液急剧升温，每加 100 ml 后可稍停片刻，并把大烧杯放在盛有冷水的盆中冷却，待溶液的温度降到不烫手时再加另一份浓硫酸，直到全部加完为止。此时溶液浓度为 0.4mol/L。

(2) 0.1mol/L 硫酸亚铁标准溶液　称取 28.0g 硫酸亚铁（化学纯）或 40.0g 硫酸亚铁铵（化学纯）溶解于 600～800ml 水中，加浓硫酸（化学纯）20ml 搅拌均匀，静止片刻后用滤纸过滤到 1L 容量瓶内，再用水洗涤滤纸并加水至 1L。此溶液易被空气氧化而致浓度下降，每次使用时应标定其准确浓度。

0.1mol/L 硫酸亚铁溶液的标定：吸取 0.1000mol/L 重铬酸钾标准溶液 20.00ml 放入 150ml 三角瓶中，加浓硫酸 3～5ml 和邻菲啰啉指示剂 3 滴，以硫酸亚铁溶液滴定，根据硫酸亚铁溶液消耗量即可计算出硫酸亚铁溶液的准确浓度。

(3) 重铬酸钾标准溶液　准确称取 130℃烘 2～3h 的重铬酸钾（优级纯）4.904g，先用少量水溶解，然后无损地移入 1000ml 容量瓶中，加水定容，此标准溶液浓度为 0.1000mol/L。

(4) 邻菲啰啉（$C_{12}HgN_2 \cdot H_2O$）指示剂　称取邻菲啰啉 1.49g 溶于含有 0.70g$FeSO_4 \cdot 7H_2O$ 或 1.00g$(NH_4)_2SO_4 \cdot FeSO_4 \cdot 6H_2O$ 的 100ml 水溶液中。此指示剂易变质，应密闭保存于棕色瓶中。

5. 分析步骤

① 准确称取通过 0.25mm 孔径筛风干试样 0.05～0.5g（精确到 0.0001g，称样量根据有机质含量范围而定），放入硬质试管中，然后从自动调零滴定管准确加入 10.00ml0.4mol/L 重铬酸钾-硫酸溶液，摇匀并在每个试管口插入一玻璃漏斗。

② 将试管逐个插入铁丝笼中，再将铁丝笼沉入已在电炉上加热至 185～190℃的油浴锅内，使管中的液面低于油面，要求放入后油浴温度下降至 170～180℃，等试管中的溶液沸腾时开始计时，此刻必须控制电炉温度，不使溶液剧烈沸腾，其间可轻轻提起铁丝笼在油浴锅中晃动几次，以使液温均匀，并维持在 170～180℃，5min±0.5min 后将铁丝笼从油浴锅内提出，冷却片刻，擦去试管外的油（蜡）液。

③ 把试管内的消煮液及土壤残渣无损地转入 250ml 三角瓶中，用水冲洗试管及小漏斗，洗液并入三角瓶中，使三角瓶内溶液的总体积控制在 50～60ml。加 3 滴邻菲啰啉指示剂。

④ 用硫酸亚铁标准溶液滴定剩余的 $K_2Cr_2O_7$，溶液的变色过程是橙黄-蓝绿-棕红。

如果滴定所用硫酸亚铁溶液的体积（ml）不到下述空白试验所耗硫酸亚铁溶液体积（ml）的 1/3，则应减少土壤称样量重测。

⑤ 每批分析时，必须同时做 2 个空白试验，即取大约 0.2g 灼烧浮石粉代替土样，其他步骤与土样测定相同。

6. 结果计算

(1) 结果记录　将结果填入表实验 3-1。

表实验 3-1　有机质测定时数据记录

土样号	土样质量 /g	初读数 /ml	终读数 /ml	净体积 /ml	有机质含量 /%	平均含量 /%
空白 1						
空白 2						

（2）结果计算

$$O.M=\frac{c\times(V_0-V)\times0.003\times1.724\times1.10}{m}\times1000$$

式中 $O.M$——土壤有机质的质量分数，g/kg；

V_0——空白试验所消耗硫酸亚铁标准溶液体积，ml；

V——试样测定所消耗硫酸亚铁标准溶液体积，ml；

c——硫酸亚铁标准溶液的浓度，mol/L；

0.003——1/4 碳原子的毫摩尔质量，g/mmol；

1.724——由有机碳换算成有机质的系数；

1.10——氧化校正系数；

m——称取烘干试样的质量，g；

1000——换算成每千克含量的转换数。

平行测定结果用算术平均值表示，保留三位有效数字。

7. 精密度

见表实验 3-2。

表实验 3-2 平行测定结果允许相差

有机质含量/(g/kg)	允许绝对相差/(g/kg)	有机质含量/(g/kg)	允许绝对相差/(g/kg)
＜10	≤0.5	40～70	≤3.0
10～40	≤1.0	＞70	≤5.0

8. 注释

① 氧化时，若加 0.1g 硫酸银粉末，氧化校正系数取 1.08。

② 测定土壤有机质必须采用风干样品。因为水稻土及一些长期渍水的土壤有较多的还原性物质存在，可消耗重铬酸钾，使结果偏高。

③ 本方法不宜用于测定含氯化物较高的土壤。

④ 加热时，产生的二氧化碳气泡不是真正沸腾，只有在真正沸腾时才能开始计算时间。

三、土壤有机质测定（重铬酸钾法）

1. 适用范围

本标准规定了土壤有机质测定方法的原理、步骤和计算方法。本标准适用于测定土壤有机质含量在 15%以下的土壤。

2. 测定原理

用定量的重铬酸钾-硫酸溶液，在电砂浴加热条件下，使土壤中的有机碳氧化，剩余的重铬酸钾用硫酸亚铁标准溶液滴定，并以二氧化硅为添加物作试剂空白标定，根据氧化前后氧化剂质量差值，计算出有机碳量，再乘以系数 1.724，即为土壤有机质含量。

3. 仪器、试剂

（1）仪器 ①分析天平：感量 0.0001g；②电砂浴；③磨口三角瓶：150m；④ 磨口简易空气冷凝管：直径 0.9cm，长 19cm；⑤定时钟；⑥自动调零滴定管：10.00、25.00ml；⑦小型日光滴定台；⑧温度计：200～300℃；⑨铜丝筛：孔径 0.25mm；⑩瓷研钵。

（2）试剂 除特别注明者外，所用试剂皆为分析纯。

① 重铬酸钾（GB 642—77）；

② 硫酸（GB 625—77）；

③ 硫酸亚铁（GB 664—77）；

④ 硫酸银（HG 3—945—76）：研成粉末；

⑤ 二氧化硅（Q/HG 22—562—76）：粉末状；

⑥ 邻菲罗啉指示剂：配法同容量法测土壤有机质；

⑦ 0.4mol/L 重铬酸钾-硫酸溶液：配法同容量法测土壤有机质；

⑧ 重铬酸钾标准溶液：称取经 130℃烘 1.5h 的优级纯重铬酸钾 9.807g，先用少量水溶解，然后移入 1L 容量瓶内，加水定容。此溶液浓度 $c(1/6K_2Cr_2O_7)=0.2000mol/L$；

⑨ 硫酸亚铁标准溶液：称取硫酸亚铁 56g，溶于 600～800ml 水中，加浓硫酸 20ml，搅拌均匀，加水定容至 1L（必要时过滤），贮于棕色瓶中保存。此溶液易受空气氧化，使用时必须每天标定一次准确浓度。

标定方法见容量法测土壤有机质。

硫酸亚铁标准溶液浓度 c_2 计算公式：

$$c_2=c_1 \cdot V_1/V_2$$

式中 c_2——硫酸亚铁标准溶液的浓度，mol/L；

c_1——重铬酸钾标准溶液的浓度，mol/L；

V_1——吸取的重铬酸钾标准溶液的体积，ml；

V_2——滴定时消耗硫酸亚铁溶液的体积，ml。

4. 样品的选择和制备

① 选取有代表性风干土壤样品，用镊子挑除植物根叶等有机残体，然后用木棍把土块压细，使之通过 1mm 筛。充分混匀后，从中取出试样 10～20g，磨细，并全部通过 0.25mm 筛，装入磨口瓶中备用。

② 新采回的水稻土或长期处于渍水条件下的土壤必须在土壤晾干压碎后，平摊成薄层，每天翻动一次，在空气中暴露一周左右后才能磨样。

5. 操作规程

① 按表实验 3-3 确定土壤称量。

表实验 3-3 不同土壤有机质含量的称样量

有机质含量/%	试样质量/g	有机质含量/%	试样质量/g
2 以下	0.4～0.5	7～10	0.1
2～7	0.2～0.3	10～15	0.05

称取制备好的风干试样 0.05～0.5g，精确到 0.0001g。置入 150ml 三角瓶中，加粉末状的硫酸银 0.1g，然后用自动调零滴定管，准确加入 0.4mol/L 重铬酸钾-硫酸溶液 10ml 摇匀。

② 将盛有试样的三角瓶装入简易空气冷凝管，移置已预热到 200～230℃的电砂浴上加热。当简易空气冷凝管下端落下第一滴冷凝液时开始计时，消煮（5±0.5）min。

③ 消煮完毕后，将三角瓶从电砂浴上取下，冷却片刻，用水冲洗冷凝管内壁及其底端外壁，使洗涤液流入原三角瓶，瓶内溶液的总体积应控制在 60～80ml，加 3～5 滴邻菲罗啉指示剂，用硫酸亚铁标准溶液滴定剩余的重铬酸钾。溶液的变色过程是先由橙黄变为蓝绿，再变为棕红，即达终点。如果试样滴定所用硫酸亚铁标准溶液的体积（ml）不到空白标定所耗硫酸亚铁标准溶液体积（ml）的 1/3 时，则应减少土壤称样量，重新测定。

④ 每批试样测定必须同时做 2～3 个空白标定。取 0.500g 粉末状二氧化硅代替试样，其他步骤与试样测定相同，取其平均值。

6. 结果计算

(1) 土壤有机质含量（按烘干土计算）

$$X=\frac{(V_0-V)C_2\times 0.003\times 1.724\times 1.1}{m}\times 100\%$$

式中 X——土壤有机质含量，%；

V_0——空白滴定时消耗硫酸亚铁标准溶液的体积，ml；

V——测定试样时消耗硫酸亚铁标准溶液的体积，ml；

C_2——硫酸亚铁标准溶液的浓度，mol/L；

0.003——1/4 碳原子的摩尔质量数，g/mol；

1.724——由有机碳换算为有机质的系数；

1.1——校正系数；

m——烘干试样质量，g。

平行测定的结果用算术平均值表示，保留 3 位有效数字。

(2) 允许差　当土壤有机质含量小于 1%时，平行测定结果的相差不得超过 0.05%；含量为 1%～4%时，不得超过 0.10%；含量为 4%～7%时，不得超过 0.30%；含量在 10%以上时，不得超过 0.50%。

四、复习思考题

1. 试比较有机质测定（重铬酸钾法）与 NY/T 1121.6—2006 两种方法的不同之处。
2. 加热氧化时，大量冒出的气泡是什么气体？是怎样产生的？
3. 测定土壤有机质时，加入 $K_2Cr_2O_7$ 和 H_2SO_4 的作用是什么？
4. 试述滴定时溶液的变色过程，为什么会出现这样的颜色变化？
5. 你所分析土样的有机质含量比其他同学的高还是低？可能原因是什么？

实验四　土壤容重的测定

一、实验目标

1. 技能目标

掌握土壤容重的测定和计算方法，能应用容重进行孔隙度的计算。

2. 知识目标

一是明确土壤容重的测定的意义。土壤容重大小是土壤质地、结构、孔隙等物理性状的综合反映，容重与及孔隙度密切相关。土壤过松、过紧均不适宜作物生长发育的要求。土壤表层土壤容重常常因自然条件和人为措施而改变。测定容重不仅能反映土壤孔隙度、土壤松紧状况，而且能进行容重应用的计算。二是掌握土壤容重测定的原理。

二、测定原理

采用质量法原理。先称量出已知环刀的质量，然后带环刀到田间取自然状态的土壤，立即称重并测量其自然水分含量，通过前后差值换算出环刀内的烘干土质量，求得容重值。

三、仪器用具

天平、环刀、恒温干燥箱、削土刀、小铁铲、铝盒、酒精、滤纸等。

四、方法步骤

① 检查环刀（图实验 4-1）与上下盖和环刀托是否配套，用草纸擦净环刀的油污，记下环刀编号并称重（精确至 0.1g），同时，将事先洗净、烘干的铝盒称重、编号、带上环刀、铝盒、削土刀、小铁铲到田间取样。

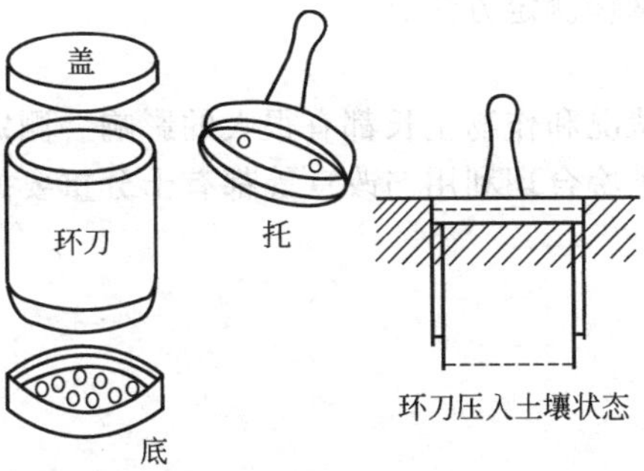

图实验 4-1 环刀示意图

② 在田间选择具有代表性的地点，先用铁铲铲平，将环刀托套在环刀无刃口一端，将环刀垂直压入土中，至整个环刀全部充满土壤为止（注意保持土样的自然状态）。

③ 用铁铲将环刀周围的土样挖去，在环刀下方切断，取出环刀，使环刀两端均留有多余的土壤。

④ 擦去环刀周围的土，并用小刀细心地沿环刀边缘分别将两端多余的土壤削去，使土样与环刀容积相同，立即称重。带回室内称重时，应在田间立即盖上环刀盖，以免水分蒸发影响测定结果。

⑤ 在田间进行环刀取样的同时，在同层采样处取 20g 左右的土样放入已知质量的铝盒，用酒精燃烧法测定土壤含水量（或直接从称重后的环刀内取土 20g 测定土壤含水量）。

五、结果计算

1. 结果记录将结果填入表实验 4-1。

表实验 4-1 采样地点：________ 测定时间：________

土壤名称	环刀体积 /cm^3	环刀质量 /g	环刀+湿土质量/g	土壤含水量 /%	土壤容重 /(g/cm^3)	土壤总孔隙度/%	毛管孔隙度 /%	非毛管孔隙度/%

2. 结果计算

$$土壤容重(g/cm^3)=\frac{M-G}{V(1+W)}$$

式中 M——环刀质量+湿土质量，g；

G——环刀质量，g；

V——环刀容积，cm^3；

W——土壤含水量,%。

此法测定应不少于三次重复，允许绝对误差＜0.03g/cm^3，取算术平均值。

六、复习思考题

1. 某土壤土粒密度为 2.64g/cm^3，土壤容重为 1.32 g/cm^3。

求：① 土壤孔隙度。

② 每公顷耕地 20cm 土层土壤质量。

③ 若使 0～20cm 土层的水分由 12%增加到 20%，每公顷耕地需灌水多少吨（理论值）?

2. 测定土壤容重时为什么要保持土样的自然结构状态? 测定中应注意哪些问题?

实验五 土壤酸碱度的测定

（电位法和混合指示剂法）

一、实验目标

1. 技能目标

通过实验，了解测定土壤酸碱性的意义和原理，掌握测定方法。

2. 知识目标

土壤酸碱度是土壤的重要化学性质，对土壤肥力状况和作物生长都有很大的影响。测定土壤酸碱性对作物的合理布局、土壤类型的划分以及土壤合理利用与改良等都有十分重要的意义。

二、测定方法

（一）混合指示剂比色法

1. 方法原理

利用指示剂在不同 pH 溶液中可显示不同颜色的特性，根据指示剂显示的颜色与标准酸碱比色卡进行比色，即可确定土壤溶液的 pH 值。

2. 仪器与试剂

（1）仪器　白瓷比色盘、玛瑙研钵等。

（2）试剂

① pH4～8 混合指示剂：分别称取三种指示剂溴甲酚绿、溴甲酚紫及甲酚红各 0.25g，放在玛瑙研钵中，加 15ml 0.1mol/L 的氢氧化钠（NaOH）及 5ml 蒸馏水，共同研匀，再加蒸馏水，稀释至 1000ml，此指示剂的 pH 变色范围如表实验 5-1 所示。

表实验 5-1　指示剂的 pH 变色范围

pH	4.0	4.5	5.0	5.5	6.0	6.5	7.0	8.0
颜色	黄	绿黄	黄绿	草绿	灰绿	灰蓝	蓝紫	紫

② pH4～11 混合指示剂：称取 0.2g 甲基红、0.4g 溴百里酚蓝、0.8g 酚酞，放在玛瑙研钵中混合研匀，溶于 95% 的 400ml 酒精中，加蒸馏水 580ml，再用 0.1mol/L 氢氧化钠调至 pH7（草绿色），用 pH 计或标准 pH 溶液校正，最后定容至 1000ml，其变色范围如表实验 5-2 所示。

表实验 5-2　指示剂的 pH 变色范围

pH	4	5	6	7	8	9	10	11
颜色	红	橙	黄(稍带绿)	草绿	绿	暗蓝	紫蓝	紫

3. 操作步骤

① 取黄豆粒大小待测土样，置于清洁白瓷比色盘穴中，加指示剂 3～5 滴，以能全部湿润土样而稍有剩余为宜，水平振动 1min，稍澄清，倾斜瓷盘，观察溶液色度，与标准比色卡比色，确定 pH 值。

② 为了方便而准确，可事先配制成不同 pH 值的标准缓冲液，每隔半个或一个 pH 单位为一级，取各级标准缓冲液 3～4 滴于白瓷比色盘穴中，加混合指示剂 2 滴，混匀后，即可出现标准色阶，用染料配制成比色卡，备用。

（二）电位测定法

1. 方法原理

用水浸提液或盐浸提液提取土壤中水溶性或代换性氢离子，再用指示电极（玻璃电极）和另一参比电极（甘汞电极）测定该浸出液的电位差。由于参比电极的电位是固定不变的，因而电位差的大小取决于试液中的氢离子活度。在酸度计上可直接读出 pH 值。

2. 仪器用具

酸度计（附甘汞电极、玻璃电极）、高型烧杯（50ml）、量筒（25ml）、天平（感量

0.1g)、洗瓶、磁力搅拌器等。

3. 试剂配制

(1) pH 4.01 标准缓冲液　称取经105℃烘干2～3h的苯二甲酸氢钾（$KHC_8H_8O_4$，分析纯）10.21g，用蒸馏水溶解后稀释定容至1000ml，即为pH 4.01，浓度0.05mol/L的苯二甲酸氢钾溶液。

(2) pH 6.87 标准缓冲液　称取经120℃烘干的磷酸二氢钾（KH_2PO_4，分析纯）3.39g和无水磷酸氢二钠（Na_2HPO_4，分析纯）3.53g，溶于蒸馏水中，定容至1000ml。

(3) pH 9.18 标准缓冲液　称3.80g硼砂（$Na_2B_4O_7 \cdot 10H_2O$，分析纯）溶于无CO_2的蒸馏水中，定容至1000ml。此溶液的pH值容易变化，应注意保存。

(4) 1mol/L 氯化钾溶液　称取化学纯氯化钾（KCl）74.6g，溶于400ml蒸馏水中，用10%氢氧化钾和盐酸调节pH至5.5～6.0，然后稀释至1000ml。

4. 操作步骤

(1) 土壤水浸提液pH测定　称取通过1mm筛孔的风干土样25.0g于50ml烧杯中，用量筒加入无CO_2蒸馏水25ml，用磁力搅拌器（或玻璃棒）剧烈搅拌1～2min，使土体充分分散。放置0.5h，此时应避免空气中NH_3或挥发性酸等的影响，然后用酸度计测定。

(2) 土壤的氯化钾盐浸提液pH的测定　对于酸性土，当水浸提液的pH低于7时，用盐浸提液测定才有意义。测定方法除将1mol/L氯化钾溶液代替无CO_2蒸馏水外，其余操作步骤与水浸提液相同。

5. 注意事项

① 玻璃电极在使用前，必须进行“活化”，可用0.1mol/L HCl浸泡12～24h或用蒸馏水浸泡24h。使用一定时间后，电极应予校正（方法是用两个标准缓冲液，一个作定位，另一个作测定，测定值与理论值相差在允许范围内为正常，即pH相差小于0.1～0.2。若超过范围，则应作处理）；暂时不用的电极，应浸泡在蒸馏水中，若长期不用，则应放在盒中。

② 饱和甘汞电极使用前，应取下橡皮套，内充溶液应见KCl晶粒，无气泡，液面应接甘汞电极，不足时，应补充。暂时不用的电极应浸泡在饱和KCl溶液中，长期不用，应将橡皮套、胶套上好，保存在盒内。

三、复习思考题

1. 测定土壤酸碱度有何意义？

2. 用电位法测定土壤酸碱度时，以蒸馏水和氯化钾作浸提剂分别测得的土壤酸碱度有什么不同？

实验六　土壤水分含量的测定

一、实验目标

1. 技能目标

通过实验要求掌握烘干法和酒精燃烧法测定土壤水分的原理和方法，能较准确地测定出土壤的水分含量。

2. 知识目标

土壤水分是土壤的重要组成部分，也是重要的土壤肥力因素。进行土壤水分含水量的测定有两个目的：一是了解田间土壤的水分状况，为土壤耕作、播种、合理排灌等提供依据；

二是在室内分析工作中，测定风干土的水分，把风干土重换算成烘干土重。可作为各项分析结果的计算基础。

二、仪器与试剂

天平（感量0.01g和0.001g）、烘箱、干燥器、称样皿、铝盒、量筒（10ml）、无水酒精、滴管、小刀、土铲、火柴、玻璃棒等。

三、测定方法

测定土壤含水量的方法很多，常用的有烘干法和酒精燃烧法。烘干法是目前测定土壤水分的标准方法，其测定结果比较准确，适合于大批量样品的测定，但这种方法需要时间较长。酒精燃烧法测定比较迅速，但精确度较低，适合田间速测。

（一）烘干法

1. 方法原理

在（105±2）℃的温度下，土样中的水分从土壤表面蒸发，而结构水不会破坏，土壤有机质也不被分解。因此，将土壤样品置于（105±2）℃下烘至恒重，根据其烘干前后质量之差，就可以计算出土壤水分含量的百分数。

2. 操作步骤

① 取有盖的铝盒（或称样皿），洗净，烘干，放入干燥器中冷却至室温，然后用分析天平称重（W_1），并注意底、盖配套，标好号，以防弄错。

② 用角匙取过1mm筛孔的风干土样4～5g（精确至0.001g），均匀地铺在铝盒中（或称样皿中），进行称重（W_2）。

③ 将铝盒盖打开，放入恒温箱中，在（105±2）℃的温度下烘6h左右。

④ 盖上铝盒盖子，将铝盒放入干燥器中20～30min，使其冷却至室温后，取出称重。

⑤ 打开铝盒盖子，放入恒温箱中，在（105±2）℃的温度下再烘2h，冷却至恒重，称重（W_3）。

3. 结果计算

以烘干土为基数计算土壤水分的百分含量（$W\%$）：

$$\text{土壤水分含量}\ W\% = \frac{\text{风干土质量}-\text{烘干土质量}}{\text{烘干土质量}}\times 100\% = \frac{W_2-W_3}{W_3-W_1}\times 100\%$$

$$\text{水分系数}(X) = \frac{\text{烘干土质量}}{\text{风干土质量}} = \frac{W_3-W_1}{W_2-W_1}$$

风干土质量换算成烘干土质量为：

$$\text{烘干土质量} = \text{风干土质量}\times X = \frac{\text{风干土质量}}{1+\text{土壤水分含量}(\%)} = \frac{\text{风干土质量}}{1+W\%}$$

4. 注意事项

① 测定风干土样中吸湿水含量时，一般用感量0.001g的分析天平称重，前后两次称重相差不大于0.003g为恒重。

② 一般土壤样品的烘干温度不超过（105±2）℃，温度过高，土壤有机质易碳化损失。

（二）酒精燃烧法

1. 方法原理

本方法是利用酒精在土壤样品中燃烧释放出的热量，使土壤水分蒸发干燥，通过燃烧前后的质量之差，计算出土壤含水量的百分数。酒精燃烧时，一般在火焰熄灭前几秒钟，即火焰下降时，土温才迅速上升到180～200℃。然后温度很快降至85～90℃，再缓慢冷却。由于高温阶段时间短，样品中有机质及盐类损失很少。故此法测定土壤水分含量有一定的参考价值。

2. 操作步骤

① 称取土样5g左右（精确度0.01g），放入已知质量的铝盒中。

② 向铝盒中滴加酒精，直到浸没全部土面为止。

③ 将铝盒在桌面上敲击几次，使土样均匀分布于铝盒中。

④ 将铝盒放在石棉铁丝网或木板上，点燃酒精，在即将燃烧完时用小刀或玻璃棒轻轻翻动土样以助其燃烧。待火焰熄灭，样品冷却后，再滴加2ml酒精，进行第二次燃烧，再冷却，称重。一般情况下，要经过3～4次燃烧后，土样才可达恒重。

3. 结果计算

同风干土样吸湿水的测定。

4. 注意事项

本法不适用于含有机质高的土壤样品的测定，操作过程中注意防止土样损失，以免出现误差。

四、复习思考题

1. 计算土壤含水量时为何要用烘干土？

2. 某土样含水量20%，欲称取相当于5.00g干土质量的土样，则需称多少克新鲜土样？

实验七 土壤碱解氮含量的测定（扩散法）

一、实验目标

1. 技能目标

能熟练进行扩散法测定土壤碱解氮含量的基本操作，并能比较准确地测定出土壤碱解氮的含量。

2. 知识目标

一是了解土壤碱解氮测定的意义。土壤碱解氮也称为土壤有效氮。它是铵态氮、硝态氮、氨基酸、酰胺和易水解的蛋白质的总和。土壤碱解氮含量能反映出土壤近期内氮素供应状况，测定土壤碱解氮对了解土壤的供氮能力，指导合理施肥具有一定意义。二是明确土壤碱解氮测定原理。

二、方法原理

在扩散皿中用1.2mol/L NaOH（水田）或1.8mol/L NaOH（旱地）处理土壤，使土壤中有效氮碱解转化为NH_3逸出，NH_3扩散后可被H_3BO_3所吸收，再用标准酸溶液滴定，从而可计算出土壤中碱解氮的含量。

水田土壤中硝态氮极少，不需加硫酸亚铁粉，用1.2mol/L NaOH碱解即可。但测定旱地土壤中碱解氮含量时，必须加硫酸亚铁，使硝态氮还原为铵态氮。同时，由于硫酸亚铁本身能中和部分NaOH，因此还需用1.8mol/L的NaOH。

三、仪器与试剂

1. 仪器

扩散皿、半微量滴定管、恒温箱、毛玻璃、橡皮筋、2ml 吸管、分析天平（感量为 0.001g）。

2. 试剂

（1）2%硼酸溶液　称取 20g 硼酸（H_3BO_3，分析纯），用约 60℃的热蒸馏水溶解，冷却后稀释至 1000ml，最后用稀盐酸或稀氢氧化钠调节 pH 至 4.5（滴加定氮混合指示剂显淡红色）。

（2）定氮混合指示剂　分别称取 0.1g 甲基红和 0.5g 溴甲酚绿指示剂，放入玛瑙研钵中，并加 95%酒精 100ml 研磨溶解，然后用稀盐酸或稀氢氧化钠调节 pH 至 4.5。

（3）1.2mol/L NaOH　称取化学纯 NaOH 48.0g 溶于蒸馏水中，冷却后稀释至 1000ml。

（4）1.8mol/L NaOH　称取化学纯 NaOH 72.0g 溶于蒸馏水中，冷却后稀释至 1000ml。

（5）硫酸亚铁粉　将 $FeSO_4 \cdot 7H_2O$（三级）磨细，装入密闭瓶中，存于阴凉处。

（6）特制胶水　阿拉伯胶水溶液（称取 10g 粉状阿拉伯胶，溶于 15ml 蒸馏水中）10 份，甘油 10 份，饱和碳酸钾 5 份，混合即成（最好放在盛有浓硫酸的干燥器中，以除去氨气）。

（7）0.01mol/L 盐酸标准溶液　取密度为 1.19kg/L 的浓盐酸 8.3 ml，注入盛有 150～200ml 蒸馏水的烧杯中，冷却，然后用蒸馏水稀释定容至 1000ml，用标准碱或硼砂标定其正确浓度。

四、操作规程

1. 称取通过 0.25mm 筛孔的风干土样 2.00g，硫酸亚铁粉 1g 混合均匀，置于洁净的扩散皿外室，轻轻旋转扩散皿，使风干土样均匀地铺平。

2. 在扩散皿内室加入 2%硼酸溶液 2ml，并滴加定氮混合指示剂 1 滴（溶液显微红色）。

3. 在扩散皿外沿涂上特制胶水，盖上毛玻璃，旋转数次，使扩散皿边缘与毛玻璃完全黏合。

4. 慢慢推开毛玻璃一边，使扩散皿外室露出一条狭缝，迅速加入 10ml 1.2mol/NaOH（水田）或 1.8mol/NaOH（旱地）溶液，立即盖严毛玻璃，水平轻轻旋转扩散皿，使碱液与土样充分混匀。

5. 用橡皮筋固定毛玻璃，随后放入 40℃恒温箱中，保温 24h 后取出（可以观察到内室溶液为蓝色）。

6. 以 0.01mol/L 标准盐酸溶液用半微量滴定管滴定扩散皿内室溶液，溶液由蓝色变为微红时即为终点。记下标准盐酸溶液消耗的体积。在样品测定的同时作空白试验。

五、结果计算

$$土壤碱解氮含量(mg/kg)=\frac{(V-V_0)\times c\times 14}{W}\times 10^3$$

式中　V_0——空白试验消耗标准盐酸的体积，ml；

V——测定样品消耗标准盐酸的体积，ml；

c——标准盐酸的摩尔浓度，mol/L；

14——氮的摩尔质量，g/mol；

10^3——换算成 1kg 样品中氮的质量，mg/kg；

W——烘干土样质量，可以用风干土样质量乘以水分系数，g。

根据计算结果，查表可知土壤碱解氮含量的等级。见表实验 7-1。

六、注意事项

1. 扩散皿内室加2%硼酸，并滴加1滴定氮混合指示剂后，溶液必须显微红色，否则需重做。

2. 特质胶水碱性很强，在涂胶水和洗涤扩散皿时，必须特别小心，谨防污染内室溶液，造成错误。

3. 滴定时要用干净玻璃棒小心搅动内室溶液，切不可摇动扩散皿。

4. 扩散皿外室加入碱液后，操作必须小心，谨防碱液溅入内室。

5. 土壤碱解氮含量等级参考指标见表实验7-1。

表实验7-1　土壤碱解氮含量等级参考指标

等级	丰富	中等	缺
土壤碱解氮含量/(mg/kg)	＞100	45～100	＜45

（引自：中国肥料农药手册，1995）

七、复习思考题

1. 土壤碱解氮包括哪些形态的氮？

2. 碱解扩散法测定不同土壤碱解氮含量时，所用碱的浓度有何不同？为什么？

3. 根据土壤碱解氮的测定结果，对该土壤的氮素状况作一简单的评价。

实验八　土壤速效磷含量的测定

（0.5mol/L $NaHCO_3$ 浸提——钼锑抗比色法）

一、实验目标

1. 技能目标

能比较熟练地进行土壤速效磷测定的操作，并能计算出土壤速效磷含量，为合理分配和施用磷肥提供科学依据。

2. 知识目标

一是明确土壤速效磷测定的意义。土壤速效磷含量是判断近期内土壤磷素供应能力的一项重要指标，可作为合理分配和施用磷肥的依据之一。二是能描述土壤速效磷含量测定的基本原理。

二、方法原理

用pH 8.5的0.5 mol/L $NaHCO_3$ 作浸提剂处理土壤，由于碳酸根的存在抑制了土壤中碳酸钙的溶解，降低了溶液中 Ca^{2+} 浓度，相应地提高了磷酸钙的溶解度。由于浸提剂的pH较高，抑制了 Fe^{3+} 和 Al^{3+} 的活性，有利于磷酸铁和磷酸铝的提取。此外，溶液中存在着 OH^-、HCO_3^-、CO_3^{2-} 等阴离子，也有利于吸附态磷的置换。用 $NaHCO_3$ 作浸提剂提取的有效磷与植物吸收磷有良好的相关性，其适应范围也较广。

浸出液中的磷，在一定的酸度下，可用硫酸钼锑抗还原显色成磷钼蓝，蓝色的深浅在一定浓度范围与磷的含量成正比，因此，可用比色法测定其含量。

三、仪器与试剂

1. 仪器用品

振荡机、分光光度计、天平（0.01g）、无磷滤纸、漏斗、量筒（100ml）、带塞三角瓶（250ml）、三角瓶（100ml）、吸量管（5ml、10ml）、容量瓶（50ml）。

2. 试剂配制

（1）0.5 mol/L $NaHCO_3$ 溶液　称取化学纯 $NaHCO_3$ 42.0g 溶于 800ml 蒸馏水中，以 0.5mol/L NaOH 溶液调节 pH 至 8.5（用酸度计测定），然后稀释至 1000ml。若贮存期超过一个月，使用前应重新调整 pH。

（2）无磷活性炭　化学纯，粉末状，不含磷。若含磷，先将活性炭用 1∶1（以体积分数计）的盐酸浸泡过夜，然后在布氏漏斗上抽气过滤，用蒸馏水冲洗多次至无 Cl^- 为止。再用 0.5mol/L $NaHCO_3$ 溶液浸泡过夜，在布氏漏斗上抽滤，用蒸馏水洗尽 $NaHCO_3$，检查至无磷为止，烘干备用。

（3）7.5mol/L 硫酸钼锑抗贮存液　在 1000ml 烧杯中加入约 400ml 蒸馏水，将烧杯浸在冷水中，然后缓慢注入 208.3ml 浓 H_2SO_4（分析纯），并不断搅拌，冷却至室温。另称取分析纯钼酸铵 20.0g 溶于约 60℃的 150ml 蒸馏水中，冷却。再将硫酸溶液慢慢倒入钼酸铵溶液中，不断搅拌，最后加入 100ml 0.5%酒石酸锑钾溶液，用蒸馏水稀释至 1000ml，摇匀，贮于棕色试剂瓶中避光保存。

（4）硫酸钼锑抗混合显色剂　称取 1.50g 抗坏血酸（左旋，分析纯）溶于 100ml 硫酸钼锑抗贮存液中，混匀。此试剂有效期在室温下为 24h，在 2～8℃的冰箱中可贮存 7d。

（5）磷标准溶液　准确称取在 105℃烘箱中烘干 2h 的分析纯 KH_2PO_4 0.2195g，溶于约 400ml 蒸馏水中。加浓硫酸 5ml，然后转入 1000ml 容量瓶中，用蒸馏水定容，此溶液为 50mg/L 磷标准溶液。吸取上述磷标准溶液 25ml，稀释至 250ml，即为 5mg/L 磷标准溶液。此溶液不宜久贮。

四、操作规程

1. 磷标准曲线的绘制

分别吸取 5mg/L 磷标准溶液 0ml、1ml、2ml、3ml、4ml、5ml 于 50ml 容量瓶中，再各加入 0.5mol/L $NaHCO_3$ 溶液至 10 ml，硫酸钼锑抗显色剂 5.00ml，充分摇动，赶净气泡，定容，摇匀，即得 0mg/L、0.1mg/L、0.2mg/L、0.3mg/L、0.4mg/L、0.5mg/L 的磷系列标准液。30min 后与待测液同时进行比色，读取吸光度值。在方格坐标纸上以吸光度值为纵坐标，磷溶液浓度为横坐标，绘制成工作曲线。

2. 土壤浸提

称取通过 1mm 筛孔的风干土样 5.00g 置于 250ml 三角瓶中，加入一小勺无磷活性炭和 100ml 0.5 mol/L $NaHCO_3$ 浸提剂，塞紧瓶塞，于振荡机上在 20～25℃条件下振荡 30min，取出后立即用干燥漏斗和无磷滤纸过滤，滤液承接于干燥三角瓶中。

同时作空白实验。

3. 待测液中磷含量的测定

吸取滤液 10.00ml（含磷量高时，可吸取 5ml 或 2ml，同时用 0.5mol/L $NaHCO_3$ 浸提剂补足至 10ml）于 50ml 容量瓶中，加硫酸钼锑抗混合显色剂 5.00ml，充分摇动，赶净气泡，定容。30min 后，在分光光度计上用 660nm 波长比色，以空白测定调零，读取待测液的吸光度值，在工作曲线上查出显色液的磷浓度值（mg/L）。

五、结果计算

$$土壤速效磷含量（以P计）/(mg/kg)=\frac{待测液磷含量\times 待测液体积\times 分取倍数}{烘干土质量}$$

式中，待测液磷含量为从工作曲线上查得的待测液磷浓度（mg/L）；待测液体积本实验为 50ml；分取倍数为浸提液总体积（ml）/ 吸取滤液体积（ml）；烘干土质量单位为 g。

六、注意事项

1. 如果土壤速效磷含量较高，应减少浸提液的吸样量，并加浸提剂补足至 10.00ml 后显色，以保持显色时溶液的酸度，计算时按所取浸提液的分取倍数计算。

2. 土样风干和贮存后，测定的速效磷含量可能稍有改变，但一般无大影响。

3. 对于酸性土壤，一般采用 Bray 法（盐酸-氟化铵提取－钼锑抗比色法）。

4. 在结果计算时，也可以用烘干土样的质量：

$$烘干土质量=风干土样质量\times\frac{1}{1+土样质量含水量(\%)}$$

5. 此法温度影响很大，一般测定应在 20～25℃的温度下进行。如室温低于 20℃，可将容量瓶放入 30～40℃热水中保温 20min，取出冷却后比色。

6. 加入混合显色剂后，即产生大量的 CO_2 气体，由于容量瓶口小，CO_2 气体不易逸出，在混匀过程中易造成试液外溢，造成测定误差，因此必须小心慢慢加入，同时充分摇动排出 CO_2，以避免 CO_2 的存在影响比色结果。

7. 土壤速效磷含量等级参考标准见表实验 8-1。

表实验 8-1　耕层土壤速效磷（P_2O_5）含量等级（0.5mol/L $NaHCO_3$ 浸提——钼锑抗比色法）

土壤速效磷含量/(mg/kg)	<10	10～20	>20
土壤供磷水平	低	中等	高

（引自：中国肥料农药手册，1995）

七、复习思考题

1. 测定土壤速效磷时，应注意哪些问题？

2. 为什么报告有效磷的测定结果时，必须同时说明所用的测定方法？

3. 测定过程中，如要获得比较准确的结果，应注意哪些问题？

实验九　土壤速效钾含量的测定

一、实验目标

1. 技能目标

能比较熟练地测定土壤中速效钾的含量，判断土壤供钾能力，指导合理施用钾肥。

2. 知识目标

能描述土壤速效钾含量测定的基本原理及土壤速效钾测定意义。土壤速效钾包括土壤溶液中的钾和土壤胶体吸附的钾，是判断近期内土壤钾素供应能力的一项重要指标，是指导合理施用钾肥的依据之一。

二、方法原理（乙酸铵浸提——火焰光度计或原子吸收分光光度计法）

以中性1mol/L乙酸铵溶液为浸提剂时，NH_4^+ 与土壤胶体表面的 K^+ 进行交换，连同水溶性钾一起进入溶液。浸出液中的钾直接用火焰光度计或原子吸收分光光度计测定。

本法适用于各类土壤速效钾含量的测定。

三、仪器与试剂

1. 仪器设备

往复式或旋转式振荡机［满足（180±20）r/min的振荡频率或达到相同效果］、火焰光度计或原子吸收分光光度计、塑料瓶（200ml）。

2. 试剂配制

（1）1mol/L乙酸铵溶液　称取77.08g乙酸铵溶于近1L蒸馏水中，用稀乙酸（CH_3COOH）或1∶1浓氨水（$NH_3 \cdot H_2O$）调节pH值为7.0，用蒸馏水稀释至1L。此溶液不宜久放。

（2）100μg/ml钾标准溶液　称取经过110℃下烘2h的氯化钾（优级纯）0.1907g，用蒸馏水溶解后定容至1L，贮于塑料瓶中保存。

四、操作规程

称取通过2mm孔径筛的风干土样5.00g，置于200ml塑料瓶中，加入50.0ml乙酸铵溶液（土液比为1∶10），盖紧瓶塞，摇匀，在15～25℃下，150～180r/min振荡30min，干过滤。滤液直接在火焰光度计上测定或经适当稀释后用原子吸收分光光度计测定。同时做空白实验。

标准曲线绘制：分别吸取100μg/ml的钾标准溶液0，3.00ml，6.00ml，9.00ml，12.00ml，15.00ml于50ml容量瓶中，用乙酸铵溶液定容，即为浓度0μg/ml，6μg/ml，12μg/ml，18μg/ml，24μg/ml，30μg/ml的钾标准系列溶液。以钾浓度为零的溶液调节仪器零点，用火焰光度计或原子吸收分光光度计测定，绘制标准曲线或计算回归方程。

五、结果计算

$$\text{速效钾含量(以 K 计)(mg/kg)}=\frac{\rho(\mathrm{K})VD}{m}$$

式中　$\rho(\mathrm{K})$——查标准曲线或求回归方程而得测定液中K的质量浓度，μg/ml；

V——加入浸提剂体积，50ml；

D——稀释倍数，若不稀释则 $D=1$；

m——风干土样的质量，g。

六、注意事项

1. 含乙酸铵的钾标准溶液不能久放，以免长霉影响测定结果。
2. 若样品含量过高需要稀释时，应采用乙酸铵浸提剂稀释定容，以消除基体效应。
3. 在结果计算时，也可以用烘干土样的质量：

$$\text{烘干土质量}=\text{风干土样质量}\times\frac{1}{1+\text{土样质量含水量}(\%)}$$

4. 土壤速效钾含量等级参考标准见表实验9-1。

表实验 9-1　耕层土壤速效钾（K_2O）含量等级（火焰光度法）

土壤速效钾含量/(mg/kg)	<70	70～150	>150
供钾水平	低	中	高

（引自：中国肥料农药手册，1995）

七、复习思考题

依据土壤速效钾测定结果和可能种植的作物，能否判断该土壤是否需要施用钾肥？

实验十　土壤水溶性盐总量的测定

一、实验目标

1. 技能目标

通过实验，使学生掌握土壤中水溶性盐分总量的测定方法。根据测定结果判断土壤盐碱化程度。

2. 知识目标

一是了解测定土壤水溶性盐总量的意义。土壤水溶性盐分是指在一定时间内用一定的水土比例浸提出来的土壤中所含有的水溶性盐分，测定土壤中水溶性盐分总量，可以判断土壤的盐渍状况和盐分动态。为盐碱地的改良提供科学依据。二是明确测定土壤水溶性盐总量的依据。

二、土壤水溶性盐分待测液的制备

1. 方法原理

土壤样品按一定水土比例混合，经一定时间振荡后，将土壤中可溶性盐分提取到溶液中，将此水土混合液过滤便得可作为可溶性盐分测定的待测液。

2. 仪器用具

电动振荡机，真空泵，天平（感量 0.01g），巴氏滤管或平板瓷漏斗，1000ml 广口塑料瓶（或三角瓶、广口平），1000ml 量筒，500ml 容量瓶，250ml 三角瓶。

3. 操作步骤

称取通过 1mm 筛孔风干土样 50g（精确到 0.1g），放入 500ml 广口塑料瓶（或三角瓶、广口瓶）中，用量筒加入 250ml 无 CO_2 的蒸馏水，将塑料瓶用橡皮塞塞紧后在振荡机上振荡 3min。振荡后立即抽气过滤，如样品不太黏重或碱化度不高，可改用平板瓷漏斗过滤，最初的滤液混浊应倒回原瓶中重新过滤，直至获得清亮的滤液为止。清液存于 250ml 三角瓶中，用橡皮塞盖紧备用。如不用抽滤，也可用离心机分离，分离出的溶液必须清澈透明。

4. 注意事项

水土混合液在振荡机上振荡 3min，立即过滤，如果振荡时间或放置时间过长，都会影响分析结果。浸提用的蒸馏水必须是无离子纯净水，无待测的阴、阳离子。待测液不能放置时间过长，一般不要超过 24h，否则会影响测定结果。

三、土壤水溶性盐分总量的测定方法

（一）电导法

电导法比较简便、方便、快速。

1. 方法原理

土壤水溶性盐是强电解质，其水溶液具有导电作用。其导电能力的高低称为电导度，可用电导仪测定。已知待测液的电导度后，可从土壤可溶性盐分与电导率的关系曲线图，查得相应的盐分含量。

2. 仪器用具

电导仪，电导电极，0～60℃温度计，100ml 小烧杯。

3. 操作规程

① 吸取土壤浸出液或水样 30～40ml，放在 50ml 的小烧杯中如果土壤只用电导仪测定总盐量，可称取 4g 风干土放在 25mm×200mm 的大试管中，加水 20ml，盖紧皮塞，振荡 3min，静置澄清后，不必过滤，直接测定。

② 将电极引线接到仪器相应的接线柱上，接上电源打开电源开关。

③ 将电极用待测液淋洗 1～2 次（如待测液少或不易取出时可用水冲洗，用滤纸吸干），再将电极插入待测液中，使铂片全部浸没在液面下，并尽量插在液体的中心部位。按电导仪说明书调节电导仪，测定待测液的电导度（S），记下读数。每个样品应重读 2～3 次，以防偶尔出现的误差。

④ 测量待测液的温度。如果测一批样品时，应每隔 10min 测一次液温，在 10min 内所测样品可用前后两次液温的平均温度或者在 25℃恒温水浴中测定。

⑤ 取出电极，用蒸馏水冲洗干净，用滤纸吸干，放回原处。

表实验 10-1 电导的温度校正值（f_t）

温度/℃	校正值	温度/℃	校正值	温度/℃	校正值	温度/℃	校正值
3.0	1.709	20.0	1.112	25.0	1.000	30.0	0.907
4.0	1.660	20.2	1.107	25.2	0.996	30.2	0.904
5.0	1.663	20.4	1.102	25.4	0.992	30.4	0.901
6.0	1.569	20.6	1.097	25.6	0.988	30.6	0.897
7.0	1.528	20.8	1.092	25.8	0.983	30.8	0.894
8.0	1.488	21.0	1.087	26.0	0.979	31.0	0.890
9.0	1.448	21.2	1.082	26.2	0.975	31.2	0.887
10.0	1.411	21.4	1.078	26.4	0.971	31.4	0.884
11.0	1.375	21.6	1.073	26.6	0.967	31.6	0.880
12.0	1.341	21.8	1.068	26.8	0.964	31.8	0.877
13.0	1.309	22.0	1.064	27.0	0.960	32.0	0.873
14.0	1.277	22.2	1.060	27.2	0.956	32.2	0.870
15.0	1.247	22.4	1.055	27.4	0.953	32.4	0.867
16.0	1.218	22.6	1.051	27.6	0.950	32.6	0.864
17.0	1.189	22.8	1.047	27.8	0.947	32.8	0.861
18.0	1.163	23.0	1.043	28.0	0.943	33.0	0.858
18.2	1.157	23.2	1.038	28.2	0.940	34.0	0.843
18.4	1.152	23.4	1.034	28.4	0.936	35.0	0.829
18.6	1.147	23.6	1.029	28.6	0.932	36.0	0.815
18.8	1.142	23.8	1.025	28.8	0.929	37.0	0.801
19.0	1.136	24.0	1.020	29.0	0.925	38.0	0.788
19.2	1.131	24.2	1.016	29.2	0.921	39.0	0.775
19.4	1.127	24.4	1.012	29.4	0.918	40.0	0.763
19.6	1.122	24.6	1.008	29.6	0.914	41.0	0.750
19.8	1.117	24.8	1.004	29.8	0.911		

4. 结果计算

土壤浸出液的电导率($EC25$)=电导度(S)×温度校正系数(f_t)×电极常数(K)

一般电导仪的电极常数值已在仪器上补偿，故只要乘以温度校正值即可，不需要再乘电极常数。温度校正值（f_t）可查表实验10-1。粗略校正时，可按每增高1℃，电导度约增加2%计算。

根据所得25℃电导率，可用以下方法得出相应的盐分含量。

① 标准曲线法（或回归法）计算土壤全盐量。从土壤含盐量与电导率的相关直线或回归方程查算土壤全盐量（%，或g/kg）。

标准曲线的绘制：预先用所测地区盐分的不同浓度的代表性土样若干个（如20个或更多一些）用残渣烘干法测得土壤水溶性盐总量。再以电导法测其土壤溶液的电导度，换算成电导率（$EC25$），在方格坐标纸上，以纵坐标为电导率，横坐标为土壤水溶性盐总量，划出各个散点，将有关点作出曲线，或者计算出回归方程。

有了这条直线或方程可以把同一地区的土壤溶液盐分用同一型号的电导仪测得其电导度，改算成电导率，查出土壤水溶性盐总量。

② 直接用土壤浸出液的电导率来表示土壤水溶性盐总量。目前国内多采用5∶1水土比例的浸出液作电导测定，不少单位正在进行浸出液的电导率与土壤盐渍化程度及作物生长关系的指标研究和拟定。

美国用水饱和的土浆浸出液的电导率来估计土壤全盐量，其结果较接近田间情况，并已有明确的应用指标（表实验10-2）。

表实验10-2　土壤饱和浸出液的电导率与盐分和作物生长关系

饱和浸出液 $EC25$/(dS/m)	盐分/(g/kg)	盐渍化程度	植物反应
0～2	<1.0	非盐渍化	对作物不产生盐害
2～4	1.0～3.0	盐渍化	对盐分极敏感的作物产量可能受到影响
4～8	3.0～5.0	中度盐土	对盐分敏感作物产量受到影响，但对耐盐作物（苜蓿、棉花、甜菜、高粱）无多大影响
8～16	5.0～10.0	重盐土	只有耐盐作物有收成，但影响种子发芽，而且出现缺苗，严重影响产量
>16	>10.0	极重盐土	只有极少数耐盐植物能生长，如盐植的牧草、灌木、树木等

(二) 残渣烘干——质量法

1. 方法原理

吸取一定量的待测液，经蒸干后，称得的质量即为烘干残渣量（一般略高于或接近盐分总量）。将此烘干残渣总量再用过氧化氢去除有机质后烘干，再称其质量即得可溶盐分总量。

2. 仪器试剂

瓷蒸发皿（100ml），分析天平，电烘箱，水浴锅，150g/L过氧化氢溶液。

3. 操作步骤

① 吸取待测清液50～100ml，放入已知质量（W_1）的蒸发皿中，在水浴上蒸干。

② 用滴管沿皿四周加入H_2O_2，转动蒸发皿，使残渣全部湿润。继续蒸干。如此重复用H_2O_2处理数次至有机质氧化尽，残渣呈白色为止。

③ 在用滤纸擦干皿外部后，置于100～105℃恒温烘箱中1～2h，取出冷却，用分析天平称重，记下质量。将蒸发皿和残渣再次烘干0.5h，取出放在干燥器中冷却。烘干至恒重（W_2）。前后两次质量不得超过1mg。

4. 结果计算

$$土壤含盐量=\frac{W_2-W_1}{W}\times 100$$

式中，W 代表所取待测液相当于烘干土质量，g。

5. 注意事项

① 吸取待测液的数量，应以盐分的多少而定，如果含盐量＞5.0g/kg，则吸取 25ml；含盐量＜5.0g/kg，则吸取 50ml 或 100ml。保持盐分量在 0.02～0.2g。

② 加过氧化氢去除有机质时，只要达到使残渣湿润即可，这样可以避免由于过氧化氢分解时泡沫过多，使盐分溅失，因而必须少量多次地反复处理，直至残渣完全变白为止。但溶液中有铁存在而出现黄色氧化铁时，不可误认为是有机质的颜色。

③ 由于盐分（特别是镁盐）在空气中容易吸水，故应在相同的时间和条件下冷却称重。

四、复习思考题

简述土壤水溶性盐分待测液的制备方法。

实验十一 化学肥料的系统鉴定

一、实验目标

1. 技能目标

通过实验使学生初步掌握化肥的鉴定方法。

2. 知识目标

一是能描述化学肥料系统鉴定的依据。二是了解化学肥料系统鉴定的意义。化学肥料种类繁多，许多化肥外形相似，在运输或贮存过程中因包装破损或标签丢失，品名不清以至于造成误用。对肥料进行系统鉴定可有利于化学肥料的合理保管和施用。

二、方法原理

根据各种化肥特殊的外表形态、物理性质和化学性质，通过外表观察，溶解于水的程度，灼烧反应和化学分析检验等方法，鉴定出化肥的种类和名称。

三、仪器与试剂

1. 仪器与用品

肥料样本（每种肥料有专用角匙）、试管、试管夹、量筒、镊子、酒精灯、白瓷板、火柴、玻棒、木炭、火钳、小漏斗、定性滤纸、小烧杯、电炉、铁皮、滴管、洗瓶等。

2. 试剂

10% HCl、1% HNO_3、2% $AgNO_3$、2.5% $BaCl_2$、8% $NaOH$，钼酸铵硫酸盐溶液，广泛 pH 试纸，2%四苯硼钠。

四、操作规程

1. 外形观察

先将氮、磷、钾肥料大致区分，绝大部分氮肥和钾肥是结晶体，如碳酸氢铵、硝酸铵、硫酸铵、尿素、氯化铵、氯化钾、硫酸钾、钾镁肥、磷酸二氢钾等。而呈粉末状的大多数是磷肥，属于这类肥料的有过磷酸钙、磷矿粉、钢渣磷肥、钙镁磷肥和石灰氮等。

2. 气味

有几种肥料有特殊气味，有氨臭的是碳酸氢铵，有电石臭的是石灰氮，有刺鼻酸味的是过磷酸钙，其他肥料一般无气味。

3. 溶解情况

取肥料半小匙（约 1g）于试管中，加蒸馏水 5ml，摇动并观察溶解情况。

① 完全溶解的是结晶状态的氮肥和钾肥，如硫酸铵、硝酸铵、尿素、氯化铵、硝酸钠、氯化钾、硫酸钾、硫酸铵、磷酸二氢钾等。

② 易溶于水，即一半以上溶解，为磷酸铵和硝酸磷肥。

③ 微溶于水，溶解部分不到一半的，为过磷酸钙、重过磷酸钙、硝酸铵钙等。

④ 难溶于水，不溶解或基本不溶解，为钙镁磷肥、沉淀磷酸钙、钢渣磷肥、脱氟磷肥、磷矿粉和石灰氮等。

4. 酸碱反应

取肥料半小匙（约 1g）于试管中，加蒸馏水 5ml，摇动，使肥料溶解，用 pH 试纸测试，酸性的为过磷酸钙、磷酸二氢钾，碱性的为钙镁磷肥，中性的为磷矿粉。加入氢氧化钠溶液 4 滴，在试管口放一片已用蒸馏水湿润了的 pH 试纸，可见试纸变蓝色，证明有氨气放出。或可闻到氨味证明是铵态氮，无氨味时还可以加热再嗅，以鉴定是否为尿素。

5. 灼烧时的现象

将肥料样品放在燃烧的木炭上加热，观察其变化。

① 在烧红木炭上有少量熔化，有少量跳动，冒白烟，可嗅到氨味，有残烬为硫酸铵。

② 在烧红木炭上迅速熔化，冒大量白烟，有氨味，是尿素。

③ 在烧红木炭上不熔化，有较多白烟，初时嗅到氨味，后又嗅到盐酸味，是氯化铵。

④ 在烧红木炭上边熔化、边燃烧、冒白烟、有氨味，是硝酸铵。

⑤ 在烧红木炭上无变化但有爆裂声且无氨味是氯化钾、硫酸钾或磷酸二氢钾。

6. 化学检验

① 气泡反应。取固体肥料放在白瓷板孔穴中，滴入 10%HCl，含 $CaCO_3$ 较多的如石灰、石灰氮、磷矿粉等便发生气泡。

② 含 Cl^- 溶液用 HNO_3 酸化后加 $AgNO_3$ 试剂，即有白色沉淀 AgCl 产生。注意，如加 $AgNO_3$ 试剂后，水溶液略显白色浑浊，不能认为是含 Cl 肥料，主要原因是化肥中有含 Cl 杂质。

③ 含有 PO_4^{3-}、HPO_4^{2-}、$H_2PO_4^-$ 的溶液用 HNO_3 酸化后，加 $AgNO_3$ 试剂有黄色沉淀产生。溶液用 HCl 酸化后，加盐酸钼酸铵试剂，有黄色沉淀。

④ 含有 SO_4^{2-} 的溶液用 HCl 酸化后，加 $BaCl_2$ 试剂，有白色沉淀。

⑤ K^+ 溶液加 10%NaOH 煮沸驱 NH_3，用 10%HAC 酸化，加亚硝酸钴钠试剂，有黄色沉淀。

⑥ 尿素 $CO(NH_2)_2$ 溶液中加入浓 HNO_3 1ml，混合后放置 1min，冷却后有白色结晶产生

（注：尿素灼烧后可闻氨臭，但在 10%NaOH 液中加热煮沸无 NH_3 逸出，用此法鉴定即可，不必用其他方法）

为了方便操作，把以上步骤列成系统鉴定表（表实验 11-1）。

五、鉴定结果

按上述步骤进行判断，再根据系统鉴定表进一步确认，并将结果写入表实验 11-2。

表实验 11-1 主要化学肥料系统鉴定表

- 化肥
  - 粉末状或颗粒状，难溶或不溶于水［磷肥（磷酸铵除外）石灰氮、窑灰钾肥］
    - 细粉末、不溶于水，中性，加强酸后有 PO_4^{3-} 溶出（磷矿粉）
    - 类似水泥，水溶液微碱，不溶，加柠檬酸后有 PO_4^{3-} 溶出（钙镁磷肥）
    - 灰白色粉末，不溶于水，中性，灼烧后有焦煳味（骨粉）
    - 肥料有酸气味，水溶液强酸性，部分溶解（重过磷酸钙）
    - 有酸气味，水溶液强酸性，溶解不易觉察（过磷酸钙）
    - 灰色或灰黄色粉末，不溶，但水溶液呈强碱性（窑灰钾肥）
    - 黑色轻质粉末，有乙炔味，加酸发泡，水溶液强碱性（石灰氮）
  - 结晶状或粒状，易溶于水［钾肥、氮钾复肥、氮磷复肥、各种氮肥（石灰氮除外）］
    - 灼烧反应
      - 发烟或发火爆裂有硝烟味（硝态氮肥）
        - 分解发烟不明显，有硝烟味，有残留，火焰红色（硝酸钙）
        - 分解发烟不明显，有硝烟味，有残留，火焰紫色（硝酸钾）
        - 分解发烟不明显，有硝烟味，有残留，火焰亮黄（硝酸钠）
        - 分解快，发火爆裂，有浓烟，有硝烟味和氨臭味（硝酸铵）
      - 全部分解，熔融、发烟、有强烈氨臭、部分有残留（铵态氮肥和尿素）
        - 分解快，发烟爆裂，有浓烟，有硝烟味和氨臭味（硝酸铵）
        - 分解慢，发烟不明显，残留物分解慢，有氨臭（磷酸铵）
        - 分解快，发白烟，熔融，残留物为黄色，分解慢有氨臭（硫酸铵）
        - 分解快，白烟极浓，升华物呈云絮状，有氨臭，有焦油味，有黑色痕迹（氯化铵）
        - 分解极快，几乎不见烟雾，有氨臭，碱中加热有 NH_3（碳酸氢铵）
        - 分解极快，发白色浓烟，有氨臭，有白色壳状残留物，碱中加热有 NH_3（尿素）
      - 部分分解发烟，有氨臭，有残留（氮钾复肥）
        - 碱液中加热无 NH_3，有 Cl^- 存在（尿素、氯化钾）
        - 碱液中加热有 NH_3，有 SO_4^{2-} 存在（硫酸钾铵）
      - 有跳肥现象，不分解、不熔融、不发烟无味（钾肥）
        - 溶解快，有 Cl^-（氯化钾）
        - 溶解慢，有 SO_4^{2-}（硫酸钾）

表实验 11-2 化肥鉴定结果记录表

代号	外形	颜色	气味	吸湿性	溶解度	酸碱性	灼烧反应	离子反应	肥料名称

六、复习思考题

叙述主要化学肥料系统鉴定表。

第二篇　实训项目

实训一　土壤分类技术

一、实训目的要求

结合土壤分类理论知识，通过对当地土壤类型、面积及分布的调查研究，要求学生初步掌握土壤种类调查的基本方法，进一步熟悉我国的土壤分类系统，并掌握当地主要土壤种类的特性及障碍因子，提出因土种植、合理施肥和培肥改土的措施，全面提高学生发现问题、分析问题和解决问题的能力。

二、准备工作

1. 组织和技术准备

以班级为单位组成一个工作队，并划分为若干个小队，确定好职责。备好必需的资料和图件，熟悉工作方案（图实训 1-1）。

2. 物质准备

铁锨、土钻、土铲、米尺、剖面刀、望远镜、放大镜、铅笔、剖面记载表、土色卡、白瓷板、10%盐酸、pH 试纸等。野外工作必备物品应考虑周全。

3. 现场准备

根据各地不同情况和条件，尽可能采用路线调查法，既有荒山、林地，又有水田、旱地最为适宜。选择代表性土壤剖面进行观察，力争利用有限的时间，认识较多的土壤种类。

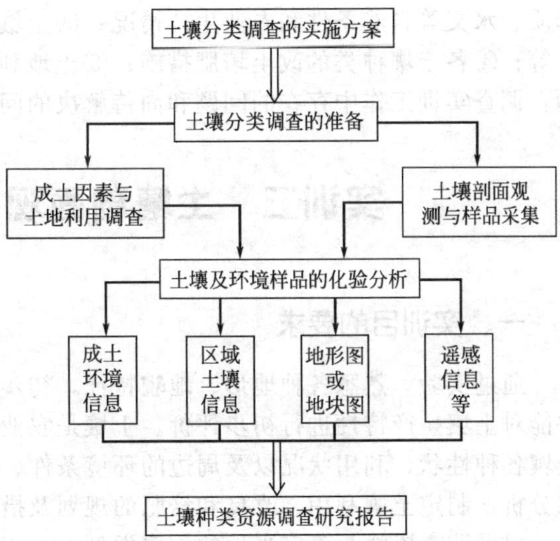

图实训 1-1　土壤分类调查工作实施方案

三、实训内容及方法

1. 自然环境条件的调查研究

(1) 气候　收集利用当地气象站的气象资料（如降雨量、温度、无霜期、蒸发量等），调查气候与当地土壤和植物生产的关系。

(2) 植被　调查植被（自然植被和人工植被）的种类、覆盖度及其对土壤发育的影响。

(3) 母质　成土母质的类型、机械组成、有无盐化和潜育化现象，及是否含碳酸盐等。

(4) 地形　地形包括山地、岗地、平地、坡地、低地、低洼地、河泛地等。

(5) 地表水和地下水　地表水包括河流、湖泊、水库等，应了解水利工程的规格、质量、作用和存在问题等。地下水要了解水位、水质、季节变化规律及临界深度等。

(6) 土壤侵蚀　调查土壤侵蚀的类型、强度以及原因，总结群众保持水土的经验和教训。

2. 农业生产情况调查

通过访问当地种植者和实地调查，摸清当地土地利用情况，土地平整状况和排灌措施，施肥水平及肥源，栽培管理水平，作物长相及产量水平，种植者在土壤利用、改良和培肥方面的成功经验。

3. 土壤剖面的观察

根据地形、母质、植被、土壤种类等，选择有代表性的各种土壤类型分别设置主要剖面点，对土壤发育状况和特性进行详细观察记载（详见实训二）。

4. 土壤标本和样品的采集

(1) 标本　采集纸盒标本，供室内土壤种类比较、识别、分类和陈列用，每一种主要土壤种类至少采集1～2个纸盒标本。

(2) 分析样品　采集耕作层（或表土层）混合样品，供系统分析土壤理化性质使用。有时，为了详细研究土壤的发育规律，每个发育层次都要采集土样进行分析。

四、土壤分类技术总结报告

通过对调查结果的整理、分析和研究总结，写出报告。报告的主要内容应该包括：①前言：目的、任务、时间、参加人员、调查方法和取得的成果等；②基本情况：气候、地形、母质、水文等自然条件和农业生产情况；③土壤情况：土壤种类、分布、特性及肥力演变规律等；④各土壤种类的改土培肥措施；⑤土地利用和土壤改良规划的具体意见；⑥存在的问题：调查实训工作中存在的问题和尚待解决的问题。

实训二　土壤剖面观察与土壤种类鉴别

一、实训目的要求

通过实验，熟悉各种地形、地貌特征，初步掌握土壤剖面设置、挖掘和观察记载技术，并能对土壤生产特性进行初步评价。土壤是农业生产的基础。通过剖面观察和田间识土，对土壤各种性状、利用状况以及周边的环境条件、灌溉设施及有关的农业措施等的观察、记录和分析，制定土壤利用、改良和培肥的规划及措施。

根据调查资料，确定当地的土壤类型。

二、实验用具和试剂

铁锹、土铲、土盒、钢卷尺、剖面刀、放大镜、布口袋（或塑料袋）、标签、铅笔、土壤剖面记载表、土壤硬度计、土壤标准比色卡、标本盒、10%稀盐酸溶液、水。

三、实训步骤

1. 剖面点的设置

土壤剖面点的设置一定要有代表性。剖面要设置在地形、母质、植被等因素一致的地段，一般选在地块的中央，要避免田边、地角、路旁、沟渠附近及粪堆上，应能够代表整个地块的情况。

2. 环境状况和生产情况的记载

① 周边环境条件（包括距离居民区、工矿企业及交通线的距离等）。

② 土壤利用状况（包括目前种植的作物和种植历史、耕作制度、作物产量、肥料施用量和施用方法等）。

③ 灌溉设施和条件（包括灌溉方法、灌溉量和次数、水源、水质等）。

3. 土壤剖面的挖掘

剖面坑的大小，一般为宽 0.8～1.0m，长 1.5～2m，深 1.0～1.5m。土层厚度不足 1m 则挖至母质层；地下水位高时，挖至地下水面或到达地下水位（图实训 2-1）。

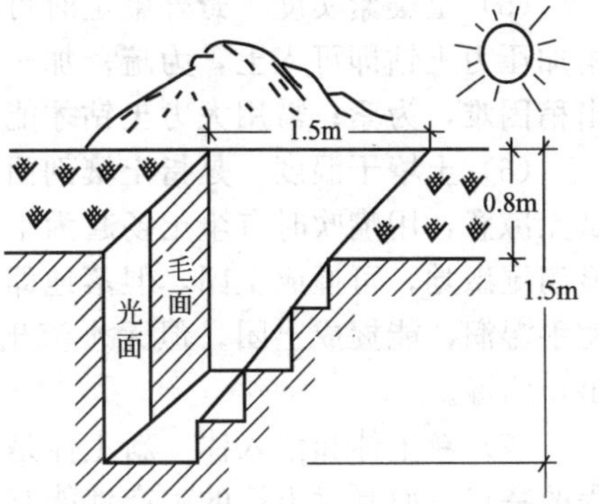

图实训 2-1　土壤剖面示意图

挖掘剖面时应注意：①剖面观察面要垂直向阳；②挖出的表土与底土要分别堆在土坑两侧，避免回填时打乱土层；③观察面的上方不得堆土和站人，保持观察面的自然状态；④坑的后方成阶梯形，便于上下工作，并节省挖土量。

4. 土壤剖面的观察记载（表实训 2-1）

将观察结果填入表实训 2-1。

表实训 2-1　土壤剖面性态描述记录表

剖面号：________　剖面地点：________　土壤名称：________

天气：________　观察员：________　日期：________

土壤剖面环境条件	地形	成土母质	海拔高度	自然植被	农业利用方式	当季作物	灌排条件	耕作制度	病虫情况	其他	
土壤剖面性状	层次	厚度	颜色	质地	土壤结构	pH	松紧度	干湿度	新生体	侵入体	植物根系
土壤生产性能	宜种作物	长势长相	产量水平	施肥水平	化肥	有机肥	保水性	保肥性	当地经济水平	生产管理经验	
土壤剖面的综合评价											

(1) 剖面层次的划分　耕作土壤大体分为耕作层、犁底层、心土层和底土层；水稻土划分为淹育层、渗育层、潴育层和潜育层。记载每个层次的厚度。

(2) 土壤颜色　土壤颜色的命名采用复名法，有主次之分。描述时主色在后，副色在前，如灰棕色，即棕色为主，灰色为副。还可加上浅、深、暗等形容颜色的深浅，如浅灰棕色。

(3) 土壤质地　在野外鉴定土壤质地可用手测法。

(4) 土壤结构　在各层分别掘出较大土块，于 1m 处落下，然后观察其结构体的外形、大小、硬度、颜色，并确定其结构名称。可分为：粒状、团粒状、核状、块状、柱状、片状等。

(5) 土壤紧实度　野外鉴定时可根据土钻（或竹筷）入土的难易进行大致划分。不加或稍加压力土钻即可入土，为疏；加压力时土钻能顺利入土，为松；土钻要用力才能入土，取出稍困难，为紧；需用大力土钻才能入土，取出很困难，为极紧。

(6) 土壤干湿度　是指土壤剖面中各土层的自然含水状况。土壤呈干土块或干土面，手试无凉意，用嘴吹时有尘土扬起为干；手试有凉意，用嘴吹时无尘土扬起，为润；手试有明显潮湿感觉，可握成土团，但落地即散开，放在纸上能使纸变湿，为湿润；土样放在手中可使手湿润，能握成土团，但无水流出，为潮湿；土壤水分过饱和，用手握土块时有水分流出，为湿。

(7) 新生体和侵入体　新生体是土壤形成过程中产生的物质，它不但能反映土壤形成过程的特点，而且对土壤的生产性能有很大的影响。常见的土壤新生体有砂姜、假菌丝体、锈纹锈斑、铁锰结核等。侵入体是指外界混入土壤中的物体，如：石块、贝壳、砖瓦片、铁木屑、炉渣等，它反映了人为因素的影响程度。

(8) 石灰性反应　用 10%稀盐酸直接滴在土壤上，观察泡沫反应的有无、强弱。

(9) 酸碱度　用混合指示剂比色法。

(10) 植物根系　土层中根系交织，4 条/cm^2 以上，为多量；根系适中，2～4 条/cm^2，为中量；根系稀疏，只有 1～2 条/cm^2，为少量；没有根系，则为无。

5. 土壤性状的综合评价

调查结束后，对所得资料进行系统整理和全面分析，客观评价。

① 土体构型。各土层的特征，自然植被和农业利用现状等。

② 结合高产田标准和调查情况，找出土壤限制因子和存在问题，提出改良利用的途径和措施。

6. 土壤种类的确定

根据发生学观点，由成土条件、成土过程和土壤属性确定土壤的大类，在老师的指导下，进一步确定到土种或亚种的分类级别。

四、复习思考题

1. 当地的土地有哪些特点？
2. 土壤剖面的选择和挖掘应注意哪些问题？
3. 试根据当地土壤剖面形态的观察结果对土壤性能进行综合评价。

实训三　植物营养的外观诊断与化学诊断技术

一、实训目的要求

在作物生长发育需要的 16 种必需营养元素中，某一元素缺乏或过剩，作物都不能正常生长，并在外形上可能会出现生长异常的生理症状。有些缺素症状由于典型，一般较易识别。如作物缺氮发黄，棉花缺硼叶柄呈环带，果树缺铁的"黄化症"、苹果缺锌的"小叶病"等。有些缺素症状由于并非缺素所独有，则往往不易判断，如油菜叶发红，缺磷、缺氮，受冻、受旱都能引起这种症状，这时就必须注意调查研究和进行测试诊断。通过幻灯片、实物标本和化学测试，加深对作物营养的认识和应用。

二、实训所需仪器设备及材料

幻灯仪；录音机；缺素干制标本或新鲜标本；就近盆栽或田间现场；土壤、植株组织化学诊断用具、试剂和比色卡一套。

三、植物营养失调症状的诊断

（一）植物营养元素失调的诊断方法简介

植物营养失调症状的诊断主要有3种方法。

1. 形态诊断

在进行植物形态诊断鉴别营养元素失调症时，可看症状出现的部位、叶片的大小和形状以及叶片的失绿部位。

2. 施肥诊断

通过植物形态诊断，如果不能确认缺少某种元素，则应该进一步采用根外营养的办法进行诊断。其做法是分别配制0.1%～0.2%浓度的含有怀疑缺乏的系列营养元素的溶液，分别喷到做好标记的疑似病株叶部，也可将各处理病叶分别浸泡到溶液中1～2h，还可将各溶液分别涂抹到处理病叶上，隔7～10d看施肥前后以及各个处理的叶色、长相、长势等的变化，确认缺乏元素。

3. 化学诊断

采用化学分析方法通常要进行土植并析，即测定土壤和植株中的营养元素含量，对照各种营养元素缺少的临界值加以判断，或对照参考标准确定植株所处的营养水平。

（二）植物营养诊断技术

以下主要介绍植物缺素的形态诊断和土壤化学诊断（植株化学诊断据教学需要补充）。

1. 应用缺素症状幻灯片识别缺素症

（1）缺氮症状　氮是植物蛋白质的主要组成或物质，是生命的基础。氮又是叶绿素不可缺少的组成部分。缺氮，植株生长矮小、瘦弱、直立、分蘖分枝都少，叶色淡绿，但失绿较为均一，一般不出现斑点。较老的叶片、叶柄、茎秆呈淡黄或橙黄色，有时呈红色或暗紫红色，叶片易脱落，花少、籽实（果实）少而小，提早成熟。

（2）缺磷症状　磷是植物细胞原生质的重要组成，对植物体内的物质合成转化与转移起着重要的作用。缺磷时，除生长矮小、瘦弱、直立外，还表现分蘖、分枝少，叶色暗绿缺乏光泽，下部老叶或茎秆呈紫红色，开花结果少，且成熟延迟，产量低，质量差。磷素过量，可能加重或引起锌的缺乏。

（3）缺钾症状　钾在植物体内是一种生理活性很强的元素，含量也较高，主要集中于幼嫩的生命活动旺盛的组织和器官。缺钾时，植株叶片呈暗绿紫蓝，缺少光泽，随着缺钾的加重，老叶的尖端和边缘开始失绿，发黄焦枯，以及脉间失绿并出现褐斑，叶卷曲或皱缩。禾本科作物缺钾，茎叶柔软，易倒伏和受病虫危害，根茎生长不良，色泽黄褐，容易早衰坏死。

（4）缺钙症状　钙是细胞壁的重要组成部分，故钙有加固细胞壁的作用，从而增加植株的坚硬性。缺钙植株软弱无力，呈凋萎状。症状通常先在新生叶、生长点和叶尖上出现。新生叶严重受害，叶尖与叶尖粘连而弯曲，叶缘向里或向前卷曲，并破损呈锯齿状，严重时，生长点坏死，老叶尖端焦枯，有时出现焦斑，根系发育很差，根尖发褐坏死，分泌胶状物。

(5) 缺镁症状 镁是叶绿素的重要组成成分，镁还参与体内各种主要含磷化合物的生物合成。缺镁叶色褪淡，脉间失绿，但叶脉仍呈现清晰的绿色。症状先在中下部老叶上出现，并逐步向上发展。禾本科的叶片开始时往往在叶脉上间断地出现串珠状的绿色斑点。阔叶作物如棉花、油菜除脉间失绿外，还会出现紫红色的斑块。钙、钾养分过量时，会控制对镁的吸收，加重镁的缺乏。

(6) 缺硫症状 硫是蛋白质、氨基酸和维生素等的组成元素，与作物体内的氧化还原、生长调节等生理作用有关，同时，硫还与叶绿素形成有关，故缺硫时植株呈现淡绿色，幼嫩叶片失绿发黄更为明显，有些作物的下部叶缘出现紫红色斑块，开花和成熟期推迟，结实少。

(7) 缺硅症状 硅素对水稻、甜菜等作物有一定的作用，硅素可以增加水稻的硅质化，增加茎叶的硬度，防止倒伏，抵抗病虫的侵害，当水稻硅素不足时，水稻茎叶软弱下披，不挺直易感染病害。

(8) 缺铁症状 铁虽然不是叶绿素的成分，但它直接或间接地参与叶绿体和叶绿素的生物合成，因此缺铁时出现失绿症状，同时铁在植物体内较难移动，因此失绿症状首先在幼嫩叶片上出现，开始时，叶脉间失绿，如症状进一步发展，叶脉也随之失绿而整个叶片黄化，植株上呈现均一的黄色；严重缺铁时，叶色黄白或出现褐色斑点。铁素过量时，则植株中毒，叶尖及边缘发黄焦枯，并出现褐斑。

(9) 缺硼症状 硼对植物的生殖过程有很大影响，能加速花粉的分化和花粉管的伸长，硼素缺乏时，开花结实不正常，蕾、花易脱落，花期延长，硼还能加速体内糖类物质的转化和运输，提高根和茎中淀粉和糖的含量。硼与细胞壁中果胶物质的形成有关，故无硼时，细胞壁较软弱，茎和叶柄易破裂，硼在植物体内很难移动，因此，缺硼症状首先表现为新生组织生长受阻，如根尖、茎尖生长受阻或停滞，严重时生长点矮缩或坏死，叶片皱缩，根茎短，茎萎缩呈褐色心腐或空心。硼素过重时，易引起毒害，使其叶尖及边缘发黄焦枯，叶片上出现棕色坏死组织。

(10) 缺锰症状 锰和铁一样，参与体内氧化还原过程，并能促进硝态氮的还原，对含氮化合物的合成有一定的作用。锰还对叶绿素的形成有良好作用。因此，缺锰时幼嫩叶片上脉间失绿发黄，呈现清晰的脉纹，植株中部老叶呈现褐色小斑点，散布于整个叶片，叶软下披，脆弱易折，根系细而弱。但锰过多时也会使植物产生失绿现象，叶缘及叶尖发黄焦枯，并带有褐色坏死斑点。

(11) 缺锌症状 锌影响到体内生长素的合成，所以植物缺锌时，生长受到抑制，植株矮小，叶子的分化受阻，而且生长畸形，很多植物幼苗缺锌时，会发生“小叶病”，有时呈簇生状。叶片脉间失绿黄化，有褐色斑点，并逐渐扩大成棕褐色斑点的坏死斑点，玉米缺锌会发生“白芽病”，生育迟。锌过量易中毒，新生叶失绿发黄，发皱卷缩。

(12) 缺钼症状 钼对植物体内的氮素代谢和蛋白质的合成有很大的影响，所以缺钼植株叶色淡，发黄，严重时，叶片出现斑点，边缘焦枯卷曲，叶片畸形，生长不规则。钼对生物固氮作用是必需的，因为固氮酶，就包含有钼铁蛋白成分，所以自生固氮菌和根瘤菌缺钼时便失去固氮能力，如缺钼的大豆根系，几乎没有根瘤生长。钼过剩易引起中毒。

(13) 作物营养缺素症状检索说明 从外形上鉴定作物营养缺素症状时，首先看症状出现的部位，如果症状首先在老叶出现，说明所缺乏的元素是可以再利用的营养元素。能再利用的营养元素有氮、磷、钾、镁、锌等；如果症状首先在新组织出现，说明所缺乏的元素是不能再利用的营养元素，如钙、硼、硫、铁、锰、钼、铜等。在老叶出现症状的情况下，如果没有病斑，可能是缺氮或磷；如果有病斑，则可能是缺钾或缺镁或缺锌。缺氮老叶黄化、焦枯，新生叶淡绿，提早成熟：而缺磷时则叶色暗绿或茎叶呈紫红色，叶与茎呈锐角，成熟延迟。缺钾和缺锌均易出现棕褐色斑点及组织坏死；但缺钾的斑点多先在老叶尖及边缘出现，并随生长发育的进展而加重，以至早衰；而缺锌则叶片窄小，斑点可在中下部整个叶片出现，顶部新叶脉间失绿，生育期延长。缺锌时主脉间明显失绿，并出现有各种色泽的斑点或斑块，但一般不易出现组织坏死。病症从新组织先出现时，如果出现顶芽枯死，则可能是缺硼或缺钙；而缺铁、硫、钼、铜则不易出现顶芽枯死。缺硼时，易出现“花而不实”或“蕾而不花”或“穗而不实”，生育延迟；缺钙时，叶片发黄枯焦和早衰；缺铁时，新叶黄化，脉间失绿，严重时整个叶片淡黄或发白；而缺硫时新叶呈较为均一的淡绿色，生育期延迟；缺钼时新叶畸形，斑点散布在整个叶片上；缺铜时，幼叶萎蔫状，叶片往往出现白色斑点，穗子发育不正常；缺锰时脉间失绿，呈现斑点，斑点组织易出现坏死。

2. 土壤营养速测诊断

土壤营养速测诊断是判断土壤养分丰缺的一种方法。其目的在于查清土壤营养状况，为合理施肥和采取其他农业措施提供参考。其特点是快速、简便、有一定的实用价值。本法可在田间直接测定或把土壤取回室内进行测定。首先测定土壤的水分系数，以换算取土量。

(1) 土壤有机质含量的测定

① 原理。用乙二胺四乙酸二钠（EDTA）和氢氧化钠的混合液浸提土壤，土壤腐殖质在碱液中的颜色呈黄褐色，其颜色的深浅与含量成正相关。

② 方法。称取相当于1g干土的湿土于试管中，加入5ml 1%EDTA-1mol NaOH浸提剂，加塞振荡3～5min，放置10～15min后，取上层澄清液8滴于比色板中，与有机质标准比色卡比色，记下有机质含量（%）。

(2) 土壤铵态氮的测定

① 原理。用硫酸钠浸提出土壤中的铵态氮，与钠氏试剂作用，形成黄色化合物。其颜色深浅与铵态氮含量成正相关。

② 方法。

a. 浸提。称取相当于2g干土的自然湿土，放入小烧杯中，加入10ml0.5molNa_2SO_4浸提剂（应扣除土壤中的水分量），用玻棒搅拌3～5min，干过滤，滤液即为待测液（用于测定NH_4^+-N、NO_3^--N、速效钾）。

b. 测定土壤NH_4^+-N。取4滴待测液于比色板中，加入1滴5%EDTA溶液、5滴钠氏试剂，用玻棒搅匀，3～5min内与NH_4^+-N标准比色卡比色，将读数乘以5（水/土浸提比，下同），即为土壤NH_4^+-N（mg/kg）含量。

(3) 土壤NO_3^--N的测定

① 原理。浸提液中的NO_3^--N在酸性条件下与二苯胺作用，生成蓝色化合物，其深浅与NO_3^--N含量成正相关。

② 方法。取上述待测液1滴于比色板中加入二苯胺-硫酸溶液5滴，搅拌5min后，立即与NO_3^--N标准比色卡比色，读数乘以5，即为NO_3^--N（mg/kg）含量。

(4) 土壤速效钾的测定

① 原理。浸提液中的钾与四苯硼钠作用，生成白色沉淀，钾含量越高，出现浑浊所需要的四苯硼钠溶液越少。

② 方法。取待测液1ml（约20滴）于指形小试管中，加入3滴37%甲醛和3滴5%EDTA摇匀，1～2′后，一滴一滴地加入2%四苯硼钠溶液，不断摇匀至刚出现浑浊为止，根据所用四苯硼钠溶液的滴数查表（见表实训3-1），将查对数字乘以5，即为土壤速效钾的含量（mg/kg）。若加入1滴四苯硼钠就变大量浑浊，可用硫酸钠浸提剂稀释待测液后，再加入四苯硼钠溶液进行测定，最后将整个稀释倍数乘以读数。

表实训 3-1 土壤速效钾查对标准

四苯钠滴数	浑浊情况	速效 K/(mg/kg)	四苯钠滴数	浑浊情况	速效 K/(mg/kg)
1	大量浑浊	>12.5	3	微量浑浊	5.0
1	微量浑浊	10.0	4	微量浑浊	2.0
2	微量浑浊	7.5	5	微量浑浊	1.0

(5) 土壤速效磷的测定

① 原理。用浸提剂将土壤中的磷浸提出来，先与钼酸铵作用生成磷钼酸，再加入氯化亚锡，使磷钼酸还原成蓝色化合物磷钼蓝，其颜色的深浅与速效磷含量呈正相关。

② 方法。酸性土测法：称取相当于 2g 干土的自然湿土于小烧杯中，加入 10ml 蒸馏水(扣除土中的水分)，再加入 6 滴 2%钼酸铵-3.8mol/L 盐酸溶液，用玻棒搅拌 3～5min 后过滤。取滤液 5 滴于比色板中，加入上述钼酸铵盐酸溶液 1 滴，搅匀后加入氯化亚锡甘油溶液 1 滴，再搅匀，3～5min 后与速效磷标准比色卡比色，将读数乘以 5 即得土壤有效磷含量(mg/kg)。

通过以上土壤有机质和氮磷钾养分速测分析，所得的结果对照等级指标，判断土壤养分的丰缺。结合植株形态诊断，判断土壤养分供应情况。各地针对作物种类与土壤供肥的相关性确定符合当地实际的土壤养分等级指标。下表是我国南方土壤有机质和三要素速测分析参考等级指标（表实训 3-2）。有机质是旱地等级，建议水田等级依次增加 0.5%。对于氮素指标，水田主要用 NH_4^+-N，旱地主要用 NO_3^--N。

表实训 3-2 土壤营养速测诊断（南方）等级参考指标

等级＼项目	有机质/%	NH_4^+-N/(mg/kg)	NO_3^--N /(mg/kg)	速效 P 含量 /(mg/kg)	速效 K 含量 /(mg/kg)
上等	>2	>15	>20	>6	>100
中等	1～2	5～15	10～20	4～6	50～100
下等	<1	<5	<10	<4	<50

3. 植株组织化学诊断

植株组织化学诊断首先要确定植物的生理指标。生理指标是指根据作物的生理活动与某些养分之间的关系，确定一些临界值，一般以功能叶为测定对象。

一般采集有代表性的植株 10 株以上，时间以上午 8～10h 采样为宜，并且采集植株对养分丰缺最敏感的含叶绿素最少的组织器官。将采集到的组织器官切碎并混匀，放入压汁钳内压出汁液于试管内待测。也可用蒸馏水浸提测定。

植物体内的营养元素，需要通过对叶的营养分析，找出不同组织、不同生育期、不同元素最低临界值，用以判断其营养是否缺乏，并进一步用于指导追肥的施用（表实训 3-3）。

表实训 3-3 几种作物的矿质元素临界浓度（占干重的比例） 单位：%

作物	测定期	分析部位	N	P_2O_5	K_2O
春小麦	开花末期	叶子	2.6～3.0	0.52～0.60	2.8～3.0
玉米	抽雄	果穗前一叶	3.10	0.72	1.67
花生	开花	叶子	4.0～4.2	0.57	1.20

通过常规测定，所得结果与表实训 3-3 内的指标对照（各地可以制订符合当地实际的各种植物营养临界值），结合形态诊断和土壤分析判断是否缺乏营养，用以指导施肥。同时，也可以通过速测分析进行植株组织化学诊断，当然也必须有符合当地实际的判断指标（此不

再赘述）。

四、实训报告

通过对植物缺素标本或现场的观察，记录缺素种类，结合施肥诊断及化学诊断，分析缺素原因和适宜采取的措施。

实训四　土壤改良（或土壤免耕）现场参观

一、实训目的要求

根据各校实际情况，选择好实训现场，进行低产土壤改良利用现场参观，了解人类活动对土壤形成过程和形成条件的干涉，重在了解人类活动对土壤形成的积极影响和消极影响在农业生产上的表现。针对农业生产上存在的问题，提出相应的改良和应用措施。通过对低产土壤改良利用现场的参观和考察，使得学生对农业生产中土壤的改良利用措施加深印象，同时教会学生要实事求是地具体情况具体解决，针对不同的情况采取的生产技术措施是不一样的。通过实训，要求学生能正确识别当地主要土壤的类型，掌握其主要性质，并根据土壤中存在的问题，提出科学的改良和利用措施。

二、准备工作

1. 组织准备

将全班学生分为几个小组，每组确定组长1人。

2. 现场准备

根据各校实际情况，选择好实训现场。

3. 改良利用现状

通过座谈访问，结合现场调查，了解各类土壤近三年来的改良和利用情况。

（1）作物种植制度　各种作物适种性与生长情况，如既发小苗又发老苗，或只发小苗，不发老苗等。

（2）施肥与产量情况　施肥制度、施肥种类、数量、方法及肥效、作物产量水平等。

（3）耕作与管理情况　耕作质量、宜耕期长短、管理水平等。

（4）改良措施　包括已采取的措施和今后的打算，如：①土壤免耕的各种类型；②各类免耕的操作方法，常见土壤免耕的基本技术流程；③水田自然免耕和旱地免耕的主要技术环节以及免耕技术对土壤的影响等；④免耕现场的土壤管理、栽培条件、机械化水平、病虫害防治、肥料施用、水分管理、田间覆盖、秸秆利用、杂草控制、生态植被等情况。

三、实训结果与报告

通过参观调查，对各种调查资料加以整理、分析并写出调查报告，其内容包括：①调查的目的与要求，方法与经过，完成情况；②调查区域内的成土条件；③土壤类型及面积；④分析土壤类型的理化性质；⑤对各种土类的利用现状及存在问题加以分析归纳，提出切实可行的改良利用措施。土壤免耕现场参考内容包括土壤免耕类型，免耕现场的土壤管理、灌溉施肥、秸秆利用、杂草控制等主要技术环节以及免耕技术对土壤的影响等。

实训五 配方肥（BB 肥）的生产工艺参观

一、实训目的要求

掺混肥料（BB 肥）是将含有氮、磷、钾及其他营养元素的基础肥料按一定比例掺混而成的混合肥料，简称 BB 肥，BB 肥是散装掺混的英文字母（Bulk Blend）缩写。BB 肥近年在我国得到迅速发展。

通过实训使学生认识 BB 肥，掌握 BB 肥主要特点，学会其配方设计，肥料混合的原则，投料量的计算，掌握其主要生产工艺。

二、准备工作

1. 资料收集

收集 BB 肥的有关资料，了解 BB 肥发展概况及生产情况。

2. 知识准备

学习 BB 肥主要特点，配方设计方法，肥料混合的原则，投料量的计算，了解其生产工艺。

3. 组织准备

将学生分为若干小组，每组确定小组长一人。

4. 现场准备

根据学校实际情况，选择好实训场所，以便在规定时间内，完成配方肥（BB 肥）的生产工艺参观。

三、配方肥（BB 肥）的生产工艺参观内容

1. 认识 BB 肥

(1) BB 肥的定义　BB 肥在国外称之为散装掺和肥料，是以粒状氮肥、磷肥和钾肥为原料，通过混合器干混而成，产品可散装和袋装进入市场。BB 肥是复混肥料的类型之一。

(2) BB 肥的主要特点　BB 肥的主要特点是养分的含量和比例可按作物的需要和土壤的供肥情况配制，它可以灵活变换配方，以适应用户的不同要求；或者说，它可以满足不同土壤、作物对养分配比的要求，从而可以显著提高化肥使用效益。同时，BB 肥还具有生产工艺简单、投资少、加工成本低等优点，发展前景广阔。

(3) 生产 BB 肥的要求　生产 BB 肥对原料的要求较为严格，要求掺混的氮、磷和钾肥颗粒大小、比重基本相当，否则会在贮运和施用的过程中产生养分偏离，使肥料养分分布不匀，影响肥效。BB 肥生产对配方的依赖性较高，要求有较强的农化服务水平。

2. BB 肥的生产工艺

BB 肥的生产工艺包括配料、混拌、包装。

(1) 肥料配方设计　由农业科研部门根据当地的土壤肥力水平分析和特定植物种类需肥特性的实验研究，结合长期的田间资料、施肥经验拟定肥料配方。其优点是针对性较强，能最大限度发挥施肥效益。

(2) 肥料混合的原则　生产 BB 肥应掌握肥料混合原则：①混合后物理性状不能变坏，如尿素与普钙混合后易潮解；②混合时肥料养分不能损失或退化，如铵态氮肥与碱性肥料混合易引起氨的挥发损失；③肥料在运输和施用过程中不发生分离，如粒径大小不一样的不能

相混；④有利于提高肥效和施肥功效。

根据图实训 5-1，肥料的混合有三种情况：①可以混合（O）；②暂时混合，但必须随混随施（△）；③不可混合。

(3) 投料量的计算　如生产 10-5-10 的三元复混肥，选用氯化铵（含 N 25%）、过磷酸钙（含 P_2O_5 12%）和氯化钾（含 K_2O 60%）为原料，则每吨复混肥中三种基础肥料的用量如下。

氯化铵

10%×1000kg÷25%=400kg

过磷酸钙

5%×1000kg÷12%=416.7kg

氯化钾

10%×1000kg÷60%=166.7kg

三者合计为 983.4kg，其余 16.6kg 可加磷矿粉、硅藻土、泥炭等填料。

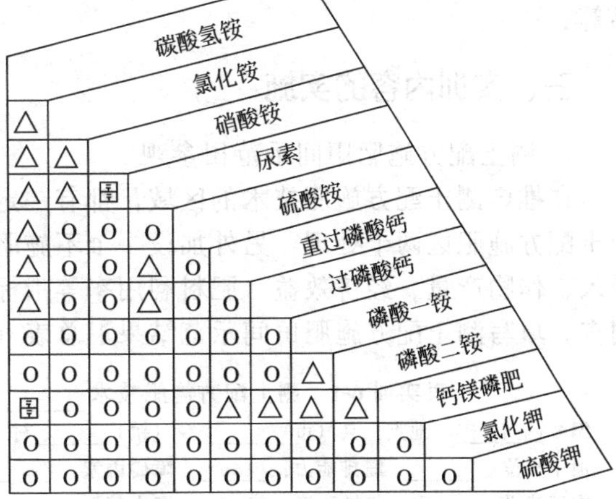

图实训 5-1　复肥配料组分相合性判别图

囝——不相配；△——有限相配；O——相配

(4) BB 肥生产线设备　BB 肥生产线设备主要包括配料、混合、包装生产线，随着生产技术水平提高，现有比较先进的 BB 肥全自动配料、混合、包装生产线。可以进行多元基础肥料与氮、磷、钾肥经物理方法干混，制成多元肥、单元肥并存的掺混肥料（BB 肥），集配料、混合、定量包装于一体，可按照配方自动完成 3～6 种物料的配制；针对不同作物、不同地区土壤条件，修改配方，可生产不同的 BB 肥产品。设备实现全自动。生产线由自动配料系统、混合系统、定量包装系统三部分组成，电脑控制，全自动化生产，大大减少了工作人员，降低了劳动强度。配料系统也为电脑控制、电子称重，严格控制配比。各种不同配料，电子定量包装后的误差都小于千分之一。

四、实训总结

1. 通过实训全面认识 BB 肥的主要特点和生产要求。
2. 简述如何根据设计好的 BB 肥配方和肥料混合的原则，计算投料量？
3. 简述 BB 肥的主要生产工艺。

实训六　配方施肥栽培试验参观及部分操作

一、实训目的要求

测土配方施肥技术为我国重点农业技术推广项目之一，是完善的施肥技术体系。通过对当地配方施肥栽培试验参观及部分操作，初步掌握施肥技术调查的基本方法，进一步熟悉我国目前正在推广的测土配方施肥技术的主要方法。使学生进一步加强理论与实践的联系，培养他们的实际工作能力。

二、准备工作

以班级为单位组成一个工作队，并划分为若干个小组，备好必需的资料和图表。选择测土配方施肥技术开展较好的农业技术推广站或村庄或农场作为调查参观现场。携带必需的野外用品，如土壤养分速测仪、铁锨、土钻、土铲、米尺、望远镜、放大镜、铅笔以及生活用品等。

三、实训内容的实施

1. 测土配方施肥田间示范田参观

在推广测土配方施肥技术的区域，都有一定数量的示范田，一般设置常规施肥对照区和测土配方施肥区两个处理，另外加设一个不施肥的空白处理。通过田间示范，综合比较肥料投入、作物产量、经济效益、肥料利用率等指标，客观评价测土配方施肥效益。通过参观和调查，填写测土配方施肥田间示范结果汇总表（表实训 6-1）。

表实训 6-1 测土配方施肥技术______(作物名)田间示范结果汇总表

编号：____ 地点：县（市）____乡（镇）____村 地理位置：____ 海拔：____m 土壤名称：____
地下水位：____ 灌排能力：____ 障碍因素：____ 耕层厚度：____ 土体构型：____
农田建设：____ 侵蚀程度：____ 肥力等级：____ 代表面积：____ 取土时间：____

土壤测试结果	取样层次/cm	有机质含量/(g/kg)	全氮含量/(g/kg)	碱解氮含量/(mg/kg)	有效磷含量/(mg/kg)	速效钾含量/(mg/kg)	pH	质地	土壤结构	容重	速效微量元素含量/(mg/kg)						其他/(mg/kg)		
											Fe	Mn	Cu	Zn	B	Mo	Ca	Mg	S

示范结果	项目	生长日期/天	产量/(kg/hm²)	化肥用量/(kg/hm²)				有机肥/(kg/hm²)					面积/hm²	作物品种
				N	P_2O_5	K_2O		种类	数量	N	P_2O_5	K_2O		
	配方施肥													
	农民常规													
	空白处理													

2. 当地测土配方施肥工作情况调查

通过访问当地主管部门、种植者和实地调查，摸清当地测土配方施肥工作的实施情况，填写测土配方施肥工作情况汇总表（实训表 6-2）。

3. “3414”田间试验的布置

（1）处理设计　“3414”是一种优化方案设计，处理少，效率高。是目前应用较为广泛的肥料效应田间试验方案。“3414”是指氮、磷、钾 3 个因素，4 个水平，14 个处理。4 个水平的含义：0 水平指不施肥，2 水平指当地推荐施肥量，1 水平＝2 水平×0.5，3 水平＝2 水平×1.5（该水平为过量施肥水平）。具体处理见表 11-8。

（2）试验地和作物品种选择　试验地应选择平坦、整齐、肥力均匀，具有代表性的不同肥力水平的地块。作物品种应选择当地主栽作物品种或推广品种。

（3）试验地块准备　整地、设置保护行、试验地区划；小区应单灌单排；试验前多点采集混合样品。

（4）试验重复和小区排列　一般设 3～4 个重复（或区组）。采用随机区组排列，区组内土壤、地形等条件应相对一致，区组间允许有差异。

小区面积，大田作物和露地蔬菜一般为 20～50m²，果树类选择树龄、株形和产量相对一致的成年树，每个处理不少于 4 株。

表实训 6-2 ________县（乡、镇/村/农场）测土配方施肥工作情况汇总表

项目			单位	分年度				
				年计划	年已落实	200 年	200 年	200 年
总播种面积			hm^2					
测土配方施肥面积			hm^2					
效益	增产		万吨					
	节肥		万吨					
	增收＋节支		万元					
田间试验	肥料田间效应试验	总数	个					
		3414 类	个					
		小区总数	个					
	配方校正试验	总数	个					
		小区数	个					
	示范展示	总数	个					
		小区数	个					
		面积	hm^2					
土壤测试	土壤样品采集数量		个					
	大量元素测试		个/项次					
	中、微量元素测试		个/项次					
分析化验	氮素调控		个/项次					
	植物分析		个/项次					
	其他		个/项次					
配方肥推广	配方个数		个					
	总量		t					
	施用面积		hm^2					
	应用农户（覆盖村）		户（村）					
其他方式	发放配肥通知单		张					
	指导施肥面积		hm^2					
	应用农户（覆盖村）		户（村）					
培训情况	培训技术人员		人					
	培训农户（农民）		户（人）					

（5）试验记载与测试　调查记载试验地基本情况，气象因素，肥料价格及用工情况；记载生产管理信息，作物田间生长发育状况；测试土壤、植株养分状况；收获期采集植株样品、进行考种和经济产量测试，必要时进行植株分析。

（6）试验统计分析　根据所得相关数据，进行统计分析，可获得肥料利用率、肥料效应函数关系等有关资料。

四、实训报告

通过对测土配方施肥实训所获资料的整理、分析和研究总结，写出报告。报告的主要内容应该包括目的、任务、时间、参加人员、实训方法和取得的成果以及实训工作中存在的问题、建议和个人的感受等。

附录一　关于第二次全国土地调查主要数据成果的公报

(2013 年 12 月 30 日)

国土资源部　国家统计局　　国务院第二次全国土地调查领导小组办公室

根据国务院决定，自 2007 年 7 月 1 日起，开展第二次全国土地调查（以下简称二次调查），并以 2009 年 12 月 31 日为标准时点汇总二次调查数据。二次调查首次采用统一的土地利用分类国家标准，首次采用政府统一组织、地方实地调查、国家掌控质量的组织模式，首次采用覆盖全国遥感影像的调查底图，实现了图、数、实地一致。全面查清了全国土地利用状况，掌握了各类土地资源家底。

现将主要数据成果公布如下。

一、全国主要地类数据

耕地：13538.5 万公顷（203077 万亩）

其中，有 564.9 万公顷（8474 万亩）耕地位于东北、西北地区的林区、草原以及河流湖泊最高洪水位控制线范围内，还有 431.4 万公顷（6471 万亩）耕地位于 25 度以上陡坡。上述耕地中，有相当部分需要根据国家退耕还林、还草、还湿和耕地休养生息的总体安排作逐步调整。全国基本农田 10405.3 万公顷（156080 万亩）。

园地：1481.2 万公顷（22218 万亩）

林地：25395.0 万公顷（380925 万亩）

草地：28731.4 万公顷（430970 万亩）

城镇村及工矿用地：2873.9 万公顷（43109 万亩）

交通运输用地：794.2 万公顷（11913 万亩）

水域及水利设施用地：4269.0 万公顷（64036 万亩）

另外为其他土地。

二、全国耕地分布与质量状况

(一) 耕地分布

全国耕地按地区划分，东部地区耕地 2629.7 万公顷（39446 万亩），占 19.4%；中部地区耕地 3071.5 万公顷（46072 万亩），占 22.7%；西部地区耕地 5043.5 万公顷（75652 万亩），占 37.3%；东北地区耕地 2793.8 万公顷（41907 万亩），占 20.6%。

(二) 耕地质量

全国耕地按坡度划分，2 度以下耕地 7735.6 万公顷（116034 万亩），占 57.1%；2～6 度耕地 2161.2 万公顷（32418 万亩），占 15.9%；6～15 度耕地 2026.5 万公顷（30397 万亩），占 15.0%；15～25 度耕地 1065.6 万公顷（15984 万亩），占 7.9%；25 度以上的耕地（含陡坡耕地和梯田）549.6 万公顷（8244 万亩），占 4.1%，主要分布在西部地区（附录一表 1）。

附录一表 1　全国 25 度以上的坡耕地面积

地　　区	面积/万公顷	占全国比重/%
全　　国	549.6	100
东部地区	33.6	6.1
中部地区	75.6	13.8
西部地区	439.4	79.9
东北地区	1.0	0.2

全国耕地中，有灌溉设施的耕地 6107.6 万公顷（91614 万亩），比重为 45.1%，无灌溉设施的耕地 7430.9 万公顷（111463 万亩），比重为 54.9%。分地区看，东部和中部地区有灌溉设施耕地比重大，西部和东北地区的无灌溉设施耕地比重大（附录一表 2）。

附录一表 2　全国有灌溉设施和无灌溉设施耕地面积

地　　区	有灌溉设施耕地		无灌溉设施耕地	
	面积/万公顷	占耕地比重/%	面积/万公顷	占耕地比重/%
全　　国	6107.6	45.1	7430.9	54.9
东部地区	1812.5	68.9	817.2	31.1
中部地区	1867.0	60.8	1204.4	39.2
西部地区	2004.3	39.7	3039.2	60.3
东北地区	423.8	15.2	2370.1	84.8

三、坚持实行最严格的耕地保护制度和节约用地制度，坚决守住耕地保护红线和粮食安全底线，确保我国实有耕地数量基本稳定

二次调查数据显示，2009 年全国耕地 13538.5 万公顷（203077 万亩），比基于一次调查逐年变更到 2009 年的耕地数据多出 1358.7 万公顷（20380 万亩），主要是由于调查标准、技术方法的改进和农村税费政策调整等因素影响，使二次调查的数据更加全面、客观、准确。

从耕地总量和区位看，全国有 996.3 万公顷（14945 万亩）耕地位于东北、西北地区的林区、草原以及河流湖泊最高洪水位控制线范围内和 25 度以上陡坡，其中，相当部分需要根据国家退耕还林、还草、还湿和耕地休养生息的总体安排作逐步调整；有相当数量耕地受到中、重度污染，大多不宜耕种；还有一定数量的耕地因开矿塌陷造成地表土层破坏、因地下水超采，已影响正常耕种。

从人均耕地看，全国人均耕地 0.101 公顷（1.52 亩），较 1996 年一次调查时的人均耕地 0.106 公顷（1.59 亩）有所下降，不到世界人均水平的一半。

综合考虑现有耕地数量、质量和人口增长、发展用地需求等因素，我国耕地保护形势仍十分严峻。人均耕地少、耕地质量总体不高、耕地后备资源不足的基本国情没有改变。同时，建设用地增加虽与经济社会发展要求相适应，但许多地方建设用地格局失衡、利用粗放、效率不高，建设用地供需矛盾仍很突出。土地利用变化反映出的生态环境问题也很严峻。因此，必须毫不动摇坚持最严格的耕地保护制度和节约用地制度，在严格控制增量土地的同时，进一步加大盘活存量土地的力度，大力推进生态文明建设。

四、相关政策说明

充分共享应用二次调查成果。各级政府、各有关部门编制规划和计划时应采用二次调查成果数据，切实发挥调查成果的基础性作用，充分发挥二次调查数据平台作用，推动二次调查成果广泛应用。

二次调查成果公布后，相关支农惠农政策，不因地类变化而改变。

附录二　全国土壤污染状况调查公报

（2014年4月17日）

环境保护部　国土资源部

根据国务院决定，2005年4月至2013年12月，我国开展了首次全国土壤污染状况调查。调查范围为中华人民共和国境内（未含香港特别行政区、澳门特别行政区和台湾地区）的陆地国土，调查点位覆盖全部耕地，部分林地、草地、未利用地和建设用地，实际调查面积约630万平方公里。调查采用统一的方法、标准，基本掌握了全国土壤环境质量的总体状况。

现将主要数据成果公布如下：

一、总体情况

全国土壤环境状况总体不容乐观，部分地区土壤污染较重，耕地土壤环境质量堪忧，工矿业废弃地土壤环境问题突出。工矿业、农业等人为活动以及土壤环境背景值高是造成土壤污染或超标的主要原因。

全国土壤总的超标率为16.1%，其中轻微、轻度、中度和重度污染点位比例分别为11.2%、2.3%、1.5%和1.1%。污染类型以无机型为主，有机型次之，复合型污染比重较小，无机污染物超标点位数占全部超标点位的82.8%。

从污染分布情况看，南方土壤污染重于北方；长江三角洲、珠江三角洲、东北老工业基地等部分区域土壤污染问题较为突出，西南、中南地区土壤重金属超标范围较大；镉、汞、砷、铅4种无机污染物含量分布呈现从西北到东南、从东北到西南方向逐渐升高的态势。

二、污染物超标情况

（一）无机污染物

镉、汞、砷、铜、铅、铬、锌、镍8种无机污染物点位超标率分别为7.0%、1.6%、2.7%、2.1%、1.5%、1.1%、0.9%、4.8%。无机污染物超标情况见附录二表1。

附录二表1　无机污染物超标情况

污染物类型	点位超标率/%	不同程度污染点位比例/%			
		轻微	轻度	中度	重度
镉	7.0	5.2	0.8	0.5	0.5
汞	1.6	1.2	0.2	0.1	0.1
砷	2.7	2.0	0.4	0.2	0.1
铜	2.1	1.6	0.3	0.15	0.05
铅	1.5	1.1	0.2	0.1	0.1
铬	1.1	0.9	0.15	0.04	0.01
锌	0.9	0.75	0.08	0.05	0.02
镍	4.8	3.9	0.5	0.3	0.1

（二）有机污染物

六六六、滴滴涕、多环芳烃3类有机污染物点位超标率分别为0.5%、1.9%、1.4%。有机污染物超标情况见附录二表2。

附录二表2　有机污染物超标情况

污染物类型	点位超标率/%	不同程度污染点位比例/%			
		轻微	轻度	中度	重度
六六六	0.5	0.3	0.1	0.06	0.04
滴滴涕	1.9	1.1	0.3	0.25	0.25
多环芳烃	1.4	0.8	0.2	0.2	0.2

三、不同土地利用类型土壤的环境质量状况

耕地：土壤点位超标率为19.4%，其中轻微、轻度、中度和重度污染点位比例分别为13.7%、2.8%、1.8%和1.1%，主要污染物为镉、镍、铜、砷、汞、铅、滴滴涕和多环芳烃。

林地：土壤点位超标率为10.0%，其中轻微、轻度、中度和重度污染点位比例分别为5.9%、1.6%、1.2%和1.3%，主要污染物为砷、镉、六六六和滴滴涕。

草地：土壤点位超标率为10.4%，其中轻微、轻度、中度和重度污染点位比例分别为7.6%、1.2%、0.9%和0.7%，主要污染物为镍、镉和砷。

未利用地：土壤点位超标率为11.4%，其中轻微、轻度、中度和重度污染点位比例分别为8.4%、1.1%、0.9%和1.0%，主要污染物为镍和镉。

四、典型地块及其周边土壤污染状况

（一）重污染企业用地

在调查的690家重污染企业用地及周边的5846个土壤点位中，超标点位占36.3%，主要涉及黑色金属、有色金属、皮革制品、造纸、石油煤炭、化工医药、化纤橡塑、矿物制品、金属制品、电力等行业。

（二）工业废弃地

在调查的81块工业废弃地的775个土壤点位中，超标点位占34.9%，主要污染物为锌、汞、铅、铬、砷和多环芳烃，主要涉及化工业、矿业、冶金业等行业。

（三）工业园区

在调查的146家工业园区的2523个土壤点位中，超标点位占29.4%。其中，金属冶炼类工业园区及其周边土壤主要污染物为镉、铅、铜、砷和锌，化工类园区及周边土壤的主要污染物为多环芳烃。

（四）固体废物集中处理处置场地

在调查的188处固体废物处理处置场地的1351个土壤点位中，超标点位占21.3%，以无机污染为主，垃圾焚烧和填埋场有机污染严重。

（五）采油区

在调查的13个采油区的494个土壤点位中，超标点位占23.6%，主要污染物为石油烃和多环芳烃。

（六）采矿区

在调查的70个矿区的1672个土壤点位中，超标点位占33.4%，主要污染物为镉、铅、砷和多环芳烃。有色金属矿区周边土壤镉、砷、铅等污染较为严重。

（七）污水灌溉区

在调查的55个污水灌溉区中，有39个存在土壤污染。在1378个土壤点位中，超标点位占26.4%，主要污染物为镉、砷和多环芳烃。

（八）干线公路两侧

在调查的267条干线公路两侧的1578个土壤点位中，超标点位占20.3%，主要污染物为铅、锌、砷和多环芳烃，一般集中在公路两侧150米范围内。

注释：

[1] 本公报中点位超标率是指土壤超标点位的数量占调查点位总数量的比例。

[2] 本次调查土壤污染程度分为5级：污染物含量未超过评价标准的，为无污染；在1倍至2倍（含）之间的，为轻微污染；2倍至3倍（含）之间的，为轻度污染；3倍至5倍（含）之间的，为中度污染；5倍以上的，为重度污染。

参考文献

[1] [德] H. 马斯纳．高等植物的矿质营养 [M]. 曹一平，陆景陵译．北京：中国农业大学出版社，1991.
[2] 北京农业大学．农业化学：总论 [M]. 第 2 版．北京：中国农业出版社，2000.
[3] 陈伦寿，陆景陵．合理施肥知识问答 [M]. 北京：中国农业大学出版社，2006.
[4] 陈新平．土壤植株快速测试推荐施肥技术体系的建立与应用 [J]. 土壤肥料，1999 (2).
[5] 崔晓阳，方怀龙．城市绿地土壤及其管理 [M]. 北京：中国林业出版社，2000.
[6] 崔玉亭．化肥与生态环境保护 [M]. 北京：化学工业出版社，2000.
[7] 范业宽，叶坤合．土壤肥料学 [M]. 武汉：武汉大学出版社，2002.
[8] 高贤彪，卢丽萍．新型肥料施用技术 [M]. 济南：山东科学技术出版社，1997.
[9] 郭建伟，李保明．土壤肥料 [M]. 北京：中国农业出版社，2008.
[10] 贺红士．区域微机土壤信息系统的建立与应用 [J]. 土壤学报，1991 (4).
[11] 侯光炯．土壤学（南方本）[M]. 北京：中国农业出版社，1980.
[12] 侯光炯．侯光炯土壤学论文集 [C]. 成都：四川科学技术出版社，1990.
[13] 胡霭堂．植物营养学（下册）[M]. 第 2 版．北京：中国农业大学出版社，2003.
[14] 黄昌勇．土壤学 [M]. 北京：中国农业出版社，2000.
[15] 黄建国．植物营养学 [M]. 北京：中国林业出版社，2004.
[16] 金为民．土壤肥料 [M]. 北京：中国农业出版社，2001. 8.
[17] 李春花．专用复混肥配方设计与生产 [M]. 北京：化学工业出版社，2003.
[18] 李东坡，武志杰，梁成华等．设施土壤生态环境特点与调控 [J]. 生态学，2004，23 (5).
[19] 李佳田等，基于 SDE 的土壤信息系统空间数据库的设计与构建 [J]. 西南农业大学学报，2003 (2).
[20] 李庆逵，朱兆良，于天仁．中国农业持续发展中的肥料问题 [M]. 南昌：江西科学技术出版社，1998.
[21] 李振陆．植物生产环境 [M]. 北京：中国农业出版社，2006.
[22] 刘克锋，韩劲，刘建斌．土壤肥料学 [M]. 北京：气象出版社，2001.
[23] 刘武定．微量元素营养与微肥施用 [M]. 北京：中国农业出版社，1999.
[24] 刘夜莺等．土壤肥料 [M]. 重庆．重庆出版社，1989.
[25] 鲁剑巍．测土配方与作物配方施肥技术 [M]. 北京：金盾出版社，2007.
[26] 鲁如坤等．土壤-植物营养学原理和施肥 [M]. 北京：化学工业出版社，1998.
[27] 陆景陵．植物营养学（上册）[M]. 第 2 版．北京：中国农业大学出版社，2003.
[28] 陆欣．土壤肥料学 [M]. 北京：中国农业大学出版社，2002.
[29] 吕成文等，美国土壤信息系统的发展及其启示 [J]. 土壤通报，2004 (1).
[30] 马国瑞，石伟勇．农作物营养失调症原色图谱 [M]. 北京：中国农业出版社，2001.
[31] 毛知耘．肥料学 [M]. 北京：中国农业出版社，1997.
[32] 皮德信．土壤肥料学：南方本下册 [M]. 北京：农业出版社，1984.
[33] 全国土壤普查办公室．中国土壤 [M]. 北京：中国农业出版社，1998.
[34] 沈其荣．土壤肥料学通论 [M]. 北京：高等教育出版社，2001.
[35] 宋志伟．土壤肥料 [M]. 北京：高等教育出版社，2005.
[36] 孙羲．中国农业百科全书：农业化学卷 [M]. 北京：中国农业出版社，1996.
[37] 汤向东，陈建勋，张慎举．关于结晶黏土矿物"hofmann 结构"图示的不同见解 [J]. 土壤学报，1988，25 (5).
[38] 王静等．土壤信息系统数据采集中坐标变换模型及应用 [J]. 生态环境，2003 (3).

[39] 王云森．中国古代土壤科学［M］．北京．科学出版社，1980.11.
[40] 魏永胜等．土壤信息系统的形成发展与建立［J］．西北农林科技大学学报：社会科学版，2002（3）．
[41] 魏振超等．基于GIS的土壤信息系统［J］．重庆大学学报：自然科学版，2003（6）．
[42] 吴传洲等．土壤信息技术应用［J］．安徽农学通报，2004（4）．
[43] 奚振邦．现代化学肥料学［M］．北京：中国农业出版社，2003.
[44] 谢德体主编．土壤肥料学［M］．北京：中国林业出版社，2004.
[45] 熊毅，李庆逵．中国土壤［M］．第2版．北京：科学出版社，1987.
[46] 徐本生，陈宝珠，张慎举．稀土农用的理论与技术［M］．郑州：河南科学技术出版社，1993.
[47] 徐秀华．土壤肥料［M］．北京．中国农业大学出版社，2007.
[48] 许秀玲．计算机信息技术在农业领域的应用前景［J］．现代化农业，2004（7）．
[49] 闫宗彪．新型缓释肥施用技术［M］．北京：中国三峡出版社，2007.
[50] 杨景辉．土壤污染与防治［M］．北京：科学出版社，1995.
[51] 余海英，李廷轩，周健民．设施土壤次生盐渍化及其对土壤性质的影响［J］．土壤，2005，37（6）．
[52] 张传中，张慎举．钾肥对小麦灌浆速度及光合强度的影响［J］．河南农业科学，1992（3）．
[53] 张定祥等．论精确农业与中国土壤信息化建设［J］．安徽农业大学学报，2002（3）．
[54] 张甘霖等．国家土壤信息系统的结构、内容与应用［J］．地理科学，2001（5）．
[55] 张乃明，常晓水，秦太峰．设施农业土壤特性与改良［M］．北京：化学工业出版社，2008.
[56] 张慎举，张传中．豫东黄潮土区钾肥对小麦产量及品质的影响［C］.//中国科学院南京土壤研究所，国际钾肥研究所（瑞士）．第五次钾素讨论会论文集：钾素与作物品质，南京：1990.
[57] 张慎举，汤向东，张传中．黄潮土区小麦应用钾肥的研究［J］．土壤通报，1991，22（4）．
[58] 张慎举，田伟．晚播小麦施用钾肥增产效果与技术［J］．农业科技通讯，1993（11）．
[59] 张慎举，田伟，张传中等．豫东潮土区小麦施钾技术及应用［J］．土壤肥料，1994（5）．
[60] 张慎举，侯乐新．大豆荚而不实发生机理与预防措施研究［J］．中国农学通报，2005，21（1）．
[61] 张慎举，侯乐新，王绍中．不同农艺措施对强筋小麦产量及品质的影响［J］．华北农学报，2006，21（4）．
[62] 张慎举，宋忠利，侯乐新．豫东潮土区夏大豆发生荚而不实与硼素营养效应研究［J］．河南农业科学，2006（8）．
[63] 赵春江等．精准农业技术体系研究的现状与展望［J］．农业工程学报，2003（7）．
[64] 郑宝仁，赵静夫．土壤肥料学［M］．北京：北京大学出版社，2007.
[65] 中华人民共和国国家统计局编．中国统计年鉴-2007［M］．北京：中国统计出版社，2007.
[66] 卓开荣．长寿县土壤有机质、氮磷钾养分变化及其平衡［J］．西农科技，1983（1）．
[67] 卓开荣．碳铵代替尿素作水稻追肥初探［J］．宜宾农资科技，1991（2）．
[68] 朱松丽等．全球变化中土壤信息系统的研究进展［J］．地球科学进展，1998（5）．
[69] 朱立新，李光晨主编．园艺通论［M］．第2版．北京：中国农业大学出版社，2005.
[70] 介晓磊、杨先明、黄绍敏等．石灰性潮土长期定位施肥对小麦根际无机磷组分及其有效性的影响［J］．中国土壤与肥料：2007（2）．
[71] 刘凡、介晓磊、贺纪正等，不同pH条件下针铁矿表面磷的配位形式及转化特点［J］．土壤学报，1997，34（4）：367-374.
[72] 介晓磊，郭孝，胡华锋等．微肥Zn和Mn在苜蓿生产中的应用试验［J］．草业科学，2007，24（3）．
[73] 王迪轩．新编肥料使用技术手册［M］．北京：化学工业出版社，2012.
[74] 欧善生．生物农药与肥料［M］．北京：化学工业出版社，2011.
[75] 贾建丽．环境土壤学［M］．北京：化学工业出版社，2012.